山东省成人高等教育动物科学品牌专业系列教材

动物生产学

主　编　孙国强

副主编　李美玉　柳　楠　宋春阳

王述柏　胡洪杰

中国海洋大学出版社

·青岛·

图书在版编目(CIP)数据

动物生产学 / 孙国强主编. —青岛：中国海洋大学出版社，2012.12（2014.8 重印）

山东省成人高等教育动物科学品牌专业系列教材

ISBN 978-7-5670-0200-5

Ⅰ.①动… Ⅱ.①孙… Ⅲ.①畜禽－饲养管理－成人高等教育－教材 Ⅳ.①S815

中国版本图书馆 CIP 数据核字(2012)第 292803 号

出版发行 中国海洋大学出版社

社 址 青岛市香港东路 23 号 邮政编码 266071

出 版 人 杨立敏

网 址 http://www.ouc-press.com

电子信箱 wjg60@126.com

订购电话 0532－82032573(传真)

责任编辑 魏建功 郑雪姣 电 话 0532－85902121

印 制 日照日报印务中心

版 次 2013 年 6 月第 1 版

印 次 2014 年 8 月第 2 次印刷

成品尺寸 170 mm×230 mm

印 张 36.25

字 数 670 千

定 价 63.00 元

山东省成人高等教育动物科学品牌专业系列教材
编审委员会

《动物生产学》编写人员

主　编　孙国强

副主编　李美玉　柳　楠　宋春阳　王述柏　胡洪杰

前言

成人高等教育作为我国高等教育事业的重要组成部分，在促进高等教育大众化、提高广大劳动者素质以及培养经济和社会发展急需的各类人才方面发挥了重要的作用。

为深入贯彻落实党的十八大提出的“加快发展现代职业教育，推动高等教育内涵式发展，积极发展继续教育，完善终身教育体系”的精神，进一步深化成人高等教育改革，提高人才培养质量，推动成人高等教育健康快速发展，以及山东省教育厅于2007年启动的成人高等教育品牌专业建设工作。青岛农业大学在成人高等教育动物科学品牌专业建设过程中，依托本校国家级特色专业、山东省品牌专业的基础，发挥本专业的省级重点学科、“泰山学者”岗位、省级教学团队及省级精品课程等人才与资源优势，制定出科学合理、适应市场经济发展要求的人才培养方案和课程教学体系，采用现代化教学方法和手段，探索建立了适合本省动物科学发展需要的成人高等教育办学模式，努力将成人高等教育动物科学专业建设成特色鲜明、质量过硬、社会贡献率高的品牌专业。

编写一套符合成人教育特点的动物科学专业系列教材是成人高等教育动物科学品牌专业建设的一个工作重点。我校根据鲁教职函(2007)8号文件关于“注重编写具有山东成人高等教育特色的高水平教材，尤其突出案例教学与实验环节，适合继续教育的特点与要求”精神，成立了教材编审委员会，出台了《青岛农业大学成人高等教育规划教材编写要求》,制定了详细的教材编写规划,对教材编写的格式、体例、语言规范等提出严格、具体的要求。

“山东省成人高等教育动物科学品牌专业系列教材”的编写紧紧围绕培养“应用型、复合型专门人才”的专业培养目标,综合考虑学习者特点、课程性质、教学模式等多方面因素,坚持针对性,强化适用性,突出应用性,从内容阐述、教学方法、表现形式上进行了统筹安排。教材编写中注重新知识、新技术以及案例的应用,有利于学生的拓展学习。

本系列教材,由具有丰富成人高等教育教学经验的教授担任主编,由各书主编组织成立教材编写团队,并聘请校外专家作为审稿人,严把教材质量关。

经过多方努力,本系列教材即将付梓与读者见面,在此,对各位编者的辛勤劳动表示衷心感谢!在今后教材使用过程中,应积极听取各方面意见,不断修订和完善教材,使之发挥更大作用。

原永兵

二〇一三年四月十二日

目　录

第一篇
牛生产学

第一章　我国牛品种资源及其利用

【内容提要】 主要介绍主要牛品种的特点及其利用。

【目标及要求】 掌握主要牛品种的外貌特征、生产性能以及对饲养管理条件的要求，比较并掌握不同品种牛的优缺点。

【重点与难点】 荷斯坦奶牛的主要优缺点，荷斯坦牛的选择；娟姗牛的优点及其利用，西门塔尔牛的综合利用，中国黄牛的利用。

第一节　奶牛品种

一、荷斯坦牛

(一) 荷斯坦牛的特点及利用

荷斯坦牛原称黑白花牛，原产荷兰滨海地区的弗里生省、丹麦的日德兰半岛和德国的荷斯坦地区。美国曾从德国北部的荷斯坦省和荷兰的弗里生省引进这一品种，于是荷斯坦弗里生牛成为美国这一品种的正式名称，简称荷斯坦牛（Holstein）；在荷兰和其他欧洲国家，则称之为弗里生牛（Friesian）。由于其经济价值较高，近年荷斯坦奶牛在世界各国得到进一步发展，质量也有了很大提高。据统计，全世界荷斯坦牛现有头数占奶牛总数的60％以上。

荷斯坦牛的优点：一是产奶量高，在所有奶牛的品种中，荷斯坦牛的产奶量最高，在正常的饲养管理条件下单产可达6 000～7 000 kg；二是耐寒性强；三是性情温顺容易管理。荷斯坦牛的缺点是乳脂率和乳蛋白率较低，耐粗、耐热性较差，对饲养管理条件要求高且抗病力较差。

荷斯坦牛适于在饲养管理条件较好的北方地区饲养，也适合于做父本对当地黄牛进行级进杂交向奶牛方向发展。

（二）荷斯坦牛的选择

我国同国际奶牛业一样，饲养的主要品种是荷斯坦牛，因此如何选择荷斯坦牛就是购买奶牛过程中最为关键的问题。选择荷斯坦牛时面临的问题主要是：第一，如何选择纯种的荷斯坦牛？第二，如何选择高产的荷斯坦牛？第三，如何选择健康的荷斯坦牛？第四，如何选择年龄适宜的荷斯坦牛？下面分别就这些问题做以下论述。

1．如何选择纯种的荷斯坦牛？

（1）根据系谱进行挑选。在大中型奶牛场，一般都建立了系谱档案。系谱中明确记载了奶牛的三代血统，根据记载，可以很容易地判断该牛是否纯种。如果没有系谱记载或对系谱记载有怀疑时，就要根据体型外貌来挑选。

（2）根据体型外貌进行挑选。

1）毛色。我国的荷斯坦牛目前基本上是黑色荷斯坦牛，其毛色有如下特征：黑白相间，花色分明，额部多有白斑，腹下、四肢膝关节以下及尾端呈白色。凡是无系谱记载又出现下列情况的牛不是纯种：A 全黑，B 全白，C 尾帚黑色，D 腹部全黑，E 一条或几条腿环绕黑色达到蹄部者，F 一条或几条腿从膝部到蹄部全部为黑色，G 灰色。

2）根据关键部位的特征进行挑选。荷斯坦母牛头部的特征是清秀，鼻镜宽，鼻孔大，额宽，鼻梁直；头轻并稍长，其长度一般可达到体长的 1/3 以上，杂种牛则相对较短而宽，个别还显粗重。荷斯坦母牛的颈部较薄，长而且平直，颈侧有纵行的细致花纹；杂种牛的颈较粗，肌肉较发达。荷斯坦母牛的尻部宽大而且有棱角，乳房基部宽阔，四肢较高；而杂种牛的尻部一般较窄（如乳役杂交牛），有的虽然较宽但缺乏棱角（如乳肉杂交牛），乳房基部狭窄，两后肢间距小，而且四肢较短。

3）根据体型大小进行挑选。荷斯坦母牛的体型大，其体高和体长与杂种牛有明显的区别。

2．如何选择高产的荷斯坦牛？

（1）根据系谱进行挑选。在大中型奶牛场，可通过系谱了解个体及其祖代的生产性能水平。对未建立系谱的牛群或对系谱有怀疑时就要通过体型外貌进行挑选。

(2) 根据体型外貌进行挑选。奶牛的外貌,从整体上看应具有薄的皮肤,较细而结实的骨骼,血管显露,棱角明显,被毛细短而富有光泽,肌肉不甚发达,皮下脂肪沉积不多,全身清秀、紧凑、细致,属细致紧凑体质类型。乳牛的胸腹宽深,后躯和乳房十分发达,体呈三角形(侧望、前望、上望),并具有三宽三大的特点,即背腰宽、腹围大,腰角宽、骨盆大,后裆宽、乳房大,具有发育良好的胸腔。必须指出的是:三角形所表示的前躯较浅、较窄的外貌,绝不是浅胸平肋的绝对孤立现象,而是指前后躯相比较来说的;否则,如果片面追求后躯而忽视前躯,必然导致胸腔狭小、心肺不发达,不仅不能提高产奶量,反而成为提高产奶量的障碍。实际上,高产奶牛的胸腔很发达,解剖后会发现其肺脏很发达,鼻孔大,气管长而粗,心脏也很发达,血管粗而明显。

局部要求主要谈尻部和泌乳系统,尻部要求长宽平直。泌乳系统要求5个方面良好。① 容积大,其前乳房延伸到腹部,后乳房充满于两大腿之间并突出于体躯的后方。② 乳房形状要好,四乳区均匀、对称,乳头间距8～12 cm;若大于15或小于8时,挤乳时乳头要弯曲,影响乳的排出。其底线略高于飞节且平坦,呈浴盆状,底线与韧带有关,而韧带又与年龄有关。不良形状有碗状、球状、漏斗状(山羊乳房)。③ 质地柔软,富有弹性,即腺体组织发达,挤奶前后形状变化较大——称之为腺体乳房;如果乳房内部结缔组织和脂肪组织过多,如大于40%,就会抑制腺体组织。这种乳房虽大,但缺乏弹性,挤奶前后形状变化不大——称之为肉乳房。④ 乳静脉发达,腹下静脉粗大弯曲、乳房静脉粗大弯曲交织成网状,乳井粗;在腹下静脉位于深层暴露不明显时,乳井粗就说明了腹下静脉粗大。⑤ 乳头距地面高度为40～45 cm,乳头粗2～3 cm;长度5～7 cm,有利于乳杯吸附和手工挤奶,放乳速度快;过低、过高,过长、过短,过粗、过细,均不利于人工挤奶和机器挤奶。

除注意以上几方面的选择外,在育种过程中应加强选择的几个性状包括悬韧带、后乳房宽度、乳房纵沟深、乳头长度、乳头直径,这些性状是影响产奶量的主要性状,特别是后乳房宽、乳房纵沟深、乳头直径。后乳房宽即后乳房左右两附着点之间的距离。后乳房的理想宽度为25 cm,过窄会影响乳房的容积。后乳房高即后乳房附着点至飞节的距离,后乳房理想高度为15 cm。乳房纵沟深即悬韧带沟底与乳房底平面之间的距离。后乳房深即乳房底平面与飞节间的距离,后乳房深可以说明悬韧带的松紧程度。

高产奶牛不仅外貌好、高产,而应胎胎高产且长寿。长寿是对生产寿命(也叫做在群能力)而言的,通过外貌鉴定即可间接了解其生产寿命,即附着坚实的乳房、坚实的蹄腿、大的体躯和良好的乳用特征。

3. 如何选择健康的荷斯坦牛?

(1) 避免购进有传染病的牛。首先要调查要买牛的奶牛场、奶牛小区在近几年内有没有发生过传染病,最好由当地畜牧主管部门进行检疫或出具具有法律效力的检疫证明。不要到3年内曾发生过传染病或近期检出阳性牛的奶牛场、奶牛小区购牛。

(2) 了解清楚计划买牛的奶牛场、奶牛小区的免疫情况,不要到没有进行有关疫苗注射的牛场、小区购牛。

(3) 避免购进有先天性繁殖障碍的牛。计划购买青年牛时,一定要检查其生殖器官,避免购进有先天性繁殖障碍的牛,即异性孪生、两性畸形和患有幼稚病的牛。异性孪生者阴道短小,一般只有正常阴道的1/3,手不能伸入,只能用羊的阴道开膣器,而且阴门狭小、位置较低、阴蒂较长,直检摸不到子宫颈,子宫角细小,卵巢大小如西瓜子,很难摸到。其次,乳房极不发达,乳头与公牛的相似。两性畸形牛也是阴门狭窄,而且阴唇不发达,但其下角较长,阴蒂特别发达,类似小阴茎,呈暗红色突出,阴毛长而且粗。患幼稚病的牛,阴道、阴门均特别狭小。

(4) 避免购入瞎乳头和患乳房炎的牛。瞎乳头的牛比较容易辨别。对于产奶牛,一定要试挤,看看四个乳池是否都饱满、四个乳头是否都通畅、乳头内是否有异物感、乳中是否有乳瓣、乳房是否红肿、奶牛有无疼痛表现等。

(5)避免购入曾流过产或难配的牛。对怀孕牛,首先要通过直检确认其确实已怀孕;其次要注意其妊娠期与母牛年龄或产后天数是否相符,如月龄较大的青年牛或产后时间已很长的经产牛其妊娠期却较短时,则要谨慎挑选,这种牛很可能是曾流过产或较难配的牛。对未怀孕的牛,则要直接检查其子宫、卵巢、阴道是否正常。对后躯不洁的牛(如有浓痂)、尾根高举的牛要谨慎挑选。后躯不洁的牛往往有子宫炎症,而尾根高举的牛很可能患有卵巢疾病。

(6) 避免购入患有肢蹄病的牛和有抗拒挤奶、踢人、顶人等恶癖的牛。

4. 如何选择年龄适宜的荷斯坦牛?

购入的荷斯坦母牛一般不要超过5岁。牛的年龄可通过其牙齿(门齿)的出生、脱换和磨损情况来判断。

案例:只根据毛色选择奶牛,结果买的是低代杂交牛。

20世纪90年代中后期,某地的几位农民到外地买荷斯坦奶牛,其依据就是毛色,而且由于他们事先仔细研究了荷斯坦牛的毛色,选择了符合要求的牛买回家。待这批牛产犊后,根据产奶效果来看与荷斯坦牛差别很大,平均单产还不到2吨。为此,他们带着饲料样品和日粮配方请教专家查找原因。专家发现其日粮组成是合理的,粗饲料的质量也不错,优质干草和青贮饲料都准备充足。专家百思不得其解,于是来到现场查看。到达现场后,专家发现毛色与荷斯坦牛的毛色是一致的,但是其在体躯结构、乳用特征、乳房、中后躯等方面与真正的荷斯坦牛相比却有着显著的差异。因此,专家认为这是一批低代杂交牛,根据体型结构和产奶量等方面综合分析判断为荷斯坦牛级进杂交中国黄牛产生的二代杂交牛,因为二代杂交牛有50%的在毛色上与纯种荷斯坦牛毛色是完全相同的,但是在体型外貌和生产性能上却存在着很大的差别。此案例说明,不能仅根据毛色进行奶牛的选择,应从乳用特征、生产性能、体型外貌、毛色等几个方面综合考虑来进行荷斯坦牛的选择。

二、娟姗牛的特点及利用

娟姗牛是英国培育出的奶牛品种。该品种以乳脂率高、乳房形状良好而闻名。

该品种个体小;毛色深浅不一,由银灰至黑色,以栗色毛为最多;一般平均年产奶量为4 000 kg左右,每100 kg体重产奶约1 000 kg;乳脂率高,平均为5.3%,是奶牛品种中最高乳脂率的品种。许多国家用娟姗牛改良低乳脂品种牛,取得明显效果。

在娟姗牛同荷斯坦牛的杂交中,通常杂交一代比荷斯坦牛母本的乳脂率提高0.81个百分点,娟姗牛杂交改良牛的效果实际上是通过改善牛群的早熟性、顺产性、乳质及对热带疾病如肢蹄病、寄生虫病(蜱及由蜱所传播的焦虫病等寄生虫病)的抵抗力而实现的。多年来,世界各国利用娟姗牛的经验表明,娟姗牛完全可能成为改良高温高湿地区奶牛群和低乳脂奶牛群的主导外血。该品种对于改良我国荷斯坦奶牛很有必要。据悉，北京、哈尔滨和山东临沂已引进部分娟珊牛，主要目的是改良当地的荷斯坦奶牛。

第二节 肉牛品种

一、夏洛来牛的特点及利用

夏洛来牛(charolais)产于法国，是著名的大型肉牛品种之一。原为役用品种，后经引入外血和提纯选育，1920 年成为专门的肉用品种，分布法国各地，相继输入世界许多国家。我国于 1964 年及 1974 年从法国引进两批夏洛来牛，分布于全国各地。该牛对我国各地自然生态条件适应，耐粗饲，耐寒，饲料报酬高。

夏洛来牛全身为乳白色或灰白色，体型大，体质结实，骨骼粗壮，体躯呈圆筒形，全身肌肉发达；头大小适中，且短而宽，颈短多肉，体躯长，胸宽深，背腰宽厚，尻部平、宽而长，臀部肌肉圆厚丰满，大腿长而宽，肌肉向后突出。常见“双肌牛”，腰部略凹陷。

双肌牛具有屠宰率高、瘦肉率高、优质高价肉比例大、肉质较嫩等优点。研究表明，双肌性状可以使牛在相同饲喂条件下肌肉产量增加，肉骨比较普通牛的高。双肌牛的肌肉分布特点是外周和表层肉肥大，后肢较前肢更肥大。双肌牛肌间和胴体脂肪窝的沉积较大，而普通牛的皮下脂肪沉积更多，双肌牛的脂肪沉积从内到外呈逐渐减少的趋势。肉骨比、肉脂比及瘦肉率较高，脂肪率和骨百分比较低。

夏洛来牛犊牛初生重大，公犊 46 kg，母犊 42 kg，增重速度快，断奶重 270～340 kg，周岁牛体重 500 kg 以上，最高日增重 1.88 kg。成年公牛体重 1 200 kg，母牛 800 kg；屠宰率 60%～70%。胴体脂肪少，肌肉多，肉质细嫩。平均产奶量 2 600 kg，乳脂率 4.08%，泌乳期 260～270 天。

夏洛来牛以体型大、增重快、饲料报酬高、能生产大量含脂少的优质肉而驰名，但繁殖率较低，在法国为 85%～90%，难产率高，约 13.7%。

二、利木赞牛的特点及利用

利木赞牛(limousin)原产于法国。初为役用品种，现已培育成大型肉用品种。目前,不少国家已引进该品种,尤以美国和加拿大引进的较多。我国于1974年以来从法国输入,分布于东北、山东、河南等地。

利木赞牛被毛为红色或黄色,眼嘴圈、腹下、四肢、尾部毛色稍浅;头短,额宽,有角,体型大,骨骼较细,体躯长而宽,全身肌肉丰满,尻部和臀部肌肉发达,肋骨开张,背腰较短而宽直,尻平,四肢强健。

利木赞牛犊牛初生重:公犊为36 kg,母犊为35 kg;生长发育快,7～8月龄体重为240～300 kg,平均日增重为900～1 000 kg,周岁体重可达450～480 kg,成年公牛体重为950～1 000 kg,母牛为600 kg;屠宰率为68%～70%。肉质细嫩,沉积脂肪薄,脂肪少而瘦肉多,肉为大理石状,瘦肉率多达80%～85%。母牛平均产奶1 200 kg,乳脂率为5.0%。利木赞牛引入我国,用于改良地方良种黄牛。根据山东等地资料,利木赞牛改良鲁西牛,所生杂种牛毛色好、生长快、体型外貌好、产肉量大,肉质同鲁西牛,故深受改良区群众欢迎,很有推广价值。

三、安格斯牛的特点及利用

安格斯牛(Angus)产于英国,是早熟的中小型肉牛品种;早在19世纪即向世界各国输出,它是英国、美国、加拿大、新西兰和阿根廷的主要肉牛品种。我国自1974年起,从英国、澳大利亚引入安格斯牛,目前分布在北方各省。

安格斯牛无角,全身被毛黑色,故称"无角黑牛"。体躯深、宽,腿短,颈短,腰和尻部丰满,有良好的肉用体型;大腿肌肉延伸到飞节,皮松而薄且有弹性。

犊牛初生重为32 kg;生长发育快,早熟,易肥育,周岁体重可达400 kg;成年公牛体重为700～750 kg,有的可达950 kg,母牛为500 kg,有的可达600 kg;屠宰率为60%～65%。

安格斯牛体质结实,抗病力强,无皮肤病,适应性强,繁殖力强,母牛到17～18岁尚可产犊,且极少难产,遗传性稳定,改良肉质效果显著。它可以作为经济杂交的父本,是山区黄牛的主要改良者。

欧美等发达国家已将安格斯牛列为生产高档牛肉的首选品种,在美国安格斯牛居养种牛总数的首位。安格斯牛的耐粗性比西门塔尔更强,而耐粗性越高,适应性越强,生产潜能就越大。

澳大利亚利用生长速度较低的安格斯公母牛,经过20年时间育成了澳洲矮牛。该品种是世界上个体最小的肉牛品种，1992 年澳大利亚正式注册。哺乳期和生长期的平均日增重为 500～700 g。成年为公牛体高为 1.10 m，母牛为 1.00 m。饲料报酬高，胴体丰满，而且肉质好，特别适合于快速生产高档牛肉，屠宰率为 56%～60%。

四、皮埃蒙特牛的特点及利用

皮埃蒙特牛原产于意大利北部皮埃蒙特地区，原为役用，后选育成肉乳兼用品种，在 20 世纪初引入夏洛来牛杂交，故含“双肌”基因，毛色为乳白或浅灰色。公牛肩胛部毛色较深，通常为黑眼圈，公母牛尾帚均呈黑色。是世界上肉用性能最好的品种，屠宰率达 70%，眼肌面积大，为 121.8 cm^2，肌肉嫩度好。肉中的胆固醇含量低，为 48.8 mg/100 g，而一般牛肉为 73 mg，猪肉为 79 mg，鸡肉为 76 mg。该品种在选育时，注重其早熟，包括提早达到屠宰体重时的月龄，对肉质和肌肉嫩度进行重点选育，不求大型体格，体重要求适中；成母牛体重为 570 kg，成公牛体重为 850 kg，但种公牛体重要求不低于 1 000 kg。育成公牛 15～18 月龄体重为 550～600 kg，为适宜屠宰期。皮埃蒙特牛性格温顺，肌肉丰满发达，产肉量的遗传力高，平均日增重为 1 500 g，生长速度为肉牛品种之首。皮埃蒙特牛是世界公认的终端父本，适于海拔 1 500～2 000 m 的地区放牧。母牛平均产奶量为 3 500 kg。皮埃蒙特牛对我国黄牛的改良效果(杂交一代)比西杂牛、利杂牛、海杂牛、短杂牛及安格斯杂交牛的效果都好，创造了杂交牛 18 月龄耗精料 800 kg，体重达到 500 kg，眼肌面积为 121.8 cm^2 的国内最佳纪录。

第三节　兼用牛品种

一、西门塔尔牛的特点及利用

西门塔尔牛产于瑞士阿尔卑斯山区。西门塔尔牛在 17 世纪以后，成为瑞士西部乳酪业的基础，在产乳性能上被列为高产的奶牛品种，在产肉性能上并不比专门化肉用品种逊色，役用性能也很好，是大型的乳、肉、役三用品种。畜牧界将其誉称为“全能牛”，故为世界各国的主要引种对象，在全世界广为分布。我国于 20 世纪初引入西门塔尔牛，与当地蒙古牛进行杂交，育成了三河牛。新中国成立后,先后又从前苏联、瑞士、前联邦德国、奥地利等国分别引入,饲养于全国各省区。

中国西门塔尔牛,是由国外引进的西门塔尔牛与我国本地黄牛级进杂交,选育高产改良牛的优秀个体培育而成的大型乳肉兼用新品种。

西门塔尔牛平均产乳量5 000 kg左右,乳脂率4%左右。西门塔尔牛也具有良好的肉用性能,肉质好,胴体瘦肉多。屠宰率为55%~60%,经肥育的公牛屠宰率可达65%。

西门塔尔牛对我国黄牛的体尺、产奶量、净肉量、胴体中优质切块比例改良效果显著;对眼肌面积、屠宰率亦有所改进。目前,西门塔尔牛改良我国黄牛正向着综合利用方向发展,即公牛产肉、母牛产奶,农区农忙时也可役用。

案例:西门塔尔牛当黄牛养

20世纪80年代以来,我国大力开展黄牛改良,有黄牛奶改、黄牛肉改和向乳肉役兼用方向改良,其中许多地区如胶东地区就利用西门塔尔牛级进杂交改良当地黄牛,经过20多年的杂交,已经产生了大量级进代数较高的杂交牛,无论在外形上还是在生产性能上都和西门塔尔牛非常接近。母牛年产一犊,农忙时可担负一定的农耕;公牛当做肉牛饲养,在达到一定的体重和肥度出售前,公牛完全可以担负起农耕,所以饲养量都比较大。但是近年来,包括高代西杂母牛、夏洛莱杂交母牛、利木赞杂交母牛等在胶东地区的饲养量都大大减少,究其原因是随着农业机械化水平的不断提高,牛为农业生产提供动力的作用越来越小,以至于到目前根本不需要牛为农业生产提供动力。在这种情况下,养母牛的效益就很低,饲养高代西杂母牛(包括西门塔尔母牛)的效益同样很低,因为目前许多地方养西门塔尔母牛每年除了产一犊外,平日和养黄牛一样不挤奶,其他什么作用也没有。而20世纪八九十年代,虽然西杂母牛也不挤奶,但是那时养西杂母牛主要是为了农耕,就是说养牛为种田,生下犊牛是白赚,因此在那个年代西杂母牛的饲养量很大。在高度农业机械化的今天,高代西杂母牛(包括西门塔尔母牛)就不能再当黄牛养,要充分利用其产奶性能,这样一年一犊,平常天天挤奶有稳定的产奶收入,农民养西杂母牛(包括西门塔尔母牛)的积极性自然就会高涨起来。

二、三河牛

三河牛原产于内蒙古呼伦贝尔草原,是我国培育的第一个乳肉兼用品种。

年产奶量平均 2 000 kg 左右,在良好的饲管条件下可达 3 000～4 000 kg,乳脂率平均 4%左右。毛色以红(黄)白花占绝大多数。三河牛目前无论在外貌上和生产性能上,个体间差异很大,有待于进一步改良提高。

三、新疆褐牛

新疆褐牛是引进瑞士褐牛及含有瑞士血统的前苏联的阿拉托乌公牛,对新疆当地黄牛进行长期杂交改良选育成的,毛色主要为褐色。平均年产奶量为 2900 kg,乳脂率为 4.08%。

四、中国草原红牛

中国草原红牛是利用乳肉兼用型短角公牛与蒙古牛母牛杂交,经过长期选育而形成的乳肉兼用品种。在以放牧为主条件下,年产奶量为 1 500 多 kg;如补料,年产奶量可达 2 000 kg 以上,乳脂率为 4.02%。

第四节　我国主要地方品种

我国黄牛品种多,分布广,东起沿海各省,西到新疆、西藏,南起台湾、海南岛,北到内蒙古、黑龙江等各省区都有饲养。据《中国牛品种志》不完全收录,品种就达 28 个。主要包括五大地方良种黄牛,即秦川牛、鲁西牛、南阳牛、晋南牛和延边牛,另外还有蒙古牛、渤海黑牛、复州牛等。我国黄牛的主要优点是耐粗饲、性情温顺、适应性强、肉质好,难产率低。历史上我国民间对黄牛的选育以役用性能为主,因此大多数品种达不到国际肉用牛的性能要求,但它们是我国家牛的基础,正逐步向肉用方向改良。

一、秦川牛

秦川牛又名关中牛,由“八百里秦川”而得名。秦川牛原产于陕西省渭河流域的关中平原,其中以咸阳、兴平、乾县、武功、礼泉、扶风和渭南等地所产的秦川牛最为著名。秦川牛是我国著名大型肉役兼用品种。秦川牛体型特征可以简单地概括为一长(体躯)、二方(口和尻)、三宽(额、胸和后躯)、四紧(蹄叉)、五短(颈和四肢)。秦川牛性情温顺,易肥育,肉用性能良好,遗传性能非常稳定。秦川牛牛肉肉质细嫩,肉味鲜美,柔软多汁,大理石花纹比较明显。

二、鲁西黄牛

鲁西黄牛是我国著名的肉役兼用地方良种牛,已经列入国家级畜禽遗传资源重点保护品种名录。鲁西黄牛又名“山东膘牛”，因主产于山东西部，被毛呈棕红或浅黄色，以黄色居多，故名鲁西黄牛。大多数鲁西黄牛眼圈、口轮、腹下及四肢内侧等部位颜色稍浅，俗称“三粉”特征。鲁西黄牛具有良好的产肉能力，产肉率较高，肉质鲜嫩，脂肪均匀地分布在肌肉纤维之间，形成明显的大理石花纹，有“五花三层肉”之美誉。

三、南阳牛

南阳牛原产于河南省南阳市白河流域和唐河流域的平原地带，许昌、周口、驻马店、开封、洛阳等地也有分布。南阳牛体格高大，四肢粗壮，性情温顺，肌肉丰满，产肉性能良好。南阳牛牛肉大理石花纹比较明显，肉质比较好，味道鲜美。

四、晋南牛

晋南牛原产于山西省汾河流域下游的晋南盆地，主要分布于运城、临汾两个地区的部分县市。晋南牛体躯高大，体质结实，全身被毛以枣红色为主。

五、延边牛

延边牛原产于东北三省东部，主要分布于吉林省延边朝鲜自治州的延吉、和龙、汪清、珲春及毗邻各县。延边牛是朝鲜牛与当地牛杂交，并混有蒙古牛的血统，经当地群众长期选育而成。延边牛属于寒温带山区的肉役兼用品种，是东北地区的优良地方品种之一。延边牛性情温顺，产肉性能较好。延边牛牛肉肉质鲜嫩多汁，肌肉断面大理石状花纹较好。

六、渤海黑牛

渤海黑牛为我国唯一黑毛牛品种、世界上三大黑毛黄牛品种之一，原称“无棣黑牛”，是我国优良的中型肉役兼用地方品种，是中国良种黄牛育种委员认定的全国八大名牛之一。渤海黑牛的主要产地位于山东省滨州市的无棣、沾化、滨城区和阳信一带。育肥后活牛供港，被称之为“黑金刚”。在日本、韩国市场也供不应求。

七、蒙古牛

蒙古牛是我国分布较广，头数较多的品种之一。原产于内蒙古兴安岭的东西两麓，在中国主要分布于内蒙古、新疆、甘肃、宁夏、山西、河北、辽宁、吉林、黑龙江等省区。蒙古牛体格中等，体形偏乳肉兼用型。毛色以黄褐、红褐色为主，少量黑色、黑白及黑黄色。蒙古牛是我国北方优良牛种之一。具有乳、肉、役多种用途，适宜寒冷条件下放牧育肥。以其耐粗饲，适应性强，肉质好，生产潜力大等特点而闻名，应作为我国牧区优良品种资源加以保护。

八、闽南牛

闽南牛是南方牛中群体最大的地方品种。闽南牛主产区在福建省龙海、漳浦、晋江、平和、同安、南安及漳州等地。闽南牛同南方瘤牛相似，体形偏小。毛色以黄色和褐色居多，其次为黑色，少数为棕红色。

九、海南牛

海南黄牛又称高峰黄牛，外貌略似印度瘤牛。体小，呈方形，具有耐热、耐劳、耐粗饲、抗病力强等优点。海南牛主要产于海南省西北地区的琼山、儋县等地和雷州半岛的南部。海南牛体躯呈长方形，各部结构匀称，肌肉丰满，近似小型肉牛。海南牛作为菜牛出口，历史悠久，肉质细嫩，是华南最好的肉用牛。

【复习思考题】

1. 荷斯坦牛的主要优缺点各有哪些？生产中应注意哪些问题？
2. 娟姗牛的优点有哪些？如何利用娟姗牛？
3. 西门塔尔牛的优点有哪些？如何综合利用该品种？

第二章　牛的选种技术

【内容提要】 主要介绍牛的选种技术。

【目标及要求】 掌握种公母牛选种的方法步骤。

【重点与难点】 牛选种的方法：后备公牛的选择、后裔测定；后备母牛和生产母牛的选择。

一、体型外貌的要求

当今都是将体型外貌与生产性能并重对牛进行选择。对奶牛进行选择时对外貌的要求是：从整体上看应具有薄的皮肤，较细而结实的骨骼，血管显露，棱角明显，被毛细短而富有光泽，肌肉不发达，皮下脂肪沉积少，全身清秀、紧凑、细致，属细致紧凑体质类型。从侧面、前面和上面三个不同的角度观察都能构成三角形。从局部来看，奶牛的头部清秀狭长，颈部细长，前与头部后与中躯的结合自然平滑；鬐甲结构良好，背腰与尻部长宽平直，胸腹宽深，后躯发达，乳房容积大、形状好、质地柔软富有弹性、乳静脉发达、乳头大小合适，乳头间距较宽。四肢结实、肢势端正，蹄子坚实。肉牛从整体上看，体躯较低，具有发达的肌肉，从前面、侧面、后面和上面四个不同的角度观察都能构成矩形。

二、奶牛生产性能评定

奶牛的生产性能主要是产奶性能，其主要指标有产奶量和乳脂率。

（一）个体产奶量的计算

1. 305 天产奶量：自产犊后第一天开始到 305 天的总产奶量。不足 305 天者，按实际产奶量；超过 305 天者，超出部分不计算在内。

2. 305 天校正产奶量：根据实际产奶量并经过系数校正（即实际产奶量×校正系数）以后的产奶量，此项标准是评定种公牛后裔测定进行比较时使用，各乳用品种可根依据本品种母牛泌乳的一般规律拟订出校正系数作为换算的统一标准。北方地区荷斯坦牛305天校正产奶量的校正系数见表2-1和表2-2。

表2-1 泌乳期不足305天的校正系数表

实际泌乳天数	240	250	260	270	280	290	300	305
第一胎	1.182	1.148	1.116	1.076	1.055	1.011	1.0	1.0
第二一五胎	1.165	1.133	1.103	1.077	1.052	1.031	1.011	1.0
六胎以上	1.155	1.123	1.094	1.070	1.047	1.025	1.009	1.0

表2-2 泌乳期超过305天的校正系数表

实际泌乳天数	305	3100	320	330	340	350	360	370
第一胎	1.0	0.987	0.965	0.947	0.924	0.911	0.895	0.861
第二一五胎	1.0	0.988	0.970	0.952	0.936	0.925	0.911	0.904
六胎以上	1.0	0.988	0.970	0.956	0.939	0.928	0.916	0.903

注:若产奶265天者,可使用260天的系数;266天者可使用270天的系数进行校正,余类推。

3. 全泌乳期实际产奶量:是指产犊后第一天开始到干乳为止的累计乳量。

4. 年度产乳量:是指1月1日至本年12月31日为止的全年产乳量,其中包括干乳阶段。

(二)全群产乳量的统计方法

$$成年牛全年平均产奶量=\frac{全群全年总产奶量(kg)}{全年平均日饲养成母牛头数}$$

$$泌奶牛全年平均产奶量=\frac{全群全年总产奶量(kg)}{全年平均日饲养泌奶牛头数}$$

式中,“全群全年总产奶量”是从每年1月1日开始到12月31日止全群牛产奶的总量;“全年平均日饲养成母牛头数”是指全年每天饲养的成母牛头数(包括泌乳、干乳或不孕的成年母牛)的总和除以365天(闰年366);“全年平均日饲养泌奶牛头数”是指全年每天饲养的泌奶牛头数的总和除以365天。

（三）乳脂率及乳脂量的计算

常规的乳脂率测定法是在全泌乳期的 10 个泌乳月内，每月测定一次，将测定数据分别乘以各月的实际产奶量，把所得的乘积类加起来除以总产奶量，即得平均乳脂率。

为了简化手续，可在全泌乳期中的第二、第五、第八泌乳月内各测一次，而后应用上列公式计算平均乳脂率。

$$平均乳脂率=\sum(F\times M)\div\sum M$$

式中，$\sum$为累计的总和；F 为每次测定的乳脂率，M 为该次取样期的产奶量。

全泌乳期总乳脂量＝全泌乳期总产奶量×平均乳脂率

（四）4%标准乳的换算

不同个体所产的乳，其乳脂率高低不一。为了评定不同个体间产奶性能的优劣，应将不同乳脂率的乳校正为同一乳脂率的乳，然后进行比较，常用的方法是将不同的乳脂率的乳都校正为 4%的乳脂率的标准乳。其计算公式为

$$\mathrm{F.C.M}=M\times(0.4+15F)$$

式中，F.C.M 为含脂 4%的标准乳；M 乳脂率为 F 的乳量；F 为乳脂率。

三、肉牛的生长评定

（一）体尺评定

1. 体尺评定是对肉牛体表进行度量以鉴定牛的一种方法，常用于牛外貌的研究。体尺大小和各体尺间的相对关系，是判断肉牛的生长发育、类型和利用方向的依据。

最常用的肉牛体尺测量指标有 12 个：体高、十字部高、胸深、胸宽、腰角宽（十字部宽）、坐骨端宽、髋宽、体斜长、体直长、尻长、胸围和管围。

2. 体尺指数。体尺指数是一种体尺对另一种体尺与它在生理解剖上有关的体尺数字比率。它可以反映出牛体各部位发育的相互关系。

(1) 体长指数(%)＝体长/体高×100。在生长期发育不全的牛，该指数远低于同一品种的平均数。

(2) 体躯指数(%)＝胸围/体斜长×100。此指数是表明牛体量发育情况的一种指标，说明牛的躯干是“粗”或“修长”。

(3) 尻宽指数(%)＝坐骨端宽/腰角宽×100。此指数对于母牛重要，尻

宽指数越大越好，高度培育的品种其尻宽指数较原始品种大。

(4) 胸围指数(%)＝胸围/体高×100。此指数说明体躯高度和宽度上的相对发育程度。

(5) 管围指数(%)＝管围/体高×100。这一指数可以判断牛骨骼相对发育的程度。

(二) 体重评定

牛的体重是衡量牛体生长发育、饲养管理、生产性能的重要指标。主要包括初生重、断奶重、周岁重和体重估测等几个方面。计算断奶重时必须校正，断奶时间多采用200天。计算公式如下：

校正的断奶重＝(断奶重－初生重)/实际断奶日龄×校正的断奶天数＋初生重

母牛的泌乳能力随年龄而变化，因此，计算时应考虑母牛的年龄因素(2岁＝1.15；3岁＝1.10；4岁＝1.05；5～10岁＝1.0)。

校正的断奶重＝[(断奶重－初生重)/实际断奶日龄×校正的断奶天数＋初生重]×母牛的年龄因素

根据肉牛的生长特点，断奶后至少需要150天左右的饲养期才能充分表现出增重的遗传潜力。基本上就是周岁重。

校正365天的体重＝(实际称量体重－实际断奶重)/饲养天数×(365－校正断奶天数)＋校正的断奶重。

有条件的还可以测一岁半的(550天)肉牛体重。

四、种公母牛的选择

育种目标确定后，首先应着重选出优良种公牛以加快育种进度；后备公、母牛能否被选留，首先是审查其系谱，其次是外貌表现和发育情况。公牛的遗传性是否稳定，则根据其后裔测定成绩。种母牛的选择主要根据本身的生产性能或与生产性能有关的一些性状。

(一) 后备公、母牛的选择

后备公、母牛的选择，是指幼龄母牛和未取得后裔测定结果的种公牛，它们主要根据系谱、生长发育和体型外貌情况来选择。

1. 系谱选择：按系谱选择后备公母牛，应重视最近三代祖先完整、可靠的系谱资料和生产性能资料。因为祖先愈近,对该牛的遗传影响愈大,反之愈小。据研究直接来自公牛的贡献率为68%。种母牛对群体遗传改良的贡献率为32%,但29%是通过其儿子间接实现的。所以,种公牛对群体遗传改良的直接和间接贡献率为97%,而来自母牛的直接贡献(包括胚胎移植)仅为3%。

另外,也可利用兄弟、姐妹等旁系资料,从侧面证明一些由个体本身无法查知的性能,如后备牛产乳生产性能等。与后裔测定结果相比,可以节省时间4年以上。根据半同胞性状选种的准确性与根据个体本身性状选种相比较,半同胞的数量越大则准确性越高。当性状的遗传力较低时,则根据30头以上半同胞选种就比根据个体本身选种的准确性要高。

系谱鉴定,最主要的是系谱的完整性和资料的可靠性。所以,长期保存育种记录是很重要的。通过系谱鉴定,还可以了解个体间有无亲缘关系以及品种纯度。

2. 按生长发育选择:按生长发育选种,主要以体尺、体重为依据,其主要指标是初生重,6月龄(肉牛断奶重)、12月龄体重,日增重及第一次配种及产犊时的年龄和体重,有的品种牛还规定了一定的体尺标准。

3. 按体型外貌选择:犊牛出生后,6月龄、12月龄及配种前按犊牛、青年牛鉴定标准进行一次体型外貌鉴定,对不符合标准的个体应及时进行淘汰。

(二) 种公牛的选择

1. 青年公牛的选择:对每个青年公牛系谱资料进行分析,即可评定其遗传品质的优劣。结合外貌鉴定、生长发育,就可确定是否选留。凡经系谱鉴定入选者,每隔一定时间应进行一次称重、外貌鉴定。如果小公牛由外地购入,还应隔离观察(30~60天)和检疫。如属健康者,方可合群饲养。小公牛外貌鉴定的重点是四肢和骨骼发育。有的国家对小公牛眼睛、鼻子、关节、睾丸、腹围及消化道特别重视。近年来加拿大还审查小公牛的繁殖性能,其方法是根据小公牛阴囊围(周径)和睾丸硬度作为繁殖性能的指标。阴囊围大小与精液呈正相关,睾丸硬度与精液品质呈正相关。

2. 后裔测定:青年公牛在未证明是良种之前,当达到12月龄时开始试采精直到18月龄以前(美国10~14月龄),每头公牛需冷冻精液600~1 000份(美国2 000份)。一般可先在一个配种季节(集中3个月内)使其与选定的母牛进行配种，每头公牛至少配孕母牛200头（美国1 000头）以上，而后停配。中国奶牛协会育种专业委员会要求：每头后裔测定的公牛，其女儿分布必须跨越省界不同饲养环境，并总共不少于20个牛场（美国30个），所有被测公牛在所有的牛场女儿分布应有交叉，直到它的第一批女儿有产乳记录后进行测定，再决定是否可留作种用。用于人工授精的青年公牛一般被测女儿头数为50～100头。

与配母牛产犊以前以及试配公牛女儿未完成一胎产乳之前，不能随意淘汰、调出或出售。

不同试配公牛的女儿，在同一单位内以及同期、同龄牛均需保持在同样饲养条件下饲养，以利比较。

公牛女儿出生后，即进入后裔测定阶段，女儿的生长发育状态，均能反映公牛的遗传性能，必须按时测定，并详细记载，及时整理分析。

公牛女儿满16～18个月龄进行配种，不可提前或延后，以便统一产乳年龄，做到同期同龄比较。公牛女儿产乳后应详细记载各泌乳月、泌乳期的产奶量和乳脂率、乳蛋白率等。

公牛女儿泌乳期的产奶量、乳脂率、乳蛋白率及一胎体尺、体重和外貌鉴定，必须及时汇总。

当公牛已有10头女儿完成90天产乳时，即可统计一次后裔测定成绩；完成一胎产乳时，再统计一次后裔测定成绩。

后裔测定统计内容包括公牛号、出生年月日、出生体重、出生地、毛色、近交系数、品种代数、所在单位，以及女儿头数、女儿分布牛场数、同期同龄牛头数、测定时间等。

采用上述方法，一般在5岁时即可证明该公牛是否为良种。

种公牛后裔测定方法很多，目前应用较多的是同期同龄比较法、预期差法和动物模型BLUP法。

（三）种母牛的选择

1. 生产母牛的选择：生产母牛主要根据其本身表现进行选择。母牛的本身表现包括体质外貌、体重与体型大小、产乳性能、繁殖力及早熟性和长寿性等性状，而最主要的是根据产乳性能进行评定以选优去劣。

产乳性能包括以下各项：

(1) 产奶量。同一牛场内一般是根据母牛产奶量的高低次序进行排队，将产奶量高的母牛选留，而将产奶量低的母牛淘汰。利用最高月产量、90天产奶量、高峰日、乳脂率等泌乳前期产奶指标进行相关分析，结果表明最高月产量、90天产奶量、高峰日与305天产奶量分别呈强正相关，相关系数显著性检验均达到显著或极显著的程度；其中，最高月产量是影响305天产奶量的主要因素，相关程度最高，在奶牛的选种中应注意最高月产量的选择。

(2) 乳的品质。除了乳脂率外，近年来不少国家，对蛋白质及非脂固体物的选择亦很重视，但在提高乳的品质上，仍然要以乳脂率为选择的主要目标，因为乳脂率及乳脂量的变异系数均较其他为大，选择效果好。乳脂率的遗传力为0.5～0.6，且与乳蛋白含量、非脂固体物含量呈0.5左右的中等正相关。这表明，选择乳脂率可达到一举数得之效。但是，要注意乳脂率与产奶量呈负相关($r=-0.43$)，故应注意兼顾两者的选择；也有极个别的牛是正相关。

(3) 体型外貌。在奶牛育种中考虑体型外貌性状，主要是为了防止对发挥生产性能不利的以及影响生产效益的那些身体缺陷，如悬垂乳房易引起乳房炎、分叉蹄影响奶牛正常运动等。研究证明，奶牛体型外貌与生产性能间无明显的相关关系，但与奶牛长寿性(利用年限)、终生效益关系密切；尤其是泌乳系统、后躯发育情况以及四肢和乳房形状与生产寿命有较高的相关性。

(4) 牛奶体细胞计数。国际奶牛联合会认为，体细胞数量(SCC)超过50万个/毫升认为是临床型乳房炎阳性。Lund等(1994)研究估计两者的遗传相关可高达0.97，因此，许多国家都把测定SCC作为乳房炎抗性的选择性状。

(5) 前乳房指数。即两个前乳区泌乳量占总泌乳量的百分数。它是表示乳房前后均匀性的一个指标。正常情况下，前乳房指数为40%～45%，低于40%的表明泌乳不均匀。初胎母牛前乳房指数比二胎以上的成年母牛大。据瑞典研究，奶牛前乳房指数的遗传力平均为0.50。

(6) 繁殖性状。主要包括早熟性、受胎率、配妊时间、产犊间隔、产犊难易、多胎性等。繁殖性能在奶牛生产中是十分重要的，而在育种中往往被忽视。由于繁殖性状与生产性状存在着一定的负相关，忽视了繁殖性状的选择，会导致综合选择效果的下降。牛的繁殖性状遗传力都较低，一般小于0.2，故要提高繁殖力，除了使用本身、半同胞和后裔记录扩大测定范围及提高选择的准确性外，主要应加强饲养管理和提高繁殖技术水平。

(7) 长寿性。生产寿命、利用年限与头胎产奶量之间的表型相关为 0.43，遗传相关为 0.76；头胎产奶量与终生产奶量之间的表型相关、遗传相关分别为 0.48 和 0.85。这说明头胎产奶量高的母牛，其生产寿命长，终生产奶量也高。

3. 综合选择指数法：此法是根据综合选择指数对种母牛进行选择。这个指数是应用数量遗传学原理，将要选择的表型值，根据遗传力、性状经济重要性程度等，对其加权而制定的一个使个体间可相互比较的数值，然后根据指数的大小排队进行选择。该方法包括产奶量、乳脂率及体型外貌三个性状的综合指数，克服了单一性状选择和独立淘汰法的缺点。

【复习思考题】

1. 简述种公牛选择的方法和步骤。
2. 简述母牛选择的方法和步骤。
3. 如何制定育种方案？

第三章　牛的繁殖技术

【内容提要】 主要介绍牛繁殖管理目标、发情鉴定与配种技术、妊娠与分娩、接产技术以及胚胎移植技术要点。

【目标及要求】 掌握牛繁殖管理目标的主要内容、发情鉴定方法与配种技术，了解妊娠与分娩过程，掌握接产技术以及胚胎移植技术要点。

【重点与难点】 发情鉴定技术与配种技术。

繁殖工作是牛生产的重要环节。繁殖工作的好坏不仅影响牛群的增殖，而且影响牛群的生产性能和种用价值以及牛场的经济效益。所以，不断提高繁殖技术，预防和治疗各种原因造成的繁殖障碍，保持母牛群正常繁殖，具有重要的现实意义。

第一节　繁殖管理目标

一个牛群繁殖效率的高低与繁殖管理水平有着密切的关系，各种不良的繁殖管理因素都将影响到母牛生产性能的发挥。为使母牛达到高产的目标，必须建立和完善繁殖综合管理措施。繁殖管理的目标主要有以下内容。

一、初配月龄

14～16 月龄的荷斯坦牛，体重达 350～400 kg，方可参加配种。我国地方黄牛初配适龄 1.5～2 岁。

二、产犊间隔

产犊间隔指母牛两个胎次间的间隔天数，这既在一定程度上反映了公、母牛在受精方面的遗传力，也是衡量牛群管理的最重要指标。如产后 85 天左右受胎，大致可达每年 1 胎，这是牛繁殖最佳类型。所以，初产母牛 13 个月和经产母牛 12 个月产犊间隔对提高经济效益是最合适的。

三、产后发情适配时间

如果在产后 60 天内有第 1 次发情的母牛头数占牛群总数 80％，表明牛群的繁殖性能正常、各项管理水平良好。适配时间要掌握在分娩后 50～70 天。

四、受胎指数

受胎指数是指母牛每次最终受胎的人工授精次数（同一个情期复配按一次计），这是衡量每位配种员技术水平的重要指标。一般认为，母牛平均受胎次数低于 1.8 为极好；1.8～2.0 为正常；2.0～2.3 为有问题；2.3～2.8 为问题较重；超过 2.8 为问题严重。最高不能高于 2.0 次，即年情期受胎率不低于 55％；否则，要及时查明原因，采取综合管理措施。

五、年分娩率和年受胎率

青年母牛年分娩率为 95％以上，经产母牛为 80％以上；经产母牛受胎率大于 85％，头胎牛 80％，流产率低于 5％，难孕牛低于 10％。

计算公式：

年分娩率＝（年实娩母牛头数÷年应娩母牛头数）×100％

年受胎率＝（年受胎母牛头数÷年受配母牛头数）×100％

年受胎率统计日期按繁殖年度即上年 10 月 1 日至本年 9 月 30 日止计算。年受配母牛数包括 16 个月龄以上母牛。

六、平均年产犊间隔

计算公式：

平均年产犊间隔＝（年内产犊的经产母牛的产犊间隔总天数÷年内产犊的经产母牛头数）×100％

第二节　发情鉴定与配种

一、发情鉴定

发情鉴定的目的是掌握最适宜的配种时机，以便获得最好的受胎效果。

（一）外部观察

发情母牛行为表现精神不安、敏感，尤其在清晨，发情母牛在运动场或牛舍不停地走动。所以，清晨是观察母牛发情的最好时间。外部观察母牛发情，主要是根据阴道是否有透明黏液排出和母牛爬跨情况，其主要表现是如下。

发情前期：发情母牛常追爬其他母牛，从阴道流出稀薄白色透明黏液，阴户开始发红肿胀，但此刻不让其他牛爬跨。

发情盛期：性欲旺盛，阴道流出液的液量增加、变得黏稠，为不透明状，呈牵缕性。被其他母牛爬跨时，稳站不动；有时还弓腰，举尾，频频排尿，愿意接受交配。

发情后期：母牛转入平静，不愿被其他母牛爬跨；阴道流出黏液的量、黏稠度、透明度、阴户红肿程度，均比发情盛期较差。

未发情母牛，有时也爬跨其他母牛，或者有少数怀孕母牛被爬跨时也不动，应注意加以区别。一般未发情母牛爬跨其他母牛，但当被其他母牛爬跨时则反抗逃避；同时，外阴不红、不肿、不流黏液。

（二）阴道检查

将母牛保定，用0.1%高锰酸钾（$KMnO_4$）溶液浸湿毛巾消毒，擦洗外阴部，并将开膣器用2%～5%来苏尔溶液浸泡消毒后，再用生理盐水将药液冲洗掉。然后，一手持开膣器，把开膣器嘴先闭上，另一手的拇指和食指拨开阴户，这时将开膣器横位慢慢从阴户插入阴道内，再将开膣器旋转90°，使把柄向下，按压把柄扩张阴道，借用手电筒光检查母牛阴道和子宫颈黏膜变化。

发情阶段是根据黏膜充血，肿胀程度，黏液分泌量、色泽、黏稠度及子宫颈口开张等情况进行判定。

发情初期：黏液透明，如水玻璃状，有流动性，以后黏液量逐渐增多，变为半透明，有黏性。

发情盛期：黏膜充血、肿胀、有光泽，黏液在阴道中积存；子宫颈外口有较多黏液附着，呈深红色、花瓣状，子宫颈外口和子宫颈管松弛，呈开张状态。将子宫颈的黏液涂片于显微镜下观察，处于发情盛期时，抹片呈羊齿植物状结晶花纹。

发情后期：黏膜充血消失，呈浅桃红色，黏液变少。发情后期抹片的结晶较短，呈现金鱼藻或星芒状。

发情末期：黏液减少，呈黏糊状：有利于精子进入子宫，并作为宫颈塞，防止精液外流。

（三）直肠检查

直肠检查是用手通过母牛直肠壁触摸卵巢及卵泡的大小、形状、变化状态等，以判定母牛发情的阶段，确定其为真发情还是假发情。直检是生产实践中常用的较为可靠的方法。

母牛发情时，通过直肠检查卵巢，可摸到黄豆大小的卵泡突出于卵巢表面。发情前期卵巢稍增大，卵泡直径 0.25～0.5 cm，凸出于卵巢表面；发情盛期卵泡增大，直径 1～1.5 cm，卵泡中充满卵泡液，波动明显，突出于卵巢表面；发情后期，卵泡不再增大，但泡壁变薄，泡液呈波动性，有一触即破的感觉。如卵泡破裂，卵泡处出现凹陷。

二、适时配种

为了提高受胎效果，必须准确掌握母牛排卵时间，以便进行适时配种。多数人认为，奶牛发情持续时间为 18 小时左右；初配牛略短，约为 15 小时。母牛排卵时间多数发生在发情结束后 6～8 小时。

众所周知，卵子和精子受精部位是在输卵管上的 1/3 膨大部（即壶腹部），卵子从卵巢排出到达漏斗部时间需要 3～6 小时。卵子排出后维持受精能力的时间约为 6 小时；精子从子宫颈到达输卵管膨大部的时间大约为几十分钟。所以最适宜的配种时间，应掌握在发情盛、后、末期至发情结束后 3～4 小时为宜。

在生产实际中由于很少能观察到准确的发情开始时间，所以掌握最佳配种时机比较困难。为此，应结合触摸卵泡发育程度进行输精。生产上一般早上母牛发情（被爬跨不动）则下午配，第二天上午再复配一次。若下午发情，则第二天早上配，下午再复配一次。在实际工作中，如上午发现发情，就在第二天相应的时间配种，又在下午或晚上复配一次；如果下午发现发情，就在翌日下午相应时间配种，在第三日清晨再复配一次。

母牛受胎效果，不取决于配种次数，关键在于适时配种和不断改进配种技术。一名优秀的配种员应该是技术熟练而且懂得母牛发情排卵规律的人。技术上过得硬的配种员，可采取一次配种。

第三节　妊娠与分娩

一、妊娠

(一) 母牛妊娠的主要特征

母牛配种后,从受精到分娩的过程叫做妊娠。母牛妊娠后在生理上发生一系列的变化。首先停止发情,性格变得温驯、迟钝,行动迟缓,放牧或赶出运动经常走在牛群之后。妊娠 3 个月后,食欲亢进,膘情好转,以后又趋下降。初产牛此时在乳房内能摸到硬块。4 个月后常表现异嗜。5 个月后腹围粗大,初产牛此时乳房显著膨大,乳头变粗,并能挤出牵缕性的黏性分泌物;经产牛从妊娠 5 个月开始,泌乳量显著下降,脉搏、呼吸频数也明显地增加。妊娠 6～7 个月时,用听诊器可以听到胎儿的心跳;并在腹部可看到胎儿在母牛体内转动的情况,特别是在清晨饮喂前及运动后,胎儿在母体内更为活跃。妊娠 8 个月时,胎儿体积显著增大,在腹部脐部撞动,腹围更大。

(二) 母牛的妊娠期

妊娠日期的计算是由配种日期到胎儿出生为止。母牛妊娠期的长短,依个体不同则有差异,一般为 270～285 天,平均为 280 天。一般来说,早熟的培育品种母牛,妊娠期稍短,而晚熟的原始品种妊娠期较长;怀双胎母牛的妊娠期比单胎的稍短;青年母牛的妊娠期比成年牛或老年稍长;怀雄性胎儿比雌性胎儿成熟得稍迟几天。

为了做好分娩前的准备工作,必须精确地推算奶牛的产犊日期。推算的方法如下。

按妊娠期 280 天计算;“月减 3、日加 6”,即配种的月份减去 3,配种的日期加上 6,即为预产期。

二、保胎

母牛妊娠后,就要做好保胎工作,以保证胎儿的正常发育和安全分娩,并防止流产。造成流产的生理因素主要有三:一是胎儿在妊娠中途死亡;二是子宫突然发生异常收缩;三是母体内生殖激素(助孕素)发生紊乱,母体变化,失去保胎能力等。妊娠两个月内,胚胎在子宫内呈游离状态,逐渐完成着床过程，胎儿由依靠子宫内膜分泌的子宫乳作为营养过渡到靠胎盘吸收母体营养。这个时期如果母牛的饲养水平过低，尤其是营养质量低劣时，子宫乳分泌不足，就会影响胚胎的发育，造成胚胎死亡；在妊娠后期，由于胎儿急速生长。母牛腹围增大，如饲养管理不当，极易造成母牛流产、早产。因此，妊娠期要注意以下问题。

（一）满足妊娠母牛的需要

在营养物质中，主要是蛋白质、矿物质和维生素，特别是在冬季枯草期尤其要注意。维生素 A 缺乏，子宫黏膜和绒毛膜上的上皮细胞发生变化，妨碍营养物质的交流，母子也容易分离。维生素 E 不足，常使胎儿死亡。冬季缺乏青绿饲料时应补充青菜和青贮，胎儿血液中钙、磷含量高于母体血液。当饲料中供应不足时，母牛往往动用骨骼中的钙，以供胎儿生长的需要，这样易造成母牛产前和产后的瘫痪。因此，孕牛要注意补喂含蛋白质、矿物质、维生素丰富的饲料。此外，要防止喂发霉变质、酸度过大、冰冻和有毒的饲料。

（二）合理的管理

孕牛运动要适当，严防惊吓、滑跌、挤撞、鞭打、顶架等。对于有些患习惯性流产的母牛，应摸清其流产规律，在流产前采取保胎措施，服用安胎中药或注射“黄体酮”等药物。

三、分娩

分娩是指成熟的胎儿、胎膜及其中胎水自子宫腔内排出的一种生理过程，在分娩结束后，成熟的胎儿由子宫内生活转而为体外独立生活。

（一）临产征状

随着胎儿的逐渐发育成熟和产期的临近，母牛临前发生一系列变化，根据这些变化，可以估计分娩的时刻，以便做好接产准备。

1. 乳房膨大：产前的约半个月乳房膨大。一般妊娠母牛在产前几天可以从前面两乳头挤出黏稠、淡黄如蜂蜜状的液体。当能挤出乳白色的初乳时，分娩可在 2 天内发生。

2. 外阴部肿胀：母牛在妊娠后期，阴唇逐渐肿胀、柔软、皱褶平展，封闭子宫颈口的黏液塞溶化，在分娩前 1～2 天呈透明的索状物从阴部流出，垂于阴门外。

3. 骨盆韧带松弛：妊娠末期，由于骨盆腔血管内血流量增多，静脉於血，毛细血管壁扩张，血液的液体部分渗出管壁，浸润周围组织，因此骨盆部韧带软化，臀部有塌陷现象。在分娩前1～2天，骨盆韧带已充分软化，尾根两侧肌肉明显塌陷，使骨盆腔在分娩时能稍增大。

4. 子宫颈开始扩张：母牛开始发生阵痛，母牛时起时卧，频频排粪尿，头不时向后回顾腹部，感到不安，表明母牛将分娩。

（二）分娩过程

1. 开口期：子宫肌发生更加频繁有力的阵缩，同时腹肌和膈肌也发生强烈收缩，腹内压显著升高，把胎儿从子宫内经产道排出。

2. 胎儿排出期：子宫肌发生更加频繁有力的阵缩，同时腹肌和膈肌也发生强烈收缩，收缩的间歇期较长，阵缩进行到胎衣完全排出为止。胎衣排出后，分娩过程就告结束。

四、接产

母牛出现分娩征状后，立即安排专人值班；做好安全接产工作，并准备好碘酒、药棉、纱布、剪刀等物。产室地面应铺以清洁、干燥的垫草，并保持安静的环境。因为在安静的环境里，大脑皮质容易接受来自子宫的刺激，因此也能发出强烈的冲动传达到子宫，子宫强烈收缩使胎儿迅速排出。一般胎膜小泡露出后10～20分钟，母牛多卧下，要使它向左侧卧，以免胎儿受瘤胃压迫难以产出。当胎儿的前蹄将胎膜顶破时，要用桶将羊水（胎水）接住。产后给母牛饮服3～4 kg，可预防胎衣不下。正常情况是两前脚夹着头先出来。倘发生难产，应先将胎儿顺势推回子宫矫正胎位，不可硬拉。倒生时，当两后腿产出后，应及早拉出胎儿，防止胎儿腹部进入产道后脐带可能压在骨盆底下，胎儿可能会窒息死亡。若母牛阵缩、努责微弱，应进行助产，用消毒绳缚住胎儿两前肢系部，助产者双手伸入产道，大拇指插入胎儿口角，然后捏住下颚，乘母牛努责时一起用力拉，用力方向应稍向母牛臀部后上方。当胎头经过阴门时，一人用双手护住阴唇及会阴，避免撑破。胎头拉出后，再拉的动作要缓慢，以免发生子宫内翻或脱出。当胎儿腹部经过阴门时，用手护住胎儿脐孔部，防止脐带断在脐孔内，并延长断脐时间，使胎儿获得更多的血液。

第四节　胚胎移植

一、供体牛与受体牛的选择

(一)供体选择

1. 具备遗传优势,在育种上价值大的母牛作为供体。

2. 具有良好的繁殖能力,无遗传缺陷,分娩顺利无难产。

3. 健康无病,体质差的母牛通常对超数排卵处理反应差。

4. 营养良好,供体日粮应全价,并注意补给青绿饲料,膘情适度,不要过肥或过瘦。

(二)受体的选择

受体母牛可选用非优良品种的个体,但应具有良好的繁殖性能和健康体况,可选择与供体发情同期的母体为受体,一般两者的发情同步差不宜超过24小时。

二、超数排卵与同期发情

(一)超数排卵的处理

1. 用FSH超排。在发情周期(发情当天为零天)的9～13天中的任何一天开始肌注FSH。以递减剂量连续肌注4天,每天注射两次(间隔12小时)。剂量按牛的体重、胎次作适当调整,总剂量为300～400大鼠单位。在第一次注射FSH后48小时及60小时时,各肌注一次PGF2α,每次2～4 mg;若采用子宫灌注剂量可减半。进口PGF2α及其类似物,由于产地、厂家不同所用剂量不一样。

2. 用PMSG超排。在发情周期的第11～13天中任意一天肌注一次即可。按每千克体重5 U确定PMSG总剂量,在注射PMSG后48小时及60小时时,分别肌注PGF2α一次,剂量同(1)。母牛出现发情后12小时,再肌注抗PMSG,剂量以能中和PMSG的活性为准。

(二)同期发情

在胚胎移植过程中,必须要求受体和供体达到同期发情。这样,两母牛的生殖器官就能处于相同的生理状态,移植的胚胎才能正常发育。受体母体的同期发情处理，与供体母牛的超数排卵同时进行。在大的牛群中，可以选出相当数量的和供体同时自然发情的受体来，但在小范围并在限定的时间内进行胚胎移植，必须首先要求受体与供体同期发情和排卵。

实践证明，受体和供体发情开始的时间越接近，移植的受胎率就越高；相差的时间越长，则受胎率越低。因为妊娠初期的子宫环境在不断地发生变化。一定时期的子宫环境只适合于相应发育阶段的胚胎。当前比较理想的同期发情药物是PGs及其类似物，其用量根据药物的种类和用法而不同，采用子宫灌注的剂量要低于肌肉注射的剂量。在注射PGF2α后24小时，配合注射促进卵泡发育的PMSG或FSH，可以明显提高同期发情效果。

三、供体的发情鉴定与配种

超数排卵处理结束后，要密切观察供体的发情征状。正常情况下，供体大多在超排处理结束后12～48小时发情。牛发情鉴定主要以接受它牛爬跨且站立不动的时间，把此时作为零时。由于超排处理后排卵数较正常发情牛多且排卵时间不一致，如精子和卵子的运行受超排处理的影响，为了确保卵子受精，采取增加输精次数和加大输精量的方法，新鲜精液优于冷冻精液。一般在发情后8～12小时输第一次精，以后间隔8～12小时再输精2次。

四、胚胎采集与检查

胚胎的采集，简称为采胚。采胚就是借助工具利用冲胚液将胚胎由生殖道（输卵管或子宫角）中冲出，并收集在器皿中。目前胚胎采集多采用非手术法。

（一）胚胎采集前的准备

1. 冲胚液、培养液的配制。为了保证胚胎在离体条件下不受损伤，冲胚液必须符合一定的渗透压和pH。现在多采用杜氏磷酸盐缓冲液（PBS）及199培养液（ICM199）。它们除含各种盐类外，还含有多种有机成分，不但可用于冲洗、采集胚胎，还用于体外培养、冷冻保存和解冻胚胎等。

冲胚液和培养液在使用前都要加入血清白蛋白，含量一般为0.3%～1%，也可用犊牛血清代替之。冲胚液血清含量一般为3%（1%～5%），培养液血清含量为20%（10%～50%）。

2. 采集时间的确定。采胚时间的确定应根据配种时间、发生排卵的大致时间、胚胎的运行速度、胚胎的发育阶段，胚胎所处的部位、采胚方法等因素来确定。

母牛的排卵时间为发情结束后10～11小时，胚胎发育速度为：2细胞期为排卵后1～1.5天，4细胞期为排卵后2～3天，8细胞期为排卵后3天，16细胞期为排卵后4天；并且，3～4天时进入子宫，7～8天时形成胚胎，9～11天时透明带脱离，22天时开始附植。采胚时间不应早于排卵后第一天，即最早要在发生第一次卵裂之后，否则不易辨别卵子是否受精。通常取胚是在发情配种后7天(6～8天)进行。

(二)胚胎采集方法

1. 采胚管的构造。采胚管主要构成为二路式和三路式。一般多采用二路式采胚管。二路式采胚管的主体部分由橡胶制成，中心管腔为两部分；一部分是冲胚液进出的通道，导管的前端侧面有几个开口(进出水孔)，冲胚液由此进入子宫角，再由此带着胚胎回到导管；另一部分与导管前边的气囊相连，当气囊充气后自行膨大，以固定导管在子宫角的位置，并防止冲胚液沿子宫壁流到阴道。另外，还有一根不锈钢导杆，插入进出冲胚液的导管，以增强导管的硬度，便于导管通过子宫颈到达子宫角。

2. 具体方法。母牛在采胚前要禁水、禁食10～24小时，将采胚供体牵入保定架内，呈前高后低姿势，于采胚前10分钟对其进行麻醉。大都采用在尾椎硬膜外注射2%普鲁卡因，也可在颈部或臀部肌注2%静松灵，使牛镇静，子宫松弛，以利采胚。同时，对外阴部冲洗和消毒。为利于采胚管的通过，在采胚管插入前，先用扩张棒对子宫颈进行扩张，青年牛尤为必要。采胚管消毒后，用冲胚液冲洗并检查气囊是否完好，将无菌不锈钢导杆插入采胚管中。操作者将手伸入直肠，清除粪便，检查两侧卵巢黄体数目。将采胚管经子宫颈缓缓导入一侧子宫角基部，由助手抽出部分不锈钢导杆，操作者继续向前推进采胚管。当达到子宫角大弯附近时，助手从进气口注入一定的气体(12～25 mL)，充气量的多少依子宫角粗细以及导管插入子宫角的深度而定。认为气囊位置和充气量合适时，抽出全部不锈钢导杆。助手用注射器吸取事先加温至37℃的冲胚液，从采胚管的进水口推进，进入子宫角内；再将冲胚液连同胚胎抽回注射器内，如此反复冲洗和回收5～6次。胚液的注入量由刚开始的20

～30 mL 逐渐加至 50 mL 时，将每次回收的冲胚液收入集胚器内，将其置于37℃的恒温箱或无菌检胚室等待检胚。一侧子宫角冲胚结束，按上述方法再冲洗另一侧子宫角。每侧子宫角需用冲胚液 100～500 mL。结束后，为促使供体正常发情，可向子宫内注入或肌注 PGF2α，为预防感染可向子宫内注入抗生素。

对术后的供体不但要注意其健康情况，同时要留心观察在预定的时间内是否发情，以及生殖器官是否受到感染。

(三)胚胎检查方法

胚胎检查是指在立体显微镜下，从冲胚液中寻找胚胎。检查胚胎应在20℃～25℃的无菌操作室内进行，可采用以下几种方法。

一是静置法，把盛冲胚液的容器静置 20～30 分钟，因胚胎比重大，会下沉到容器底部，然后将上面的液体弃去，将下面的几十毫升冲胚液倒入平皿或表面皿，在立体显微镜下进行检查。

二是用带有网格(直径小于胚胎直径)的过滤器放入冲胚液中，由上往下吸出冲胚液，最后检查剩下几十毫升冲胚液即可，为防止胚胎吸附在过滤器上，用冲胚液反复冲洗过滤器，将冲洗液单独检查，检出的胚胎用吸胚器移入含有 2%犊牛血清 PBS 培养液中进行鉴定。

(四)胚胎的等级分类技术

胚胎的鉴定是将检查到的胚胎应用各种方法对其质量和活力进行评定(或等级分类)。目前，常用方法有形态学法、体外培养法、荧光活体染色法和测定代谢活性法等。

1. 形态学法。这是目前应用最广泛的一种方法。一般是在 60～80 倍的立体显微镜下或 120～160 倍的生物显微镜下对胚胎进行综合评定。评定的主要内容是：一是卵子是否受精，未受精卵的特点是透明带内分布匀质的颗粒，无卵裂球(胚胎细胞)；二是透明带形状、厚度、有无破损等；三是卵裂球的致密程度，卵黄间隙是否有游离细胞或细胞碎片，细胞大小是否有差异；四是胚胎本身的发育阶段与胚胎日龄是否一致，胚胎的透明度，胚胎的可见结构如胚结(细胞团)，滋养层细胞，囊胚腔是否明显可见。

根据胚胎形态特征将胚胎分为 A(优)、B(良)、C(中)、D(劣)四个等级。

应该指出，形态鉴定在很大程度上是凭经验，带有一定主观成分，需要观察者有丰富的经验。

2. 体外培养法。将被鉴定的胚胎经体外培养观察，进一步判断其死活。由于体外培养的方法本身对胚胎的发育就有影响，所以会干扰评定的准确性。此外，体外培养，需要一定的设备又不能及时得出结果，所以采用此法对胚胎进行鉴定，在生产上应用较为困难。

3. 荧光活体染色法。将二醋酸荧光素(FDA-Flucreseiridimetye)放入待鉴定的胚胎中，培养3～6分钟，活胚胎显示有荧光，死胚胎无荧光。这种方法比较简单而且能够确切验证胚胎的形态观察的结果，尤其对可疑胚胎有效。

4. 测定代谢活性法。通过测定代谢活性，鉴定胚胎的活力，其方法是将被鉴定胚胎放入含有葡萄糖的培养液中培养1小时后，测定培养液中葡萄糖消耗量，每培养1小时消耗葡萄糖2～5 μg以上者为活胚胎。

五、胚胎移植

非手术法移植比手术法简便易行普遍被采用。

移植前可将移植胚胎吸入0.25 mL塑料细管内，隔着细管在立体显微镜下检查，确定胚胎已吸入细管内，然后将细管(棉塞端向后)装入移植器中。

先将受体直肠内的宿粪掏净，通过直肠检查确定黄体侧别并记录黄体发育情况。助手分开受体阴唇，移植者将移植器插入阴道。为防止阴道污染移植器，在移植器外套上塑料薄膜套；当移植器前端插入子宫颈外口时，将塑料薄膜撤回。按直肠把握输精的方法，缓缓使移植器前端进入黄体侧子宫角内，并将移植器准星调到与地面垂直的位置(此时移植器前端开口朝下)，助手迅速将推杆推进，通过细管棉塞把含胚胎的培养液推到移植器前端，经开口处滴入子宫角内。移植操作要迅速、轻巧，不得对子宫造成损伤。

六、术后观察

对供、受体牛不仅要注意它们的健康状况，还要观察它们在预定的时间内的发情状况。供体牛下次发情可配种或停配2～3个月再做供体；受体牛如果发情，说明胚胎移植失败，应查明原因。对妊娠母牛则要加强饲养管理和保胎，防止流产，并按预产期做好接产和犊牛护理工作。

【复习思考题】

1. 简述牛繁殖管理的目标。
2. 发情鉴定有几种方法？各种方法的要点是什么？
3. 牛配种的适宜时间是如何确定的？
4. 如何做好保胎？
5. 如何做好接产？

第四章　奶牛饲养管理技术

【内容提要】 主要介绍奶牛日粮配合技术、牛的消化特点、犊牛和青年牛的培育技术、成年奶牛的一般饲养管理技术、泌乳牛各阶段的饲养管理技术、干奶牛的饲养管理技术、夏季和冬季的饲养管理技术，奶牛饲养管理效果评价技术。

【目标及要求】 掌握利用试差法进行奶牛日粮配合的方法步骤、犊牛和青年牛的培育技术要点、成年奶牛的一般饲养管理技术、泌乳牛各阶段的饲养管理技术要点、干奶牛的饲养管理技术要点、高温季节和寒冷季节的饲养管理技术要点。

【重点与难点】 奶牛日粮配合技术及不同生理阶段牛的饲养管理技术要点。

第一节　奶牛日粮配合技术

一、奶牛日粮配合技术

（一）试差法

该法又称“凑数”法或“瞎子爬山”法，是目前中小型饲料企业和养殖场（户）经常采用的方法。其具体做法是：首先根据经验初步拟出各种饲料原料的大体比例，然后用各自的比例乘以该原料所含各种养分的百分含量，再将各种原料的同种养分相加，就得到该配方的每种养分总含量；将所得结果与饲养标准相比较，若有某种养分超过标准或不足时，可通过减少或增加相应的原料比例进行调整和重新计算，直到所有的营养指标都基本满足饲养标准时为止。这种方法简单易学，且学会后可以逐步深入，掌握各种配料技术，因而广为应用。但缺点是计算量大，比较烦琐且盲目性大，不易筛选最佳配方，成本也可能较高。

例：一头体重 600 kg、日产乳脂率为 3.5%的乳 15 kg、怀孕 6 个月的二胎牛，舍饲，环境温度为 0℃。现有饲料种类是玉米秸、花生蔓、青贮玉米秸、玉米、麸皮、豆饼、磷酸氢钙、贝壳粉、食盐、碳酸氢钠、复合微量元素添加剂及维生素添加剂，以此为例说明奶牛日粮配合的方法和步骤。

第一步，查奶牛营养需要表(见附录一)，列于表 4-1。

表 4-1 营养需要量

营养需要	日粮干物质(kg)	奶牛能量单位(NND)	可消化粗蛋白(g)	钙(g)	磷(g)	胡萝卜素(mg)	维生素(A)(ku)
维持需要	7.52	13.73	364	36	27	64	26
产奶需要	6.15	13.95	795	63	42		
环境温度需要		13.73×18×0.6/85=1.74					
第二胎需要	0.752	13.73×10%=1.37	36.4	3.6	2.7		
怀孕需要	0.75	1.34	50	6	2		
合计	15.17	32.13	1245.4	108.6	73.7		

第二步，首先以粗饲料满足奶牛干物质的需要量。每天喂青贮玉米秸 20 kg，则应供秸秆 11.8 kg(玉米秸 9.8 kg，花生蔓 2 kg)，获得如下营养情况见表 4-2。

表 4-2 粗饲料提供的营养

饲料种类	DM	NND	DCP(g)	Ca(g)	P(g)
9.8 kg 玉米秸	8.82	11.86	176		
2 kg 花生蔓	1.8	3.08	56	49.2	0.08
20 kg 青贮玉米秸	4.54	7.2	200	20	1.2
总计	15.16	22.14	432	69.2	1.28
尚缺营养	0.01	9.99	813.4	39.4	72.4

第三步，用能量饲料等量替代玉米秸满足能量的需要。玉米与麸皮 2：1，用此能量混合物 7.9 kg[9.99÷(2.47－1.21)＝7.9] 等量替代玉米秸，其营养见表 4-3。

表 4-3　精粗料营养含量

饲料种类	NND	DCP(g)	Ca(g)	P(g)
5.3 kg 玉米	14.63	296.8	4.2	11.1
2.6 kg 麸皮	4.91	234	3.6	14.0
1.9 kg 玉米秸	2.3	41.4		
2 kg 花生蔓	3.08	56	49.2	8.0
20 kg 青贮	7.2	200	20	12
精粗饲料总计	32.12	828.2	77	45.1
与需要比较	－0.01	－417.2	－31.6	－28.6

由上表可见，上述日粮除 NND(能量)已满足需要外，DCP、Ca、P 的需要量尚感不足。

第四步，以豆饼等量替换玉米满足 DCP 的需要，替换量为：417.2÷(272－56)＝1.93(kg)。见表 4-4。

表 4-4　豆饼等量替换玉米后营养含量

饲料种类	NND	DCP(g)	Ca(g)	P(g)
3.37 kg 玉米	9.30	188.7	2.7	7.1
2.6 kg 麸皮	4.91	234	3.6	14
1.93 kg 豆饼	5.10	540.4	6.2	9.7
1.9 kg 玉米秸	2.3	41.4		
2.0 kg 花生蔓	3.08	56	49.2	8.0
20 kg 青贮玉米秸	7.2	200	20	12
合计	31.89	1 260.5	81.7	50.8
与需要比较	－0.24	＋15.1	－26.9	－22.9

第五步，补充矿物质。以磷酸氢钙先满足磷的需要，其需要量为22.9÷180＝0.13(kg)。同时，钙也得到满足(0.13×260＝33.8)。

因此，基本上获得平衡日粮，即该奶牛的平衡日粮为玉米秸1.9 kg，花生蔓2.0 kg，青贮玉米秸20 kg，玉米3.37 kg，麸皮2 kg，豆饼1.93 kg，磷酸氢钙0.13 kg。

第六步，补充食盐。食盐的需要量按每100 kg体重给3 g，每产1 kg奶给1.2 g。共需36 g食盐，即0.036 kg 。

按每kg精料加1.5%的碳酸氢钠计，需要添加0.12 kg，添加微量元素添加剂按精料1.0%计，需要添加0.08 kg 。

如此精料的组成比例大致为：玉米44.4%，麸皮26%，豆饼25%，磷酸氢钙1.6%，食盐0.5%，碳酸氢钠1.5%，微量元素添加剂1% 。

利用试差法设计饲料配方时应注意如下几个问题。

(1) 对粗饲料中的某一种或几种的用量先确定下来，如青贮饲料、花生蔓。

(2)对原料的营养特性要有一定的了解，对含有毒素、营养抑制因子等不良物质的原料，可根据生产上的经验将其用量固定。

(3)通过观察对比各原料的营养成分，来确定相互取代的原料。

(4)矿物质不足或过高时应首先以含磷的原料调整磷的含量，并计算其钙含量。若钙仍有不足或过高，再以含钙的原料(如石粉、贝壳粉、蛋壳粉等)加以调整。

(5)为防止由于原料质量问题而导致产品中营养成分的不足，配方营养水平应稍高于饲养标准。

(6)为了配料上的称量方便和准确，所用原料的配比最好为整数；若非有小数不可，应使带小数的原料种类越少越好。

(二) 四角法

该法又称交叉法、正方形法、对角线法或图解法。这是一种将简单的作图与计算相结合的方法。优点是在饲料原料不多、考虑指标又少的情况下，可较快地获得比较准确的结果，但缺点是同一时间只能考虑1～2个指标。

例：用玉米(粗蛋白质8.7%)和豆饼(粗蛋白质40.9%)配合粗蛋白质含

量为14%的精料。

首先,画一个正方形,将玉米和豆饼的粗蛋白质含量写在左边两个角上,将所要求日粮的粗蛋白质水平写在正方形的中间。

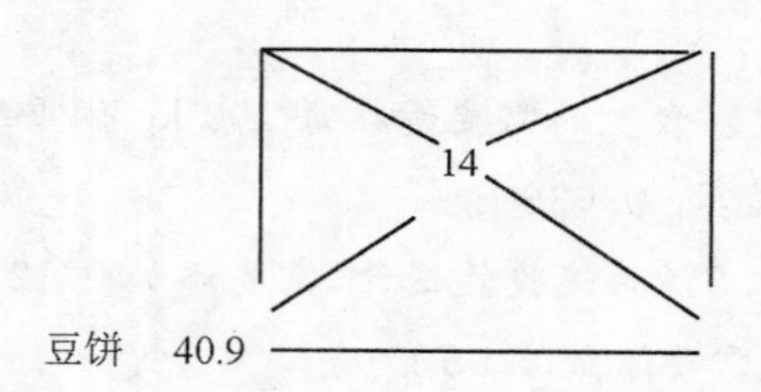

然后分别以正方形左方上、下角为出发点,通过中心向各自的对角作对角线,每条对角线上均以大数减小数,所得数值写在对角上。同一行上所得数值即为左边所对应原料在最终饲料中所占的份数。

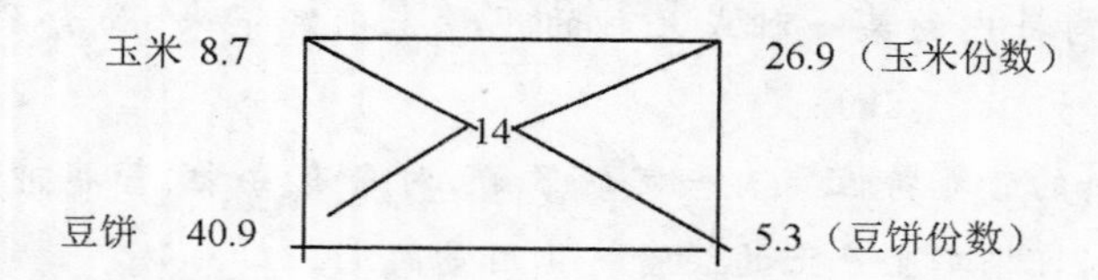

最后,折算成百分比配方。方法是分别用每种原料的份数除以各种原料的总份数。

玉米用量为26.9/(26.9+5.3)×100%=83.54%。

豆饼用量为5.3/(26.9+5.3)×100%=16.46%。

因此,由83.54%的玉米和16.46%的豆饼即可配合出粗蛋白为14%的日粮。

由此可见,利用四角法配合饲料不需反复调整,因而速度较快、结果也较准确,但值得注意的是,配合饲料的蛋白能量比必须一高一低,否则会出现误差。若饲料种类较多时,也可按蛋白能量比分为高于或低于要求的两组,每组饲料配比自行确定,计算出其养分含量和蛋白能量比后,再用四角法计算高低两组的配比和各种饲料用量。

(三)公式法

公式法又称代数法或联立方程法。该法是利用数学上的联立方程计算饲料配方，优点是条理清晰、方法简单。

例：应用粗蛋白质含量为9%的能量混合料和粗蛋白质含量为40%的浓缩饲料配合粗蛋白质为16%的精料。

设能量混合料在日粮中的百分比为X，浓缩饲料的百分比为Y。则有

$$X+Y=100\% \quad 和 \quad 9\%X+40\%Y=16\%$$

组成方程组后，解得：$X=77.4\%$，$Y=22.6\%$。

即用77.4%的能量饲料和22.6%的浓缩饲料。

用公式法计算时，方程式必须与饲料种类数相等，且一般以2～3个方程求解2～3种饲料用量为宜。若饲料种类多时，可先自定几种饲料用量，使需要求解的饲料控制在2～3种。

三、设计饲料配方应注意的几个问题

(一) 计算标准或执行标准的确定

饲养标准是进行饲料搭配的重要依据，但它又有局限性。目前，世界上许多国家都建立了自己的饲养标准(如美国NRC，英国ARC，法国APC，日本、欧共体、前苏联及我国标准)。许多著名动物育种公司的饲养管理手册上，又有自己的标准，因此，究竟选择那一个标准，往往使配方设计者无所适从。针对上述情况，建议：

(1) 对已有品种标准的动物，应尽量以其品种标准为参考。

(2) 对未有品种标准者，可参考国家标准及美国NRC、英国ARC等标准，但这些标准多为最低需要量。在进行饲料搭配时，应根据饲养动物的品种、饲养方式及水平、饲料生产及加工条件等因素而予以适当修正。

(3) 应考虑环境因素对设定标准的影响：多数饲养标准都是以一个近似的采食量为基础的，而环境因素尤其是温度对采食量有很大影响。因此，配方设计者必须依据采食量水平设计饲料中营养成分的水平，其一般原则是寒冷季节营养水平可适当下降，而高温季节则应予以提高。

(4) 营养指标的确定：现有饲养标准中规定的指标很多，但若考虑指标过多，往往找不到最优解。因此，进行饲料搭配时，通常把主原料与添加剂分开设计。主原料设计时，一般仅选用能量、蛋白质(粗蛋白、可消化粗蛋白、过瘤胃蛋白等)、钙、磷、盐、粗纤维等，其他成分在添加剂中补充。

(二) 原料中营养成分的确定

由于原料的变异及分析条件的限制，如何确定使用原料的营养成分是配方设计的又一大难题。虽然许多营养成分表都给出了参考数值，但成分表很多，而且数字变异可能很大。例如，《中国饲料数据库》(1995) 与《FEEDSTUFF》(1996) 就存在很大差异。因此，在进行配方设计时应该做到以下几点。

(1) 对一些易于测定的指标，如粗蛋白质、水分、钙、磷、盐、粗纤维等最好进行实测。

(2) 对一些难于测定的指标，如能量、氨基酸等，可参照国内的数据库，但此时必须注意样品的描述。只有样本描述相同或相近，且易于测定的指标(粗蛋白质、水分、钙、磷、粗纤维、粗脂肪等)与实测值相近时才能加以引用。

(3) 对于维生素和微量元素等指标，由于饲料种类、生长阶段、利用部位、土壤及气候因素等影响较大，主原料中含量可不予考虑，而作为安全系数。

第二节　牛的消化特性

一、牛消化道的构造特点

(一) 口腔

牛口腔中的唇、齿和舌是主要的摄食器官。牛没有上切齿，上切齿的功能被坚韧的齿板所代替，为下切齿提供了相对的压力面。牛的舌长而灵活，可将牧草送于口中，牛舌的尖端有大量坚硬的角质化乳头，这些坚硬的乳头起收集细小的食物颗粒的作用。切齿和齿板的咬合动作可以配合舌的运动摄取食物。牛的唇相对来说不很灵活，然而当采食鲜嫩的青草或小颗粒食物(如谷粒、面粉、颗粒饲料等)时，唇就成为重要的采食器官。牛的唾液腺有五个成对的腺体和三个不成对的腺体。唾液腺所分泌的唾液就是上述各腺体所分泌的混合液体，唾液对牛有着特殊重要的作用。另外，家牛和水牛这一类反刍动物还具有鼻唇腺，这是位于鼻镜部真皮内的一些小腺体，其水样分泌物可保持鼻镜部的湿润。大部分的分泌物被舌带进口腔，很少一部分可起到蒸发冷却的作用。许多疾病可使鼻唇腺停止分泌。因此，常把鼻镜部的干燥、发热作为诊断疾病的依据之一。

（二）食道

食道有横纹肌组织。犊牛有食管沟（又称网胃沟），起始于喷门，向下延伸至网瓣胃间孔。食管沟实质上是食管的延续，收缩时呈管状，起着将乳汁或其他液体自食管输往瓣胃沟和皱胃的通道作用。随着犊牛年龄的增长，食管沟闭合反射逐渐减弱以至消失。但如果一直连续喂奶，则至成年时仍可保持幼年时的机能状态。

食管沟有两种收缩形式：一种是闭合不全的收缩，两唇仅是缩短变硬，两侧相对形成通道，有 30%～40%的液体流经其间进入皱胃；另一种是闭合完全的收缩，即两唇内翻，形成密闭管状，摄入的液体有 75%～90%由这里流入皱胃。犊牛的摄乳方式对食管沟闭合反射也有影响。当用桶饮乳时，食管沟闭合不完全，乳汁容易进入网胃和瘤胃。但当用奶头吸吮时，乳汁可直接进入皱胃，几乎没有乳汁混进网胃和瘤胃。

（三）复胃

牛的胃是瘤胃、网胃（蜂巢胃）、瓣胃（重瓣胃或百叶胃）及皱胃（第四胃或真胃）组成的复胃。其中，前三个胃称之为前胃，瘤、网胃又合称为反刍胃；只有第四胃——皱胃有胃腺，能分泌消化液，故又称之为真胃。以进化观点来看，前胃实际上是食道的膨大部分。牛刚出生时，皱胃是牛胃中最大的胃室。随着日龄的增长，犊牛对植物性日粮的采食量逐渐增加，促进瘤胃和网胃很快生长发育，而真胃容积相对变小，瓣胃的发育较慢。

犊牛瘤胃和网胃的相对生长速度，以 3～9 周龄最快，且生长强度大，但受饲养方式和饲料条件的影响很大。据观察，犊牛在 2～3 周龄时出现短时间的反刍活动。如果单纯喂奶，尽管奶中富含维生素和矿物质，但瘤胃的容积、运动能力及瘤胃黏膜乳头等均得不到正常发展。这是因为单纯吃奶的犊牛，瘤胃缺乏粗糙物质的刺激，从而影响了瘤胃黏膜乳头的生长。瘤胃内存在的有机酸，尤其是瘤胃微生物发酵产生的挥发性脂肪酸（VFA），是一种刺激瘤胃黏膜乳头生长的因素。

随着瘤胃、网胃的发育，牛对青粗饲料的消化能力逐渐提高，到 6 月龄时已具备成年牛的特点。牛胃的容量很大，成年奶牛胃的最大容量为 250 L，一般成年肉用牛或役牛胃的容量为100 L左右。其中，瘤胃的容量最大，占胃总容量的80%左右，占据整个腹腔左半侧和右侧下半部，是一个左右稍压扁、前后伸长的大囊袋。提早给犊牛补饲植物性饲料（尤其是干草），并把母牛反刍的食团取出，挤出液体后拌入奶中或直接塞入口中（这叫做瘤胃微生物接种）喂犊牛，可使犊牛提前具备成年牛的消化能力，直接给成年牛饲喂微生物添加剂亦可提高其生产性能。瘤胃没有胃腺，不分泌消化液，但胃壁强大的纵形肌肉环，能强有力地收缩与松弛，进行节奏性蠕动以搅拌食物；胃黏膜上有许多乳头状突起，尤其是背囊部"黏膜乳头"特别发达，有助于食物的揉磨。而大量存在于瘤胃内的多种微生物，对食物的分解与营养物质的合成起着极其重要的作用，从而使瘤胃成为活体内一个庞大的、高度自动化的"饲料发酵罐"，所以在瘤胃内既进行强烈的机械消化（物理消化）又进行着微生物消化。瓣胃的作用是对食糜进一步研磨，将稀软部分送入皱胃，吸收有机酸和水分，使进入皱胃的食糜便于消化。皱胃是连接瓣胃和小肠的管状器官。皱胃黏膜折叠成许多纵向皱褶，但不同于瓣胃的叶片。这些皱褶的排列方式可以防止皱胃内容物逆流回瓣胃。皱胃的功能相当于非反刍动物的胃底区和幽门区。胃底区上皮有分泌细胞，可产生盐酸（HCl）和胃蛋白酶，幽门区可产生黏液，但其分泌物的胃酶活性很低。食物在皱胃中可以得到初步的化学消化。

（四）肠道

肠道的结构和功能是随着牛年龄的增长和食物类型的改变而逐渐成熟的。新生犊牛的肠道占整个消化道的比例（组织相对重%）为70%～80%，大大高于成年牛（30%～50%）。随着日龄的增长和日粮的改变，小肠所占比例逐渐下降，大肠基本保持不变，而胃的比例却大大上升。但是，与其他动物相比，牛的肠道是很发达的，尤其小肠特别发达。有资料表明：成年牛小肠为30多米，大肠约10 m。就肠道的相对长度而言，反刍兽牛、羊也是最大的。据测定，肉食兽肠长与体长之比为5∶1，鸡为6∶1，马属动物为12∶1，猪为14∶1，而牛、羊则为27∶1。由于牛具有复胃和肠道长的原因，食物在牛消化道内存留的时间就较长，一般需7～8天甚至还要再长的时间才能将饲料残余物排尽，因此，牛对食物的消化率高。小肠的吸收功能也随年龄发生改变，新生犊牛的小肠可以吸收完整的蛋白质，以此获得母体的免疫物质（免疫球蛋白），达到被动免疫的目的。新生犊牛所有的免疫物质，都是由母体初乳提供的，与此相适应，犊牛的肠黏膜对大分子物质都具有高度的通透性。只是这种特性为期不长，不久之后肠黏膜“关闭”，防止蛋白质分子继续进入血液。牛、羊一般在出生后 90～180 小时就不能吸收免疫物质了。因此，动物出生后及时喂给初乳对它们的健康成长至关重要。

二、牛的消化特点

(一) 采食

1. 采食特点：牛的采食很粗糙，采食速度快，一般咀嚼很不充分，只是将食物与唾液混合成大小和密度适宜的食团后便匆匆咽下，经过一段时间后再将粗糙的食物逆呕回口腔，重新咀嚼即反刍。许多野生反刍动物由于害怕强敌的袭击，很少有时间专心采食，往往是尽可能又多又快地吃下找到的食物后离开，然后在安全的地方仔细地反刍已经吞咽下去的食物。反刍家畜虽然已经驯养，但仍保留野生原种的这一习性。因此，喂给整粒谷料时，大部分均未被咬碎而咽下，沉于胃底(因整粒谷料较重)转往第三、第四胃，而不能被重新咀嚼，因而造成过料现象(未经消化的整粒随粪便排出)，这就造成饲料浪费。喂给整个块根、块茎类饲料时，则常会发生食道梗阻现象(整个的块根、块茎卡在食道内)，危及牛的生命。前已述及，因为牛采食快，咀嚼不充分，所以，如果草料中混入铁丝等异物时，就会进到胃内，当牛反刍时，胃壁会强烈收缩，挤压停留在网胃前部的尖锐异物而刺破胃壁，造成创伤性网胃炎，有时还会刺伤横膈、心包、心脏等，引起这些脏器发炎，危及牛的生命。所以，在准备饲料时应注意避免其中带有铁器等异物。实际上，即使在备草料时特别注意，也避免不了铁物进入牛胃中。据报道，牛胃内几乎都有铁。以往取出胃中铁物的方法是采用磁棒。磁棒的缺点是不安全，易造成损伤，而磁笼(又叫高效牛胃取铁器)安全、可靠，值得在养牛业中推广应用。磁笼长期放置既能治疗又能预防，因磁笼可阻止网胃收缩，防止异物刺伤。

就饲料种类而言，牛喜欢吃青绿饲料、精料和多汁饲料，其次是优质青干草，再次是低水分青贮料，最不爱吃未经加工处理的秸秆类粗饲料。就形态而言，牛爱吃 1 cm^3 左右的颗粒料，最不爱吃粉状饲料。因此，枯草期以秸秆为主喂牛时，应该把秸秆尽可能铡得短一些并拌入精料等，或把秸秆粉碎后用颗粒饲料机压成颗粒料饲喂，以增大采食量。虽然牛通过训练可消耗大量的含有酸性成分的饲料，但仍喜食甜、咸味的饲料。

牛爱吃新鲜饲料，若饲料在饲槽中被牛拱食较长时间，就会粘上其鼻唇镜分泌的黏液，牛就不爱吃。因而，在添草时应注意“少添、勤添”，下槽后要清扫饲槽，将剩草晾干后再喂。

牛没有上门齿，不会啃吃太矮的牧草，所以当野草长度未超过 5 cm 时，不要放牧，否则牛难以吃饱，并会因“跑青”而过分消耗体力，甚至导致体重下降。牛有竞食性，即在自由采食时互相抢食。可利用牛的这个特点，来增加其对劣质饲料的采食量；但在放牧时，则由于抢食而行进过快，将牧草践踏造成浪费，应引起注意。

2. 采食时间：据报道在自由采食情况下，牛全天采食时间为6～8 小时，放牧的牛比舍饲的牛采食时间长。据笔者测定，采食次数与平均每次采食时间在舍饲自由采食情况下，高产奶牛全天的采食时间为 366.125(min)±21.81(min)，低产奶牛为 290.67(min)±19.87(min)，高产奶牛的采食时间极显著高于低产奶牛。如果饲料粗糙或为长草、秸秆类饲料时，则采食时间长；若饲料幼嫩，则采食时间短。在放牧情况下，草高为 30～45 cm 时，采食最快，所需时间最短。气候变化能影响牛采食时间的分布，随着气温的升高，白天的采食时间缩短。天气晴朗时，白天采食时间相对比阴雨天少；阴雨天到来的前夕，采食时间延长；天气过冷时，采食时间也会延长。综上所述，饲养与放牧的日程要根据情况来安排，夏天气温高时，应以夜饲(牧)为主，冬天则宜舍饲。日粮质量较差时，则应延长饲喂时间。

3. 采食量：牛的采食量与其体重密切相关，相对采食量随体重而减少。例如，犊牛 2 月龄时干物质日采食量为其体重的 3.2%～3.4%，6 月龄时约为体重的 3.0%。又如，肥育周岁牛体重 250 kg 时，干物质采食量为其体重的 2.8%，到 500 kg 时，则为 2.3%，膘情好的牛相对采食量低于膘情差的牛。牛对切短的干草比长草采食量大，对草粉采食量最少，但把草粉制成颗粒饲料后，采食量可增加 50%。日粮中营养不全时，牛的采食量减少。若在日粮中逐渐增加精料，牛的采食量会随之增大，但精料量占日粮的 30%以上时，对干物质的采食量不再增加。若精料占日粮的 70%以上时，则采食量随之下降。日粗脂肪含量超过6%时，瘤胃对粗纤维的消化率下降；超过12%时，食欲受到抑制，采食量减少，饲草饲料的pH过低时(如青贮饲料水分过大)会降低牛的采食量。环境安静、群饲、自由采食、粗饲料的加工调制及适当延长采食时间等，均可增加牛的采食量。同采食时间随温度变化一样，采食量亦随温度而变化。环境温度从10℃逐渐降低时，使牛对干物质的采食量增加5%～10%；当环境温度超过27℃时，牛的食欲下降，对干物质的采食量随之减少。

(二) 反刍

反刍是牛消化食物的一个重要过程，是由一系列连续的反射性步骤组成，主要包括食糜由瘤-网胃的逆呕、逆呕出的食糜的再咀嚼、再混唾液和再吞咽。逆呕是反刍活动中的关键步骤，是与网胃的附加(逆呕)收缩相联系的。逆呕的食糜主要是来自瘤胃、网胃的液态食糜，并不含有新吞咽下来的食团。逆呕的食团从食管低处移往口腔是依靠食管的逆蠕动来完成的。逆呕食团对食管、咽部以及口腔的刺激，引起再咀嚼动作。反刍时的再咀嚼比采食时的咀嚼要细致得多。每个逆呕食团再咀嚼的次数及持续时间，主要取决于食糜的性质，一般约需50秒。在对逆呕的食团进行再咀嚼过程中，不断地有大量唾液混入食团，其分泌量超过采食时的分泌量。逆呕的食团到达口腔后，其中所含的液体立即被挤出，并随即咽下。在再咀嚼期间有时可咽下唾液2～3次。反刍活动开始到暂停，进入间歇期，即完成一次“反刍周期”。间歇一定时间之后再开始一次新的反刍周期。反刍周期发生和停止的原因，主要与前胃食糜的性状与运转情况直接相关。反刍动物采食之后，大量食物进入前胃，其中粗糙成分对分布于瘤、网胃中的感受器形成有效刺激，反射性引起瘤胃前庭和网胃同时强烈收缩，于是开始逆呕，进入反刍活动。反刍活动持续一段时间后，前胃的粗糙食物，尤其是网胃和瘤胃前庭附近的粗糙食物，通过不断呕回口腔，进行再咀嚼过程，逐渐变得细腻，减弱了对机械感受器的刺激。其次，随着前胃收缩运动，细腻食糜不断进入瓣胃和皱胃，经皱胃不断排送到十二指肠。这些消化管被食糜充盈后，反射性抑制逆呕中枢。由于上述原因，反刍活动暂时停止，结束一次反刍周期，进入反刍间歇期。在间歇期中，由于前胃不断运动，其中内容物不断进行运转、混合和搅拌，内容物中较粗糙成分因比重小又逐渐集中表层，又构成对瘤胃前庭等部位的有效刺激。第三，间歇期间动物也可能进行采食,又有粗糙食物进入瘤胃和网胃。第四,瘤胃后消化管的排空运动,食糜不断后送的结果,解除了在充盈状况时对逆呕中枢的抑制作用。在这些因素的复合作用下,于是开始了新的一次反刍周期。

笔者对成年奶牛反刍情况的测定结果表明:成年奶牛每天的反刍时间平均为 471.29 分钟±48.01 分钟,即平均为 8 小时左右;成年奶牛每天平均反刍周期为 12 个±1.1 个,每个反刍周期为 39.40 分钟±3.71 分钟,即平均为 40 分钟左右;晚上的反刍周期数多于白天,晚上平均为 7.25 个±0.73 个,即晚上的反刍周期数约占全天总反刍周期数的 60%;每个反刍周期平均逆呕的食团数为 47.77 个±5.48 个,即平均为 50 个左右;每个食团平均咀嚼次数为52.43 次±3.27 次,即平均为 50 次左右。

反刍通常是在饲喂结束后 20～30 分钟才出现,但这只是在反刍前和反刍时处于安静环境的情况下才是如此;如果不遵守这种条件(如饲喂后立即驱赶牛群或清扫粪便等外界干扰因素存在时),那么反刍就延迟,即食后较长时间才能出现反刍。假如牛正在反刍时,给予突然惊扰,则反刍会立即停止,转为闲散活动或采食,并且不能立即转入反刍,需经约 30 分钟的时间才能再转入反刍,这就影响了食物消化。当牛患病、劳累过度、饮水量不足或饲料品质不良时,也会抑制反刍,甚至使反刍发生异常。

(三) 微生物消化和瘤胃发酵

牛消化的最大特点是微生物消化和瘤胃发酵。牛所采食的饲料中有 75%～80%的干物质是在瘤胃内消化,所采食的粗纤维中有 50%以上亦是在瘤胃内消化。可见,牛胃内的消化主要是在瘤胃内消化,而在瘤胃消化中起主导作用的是存在于瘤胃中的微生物。瘤胃为微生物提供了很适宜的生存环境,而微生物对食物的分解产物及微生物本身又是牛的营养来源,彼此形成了共生关系;若没有这种共生关系,反刍动物就不可能很好地适应具有高水平粗饲料的日粮。瘤胃中的微生物区系是很复杂的,但主要是纤毛虫和细菌两大类。近来,人们发现瘤胃真菌对瘤胃消化也很重要,瘤胃真菌有很强的穿透能力和降解纤维的能力。能穿透粗饲料角质层屏障,破坏无法被细菌和纤毛虫降解的木质素,即真菌首先分离木质化的纤维物质,从而为细菌利用与木质素结合的纤维素类物质创造条件。真菌的穿透降低了植物纤维组织的内部张力,使其变得疏松而易于被瘤胃微生物降解。因而，虽然细菌是瘤胃内主要分解纤维的微生物，但真菌却是首先深入到植物纤维组织中的微生物，之后细菌的分解活动才得以进行。真菌也能分解纤维素类物质。真菌在瘤胃微生物总量中所占的比例，随日粮中纤维含量的变化而变化；粗纤维含量高时，瘤胃中的真菌数量也较高。

综上所述，牛消化的特点主要是瘤胃消化，而瘤胃消化主要是瘤胃微生物的作用，瘤胃微生物的作用主要是通过瘤胃发酵来实现的。所谓瘤胃发酵是指瘤胃内微生物活动的综合过程，包括分解与合成两个方面，分述如下。

1. 碳水化合物的发酵：纤维素、半纤维素、果胶、淀粉、双糖及单糖等碳水化合物饲料经过微生物发酵，最终变成挥发性脂肪酸。除碳水化合物外，蛋白质亦可形成挥发性脂肪酸，虽然其形成数量尚不很清楚，至少在高蛋白日粮条件下是颇为可观的。由蛋白质转变而成的挥发性脂肪酸，有直链也有支链，支链挥发性脂肪酸不仅作为能量来源，而且也是瘤胃纤维素细菌重要的生长因子。挥发性脂肪酸是反刍动物最大的能源，它所提供的能量约占机体所需能量的2/3，而在碳水化合物发酵产生挥发性脂肪酸的过程中产生的 ATP 又是微生物本身维持和生长的主要能源。挥发性脂肪酸主要有乙酸、丙酸、丁酸和少量较高级的脂肪酸，而蚁酸（一个碳原子）和戊酸等脂肪酸数量很少。挥发性脂肪酸除作为能源外，乙酸能形成短链脂肪酸，进而形成乳脂肪（不泌乳的牛可形成体脂肪）；丁酸亦能形成乳脂肪；丙酸可通过异生途径形成葡萄糖。丙酸是反刍动物最大的糖源。据估计，日产 20 kg 奶约需 1.5 kg 葡萄糖，若丙酸全部转变为葡萄糖，可提供所需糖的 55%，其他 45%则由淀粉型及氨基酸型糖源提供。

2. 蛋白质的发酵：进入瘤胃的饲料蛋白质有一大部分（约 60%）被微生物的蛋白酶和肽酶分解形成肽和氨基酸。当瘤胃 pH 为 5～7 时，形成的氨基酸迅速地进一步降解，经脱氨基酶的作用脱去氨基而生成氨、二氧化碳和有机酸。由此，瘤胃液中很少有游离氨基酸的存在。饲料中的非蛋白质含氮物，如尿素等在瘤胃微生物脲酶的作用下分解产生氨和二氧化碳。瘤胃细菌可利用氨、氨基酸合成菌体蛋白。纤毛虫和细菌不同，它主要利用蛋白质分解产物氨基酸以及嘌呤等合成纤毛虫蛋白质。菌体蛋白、纤毛虫蛋白以及瘤胃中未被消化分解的饲料蛋白质一起进入皱胃和小肠，受胃蛋白酶和肠蛋白酶的作用，分解成氨基酸。由上述可知，根据饲料蛋白质在瘤胃内的不同命运，可分为两类：降解性蛋白质和非降解性蛋白质，前者被分解为氨，氨可被瘤胃细菌合成菌体蛋白质；后者不变化，而越过瘤胃，到皱胃和小肠中消化，因此也可称为过瘤胃蛋白。由上述可见，瘤胃内既有蛋白质的分解又有蛋白质的合成，这就是瘤胃内蛋白质的发酵。瘤胃内蛋白质的发酵，有其有利的一面，即能将品质差的饲料蛋白质转化为生物学价值高的菌体蛋白（其氨基酸组成近似卵蛋白），同样能将尿素等非蛋白氮转化为菌体蛋白，供反刍动物利用；但也有其不利的一面，饲料蛋白质通过瘤胃时被微生物分解形成大量的氨而遭受损失，特别是优质的蛋白质饲料。据测定，饲料蛋白质如果避开瘤胃发酵，直接进入真胃及小肠，蛋白质利用率可达85%；而通过转变为菌体蛋白，再经肠道消化吸收，其利用率会下降到50%左右。如果要补充蛋氨酸等也应是对其加以保护，以免受瘤胃微生物破坏。为了提高反刍动物蛋白质饲料利用效率，改善反刍动物蛋白质营养，必须设法降低优质蛋白质饲料和合成氨基酸在瘤胃中的降解度，即保护蛋白质越过瘤胃，保护的原则是在尽可能不影响过瘤胃蛋白（UCP）在瘤胃后的消化率和瘤胃微生物蛋白质（MCP）合成量的前提下，使饲料蛋白质在瘤胃中的降解率尽可能地小。

3. 脂肪的降解和利用：牛采食的饲料中，脂肪含量变化很大。饲料的脂肪在瘤胃内经细菌脂肪分解酶的分解而成长链脂肪酸、半乳糖和甘油，后两种发酵产物进一步降解为挥发性脂肪酸。长链脂肪酸大部分是不饱和脂肪酸，在瘤胃内经微生物的氢化作用变成了长链饱和脂肪酸，然后在小肠内被吸收，随血液运送到体组织，合成体脂肪储存于脂肪组织中。甘油中一部分经微生物作用变成丙酸，而被瘤胃壁和小肠吸收；另一部分经瘤胃上皮入血液。

4. 某些维生素的合成：有充分根据说明瘤胃微生物合成B族维生素及维生素K。例如，成年牛尽管长期喂以不含B族维生素的日粮，也不会表现出任何一种B族维生素缺乏症。维生素C牛本身也能合成无须从饲料中供应，所以对牛来说一般情况下需要从饲料中供给的维生素只有A、D、E三种。但是，最近的研究表明，随着奶牛产奶量提高，日粮中精料比例的增加以及饲料加工过程中维生素的破坏，在日粮中添加某些水溶性维生素对提高奶牛的生产性能、改善乳的品质、增强免疫机能和繁殖功能、减少疾病的发生有显著的作用，如硫胺素（V_{B_1}）、烟酸（V_{B_5}）、维生素 B_{12} 和维生素 C 等。B 族维生素中报道较多的是烟酸，它可促进微生物蛋白质的合成，降低甲烷的产量，防止饲料蛋白质在瘤胃中降解。对于高产奶牛在产前 1 周至产后 1 周，每日每头添加 6～8 g 烟酸，产奶量显著增加。对患酮血病奶牛可每日添加 12 g 烟酸，有一定防治效果。增加维生素 C 可改善繁殖性能和缓解奶牛热应激。

综上所述，瘤胃微生物可分解碳水化合物产生挥发性脂肪酸，作为机体能量来源和合成乳脂肪、乳糖的原料，分解蛋白质产生氨基酸、氨，分解非蛋白质含氮物产生氨等，并利用它们来合成微生物蛋白质，最后被畜体利用。降解脂肪，氢化不饱和脂肪酸，合成部分维生素等作用。为了使微生物起到应有的作用，就必须满足其正常生长繁殖所需的条件及合成某些物质所需要的原料，否则就不可能起到应有的作用。例如，当日粮缺钴时，由于缺钴，瘤胃微生物不能完全合成维生素 B_{12}，而且因为维生素 B_{12} 参与蛋白质代谢，故还会影响含氮物质的利用；日粮缺硫时，影响瘤胃细菌合成含硫氨基酸如蛋氨酸、胱氨酸等。微生物正常生长繁殖所需的条件如能量、碳源、瘤胃内温度、pH 等条件都要满足。此外，由于微生物对具体营养物质的利用是有一定的专性范围的，即一种微生物只能利用一定种类的营养物质，所以一定类型的日粮就会有一定的微生物区系与之对应。日粮的类型不同，因所合营养物种类比例不同，各种类型微生物的比例也就不同。因此，需要改变日粮类型时，必须逐渐进行，以使各种类型微生物逐渐调整比例，建立与新的日粮类型相对应的微生物区系；否则，会因日粮类型与微生物区系不统一，而招致严重的消化紊乱。

（四）唾液在牛消化代谢中的特殊作用

唾液的作用主要具有湿润饲料、缓冲、杀菌和保护口腔以及抗泡沫作用等。腮腺一天可分泌含 0.7％的碳酸氢钠唾液约 50 L，即分泌碳酸氢钠 300～350 g。高产奶牛分泌唾液可达 250 L。大量的缓冲物质，可中和瘤胃发酵中产生的有机酸，以维持瘤胃内的酸碱平衡。牛的唾液分泌受饲料的影响较大，喂干草时腮腺分泌量大；喂燕麦时，腮腺与颌下腺分泌量相似；饮水能大幅度降低唾液分泌。因为瘤胃 pH 取决于唾液分泌量，唾液分泌量取决于反刍时间，而反刍时间又决定于饲料组成，喂粗料反刍时间长，喂精料则反刍时间短。换言之，牛喂高粗料日粮，反刍时间长，唾液分泌多，瘤胃内 pH 高，属乙酸型发酵;若喂高精料(淀粉),反刍时间短,唾液分泌少,瘤胃 pH 低,属丙酸型发酵,以至乳酸型发酵。唾液具有抗泡沫作用,对于减弱某些日粮的生泡沫倾向起着重要的作用,采食时增加唾液分泌量,有助于预防瘤胃膨胀。瘤胃 pH 变动范围为 5.0~7.5,低于 6.0 对纤维素消化不利。由上述可见,牛的唾液在瘤胃消化代谢中具有重要的特殊作用。

第三节　后备牛的培育技术

犊牛是后备牛的第一阶段,后备牛分为犊牛和青年牛。犊牛是指出生 6 月龄的牛。青年牛是指 6 月龄之后到初次产犊之前的牛。

一、后备牛培育的目的

(一) 提高牛群质量与生产水平

牛群质量的高低取决于其遗传基础及其环境条件。要不断提高牛群质量。第一步,应具有优良的遗传基础,这就要靠选种选配。科学的选种选配能为后代个体组合兼具双亲优良特性并优于群体的遗传基础。这样,第一步靠选种选配就可实现。第二步,即优良遗传基础的充分显现,则需在其后备牛阶段的生长发育过程中及成年以后有良好的环境条件,其中最主要的是人们的饲养管理活动,这是使遗传基础充分显现出来的关键。这就是培育。所以培育的实质就是在一定的遗传基础上,利用条件作用于个体的生长发育过程,从而能动地塑造出理想的个体类型。在牛的生命周期中,后备牛阶段是生长发育强烈的阶段,其生理机能正处在急剧变化中,易于受条件作用而产生反应,因而可塑性大。此阶段生长发育情况直接影响成年时体型结构和终生的生产性能。因此,加强后备牛培育,就可以在成年时将其优良的遗传基础充分显现出来,从而使个体不仅在遗传上而且表型上也优于先代群体。同时,加强后备牛培育,也可使某些缺陷得到不同程度的改善与消除。可见,加强后备牛培育是除选种选配和加强成年牛饲养管理以外,提高牛群质量和生产水平的一项重要技术措施,并且这三个措施是相互联系的,而后备牛培育在其中起着承上启下的作用。犊牛培育尤为重要。

(二) 获得健康牛群

牛的布氏杆菌病、结核病等传染病对牛群的危害很大,对于奶牛来说,不仅对牛群有危害，而且还关系到广大人民群众的身体健康，因而就必须消灭这些疾病。办法有二：其一就是要对现有牛群采取措施，即对现有牛群进行预防、检疫、隔离及封锁疫区；其二就是对未来牛群采取措施，即将病牛群中的初生犊牛尽快地转移到无病区，并对其加强培育，从而获得新一代的健康牛群，杜绝疫病逐代蔓延。

（三）使牛群不断扩大

犊牛阶段，机能不全，对环境的适应能力较差，容易遭受环境影响而死亡，特别在初生期，这个特点更突出。据统计，犊牛生后 7 天内的死亡数占犊牛总死亡数的 60%～70%。但是，如果能充分发挥人的主观能动性，采取各种有效措施如早喂初乳、加强护理、搞好防疫卫生工作等，就可以大大地降低犊牛死亡率，扩大牛群。

二、后备牛培育的一般原则

（一）加强妊娠母牛的饲养管理，促进胚胎的生长发育，以获得健壮的初生犊牛

生命周期开始于受精卵，受精卵一旦形成，便开始了它的生长发育，环境条件也就开始对个体的生长发育发生作用，因而培育工作从胚胎期就要着手进行。家畜胚胎期的外界环境是母体，因此，母体新陈代谢情况，即能否为其提供适宜的条件，则又受母体所处的环境条件，也就是人们的饲养管理活动的影响。所以，家畜在胚胎期的生长发育归根到底是要受此期饲养管理的影响。那么，如何进行饲养管理，才能使母体为胚胎提供最适宜的条件呢？这就必须根据胚胎生长发育的规律。牛胚胎生长发育的规律大致上是这样的：在胚胎前期，发育快，细胞分化强烈，绝对增重不大，但是 3 月龄后生长速度就逐渐加快，同时细胞的强烈分化转入细胞的迅速增多即生长。牛在胚胎发育期不同时期生长强度的差异见表 4-5。

表 4-5　牛胚胎在不同时期的生长强度

整个胚胎发育期的			整个胚胎发育时期
第一个 1/3	第二个 1/3	第三个 1/3	
0.50	23.70	75.80	100

牛胚胎生长发育规律启示我们，由于前期绝对增重不大，但分化很强烈，对营养的质量要求高，这就要求我们在日粮上特别注意其质量（全价性）；妊娠后期，绝对增重很快，对营养的数量要求大，因此，应数质并重，供给大量的全价日粮，但要注意日粮体积不能太大，以免影响胎儿；最后 2 个月，增重占 60%，需要量更大，因而必须干奶并进行较丰富的饲养，以保证本身维持和胎儿生长发育之需。胚胎期还要加强母牛运动，以增强体质，利于胎儿生长发育，并利于分娩。在实际生产中，纯粹因胎儿过大而引起的难产为数不多，胎儿大小（主要）取决于母体的影响即母体效应，因而难产最主要的原因除胎位不正外，就是运动不足。放牧的牛和舍饲期运动的牛很少发生难产，而且产程缩短，长久拴着不运动的牛难产率就高。为此，加强妊娠母牛运动是防止难产的有效措施，尤其是产前 1 个月的运动可有效地防止难产。前苏联学者亦试验证明，饲草丰盛、空气新鲜、经常运动的妊娠牛所生的犊牛比饲养管理差的妊娠母牛在生理、生化及免疫生物学等指标上均较好，犊牛的患病率、死亡率均低。

（二）加强消化器官的锻炼

牛必须具有发达的消化系统，即应该具有容积大、强而有力的消化器官。对于奶牛来讲更应该如此。只有这样，奶牛才能采食大量的粗饲料和适量的精料，充分发挥出产奶潜力，而且还有利于保持消化系统机能正常和身体健康。处于泌乳盛期的奶牛，尤其是高产奶牛往往因不能采食到足够的营养物质而出现营养赤字，造成产乳潜力得不到充分发挥或者被挤垮的后果。如果消化器官容积足够大的话，就可以减轻甚至避免这种不良后果。为此，早期补饲草料，锻炼消化器官，提高对植物性饲料的适应性，减少哺乳量并实行早期断奶，用适量的精料、大量优质青粗饲料进行培育，以促其形成容积大、强而有力的消化器官，养成巨大的采食量，这样才有可能培育成高产奶牛。犊牛生后 2～3 周就能采食草料，出现反刍，腮腺开始活动，如果早期喂给草料，可促进瘤胃加速发育，刺激瘤胃微生物的生长繁殖，而瘤胃微生物的代谢尾产物，尤其是挥发性脂肪酸对瘤胃黏膜乳头的发育具有强烈的刺激作用。不同的饲料对犊牛瘤胃生长发育的影响是大不一样的。固体性饲料对犊牛瘤胃生长发育的影响比液体饲料（即奶）大，而在固体性饲料中，优质的青粗料比精料的影响要大。因此,为了使牛具有强大的消化器官进而培育成高产奶牛,以少量的牛乳、适量的精料、大量的优质青粗饲料进行培育是很有必要的,并且也是完全可能的。

实际生产中,牛场的技术人员非常重视犊牛腹部的发育,而生长速度并不要求太快,一般要求 2 月龄时体重达到 73 kg,4 月龄达到 123 kg,6 月龄时 177 kg,8 月龄时 232 kg,10 月龄时 277 kg,12 月龄时 318 kg,14 月龄时 354 kg,16 月龄时体重达到 386 kg。切忌用过多的奶和精料进行过度饲养。

(三) 加强运动和泌乳器官的锻炼

培育后备牛,还要注意加强运动,若有条件应尽可能做到早期放牧,以增强体质。为了使乳腺组织得到充分发育,要注意加强性成熟以后特别是初孕之后的乳房按摩,以使乳腺组织受到良好刺激而迅速生长发育。

三、犊牛的饲养

(一) 初生期的饲养

犊牛出生后 7 天内为初生期,也称新生期。此期犊牛的特点是生活环境发生了变化。从母体子宫内到了母体外,但由于神经系统和某些组织器官机能尚未完善,因此,对新的生活环境适应能力很差,具体表现在以下两个方面。第一,抗病力差,初生犊牛抗病菌感染能力很差。胚胎期是在母体的直接保护和在影响下生长发育的,在很大程度上可以排除外界环境的直接干预与不良影响。出生后,犊牛就直接暴露于外界,再也不能受母体的直接保护了,因而客观上就要求犊牛必须具有抵抗不良环境的能力才能生存。可是,初生犊牛的这种能力很差,首先是其免疫力差。初生犊牛本身没有产生抗体的能力,必须到 4 周龄以后,才具备自己产生抗体的能力;牛又不像人和兔那样在胚胎期间母体抗体可通过胎盘到达胎儿的血液循环中,故本身也不带。其次,皮肤的保护机能差,即未建立起完善的生理屏障作用。由以上所述可见,犊牛抗病菌感染能力差,易受各种病菌的侵袭而引起疾病,甚至造成死亡。第二,表现在营养方面不适应新的环境。由于生长发育旺盛,代谢强度大,因而需要大量营养物质。此时,犊牛再也不能依靠母体通过脐带供应营养了,营养物质只能经消化系统活动才能获得。而初生犊牛的前胃机能远未健全,且第一胃很小,只有真胃的一半大小,仅有真胃和肠具有消化和吸收功能,但胃肠运动及消化腺的分泌能力还较差。这样，营养物质需要强烈与消化机能差就构成了一对矛盾，因而表现出在营养方面不适应新的环境，容易因营养不足而严重地影响其生长发育。

初生犊牛脱离了子宫，和母体失去了直接联系，因而仅能通过初乳与母体发生间接联系。所谓初乳，即母牛分娩后 7 天内所产生的乳，与常乳比较有如下特点：营养全价，干物质含量高，易消化，酸度高。干物质中蛋白质的总含量较常乳多 4～5 倍，尤其是白蛋白与免疫球蛋白，比常乳高 20～25 倍。白蛋白是极易消化的，对初生犊牛特别有利，免疫球蛋白是抗体，具有免疫力。乳脂肪多 1 倍左右。维生素 A 和维生素 D 多 10 倍左右；各种无机盐，尤其是镁盐也较多；初乳中还含有一种溶菌酶。此外，初乳中尚含有四种蛋白酶抑制素，正常奶中则极少，抑制素可保护抗体，使其不被消化而直接吸收。由于初乳具有这些特点，因而它对初生犊牛具有特殊的作用。第一，可提高抵抗病菌感染的能力。因初乳中含有不会被消化掉的抗体及溶菌酶，加之初乳的酸度高，故可抑制病菌的活动。据研究，初乳中的抗体对于奶牛所敏感的所有微生物几乎都有抵抗力，甚至能将其完全杀死。因此，供给初生犊牛初乳，可大大提高其抗病力，提高对不良环境的适应能力。第二，可满足生长发育的营养需要。由于初乳是营养丰富、干物质含量高、易于消化吸收的食物，而且由于酸度高，可刺激胃肠系统的早期活动和促进消化液的分泌，提高对营养物质的消化利用率。所以，供给初乳，就解决了消化机能差与营养需要强烈之间的矛盾，满足了生长发育的营养需要。第三，有利于胎粪的排出。由于初乳中含有较多的无机盐，特别是较多的镁盐，具有轻泻作用，可促使胎粪排除，从而解决了初生犊牛因胃肠活动力差而使胎粪排出受影响的问题。

以上对初生期犊牛的特点和初奶的特性及作用进行了分析，可以看出，初生期是决定犊牛能否存活的关键时期，因而又称之为初生关，而喂给初奶，又是过好初生关的最主要措施。同时，初奶中各种成分的含量及酸度是随时间推移而逐渐降低的。一般认为，以最初分泌的为最高，而且犊牛吸收抗体的能力以初生时为最强。初生犊牛肠道对初奶抗体(Ig)的通透性有时限性，具体是多长时间，不同的学者报道不一(24 小时、90 小时等几种说法)，超过时限之后犊牛消化道开始消化、分解初奶中的 Ig，因此它们不能再被完整地吸收入血液，犊牛通过初奶获得 Ig 的机会就也就失去了。近年来有关免疫球蛋白含量变化的报道与前述一般认为以最初分泌的为最高的说法差别很大。比如，济南军区军事医学研究所测定，牛产后 1～3 天 IgG 的含量是逐渐升高的，牛产后第一天初奶 IgG 含量平均为 55.16 mg/mL±4.21 mg/mL，与国外文献报道的 59.5 mg/mL 接近；第二天平均为 61.58 mg/mL±5.56 mg/mL，第二天起略高于国外报道值；产后第三天 IgG 和补体 C_3 含量达到最高峰（免疫球蛋白 IgG 平均为 75.27 mg/mL±6.85 mg/mL），以后逐渐下降，常奶 IgG 含量为0.68 mg/mL，与国外文献报道的 0.62 mg/mL 接近。这个报道与人初奶产后第 4 天含量最高，以后下降基本一致。所幸第一天与第三天差异不太大，否则就太可惜了，因为第三天免疫球蛋白的吸收率很低。因此，犊牛出生后尽早饲喂足量初奶是非常重要的。具体地讲，尽早就是出生后 2 小时内。关于足量，美国专家研究认为，出生后 2 小时内喂 2～3 L 初奶，并在出生后 12 小时内，犊牛摄取初奶的总量必须达到其体重的 10%。其依据是他们通过大量试验、检测认为犊牛出生后 24 小时内血中 IgG1 的浓度须达到 10 mg/mL 以上才能在自然状态下有效抵御病原微生物的感染，而保证血中 IgG1 这个浓度的重要措施就是出生后 2 小时内喂 2～3 L 初奶，并在出生后 12 小时内，犊牛摄取初奶的总量必须达到其体重的 10%。我国也是建议首次喂量保证 2 L 以上，首次后 6～10 小时再及时喂 2～4 L，首次喂量不能太大，太大易引起消化紊乱。首次为什么要在出生后 2 小时内喂初奶？为什么不再早一些？因为牛一般在出生后 1～2 小时才能站立和表现出吸吮反射，当然也有体弱的犊牛出生后较长时间甚至几天才能站立起来的，对这样的牛要强制性地喂给。犊牛开始时站不稳、倒下，再站、再倒，反复多次后才能站立。以后每日初奶的喂量可按体重的 1/8～1/6 计，平均 6～7 kg（分 2～3 次喂完）。这是根据犊牛的营养需要和初奶营养物质平均含量计算确定的。犊牛每日食 6～7 kg 初奶完全可满足其营养需要。

初奶挤出后，应及时哺喂，若搁置时间久，温度已下降（尤其是冬天和初春），应隔水加热到 35℃～38℃后再喂给。初奶温度过低不可喂给，以免引起胃肠疾病，加温亦不可过高，因初乳酸度很高，加温过高，很易引起凝固，犊牛消化困难。

若母牛产后生病或死亡,可喂给同时期分娩的其他健康母牛的初奶(最好选择头三天的初奶)。如无此种母牛,则要喂常奶,但每天须补饲 20 mL 鱼肝油,以补充维生素 A 之不足。因哺乳动物母体通过胎盘将维生素 A 转送给胎儿的能力很差,因此新生犊牛体内贮存维生素 A 很少,生后急需补充维生素 A,喂初奶,此问题易解决;无初奶时,就需额外补充维生素 A。另外,给 250 g 蓖麻油或具轻泻作用的其他物质,以代替初奶的轻泻作用。头 5 天还要加 250 mg 土霉素,以后减半。也可喂人工初奶,其配方是新鲜鸡蛋 2～3 个,食盐 9～10 g,新鲜鱼肝油 15 g,加入到 1L 清洁煮沸并冷却到 40℃～50℃的水中,搅拌均匀,按每千克体重 8～10 mL 混入常奶中喂给。人工初乳与母牛初乳之间必然存在一定差异。因母牛初乳到目前为止还有不十分清楚的成分,故其效果总有差异。一般犊牛饮不完其母亲所分泌的母乳,特别是高产母牛,有较多的剩余初乳。初乳由于酸度高和镁盐多,因此不能作为鲜奶出售,也不能加工制奶粉等,但是由于初乳具有前述的那些优点,因此不要将其废弃掉,而应加以合理利用。剩余初乳与常乳混合喂给其他犊牛是一种利用方法。近年来国际上不少国家都推广将剩余的初乳贮存起来,用于喂犊牛。据称 2 头母牛的剩余初乳可以喂一头犊牛(4～5 周龄断奶),这样就能大量节约全乳或代乳料。但要注意,带血的初乳,以及产前 2 周或产后用过抗生素的母牛所产的初乳,都不宜贮存。初乳贮存的方法有三种。发酵法、加保存剂法和冷冻保存法,其中以发酵法最为简便易行,应用也最广。发酵初乳亦称酸初乳,与青贮方法一样,是利用乳酸菌发酵产生适宜的酸度,达到抑制腐败菌繁殖而得以保存的目的。制作酸初乳最好将其贮存于有盖的塑料桶内;如果用铁桶,则最好加塑料作衬里,以免酸腐蚀金属,犊牛食入过多的锌等。10℃～15℃室温下,5～7 天发酵成功;15℃～20℃,需 3～4 天;20℃～25℃则 2 天即成。如急用时,可将发酵好的初乳作为发酵剂,按 5%～6%的比例加入待发酵的初乳中,10℃时 2 天即成,20℃～25℃时 1 天即成。贮存期间,每天要搅动,以免起泡沫和产生大量凝块,最好 2 次/天。初乳发酵后贮存期不要超过 1 个月。已发酵好的初乳可混在一起,但不同日期的不能混在一起,环境温度以 10℃～25℃最适宜。气温太低,初乳不易发酵;反之,气温太高,初乳则易腐败。因此,在炎热季节不可进行发酵初乳,而应采用第二种方法即加保存剂法。所用保存剂主要是有机酸,如丙酸等,剂量为0.7%～1.5%。用冷冻的方法,可很好地保存初乳,质量高,并且冷冻初乳可以喂新生犊牛。冷冻初乳其贮存期可达6个月之久,但此法代价较高,故较难以在牧场采用。用保存初乳喂犊牛时,应加以稀释,使之接近常乳,以免引起下痢等疾病。

(二) 初生期后的饲养

当犊牛初生期结束后,就可以从护仔栏转入犊牛舍,进入初生期后的饲养阶段。在此阶段开始哺喂常乳、补饲草料,并逐渐过渡到断奶,而以固体性饲料进行培育。

1. 哺喂常乳:应实行早期断奶,后面将专门叙述。关于犊牛的喂奶次数,我国各地多采用3次喂奶的方法,这和3次挤奶的时间安排基本一致。国际上不少国家多采用2次喂奶制。我国也有牛场做过每天2次喂奶的试验,获得了良好的效果。例如,上海试验证明,同样奶量2次喂奶和3次喂奶,犊牛没有差异,却大大减轻了劳动强度。

2. 早期喂饲植物性饲料:早期喂饲植物性饲料的目的就是为了促进胃尤其是瘤胃的生长发育,从生后1周开始,就应给予优质干草,任其自由咀嚼,练习采食,同时开始训练犊牛吃精料。初喂时可涂抹犊牛口鼻,教其舐食,以慢慢适应。一般出生后3周开始,就可以向混合精料中加入切碎的胡萝卜之类的多汁料。青贮料从2月龄开始喂给。由于犊牛生长发育旺盛,营养需要多,而消化机能弱,所以此期供给的饲料应是营养浓度高、适口性好、易消化吸收的。这样,就兼顾了生长发育与消化器官锻炼的需要。一般所配日粮中蛋白质含量应是20%以上,脂肪含量为7.5%～12.5%,粗纤维含量不超过5%。

此外,犊牛还应补充一些抗生素,抗生素饲料能刺激消化道有益微生物群体的优先繁殖,抑制有害微生物,减少和寄主对营养物的竞争,并降低下痢等消化系统疾病的发病率,还可使犊牛增加采食量。总之,可以预防疾病、增进健康、提高增重(特别是在条件差的情况下,补喂抗生素的效果更为显著)。例如,上海第六牧场坚持在犊牛初生期结束后,每天补饲10 000 U的金霉素,30天后停喂,犊牛的日增重提高7%～16%,下痢亦大大减少。

四、犊牛的管理

(一)初生犊牛的护理

1. 清除黏液。犊牛出生后,应首先清除口及鼻部的黏液,以免妨碍呼吸;

其次是略擦拭其体躯上的黏液，并将它放在母牛前面，让母牛舔干。让母牛舔干犊牛身上的羊水，有利于子宫收缩复原，便于排出胎衣。母牛不舔时，可在犊牛身上撒麸皮，诱使母牛舔。另外，据报道对逾期不孕的奶牛，经注射或者直接饮用母牛分娩时收集的羊水后，对患有卵巢静止、持久黄体、非浓性子宫内膜炎及原因不明的空怀母牛均有一定的治疗效果，并能促进空怀母牛的发情、排卵、受胎。这与羊水内含有激素(雌激素、孕激素、前列腺素)酶类及一些免疫物质有关。

2. 处理好脐带。分娩时病原微生物感染的门户首先是脐带，脐带直到分娩之前一直是补给营养的路径。而这条路径直接与内脏(肝脏和膀胱)相连，分娩时脐带刚一断，这条路径还不能马上完全闭合，内脏就处于开放状态，病原微生物就会由此进入。所以，犊牛生后一定要处理好脐带。如脐带已断裂，可在断端用5%碘酊充分消毒；未断时可在距腹部 6～8 cm 处用消毒剪刀剪断，然后充分消毒。

3. 称重、登记。处理好脐带后接着进行称重并登记犊牛的初生重、父母号、毛色和性别等，最后让犊牛尽早吮吸初乳。

(二)编号

给牛编号便于管理，记录于档案中，利于繁殖和育种工作的进行。在牛少的情况下可以给牛命名而不必编号，如根据牛的毛色等特征给牛命名，加以区分。在饲养数量大的情况下就无法用给牛命名的办法加以区分，而必须采用编号的方法。

(三) 哺乳卫生管理

1. 哺乳方式。2 周内有三种：奶嘴哺乳法、手指加桶哺乳法和桶式哺乳法。2 周后只有一种方式即桶式哺乳法。2 周内犊牛宜用奶嘴哺乳法，这样的哺乳器，犊牛只有用力吮吸才能吃到奶，也就会使唇、舌、口腔与咽头黏膜的感受器受到足够强的刺激，产生完全的食管沟反射，奶汁直接流入真胃。同时，由于吮吸速度较慢，奶汁在口腔中能与唾液混匀，到真胃时凝成疏松的奶块，容易消化。如果直接用奶桶哺乳，犊牛不用费力就可吃到奶，刺激强度小，食管沟闭合不全且由于饮奶过急，大部分奶汁会进入前胃。由于此时前胃机能不健全，因而奶汁会在前胃中引起异常发酵，导致犊牛生病。同时，奶在口腔中不能和唾液充分混合，到真胃中会凝成较坚硬的凝奶块(喂未兑水的初奶时更明显)而难于消化。若这种凝奶块过大过硬，常会堵塞真胃与十二指肠连接的幽门，使皱胃内容物不能下移，造成真胃扩张而死亡。2周龄后瘤胃中已形成微生物区系，就可对奶汁进行正常发酵了，也就可以用奶桶喂奶了。

2. 防止形成舔癖。犊牛饮完奶后，要及时用干净的毛巾将残留奶汁擦净，并等其干燥后再放开颈枷，以免形成舔癖。舔癖的危害很大，常使被舔的牛犊造成瞎奶头等不良后果；而有舔癖的牛，则因舔吃牛毛，久而久之可能在胃中形成毛球，堵塞幽门或肠管而致丧命。若已形成舔癖，则可用小棒敲打嘴部，经反复多次建立起条件反射后即可纠正。近年来，国外及我国部分农场采用犊牛小岛法，这是最好的办法，即露天单笼培育技术，既可避免室内外温差变化，又可防止相互舔，从而大大减少犊牛呼吸道和消化道疾病，提高犊牛成活率。这种犊牛舍可以是固定式或移动式，犊牛舍为前敞开式箱式结构，前高1.2 m，后高1.05 m，长2.4 m，门宽1.2 m；舍外用直径6～8 mm钢筋制作椭圆形围栏，作为犊牛运动场，也可用木条作成长1.8 m，宽1.2 m，高1.0 m的长方形围栏。每头犊牛占地5 m^2。移动式犊牛舍，舍间距为1～1.2 m。

(四)犊牛舍卫生管理

犊牛生后2周内极易患病，主要是肺炎和下痢。这与牛舍卫生有很大关系。要求犊牛舍做到定期消毒，保持舍内空气新鲜，温、湿度适宜，阳光充足，这样才能保证犊牛健康地生长发育。

(五)去角

去角的适宜时间在1～2周，常用的去角方法有电烙法和固体苛性钠法两种。电烙法是将电烙器加热到一定温度后，牢牢地压在角基部，直到其下部组织烧灼成白色为止，再涂以青霉素软膏或硼酸粉。烧灼时不宜太久太深，以防烧伤下层组织。苛性钠法应在晴天且哺乳后进行，具体方法是先剪去角基部的毛，再用凡士林涂一圈，以防苛性钠药液流出，伤及头部和眼部，然后用棒状苛性钠沾水涂擦角基部，直到表皮有微量血渗出为止。处理后把犊牛另拴系，以免其他犊牛舔伤处或犊牛摩擦伤处增加渗出液，延缓痊愈。由于苛性钠法处理的伤口需1～3天才干，所以随母哺乳的犊牛最好采用电烙法，以免苛性钠伤及母牛乳房的皮肤。

另外，近年来，有些地方采用中药去角也取得了很好的效果。如中药“除角灵”就有很好的去角效果。具体方法是：犊牛生后15～45日龄，牛角部突出表面1 cm左右，是犊牛除角的最佳时期。在两角突起部位，剪出5分硬币大小的圆形，用竹片或木片蘸取“除角灵”均匀地涂抹于已剪毛的牛角部位，一般涂抹1～2个硬币厚度即可。效果：涂药后，犊牛稍有不安，不用管它，5分钟后，犊牛即恢复安静。涂药后5天左右，角部皮肤变硬，但不溃烂、不化脓，不影响食奶和生长发育，角部皮肤自然脱落并长出新毛，除角效果达到100%。

(六)运动与光照

运动对骨骼、肌肉、循环系统、呼吸系统等都会产生深刻的影响，尤其是犊牛正处在生长发育旺盛的时期，运动就显得更重要。一般情况下，生后10天就要将其驱赶到运动场，每天进行0.5～1小时的驱赶运动，1月龄后增至2小时，分上、下午两次进行。如果后备牛的运动不足而精料又过多，容易发胖，体短肉厚个子小，早熟早衰，利用年限短，产奶量低。光照可提高抗病力。因光照可增加淋巴球吞噬细胞的数量与活性，可增强白细胞的吞噬作用。还有，试验证明光照可提高生产性能，例如可提高日增重10%～17%；可提高产奶量，如秋冬季16～17小时的光照可使奶牛产奶量增加7%～10%。

(七)皮肤卫生

要坚持每天刷拭皮肤，因为刷拭对犊牛有机体起着按摩皮肤的作用，能促进皮肤血液循环，增强代谢作用，提高饲料转化率，有利于犊牛的生长发育。同时，借助刷拭还可保持牛体清洁，防止体表寄生虫滋生和养成犊牛温顺的性格。

(八)调教管理

做好犊牛的调教管理工作，使之从小养成一个温顺的性格，无论对于育种工作还是成年后的饲养管理与利用都很有利。如果，犊牛没经过良好的调教，性格怪僻，就会给测量体尺、称重等工作带来很大麻烦，得不到准确的测量数据，因而不能正确检查、评价培育效果。成年奶牛挤奶踢脚、抗拒挤奶；公牛顶撞伤人等现象，都是由于在从小没有经过调教或调教不当所造成的。因此，饲养员必须用温和的态度对待犊牛，经常刷拭牛体和测量体温与脉搏，日子久了，就能养成犊牛温顺的性格。

五、犊牛的早期断奶

(一)早期断奶的意义

许多试验证明,过多的哺乳量和过长的哺乳期,虽然可使犊牛增重较快,但对犊牛的内脏器官特别是对消化器官有不利的影响,而且还影响了牛的体型及成年后的生产性能。为此,国内外对犊牛的早期断奶进行了大量研究,取得了显著效果,并已在生产中普遍应用。实践证明,早期断奶的意义主要表现在如下三方面。

(1) 大量节约鲜奶,缓解了供奶紧张状况。

(2) 由于缩短了哺乳期,降低了喂奶量,又节约了劳动力,因而降低了培育成本。

(3) 由于提早补饲植物性饲料,促进了消化器官,特别是瘤胃的生长发育,提高了犊牛的培育质量,并有可能进一步培育成高产奶牛,而且由于瘤胃的强大,可减少消化道疾病的发病率,因而能提高犊牛成活率,降低死亡率,减少损失。

(二)早期断奶时间的确定及其生物学基础

我国早期断奶的时间确定为4～8周。近年来的研究证明,及时(早)地补饲草料,4周龄时瘤胃容积可占全胃容积的64%,已达成年牛相应指标的80%左右;6～8周龄时前两胃的净重占全胃净重的65%,已接近成年牛的比例,而且6～8周龄犊牛瘤胃发酵粗、精饲料产生的挥发性脂肪酸的组成和比例与成年牛相似,就是说,此时的犊牛对固体性饲料已具备了较高的消化能力,因此,这个时期是犊牛断奶的适当时期。

值得提出的是:早期断奶的牛,其前期的生长发育及被毛光泽可能较差,但对以后的生长发育绝无影响,而且由于犊牛具有强大的消化器官及生长发育的可补偿性,牛在后期(育成期)增重很快,并优于断奶较迟的犊牛,成年后其产奶性能无疑要比断奶晚的牛高。

例:北京农业大学和北京双桥奶牛场早在1980～1983年就进行了早期断奶的系统试验研究,研究了低奶量对各阶段体重、繁殖性能、产奶性能的影响。选择5对半同胞和2对全同胞母犊牛,随机配对分为试验组和对照组,试验组哺乳量为90 kg,犊牛混合料288 kg,哺乳期30天;对照组哺乳量为500 kg,犊牛混合料 215.5 kg,哺乳期为 100 天,粗料均为自由采食。因试验组犊牛哺乳期仅 30 天,所用犊牛混合料除注意能量和蛋白质浓度较高以外,对 7～90 日龄的犊牛还添加了多维素,其数量为每吨混合料 50 g。两组犊牛出生后 1～7 天喂其母亲初乳,8 日龄试验组改喂混合初乳,对照组则喂混合常乳,1～10 日龄日喂 3 次,1 月龄后改喂 2 次,两组犊牛料的料水比为 1∶1 拌匀喂给。当犊牛料加到每日每头 2 kg 时,一直保持到 6 月龄,而靠增加粗料进食量来满足。6～12 月龄精料进食量逐渐增加到 2.5 kg,直到 18 月龄,其他养分靠粗料来满足。结果是两组牛全部成活,试验组牛只生长发育良好,培育期内被毛光泽正常、毛短、胎毛脱落及时,腹部与中躯发育良好而紧凑,体型匀称,克服了以往早期断奶出现的毛色暗而无光泽、腹部较松弛下垂、被毛过长等缺点。生长发育方面,6 月龄时,试验组平均体重比对照组低 17.6 kg,但在 6～8 月龄期间,体重逐步得到了较好的补偿生长,到 18 月龄时两组牛体重基本相同。繁殖机能方面,试验组母牛初情期仅比对照组晚 3.3 天,试验牛一次输精全部受胎,而对照组为 1.67 次(受胎率为 60%),说明繁殖机能优于对照组。在 18 个月的培育期内,试验组平均培育成本为 976.5 元,而对照组为 1 194.6 元,试验牛每头降低成本 218.1 元,下降幅度为 18.3%,其中 212.4 元即成本的 97.4% 是在 0～6 月龄期间节省的。产奶性能方面,试验组、大群推广组和孪生母牛试验组头胎 305 天产奶量分别比对照组多 424 kg、354 kg 和 439 kg,且三者的提高幅度大体近似。可见,低奶量培育的母犊在成年后奶量比常规奶量培育法有提高产奶量的趋势。

欲使早期断奶取得成功,其关键在于及早(及时)地给犊牛提供优质的精粗饲料;犊牛料、代乳料的合理配制与利用以及正确地制定犊牛的早期断乳方案。

(三)犊牛料及代乳料的配制与利用

犊牛料系根据犊牛的营养需要而配制成的容易消化吸收的精饲料,起着促使犊牛由以奶为主的营养向完全以植物性饲料为主的营养的过渡作用。形态可以为粗磨粉状,犊牛出生 4～7 天开始提供,任其自由采食。随着时间的推移而增加采食量,1 月龄内宁可少吃青草,也要多供犊牛料,以保证犊牛初期的生长速度;当每天采食量达到 0.8～1.0 kg 时,即可断奶,通常当每天采食量达到 2 kg 时(约 3 月龄),可改喂普通混合料。犊牛料的配制原则是:20%以上的粗蛋白,7.5%~12.5%的脂肪,干物质含量 72%~75%,粗纤维不高于5%;此外,矿物质、维生素、抗生素等都要保证。根据这个原则,犊牛料的配方可以很多,但多以植物性的高能、高蛋白饲料为主。

代乳料亦称人工乳,比犊牛料具有更高的营养价值和极低的粗纤维含量并具有更高的消化率,是一种粉末状的饲料。饲喂时要以水稀释后喂给,代乳料主要作用是代替全乳,从而达到节约鲜奶之目的。稀释率为 1∶6~1∶7,代乳料还可起到补充全乳某些营养成分不足的作用,初生期结束后立即使用。配制代乳料的原则是含有 20%以上的乳蛋白,脂肪含量 10%以上。在此原则下,代乳料的原料是以奶的副产品为主,如脱脂奶,而不像犊牛料是以植物性饲料为主。由于乳蛋白成本高且来源短缺,因此,我国有些地区以发酵的剩余初乳来代替,一般每两头母牛所产的剩余初乳可培育一头母犊至 4~5 周龄断奶。

(四)早期断乳方案的制订

犊牛早期断奶方案的制订要根据生产用途(乳用、肉用),犊牛料、代乳料的生产水平及饲管水平等来具体安排,没有统一规定,各地各单位要视具体情况来定。

乳用犊牛早期断奶方案,断乳时间为 4~8 周龄,原则是在保持一定的生长速度前提下(不要饲养过度,也不可饲养不足),尽量多用青粗饲料。

现将犊牛培育技术总结成口诀如下:“一驱、二早、三足、四定、五勤、六净。”其含义是:“一驱”即定期驱除体内外寄生虫,并用中药健胃;“二早”即早吃初奶、早补料;“三足”即足够的运动、饮水和光照;“四定”即定质、定量、定时、定温;“五勤”即勤饲喂(少喂勤添)、勤饮水(保持饮水器内有水)、勤刷拭(至少每天一次)、勤清扫(包括打扫牛舍、通风、干燥、定期消毒)、勤观察;“六净”即保持饮水、饲草、饲料、饲槽、圈舍和牛体净。

六、青年牛的培育技术

青年牛是指生后半年到配种前的后备牛,犊牛满 6 月龄从犊牛舍转入青年牛舍,进入青年牛培育阶段。青年母牛不产乳,无直接经济效益,也不像犊牛期那样脆弱、易病甚至死亡,因此,往往得不到应有的重视。所以,实际生产中有的牛场将质量最差的草喂给青年牛，以致达不到培育的预期要求。青年牛的培育是犊牛培育的继续。虽然青年牛阶段的饲养管理相对犊牛阶段来说是粗放些，但决不意味着这一阶段可以马马虎虎。这一阶段在体型、体重、产奶性能及适应性的培育上比犊牛期更为重要，尤其是在实行早期断奶的情况下，犊牛阶段因减少奶量对体重造成的影响，需要在这个时期加以补偿。如果此期培育措施不得力，那么到达配种体重的年龄就会推迟，进而推迟了初次产犊的年龄。如果按预定年龄配种，那么将可能导致终生体重不足；同样，若此期培育措施不得力，对体型结构、终生产奶性能的影响也是很大的。因此，对青年牛的培育也应给予高度重视。

（一）青年牛的饲养

青年牛在不同的年龄阶段，其生长发育特点及消化能力有所不同，因而不同阶段的饲养措施也就不同。

1. 半岁至1岁：此期是生长最快的时期，性器官和第二性征的发育很快，体躯向高度和长度方面急剧生长。前胃虽然经过了犊牛期植物性饲料的锻炼，已具有了相当的容积和相当的消化青粗饲料的能力，但还保证不了采食足够的青粗饲料来满足此期强烈生长发育的营养需要；同时，消化器官本身也处于强烈的生长发育阶段，需要继续锻炼。因此，为了兼顾青年牛生长发育的营养需要并进一步促进消化器官的生长发育，此期所喂给的饲料，除了优良的青粗料外，还必须适当补充一些精饲料。一般来说，日粮中干物质的75%应来源于青粗饲料，25%来源于精饲料。

2. 12月龄至初次妊娠：此阶段青年母牛消化器官容积更大，消化能力更强，生长渐渐进入递减阶段，无妊娠负担，更无产奶负担，若能吃到优质青粗饲料基本上就能满足营养的需要。因此，此期日粮应以青粗料为主，如此安排，不仅能满足营养需要，而且能促进消化器官的进一步生长发育。

（二）青年牛的管理

犊牛转入青年牛舍时，要实行公母分群，通槽系留饲养。青年牛的管理项目除了运动和刷拭以外，还有一项非常重要的管理项目就是要坚持乳房按摩。乳腺的生长发育受神经和内分泌系统活动的调节，对乳房外感受器施行按摩刺激，通过神经-体液途径或单纯的神经途径（前者通过下丘脑-垂体系统，后者通过直接支配乳腺的传出神经)能显著地促进乳腺生长发育，提高产奶量。乳腺对按摩刺激产生反应的程度，依年龄有所差异。性成熟后，特别是妊娠期是乳腺组织生长发育最旺盛的时期，此期加强按摩效果最显著。青年母牛按摩乳房还可使其提前适应挤奶操作，以免产犊后出现抗拒挤奶现象。例如，太原南郊奶牛场做了这方面的试验，选用 5 对半同胞青年牛，分为两组，其母亲的胎次一致，产奶量差异不显著，12 月龄后开始按摩乳房，结果表明，接受乳房按摩的初产牛均能顺利接受挤奶，且乳房形状、容量及产奶量均有明显改善和提高。对照组产奶量为 4 073 kg，试验组为 4 523 kg，提高 11.05%；乳房容量对照组 9.4 L，试验组 10.7 L，提高 13.83%；乳房圆周对照组 133 cm，试验组 148 cm，提高 11.28%。每次按摩时间以 5～10 分钟为宜。

青年母牛怀孕前 6 个月，其营养需要与配种前差异不大。怀孕的最后 3 个月，营养需要则较前有较大差异，应按奶牛饲养标准进行饲养。

这个阶段的母牛，饲料喂量一般不可过量；否则，将会使母牛过分肥胖，从而导致以后的难产或其他病症。因此，怀孕的青年牛应保持中等体况。

青年母牛怀孕后必须加强护理，最好根据配种受孕情况将怀孕天数相近母牛编入一群。

青年母牛怀孕后更应注意运动，每日运动 1～2 小时，有放牧条件的也可进行放牧，但要比未孕青年牛的放牧时间短。青年母牛怀孕后，其牛舍及运动场，必须保持卫生，供给充足的饮水，最好设置自动饮水装置。

分娩前两个月，应转入成年牛舍进行饲养。这时饲养人员要加强对它的护理与调教，如定时梳刷、定时按摩乳房等，以使其能适应分娩投产后的管理。但这个时期，切忌擦擦拭乳头，以免擦去乳头周围的蜡状保护物，引起乳头龟裂；或因擦掉“乳头塞”而使病原菌从乳头孔侵入，导致乳房炎和产后乳头坏死。

在分娩前 30 天，可以在饲养标准的基础上适当增加饲料喂量，但谷物的喂量不得超过其体重的 1%；与此同时，日粮中还应增加维生素以及钙、磷等矿物质含量。在临产前两周，应转入产房饲养，其饲养管理与成年牛围产期相同。

案例：我国乳用青年母牛初配月龄普遍为 18～19 月龄，单产奶量和终生产奶量都低。

乳用青年母牛理想的初配月龄为14～16月龄，平均为15月龄，青年母牛在这个月龄配种，其初产年龄平均为2周岁。实践证明，这样的初配月龄和初产年龄的奶牛比大于或小于该初配月龄和初产年龄的奶牛的单产奶量和终生产奶量都高。我国乳用青年母牛初配月龄普遍推迟，平均为18～19个月，初产年龄平均为27～28个月。究其原因是到达理想配种月龄时体重未达到标准，而体重未达到标准又是饲养管理不当特别是营养不足所造成的，特别是在性成熟前后营养不足会对乳房生长发育产生极为不利的影响。我国乳用青年母牛初配月龄普遍推迟所造成后果是奶牛的单产奶量和终生产奶量低于理想初配和初产年龄的牛，所以由于我国青年奶牛的初配月龄推迟造成的损失不仅仅是培育成本的提高，更大的损失是后备牛质量的下降导致其产奶性能下降。

第四节　成年奶牛的饲养管理技术

一、成年奶牛的一般饲养管理技术

(一) 分群

据试验，按产奶量高低进行分群并实行阶段饲养，不论是对提高产奶量或增加经济效益效果都很显著；反之，则浪费饲料，增大成本，降低经济效益。

(二) 日粮组成力求多样化和适口性强

奶牛是一种高产动物，对饲料要求比较严格，在泌乳期间，其日粮组成必须是多样化和适口性强。多样化可使日粮具有完善的营养价值，以保证奶牛能积极地进行生命活动和泌乳活动。日粮组成单一或饲料种类少，往往不能满足其需要，而且多样化与适口性有着密切的联系。一般来讲，日粮组成多样化了，其适口性就较好。奶牛的日粮一般要由3种以上的青粗饲料(干草、青草、青贮饲料等)，3种以上的精料组成。

近年国内一些场家在奶牛的饲养上采用全价混合日粮自由采食的饲养法——TMR饲养法，即根据母牛不同必乳阶段的营养需要，将精、粗饲料经过加工调制，配合成全价的混合饲料，供牛自由采食。采用这种饲养方法可简化饲养程序，节约劳力，减少牛舍投资，并可使每头牛得到营养平衡的饲料。此外，可多喂粗料、少用精料，从而可降低饲养成本，并避免以往奶牛由于分别自由采食精粗饲料而使精料吃得过多、粗料采食不足，以致造成瘤胃机能出现障碍，导致产奶量、乳脂率下降和发生消化道疾病等问题。

（三）精、粗饲料的合理搭配

饲喂草食动物应遵循的一个原则是以青粗饲料为基础，营养物质不足部分用精料和其他饲料添加剂进行补充。这一原则的实质乃精粗饲料的合理搭配。良好的干草和青绿多汁饲料及青贮料，易消化，适口性好，能刺激消化液的分泌，增进食欲，保持消化器官的正常活动，促进健康，获得大量高质量的牛乳。相反，如果长期饲喂过多的精料，就可使奶牛的健康状况恶化，并降低产奶量和乳的品质。这并不是说精料就是不能多喂，而是要按上述原则饲喂精料，即精料只能作为补充部分，不能作为基础。高产奶牛的日粮中，精料虽作补充部分，但往往大于基础部分，这是产奶的需要。为此，要控制瘤胃发酵，如添加缓冲化合物等。即使按照这个原则并控制瘤胃发酵，高产奶牛也难免患营养代谢疾病，而低产牛则不然，故人们常说越是高产奶牛越难养。

根据以上原则，可确定不同体重奶牛每天应喂中等品质以上的粗饲料数量，见表4-6。

表4-6　不同体重母牛的粗料日喂量　（风干物质计，单位:kg）

体　重	中等给量	最大给量
300	10	14
400	11	16
500	12	18
600	13	20

每3～4 kg青贮料可代替1 kg粗料；块根类饲料约8 kg可代替1 kg精料。由于块根多汁饲料有刺激食欲的作用，但含能量低，所以，增喂多汁饲料时，粗料喂量并不按比例减少。精料的喂量，根据奶牛的营养需要而定。一般是每产3～5 kg乳给1 kg精料。如果青粗饲料品质优良时，可按表4-7的精料量进行补喂。

为充分满足奶牛的营养需要，应根据饲养标准，精确计算不同体重、年龄和生产水平的母牛对各种营养物质的需要量，正确地配合日粮，促使奶牛将吃进去的饲料，除维持其体重外，全部用于产奶。

表 4-7　奶牛的精饲料给量

每天产奶量(kg)	10 以下	10～15	15～20	20～25	20～25	30 以上
每产 1 kg 奶的精料量(g)	100 以内	150	200	250	300	350
每头牛每天的精料量(kg)	1 以下	1～2	3～4	5～6	6～7	10 以上

（四）饲喂次数和顺序

在我国，奶牛每天的饲喂次数，一般都与挤奶次数相一致，实行 3 次挤奶、3 次饲喂。但在某些情况下，如高产奶牛，夏季饲养以及泌乳盛期应增加饲喂次数。饲喂的顺序，一般是“先粗后精”、“先干后湿”、“先喂后饮”的方法。先喂粗料，当粗料吃的差不多时再拌上精料。这样做，可使牛越吃越香，在饲喂过程中都能保持良好的食欲。另一种是先喂精料，后喂粗料，最后饮水的方法。这两种饲养方式，可根据各地具体条件灵活采用，一般以前一种方式较好，尤其在舍饲条件下更应采用前一种方式。

（五）饲喂技术

在奶牛饲养上，首先要做到“定时定量，少喂勤添”。因为定时饲喂，可使牛消化腺的分泌机能在吃到饲料以前就开始活动。如要饲喂过早，它必然要挑剔饲料不好好采食；喂迟了又会使牛饥饿不安，也会打乱牛消化腺的活动，影响牛对饲料的消化和吸收。所以，只有按时合理饲喂，才能保证牛消化机能的正常活动。每次上槽，都要掌握饲料喂量，喂过多或过少，都会影响母牛的健康和生产性能，并且要做到“少给勤添”，以保持牛只旺盛的食欲。

（六）饮水

众所周知：水是动物不可缺少的营养要素。水对于奶牛来说就显得更为重要。牛乳中含水 88%左右。据实验，日产奶 50 kg 的奶牛，每天需饮水 100～150 L，一般奶牛每天也需水 50～70 L。如饮水不足，就会直接影响产奶量。试验证明，奶牛饮水充足，可以提高奶量达 10%～19%；饮水量每下降 40%，则产奶量下降25%。因此,必须保证奶牛每天有足够的饮水。最好在牛舍内装置自动饮水器,让奶牛随时都能充分饮水。如无此设备,则每天应给牛饮水3～4次,于饲喂结束后进行,夏季天热时应增加饮水次数。此外,在运动场内应设置水池,经常贮满清水,让牛自由饮水。冬季饮水时,要注意水不能太凉,且以不放食盐为宜,以免饮水太多,造成体热大量散失。让牛不饮过冷的水是防止冬季体热消耗的有效措施之一,也是一种冬季的增奶措施。有试验证明,在11月份2℃～6℃的气温环境中,69头奶牛第1周在冷水池中饮水,第2周在牛舍内饮10℃～15℃的温水,第1周比第2周产奶量少9%。也有人试验,冬季饮8.5℃的水比饮1.5℃的水,产奶量提高8.7%。又有人在冬季长期供20℃的水,结果奶牛体质变弱,容易感冒,胃的消化机能减弱。因而冬季饮水适宜温度:成母牛12℃～14℃,产奶与怀孕牛15℃～16℃。此外,在冬季拿出部分精料用开水调制成粥料喂牛,对牛体保温、提高采食量,增加产奶量均有明显效果。而夏天则应让奶牛饮凉水,以减轻热应激造成的危害。有人分别以10℃水和30℃水试验,结果表明饮10℃水的奶牛,其产奶量、采食量均增加,而呼吸次数及体温均降低,故夏季提供清凉的饮水是十分有效的增奶措施。夏季饮凉水时,可在其中适量放些食盐,以促使牛多饮凉水,增大体热散失量,进一步减轻热应激造成的危害。

案例:改变粗饲料质量提高奶牛产奶性能和经济效益。

某奶牛场饲养奶牛350头,其中成年奶牛207头,平均日单产19 kg,乳脂率3.4%,乳蛋白率平均为2.8%。日粮结构:青贮玉米秸每头每天平均20 kg,干玉米秸5 kg,啤酒糟6 kg,精饲料平均8 kg。后来该场购买了优质苜蓿干草,平均每头每天供给3 kg苜蓿干草,干玉米秸改为自由采食(大约每头每天平均采食3 kg),其他饲料供给不变;1个月后平均日单产提高到22 kg,提高15.8%,乳脂率提高0.2个百分点,达到3.6%,乳蛋白率达到3.0%,产奶牛平均每头每天增加纯收入3.35元。

二、泌乳规律

在泌乳期中,奶牛的泌乳量、体重及干物质采食量均呈现规律性的变化,构成奶牛泌乳规律。

(一) 泌乳量的变化

产犊后,产奶量逐渐上升,低产牛在产后20～30天,高产牛在产后40～50

天产乳量到达泌乳曲线最高峰。泌乳高峰期长短不一,高产牛泌乳高峰期持续时间一般较长。高峰期后,产乳量逐渐下降。

(二)干物质采食量的变化

高产奶牛干物质采食量产后逐渐增加,但增加的速度较平缓,其高峰出现在产后90～100天,之后再缓慢平稳地下降。

(三)体重的变化

产后体重开始下降,产后2个月左右体重降到最低,最低体重出现的时间较高产奶牛泌乳高峰的出现稍迟些或同时发生,以后体重又渐增,至产后100天左右,体重可恢复到产后半个月时的水平。一般来讲,奶牛,尤其是高产奶牛在泌乳盛期失重35～45 kg是比较普遍的;若超过此限,就会对产奶性能、繁殖性能及母牛健康产生不利的影响。由此可见,高产奶牛由于其干物质采食量高峰的出现比其泌乳高峰的出现迟6～8周,因而高产奶牛在泌乳盛期往往会陷入营养不足的困境,奶牛不得不分解体组织来满足产奶所需的营养物质。在这种情况下,既要充分发挥产奶潜力,又要尽量减轻体组织的分解,一种做法就是提高日粮营养浓度,即增大精料比例,这也就是美国、日本等国20世纪70年代后所采用的"引导饲养法",亦叫做"挑战饲养法"。实际上,高产奶牛即使是采用了"挑战饲养法",在泌乳盛期内要完全避免体组织的消耗也是不可能的,但可以通过此法,使其体重减轻的幅度减小,从而保证既能发挥出产奶潜力又不影响母牛健康和繁殖性能。由于干物质采食量达到高峰以后下降的速度较平稳,因而盛期过后要注意调整日粮结构,降低营养浓度,防止过肥。

三、泌乳期各阶段的饲养管理

(一)泌乳初期的饲养管理

这个时期母牛刚刚分娩,机体较弱,消化机能减退,产道尚未复原,乳房水肿尚未完全消失,因此,此期应以恢复母牛健康为主,不得过早催奶,否则大量挤奶极易引起产后疾病。

分娩后要随即驱赶母牛站起,以减少出血和防止子宫外脱,并尽快让其饮喂温热麸皮盐水10～20 kg(麸皮500 g,食盐50 g)以利恢复体力和胎衣排出(因为增加了腹压)。为了排净恶露和产后子宫早日恢复,还应饮热益母草红糖水(益母草粉 250 g,加水 1500 g,煎成水剂后,加红糖 1 kg,水 3 kg,温度以 40℃～50℃为宜),每天一次,连服 2～3 天。在正常情况下,母牛分娩后胎衣 8 小时左右自行脱落;如超过 24 小时不脱,不可强行拖拉。对体弱和老年母牛可肌注催产素或与葡萄糖混合作静脉注射,效果较好,但剂量为肌肉注射的 1/4,以促使子宫收缩,尽早排出胎衣。产后不能将乳汁全部挤净,否则由于乳房内压显著降低,微血管渗出现象加剧,会引起高产奶牛的产后瘫痪。一般产后第 1 天每次只挤奶 2 kg 左右,第 2 天挤乳量的 1/3,第 3 天挤 1/2,第 4 天后方可挤净。

在初乳的挤奶量上,大多数一直是采用上述做法,但最近我国有的奶牛场曾进行过奶牛产后一次挤净初乳的试验,证明产奶高峰可提前到来,显示了有提高泌乳期产奶总量的可能性;临床性急性乳房炎发病率低;产后瘫痪发病率差异不显著。采用母牛产后一次挤净初乳所要采取以下措施。第一,母牛产后处置要根据牛只的年龄、体况等区别对待,对体弱有病的牛只或 3 胎以上的大龄牛,应慎重对待。牛只挤净初乳后,应立即进行预防性补钙和补液,根据情况补葡萄糖酸钙 500～1 500 mL。第二,产后 3 天使用抗生素控制感染。第三,注意围产后期和泌乳高峰期的饲料营养浓度以及精粗饲料的合理添加量,尽可能地降低奶牛体内能量、蛋白质的负平衡过程,延长产奶高峰的时间。

分娩后乳房水肿严重,要加强乳房的热敷和按摩,并注意运动,促进乳房消肿。

在本期内如食欲食好、消化机能正常、不便稀、乳房水肿消退、恶露排干净,可逐渐增加精料,多喂优质干草。对青绿多汁饲料要控制饲喂,切忌过早催奶,引起体重下降,代谢失调;否则,不宜增加精料,只能增加优质干草。

案例:第一次挤净初乳造成奶牛瘫痪。

某奶牛户饲养的初孕牛首次产犊,第一次挤奶时便将乳房中的乳汁全部挤干净,结果奶牛出现产后瘫痪,就是后肢麻痹不能站立,后经过输入葡萄糖酸钙并结合其他治疗措施的综合治疗,奶牛终于站立起来,但是其产奶量一致比较平稳,没有出现随着泌乳期的进展产奶量逐渐上升的规律。可见,产后立即挤净初乳,不仅会出现产后瘫痪,而且在治愈产后瘫痪之后,其产奶量平稳变化,没有出现泌乳高峰,这无疑大大降低了产奶性能。因此,产后立即挤净初乳不仅容易造成产后瘫痪而且对产奶性能会产生极为不利的影响。

(二)泌乳盛期(泌乳高峰期)的饲养管理

此期体质已恢复,乳房软化,消化机能正常,乳腺机能日益旺盛,产乳量增加甚快,进入泌乳盛期。我国制定的《高产奶牛饲养管理规范》中规定16～100天为泌乳盛期。若头产牛在15～21天不催奶,逐步给予良好的营养水平,可使高峰期延长到120天。泌乳盛期是整个泌乳期的黄金阶段,此阶段产奶量占全泌乳期产奶量的40%左右。如何使奶牛在泌乳盛期最大限度地发挥其泌乳性能是夺取高产稳产的关键,此阶段也最能反映出饲养管理的效果。饲养管理效果的反应与妊娠期有着密切的关系,随着妊娠期的进展,效果反应就逐渐变得不明显了,虽然产后5～6个月不配种,其产奶量仍较高(即对饲养管理效果的反应仍较好),但并不提倡。奶牛泌乳规律告诉我们高产奶牛采食高峰要比泌乳高峰迟6～8周,这不可避免地在泌乳高峰期出现一个“营养空档”。饲养实践表明,通过增加营养浓度也不能完全弥补这“空档”。在这个“空档”内,奶牛不得不动用其体贮备即分解体组织来满足产奶所需的营养物质,所以,在泌乳的头8周内奶牛体重损失25 kg是常常发生的。当母牛靠消耗体内贮存来达到最高产奶量时,蛋白质可能成为第一限制因素。因此,日粮中应该用额外的蛋白质来平衡动用体组织消耗的能量。此期把体重下降控制在合理的范围内是保证高产、正常繁殖及预防代谢疾病的最重要的措施之一,增加营养浓度,减小空档,可使体重的下降程度减轻,从而有可能将失重控制在合理的范围内。现在提倡的“引导”(“挑战”)饲养法就是在泌乳盛期增加营养浓度。具体做法是:从母牛产前2周开始,直到产犊后泌乳达到高峰逐渐增加精料,到临产时其喂量以不得超过体重的1%为限。分娩后第3天起,可逐渐增喂精料,每天按0.5 kg左右增加,直至泌乳高峰或精料不超过日粮总干物质的65%为止。注意在整个“引导”饲养期必须保证提供优质干草,日粮中粗纤维含量在15%以上,才能保证瘤胃的正常发酵,避免瘤胃酸中毒、消化障碍以及乳脂率下降。采用以上做法,可使多数奶牛出现新的泌乳高峰,通常将这个新的泌乳高峰称为“引导高峰”,其增产的趋势可持续于整个泌乳期。因此,这种饲养法被称为“引导饲养法”。此法的优点在于可使瘤胃微生物区系及早地调整,以适应分娩后高精料日粮;有利于增进分娩后母牛对精料的食欲和适应性,防止酮病发生。但此法也存在着缺点。缺点之一是产犊后往往因为消化机能不正常、便稀以及乳房水肿等原因而不能增加精料的喂量而使引导饲养法无法继续进行;缺点之二是如果能保证产后持续增加精料直至泌乳高峰或自由采食,也会因降低粗饲料的采食量保证不了奶牛对粗纤维的需要从而对奶牛瘤胃内环境和机体健康产生不利的影响。为避免上述不良后果的出现,理想的做法是控制瘤胃发酵,采用养分过瘤胃饲养法,即饲喂过瘤胃脂肪和过瘤胃氨基酸。如前所述,我们用过瘤胃脂肪对赖氨酸和蛋氨酸进行包被处理,研制成功过瘤胃氨基酸高能复合物,以此饲喂奶牛可以起到同时补充氨基酸和能量的效果,不影响粗饲料的采食量,满足了奶牛对粗纤维的需要,从而保证了奶牛瘤胃的健康和消化机能的正常。

泌乳高峰期日粮应由如下饲料组成。

(1)品质优良的高能粗料,如良好的玉米青贮、优质干草等。

(2)采用能量含量高的谷类饲料,如玉米、大麦、高粱等。

(3)将天然蛋白质置于饲料表面饲喂。

(4)高产奶牛产后对Ca、P需要量很大,但日粮中往往不能满足,所以Ca、P和其他矿物质呈负平衡状态。可补喂贝壳粉、蛎粉和石粉,但必须测其利用率,而不要单纯按其含量计算Ca和P。

(三)泌乳中期的饲养管理

我国《高产奶牛饲养管理规范》中规定产后101～200天为泌乳中期。本期内奶牛食欲最好,干物质采食量达到最高峰,高峰之后下降很平稳;产奶量逐月下降;体重和体力也开始逐渐恢复。此期想使产奶量不下降是不可能的,我们只能发挥人的主观能动性,使其下降的速度缓慢、平稳些。这就得继续采取各种有效措施,如多样化、适口性强的全价日粮,注意运动,认真擦洗按摩乳房。由于进入本期时,干物质采食量已达到高峰而下降幅度又大大小于产奶量的下降幅度,因此,要调整日粮结构,减少精料,尽量使奶牛采食较多的粗饲料。

(四)泌乳后期的饲养管理

我国《规范》中所讲的泌乳后期一般指产后第201天到干奶前。本期内日粮除饲养标准满足其营养需要外,对于体况消瘦的母牛,还要增加营养,以使母牛尽快恢复已失去的体重、增强体力，使母牛逐渐达到上次产犊时体重和膘情的标准——中上等体况，即比泌乳盛期体重增加10%～15%。但本期内必须防止体况过肥，以免难产及导致其他一些疾病的发生。

为什么要在泌乳后期恢复体况而不是像过去那样在干乳期恢复呢？这是因为研究表明，从饲料能量的转换效率及饲养的经济效果来看，泌奶牛在此期各器官仍处在较强的活动状态，对饲料代谢能转化成体组织的总效率比干乳期为高，故泌乳后期恢复体况比干乳期要经济、安全。

案例：饲喂奶牛精料过多不仅使奶牛产奶量大幅度下降而且使体质弱化。

某奶牛专业户初养奶牛，购买初孕牛2头，购回后饲养约2个月产犊，产后一周开始向奶站送奶。随着泌乳期的进展，奶牛的产奶量逐渐上升，售奶收入自然也在不断增加。产犊3个月后，该专业户发现奶牛的产奶量有逐渐下降的趋势。其实，这是泌乳规律，即泌乳高峰过后产奶量逐月下降。正确的做法是逐渐减少精饲料的喂量，但该专业户不但不减少精料反而增加精料。他认为只要增加精饲料产奶量就会再上升，但是结果适得其反，产奶量不但没有上升，反而下降的幅度更大了，而且奶牛的体质变得越来越虚弱，以至于后来为奶牛挤奶或饲喂时奶牛周身出汗。他这时认识到，产奶量开始下降时增加精饲料的结果不仅是增加了投入而减少了收入，还使奶牛体质弱化。后来经专家指导，通过减少精饲料增加粗饲料，同时补饲口服补液盐等措施使奶牛的体质逐渐恢复，产奶量下降的幅度也恢复到每月下降大约2 kg的正常水平。这个案例说明，过多饲喂精料并不能提高产奶量，应按照泌乳规律在泌乳不断上升的阶段增加精饲料的喂量直到泌乳平稳阶段，而奶牛产奶量进入下降阶段时应逐渐降低精饲料的喂量增加粗饲料的喂量。这样，不仅能充分发挥奶牛的产奶潜力，还避免了奶牛由于营养过剩造成的肥胖和体质虚弱等问题的发生。

四、干乳期的饲养管理

（一）干乳期的意义

1. 促使胎儿很好地生长发育。妊娠后期，特别是分娩前2个月左右是胎儿生长最迅速的阶段，因而也是需要营养最多的阶段。在产前给母牛2个月左右的干乳期，并加以合理的饲养管理，可保证胎儿很好地生长发育。

2. 干乳期是母牛的周期性休息时期。母牛在干乳期中乳腺细胞可以得到充分休息和整顿，为下一个泌乳期更好地、积极地进行分泌活动做好准备，因此一旦分娩，进入下次泌乳期时，乳腺细胞更富有活力、大量泌乳；否则，若使分泌上皮细胞持续进行分泌活动，不仅妨碍乳腺细胞的休息、整顿，使下次泌乳期产奶量大大下降，而且对以后几个胎次都会有很不利的影响。例如，据Swanson(1965)用一卵双胎的母牛进行试验，与60天的干乳期相比，不干奶而持续挤奶的牛，其奶量的减少，在第二个泌乳期为25%，第三个泌乳期为40%。

（二）干乳期的长短

由上述可见，没有干乳期是不行的，实际上干乳期太短也是不行的，而干乳期太长又会降低本胎次的产乳量，因而要正确确定干乳期的长短。

干乳期的长短依每头母牛的具体情况而定，一般为45～75天，平均为60天。凡是初胎母牛及早期配种的母牛、体弱的成年母牛、老年母牛、高产母牛(年产乳6 000 kg以上者)以及牧场饲料条件恶劣的母牛，需要较长的干乳期(60～75天)；一般体质强壮、产乳量较低、营养状况较好的母牛，则干乳期可缩短为45～60天。

（三）干乳方法

干乳的方法正确与否关系到母牛的健康和能否造成乳房炎或其他疾患。干乳的方法可分为逐渐干乳法和一次干乳法等两种主要方法。

1. 逐渐干乳法：基本原理是通过改变对泌乳活动有利的环境因素（主要是饲管活动）来抑制其分泌活动。

此法要求在10天内将奶干完。其方法是：在预定干乳前的7～10天开始变更饲料，逐渐减少精料、青草、青贮料等促进泌乳的饲料，适当限制饮水，加强运动和放牧，停止按摩乳房，减少挤奶次数，改变挤奶时间（由3次减为1次），日产奶下降到4～5 kg时，停止挤奶，这样就可使母牛逐渐干乳。

2. 一次停奶法：这种方法的原理是：充分利用乳房内高的压力来抑制分泌活动，完成停奶。这种方法要求达停奶之日，认真地擦洗按摩乳房，将奶彻底挤净后就不再挤了。据称，与常规干乳法相比有如下优点：第一，可最大限度地发挥其产奶潜力，因为停奶前一切正常，没有改变对泌乳活动有利的环境因素(饲养管理),一般可多产奶 50 kg 左右;第二,不影响母牛健康和胎儿生长发育,而常规法使母牛在 10 天左右的时间内处于贫乏的饲养条件下,影响了母牛的健康和胎儿生长发育。一次停奶法可使胎儿初生重提高 3 kg 左右。

无论采用哪种干乳方法,在采取干奶措施之前,都要做好隐性乳房炎的检查,以减少疾患。隐性乳房炎的检查,可用专门的检出液,将四乳区的奶分别挤少许于四个盛奶皿中,然后分别滴上两滴检出液,稍加摇动,若出现凝块则为阳性,否则为阴性。对诊断为阳性者要先治疗,待再检查转为阴性后再行干奶。治疗方法有抗生素法和激光穴位照射法。激光穴位照射治疗,其治愈率比抗生素法要高。对检查为阴性的奶牛,最后一次挤净后,要配合采用乳房炎的预防措施。因为在干乳期中仍然有可能患乳房炎,尤其是第 1 周,发病率可高达 34%,第 2 周为 24%,以后逐渐下降,产前发病率又增加。一般可采用药液灌注后浸泡或封闭乳头孔的做法。经乳头向乳池灌注抗生素油剂,每个乳头 10 mL。乳头孔要用抗生素油膏封闭,或用 5% 碘酒浸泡乳头(每天 1～2 次,每次 0.5～1 分钟,连续 3 天)。

在停止挤奶后 2 周内,要随时注意乳房情况。一般母牛因乳房贮积较多的乳汁而出现膨胀,这是正常现象,不要害怕,也不要抚摸乳房和挤奶,经过几天后就会自行吸收而使乳房萎缩。如果乳房肿胀不消而变硬、奶牛有不安的表现时,可把奶挤出,继续采取干乳措施使之干乳。如果发现乳房有炎症时,可继续挤奶,待炎症消失后再行干乳。

(四) 干乳期的饲养管理

母牛在干乳后 7～10 天,乳房内乳汁已被乳房所吸收、乳房已萎缩时,就可逐渐增加精料和多汁饲料,5～7 天达到妊娠干奶牛的饲养标准。

干乳期饲养管理的原则是在整个干乳期中,其饲养措施不能使母牛在此期过肥。

对体况仍不良的高产母牛,要进行较丰富的饲养,提高其营养水平,使它在产前具有中上等体况,即体重比泌乳盛期一般要提高 10%～15%。母牛具有这样的体况,才能保证正常分娩和在下次泌乳期获得更高的产乳量。对于体况良好的干奶牛,一般只给予优质粗饲料即可。对营养不良的干乳母牛,除给予优质粗料外,还要饲喂几千克精饲料,以提高其营养水平。一般可按每天产10～15 kg乳所需的饲养标准进行饲喂，日给8～10 kg优质干草，15～20 kg多汁饲料（其中品质优良的青贮料约占一半以上）和3～4 kg混合精料。粗饲料及多汁料不宜喂得过多，以免压迫胎儿，引起早产。

对于干乳母牛，不仅应注意饲料的数量，尤其要注意饲料的质量，必须新鲜清洁、质地良好。冬季不可饮过冷的水（水温以15℃～16℃为宜）和饲喂冰冻的块根饲料以及腐败霉烂的饲料或掺有麦角、霉菌、毒草的饲料，以免引起流产、难产及胎衣滞留等疾患。

干乳母牛每天要有适当的运动，夏季可在良好的草场放牧，让其自由运动，但要与其他母牛分群放牧，以免相互挤撞，发生流产。冬季可视天气情况，每天赶出运动2～4小时，产前停止运动。干奶牛如缺少运动，则牛体容易过肥，引起分娩困难、便秘等，以致发生早产和分娩后产乳量的降低。

母牛在妊娠期中，皮肤呼吸旺盛，易生皮垢。因此，每天应加强刷拭，促进代谢。对于奶牛每天要进行乳房按摩，以利于分娩后的泌乳。一般可以在干乳后10天左右开始按摩，每天一次，产前10天左右停止按摩。

案例：20天的干奶期导致下一胎次的产奶量大大下降。

某奶牛专业户，2004年购买2头初孕牛，编号分别为0401和0402，2005年6月6日0401号产犊，2005年7月29号0402号产犊。0401号牛于当年9月1号配种，几个情期之后再也没有发情，故9月1号便确定为受孕日。按照“月减3日加6”的预产期推算法，该牛将于2006年6月7日产犊。0402号于当年11月4号配种，1个情期之后出现发情，于11月24日进行第二次配种，几个情期后未出现再发情，故11月24号便确定为受孕日，按照“月减3日加6”的预产期推算法，该牛将于2006年8月30日产犊。2006年5月17号该专业户忽然想起奶牛产前应有干奶期，连忙打电话咨询专家应该干奶多长时间，专家回答应该2个月，但是0401号牛此时离预产期只有3个周，该专业户也只好从这一天开始干奶。该牛于6月9日产犊，产后又进入产奶阶段，结果该牛第二个泌乳期的产奶量比第一个泌乳期减少27%。鉴于0401号牛的教训，0402号在预产期前的两个月即2006年6月30号开始干奶，0402号牛于8月31号产犊进入第二个泌乳期，结果该牛第二个泌乳期的产奶量比第一个泌乳期提高了12%。这是完全符合在1～5胎范围内，随着年龄和胎次的增长，奶牛的产奶量逐胎提高的规律。本案例说明了干奶期以及适时干奶的重要性和必要性。

五、围产期奶牛饲养管理

围产期奶牛是指分娩前后各15天以内的母牛。

根据奶牛阶段饲养理论和实践划分这一阶段对增进临产前母牛、胎儿、分娩后母牛以及新生犊牛的健康极为重要。实践证明，围产期母牛比泌乳中、后期母牛发病率均高。据统计，成母牛死亡有70%～80%发生在这一时期。所以，这个阶段的饲养管理应以保健为中心。上海将奶牛产后2～3周称为产后康复期。围产期医学已发展成一门新兴学科，奶牛科学应加以借鉴。

(一) 临产前母牛的饲养管理

临产前母牛生殖器最易感染病菌。为减少病菌感染，母牛产前7～14天应转入产房。产房必须事先用2%火碱水喷洒消毒，然后铺上清洁干燥的垫草，并建立常规的消毒制度。

临产母牛进产房前必须填写入产房通知单，并进行卫生处理，母牛后躯和外阴部用2%～3%来苏尔溶液洗刷，然后用毛巾擦干。

产房工作人员进出产房要穿清洁的外衣，用消毒液洗手。产房入口处设消毒池，进行鞋底消毒。

产房昼夜应有人值班。发现母牛有临产征状表现腹痛、不安及频频起卧，即用0.1%高锰酸钾液擦洗生殖道外部。

产房要经常备有消毒药品、毛巾和接产用器具等。

临产前母牛饲养应采取以优质干草为主，逐渐增加精料的方法，对体弱临产牛可适当增加喂量，对过肥临产牛可适当减少喂量。临产前两周的母牛，可酌情多喂些精料，其喂量也应逐渐增加，最大量不宜超过母牛体重的1%。这有助于母牛适应产后大量挤乳和采食的变化。但对产前乳房严重水肿的母牛，则不宜多喂精料。

临产前15天的母牛，除减喂食盐外，还应饲喂低钙日粮以预防奶牛的产后瘫痪，其钙含量减至平时喂量的1/2～1/3，或钙在日粮干物质中的比例降至0.2%。

但近年来预防奶牛的产后瘫痪有了新的做法：在分娩前的2～3周，向奶牛日粮中添加阴离子盐。阴离子盐是指那些含氯离子和硫离子相对高，而含钠和钾低的矿物质盐类。向奶牛日粮中添加阴离子盐，从而调节日粮的阴阳离子平衡(DCAB)。负DCAB的日粮降低血液pH(轻度代谢酸中毒)，因此激活了动物体内的钙平衡机理并刺激骨钙动用。分娩前奶牛的最优日粮离子平衡为每千克干物质－100～－150 mEq[(Na＋K)－(Cl＋S)]。减低日粮DCAB应当与提高日粮钙水平同步进行，将钙的喂量提高到每头每天120～150 g。为保证奶牛的营养供给和阴离子添加的效果应定期测定采食量和尿液的pH。尿液的pH测定每周至少进行一次，通常是在采食后的2～6小时进行。测定头数应为5头以上。如果尿液的pH在5.5～6.5之间，而且奶牛的采食量正常，说明日粮的DCAB是合适的。

临产前2～3天，精料中可适当增加麸皮含量，以防止母牛发生便秘。

案例：产前高钙为预防产后瘫痪，结果导致产后瘫痪。

山东潍坊某奶牛专业户为了预防奶牛产后瘫痪，凭主观想象认为产前提高日粮中钙的喂量就会使奶牛保持产后高血钙，进而就会避免产后瘫痪。在这种观念的支配下，该专业户将干奶牛产前半月日粮中钙的水平由0.6%提高到1.2%，结果正是适得其反，奶牛产后就出现了产后瘫痪，久治不愈，只好被迫淘汰。产前高钙饲料会导致血钙增高，引起降钙素分泌增多，相对降低或抑制了甲状旁腺素的分泌。产后血钙进入乳中，使血钙突然下降，此时甲状旁腺素虽可反射性地分泌增加，但仍不能抵消过多的降钙素的作用，加之大脑皮质仍处于抑制状态，使产后短时间里钙代谢调节不能适应，从而发生低血钙引起的产后瘫痪。

(二) 母牛分娩期护理

舒适的分娩环境和正确的接生技术对母牛护理和犊牛健康极为重要。母牛分娩必须保持安静，并尽量使其自然分娩。一般从阵痛开始约需1～4小时，犊牛即可顺利产出。如发现异常，应请兽医助产。

母牛分娩应使其左侧躺卧，以免胎儿受瘤胃压迫产出困难，母牛分娩后应尽早驱使其站起。

母牛分娩后体力消耗很大，应使其安静休息，并饮喂温热麸皮盐水10～20 kg(麸皮500 g，食盐50 g)，以利母牛恢复体力和胎衣排出。

母牛分娩过程中，卫生状况与产后生殖道感染的发生关系极大。母牛分娩后必须把它的两肋、乳房、腹部、后躯和尾部等污脏部分用温水洗净，用净的干草全部擦干，并把沾污垫草和粪便清除出去，地面消毒后铺以厚的干垫草。

母牛产后，一般1～8小时胎衣排出。排出后，要及时消除并用来苏儿清洗外阴部，以防感染。

为了使母牛恶露排净和产后子宫早日恢复，还应喂饮热益母草红糖水（益母草粉250 g，加水1 500 g，煎成水剂后，加红糖1 kg和水3 kg，饮时温度40℃～50℃），每天一次，连服2～3次。

犊牛产后一般30～60分钟即可站起，并寻找乳头哺乳，所以这时母牛应开始挤奶。挤奶前挤乳员要用温水和肥皂洗手，另用一桶温水洗净乳房。用新挤出的初乳哺喂犊牛。

母牛产后头几次挤奶，不可挤得过净，一般挤出量为估计量的1/3。

母牛在分娩过程中是否发生难产、助产的情况，胎衣排出的时间、恶露排出情况以及分娩时母牛的体况等，均应详细进行记录。

（三）母牛产后15天内的饲养管理

为减轻产后母牛乳腺机能的活动并照顾母牛产后消化机能较弱的特点，母牛产后2天内应以优质干草为主，同时补喂易消化精料，如玉米、麸皮，并适当增加钙在日粮中的水平（由产前占日粮干物质的0.2%增加到0.6%）和食盐的含量。对产后3～4天的奶牛，如母牛食欲良好、健康、粪便正常、乳房水肿消失，即可随其产乳量的增加，逐渐增加精料和青贮喂量。实践证明，每天精料增加量以0.5～1 kg为宜。

产后一周内的奶牛，不宜饮用冷水，以免引起胃肠炎，所以应坚持饮温水，水温37℃～38℃，一周后可降至常温。为了促进食欲，要尽量多饮水，但对乳房水肿严重的奶牛，饮水量应适当减少。

奶牛产后，产乳机能迅速增强，代谢旺盛，因此常发生代谢紊乱而患酮病和其他代谢疾病。这期间要严禁过早催乳，以免引起体况的迅速下降而导致代谢失调。对产后15天或更长一些时间内，饲养的重点应当以尽快促使母牛恢复健康为原则。

挤奶过程中，一定要遵守挤乳操作规程，保持乳房卫生，以免诱发细菌感染而患乳房炎。

母牛产后12～14天肌注促性腺激素释放激素，可有效预防产后早期卵巢囊肿，并使子宫提早康复。

六、夏季奶牛的饲养管理要点

奶牛（尤其是饲养数量最多的荷斯坦牛）较耐寒不耐热，所以，改善夏季的饲养管理就成为提高全年产奶量的一条重要途径。

（一）高温给奶牛带来的危害

夏季，牛体散热困难，当受高温应激时，必将产生一系列的应激反应，如体温升高，呼吸加快，皮肤代谢发生障碍，食欲下降，采食量减少，营养呈负平衡，因此造成的后果便是体重减轻、体况下降、产乳量及乳脂量同时下降、繁殖力下降、发病率增高甚至死亡。例如，武汉地区7～9月份，奶牛由于高温（41.3℃），产奶量下降58%以上，有时还会发生热射病死亡；重庆地区第三季度比第四季度产奶量下降11.3%，母牛繁殖率下降33.3%，7月份受胎率仅为24.7%。

（二）高温季节降温防暑的主要措施

奶牛高温季节饲养管理的原则应以降温防暑为主，把高温的不良影响减少到最低限度。

1. 满足营养需要。据测定，气温每升高1℃需要消耗3%的维持能量，即在炎热季节消耗能量比冬季大（冬季气温每降低1℃需增加1.2%维持能量），所以高温季节要增加日粮营养浓度。饲料中含能量、粗蛋白质等营养物质要多一些，但也不能过高，还要保证一定的粗纤维含量（15%～17%），以保证正常的消化机能。如果平时喂精料4 kg，夏季可增加到4.4 kg；平时喂豆饼占混合料的20%，夏天可增加到25%。

2. 选择适口性好，营养价值高的饲料。如胡萝卜、苜蓿、优质干草、冬瓜、南瓜、西瓜皮、聚合草等。

3. 延长饲喂时间，增加饲喂次数。高温季节，中午舍内温度比舍外低，如北京舍外凉棚下为34.4℃，舍内28.5℃。为了使牛体免于受到太阳直射，12点上槽，这既可增加奶牛食欲，又能增加饲喂时间；饲喂次数如果由3次改为4次，在午夜再补饲一次，则会取得更好的增奶效果。

4. 喂稀料，既增加营养，又补充水分。为此将部分精料改为粥料是有益的，如北京地区所配制的粥料为精料 1.5 kg，胡萝卜、干粕 1.25～2.5 kg、水 5～8 kg。

5. 减少湿度，增加排热降温措施。牛舍内相对湿度应控制在 80%以下。相对湿度大，牛体散热受阻加大，加重热应激，所以牛舍必须保持干燥且通风良好，早晚打开门窗；有条件时，可安装吊风扇，以加速水分排出，降低湿度。

6. 保持牛体和牛舍环境卫生。牛舍不干净，最容易污染牛体，这既影响牛体皮肤正常代谢，有碍牛体健康，又严重影响牛乳卫生。夏天经常刷拭牛体，有利于体热散失。夏天蚊蝇多，不仅干扰奶牛休息，还容易传染疾病，为此，可用 1%～1.5%灭害灵药水喷洒牛舍及其环境。为了防止乳房炎、子宫炎、腐蹄病以及食物中毒的发生，应采取下列措施：从 5 月开始用 1%～3%的次氯酸钠（NaClO）溶液浸泡乳头；母牛产后 15 天，检查一次生殖器官，发现问题及时治疗；每月用清水洗刷一次牛蹄，并涂以 10%～20%硫酸钠溶液；每天清洗一次饲槽。

七、冬季饲养管理要点

为了克服外界气候对乳牛的影响，减少冬季鲜乳生产大幅度下降，乳牛场冬季必须重视保暖防潮。

1. 改善冬季饲养：冬季乳牛的维持营养需要增加，吃进的饲料不仅用于产奶，还要用于维持体温的消耗。所以，冬季应结合气候变化补足能量饲料，特别是优质干草和多汁饲料，同时还要增加精料比例，饲喂精料最好用温热水拌料或喂温热粥料，不喂冷料。

2. 改饮温水：泌乳牛冬季饮用冷水，会消耗体内大量热能，从而使产奶量减少；如改为饮温水，不仅可保持体温、增加食欲、增强血液循环，而且还可提高产奶量。所以，冬季应设温水池，供牛自由饮用。

3. 牛舍保暖防潮：冬季保暖防潮和夏季降温防暑具有同等重要的作用。据研究，荷斯坦奶牛在－12℃以下，产奶量下降的主要原因是乳房被毛的保温作用不良，散热面积大，易受低温的影响，乳房血流量和乳腺细胞中酶的活性降低，从而造成生产奶的原料供应速度和乳成分合成效率下降；此外，低温还会使催乳素分泌减少，这也与产奶量下降有关。为此，牛舍保暖防潮的措施如下。

(1) 按建舍要求修建牛舍,且舍内温度保持在0℃以上。

(2) 保护乳房,牛床保持干燥卫生并加厚垫草。

(3) 挤奶后除药浴乳头外,还要涂凡士林油剂,以防乳头冻裂。

(4) 运动场粪尿及时清理,保持地面干燥。

案例:北方开放式牛舍,冬季产奶性能和繁殖性能大大下降。

目前,北方地区许多奶牛场特别是奶牛小区和养殖专业户的奶牛舍是开放式牛舍,实际上就是只有棚顶而四周没有围墙和窗户的牛棚,这种牛棚的唯一好处就是建筑成本大大下降。有人认为有利于夏季的降温防暑,实际上这种牛舍在夏季降温防暑的效果也比不上有围墙和窗户的牛舍。因为开放式牛舍在夏季无法阻挡大量太阳辐射热的进入,而有围墙和窗户的牛舍在夏季既能实现有效的通风换气又能阻挡太阳辐射热的大量进入。2010年1月至2月间,青岛地区某奶牛场奶牛产奶量比12月份下降15%,主要原因是低温和寒风导致奶牛体热大量散失,从而使维持需要增加而饲料利用率降低、低温造成乳房血流量和乳腺细胞中酶的活性降低,造成生产奶的原料供应速度和乳成分合成效率下降以及低温造成催乳素分泌减少。除上述原因外,还有水温的影响,低温条件下水温过低,奶牛饮水量大大减少,饮水不足直接对奶的生成造成不利影响;低温水也对瘤胃微生物消化产生不利影响,降低瘤胃微生物的活性进而降低饲料在瘤胃的消化率,因此也会造成产奶量的下降。低温不仅降低奶牛的产奶性能而且流产率也比12月份高,可能是青贮饲料冰冻后被奶牛采食对胚胎直接造成伤害所致。

通过上述案例可见,冬季保暖和夏季降温防暑具有同等重要的作用,不要片面地认为荷斯坦奶牛怕热不怕冷。对于任何动物来说都有一个适温范围,超出适温范围就会对奶牛产生不利影响,在冬季低温条件下加上寒风的影响会大大增加低温对奶牛的危害。牛棚由于无围墙和窗户,冬季饲养在这种牛舍里的奶牛会受到低温与寒风的双重危害。

第五节　奶牛群饲养管理效果评价

为了使牛群年年高产、稳产和长寿,并获得良好的经济效益,必须对奶牛群定期进行饲养管理效果分析与饲养方案检查。

一、体况分析

奶牛体况不仅与奶牛脂肪代谢、健康有关，还与奶牛泌乳、繁殖均有密切关系。所以，一年之内要定期对牛群进行体况评分。按照奶牛体况评分标准（表4-8），过瘦的评1分，瘦的评2分，一般的评3分，肥的评4分，过肥的评5分。

表4-8 奶牛体况评分标准

等级	观察触摸
1	背部脊骨突出，脊椎可见。胸部肋骨清晰可见。脊椎横突尖锐，触摸感觉不到脂肪层。腰角和坐骨结节突出，触摸尖锐。腰角和坐骨结节之间、尾根两侧深陷。腰椎横突形成明显的“搁板”
2	大拇指触摸可明显感觉到脊椎横突的圆形末端，有薄薄的一层脂肪层。可见胸部肋骨，但不如“1级”明显。可看见“搁板”，也不如“1级”明显。从奶牛后面看，脊柱显著高于背线，脊椎间距不明显。腰角与坐骨结节之间、尾根两侧仍可见下陷，但不如“1级”明显
3	只有大拇指用力摸才能感觉到每个腰椎横突，“搁板”不易辨认，从奶牛后面看，脊椎的突起程度不如“2级”。可见腰角和坐骨结节，但呈圆形。尾根两侧无凹陷
4	用力触摸也感觉不到腰椎横突。从后面看不出脊背突起。腰角浑圆，从后面看，两腰角间平直。从腰角至尾根区域，可感觉到很厚的脂肪层
5	奶牛后背、两侧和后躯脂肪很厚。感觉不到腰椎横突。看不见肋骨和腰角

体况评分必须结合不同的阶段，泌乳盛期的奶牛，体重容易下降、变瘦；泌乳后期和干奶期则容易变肥；泌乳盛期过瘦往往使产奶量减少，体脂肪代谢异常和发情不明显，繁殖成绩不良；干奶期过肥，容易发生酮病等代谢疾病，第四胃变位，难产和分娩后食欲减退，等等。多数人认为，成年奶牛各阶段最佳体况应为：泌乳初期3.0～3.5分；泌乳盛期2.5～3.0分；泌乳中期3.0分；泌乳后期3.5分；干奶期3.5～3.75分。

二、繁殖效果分析

为了准确地分析饲养对牛群繁殖成绩的效果，必须对每头牛进行正确的繁殖记录。评定饲养管理对繁殖的效果通常采用以下方法。

1. 检查空怀率:通常,产后 90～110 天不孕的母牛称为"空怀"。1 个牛群成母牛空怀头数占 5%以上,则将严重影响全年产奶量。为此,每个月应进行一次检查,并采取措施,尽快降低空怀率。

2. 检查泌乳牛占全群成母牛的比例及成母牛群泌乳阶段:实践表明,正在泌乳的母牛占全群成母牛头数 75%以下时,说明已经出现了严重的繁殖问题,即使改进饲养管理产奶量也难以提高,必须进行全面检查;如果泌乳 5 个月以上的头数占全群成母牛 45%以上,则更加说明存在繁殖问题的严重性。

3. 检查产犊间隔:产犊间隔是评价牛群繁殖力的重要指标。生产实践表明,奶牛产犊间隔超过 400 天则会造成重大经济损失。所以,首先应从饲养管理入手,尽快查明延长产犊的原因,并采取相应措,加以改进。

三、产奶效果分析

评定和分析牛群的产奶性能是检查奶牛群饲养管理效果的最重要指标。从产奶成绩检查分析饲养管理效果,常用的方法是制作年度泌乳曲线——哪个月泌乳最高,哪个月最低,历年趋势如何,并与以前记录进行比较。如泌乳曲线发生异常,或普遍下降,应立即寻找原因,改善饲养管理。此外,还可以分析总奶量、总脂肪量的增减,以及饲喂精料量的增减和饲料效率等指标。饲料效率(饲料报酬)=总产奶量(kg)÷总精料量(该指标以 2.5 以上为宜)。

四、日粮营养水平评价

日粮营养水平应当能够满足奶牛的营养需要,并且不至于饲养过丰,导致奶牛肥胖;选用的饲料原料适合各阶段奶牛的消化生理特点。除注意日粮的营养水平外,还应注意日粮的能蛋比和蛋白质的构成,见表 4-9。

表 4-9　泌乳期奶牛各类蛋白的适宜含量

项目	泌乳初期	泌乳中期	泌乳后期
日粮粗蛋白(%,干物质为基础)	17～18	16～17	15～16
可溶性蛋白占粗蛋白(%)	30～34	32～36	32～38
降解蛋白占粗蛋白(%)	62～66	62～66	62～66
非降解蛋白占粗蛋白(%)	34～38	34～38	34～38

五、粗饲料采食量的评定

饲养奶牛，测定牛群平均每天粗饲料采食量非常重要。正常情况下，奶牛平均日采食粗饲料（干物质）量下限为体重的 2%，所以根据牛群平均体重和头数就能计算得出该牛群每天至少应采食的粗饲料（干物质）的量。

六、反刍与饮水情况

运动场上不采食的牛约有 50%正在反刍；饲喂设施充足，饮水充足。

七、生理指标

牛奶尿素 N 含量在 140～180 mg/L 之间（每月检查一次）；临产前尿液 pH 在 5.5～6.5 之间；临产前血液游离脂肪酸（NEFA）小于 0.40 mEq/L。

【复习思考题】

1. 为什么说牛消化的特点在于瘤胃消化？
2. 瘤胃微生物如何分解碳水化合物？简述瘤胃内蛋白质的发酵。
3. 正常情况下牛需要从饲料中供给哪些维生素？
4. 简述利用试差法进行日粮配合的方法步骤。
5. 犊牛培育的目的和一般原则是什么？
6. 如何锻炼犊牛的消化器官？
7. 试述青年牛的阶段饲养技术。
8. 为什么说越是高产奶牛越难养？
9. 阐明奶牛泌乳期各阶段的饲养管理要点。
10. 为什么要在泌乳后期恢复奶牛的体况？
11. 奶牛干乳期的意义是什么？
12. 如何进行奶牛干乳期的饲养管理？
13. 奶牛围产期的饲养管理要点有哪些？
14. 奶牛高温季节的饲养管理要点有哪些？
15. 说明奶牛各阶段适宜的膘情指数及奶牛膘情指数评定方法。

第五章　肉牛的育肥技术

【内容提要】 主要介绍牛的育肥原理，犊牛育肥技术，青年牛育肥技术（杂交牛幼龄强度育肥周岁出栏，架子牛育肥），成年牛的育肥技术及影响肉牛育肥经济效益的因素。

【目标及要求】 掌握牛的育肥原理，犊牛育肥技术，育成牛育肥技术，成年牛的育肥技术及影响肉牛育肥经济效益的因素。

【重点与难点】 犊牛育肥技术，青年牛育肥技术。

第一节　肉牛育肥原理

一、牛的育肥原理

要使牛尽快育肥则给牛的营养物质必须高于维持和正常生长发育的需要，使多余的营养以脂肪的形式沉积于体内，获得高于正常生长发育的日增重，缩短出栏年龄，所以牛的育肥又称过量饲养，旨在使构成体组织和储备的营养物质在牛体的软组织中最大限度地积累。对于犊牛和育成牛，其日粮营养应高于维持的营养需要和正常生长发育所需营养；对于成年牛，只要大于维持的营养需要即可。育肥牛时，要利用这种发育规律，即在动物营养水平的影响下，在骨骼平稳变化的情况下，使软组织（骨骼肌和脂肪组织）的数量、结构和成分发生迅速的变化。不同品种的牛，在育肥期对营养的需要量及增重速度是有差别的；如果给予等量的营养物质，则肉用品种和肉用杂种牛的日增重高于非肉用品种牛。

幼牛正处于生长发育阶段，增重的主要部分是骨骼、内脏和肌肉，所以日粮中蛋白质含量应该高一些。成年以上的牛，在育肥期增重的主要成分是脂肪，所以饲料中蛋白质含量可以低一些，而能量水平则应该高一些。由于两者所增重的成分不同，所以每单位增重所需的营养量以幼龄牛少，老龄牛最多；幼龄牛对饲料的品质要求较高。牛在育肥期，前期体重的增加是以肌肉和骨骼生长为主，后期是以脂肪为主，因而在育肥前期要充分满足蛋白质和矿物质的需要，供给适量的能量；后期则要供给充足的热能。据研究，骨的生长发育7～8月龄最快，12月龄后逐渐减慢。任何年龄的牛，当脂肪沉积到一定程度后，其生活力降低、食欲减退、饲料转化率降低、日增重减少，如果继续育肥就不合算了。因此，一般来讲，年龄越小的牛，理想的育肥期越长，如犊牛的育肥期可拖到一年以上；而年龄越大的牛，则育肥期越短，如老残牛需三个月；其他年龄的牛则介乎上述两者之间。饲料品质和饲养方式影响育肥期的长短，如放牧的牛育肥期要比舍饲的牛长一些。环境温度对育肥牛的营养需要和增重影响很大。平均温度低于7℃时，牛体的产热量增加，牛的采食量也增加。低温增加了体热的散失量，即增加了维持需要，因而饲料报酬就会降低。因此，要使处于低温环境的牛维持较高的日增重，必须对其增加营养或采取措施调节提高牛舍内的温度；当平均气温高于27℃，会严重影响牛的消化活动，使其食欲下降、采食量减少、消化率降低甚至停食、流涎，严重的会中暑死亡。肉牛的适宜温度为4℃～20℃。育肥后期，牛体较肥，高温的危害就更为严重，因此，要使牛的育肥后期尽可能地避开七八月份。空气湿度也影响牛的育肥，尤其是在低温和高温的情况下，高湿会加剧低温和高温对牛的危害。

由于维持需要没有产品，只是维持生命活动所必需，因此在育肥过程中，日增重愈高，维持需要所占的比重就愈小，饲料报酬就愈高。所以降低维持需要所占的比重是肉牛育肥的中心问题，即提高日增重是获得高效益肉牛育肥的核心问题。

不同的生产类型、不同的品种、不同的年龄、不同的营养水平及不同的饲养管理方式都影响着日增重，同时也存在着经济日增重的问题，即确定日增重时必须考虑经济效益和牛的健康状况。过高的日增重，有时不但不经济，而且还影响牛的健康。在我国现有条件下，最后3个月育肥的平均日增重以1.0～1.5 kg较经济。

肉质受饲养、营养供给方式的影响，肉牛养殖者可根据自身的条件和市场的需要情况，生产产销对路的肉牛。例如，日本和韩国喜欢脂肪含量高的牛肉，因此向这些国家出口时，在能量供给上应采取由低到高或由中到高或由高到高的营养供给方式。总之，在育肥后期应采取高能量饲养方法；西方国家喜欢低脂肪牛肉，则在能量供给上应一直采取中等能量水平。

二、肉牛的肥育饲养方法

肉牛肥育，由于其性能、目的和对象的不同，可以分为如下几种类型。

1. 按性能分，可分为普通肉牛肥育和高档肉牛肥育。

2. 按年龄分，可分为犊牛育肥、育成牛育肥、成年育肥及淘汰牛育肥。

3. 按性别分，可分为公牛育肥、母牛育肥和阉牛育肥 。

4. 按饲料类型分，可分为精料型育肥（持续肥育法）和前粗后精型育肥（后期集中肥育法）。

第二节　犊牛育肥

犊牛育肥即小白牛肉生产，指犊牛生后 6 个月内，用较多的奶饲喂犊牛。因犊牛年幼，其肉质细嫩，肉色全白或稍带浅粉色，味道鲜美并带有乳香气味，故称之为“小白牛肉”，其价格高出一般牛肉 8～10 倍。在牛奶生产过剩的国家，常采用廉价的牛奶生产这种牛肉。在我国，进行“小白牛肉”生产，可满足高档饭店、宾馆对此的需要，是一项具有广阔发展前景的产业。

一、犊牛的来源

优良的肉用品种、兼用品种、乳用品种或与我国地方黄牛的杂交牛均可作为生产“小白牛肉”的犊牛的来源，在我国可以乳用公牛作为主要来源。一般应选择初生重不低于 35 kg、健康状况良好的初生公犊，在体形外貌上的要求是头方大、蹄大、管围较大的公犊。

二、犊牛的饲养

由于犊牛采食了植物性饲料后，肉的颜色会变暗，消费者不欢迎，为此，犊牛肥育不能直接喂精饲料和粗饲料，而应以乳或代乳料饲喂。代乳料的配方要求模拟牛奶的营养成分，特别是氨基酸的组成。能量的供给也必须适应犊牛的消化特点。

例如，荷兰代乳料的营养水平为：粗蛋白30%以下，粗脂肪16%以上，粗纤维1%以下，粗灰分8%以下，钙0.25%以上，磷0.25%以上；可消化养分总量90%以上，可消化粗蛋白30%以上。

饲喂代乳料时要稀释到牛奶的状态，代乳料的温度在1～2周龄时为38℃，以后可降低为30℃～35℃。必须指出的是，犊牛出生后必须吃足初乳，以增强机体的免疫力并尽快排除胎粪。饲喂全牛奶时，要加喂油脂以增加牛奶的能量。为了更好地消化脂肪，可先将牛奶均质化后再饲喂犊牛。全牛奶饲喂方案见表5-1，全牛奶加代乳料饲喂方案见表5-2，代乳料配方见表5-3。

表5-1　全牛奶饲喂荷斯坦公牛方案

周龄	体重(kg)	日增重(kg)	日喂奶量(kg)	日喂次数
0～4	40～59	0.6～0.8	5～7	3～4
5～7	60～79	0.9～1.0	7～8	3
8～10	80～100	0.9～1.1	10	3
11～13	101～132	1.0～1.2	12	3
14～16	133～157	1.1～1.3	14	3

表5-2　全牛奶加代乳料饲喂方案

周龄	体重(kg)	日增重(kg)	日喂奶量(kg)	日喂代乳料(kg)	日喂次数
0～4	40～59	0.6～0.8	5～7	—	3～4
5～7	60～77	0.8～0.9	6	0.4(配方1)	3
8～10	77～96	0.9～1.0	4	1.1(配方1)	3
11～13	97～120	1.0～1.1	0	2.0(配方2)	3
14～17	121～150	1.0～1.1	0	2.5(配方2)	3

表5-3　代乳料配方

配方号	熟豆粕	熟玉米	乳化脂肪	食盐	磷酸氢钙	赖氨酸	蛋氨酸	多维素	微量元素	香兰素
1	55	12.7	10	0.5	1.5	0.2	0.1	适量	适量	0.01～0.02
2	55	17.7	15	0.5	1.5	0.2	0.1	适量	适量	0.01～0.02

注：微量元素中不含铁。

犊牛饲喂到1.5～2月龄，体重达到90 kg时即可屠宰。如果犊牛的生长发育较好，可进一步饲喂到3～4月龄，体重达到170 kg时屠宰也可。但屠宰时超过5个月以上，牛奶或代乳料已不能满足犊牛生长发育和育肥的需要，需要补充精料，此时的精料应是高能、高蛋白且易消化的。另外，还要注意此时的精料中不能额外添加铁和铜，以使其肉质保持贫血状态，成为名副其实的“小白牛肉”。

三、犊牛的管理

早期的犊牛尤其是4周龄以内的犊牛要严格按照定时、定量、定温的制度执行，保证牛奶和母牛乳头的卫生。对于乳用公牛，最好采用带有奶嘴的奶壶来喂奶，以提高牛奶的利用率并防止消化不良及痢疾等病的发生，奶温控制在35℃～38℃。天气晴朗时，必须让犊牛运动并接收光照。

第三节　育成牛育肥

一、育成牛的营养需要

育成牛体内沉积蛋白质和脂肪的能力很强，只有充分满足其需要才能获得较大的日增重，肉用育成牛的营养需要见附录二。

二、育成牛的肥育方法

(一) 杂交牛幼龄强度育肥周岁出栏

犊牛断奶后就进入育成牛时期。这一时期具有可塑性大、生长发育快、饲料报酬高的特点，且肉质鲜嫩，是商品肉牛育肥的较佳时期。要达到周岁出栏的目标，必须充分利用这一时期的特点，采取强度育肥的方法，使育成牛始终保持较高的日增重。

所谓强度育肥就是在犊牛断奶后就地转入育肥阶段进行育肥，或由专门化育肥场收购刚断奶的犊牛集中育肥。强度育肥以采用全部舍饲为宜。虽然采取放牧加补饲的方法可以节省精料、降低饲养成本，但因放牧行走消耗营养多、日增重低，难以超过1 kg，一般15～18月龄才能出栏。舍饲的方法是采用定量喂给精料，辅以优质粗饲料，优质粗饲料不限量，自由饮水，少量运动。要注意牛舍和牛体卫生，牛体要经常刷拭。环境要保持安静，避免干扰，以免影响增重，使牛始终保持高的日增重。育肥期间每月称重一次，以根据体重的变化及时调整日粮，每次连续两天早饲前空腹进行。体重的计算方法是两天称重结果的平均数为该次的实际体重；如果两次体重差别较大，可以再单独称重1次与接近的1次体重平均。

当环境温度高于25℃和低于0℃时，气温每升、降5℃，应加喂10%的精料。这种方法虽然饲养成本稍高，但缩短了饲养周期，周岁即可出栏，提高了饲料转化率，提高了资金周转率，经济效益较高。

公牛不必去势，因为公牛生长速度快，饲料报酬高，所以公牛育肥可以获得更好的经济效益，但应注意远离母牛，以免受异性干扰而降低其日增重。利用乳用育成公牛作强度育肥时，同样可以获得较好的日增重和出栏体重。但是，由于乳用型牛的代谢类型不同于肉用型牛，每千克增重所需营养高于肉用型公牛，一般每千克增重所需精料应比肉用型公牛高10%以上，并且必须保持较高的日增重(1.2 kg以上)，方可使乳用育成公牛具有较好的膘情，获得良好的育肥效果。

犊牛断奶后，第一个月为适应期。在这期间，主要使其适应变换的育肥日粮，并进行驱虫、健胃和去角。从第二个月开始，转入强度育肥，强度育肥所用精料为以玉米、豆饼等高能、高蛋白饲料为主配制而成的混合精料，粗饲料以酒糟、青贮玉米、氨化或微贮秸秆及优质青干草为主。要求日粮中含粗蛋白11%～16%，综合净能23～55兆焦，混合精料的日喂量根据所喂粗饲料的种类和品质按体重的1.0%～1.3%供给混合精料。混合精料喂前用水1∶1浸泡拌合成湿拌料，粗饲料要铡短，任牛自由采食不限量。一般日喂3次，食后饮足清水，适当限制活动。

采用强度育肥法育肥的杂交牛，周岁体重可达400 kg以上，屠宰率62%，净肉率53%，皮下脂肪覆盖率50%左右，肉质鲜嫩，达到西方优质牛肉的标准，而且成本较犊牛育肥低，每头牛的牛肉产量要大大高于育肥犊牛，是经济效益大、使用比较广泛的一种育肥方法。此法由于需要较多的精料，故只宜在经济较发达的农区采用。

(二) 架子牛育肥

将犊牛自然哺乳到断奶后，充分利用青粗饲料饲喂到14～20月龄，体重达到 250～400 kg，经过 3～6 个月的育肥，体重达到 500 kg 左右出栏。250～300 kg 为小架子牛，300～400 kg 为大架子牛。小架子牛的育肥期为 5～6 个月；大架子牛的育肥期为 3 个月左右，不超过 4 个月。

架子牛育肥，效益主要来自两个方面。一是买卖差价，也就是说，购进牛的价格与育肥后卖出牛的价格之差，因此，购进的牛体重越大，周转越快，买卖差价越大，效益越高。二是增重的利润，饲养成本一般每天增重不低于 1 kg 就可保住成本，超出部分就是利润，按目前的杂交牛短期育肥，日增重水平日增重可以达到 1.2～1.5 kg。

犊牛断奶后利用廉价的青粗饲料可以使牛的骨骼和消化器官得到较充分的生长发育，进入育肥阶段后，提高营养水平，育肥牛可以获得较高的日增重，尤其是在育肥之初，由于补偿生长，牛的日增重超过同等营养水平的强度育肥的牛。

1. 架子牛的来源：育肥牛获得高的日增重和取得高的经济效益是架子牛育肥目的。因此，架子牛一般要购进杂交牛，如西门塔尔杂交牛、利木赞杂交牛、夏洛来杂交牛等。鲁西黄牛、渤海黑牛等地方良种牛虽可生产出优质甚至高档牛肉，但增重较慢，故在其原产地也多饲养杂交牛。对架子牛的要求：健康无病、后躯发育良好，性情温顺，皮松毛细。大架子牛 300～400 kg，育肥期 2～3 个月，体重可达 400～500 kg。小架子牛 250～300 kg，育肥期 4～6 个月，体重可达 400～500 kg。

2. 隔离饲养期：对新购入的架子牛要进行 15 天左右的隔离饲养，在隔离饲养期进行观察、驱虫、健胃等工作。观察每头牛的精神状态、采食情况和粪尿情况，如发现问题应及时处理或治疗。进场后 3～4 天，要用 0.3%过氧乙酸消毒液对牛体逐头进行 1 次消毒。进场后 5 天，对所有牛进行驱虫，用阿维菌素每 100 kg 体重 2 mg，左旋咪唑每 100 kg 体重 0.8 g，1 次投服。服药前根据每头实际重量分别计算用药量，称量要准确。对有疥癣的牛，可以注射 1%伊维菌素，按 33 kg 体重注射 1 mL。进场后第 7 天，用健胃散（中药）对所有的牛进行健胃，250 kg 以下体重每头牛灌服 250 g，250 kg 以上体重灌服 500 g。健胃后的牛开始按育肥期饲料供给，精饲料喂量由少到多，逐渐达到规定喂量。

3. 分群：观察结束后要转群，转群前要按照年龄、品种、体重分群，对牛进行分群的目的是便于饲养管理。分群要求是年龄相差一般在2～4个月，体重差异不超过30 kg；相同品种杂交牛分成一群，3岁以上的牛可以合并一起饲喂。

4. 饲养：科学合理的饲养可以获得高的日增重和经济效益。饲喂顺序一般按照先精后粗、先喂后饮的原则。饲喂次数为2～3次，即将每头牛一天所需饲料根据喂量大致分成2～3份饲喂，按照精料、糟渣类、粗料的顺序，喂至九成饱即可。饲喂粗饲料要少喂勤添。

架子牛育肥模式的依据就是利用补偿生长的原理，在"吊架子阶段"较多地利用了青粗饲料，但补偿生长是有前提的，有限度的。如果日粮营养水平太低，甚至不能满足肉牛维持需要或低营养期时间太长，则补偿生长现象不会出现或出现不明显。为此，在"吊架子阶段"日增重一般以为400 g为宜，时间以半年左右为宜。如此安排，进行架子牛育肥，比较有利于脂肪沉积，有利于提高牛肉品质。杂交牛耐粗饲、生命力强，易于沉积脂肪，有很强的"补偿"效应。也就是说，牛由瘦到肥的过程，在短期内（大约60天），增重快，饲料报酬高，称为"补偿"效应。根据这一规律，尽量满足其营养需要，进行短期育肥，日增重可高达1 500～2 000 g，其潜力很大，效益很高。

大架子牛300～400 kg，育肥期2～3个月；小架子牛250～300 kg，育肥期4～6个月，体重可达400～500 kg，时间不宜拖长。混合精料组成一般由玉米面、豆饼、棉籽饼、麸皮、磷酸氢钙、食盐、添加剂及尿素等组成。混合精料的日喂量以占体重的1%为宜。粗饲料仍以青贮玉米秸或氨化麦秸为主，任意采食不限量。有条件的地方，最好喂给部分酒糟（啤酒糟更好），每头每天的喂量为10～15 kg，如喂酒糟，酸度过大，在精饲料中可加入0.5%～1%的小苏打。喂饲时，可先料后草，也可草料混喂，日喂2～3次，做到定时、定量、定人员。要减少外人参观，环境尽量安静。为了掌握增重情况，争取每月早晨空腹时称重一次。对增重差的牛，要查明原因，及时处理或淘汰。

5. 管理：管理项目的确定和执行要以保持牛体健康和提高日增重为目的。

（1）运动。为了增重既要限制活动，减少能量消耗，又要有一定的活动量，以提高消化吸收能力。活动方式：公牛要长绳拴系，阉牛可以放在运动场做自由运动。

(2) 刷拭牛体。牛体要保持干净,无污染,每天上、下午各刷拭1次,有利于促进牛体血液循环,提高日增重。

(3) 牛舍清理消毒。牛舍每日2次清理,清除污物和粪尿,以保持牛床的干燥。饲槽饲喂结束后要对饲槽进行冲洗,并保持无异味。牛舍每月用2%~3%火碱水彻底喷洒1次。育肥牛出栏后的空圈要进行彻底消毒。牛场大门口要设立消毒池,消毒用干石灰或火碱水,雨后或时间长就要更换消毒水(粉)。本场人员要经过消毒池后方可进场,外来人员未经许可不得入场;同意入场时必须经过消毒,更换胶鞋。

(4) 防暑和防寒。高温季节上午10时30分后将育肥牛牵至牛舍内或阴凉处,切勿让太阳直晒牛体,晚上可以在舍外过夜(雨天除外)。育肥牛御寒能力较强,不像对热那样敏感,但要注意避免北风直吹牛体,冬季牛舍后窗最好要封闭。

(5) 饲养人员要固定。每个饲养人员要根据所饲养的育肥牛的情况,熟悉其生活习性,及时发现和观察育肥牛的异常表现,及时通过技术人员处理。

(6) 育肥牛要全进全出。除对生长速度慢或异常的牛个别剔除外,一般要到达到一定育肥期,全部出栏。

(7) 饲料管理。饲料原料的购买要专人负责。对原料要求是不霉变、不腐烂、不潮湿,不混有杂质。要根据育肥计划相应地做出原料购买计划。饲料加工和配制严格按配方要求,称量要准确,用量少的如食盐、磷酸氢钙、添加剂等,要先用少量其他饲料预混后再与大堆饲料混合拌匀。

饲料原料库与成品库分开。不要在库内存放其他农药和有毒物品。要完善饲料进出库制度,入库有账,出库有记录,账物相符。每月清查1次,计算出每头牛的饲料消耗,出栏后结算育肥期总耗料数及料重比。料库和草垛注意防火,要设置灭火器或备有防火水池。在草料库内灭鼠时不能使用灭鼠药,可采用其他灭鼠方法并将死鼠随时检出处理。

第四节　影响肉牛育肥经济效益的因素

一、牛的品种

理论和实践都证明，牛的品种不同，其肥育成绩、经济效益即使在相同的饲养管理条件下也表现出显著的差异。例如，据蒋洪茂先生对秦川牛、晋南牛、鲁西牛、南阳牛、复州牛、延边牛、渤海黑牛的肥育期增重、胴体品质、牛肉品质和经济效益等诸多指标的比较试验，结果是晋南牛、秦川牛、渤海黑牛、复州牛较好于其他品种牛，并且得出用我国良种黄牛能够生产出高档牛肉的结论。杂交牛的肥育性能大大优于各地当地牛。我国分布较广的杂交牛其父本是西门塔尔牛、利木赞牛、夏洛来牛、短角牛和安格斯牛，各省、区有所不同，如山东省应用最多的是西门塔尔牛和利木赞牛。

二、牛的年龄

（一）年龄对肉牛增重速度的影响

年龄对增重速度的影响可分两种情况：一是生长与肥育同时进行，即采用的是持续肥育法；二是生长与肥育分期进行，即采用的是后期集中肥育法（架子牛肥育法）。在较高的营养水平情况下，肉牛在第一年即性成熟前生长最快，以后则生长速度减慢。所以在第一种情况下，增重速度也会随年龄的增加而渐减，第二年的增重量只有第一年的70％左右。在第二种情况下，前期以青粗饲料为主进行“吊架子”，故增重速度较慢，进入肥育阶段后，在高营养水平的影响下，生长速度较快。体况较瘦的不同年龄的“架子牛”，在舍饲条件下进行充分肥育时，年龄较大的牛，因其胃容量较大而比年轻牛采食量大，因此，增重亦快于年轻牛。

（二）年龄对饲料转化率的影响

一般情况下年龄小的牛增重1 000 g活重需要的饲料量比年龄大的牛要少，故年龄小的牛增重经济好于年龄大的牛。主要原因是：第一，年龄小的牛维持需要较少；第二，年龄小的牛体重增加主要是肌肉、骨骼和内脏器官，年龄大的牛体重增加大部分是脂肪，从饲料转化为脂肪的效率大大低于肌肉和内脏等，年龄小的牛机体含水量高于年龄大的牛。

（三）年龄对饲料消耗量的影响

在饲养期充分饲喂谷物和高品质粗饲料时，年龄小的牛每天消耗饲料少，但饲养期长、年龄大的牛、采食量大、饲养期短。在一定年龄条件下达到上等肉牛品质时，年龄大小与饲料消耗总量差异不显著，但在限制谷物饲料而充分给予粗料时，则会出现不同的情况。一二岁的架子牛利用粗饲料的能力大大高于犊牛，在给予大量的粗饲料和限制谷物饲料的情况下能获得较为满意的效果。但犊牛消化器官容积小、消化粗饲料的能力较弱，当给予大量的粗饲料和限制谷物饲料时则不会获得满意的效果。因此，架子牛育肥时消耗的谷物饲料与粗饲料的比要小于犊牛。

（四）年龄对放牧效果的影响

放牧时年龄较小的牛，其增重速度低于年龄较大的牛，因此大牛放牧肥育的效果较好，而小牛则不理想，原因是小牛的胃容量及消化能力小于大牛。

（五）年龄对投资效果的影响

从投资方面考虑，饲养一二岁的牛比犊牛效果好，因为尽管购牛费用较犊牛高，但一二岁的牛具有肥育期较短，肥育期间所消耗的精料占饲料消耗总量的比例小以及资金周转快等优点，这就决定了购买一二岁的牛育肥比购买犊牛育肥的投资效果好。

总之，购买牛时，对年龄要慎重考虑。当计划采用快速肥育法（饲喂 3～4 个月便出售）时，则应选购一二岁的架子牛而不宜选购犊牛；当计划越冬后第二年出栏时，则应选一岁左右的牛，而不宜选购大牛，因为在冬季大牛用于维持需要的饲料太多，饲科报酬太低。当需要利用大量粗饲料、少量的精料时，即采用低精料长周期饲养制度时，选购二岁牛（粗饲料利用能力强）较犊牛有利。可见，选购育肥牛时，把年龄同饲料效益、经济效益紧密结合在一起考虑是很有必要的。

三、性别

近 40 多年来的许多研究表明，公牛的生长速度和饲科利用率均明显高于阉牛，且其胴体瘦肉多、脂肪少，符合广大消费者的要求。公牛的肥育性能之所以优于阉牛，是由于其睾丸分泌大量睾酮，因而生长速度较快，并相应地提高了其饲料利用率。但对 24 月龄以上公牛，肥育前宜先去势；否则，肌肉纤维粗，且具膻味，食用价值低，并给管理工作带来更多不便。

四、饲养管理的影响

在单位时间内，肉牛能多采食、多消化饲料、多吸收营养物质，这是肉牛快长、长好的物质基础，因此要创造条件，让肉牛多采食饲料。增加肉牛采食量的主要方法如下。

1. 从犊牛阶段开始就锻炼消化器官，并在育肥前期多喂粗饲料以增大胃容量。

2. 选购牛时，要注意口方大，口裂深，腹围大而充实。

3. 及时改变饲喂方法 当牛出现厌食甚至停食时，应采取如下技术措施：

(1)加喂优质、适口性好的饲草。

(2)改变料形，如蒸煮、压片等方法以提高适口性。

(3)不喂剩余的草料。

(4)适当运动。

(5)改自由采食为限制采食。

(6)增加日粮中优质青干草的比例。

(7)昼夜都能保证饮到新鲜的饮水。

(8)日粮中增加有助于消化的药物、添加剂。

4. 提高能量转化率：牛育肥需要沉积脂肪，因此要求日粮含有较高的能量，即应供给较多的谷物饲料。谷物粉碎后，随着细度的增加，牛的采食量减少，过粗则未完全消化即排出体外，造成浪费。而且牛的小肠淀粉酶分泌量不足、活性低，消化生淀粉的能力有限，超过其消化能力后，会造成牛胀肚子、拉稀等问题，故在饲喂大量高谷物精料时，牛会出现采食量下降甚至出现拒食现象。对谷物采取蒸汽压扁和膨化可提高适口性，增大采食量。因为经过蒸汽压扁和膨化处理后的淀粉已成为糊化淀粉，在小肠中容易消化。若缺乏条件，不能对谷物采取蒸汽压扁和膨化处理时，也可将谷物磨成粗粉(2 mm)用常压蒸气处理 20～30 分钟，冷却后饲喂。在相同的育肥期中，牛的日增重、胴体重等指标熟化组明显优于生料组。谷物饲料熟喂的效果优于生喂。

减少谷物饲料的比例，增加蛋白质饲料的比例，可提高牛的食欲，解决剩料问题，这是因为减少谷物的比例，瘤胃中未消化淀粉的数量减少，进入小肠的数量必然也减少，不会超过小肠消化生淀粉的能力或超过幅度不大。过量的蛋白质转化为氨基酸被牛消化吸收，在肝脏经脱氨基作用转化为葡萄糖，虽然在这个过程中能量损失18%左右，但由于葡萄糖来源增加，使脂肪沉积效率提高，也弥补了大部分脱氨基的能量损失，所以效果颇佳。另外，用蛋白质饲料（特别是过瘤胃值高的蛋白质饲料）代替部分谷物，在高温季节更有积极的意义。蛋白质饲料越过瘤胃（平均占40%左右）后，减少了在瘤胃中发酵的营养物的数量，减少了瘤胃发酵热。而且淀粉是易发酵营养物，食入后瘤胃发酵短时间内产生大量的热量，当外界气温高时，发酵热散发不畅，瘤胃内温度上升，综合形成热应激。而且温度过高时，瘤胃微生物数量与活性也下降，消化能力降低。由此可见，增加蛋白质饲料的比例可起到降低发酵热的作用，使瘤胃功能维持正常，是提高夏季育肥效果的重要措施之一。冬季可保持日粮中谷物的正常比例。增加过瘤胃脂肪也是增加育肥牛能量和提高能量利用率的有效方法。

第五节　成年牛育肥

成年牛的育肥，即淘汰牛的育肥。所谓淘汰牛即牛群中丧失役用、产奶或繁殖能力的老、弱、瘦、残牛。如果这类牛不经过育肥而直接屠宰，则产肉少、肉质差、效益低。对这类牛进行短期育肥，可提高屠宰率和净肉率，增加肌纤维间的脂肪含量，改善肉的味道和嫩度，提高经济效益。

对成年牛育肥之前，应有所选择，淘汰过老、过瘦和采食困难的牛，以及一些无法治愈或经常患病的牛只；否则，只能浪费人力物力，得不偿失。公牛要在去势后10天再育肥，母牛在产犊后育肥。成年牛选择好之后，进行驱虫、健胃、编号，以掌握育肥效果。育肥期一般以3个月左右为宜，因为体内沉积脂肪的能力是有限的，膘满时就不会再增重，所以应根据牛的膘情灵活掌握育肥期的长短。

肥育牛在日粮中要求含有较高的能量饲料。对于膘情较差的牛，先用低营养日粮使其增膘，过一段时间后，将日粮调整到高营养水平，然后再育肥。育肥过程中，应按照增膘程度来进行日粮的调整及育肥期的延长或提前结束。

实际生产中，在恢复膘情期间（即育肥第一个月）往往增重很高，饲料转化率也较之正常高得多。有放牧地的地方可先放牧育肥一个月，再舍饲育肥一个月。成年牛育肥方案见表5-4。

表5-4　肉用成年牛育肥方案　　单位：kg

育肥天数	日增重	体重	精料	甜菜渣	玉米青贮	胡萝卜	干草
0～30天	0.6	600～618	2.0～2.5	6.0	9.0	2.0	不限量
31～60天	1.0	518～648	5.7～6.0	9.0	6.0	2.0	
61～90天	1.2	648～684	8.0～9.0	12.0	3.0	2.0	

【复习思考题】

1. 牛的育肥原理是什么？
2. 肉牛的肥育方法分为几种？
3. 犊牛育肥的特点是什么？
4. 试比较杂交牛幼龄强度育肥和架子牛育肥的利弊。
5. 如何正确选择牛的年龄以提高育肥经济效益？

第二篇

羊生产学

第六章　羊的繁殖技术

【内容提要】 主要介绍羊的繁殖规律和养羊生产中应用的繁殖技术，介绍集约化肉羊生产采用的频繁产羔体系；介绍羊分娩接羔技术。

【目标及要求】 掌握羊的繁殖规律和养羊生产中采用的繁殖新技术，熟悉羊的接羔技术。

【重点与难点】 发情鉴定技术，采精与输精技术，二年三产体系和接羔技术。

第一节　羊的繁殖现象和规律

一、性成熟和初次配种年龄

性成熟是指性器官已经发育完全，能够产生繁殖能力的生殖细胞和性激素。羊的性成熟时期一般是在5～8个月龄。但要指出，羊达到性成熟时并不意味着达到了体成熟。羊刚达到性成熟时，其身体并未达到充分发育的程度；特别是母羊，如果这时进行配种，就可能影响它本身和胎儿的生长发育。因此，公、母羔在4月龄断奶时，一定要分群管理，以避免偷配。

绵羊的初次配种年龄一般在1.5岁左右。山羊的性成熟比绵羊略早，肉羊品种初次配种年龄一般在1岁左右。

二、发情

发情为母羊在性成熟以后，所表现出的一种具有周期性变化的生理现象。母羊发情时有以下一些表现特征。

1. 性欲：性欲是母羊愿意接受公羊交配的一种行为。母羊发情时，一般不抗拒公羊接近或爬跨，或者主动接近公羊并接受公羊的爬跨交配。在发情初期，性欲表现不甚明显，以后逐渐显著。排卵以后，性欲逐渐减弱，到性欲结束后，母羊则抗拒公羊接近和爬跨。

2. 性兴奋：母羊发情时，表现兴奋不安。

3. 生殖道发生一系列变化：外阴部充血肿大，柔软而松弛，阴道黏膜充血发红，前庭腺分泌增多，子宫颈开放。

4. 卵泡发育和排卵：卵巢上有卵泡发育成熟，发育成熟后卵泡破裂，卵子排出。

母羊在某一时期出现上述四方面的特征，通常都称为发情。母羊从开始表现上述特征到这些特征消失为止，这一时期叫做发情持续期。母羊的发情持续期与品种、个体、年龄和配种季节等有密切的关系，绵羊一般为30小时左右。母羊排卵一般多在发情后期，卵子排出后在输卵管中存活的时间为4～8小时，而精子在母羊生殖道内维持受精能力最旺盛的时间约为24小时。所以，最适宜的配种时间是在排卵前数小时。一般实践中做法是，早晨试情后立即配种，到傍晚时再补配一次。

羊在发情期内，若未配种，或未受孕时，经过一定时期会再次出现发情现象。由上次发情开始到下次发情开始的期间，称为发情周期。发情周期同样受品种、个体和饲养管理条件等因素的影响。一般来说，绵羊发情周期平均16天(14～21天)，山羊平均21天(18～24天)。

三、怀孕

绵、山羊从开始怀孕到分娩，这一时期称为怀孕期或妊娠期。怀孕期的长短，因品种、多胎性、营养状况等的不同而略有差异，一般粗算5个月，早熟品种平均为145天左右，晚熟品种平均为150天左右。

四、羊的繁殖季节

绵、山羊的繁殖季节，因品种、地区而有差异，一般是在夏、秋、冬三个季节母羊有发情表现。母羊发情时，卵巢机能活跃，滤泡发育逐渐成熟，并接受公羊交配。平时，卵巢处于静止状态，滤泡不发育，也不接受公羊的交配。母羊发情之所以有一定的季节性，是因为在不同的季节中光照、气温、饲草饲料等条件发生变化，由于这些外界因素的变化，特别是母羊的发情要求由长变短的光照条件，所以发情主要在秋、冬两季。在草原牧草生长良好的年份，母羊发情开始早，而且发情整齐旺盛。公羊在任何季节都能配种，但在气温高的季节，性欲减弱或者完全消失，精液品质下降，精子数目减少、活力降低，畸形精子增多。在气候温暖、牧草繁茂的地区，在春季也可以发情配种。

多数羊呈季节性繁殖，母羊发情之所以有一定的季节性，是因为在不同的季节中光照、气温、饲草饲料等条件发生变化，特别是光照由长变短时母羊表现发情。而有些羊品种，一年四季都发情，配种时间不受季节限制。

第二节 繁殖技术与应用

一、人工授精技术

羊的人工授精是指通过人为的方法，将公羊的精液输入母羊的生殖器内，使卵子受精以繁殖后代。它是近代畜牧科学技术的重大成就之一，是当前我国养羊业中常用的技术措施。

(一) 器械药品的准备

人工授精所需要的各种器械，如假阴道内胎、假阴道外壳、输精器、集精杯、金属开膣器等，以及常用的各种兽医药品和消毒药品，要事前做好充足的准备。

(二) 公羊的准备

配种开始前1.0～1.5个月，对参加配种的公羊，应对其精液品质进行检查。如果公羊初次参加配种，在配种前一个月左右，应有计划地对公羊进行调教。

试情公羊的准备：选择体质结实，健康无病，行动灵活，性欲旺盛，年龄在2～4岁公羊作为试情羊。

(三) 发情鉴定——试情

有些羊发情表现不明显，属沉默发情。为了及时找出沉默发情的母羊，每天清晨(或早、晚各一次)，将试情公羊赶入待配母羊群中进行试情；凡愿意与公羊接近，并接受公羊爬跨的母羊即认为是发情羊，应及时配种。

试情公羊处理：为了防止试情公羊偷配，国外普遍采用对试情公羊进行输精管结扎方法，而国内普遍采用给试情公羊腹下系上试情布的方法。

（四）采精

首先要有固定的采精场所，采精时应保持环境安静。选择健康的、体格大小与公羊相似的发情母羊作为台羊，如用假母羊作台羊，须先经过训练，即先用真母羊为台羊，采精数次，再改用假母羊为台羊。在牵引公羊到采精现场后，不要使它立即爬跨台羊，要控制几分钟，再让它爬跨。这样，不仅可增强其性反射，也可提高所采取精液的质量。

采精过程是采精人员用右手握住假阴道后端，固定好集精杯（瓶），并将气嘴活塞朝下，蹲在台羊的右后侧，让假阴道靠近公羊的臀部。当公羊跨上母羊背上的同时，应迅速将公羊的阴茎导入假阴道内，切忌用手抓碰摩擦阴茎。若假阴道内的温度、压力、滑度适宜，当公羊后躯急速向前用力一冲，即已射精。此时，顺公羊动作向后移下假阴道，并迅速将假阴道竖起，集精杯一端向下，然后打开活塞上的气嘴，放出空气，取下集精杯，盖好送精液处理室待检。

（五）精液品质的检查

主要检查的项目和方法如下。

1. 射精量：精液采取后，将精液倒入有刻度的玻璃管中观察即可。有的集精杯本身带有刻度，采精后直接观察，无须倒入其他有刻度的玻璃容器。

2. 色泽：正常的精液为乳白色。如精液呈浅灰色或浅青色，是精子少的特征；深黄色，表示精液内混有尿液；粉红色或淡红色，表示有新的损伤而混有血液；红褐色，表示在生殖道中有深的旧损伤；有脓液混入时，精液呈淡绿色；精囊发炎时，精液中可发现絮状物。

3. 云雾状：用肉眼观察新采得的公羊精液，可以看到由于精子活动所引起的翻腾滚动极似云雾的状态。精子的密度越大、活力越强者，则其云雾状越明显。

4. 活力：用显微镜检查精子活力的方法是：取原精液一滴，或用生理盐水稀释过的精液一滴，滴在载玻片上，并盖上盖玻片，放在显微镜下放大300～600倍进行观察；观察时盖玻片、载玻片、显微镜载物台的温度不得低于30℃，室温不能低于18℃。

评定精子的活力，是根据直线前进运动的精子所占的比例来确定其活力等级。如有70%的精子作直线前进运动，其活力评为0.7，依次类推。一般公羊精子的活率应在0.6以上才能供输精用。

5. 密度：精液中精子密度的大小是精液品质的重要指标之一。用显微镜检查精子密度的大小。其制片方法（用原精液）与检查活率的制片方法相同。通常在检查精子活率时，同时检查密度。公羊精子的密度分为“密”、“中”和“稀”三级。

（六）精液的稀释

精液稀释一是可以增加精液容量和扩大配种母羊的头数，二是延长精子的存活时间，提高受胎率，有利于精液的保存和运输。

几种常用的稀释液如下。

(1) 0.9%氯化钠溶液。取蒸馏水100 mL，加氯化钠0.9 g。

(2) 乳汁稀释液。先将乳汁（牛乳或羊乳）用4层纱布过滤在三角瓶或烧杯中，然后隔水煮沸消毒10～15分钟，取出冷却，除去乳皮即可应用。

上述稀释简便易行，但只能即时输精用，不能作保存和运输精液之用，稀释倍数一般为1～3倍。若需大倍稀释，并保存一定时间和远距离运送的绵羊精液，采用以下两种稀释液：

1号液：柠檬酸钠1.4 g，葡萄糖3.0 g，新鲜卵黄20 g，青霉素10万U，蒸馏水100 mL。

2号液：柠檬酸钠2.3 g，胺苯磺胺0.3 g，蜂蜜10 g，蒸馏水100 mL。

（七）输精

人工授精实际中，当天发情的母羊就在当天输精1～2次，如果第二天继续发情，则可再配。

将发情母羊固定到输精架上，将其外阴部消毒干净，输精员右手持输精器，左手持开膣器，将开膣器慢慢插入阴道，打开开膣器，寻找子宫颈。将输精器前端插入子宫颈口内0.5～1.0 cm深处，用拇指轻压活塞，注入原精液0.05～0.1 mL或稀释液0.1～0.2 mL。

二、同期发情技术

所谓同期发情（或称同步发情）就是利用某些激素制剂，人为地控制并调整一群母羊的发情周期，使它们在特定的时间内集中表现发情，以便于集中配种。

同期发情也是胚胎移植技术的重要一环，使供体和受体发情同期化，才能进行胚胎移植。

1. 孕激素——PMSG法：用孕激素制剂处理（阴道栓或埋植）母羊10～14天，停药时再注射孕马血清促性腺激素（PMSG），一般经30小时左右即开始发情。阴道海绵栓法即将海绵浸以适量药液，塞入羊只阴道深处，一般在14天后取出，当天肌注PMSG 400～750 U，2天后被处理的大多数母羊发情。孕激素种类及用量：甲孕酮（MAP）50～70 mg，氟孕酮（FGA）20～40 mg，孕酮150～300 mg，18-甲基炔诺酮30～40 mg。

2. 前列腺素法：在母羊发情后数日向子宫内灌注或肌注前列腺素（PGF2α）或氯前列烯醇或15-甲基前列腺素，可以使发情高度同期化。但注射一次，只能使60%～70%的母羊发情同期化，相隔8～9天再注射一次，可提高同期发情率。用本法的药物较贵。

三、超数排卵和胚胎移植技术

超数排卵就是利用促卵泡生长、成熟的激素或PMSG处理来促使母羊在一个发情期排更多的卵。胚胎移植就是将一只母羊（亦称供体）的受精卵或早期胚胎取出，移植到另一只母羊（亦称受体）的输卵管或子宫内，借腹怀胎，以产出供体后代的一项新技术。超数排卵和胚胎移植结合起来，就能使一只优良的母羊在一个繁殖季节里，产生比自然繁殖增加许多倍的后代，因此，能够充分发挥优良母羊的繁殖潜力，迅速扩大良种群体规模。

案例1：甘南藏族自治州畜牧站与夏河县桑科种羊场合作，在1977年使用垂体促卵泡素（FSH）和垂体促黄体素（LH）对新疆羊进行超数排卵试验，从试验羊发情的第十二天（发情当天为第一天）起，分别给予不同方法和剂量的处理，取得了显著效果（表6-1）。

表6-1 不同处理方法的超数排卵效果

组别	激素剂量 FSH/LH	处理只数	有效只数	排卵点（个）		回收卵（个）		受精卵（个）	
				平均	范围	平均	范围	平均	范围
1	400/200	10	10	13.8	1～42	12.2	1～33	6.3	0～20

续表

组别	激素剂量 FSH/LH	处理只数	有效只数	排卵点(个)		回收卵(个)		受精卵(个)	
				平均	范围	平均	范围	平均	范围
2	500/200	6	5	11.8	5～15	10.4	5～14	3.8	0～8
3	200/200	11	9	11.2	6～19	5.0	0～11	0.8	0～6
4	350/150	11	4	12.0	3～23	8.5	1～19	7.5	0～19
5	200/200	10	9	11.0	2～20	5.9	0～16	3.8	0～15

案例2:西北农林科技大学,在1999年10～11月份,分三批使用阴道栓+FSH超数排卵供体波尔山羊13只。在放入阴道栓的第8～10天,连续三天递减量肌肉注射FSH(澳大利亚)320 mg。9只供体羊发情、配种、采胚(有效率69.23%,9/13),平均采胚数18.11枚±5.18枚,其中可用胚平均数15.44枚±6.31枚(可用胚率85.28%,139/163)。将139枚7日龄可用胚移植给关中奶山羊89只,妊娠50只,妊娠率56.18%。其中,鲜胚移植妊娠率61.11%(44/72),冻胚移植妊娠率41.67%(5/12),二分割胚移植妊娠率20%(1/5)。50只妊娠受体羊共产羔68只,每只供体羊平均获羔羊7.56只。供体羊采胚后,平均39.9天发情,配种,全部妊娠产羔,平均产羔2只。

四、双羔素技术

通过人为注射双羔素,改善母羊的生殖生理环境,促使母羊群产双羔比例增加的技术。其具体方法与机理如下。

用人工合成的外源性类固醇激素刺激动物体内产生生殖激素抗体,抗体与血液中的内源类固醇相结合,使其部分或全部失去活性,从而削弱或排除了下丘脑——垂体负反馈作用,引起分泌促卵泡素(FSH)及促黄体素(LH)的增加,导致卵巢上有较多的卵泡发育、成熟,从而提高了绵羊的排卵率。

这种免疫方法的一个重要特点是提高双羔率,而不是三羔、四羔,比用孕马血清的方法来提高繁殖率更简便、更合算。免疫制剂有双羔素(Fecundin)和双胎素(TIT)。双羔素是由澳大利亚生产的。在母羊配种前7周和4周皮下各注射1次,每次每只2 mL。双胎素是国产生物制品,有水剂苗和油剂苗两种。水剂苗于母羊配种前5周和2周皮下各注射1次,每只每次1 mL。油剂苗于配种前两周臀部肌肉注射1次，每只2 mL。

五、腹腔内窥镜输精(胚)技术

绵羊冷冻精液子宫颈口输精法受胎率偏低。随着输精深度的增加，受胎率显著地提高，然而由于绵羊子宫颈管道皱褶多、形状各异，只能在部分母羊中进行子宫颈内输精。近几年，澳大利亚等国借用腹腔镜进行绵羊冷冻精液子宫内输精，受胎率可达70%以上。

输精方法：将输精的母羊用保定架固定好，使母羊呈仰卧状，剪去术部(乳房前6～12 cm腹中线两侧3～4 cm处)的被毛后用碘酒消毒。在乳房前8～10 cm处用套管针将腹腔镜伸入腹腔观察子宫角及排卵情况，在对侧相同部位再刺入1套管针，把输精器插入腹腔，将精液直接注入两侧子宫角内。输精完毕取出器械，母羊术部伤口消毒即可。

也可以采用腹腔内窥镜技术完成胚胎移植过程中的输胚工作。

第三节　频繁产羔体系

频繁产羔体系亦称为密集繁殖体系，是随着现代集约化养羊及肥羔生产而发展起来的高效生产体系。频繁产羔体系有如下几种形式。

一、两年三产体系

两年三产是母羊每8个月产1次，这样两年正好产羔3次。这个体系一般被描述成固定的配种和产羔计划：如5月配种，10月产羔；1月再次配种，6月产羔；9月配种，2月产羔。羔羊一般是在2个月断奶，母羊在羔羊断奶后1个月配种。为了达到全年均衡产羔、科学管理的目的，在生产中羊群可被分成8个月产羔间隔相互错开的4个组，每2个月安排1次生产。这样，每隔2个月就有1批羔羊屠宰上市。用该体系进行生产，生产效率比常规体系增加40%。

二、三年四产体系

三年四产体系的产羔间隔为9个月，1年有4组母羊产羔。该体系由美国Beltsville试验站设计，具体的做法是在母羊产羔后第4个月配种，以后几轮则是在第3个月配种，即1月、4月、7月和10月产羔，5月、8月、11月、2月配种。这样，全群母羊的产羔间隔为9个月。

三、三年五产体系

这个体系是由美国Cornell大学设计的一种全年产羔方案，亦称为星式产羔体系。由于母羊妊娠期的一半是73天，正是1年的1/5。羊群可被分成3组，当体系开始时第1组母羊在第1期产羔，第2期配种，第4期产羔，第5期再次配种；第2组母羊在第2期产羔，第3期配种，第5期产羔，第1期再次配种；第3组母羊在第3期产羔，第4期配种，第1期产羔，第2期再次配种。如此周而复始，产羔间隔7.2个月。对于1胎产1羔的母羊，1年可获1.67个羔羊；如1胎产双羔，可获3.34个羔羊。

四、一年两产体系

一年两产可使繁殖率增加25%～30%。理论上，这个体系是每只母羊最大数量的产羔，但在目前情况下，一年两产还不太实际，即使是全年发情母羊群也难以做到，因为母羊产后需一定时间进行生理恢复。此外，饲养管理措施、饲草（料）、羔羊早期断奶都需要合理解决。

总之，在选择特定的配种、产羔体系之前，应该考虑品种、饲养管理条件、地理生态资源等诸因素，认真分析后，做出最佳选择。

第四节　接羔技术

妊娠期满的母羊将子宫内的胎儿及其附属物排出体外的过程，称为产羔。对达到预产期母羊，应注意观察，留在分娩栏内，加强护理，做好产羔前的准备。

一、分娩征兆

母羊在分娩前，在行为和机体某些器官上都会发生显著的变化。这些变化是以适应胎儿产出和新生羔羊哺乳的需要而做的生理准备。对这些变化的全面观察，可以大致预测分娩时间，以便做好助产准备。

（一）乳房的变化

乳房在分娩前迅速发育，腺体充实，临近分娩时可从乳头中挤出少量清亮液体或少量初乳，乳头增大、变粗。

(二) 外阴部的变化

临近分娩时,阴唇逐渐柔软、肿胀、增大,阴唇皮肤上的皱襞展开,皮肤稍变红。阴道黏液由浓厚黏稠变为稀薄滑润,排尿频繁。

(三) 骨盆的变化

骨盆的耻骨联合,荐髋关节以及骨盆两侧的韧带活动性增强,在尾根及其两侧松软,肷窝明显凹陷。

(四) 行为变化

母羊精神不安,食欲减退,回顾腹部,时起时卧,不断努责和鸣叫,腹部明显下陷是临产征兆,应立即送入产房。

二、正常接产

母羊产羔时,最好让其自行产出。接产人员的主要任务是监视分娩情况和护理初生羔羊。正常接产时,首先剪净临产母羊乳房周围和后肢内侧的羊毛,然后用温水洗净乳房,挤出几滴初乳,再将母羊的尾根、外阴部、肛门洗净,用1%来苏水消毒。

一般情况下,经产比初产母羊产羔快,羊膜破裂数分钟至30分钟左右,羔羊便能顺利产出。正常羔羊一般是两前肢先出,头部附于两前肢之上,随着母羊的努责,羔羊可自然产出。产双羔时,间隔10~20分钟,个别间隔较长。当母羊产出第1只羔后,仍有努责、阵痛表现,是产双羔的征候。此时接产人员要仔细观察和认真检查。羔羊出生后,先将羔羊口、鼻和耳内黏液掏出擦净,以免误吞羊水,引起窒息或异物性肺炎。羔羊身上的黏液,在接产人员擦拭的同时,还要让母羊舔干,既可促进新生羔羊的血液循环,又有助于母羊认羔。

羔羊出生后,一般都自己扯断脐带,这时可用5%碘酊在扯断处消毒。如羔羊自己不能扯断脐带时,先把脐带内的血向羔羊脐部顺捋几次,在离羔羊腹部3~4 cm的适当部位人工扯断,进行消毒处理。母羊分娩后1小时左右,胎盘即会自然排出,应及时取走胎衣,防止被母羊吞食养成恶习。若产后2~3小时母羊胎衣仍未排出,应及时采取措施。

三、难产的助产与处理

(一) 难产母羊的助产

母羊骨盆狭窄、阴道过小、胎儿过大,或因母羊身体虚弱、子宫收缩无力或胎位不正等，均会造成难产。

羊膜破水后30分钟，如母羊努责无力，羔羊仍未产出时，应即助产。助产人员应将手指甲剪短、磨光，消毒手臂，涂上润滑油，根据难产情况采用相应的处理方法。如胎位不正，先将胎儿露出部分送回阴道，将母羊后躯抬高，手入产道校正胎位，然后才能随母羊有节奏的努责，将胎儿拉出；如胎儿过大，可将羔羊两前肢反复数次拉出和送入，然后一手拉前肢，一手扶头，随母羊努责缓慢向下方拉出。切忌用力过猛，或不依据努责节奏硬拉，以免拉伤阴道。

（二）假死羔羊的处理

羔羊产出后，如不呼吸，但发育正常，心脏仍跳动，称为假死。原因是羔羊吸入羊水，或分娩时间较长、子宫内缺氧等。处理方法：一是提起羔羊两后肢，悬空并不时拍击背和胸部；二是让羔羊平卧，用两手有节律地推压胸部两侧，经过这些处理，短时假死的羔羊多能复苏。

四、产后母羊和初生羔羊的护理

（一）产后母羊的护理

产后母羊应注意保暖、防潮、避风、预防感冒，保持安静休息。产后头几天内应给予质量好、容易消化的饲料，量不宜太多，经3天后饲料即可转变为正常。

（二）初生羔羊的护理

羔羊出生后，应使羔羊尽快吃上初乳。瘦弱的羔羊或初产母羊，以及母性差的母羊，需要人工辅助哺乳。如因母羊有病或一胎多羔奶不足时，应找保姆羊代乳。

【复习思考题】

1. 名词解释：发情周期、同期发情、超数排卵、胚胎移植。

2. 问答题：

（1）绵羊的初配年龄是多少？

（2）羊的妊娠期是多少天？

（3）为什么要做发情鉴定？

（4）绵羊和山羊的平均发情周期各是多少天？

（5）简述两年三产体系与三年五产体系的主要区别。

第七章　羊的饲养管理

【内容提要】 在介绍羊的生物学特性基础上，简述羊的消化生理机能特点和营养需要，重点介绍羊的放牧饲养技术、补饲饲养技术和各类羊饲养管理技术。

【目标及要求】 掌握各类羊全年饲养管理技术，能够解决养羊生产中的实际问题。

【重点与难点】 四季放牧饲养技术要点，种公羊、繁殖母羊、羔羊饲养管理技术。

第一节　羊的生物学特性

一、羊的生活习性

（一）合群性强

羊的群居行为很强，在生产实践中我们要科学利用羊的合群性，组织大群放牧管理。

绵羊有很强的合群性，若想从群中赶走或强行牵走一只绵羊是极端困难的，绵羊有很强的“拧劲”。由于绵羊具有合群性，在日常管理、饲养放牧时，要训练和控制群中带头羊，可指挥它带领全群出牧、归牧、过桥、涉水、爬坡等境遇；同时，也要注意不能急赶带头羊以防误落深坑，造成全群伤亡事故。

绵羊常年在草原放牧，游走能力强，边走边吃草，俗话说“羊吃走草”，掌握这一特性，对放牧管理很重要。

（二）采食能力强，饲料利用广

羊尖嘴，唇薄齿利，上唇运用灵活，下颚门齿向外有一定的倾斜度，所以善于啃食很短的牧草。据试验，在半荒漠草场上，有66%的植物种类为牛所不能利用，而绵、山羊则仅有38%，故在生产上不能放牧马、牛的短草牧场可以放羊。

羊的饲料利用广泛，各种牧草、灌木、农作物秸秆、籽实、农副产品都可以作为羊的饲料。而绵羊和山羊采食特点有所不同。山羊喜登高，善跳跃，后肢能站立，可在陡坡山上采食幼嫩枝叶。而绵羊只能采食地面上或低处的杂草与枝叶。

(三) 喜干厌湿、怕热耐寒

羊的汗腺不发达，喜欢在干燥、通风、凉爽地方采食或休息，潮湿的圈舍易患腐蹄病。低洼沼泽地或被水淹过的草场，多是寄生虫卵聚集和各种病原菌孳生的地方，在此放牧极易感染。山羊对气候干旱、植被稀疏的荒漠、半荒漠草原和地形复杂、坡度较大、灌木丛多的山区适应性强。

绵羊被毛密实，有良好的保温隔热作用。绵羊对高温高湿环境不适应，在闷热天气则成群低头拥挤，呼吸急喘，驱赶不散，易患热射病。山羊被毛稀疏对高温、高湿的适应性较强，而对寒冷的适应性相对较差。

(四) 嗅觉灵敏、吃净食、饮清水

羊的嗅觉灵敏，食性清洁。绵、山羊均喜欢采食和饮用洁净的草和水；被粪尿污染和践踏过的草和污浊的水，羊不喜食或拒食。

羊喜欢饮清洁的流水，习惯在熟悉的地方饮水，夏季和秋季奶山羊愿多喝水；如放牧时间过长，羊口渴时也喝污水，这时应加以控制，并注意在牧前牧后让羊饮足水。

羊的嗅觉比视觉和听觉更灵敏，其具体表现有：靠嗅觉识别羔羊，在生产中利用这一点寄养羔羊多会成功；靠嗅觉辨别植物或枝叶种类，采食无毒适于消化的牧草。

(五) 胆小易惊

山羊性情机警灵敏，活泼好动，记忆力强。而绵羊则性情温顺，胆小易惊，反应迟钝，易受惊吓而出现“炸群”。山羊喜角斗，角斗形式有正向互相顶撞和跳起斜向相撞两种，绵羊则只有正向相撞一种。因此，有“精山羊，疲绵羊”之说。

(六) 抗病力及耐性

绵、山羊长期在荒山或草原放牧饲养，对恶劣环境有较强的耐性。绵羊与山羊相比，忍耐性更强。绵羊很少叫唤，只有在找羔、饥饿、疼痛、饥渴见到水时才鸣叫，鞭打甚至屠宰时也不作声。而山羊则不同，只要见到羊被屠宰时即乱叫起来。

绵羊患病初期，外观表现不明显，待发现有病时，病情已经严重，所以与其说绵羊的抗病力强不如说对疾病的耐性强。因此，在日常饲养中应注意观察每只羊的表现，发现病情，及时治疗。

(七) 母子相识性

绵羊具有母子相识性，无甚差错，主要靠嗅觉来识别。绵羊具有趾腺、眼睑腺和鼠蹊腺，是与其他羊属动物相区别的特征。有人认为，趾腺分泌物有特殊臭味，绵羊失群时能按此臭味找到羊群。羔羊稍大时，母子之间听觉也灵敏。例如，在放牧时相距很远，母子叫唤，彼此能闻声而去；在放牧归来，母子对奶时母子会准确地配对在一起哺乳。

二、羊的消化器官特点

(一) 羊的复胃

羊的胃由 4 个部分组成，即瘤胃、网胃、瓣胃和皱胃。前 3 个胃无腺体组织分布，不分泌胃液，主要起贮存食物、水和发酵分解粗纤维的作用，一般统称为前胃。皱胃内有腺体分布，可分泌胃液，称为真胃。

其中，瘤胃在草食动物胃中作用既特殊又重要。瘤胃，俗称“草包”，体积最大，容积约占整个胃容量的 80%。瘤胃内有大量的微生物繁殖，是细菌发酵饲料的主要场所，有“发酵罐”之称。瘤胃是由肌肉囊组成，通过蠕动使食团按规律流动，其主要功能是贮藏在较短时间采食的未经充分咀嚼而咽下的大量牧草，待休息时反刍。

(二) 羊的肠道

羊的小肠细长曲折，长度约为 25 m，大肠比小肠短，约为 8.5 m。整个肠道的长度相当于体长的 26～27 倍，这表明羊的消化吸收能力很强。在小肠内主要是在各种消化酶的作用下进行化学性消化，大肠内主要是在大肠微生物和少量酶作用下继续部分消化并吸收食物中的水分，最终没有被消化的食物残渣形成粪便排出体外。

三、羊的消化生理特点

(一) 反刍

羊将采食的草料，在休息时逆呕到口腔，经过重新咀嚼，并混入唾液再吞咽下去的过程叫反刍。反刍由逆呕、重咀嚼、再混合唾液和再吞咽4个过程组成。羔羊约在出生后40天开始出现反刍行为，如果哺乳期早期补饲得当可提早出现反刍行为。多在食后1～2小时开始反刍，反刍到一定时间后（40～50分钟）又开始吃草。反刍姿势多为侧卧式，少数为站立。饲料的物理性质和瘤胃中挥发性脂肪酸（VFA）是影响反刍的主要因素；如果反刍行为停止，则预示着疾病的发生。

(二) 瘤胃微生物的作用

1. 发酵与嗳气：羊的瘤胃—网胃中寄居着大量的细菌和原虫。据测定，每毫升瘤胃内容物的微生物数量为10^{10}～10^{11}个，这些微生物不断地发酵进入瘤胃中的饲料营养物质，产生挥发性脂肪酸（VFA）及各种气体（如CO_2、CH_4、H_2S、NH_3、CO等）并向羊提供能量。

通过增加谷物类精料、粗料破碎、压粒、日粮中添加瘤胃素等，就可调节瘤胃发酵，促进羊体生长。

嗳气是一种反射动作。瘤胃发酵产生的大量气体只有通过不断地嗳气动作被驱入食管才能排出体外，并预防胀气。一旦发生胀气，应及时机械放气或灌药止酵；否则，会引起窒息死亡。

2. 粗饲料的利用和碳水化合物的消化：饲料中的碳水化合物在瘤胃微生物及酶的作用下，逐级分解，产生大量的VFA等，作为能源或合成体脂及乳脂肪的原料。

3. 饲料中蛋白质和非蛋白氮的利用：饲料蛋白质在瘤胃微生物的作用下，降解为多肽及氨基酸等物质；而饲料中的非蛋白氮，如尿素、铵盐等能够被分解产生氨。所生成的氨和游离氨基酸，可通过瘤胃微生物作用合成微生物蛋白质和合成10种必需氨基酸，这些微生物蛋白质在到达真胃及十二指肠以后，它们的动物性蛋白质被羊消化和吸收。

据试验，由瘤胃转移到真胃的蛋白质82%属于细菌蛋白质。羊体所获得的蛋白质与日粮中的蛋白质品质关系不大。正因如此，可以在羊的饲料中均匀加入一定浓度的非蛋白氮，如尿素、铵盐等。增加瘤胃中氨的浓度，有利于微生物蛋白质的合成；同时，可节约饲料蛋白质，降低饲料成本、提高经济效益。

舔砖是根据生产实际需要，将牛羊所需的矿物质元素、非蛋白氮、可溶性糖等营养物质经科学配方和生产加工工艺加工成块状，放在有水源的地方或食槽边供牛羊舔食的一种块状饲料。舔砖的种类很多，一般根据舔砖所含成分占其比例的多少来命名。舔砖以矿物质元素为主的叫做复合矿物舔砖，以尿素为主的叫做尿素营养舔砖，以糖蜜为主的叫做糖蜜营养舔砖，以糖蜜和尿素为主的叫做糖蜜尿素营养舔砖，以尿素和糖蜜为主的叫做尿素糖蜜营养舔砖。在我国现有的营养舔砖中，大多含有尿素、糖蜜、矿物质元素等成分，一般叫做复合营养舔砖。

舔砖是补饲牛、羊营养的一种简单而有效的理想方式，已在世界发达国家畜牧业生产中得到广泛的应用。但在我国，舔砖的生产处于初始阶段，技术落后，没有统一的标准。

4. 脂类合成和氢化作用：瘤胃微生物能够氢化不饱和脂肪酸成为饱和脂肪酸，提高羊体脂肪硬度。

5. 维生素的合成：瘤胃微生物可以合成B族维生素和维生素K。在青贮饲料、青草及胡萝卜等正常供应的情况下，日粮中不需要添加合成的维生素。但脂肪性维生素A、维生素D、维生素E必须从饲料中供给和满足。维生素C虽然被瘤胃微生物破坏，但又可以在肝脏中合成。羊体要合成适当数量的维生素B_{12}必需供给足够数量的钴。

第二节　羊的放牧饲养

羊是非常适合放牧的动物。放牧饲养的好处一是可以充分利用我国丰富的草地饲草资源；二是放牧能够适应羊的生物学特性，每天游走，接受紫外线照射，有利于羊体健康；三是利用天然饲草，养羊生产成本最低。

一、草场的规划与利用

我国养羊的广大地区，由于不同季节，气候和牧草质量均呈现明显的季节性变化。因此,必须根据气候的季节性变化、牧草生长规律、地形地势和水源等情况规划四季放牧场,才能收到良好的效果。

1. 春季牧场:春季是冷季进入暖季的交替时期,牧草开始萌发,风大雪多,气温多变,气候不稳定。春季牧场应选择在气候较温暖、雪融较早,牧草最先萌发,离冬房较近的平川、盆地或浅丘草场。

2. 夏季牧场:我国夏季气温较高,降水量较多,炎热潮湿的气候对羊体不利。夏季放牧场应选择气候凉爽、蚊蝇少、牧草丰茂,有利于羊只放牧抓膘的高山地区。

3. 秋季牧场:秋季是绵、山羊抓膘的最佳时期,气候适宜,牧草结籽,营养价值高,是抓膘的关键季节。牧地的选择和利用,可先由山岗到山腰,再到山底,最后放牧到平滩地。此外,秋季还可利用割草后的再生草地和农作物收割后的茬地放牧抓膘。

4. 冬季牧场:冬季严寒而漫长,牧草枯黄,营养价值低,这时育成羊处于生长发育阶段,妊娠母羊正处在妊娠后期或产冬羔。冬季牧场应选择在背风向阳、地势较低的暖和低地和丘陵的阳坡。

二、放牧的方式及特点

1. 自由放牧:一种传统的放牧制度,通常任由羊群自由运动,能大面积地利用草场。具体操作上若能按“春洼、夏岗、秋平、冬暖”的原则选择好四季牧场,也可取得良好的效果。但因草场管理权与使用权分离,易于造成较好草场地块的过牧现象,故对牧草的利用率较低,也不利于牧场持久、有控制的利用。

2. 围栏放牧:用电网或栅栏把羊群限制在一定范围内采食的放牧方式。能减少羊群的运动量,比自由放牧提高牧草利用率15%,提高羊只增重10%～30%。完备的围栏放牧一般在草场上设有饮水、补料和敞棚等设施,也可在围栏边缘较好的地块种植牧草或玉米等,通过定期开放或逐步开放,起到补充效果。

3. 分区轮牧:又称小区轮牧,是把草场分为若干小块或小区,按羊只的用途和草场状况,供羊群轮回放牧,逐区采食,并保持经常有一个或几个小区的牧草休养生息。此方式是合理利用草场的一种科学的先进的放牧制度,主要优点表现在:一是能合理利用和保护划场,提高草场载畜量;二是羊群被控制在小范围内,减少了游走所消耗的热能而增重加快;三是能控制内寄生虫感染。因为随粪便排出的羊体内寄生虫卵经 6 天发育成幼虫即可感染羊群,所以羊群在某一小区的放牧时间应限制在 6 天以内,方可减少体内寄生虫的感染。实践表明,分区轮牧的具体实施方法和要求包括以下几点。

(1) 定载畜量。根据草场类型、面积及产草量划定草场,结合羊只的日采食量和放牧时间,确定载畜量。

(2) 划分小区。根据放牧羊群的数量和放牧时间以及牧草的再生速度划分每个小区的面积和轮牧一次的小区数。轮牧草场一般划定 6～8 个小区,羊群每隔 3～6 天轮换一个小区。划分小区最经济的做法是利用河流、沟渠、林带等天然屏障形成界线,也可用木制或钩丝围栏作为界线,但每个小区内都应有较近便的饮水或棚圈。

(3) 确定放牧周期。放牧周期是指全部小区放牧一次所需要的时间。其计算方法是:放牧周期(天)＝每小区放牧天数×小区数。放牧周期的确定,主要取决于牧草再生速度,再牧草的再生速度又受水热条件、草原类型和土壤类型诸因素的影响。在我国北部地区,不同草原类型的牧草生长期内的放牧周期是:干旱草原 30～40 天,湿润草原 35～45 天,半荒漠和荒漠草原 30 天。

(4) 确定放牧频率。放牧频率是指在一个放牧季节内每个小区轮回放牧的次数。它取决于草原类型和牧草再生速度,一般当牧草长到 8～20 cm 时便可再次放牧。在我国北部地区不同草原类型的放牧频率是:干旱草原 2～3 次,湿润草原 2～4 次,森林草原 3～5 次,高山草原 2～3 次,荒漠和半荒漠草原 1～2 次。

(5) 放牧方法。参与小区轮牧的羊群,应按计划依次逐区、轮回放牧,并保持 2～3 个小区按计划休闲。在羊只安排上,一般应保证羔羊和母羊吃到好草,羯羊吃较差的草。

4. 农区放牧:受草场小的限制,农区放牧一般有拴牧和小群放牧三种。

(1) 拴牧:又叫系牧,即将羊只拴在山坡、草地或河滩等有草处,任其在绳长的半径内自由行动,自由采食,一片吃完再换一片。这样,既可经济合理地利用草地,又保护了林木和庄稼,羊粪撒在地上还可以肥沃草地。

(2) 小群放牧:在农区经常采用的一种放牧方式。一般羊群的数量一般不太大,20～80只不等。放牧多是利用地边、路旁、河堤、林带附近和部分农闲地进行放牧。放牧多采取赶着放的方法,放牧员尾随羊群后面,跟着羊群前进。羊群边走边吃。

三、放牧羊群的队形与要求

在放牧中,可以通过羊群的队形来控制其游走、休息和采食时间,以符合“多采食、少走路、快抓膘”的原则。羊群放牧的基本队形有“一条鞭”和“满天星”两种。放牧队形应根据地形、草场品质、季节和天气灵活应用。

1. 一条鞭:指羊群放牧时,排列成“一”字形的横队。羊群横队里一般有1～3层。放牧员在羊群前面控制羊群前进的速度,使羊群缓缓前进,并随时喊叫离队的羊只归队。刚出牧时,是羊采食高峰期,应控制带头羊,放慢前进的速度;当放牧一段时间,羊快吃饱时,前进的速度可适当快一点。待到大部分羊只吃饱后,羊群出现站立不采食或躺卧休息行为时,放牧员在羊群左右走动,不让羊群前进,就地休息和反刍。此队形适用于牧地比较平坦、植被比较均匀的中等牧场,常在春季采用。

2. 满天星:指放牧员将羊群控制在牧地一定范围内让羊只自由散开采食,当羊群采食一定时间后,再移动更换牧地。散开面积的大小,主要决定于牧草的密度。牧草密度大、产量高的牧地,羊群散开面积小,反之则大。此队形适用于任何地形和草原型的放牧地。

四、四季放牧管理技术要点

1. 春季放牧:此时气候渐暖,枯草返青,是羊由舍饲转入放牧的过渡时期。羊只经过漫长的冬季,营养不良,体质衰弱,此时又是产羔的时间,放牧的主要任务是恢复膘情。因春季放牧对以后抓膘影响较大,故放牧中应特别注意以下问题。

(1) 避免“跑青”现象。“跑青”现象是春天牧草萌发时的“草色遥看近却无”特点造成的,羊过多奔跑,消耗体力过大。早春放牧对牧草再生不利,应推迟放牧1个月,待牧草长到15～100 cm时再放青。

(2) 放牧时间要控制。春季气候不稳,忽冷忽热,故要晚出牧早归牧,中午不休息。

2. 夏季放牧:此时气候变得炎热,雨水充足,牧草生长茂盛,适口性好,消化率高。放牧的主要任务是抓好肉膘。(1)放牧地要高燥。一般为高山、丘陵及其他较高的梁坡地。此处风大风多，草地而稀，蚊蝇较少，羊只采食安静，寄生虫病较少。(2)不在露水草地上放牧。夏季露水较大，羊吃露水草易患寄生虫病或传染病，容易拉稀，且草中干物质含量低，不易上膘。(3)放牧时间要长。羊群宜晚出晚归，中午休息，供足盐，饮好水。

3. 秋季放牧：此时秋高气爽，气候适宜，雨水较少，牧草结满籽实，营养价值高，羊食欲旺盛。放牧的主要任务是抓好油膘。

(1)利用茬地放牧。茬地里有许多农作物的籽实和秸秆的细软部分，营养价值较高，是抓秋膘的好机会。

(2)少走路多放牧。秋季放牧宜慢赶少赶，减少游走里程，有道是“秋跑不上膘”，故羊群放牧队形以满天星为宜。放牧时间要早出晚归，中午稍休息。群众总结“秋羊一天没四饱，很难让它上油膘”。

4. 冬季放牧：此时气候寒冷，风雪频繁，草叶干枯，草质较差，营养价值低。放牧的任务是保膘于妊娠或产羔阶段的母羊，还应保胎、保羔，避免流产。放牧中要注意以下几点。

(1)放牧时间应短。一般是晚出早归，中午不休息。顶风放牧比顺风放牧好，因为顶风走时羊毛顺贴体表，可减少体温丧失。当天气突然变化时，容易顺风往回赶羊。

(2)放牧地要选择利用。要先放阴坡，后放阳坡；先放沟底，后放坡地；先放低草，后放高草；先放远处，后放近处。

(3)防止母羊流产。要确保母羊不走冰梗或冰上，不喝冰水，不要急赶，出、入圈时不拥挤等。

第三节　各类羊饲养管理

一、种公羊的饲养管理

俗话说“母好好一窝，公好好一坡”。种公羊对改良羊群品质有重要作用，在饲养管理上要求比较精细。种公羊的饲养要求，常年保持中上等膘情，健壮、活泼、精力充沛，性欲旺盛为原则。过肥过瘦都不利于配种。

种公羊饲料要求富含蛋白质、维生素和无机盐，且易消化、适口性好。理想的粗饲料有苜蓿干草、三叶草干草和青莜麦干草等。好的精料有燕麦、大麦、玉米、高粱、豌豆、黑豆、豆饼。好的多汁饲料有胡萝卜、玉米青贮、甜菜等。

为保证和提高种公羊的种用价值，对种公羊分配种期和非配种期两个阶段，给予不同的饲养水平。对常年放牧的种公羊，除放牧外非配种期冬季一般每日补混合精料 0.5 kg，干草 2～3 kg，胡萝卜 0.5 kg，食盐 5～10 g，骨粉 5～10 g。春、夏季节以放牧为主，另补混合精料 0.5 kg，每日喂三四次，饮水一两次。

配种期饲养包括配种预备期(1～1.5 个月)、配种期及配种复壮期(1～1.5 个月)。配种预备期应按配种期喂量的 60%～70%给予，从每天补给混合精料 0.3～0.5 kg 开始，逐渐增加到配种期的饲养水平。同时，进行采精训练和精液品质检查。开始时每周采精检查 1 次，以后增至每周 2 次，并根据种公羊的体况和精液品质来调节日粮或增加运动。对精液稀薄的种公羊，应增加日粮中蛋白质含量；当精子活力差时，应加强种公羊的放牧运动。

种公羊在配种期内要消耗大量的养分和体力，因配种任务或采精次数不同，个体之间对营养的需要量相差很大。配种期除放牧外，每日另补混合精料 1.2～1.4 kg，苜蓿干草 2 kg，胡萝卜 0.5～1.5 kg，食盐 15～20 g。随着配种任务的增加还要另加鸡蛋 3～4 个。舍饲饲养的种公羊配种期，每日每只给青绿饲料 1～1.3 kg，混合精料 1～1.5 kg。采精次数多时，每日补鸡蛋两三个或牛奶 1～2 kg。

在我国农区大部分地区，羊的繁殖季节有的可表现为春、秋两季，有的可全年发情配种。因此，对种公羊全年均衡饲养尤为重要。除搞好放牧、运动外，每天应喂给混合精料 1.2～1.5 kg，青干草 1～2 kg，青贮料 1.5 kg，并注意矿物质和维生素的补充。

种公羊的采精次数要根据羊的年龄、体况和种用价值来确定。对 1.5 岁左右的种公羊每天采精一两次为宜；成年公羊每日可采精三四次，有时可达五六次，每次采精应有 1～2 小时的间隔时间。特殊情况下(种公羊少而发情母羊多)，成年公羊可连续采精两三次。采精较频繁时，也应保证种公羊每周有 1～2 天的休息时间，以免因过度消耗养分和体力而造成体况明显下降。

种公羊的日常管理应由专人负责，力争保持常年相对稳定。种公羊应单独组群放牧和补饲，避免公母混养。对配种期的公羊更应远离母羊舍，并单独饲养，以减少发情母羊和公羊之间的相互干扰。对当年的公羊与成年公羊也要分开饲养，以免互相爬跨，影响发育。

例如，黑龙江省银浪种羊场，种公羊配种期，除放牧外，每天补饲精料 0.8～1.0 kg，牛奶 0.5～1.0 kg 或鸡蛋 2～4 枚（拌料或灌服）。又如，甘肃天祝种羊场，配种期种公羊每日每只采精 2～3 次，燕麦干草自由采食，补饲豌豆 1.25 kg，胡萝卜 1.0～1.5 kg，鸡蛋 2～3 枚，食盐 15～20 g。天祝种羊场的种公羊配种期的饲养管理日程如下：

7:00～8:00 运动，距离 2 000 m。

8:00～9:00 喂料（精料和多汁饲料占日粮的 1/2，鸡蛋 1～2 枚）。

9:00～11:00 采精。

11:00～15:00 放牧和饮水。

15:00～16:00 圈内休息。

16:00～18:00 采精。

18:00～19:00 喂料（精料和多汁饲料占日粮的 1/2，鸡蛋 1～2 枚）。

案例：

种公羊在配种前 1.0～1.5 个月，日粮应由非配种期逐渐增加到配种期的饲养标准。在舍饲期的日粮中，禾本科干草一般占 35%～40%，多汁饲料占 20%～25%，精饲料占 40%～45%。表 7-1 列出了体重 100 kg 的毛用、毛肉兼用和肉毛兼用绵羊品种的日粮范例，供参考。

表 7-1 种公羊日粮范例

组成及营养成分	非配种期	配种期	营养成分	非配种期	配种期
禾本科-豆科干草(kg)	1.5	1.7	粗蛋白质(g)	289	440
青贮料(kg)	1.5	—	可消化蛋白质(g)	188	287
大麦、燕麦和其他禾本科籽料(kg)	0.7	1.0	钙(g)	16.1	19.0

续表

组成及营养成分	非配种期	配种期	营养成分	非配种期	配种期
豌豆(kg)	—	0.2	磷(g)	7.5	11.4
向日葵油粕(kg)	—	0.1	镁(g)	6.6	6.9
饲用甜菜(kg)	—	1.0	硫(g)	6.2	8.7
胡萝卜(kg)	—	0.5	铁(mg)	2013	2364
饲用磷(g)	10	10	铜(mg)	18.6	23.0
元素硫(g)	1.1	3.5	锌(mg)	70.0	82.0
食盐(g)	14	18	钴(mg)	0.53	0.74
硫酸铜(mg)	50	50	锰(mg)	216	280
日粮中含:			碘(mg)	0.75	0.85
饲料单位(kg)	2.0	2.4	胡萝卜素(mg)	55	97
代谢能(MJ)	22.7	27.0	维生素 D(U)	650	960
干物质(kg)	2.3	2.8	维生素 E(mg)	67	78

二、母羊的饲养管理

根据母羊所处的生理阶段,可分空怀期、妊娠期和哺乳期三个阶段。

(一) 空怀期的饲养管理

空怀期母羊,正处在青草季节,只要抓紧时间放牧,即可满足母羊的营养需要。有条件的养殖场可以给予短期优饲。短期优饲就是在配种前1～1.5个月对母羊加强营养,提高饲养水平,短期内增加母羊配种前体重,促进母羊发情整齐和多排卵,这是提高繁殖率的有效的技术措施。短期优饲的方法有两种:一是延长放牧时间,多放优良牧地和茬地,少走路多吃草,促进母羊增膘;二是除放牧外,适当补饲精料,增加母羊的营养水平,促使母羊快速复壮,以达到满膘配种。

(二) 妊娠期的饲养管理

妊娠前期(前3个月)因胎儿发育较慢,需要的营养物质与空怀期基本相同。在夏、秋季节一般放牧即可满足营养需求。

妊娠后期(后2个月),胎儿生长迅速,其中80%～90%的初生体重是此时生长的,因此这一阶段需要营养水平较高。如果此期母羊营养不足,母羊体质差,会影响胎儿的生长发育。为了满足妊娠后期母羊的生理需要,仅靠放牧是不够的,除放牧外,需补饲一定的混合精料和优质青干草。参考补饲量:每只羊日补混合精料0.45 kg,青干草1～1.5 kg,青贮1 kg,胡萝卜0.5 kg,骨粉5 g。

在母羊妊娠期间,前期要防止发生早期流产,后期要防止母羊由于意外伤害而发生早产。不要让羊吃霜草或霉烂饲料,不饮冰茬水,防止羊群受惊吓。在羊群出牧、归牧、饮水、补饲时都要慢而稳,严防跳沟。母羊在预产期前1周左右,可放入待产圈内饲养,适当进行运动。

案例:

我国东北、西北地区体重50 kg的毛用和毛肉兼用绵羊品种空怀期母羊的日粮范例(表7-2),供参考。

表7-2　空怀期和妊娠期母羊的日粮范例

组成及营养成分	空怀和妊娠前半期	妊娠最后7～8周	营养成分	空怀和妊娠前半期	妊娠最后7～8周
各种禾本科牧草(kg)	0.8	—	干物质(kg)	1.7	1.9
禾本科、豆科干草(kg)	—	1	粗蛋白质(g)	174	183
春播禾本科藁秆(kg)	0.4	0.3	可消化蛋白质(g)	97	135
玉米青贮料(kg)	2.6	2.5	钙(g)	12.3	14.8
大麦碎粒(kg)	0.1	0.3	磷(g)	4.5	5.5
尿素(g)	7	—	镁(g)	6.08	5.86
食盐(g)	10	13	硫(g)	3.98	4.6
二钠磷酸盐(g)	—	8	铁(mg)	1114	1315
饲用磷(g)	8	—	铜(mg)	12	14
元素硫(g)	—	0.5	锌(mg)	42	47
硫酸铜(mg)	30	40	钴(mg)	0.5	0.63
氯化钴(mg)	1	0.5	锰(mg)	64	69

续表

组成及营养成分	空怀和妊娠前半期	妊娠最后7～8周	营养成分	空怀和妊娠前半期	妊娠最后7～8周
日粮中含：			碘(mg)	0.4	0.51
饲料单位(kg)	1.11	1.35	胡萝卜素(mg)	42	55
代谢能(MJ)	13.8	16.3	维生素D(U)	620	870

在我国东北地区，妊娠后期的细毛母羊和半细毛母羊，一般日补饲精料0.2～0.3 kg，干草1.5～2.0 kg。

(三) 哺乳期的饲养管理

哺乳期可分为哺乳前期和哺乳后期。哺乳前期即羔羊生后两个月，羔羊的营养主要依靠母乳。如果母羊营养好，奶水就充足，羔羊发育好、抗病力强、成活率高。如果母羊营养差，泌乳量必然减少，不仅影响到羔羊的生长发育，自身也会因消耗太大，体质很快消瘦下来。因此，必须加强哺乳前期母羊饲养管理，促进其泌乳。

对于大多数地区，哺乳前期正在枯草期或青草刚刚萌发，单靠放牧满足不了母羊的营养需要。应视母羊的体况及所带单、双羔给予不同标准的补饲。产单羔的母羊日补混合精料0.3～0.5 kg，青干草、苜蓿干草各0.5 kg，多汁饲料1.5 kg。产双羔的母羊日补混合精料0.4～0.6 kg，苜蓿干草1 kg，多汁饲料1.5 kg。

到哺乳后期，即羔羊2月龄后，羔羊的胃肠功能已趋于完善，可以利用青草及粉碎精料，不再主要依靠母乳而生存，而此时母羊的泌乳能力也渐趋下降，即使增加补饲量也难以达到泌乳前期的泌乳量。此期的母羊，应以放牧吃青为主，逐渐取消补饲，对于枯草期的母羊，可适当补喂些青干草。补饲水平要视母羊体况而定。

膘情较好的母羊，在产羔1～3天，不喂精料和多汁饲料，只喂些青干草，以防消化不良或发生乳房炎。在羔羊断奶的前1周，也要减少母羊的多汁饲料、青贮料和精料喂量，以防断奶时发生乳房炎。

哺乳后期母羊除放牧采食外，亦可酌情补饲。例如，吉林省双辽种羊场，对哺乳母羊按产单、双羔分别组群，产单羔母羊每只日补饲精料 0.2 kg、青贮饲料 1.0～1.5 kg、豆科干草 0.5～1.0 kg、干草 2.0 kg、胡萝卜 0.2～0.5 kg，并喂给豆浆和饮用温水；对产双羔母羊日补饲精料增加到 0.3～0.4 kg。

案例：

在我国东北、西北地区毛用和毛肉兼用绵羊品种哺乳母羊日粮范例（表 7-3），供参考。

表 7-3 泌乳前期 6～8 周母羊的日粮范例

组成及营养成分		营养成分	
各种禾本科和苜蓿干草(kg)	1.3	钙(g)	20.8
大麦碎粒(kg)	0.6	磷(g)	8.0
玉米青贮料(kg)	3.0	镁(g)	8.5
食盐(g)	19	硫(g)	6.9
二钠磷酸盐(g)	7	铁(mg)	1524
元素硫(g)	1.3	铜(mg)	21
氯化钴(mg)	3.0	锌(mg)	128
日粮中含：		钴(mg)	1.15
饲料单位(kg)	2	锰(mg)	130
代谢能(MJ)	23	碘(mg)	0.89
干物质(kg)	2.3	胡萝卜素(mg)	65
粗蛋白质(g)	305	维生素 D(U)	880
可消化蛋白质(g)	206		

三、羔羊的饲养管理

(一) 初生羔羊的护理

初生羔羊因体质较弱，抵抗力差、易发病。所以，搞好羔羊的护理工作是提高羔羊成活率的关键。具体应注意以下几点。

1. 尽早吃到初乳：母羊产后 6 天内分泌的乳，奶质黏稠、营养丰富，称为初乳。初乳容易被羔羊消化吸收，是其他食物或人工乳不能代替的食料。初乳含镁盐较多,镁离子有轻泻作用,能促进胎粪排出,防止便秘。另外,初乳还含较多的抗体和溶菌酶,含有一种叫K抗原凝集素的物质,能抵抗各类大肠杆菌的侵袭。

初生羔羊在生后0.5小时内应该保证吃到初乳。吃不到母亲初乳的羔羊,最好能吃上其他母羊的初乳,否则较难成活。初生羔羊,健壮者能自己吸吮乳,用不着人工辅助;弱羔或初产母羊、保姆性不强的母羊,需要人工辅助,即把母羊保定住,把羔羊推到乳房跟前,羔羊就会吸乳。辅助几次,它就会自己找母羊吃奶了。对于缺奶羔羊,最好为其找保姆羊。

2. 保持良好的生活环境:初生羔羊生活力差,调节体温的能力差,对疾病的抵抗力弱,保持良好的环境有利于羔羊的生长发育。环境应保持清洁、干燥,空气新鲜又无贼风。羊舍最好垫一些干净的垫草,室温保持在5℃以上。搞好圈舍卫生,应严格执行消毒隔离制度。

3. 加强对缺奶羔羊的人工哺乳:对多羔母羊或泌乳量少的母羊,其乳汁不能满足羊羔的需要,应适当补饲。一般宜用牛奶、人工奶或代乳粉,在补饲时应严格掌握温度、喂量、次数、时间及卫生消毒。

(二)羔羊的培育措施

羔羊的培育是指羔羊断奶(3～4月龄)前的饲养管理。要提高羔羊的成活率,培育出体型良好的羔羊,必须掌握以下3个关键。

1. 加强母羊饲养,促进泌乳量:俗话说"母壮儿肥"。只要母羊的营养状况较好,能保证胚胎的充分发育,所生羔羊的初生重大、体健,母羊的乳汁多,恋羔性强,羔羊以后的发育就好。

2. 做好羔羊的补饲:一般羔羊生后15天左右开始训练吃草、吃料。这时,羔羊瘤胃功能刚刚形成,不能大量利用粗饲料,所以强调补饲优质蛋白质和纤维少、干净脆嫩的干草。把草捆成把子,挂在羊圈的栏杆上,让羔羊玩食。精料要磨碎,一般15日龄的羔羊每日补混合料50～75 g;1～2月龄100 g;2～3月龄200 g,3～4月龄250 g;一个哺乳期(4个月)每只羔羊需补精料10～15 kg。混合料以黑豆、黄豆、豆饼、玉米等为好,干草以苜蓿干草、青野干草、青莜麦干草、花生蔓、甘薯蔓、豆秸、树叶等为宜。多汁饲料切成丝状,再与精料混饲喂。羔羊补饲应该先喂精料,后喂粗料,要定时、定量喂给,不能零吃碎叼,否则不易上膘。

3. 无奶羔的人工喂养:人工喂养就是用牛奶、羊奶、奶粉或其他食物喂养缺奶的羔羊。用牛奶、羊奶喂羊,首先尽量用新鲜奶。鲜奶味道及营养成分较好,病菌及杂质也较少。用奶粉喂羔羊应该先用少量冷或温开水,把奶粉溶开,然后再加热水,使总加水量达到奶粉量的5~7倍。羔羊越小,胃越小,奶粉对水的量也应该越少。其他食物是指豆浆、小米米汤、代乳粉或市售婴幼儿用米粉,这些食物在饲喂以前应加少量的食盐等。人工喂养的关键技术是要搞好"定人、定时、定温、定量和讲究卫生";否则,可能导致羔羊生病,特别是胃肠道疾病。

定人:就是从始至终固定一专人熟悉羔羊生活习性的喂养。

定温:是指羔羊所食的人工乳要掌握好温度。一般冬季喂1月龄内的羔羊,应把奶凉到35℃~41℃,夏季温度可略低。温度过高,不仅伤害羔羊上皮组织,而且容易发生便秘;温度过低往往容易发生消化不良、拉稀或胀气等。

定量:是指每次喂量,掌握在"七成饱"的程度,切忌喂得过量。具体给量是按羔羊体重或体格大小来定,一般全天给奶量相当于体重的1/5为宜。喂给粥或汤时,应根据浓稠度进行定量,全天喂量应略低于喂奶量标准;特别是最初喂粥的2~3天,先少给,待慢慢适应后再加量。羔羊健康、食欲良好时,每隔7~8天比前期喂量增加1/4~1/3;如果消化不良,应减少喂量,加大饮水量,并采取一些治疗措施。

定时:是指羔羊的喂羊时间固定,尽可能不变动。初生羔羊每天应喂6次,每隔3~5小时喂1次,夜间睡眠可延长时间或减少次数。10天以后,每天喂四五次;到羔羊吃草或吃料时,可减少到三四次。

要注意卫生条件:奶类在喂前应加热到62℃~64℃,经30分钟或80℃~85℃瞬间,可以杀死大部分病菌。粥类、米汤等在喂前必须煮沸。羔羊的奶瓶应保持清洁卫生,健康羔与病羔应分开用,喂完奶后随即用温水冲洗干净。病羔的奶瓶在喂完后要用高锰酸钾、来苏儿、新洁尔灭等消毒,再用温水冲洗干净。

案例:

母羊产后缺奶时可以自行配制人工合成奶类,喂给7~45日龄的羔羊。

人工合成奶的成分为脱脂奶粉60%，牛奶或脂肪干酪素、乳糖、玉米淀粉、面粉、磷酸钙、食盐和硫酸镁。中国农业科学院饲料研究所研制的羔羊代乳粉配方（按每千克饲料的营养成分）是：水分4.5%，粗脂肪24.0%，粗纤维0.5%，灰分8.0%，无氮浸出物39.5%，粗蛋白23.5%；维生素A 50 000 U，维生素D 10 000 U，维生素E 30 mg，维生素K 3 mg，维生素C 70 mg，维生素B_1 3.5 mg，维生素B_2 5 mg，维生素B_6 4 mg，维生素B_{12} 0.02 mg，泛酸60 mg，烟酸60 mg，胆碱1 200 mg；镁120 mg，锌20 mg，钴4 mg，铜24 mg，铁126 mg，碘4 mg；蛋氨酸1 100 mg，赖氨酸500 mg，杆菌肽锌80 mg。可直接食用，以温开水调服。

羔羊代乳粉含有羔羊所需要的各种微量元素、维生素和蛋白质、能量等，选用优质原料，含有免疫促生长因子，粗蛋白质30%，粗脂肪15%以上，粗纤维低于2%，并富含多种氨基酸。经试验，饲喂羔羊代乳粉可提高羔羊成活率50%，母羊繁殖率80%，节省成本20%。

4. 断奶：发育正常的羔羊，2～3月龄即可断奶。断奶的方法有一次性断奶和分批断奶两种。一次性断奶是当羔羊达到一定月龄或体况后将母仔断然分开。采用这种方法是把母羊移走，羔羊仍留在原圈饲养，尽量给羔羊保持原来的环境。断奶后，羔羊根据性别、强弱、体格大小等因素，加强饲养，力求不因断奶影响羔羊的生长发育。分批断奶是根据断奶羔羊生长发育和体质强弱的不同而分批分期断奶的方法。断奶后羔羊单独组群放牧、舍饲或肥育。

四、育成羊的饲养管理

羔羊在3～4月龄时断奶后，到第一次交配繁殖前的羊称育成羊。羔羊断奶后的最初几个月，生长速度很快；当营养条件良好时，日增重可达150～200 g，每日需风干饲料0.7～1 kg，以后随着月龄增加，则应根据日增重及其体重对饲料的需要适当增加。进入育成期的羊一般按公、母分群饲养，按不同饲养标准，给予不同营养水平的日粮。

案例：

我国东北、西北地区毛用和毛肉兼用绵羊品种10月龄育成羊的日粮范例（表7-4），供参考。

表 7-4 育成羊日粮范例

组成及营养成分	母羊(体重 40 kg)	公羊(体重 50 kg)	营养成分	母羊(体重 40 kg)	公羊(体重 50 kg)
荒地禾本科干草(kg)	0.7	1.0	粗蛋白质(g)	195	244
玉米青贮料(kg)	2.50	2.00	可消化蛋白质(g)	114	156
大麦碎粒(kg)	0.15	0.23	钙(g)	7.6	10.1
豌豆(kg)	0.09	0.1	磷(g)	4.5	6.0
向日葵油粕(kg)	0.06	0.12	镁(g)	1.9	2.1
食盐(g)	12	14	硫(g)	4.2	4.7
二钠磷酸盐(g)	—	5	铁(mg)	1154	1345
元素硫(g)	—	0.7	铜(mg)	9.2	12.4
硫酸铵(mg)	2	3	锌(mg)	45	52
硫酸锌(mg)	20	23	钴(mg)	0.43	0.63
硫酸铜(mg)	8	10	锰(mg)	56	65
日粮中含：			碘(mg)	0.35	0.41
饲料单位(kg)	1.15	1.35	胡萝卜素(mg)	39	40
代谢能(MJ)	12.5	16.0	维生素 D(U)	465	510
干物质(kg)	1.5	1.8			

在羊的一生中，其生后第一年的生长强度最大，发育最快，因此如果在育成期饲养不良，就要影响羊终生的生产性能，甚至使性成熟推迟，不能按时配种，从而降低种用价值。

在放牧饲养条件下，羔羊断乳后正值青草萌发，可以放牧青草，秋末体重可达 35 kg 左右。进入枯草期后，天气寒冷，仅靠放牧根本吃不饱，不能满足营养需要，处于饥饿或半饥饿状态，过第一个冬天是一大难关。因此，第一个越冬期是育成羊饲养的关键时期。在入冬前一定要储备足够的青贮、青干草、树叶、作物秸秆、藤蔓、胡萝卜和农副产品，每只羊每天要有 2～3 kg 粗饲料，还要适当给些精料。越冬期的饲养原则上以舍饲为主，放牧为辅，放牧只能起到运动的作用。

在舍饲饲养条件下，应注意以下几点。

(1) 合理的日粮搭配：育成羊阶段精料量，有优良豆科干草时，日粮中精料的粗蛋白质含量提高到15%或16%，混合精料中的能量水平占总日粮能量的70%左右为宜。每天喂混合精料以0.4 kg为好，同时还需要适当的粗饲料搭配多样化，青干草、青贮饲料、块根块茎等多汁饲料。另外，还要注意矿物质如钙、磷、食盐和微量元素的补充。育成公羊由于生长发育比成母羊快，所以营养物质需要量多于育成母羊。

(2) 合理的饲喂方法和饲养方式：饲料类型对育成羊的体型和生长发育影响很大，优良的干草、充足的运动是培育育成羊的关键。给育成羊饲喂大量而优质的干草，不仅有利于促进消化器官的充分发育，而且培育的羊体格高大、乳房发育明显、产奶多。充足的阳光照射和得到充分的运动可使其体壮胸宽，心肺发达，食欲旺盛，采食多。有优质饲料，就可以少给或不给精料，精料过多而运动不足，容易肥胖、早熟早衰，利用年限短。

(3) 适时配种：一般育成母羊在满8～10月龄，体重达到35 kg以上时配种。育成母羊不如成年母羊发情明显和有规律，所以要加强发情鉴定，以免漏配。8月龄前的公羊一般不要采精或配种，须在12月龄以后，体重达60 kg以上时再参加配种。

第四节　剪毛和梳绒技术

一、剪毛

(一) 剪毛的次数和时间

细毛羊等毛用羊每年在春季剪毛一次，如一年进行两次剪毛，则羊毛的长度过短，不适于制织精纺成品。粗毛羊等杂种羊，根据群众习惯，通常在每年春秋季各剪毛一次。具体剪毛时间，要根据当地的气候条件来决定。春季剪毛一般都在气温开始变热，羊毛油汗分泌充分，选择天气和煦时进行。东北地区一般都在5月下旬和6月上旬剪毛。

(二) 剪毛前的准备

在开始剪毛前要编制剪毛计划，拟定各种羊只剪毛的先后顺序，剪毛工人和辅助人员的分工，同时准备好专门的剪毛场所和各种必需的工具(剪毛台或铺板、剪毛工具、药品、磅秤等)。

剪毛场所的布置，依羊群的大小和羊场具体条件来决定。个体养殖户羊群可在露天剪毛，但须选择高燥清洁的地点，地面铺上芦席或苫布，以免沾污毛被。大型羊场应有专用剪毛房，包括剪毛场地，选毛分级台和打包场地。

准备剪毛的羊只，在剪毛前12小时停止放牧、饮水和给料，以防止剪毛时因翻转羊体引起肠扭转等事故。潮湿的羊体，不应剪毛，以防剪下的羊毛引起霉烂。剪毛应从价值最低的绵羊开始。

(三) 剪毛方法

分电动剪毛机剪毛和手工剪毛两种。电动剪毛机剪毛是采用专门的剪毛机进行剪毛，其可以节省人工，生产效率可为手工剪毛的3～4倍。手工剪毛是用剪毛剪进行的，一般每人每天剪15只左右。由于电剪贴近皮肤，剪下的羊毛较长，因此，可以提高剪毛量和羊毛的工艺价值。无论手剪还是电剪，要求剪毛员必须具备熟练的技巧。剪毛时尽可能地要紧贴皮肤剪，毛茬要齐整、不漏剪、不重剪、不伤羊，尤其注意不要剪伤母羊奶头、公羊阴茎和睾丸。

在剪毛过程中，需用手紧按皮肤，以免剪破。剪完以后必须仔细检查，见有伤口，应涂抹碘酒，以防止感染和化脓生蛆；同时称量体重和毛重，将结果正确地记录下来。剪毛后要防止绵羊暴食。草原地区气候变化无常，绵羊在最初几天内要防止雨淋骤冷，避免烈日曝晒，以免引起疾病，招致损失。

(四) 羊毛的分级与包装

羊毛的分级可为毛纺工业提供不同规格的羊毛，实现优毛优用，优毛优价。羊毛的分级是以羊毛标准为依据的。在羊场分级时，在剪毛后将套毛直接交给分级员分检，将不同档次的羊毛分别堆放。在采购站分级时，可从毛包中将套毛抽样取出交给分级员分检。

分级后，把套毛顺其长度将两边缘向内折齐，然后前后相对向中间卷起，装入毛包。包装必须按交货地点、品种、分级成包。各种疵点毛可合并包装，皮剪毛和黑花毛必须分别单独包装，并标志清楚，不得人为混合。如用旧包皮再包羊毛时，要把沾上的各种杂质除去。推行机器打捆，既省包皮，又省运费。毛包外面要注明包头标记，标志印在毛包两端，用深色涂料印刷。字迹要清晰，不易退色。标志内容包括生产地点、种别、级别、色别、重量、批号、包号等。严禁用草、席、柳条包等包装羊毛，以防影响羊毛质量。

二、梳绒

（一）梳绒时间

在春季天暖时节，绒山羊的绒毛开始脱落，首先从头部开始，逐渐向颈、肩、胸、背、腰、股部过渡。在正常情况下，在绒山羊的眼周围、耳根的绒毛开始脱落时，开始梳绒。一般体壮膘情好的羊先脱绒，瘦弱羊后脱绒；成年羊先脱绒，育成羊后脱绒；母羊先脱绒，公羊后脱绒；圈舍饲养绒山羊梳绒时间晚于放牧羊。

（二）梳绒用具

梳绒专用工具均为自制品，一般有两种：一种为密梳，由12～16根钢丝组成，钢丝间距为0.5～1.0 cm；另一种为稀梳，由7～8根钢丝组成，钢丝间距为2～2.5 cm，钢丝直径均为0.3 cm，梳齿末端弯向一面，齿的顶端呈秃圆形。

（三）梳绒方法

1. 剪掉毛梢：为了便于梳绒，应根据绒脱落情况进行剪毛。一般情况下，用专用剪毛剪子在毛的末端起1/3或1/2处剪毛，在剪毛时要注意观察不要损伤或剪掉绒毛，而且要保证在剪毛的过程中羊是站立的。

2. 羊的保定：把羊侧卧在梳绒架板或铺垫苫布的地面上，将羊的头部和前后肢分别用绳子固定在梳绒架板上；在地面梳绒的羊，先把铁钎扦插在地上，然后用绳子将羊的头部和下面的前后肢固定在铁钎上，上面的前后肢用绳子捆在一起，由一人保定。这种保定法避免了羊在梳绒时由于挣扎而造成的皮肤损伤情况发生。

梳绒前5～6小时不让羊吃草或饮水，保持羊体干燥。梳绒时，先用稀梳子顺毛方向由前到后，由上至下将粘在羊身上的粪块、草刺等杂物轻轻梳掉，然后用密梳逆毛而梳，由股、腰、背、胸、肩、颈部等顺序梳绒，梳齿要贴近皮肤，用力均匀，不可用力过猛，以免刮伤皮肤。梳齿油腻后，绒毛不易梳下，可将梳齿在土地上磨擦去油后再用。

第五节 驱虫和药浴技术

一、驱虫

羊的寄生虫病是危害羊健康的主要病种之一。冬春两季的羊群，抵抗力明显降低。经越冬后的各种线虫幼虫，在每年的3～5月将有一个感染高潮；头年蛰伏在羊体胃肠黏膜下的受阻型幼虫，此时也会乘机大发作，重新发育成熟。

(一) 寄生虫病的预防

寄生虫都具有自己特有的生活史和传播条件。预防寄生虫病，只要打断其生活史，消灭其生存和传播条件，就能达到预防寄生虫病的目的。因此，应加强日常饲养管理，保持羊舍干燥，保持羊清洁卫生和饮水卫生。有条件的地区尽可能实行分区轮牧，使其虫卵或幼虫，在放牧休闲区内死亡。多数寄生虫的卵是随粪便排出体外，因此，对羊的粪便应作发酵处理，以杀灭寄生虫卵。对新购入的羊只，经隔离观察后或经预防处理后才能与原有的羊混群饲养。

(二) 寄生虫病的治疗

在有寄生虫感染的地区，每年春、秋季节进行预防性驱虫两次。羔羊也应驱虫。常用的驱虫药物有四咪唑、驱虫净、丙硫咪唑等。特别是丙硫咪唑(抗蠕敏)，它是一种广谱、低毒、高效的新药，每千克体重的剂量为15 mg，对线虫、吸虫和绦虫都有较好的治疗效果。

小群试验对大群羊进行驱虫时，要先选择几只羊进行药效试验，试验的目的，一是看所选择的药物是否对症，二是防止羊大批中毒，因为驱虫药物大多毒性较大。所以一定要经过试验，验证确实安全有效后再给大群使用。

驱虫方法圆形线虫主要有蛔虫、结节虫、钩虫、鞭虫等，这些寄生虫常寄生于羊的消化道内。对于这些寄生虫，可选用1%的精制敌百虫溶液，按羊每千克体重0.06 g计算，一次空腹灌服，每天服1次，连服3天。

二、药浴

痒螨病(疥癣病)是绵羊和山羊的一种蔓延快而后果严重的皮肤寄生虫病。为了预防疥癣虫病的传播，每年春秋两季在剪毛以后1～2周，要进行一次预防性药浴。药浴应在专设的药浴池内进行，羊数少的养殖户，也可进行缸浴或桶浴。在配制预防药液剂量前，必须把药浴池的水量测准。配制药液宜用软水。

目前，我国羊常用的药浴药液有：蝇毒磷20%乳粉或16%乳油配制的水溶液，成年羊药液的浓度为0.05%～0.08%，羔羊为0.03%～0.04%；杀虫脒为0.1%～0.2%的水溶液等。药液配制宜用软水，药浴时药液温度为20℃～30℃。

此外，还可皮下注射阿维菌素和爱比菌素0.2 mg/kg。

药浴应选天暖、无风、日出时进行，一般应在早晨药浴，使其在午间能干燥。药浴水温度最好保持20℃～30℃。剪毛以后七天进行药浴，则药浴时间需20～30秒钟即可；剪毛以后2～3周进行，则药浴时间需要1分钟左右。在药浴前应先用3～5只羊试浴，没有中毒现象时才可按计划药浴。药浴前先检查羊只，健羊先浴，病羊后浴。对病弱羊或有外伤的可暂时不药浴。公羊、母羊和羔羊要分别入浴，可免掺群，并且便于调节药液浓度。浴前8小时应停止放牧和饲喂，在浴前2小时则让其充分饮水，防止入浴时因渴误饮药液。药浴时一人处理羊只入池，二人压扶羊只入水，另一人则管理药浴液的浓度和温度，并用滤器随时捞除池内粪便污物。浴后将绵羊在滴流台上稍停片刻，然后赶到阴凉处休息1～2小时，并在近处放牧。如遇风雨，将羊及时赶回圈舍，以防感冒。羊群中如有牧羊犬，也要进行药浴。药浴结束后，药液不能随地倾倒，以防误食中毒。

【复习思考题】

1. 名词解释：反刍、跑青现象、初乳、驱虫、药浴

2. 问答题：

(1) 简述羊的生活习性。

(2) 简述羊放牧饲养的好处有哪些？

(3) 简述四季放牧技术要点。

(4) 简述种公羊配种期饲养管理技术要点。

(5) 简述母羊妊娠期饲养管理技术要点。

(6)常用的驱虫药有哪些？

第八章　肉羊育肥技术

【内容提要】 主要介绍肉羊应具备的特点、育肥的方式、肉羊育肥的基本原则和不同种类羊的育肥技术。

【目标及要求】 肉羊育肥的基本原则和不同种类羊的育肥技术。

【重点与难点】 羔羊早期育肥技术和断奶羔羊育肥技术要点。

第一节　肉羊应具备的特点

一、早熟性

早熟性是肉用羊重要的经济性状。早熟性可分为生长早熟(即体成熟)和发育早熟(即性成熟)。

1. 生长早熟:羊生长发育较快,生长早熟主要表现为体格长、宽、高的增大和体重的增加，而以体重增加最有代表性。在羊的幼年时期,体重的增长就达到成年羊体重的70%～75%即为早熟,如小尾寒羊公羔在饲养条件较好的情况下,周岁时体重达到成年公羊的80%,母羔周岁时体重达到成年母羊的94%。乌珠穆沁公羊周岁体重达到成年体重的80%。在同一品种中母羊比公羊生长慢。

2. 性早熟:也就是说达到能够繁殖的年龄均早。如德国肉用美利奴羊在12个月龄就能发情配种。我国许多的地方品种绵、山羊性成熟较早,如乌珠穆沁羊5～7个月龄就能发情配种,小尾寒羊、湖羊同样在生后5～7个月龄就达到性成熟。山羊品种中的黄淮山羊、马头山羊在生后4～6个月龄就能发情配种，甚至有的母羊在周岁龄内就能产羔。

国外的肉羊品种大多数具有这种特性，性成熟早，四季发情。因此，可以利用绵羊、山羊早期生长快的特点进行育肥，生产羔羊肉。利用性成熟早的特点，可以缩短繁殖周期，提高经济效益。

二、体重、生长速度和胴体品质

继英国早期育成的肉羊品种长毛羊（以林肯羊、来斯特羊、边区来斯特羊、罗姆尼羊为代表）和短毛羊（以南丘羊、萨福克羊、汉普夏羊、有角道塞特羊为代表）之后，欧洲和大洋洲的一些国家先后引用这些品种羊与当地羊杂交，又育成了若干个肉羊品种。这些肉用羊的共同特点是生长快，体重大，胴体品质好。大多数品种具有繁殖力高的特点。

1. 生长快，体重大：国外培育的肉用绵羊品种，大多具有在羔羊出生3～6个月龄时生长发育速度快，在正常的饲养条件下，一般日增重在250～300 g；到1.5岁以后，公羊体重可达100～110 kg，母羊在60～70 kg，且出肉率高，屠宰率可达50％以上。

2. 肉的品质好：羊肉的肌纤维细嫩坚实，脂肪少并均匀分布在肌纤维间，尤以羔羊肉多汁，无膻味。肉羊的胴体从外部形态来看，躯体粗圆，背腰宽平，背部肌肉厚实，臀部肌肉丰满。胴体倒挂起来，后腿之间呈U形。从12肋骨处横切，可见到棘突两边的两条面积很大的眼肌。体表覆盖的脂肪适当。

三、繁殖力

繁殖力高是发展肉羊的一个重要经济性状。肉用品种的母羊最好具有四季发情，多胎多产，保姆性好，泌乳力高的特点。如果肉羊的繁殖性能差，一年一胎，一胎一羔，这样的繁殖速度，显然不能适应市场和满足消费者的需求，而且经济效益也不会高。

国外发展肉羊业对亲本繁殖力的选择极为重视。利用繁殖力高的品种同低繁殖率品种杂交。例如，英国育成的达母兰肉用羊是用4个品种采用复杂杂交的方法育成的，其主要特点是高繁殖力。

四、生物学经济效益

生物学经济效益是包括肉用羊诸多具有经济效益的生物学特性的总称。它是同高繁殖力性状相互联系的。肉用羊应具有性成熟早，四季发情，产羔频率高（两年三产或三年五产），生长发育快，日增重高，屠宰体重大，净肉量多等特点。高的生物学经济效益可表现为每只产羔母羊年生产(羔羊)的胴体重,可比生物学经济效益低的母羊增产1.5～2.5倍,甚至还高。

第二节　育肥的方式

一、国内采用的育肥方法

羊的育肥是为了在短时期内,用低廉的成本,获得质好量多的羊肉。我国育肥绵羊的方法可分为放牧育肥、舍饲育肥和混合育肥。

1. 放牧育肥:这是最经济的育肥方法,也是我国牧区和农牧区传统的育肥方法。一般是将不能作种用的公羊和老残公、母羊集中起来,公羊进行去势。育肥时期一般在8～9月份,此期种植的牧草结实、养分充足,羊吃了这类牧草上膘快,放牧到11月份就进行屠宰。其特点是生产成本低,经济效益显著,但育肥时间较长,适合牧区进行。

2. 舍饲育肥:利用农作物秸秆、农副产品、精饲料等对羊进行圈养舍饲育肥。舍饲育肥通常为75～100天。时间过短,育肥效果不显著;过长,饲料报酬低,效果亦不佳。羔羊在良好的饲料条件下,在这期间可增重10～15 kg。其特点是可以缩短育肥周期,加快羊群周转,提高经济效益。

如果羊是从草原区转来到农区育肥的又可以称易地育肥。

3. 混合育肥:放牧加补饲的育肥方式。在育肥期羊每天归牧后补喂精料,使之在短期内达到育肥的目的。其特点是发挥放牧的优势,降低成本,补喂精料可提高营养水平;从而提高育肥的整体水平。适合牧区或半农半牧区进行。

二、国外采用的育肥方法

国外采用的育肥方法主要是规模化、专业化、工厂化的肥羔生产。

规模化、专业化、工厂化生产是指在人工控制环境下,不受自然条件和季节的限制,一年四季可以按人们的需求和市场需要进行规模大、高度集中、流程紧密连接、生产周期短及高度机械化操作的养羊生产。

试验资料证明,3个月龄肉用羔羊体重可达1周岁的50%,6个月龄可达75%。从生长所需要的营养物质来看,饲料报酬随月龄增长而降低。例如,1

个月龄、2个月龄、3个月龄羔羊，每增长1 kg体重，所需要的饲料分别为1.8 kg、4 kg及5 kg，可消化蛋白质分别为225 g、450 g及600 g。

专业化的肥羔企业规模很大，每批可育肥上万只，甚至数万只的羔羊。生产肥羔都选用早熟肉用品种及其杂种羔羊，同时注重产羔率。为了提高产羔率，在生产中采用一整套的生产控制和激素处理等技术措施。

羔羊育肥的方式有放牧育肥和舍饲育肥两种。舍饲育肥又分为棚舍育肥及敞圈育肥。放牧育肥还要做适当补饲效果较好。据试验，在放牧加补饲的条件下，体重达到32 kg时，单羔为136.3天，双羔为156.5天；而不补饲时，单双羔则分别为154.6天和192.8天。不补饲的羔羊胴体品质亦差。

舍饲育肥能保持较高的饲养水平，羔羊增重快。日粮中精料的水平，对营养物质的利用有决定的影响。高精料日粮喂羔羊时，平均日增重高，可消化总能量、干物质和粗蛋白的利用率均显著提高，胴体品质好。由15 kg育肥到40 kg活重时，每增重1 kg，其饲料消耗不超过3.4 kg。用谷粒饲料催肥，比用压扁和粉碎的饲料好。用颗粒饲料育肥效果更好，饲料报酬高，而且以粗饲料和精饲料的比例为55∶45的颗粒饲料效果更好。

第三节　选择适合的育肥方式

肉羊育肥方式应按照当地养羊资源状况、羊的种类与质量、肉羊生产者的技术水平、肉羊场的基础设备等条件来确定。

一、放牧育肥

利用天然草场、人工草场或秋茬地放牧抓膘的一种育肥方式，生产成本低，在安排得当时能获得理想的效益。

1. 羊只来源及适应草场。

（1）成年羊：包括淘汰的公、母种羊，两年未孕不宜繁殖的空怀母羊和有乳房炎的母羊。因其活重的增加主要决定于脂肪组织，故适于放牧在禾本科牧草较多的草场。

（2）羔羊：主要指断奶后的非后备公羔羊。因其增重主要靠蛋白质的增加，故适宜在以豆科牧草为主的草场放牧。

2. 放牧育肥的基本要求。

成年羊放牧育肥时，日采食量可达 7～8 kg，平均日增重 100～200 g。放牧育肥羊要按年龄和性别分群，必要时按膘情调整。育肥期一般因群而异，羯羊群可在夏牧场结束育肥；淘汰母羊群在秋牧场结束；中下等膘情羊群和当年羔在放牧后适当抓膘补饲达到上市标准后结束。

二、舍饲育肥

按饲养标准配制日粮，并以较短的育肥期和适当的投入获取羊肉的一种育肥方式。与放牧育肥相比，在相同月龄屠宰的羔羊，活重高出 10%，胴体重高出 20%，故舍饲肥育效果好，育肥期短，能提前上市。此方式适于饲草料资源丰富的农区。

1. 育肥羊来源。

(1) 羔羊。包括各个时期的羔羊，是舍饲育肥羊的主体。

(2) 成年羊。主要来源于放牧育肥的羊群，一般是认为能尽快达到上市体重的羊。

2. 舍饲育肥的基本要求。舍饲育肥的精料可以占到日粮的 45%～60%。随着精料比例的增高，羊只育肥强度加大，故要注意在利用精料上给羊一个适应期，预防过食精料引起的肠毒血症和钙磷比例失调引起的尿结石症等。料型以颗粒料的饲喂效果较好，圈舍要保持干燥、通风、安静和卫生，育肥期不宜过长，达到上市要求即可。

三、混合育肥

放牧与舍饲相结合的育肥方式。它既能充分利用牧草的生长季节，又可取得一定的强度育肥效果。

1. 育肥羊的来源。

(1) 羔羊。通常指当年放牧育肥后，入冬前估计达不到屠宰体重即可转入舍饲育肥。

(2) 成年羊。主要指在牧草生长季节较好时决定要淘汰的成年羊。

2. 混合育肥的基本要求。放牧羊是否转入舍饲肥育主要视其膘情和屠宰体重而定。实践证明，根据牧草生长状况和羊采食情况，采取分批舍饲与上市的方法，效果较好。据报道，若第一期放牧育肥安排在 6 月下旬到 8 月下旬，则第一个月全放牧，第二个月补加精料，每只每日 200 g，此后精料补加到 400 g；第二期育肥安排在 9 月上旬到 10 月底，则第一个月放牧的同时补加精料 200～300 g，第二个月补饲精料量到 500 g。如此种安排，可有效控制草场载畜量，全期增重比放牧育肥提高 30%～60%。

第四节　肉羊育肥的基本原则

一、明确育肥进度与强度

肉羊的品种类型、体格大小不同时，其育肥进度与强度应区别对待，并反映在育肥方案中。例如，绵羊羔羊育肥时，一般细毛羔羊在 8～8.5 月龄结束，半细毛羔羊 7～7.5 月龄结束，肉用羔羊 6～7 月龄结束；若采用强度育肥，育肥期短，且能获得高的增重效果，若采用放牧育肥，需延长饲养期，生产成本较低。例如，对卡拉库尔羔羊快速育肥技术研究认为，当年羔的最佳肥育时间是每年 9 月中旬至 12 月中旬，羔羊为 7～10 月龄时育肥方式为舍饲，育肥期内日增重 150～180 g，总增重 11～15 kg，活重为 35 kg 以上，胴体重达到 16 kg。而据对鲁北白山羊育肥效果的研究，结果与此明显不同。鲁北白山羊体格较小，7～8 月龄为最佳育肥时间，育肥期日增重平均 94 g，78 天总增重 7 kg，活重 22 kg，胴体重 11 kg，屠宰率达到 50%。

二、搭配合理的日粮

1. 日粮组成：日粮中饲料应就地取材，同时搭配上要多样化，精料和粗料比例以 45%和 55%为宜。一般来说，能量饲料是决定日粮成本的主要饲料，配制日粮时应先计算粗饲料的能量水平满足日粮能量的程度，不足部分再由精料补充调整；日粮蛋白质不足时，要首先考虑饼、粕类植物性高蛋白饲料。

2. 日粮供给量：据资料，肉羊育肥期间的每天每只需料量取决于羊的状况和饲料种类。例如，淘汰母羊每只每天需干草 1.2～1.8 kg，青贮玉米 3.2～4.1 kg，谷类饲料 0.34 kg，而体重 14～50 kg 的当年羔羊则分别为 0.5～1.0 kg、1.8～2.7 kg 和 0.45～1.4 kg。但在以补饲为主时，精料的每日供给量一般是山羊羔 200～250 g，绵羊羔 500～1 000 g。在此基础上，根据当地饲料资源，确定育肥期内饲料总用量，以保证育肥全期不断料和不轻易变更饲料。

3. 料形选择:育肥羊的饲料可以草、料分开,也可精粗料混合后喂给。精粗料混合而成的日粮,因品质一致,羊不易挑拣,故饲喂效果较好,这种日粮可以做成粉粒状或颗粒状。

(1) 粉粒饲料。粗饲料(如干草、秸秆等)不宜超过20%~30%,并要适当粉碎,粒径1~1.5 cm。粉粒饲料饲喂应适当拌湿喂羊。

(2) 颗粒饲料。粗饲料比例一般在羔羊不超过20%,其他羊可加到60%。颗粒大小:羔羊1~1.3 cm,成年羊1.8~2.0 cm。羔羊采食颗粒料育肥,日增重可提高25%,也能减少饲料浪费,但易出现反刍次数减少而吃垫草等现象,这能使胃壁增厚,但不影响育肥效果。

三、育肥羊舍的准备

对育肥羊舍进行维修与消毒,以保证通风良好,卫生清洁,夏挡强光,冬避风雪。羔羊的圈舍应铺垫一些秸秆、木屑或其他吸水材料,以保持干燥。羊舍面积按每只羔羊0.75~0.95 m^2,大羊1.1~1.5 m^2计算,保证育肥羊的运动、歇卧面积。饲槽长度要与羊数相称,成年羊的槽位应为40~50 cm,羔羊25~30 cm;若为自动饲槽时,槽位可缩小,成年羊为10~15 cm,羔羊为3~5 cm。

四、待育肥羊进舍前管理

收购来的肉羊到达当天,不宜饲喂,只给予饮水和喂给少量干草,并让其安静休息。休息过后,再按瘦弱状况、体格大小、体重等分组、称重、驱虫和注射疫苗。育肥开始后,要注意针对各组羊的体况、健康状况和育肥要求,调整日粮和饲养方法。最初2~3周,要勤观察羊只表现,及时挑出伤、病、弱的羊只,先检查有无肺炎和消化道疾病,并改善环境和给予治疗。

五、日粮饲喂与饮水要求

1. 日粮饲喂:饲喂时避免羊拥挤和争食,尤其是防止弱羊采食不到饲料。每天一般饲喂2次,每次投料量以吃净为好。饲料一旦出现湿霉或变质时不要饲喂。饲料变换时,精料变换应以新旧搭配,在3~5天换完。粗料换成精料应以精料先少后多、逐渐增加的方法,在10天左右换完。

2. 饮水的要求:羊只爱清洁,故饮水要干净卫生。每只羊每天的饮水量随气温而变化,通常在气温12℃时为1.0 kg,15℃~20℃时为1.2 kg,20℃以上时为1.5 kg。饮水要夏季防晒,冬季防冻,雪水或冰水应禁止饮用。

第五节　不同种类羊的育肥技术

一、羔羊早期育肥技术

羔羊早期生长的主要特点是生长发育快、饲料报酬高、脂肪沉积少、瘤胃利用精料的能力强等，故此时育肥羔羊既能获得较高屠宰率，又能得到最大的饲料报酬。

羔羊早期育肥主要在断奶前开始进行，它对补充羊肉生产淡季供应，缓解市场供需矛盾具有实际意义。例如，新疆畜牧研究所1986年试验，1.5月龄羔羊在10.5 kg时断奶，育肥50天，平均日增重280 g，料重比为3∶1，育肥终重达到25～30 kg，对5～7月间羊肉供应淡季有填补作用。但羔羊早期育肥的缺点是胴体偏小，育肥规模受羔羊来源限制。

1. 早期断奶羔羊全精料育肥技术。

(1) 配制育肥用日粮。任何一种谷物类饲料都可用来育肥羔羊，但效果最好的是玉米等高能量饲料。研究证明，破碎谷粒饲料的育肥效果比整粒要好；单独喂某一种谷物饲料不如配合饲料。建议饲料配合比例为：玉米83%，黄豆饼15%，石灰石粉1.4%，食盐0.5%，维生素和微量元素0.1%。其中，维生素和微量元素的添加量按千克饲料计算为维生素A、维生素D、维生素E分别是5 000 U、1 000 U和20 U；硫酸锌150 mg，硫酸锰80 mg，氧化镁200 mg，硫酸钴5 mg，碘酸钾1 mg。

(2) 饲喂方式。羔羊自由采食、自由饮水。饲料的投给最好采用自制的简易自动饲槽，以防止羔羊四肢踩入槽内，造成饲料污染而降低饲料摄入量和扩大病菌的传播；饲槽离地高度应随羔羊日龄增长而提高，以饲槽内饲料堆积不溢出为宜。在运动场内应设盐槽，槽内放入食盐，让羔羊自由采食。饮水器或水槽内始终保持清洁的饮水。

(3) 管理技术。第一，羔羊断奶前15天实行隔栏补饲；或让羔羊早、晚一定时间与母羊分开独处一圈活动，活动区内设料槽和饮水器，其余时间仍母子同处。第二，羔羊育肥期常见的传染病是肠毒血症和出血性败血症。肠毒血症疫苗可在产羔前给母羊注射或断奶前给羔羊注射。一般情况下，也可以在育肥开始前注射快疫、猝疽和肠毒血症三联苗。第三，断奶前补饲的饲料应与断奶后育肥饲料相同。玉米粒不要加工成粉状，可以在刚开始时稍加破碎，待习惯后则以整料整喂为宜。羔羊在采食整粒玉米的初期，有吐出玉米粒的现象，反刍次数也较少；随着年龄增长，吐玉米粒现象逐渐消失，反刍次数增加，此为正常现象，不影响育肥效果。第四，育肥期一般为50～60天，此间不能断水和断料。育肥期的长短主要取决于育肥终体重，而体重又与品种类型和育肥初重有关，故适时屠宰体重应视具体情况而定。

2. 哺乳羔羊育肥技术：此技术方案的实质是羔羊不提前断奶，保留原有的母子对，提高羔羊补饲水平，3月龄后挑选体重达到20 kg（山羊）、25～27 kg（绵羊）的羔羊出栏上市，活重达不到此标准者则留群继续饲养。其目的是利用母羊的全年繁殖，安排秋季和初冬季节产羔，供节日应时特需的羔羊肉。

（1）选羊。从羔羊群中挑选体格较大、早熟性好的公羔作为育肥羊。

（2）饲喂。以舍饲为主，母子同时加强补饲。要求母羊母性好，泌乳多，故哺乳期间每日喂足量的优质豆科干草，另加0.5 kg精料。羔羊要求及早开食；每天喂2次；饲料以谷物粒料为主，搭配适量黄豆饼，配方同早期断奶羔羊；每次喂量以20分钟内吃净为宜；另给予上等苜蓿干草，由羔羊自由采食。干草质量差时，日粮中每只应添加50～100 g蛋白质饲料。

（3）出栏。根据品种和育肥强度，确定出栏体重，育肥体重一旦达到要求即可出栏上市，通常在羔羊4月龄前达到要求。

二、断奶后羔羊育肥技术

羔羊断奶后育肥是羊肉生产的主要方式，因为断奶后羔羊除小部分选留到后备群外，大部分要进行出售处理。一般来讲，对体重小或体况差的羊只进行适度育肥，对体重大或体况好的进行强度育肥，均可进一步提高经济收益。此方案灵活多样，可视当地牧草状况和羔羊类型选择育肥方式，如强度育肥或一般育肥、放牧育肥或舍饲育肥。通常在入圈肥育前，先利用一个时期较好的牧草地或农田茬子地，使羔羊逐渐适应饲料转换过程，同时也可降低生产成本。

1. 预饲期的饲养管理。预饲期大约为15天。每天喂料2次，每次投料量以30～45分钟内吃净为佳，不够再添，量多则要清扫；料槽位置要充足；加大喂量和变换饲料配方都应在3天内完成。

预饲期可分为3个阶段，要根据羔羊的体格强弱及采食行为差异调整日粮类型。

(1) 第一阶段1～3天。只喂干草，目的是让羔羊适应新的环境。

(2) 第二阶段7～10天。从第3天起逐步用第二阶段日粮更换干草日粮，第7天换完喂到第10天。日粮配方为玉米(粒)25%，干草64%，糖蜜5%，油饼5%，食盐1%，抗生素50 mg。此配方含粗蛋白质12.9%、钙0.78%，磷0.24%，精粗比为36∶64。

(3) 第三阶段是10～14天。日粮配方为玉米(粒)39%，干草50%，糖蜜5%，油饼5%，食盐1%，抗生素35 mg。此配方含粗蛋白质12.2%、钙0.62%、磷0.26%，精粗比为50∶50。

2. 正式育肥期的饲养管理。预饲期于第15天结束后，转入正式育肥期。此期内应根据育肥计划、当地条件和增重要求，选择日粮类型，并在饲养管理上分别对待。

(1) 精料型日粮。此类型日粮仅适于体重较大的健壮羔羊肥育用，如绵羊初重35 kg左右，经40～55天的强度育肥，出栏体重达到48～50 kg。

日粮配方为玉米(粒)96%，蛋白质平衡剂4%，矿物质自由采食。其中，蛋白质平衡剂的成分为上等苜蓿62%，尿素31%，黏固剂4%，磷酸氢钙3%，经粉碎均匀后制成直径0.6 cm的颗粒；矿物质成分为石灰石50%，氯化钾15%，硫酸钾5%，微量元素盐28%，四环素50 g加预混料占2%。本日粮配方中，每千克风干饲料含粗蛋白质12.5%，总消化养分85%。

饲养管理要点：应保证羔羊每天每日食入粗饲料45～90 g，可以单独喂给少量秸秆，也可用秸秆当垫草来满足。进圈羊活重较大，绵羊为35 kg左右，山羊20 kg左右。进圈羊休息3～5天注射三联疫苗，预防肠毒血症，隔14～15天再注射一次。保证饮水，并对外地购来羊在水中加抗生素，连服5天。在用自动饲槽时，要保持槽内饲料不出现间断，每只羔羊应占有7～8 cm的槽位，羔羊对饲料的适应期一般不低于10天。

(2) 粗饲料型日粮。此类型可按投料方式分为普通饲槽用和自动饲槽用两种。前者把精料和粗料分开喂给，后者则是把精粗料合在一起的全日粮饲料。为减少饲料浪费，建议规模化肉羊饲养场采用自动饲槽用粗饲料型日粮，故此处仅介绍自动饲槽用日粮。

日粮用干草应以豆科牧草为主，其蛋白质含量不低于14%，按照渐加慢换原则逐步转到育肥日粮的全喂量。每只羔羊每天喂量按1.5 kg计算，自动饲槽内装足一天的用量，每天投料一次，要注意不能让槽内饲料流空。配制出来的日粮在成色上要一致，带穗玉米要碾碎，使羔羊难以从中挑出玉米粒为宜。

现介绍4个饲料配方，前两个为中等能量水平，后两上为低能量水平，供生产中参考。

配方一：玉米（粒）58.75%，干草40.00%，黄豆饼1.25%，另加抗生素1.00%。此配方风干饲料中含蛋白质11.37%、总消化养分67.10%、钙0.46%、磷0.26%，精粗比为60∶40。

配方二：全株玉米65%，干草20%，蛋白质补充剂10%，糖蜜5%。此配方中，蛋白质补充剂成分为黄豆饼50%，麸皮33%，稀糖蜜5%，尿素3%，石灰石3%，磷酸氢钙5%，微量元素加食盐占1%，每千克补充剂中另加维生素A 33 000 U，维生素D 3 300 U，维生素E 330 U。本日粮配方的风干饲料含蛋白质11.12%、总消化养分66.9%、钙0.61%、磷0.36%，精粗比为67∶33。

配方三：玉米（粒）53.00%，干草47.00%，另加抗生素0.75%。此配方日粮风干饲料中含蛋白质11.29%、总消化养分64.9%、钙0.63%、磷0.25%，精粗比为53∶47。

配方四：全株玉米58.75%，干草28.75%，蛋白质补充剂7.50%，糖蜜5.00%。其中，蛋白质补充剂成分同配方二。本配方风干饲料中含蛋白质11.00%、总消化养分64.00%、钙6.4%、磷0.32%，精粗比为59∶41。

(3) 青贮饲料型日粮。此类型以玉米青贮饲料为主，可占到日粮的67.5%～87.5%，不适用于育肥初期的羔羊和短期强度育肥羔羊，可用于育肥期在70天以上的体小羔羊。育肥羔羊开始应喂预饲期日粮10～14天，再转用青贮饲料型日粮。随后适当控制喂量，逐日增加，10～14天内达到全量。严格按日粮配方比例混合均匀，尤其是石灰石不可缺少。要达到预期日增重110～160 g，羔羊每日进食量不能低于2.30 kg。

现介绍两个配方，供参考。

配方一：碎玉米（粒）27%，青贮玉米67.5%，黄豆饼5.0%，石灰石0.5%，维生素A和维生素D分别为1 100 U和110 U，抗生素11 mg。此配方中，风干饲料含蛋白质11.31%、总消化养分70.9%、钙0.47%、磷0.29%，精粗比为67∶33。

配方二：碎玉米（粒）8.75%，青贮玉米87.5%，蛋白质补充剂3.5%，石灰石0.25%，维生素A和维生素D分别为825 U和83 U，抗生素11 mg。此配方风干饲料中含蛋白质11.31%、总消化养分63.0%、钙0.45%、磷0.21%，精粗比例33∶67。

三、成年羊育肥技术

成年羊育肥时，应按品种、活重和预期增重等主要指标确定育肥方式和日粮标准。育肥方式可根据羊的来源和牧草生长季节来选择，目前主要的育肥方式有放牧与补饲混合型和颗粒饲料型两种。

1. 育肥方式及特点。

（1）放牧加补饲型。夏季以放牧育肥为主，适当补饲精料，其日采食青绿饲料可达5～6 kg，精料0.4～0.5 kg，合计折合成干物质1.6～1.9 kg，可消化蛋白质150～170 g，育肥日增重120～140 g。秋季主要选择淘汰老母羊和瘦弱羊为育肥羊，育肥期一般80～100天，日增重偏低。可采用两种方法提高育肥效果：一是使淘汰母羊配上种，怀胎育肥60天左右宰杀；二是将羊先转入秋草场或农田茬地放牧，待膘情转好后，再转入舍饲育肥。此种育肥方式的典型日粮配方如下。

配方一：干草0.5 kg，青贮玉米4.0 kg，碎谷粒0.5 kg。此配方日粮中含干物质40.60%，粗蛋白质4.12%，钙0.24%，磷0.11%。

配方二：干草1.0 kg，青贮玉米0.5 kg，碎谷粒0.7 kg。此配方日粮中含干物质84.55%，粗蛋白质7.59%，钙0.60%，磷0.26%。

配方三：干草0.5 kg，青贮玉米3.0 kg，碎谷粒0.4 kg，多汁饲料0.8 kg。此配方日粮中含干物质40.64%，粗蛋白质3.83%，钙0.22%，磷0.10%。

配方四：青贮玉米4.0 kg，碎谷粒0.5 kg，尿素10 g，秸秆0.5 kg。此配方日粮含干物质40.72%，粗蛋白质3.49%，钙0.19%，磷0.09%。

（2）颗粒饲料型。此类型适于有饲料加工条件的地区和饲养的肉用成年羊和羯羊。颗粒饲料中，秸秆和干草粉可占55%～60%，精料35%～40%。

现推荐两个典型的日粮配方如下。

配方一：干草粉35.0%，秸秆44.5%，精料20.0%，磷酸氢钙0.5%。此配方每千克饲料中含干物质86%，粗蛋白质7.2%，钙0.48%，磷0.24%。

配方二：干草粉30.0%，秸秆44.5%，精料25.0%，磷酸氢钙0.5%。此配方每千克饲料中含干物质86%，粗蛋白质7.4%，钙0.49%，磷0.25%。

2. 饲养管理要点。

(1) 选择最优配方并严格按比例称量饲料。充分利用天然牧草、秸秆、灌木枝叶、农副产品，扩大饲料来源。合理利用尿素和各种添加剂，据资料，成年羊日粮中尿素可占到1%，矿物质和维生素可占到3%。

(2) 管理方法。育肥羊入圈前进行分群、称重、注射疫苗、驱虫和环境清洁。圈内设有足够的水槽和料槽，以保证不断水、不缺盐。

(3) 安排合理的饲喂制度。成年羊日粮的日喂量依配方不同而有差异，一般为2.5～2.7 kg；每日投料2次，日喂量的调节以饲槽内基本不剩为宜。喂颗粒料时，最好采用自动饲槽投料，雨天不宜在敞圈饲喂，午后适当喂些青干草(按每只0.25 kg)，以利于反刍。

【复习思考题】

1. 名词解释：放牧育肥、舍饲育肥、混合育肥、易地育肥。

2. 问答题：

(1) 作为肉羊品种应具备哪些特点？

(2) 简述国外采取的肉羊育肥方式。

(3) 简述肉羊育肥的基本原则。

(4) 试述断奶羔羊育肥技术要点。

第九章　奶山羊业

【内容提要】 主要介绍奶山羊饲养与管理技术，包括泌乳羊和种公羊的饲养管理技术、羔羊的培育和挤奶方法与羊奶检验技术、干奶羊管理以及刷拭、修蹄、去角等技术。

【目标及要求】 掌握奶山羊饲养管理技术要点，了解奶山羊繁殖、泌乳、羔羊生长发育等规律。

【重点与难点】 催奶方法，干奶技术。

第一节　奶山羊的饲养

一、泌乳羊的饲养

(一)泌乳初期

母羊产后20天内为泌乳初期，也称恢复期，它是由产羔向泌乳高峰过渡的时期。母羊产后，体力消耗很大，体质较弱，腹部空虚且消化机能较差；生殖器官尚未复原，乳腺及血液循环系统机能不很正常，部分羊乳房、四肢和腹下水肿还未消失，此时，应以恢复体力为主。饲养上，产后6天内，给以易消化的优质幼嫩干草，饮用温盐水小米或麸皮汤，并给以少量的精料。6天以后逐渐增加青贮饲料或多汁饲料，14天以后精料增加到正常的喂量。青绿多汁饲料、精料、豆饼水有催奶作用，给得过早过多，奶量上升较快，但影响体质和生殖器官的恢复，还容易发生消化不良，重则引起拉稀，影响到本胎的奶量。

精饲料的增加，应根据母羊的体况、食欲、乳房膨胀情况、奶产量的高低，逐渐增加，灵活掌握，千万不能操之过急。严禁产后母羊吞食胎衣，轻者影响奶量，重者会伤及终生消化能力。泌乳母羊日粮中粗蛋白质含量以12%～14%为宜，具体含量要根据粗饲料中粗蛋白质含量灵活运用。粗纤维的含量以16%～18%为宜，干物质采食量按体重的3%～4%供给。

(二)泌乳高峰期

从产后20天到120天为泌乳高峰期，以产后40～70天奶量最高。此期奶量占全泌乳期奶量的一半，其奶量的高低与本胎次奶量密切相关，因此，要想尽一切办法把奶量促上去。泌乳高峰期的母羊，尤其是高产母羊，营养上入不敷出，产奶所需能量很多，母羊体重下降，因此饲养要特别细心，营养要完全，并给以催奶饲料。产羔20天后，母羊逐渐进入泌乳高峰期，为了促进泌乳，提高产奶量，在原来饲料标准的基础上，提前增加一些预支饲料，就叫做催奶。从什么时候开始催奶，这要看母羊的体质、消化机能和产奶量来决定，一般在产后20天左右，过早影响体质恢复，过晚影响产奶量。

催奶的方法，从产后20天开始，在原来精料喂量(0.5～0.75 kg)的基础上，每天增加50～80 g精料，只要奶量不断上升，就继续增加，当精料增加到每千克奶给0.35～0.40 kg精料时，奶量不再上升，就要停止加料，并将该料量维持5～7天，然后按泌乳羊饲养标准供给。催奶时要前边看食欲(是否旺盛)，中间看奶量(是否继续上升)，后边看粪便(是否拉软粪)，要时刻保持羊只旺盛的食欲并防止过食拉稀、食欲不好，拉软粪、粪便上有精料颗粒就是消化不良的象征，此时精料给量就要控制或减少。

高产羊的泌乳高峰期与饲料采食高峰期，二者不相协调，泌乳高峰期出现较早，采食高峰出现较晚。为了防止泌乳高峰营养亏损，饲养上要做到，产前(干奶期)丰富饲养，产后大胆饲喂，精心护理。饲料的适口性要好，体积小，营养高，种类多，易消化。增加饲喂次数，改进饲喂方法，定时定量，少给勤添，清洁卫生。增加多汁饲料和豆浆，保证充足饮水，自由采食优质干草和食盐。

(三)泌乳稳定期

母羊产后120～210天为泌乳稳定期，此期产奶量虽已逐渐下降，但下降较慢，这一阶段正处在6～8月份，北方天气干燥炎热，南方阴雨湿热，尽管饲料较好，不良的气候对产奶量还有一定影响。在饲养上要坚持不懈，尽量避免饲料、饲养方法及工作日程的改变，尽一切可能使高产奶量稳定地保持一个较长的时期，因为此期奶量如果有下降是不容易再上升的；又因天热，要多给青绿多汁饲料，保证清洁的饮水。每产 1 kg 奶，需饮 2～3 kg 水，日需 6～8 kg 水。

(四)泌乳后期

产后 210 天至干奶这段时期(9～11 月份)，为泌乳后期，由于气候、饲料的影响，尤其是发情与怀孕的影响，产奶量显著下降，饲养上要想法使产奶量下降得慢一些。在泌乳高峰期精料量的增加，走在奶量上升之前，而此期精料的减少，要走在奶量下降之后，这样会减缓奶量下降速度。泌乳后期的 3 个月，也是怀孕的前 3 个月，胎儿虽增重不大，但对营养出要求要全价。

(五)干奶期

母羊经过 10 个月的泌乳和 3 个月的怀孕，营养消耗很大，为了使它有个恢复和补充的机会，让它停止产奶，这就叫干奶。停止产奶的这一段时间叫做干奶期。母羊在干奶期中应得到充足的蛋白质、矿物质及维生素，并使乳腺机能得到休整，保证胎儿后期的正常生长发育，并使母羊体内储存一定的营养物质，为下一个泌乳期奠定物质基础。

当前普遍不重视干奶期的饲养，然而，母羊干奶期饲养得好，下一胎产奶量就高。怀孕后期的体重如果能比产奶高峰期增加 20%～30%，胎儿的发育和下一胎的产奶量就有保证。如果干奶羊喂得过肥，容易造成难产，也易得代谢疾病。

干奶期的母羊体内胎儿生长很快，母羊增重的 50%是在干奶期增加的。此时，虽不产奶，但还需储存一定的营养，要求饲料水分少，干物质含量高。营养物质给量可按妊娠母羊饲养标准供给。一般的方法是，在干奶的前 40 天，50 kg 体重的羊，每天给 1 kg 优良豆科干草，2.5 kg 玉米青贮，0.5 kg 混合精料；产前 20 天要增加精料喂量，适当减少粗饲料给量，一般 60 kg 体重的母羊给混合精料 0.6～0.8 kg。增加精料，一是满足胎儿生长的营养需要，二是促进乳房膨胀，三是使母羊适应精料量的增加，不至于产后突然暴食，引起消化机能障碍，为产后增加精料打好基础。减少粗饲料喂量，是为了防止其体积过大，压迫子宫，影响血液循环，影响胎儿发育或引起流产。

干奶期不能喂发霉变质的饲料和冰冻的青贮料，不能喂酒糟、发芽的马铃薯和大量的棉子饼、菜子饼等，要注意钙、磷和维生素的供给，每天补饲一些野青草、胡萝卜、南瓜之类的富含维生素的饲料；严禁饮冰冻的水和大量饮水，更不能空腹饮水，要饮温度不低于8℃的水。

二、种公羊的饲养

饲养种公羊的目的在于生产品质优良的精液。在精子的干物质中，约有一半是蛋白质。羊的精子中有氨基酸18种，其中以谷氨酸最多，其次是缬氨酸和天门冬氨酸等。精液的成分中，除蛋白质之外，还有无机盐（钠、钾、钙、镁、磷等），果糖，酶，核酸，磷脂和维生素（B_1、B_2、C等）。所以饲养上在保证蛋白质需要的前提下，还应注意能量、矿物质和维生素的供应。

种公羊的利用一般有季节性，每年8～12月为配种期，其营养和体力消耗甚大。在非配种季节却处于休闲状态，这给饲养上也带来了季节性。

种公羊的饲养管理分为配种期和非配种期两个阶段。配种期（8～12月份）的公羊，神经处于兴奋状态，经常心神不安、采食不好，加之繁重的配种任务，营养入不敷出，所以饲养管理上要特别细心，日粮营养完全，适口性强，品质好，易消化。粗饲料应以优质豆科干草为主，夏季补以青苜蓿或野青草，冬季补饲含维生素的青贮饲料，胡萝卜或大麦芽。精料中玉米比例不可过高，富含蛋白质的豆饼必须保证，特别是在配种季节，其含量应占混合精料的15%～20%。混合精料给量，75 kg体重的公羊，配种季节每天给量为0.75～1.0 kg，非配种季节每天0.6～0.75 kg；可消化粗蛋白质以14%～15%为宜；粗纤维以15%为宜。

有放牧条件的地方，在乏情期（3～7月）每天可进行适当放牧。

为了完成配种任务，非配种期（1～7月）就要加强饲养，使它体况丰满，被毛富有光泽，精神饱满。每年春季，公羊性欲减退，食欲逐渐旺盛，必须趁此机会（3～6月）使公羊的体力恢复起来。入伏以后，气候炎热，食欲较差，如果此时期体力尚未恢复，则很难承担繁重的配种任务。

精子的生成一般需要50天左右，营养物质的补充需要较长时期也才能见效。因此，对集中配种的公羊，要提前两个月加强饲养。公羊的饲养，要求蛋白质水平较高，特别是在配种季节。

公羊营养不良、体质消瘦会影响性欲和精液品质，但过度饲养、体态臃肿也会影响性欲和精液品质。对公羊，应给充足而清洁的饮水。育成公羊比育成母羊生长快，营养上要予以保证。

三、羔羊的培育

羔羊的培育，不仅可以塑造奶山羊的体质、体型，而且可以直接影响其主要器官（胃、心、肺、乳房等）的发育和机能，从而影响其生产力。所以，羔羊培育的好坏与一个羊终生的生长发育和生产性能的高低关系很大，养得不好也可能使这个羊终生报废，甚至死亡。应高度重视羔羊的培育，把最好的饲料、最有经验而又可靠的饲养人员用在羔羊培育方面，把好羔羊培育关。

羔羊的培育分为胚胎期和哺乳期。

1. 胚胎期的培育：胎儿在母体内生活的时间是150天左右。在此时期，它通过母体得到营养。因此，对怀孕母羊，应特别注意其腹中胎儿对营养物质的需要以及饲养管理条件对胎儿的影响。

羔羊在胚胎期，前三个月发育较慢，其重量仅为出生重的20%～30%。这一时期主要发育脑、心、肺、肝、胃等主要器官，要求营养物质完全。因母羊处于产奶后期，母子之间争夺营养物质的矛盾并不突出，母羊的日粮只要能满足产奶的需要，胎儿的发育就能得到保证。怀孕期最后两个月，胎儿发育很快，70%～80%的重量是在这一阶段增长的。此期胎儿的骨骼、肌肉、皮肤及血液的生长与日俱增，因此，应供给母羊充足数量的能量、蛋白质、矿物质与维生素，使母羊的日粮不仅营养物质完全，而且数量充足。

优良的豆科干草和青贮饲料，是保证怀孕母羊日粮全价的重要条件，而精料只作补充。用劣质的粗饲料（如麦秸、玉米秸、枯草）和过量的精料喂怀孕后期的母羊，对胎儿都是不利的。母羊坚持运动，可防止难产和水肿；常晒太阳，可增加维生素D，二者都有益母羊的健康，有利于胎儿的发育。高产母羊泌乳营养支出多，第一胎母羊本身还要生长，营养需要量大，故整个怀孕期比一般羊要供给较多的营养物质。

母羊怀孕期体重的增加和羔羊出生重的大小是饲养管理好坏的重要标志，怀孕后期体重比泌乳高峰期体重增加25%左右与羔羊出生重在3 kg以上，是饲养良好的象征。

2. 哺乳期的培育：哺乳期是指从出生到断奶这一阶段，羔羊的哺乳期一般为 2～4 个月。羔羊是一生中生长发育最快的时期，它在 4 个月内的体重，公羔从 3.3 kg 增长到 25 kg，母羔从 3.0 kg 增长到 22 kg，增长 7～8 倍。

哺乳期羔羊的培育分为初乳期(出生到 6 天)、常乳期(7～60 天)和由奶到草料的过渡期(61～90 天)。

(1)初乳期：是羔羊由母体生内活转为独立生活的一个过渡阶段。母羊产后 6 天以内的乳叫做初乳，是羔羊生后唯一的全价天然食品，营养丰富，对羔羊的生长发育有极其重要的作用，因此。应让羔羊尽量早吃，多吃初乳，吃得越早，营养越丰富，羔羊吃得多，增重快，体质强，发病少，成活率高。初乳期最好让羔羊随着母羊自然哺乳，6 天以后再改为人工哺乳。如果人工哺育初乳，从生后 20～30 分钟开始，每日 4 次，喂量从 0.6～1.0 kg 逐渐增加。初乳期平均日增重以 150～220 g 为宜。人工哺乳其喂给初乳的温度以 38℃～40℃为宜，而加热温度以 55℃为宜，过高初乳会发生凝固。

(2)常乳期：这一阶段奶是羔羊的主要食物。从初生到 45 日龄是羔羊体尺增长最快时期，从出生到 75 日龄是羔羊体重增长的最快时期，以 30～35 日龄生长最快。这与母羊的泌乳高峰期(30～70 天)是极其吻合的，就是说，羔羊生长最快的时候，也是母羊泌乳量最高的时候。羔羊小时候生长快，营养需要量大，给奶量少了就不能满足其营养需要，而它能吃草后，瘤胃开始增大，给大量的奶，使它不愿吃草，又会影响胃肠的发育。因此，在饲养方面，应保证供给充足的营养。

人工哺乳时，首先遇到的问题就是教会羔羊用哺乳器吃奶，我们称之为教奶。教奶可用奶瓶、哺乳器和碗。教奶时先让羔羊饥饿半天，一般是下午离开母羊，第二天早上教。开始教奶时一手抱羊，一手拿碗，使羊嘴伸入碗内饮食，要注意防止羔羊将奶吸入鼻内，羊一受呛就不愿再吃。体弱的、初乳没吃好的、母乳很充足和离开母羊较晚的羔羊，教奶比较困难。遇此情况，可将食指伸入碗中让羔羊吮吸，然后逐渐将手指取开，练习数次就可学会。如果很长时间教不会，可用玻璃注射器，接上人用导尿管往羊嘴里注些奶，让其吞咽。给奶的温度以 38℃～42℃为宜，吃到嘴里的温度不能低于 38℃。温度过低，吃了易引起拉稀，过高会烫伤口腔黏膜。

教奶要认真、和蔼、耐心，千万不能急躁。越急越不易教会，反而会使羊呛奶。

教奶时，要求按羔羊的年龄、体重、强弱分群饲养，并要做到定时、定量、定温、定质，给奶的时间、温度和卫生一定要按规定办，稍不注意就会发生拉稀。喂的奶必须新鲜，加热时要用热水浴。

人工哺乳，从 10 日龄起增加奶量，25～50 天奶量最高，50 天后逐渐减少给量，增加植物性饲料。

案例：羔羊生后两个月内，其生长速度与吃奶量有关，每增重 1 kg 需奶 6～8 kg。整个哺乳期需奶量 80 kg，平均日增重母羊不低于 140 g，公羊不低于 160 g。建议应用表 9-1 的哺乳方案。

表 9-1 奶山羊羔羊哺乳方案

日龄	昼夜增重(g)	期末增重(kg)	哺乳次数	全乳			混合精料		青干草		青草(或青贮、块根)	
				一次(g)	昼夜(g)	全期(kg)	昼夜(g)	全期(kg)	昼夜(g)	全期(kg)	昼夜(g)	全期(kg)
1～5	产重	4.0	自由哺乳									
6～10	150	4.7	4	220	880	4.4						
11～20	150	6.2	4	250	1 000	10.0			60	0.6		
21～30	155	7.8	4	300	1 200	12.0	30	0.3	80	0.8	50	0.5
31～40	155	9.4	4	350	1 400	14.0	60	0.6	100	1.0	80	0.8
41～50	160	11.0	4	350	1 400	14.0	90	0.9	120	1.20	100	1.0
51～60	160	12.6	3	300	900	9.0	120	1.20	150	1.50	150	1.50
61～70	155	14.1	3	300	900	9.0	150	1.50	200	2.00	200	2.0
71～80	150	15.6	2	250	500	5.0	180	1.80	240	2.40	250	2.5
81～90	140	17.0	1	200	200	2.0	220	2.20	240	2.40	300	3.0
合计		17.0				79.4		8.5		11.9		11.3

从 10 日龄后开始给草，将幼嫩的优质青干草捆成把吊于空中，让小羊自

由采食。由于小羊的生理习性和模仿性，它会很快就学会吃草。生后20天开始教料，在饲槽里放上用开水烫过的料，引导羔羊采食，反复数次就会吃料了。个别羊不吃时，要将料添入口中，强制它去咀嚼，它尝到料味后，就会自动去吃。40天后要减奶加料，若料吃不进去，就会影响生长发育。因此，要想办法让羔羊早日学会吃料。教料时，料的温度与奶温相同，不宜过高，以免烫伤羊嘴。

(3)奶与草料过渡期(61～90天)：开始奶与草料并重，注意日粮的能量、蛋白质营养水平和全价性，日粮中可消化蛋白质以16%～20%为佳，可消化总养分以74%为宜。后期奶量不断减少，以优良干草与精料为主，全奶仅作蛋白补充饲料。如果青粗饲料和混合精料体积小、品质好、数量足，加之运动适量，则羔羊发育良好外貌清秀、棱角明显、腹部突出，母羔已显出雌性形象。

饮水：在2月龄以前饮温开水，2月龄以后至断奶饮凉开水，4月龄后，天气变暖可饮新鲜自来水。为了防止白肌病的发生，对生后5～6日龄的羔羊注射亚硒酸钠。

第二节　奶山羊的管理

一、种公羊的管理

管理好种公羊的目的在于使它具有良好的体况，健康的体质，旺盛的性欲和良好的精液品质，以便更好地完成配种任务，发挥其种用价值。

种公羊的管理要点是温和待羊、驯治为主，经常运动，每日刷拭，及时修蹄，定期称重，合理利用。

奶山羊属季节性繁殖家畜，配种季节性欲旺盛，神经兴奋，不思饮食，因此，配种季节管理要特别精心。配种期的公羊应远离母羊舍，最好单独饲养，以减少发情母羊和公羊之间的干扰，特别是当年公羊与成年公羊要分开饲养，以免互相爬跨，影响休息和发育。公羊性反射强而快，必须定期采精或交配；如长期不配种，会出现自淫、性情暴躁、顶人等恶癖。

奶山羊公羊神经灵敏，自卫性较强，日常不能鞭打。性情暴躁的公羊，对于陌生人或打过它的人，经常予以警惕或伺机报复。长期拴系和配种季节长期不用的公羊，多有顶人的恶习。公羊顶人时，表现出低头、瞪眼、后退或两后肢站立等动作，此时应予以提防。

二、产奶母羊的管理

(一) 挤奶的方法

奶的分泌是一个连续过程，良好的挤奶习惯，会提高乳的产量和乳的质量，能降低乳房炎的发病率，延长奶山羊的利用年限和获得较高的经济收入。加之挤奶所占劳动力为奶山羊管理用工的一半以上，因而，挤奶的问题受到奶山羊饲养者的普遍重视。

挤奶方法分为手工挤奶和机器挤奶两种。

1. 手工挤奶：手工挤奶的方法，有拳握式（压榨法）和指挤式（滑榨法）两种。以双手拳握式为佳，其作法是，先用拇指和食指握紧乳头基部，以防乳汁倒流，然后其他手指依次向手心紧握，压榨乳头，把乳挤出。指挤式适用于乳头短小者，其作法是，用拇指和食指指尖捏住乳头，由上向下滑动，将乳汁捋出。

挤奶时两手同时握住两乳头，一挤一松，交替进行。动作要轻巧、敏捷、准确，用力均匀，使羊感到轻松。每天挤奶 2～3 次为宜，挤奶速度每分钟 80～120 次。

产后第一次挤奶要洗净母羊后躯上的血痂、污垢，剪去乳房上的长毛。挤奶时要用 45℃至 50℃的热水擦洗乳房，先用湿毛巾擦洗污染物，然后再用干毛巾将乳房擦干，随后按摩乳房，挤奶前、中间和快挤完时各按摩一次，先左右对揉，然后由上而下按摩，动作要柔和舒畅，不可强烈刺激。按摩乳房可使乳房膨胀，有促进排乳作用。这样不仅好挤，还可提高产奶量和乳脂率。用热水擦洗乳房，不仅卫生，而且能促进血液循环，加强乳脂的合成，增加产奶量。由于乳脂肪比重小，在奶的上层浮着，故挤净能提高乳脂率。如果挤不净，不仅影响产奶量、乳脂率，还易发生乳房炎。奶的排出受神经与激素调节，在挤奶时羊的排乳反射时间很短，因此要集中精力在 5 分钟之内把奶挤完。挤奶过程是个条件反射，影响条件反射就会影响产奶量，所以挤奶时间不能忽早忽晚，挤奶场所和人员不能经常变动。

手工挤奶时应注意如下事项。

(1) 挤奶前必须把羊床、羊体和挤奶室打扫干净。

(2) 挤奶员应健康、无传染性疾病。要常剪指甲、洗净双手，工作服和挤奶用具必须经常保持干净。挤奶桶最好是带盖的小桶。

(3) 乳房接受刺激后的45秒左右，脑垂体即分泌催产素，该激素的作用仅能持续5～6分钟，所以，擦洗乳房后应立即挤奶，不得拖延。

(4) 每次挤奶时，应将最先挤出的一把奶舍去，以减少细菌含量，保证鲜奶质量。

(5) 挤奶时要全神贯注，不让非工作人员代替。挤奶室要保持安静，挤奶时严禁打羊。

(6) 严格执行挤奶时间与挤奶程序，以形成良好的条件反射。

(7) 患乳房炎或有病的羊最后挤奶，其乳汁不可食用，擦洗其乳房的毛巾与健康羊不可混用。

(8) 挤出的奶应及时过秤，准确记录，用纱布过滤后交收奶站。

2. 机器挤奶：大型的奶山羊场都需要实行机械化挤奶，因为它不仅可以减轻挤奶员的体力劳动，而且还可以提高劳动生产率和乳的质量。

机器挤奶的要求如下。

(1) 要有宽敞、清洁、干燥的羊舍和铺有干净垫草的羊床，以保持乳房的清洁。

(2) 要有专门的挤奶间（内设挤奶台，真空系统和挤奶器等）、贮奶间（内装冷却罐）及清洁而无菌的挤奶用具。

(3) 适当的挤奶程序：定时挤奶（羊进入清洁的挤奶台）→冲洗并擦干乳房→乳汁检查→戴好挤奶杯并开始挤奶（擦洗后1分钟之内）→按摩乳房并给集乳器上施加一些张力→乳房萎缩，奶流停止时轻巧而迅速地取掉乳杯→用消毒液（碘氯或洗必泰）浸泡乳头→放出挤完奶的羊→清洗挤奶用具及清洗挤奶间。

(二) 羊奶的检验

羊奶是人的营养食品之一。鲜奶检验的目的，一是为了生产出符合要求的产品，二是实行按质论价的依据。

原料奶必须新鲜、味道良好、气味正常、颜色符合要求，奶中的细菌数应该很低并不应含有任何杂质。鲜奶的检验主要有以下几项。

(1) 色泽和气味:新鲜羊奶,呈乳白色的均匀胶态流体;如色泽异常,呈红色、绿色或明显黄色,不得收购加工产品。

正常鲜羊奶,具有羊奶固有的香味,闻不出什么异常气味;如有粪尿味、饲料味等,则是环境污染所致。口尝味道浓厚油香;如果有苦味、霉味、臭味、涩味或明显咸味,是掺假、污染和保存不当所致。

(2) 密度:羊奶的相对密度为1.030±0.003。密度受温度的影响,以20℃为标准,温度每升高或减少1℃,奶的密度应增加或减少0.0002,即0.2度。

(3) 新鲜度、清洁度和杂质度:新鲜度表示羊奶受污染的程度。关于羊奶新鲜度的检验,目前没有较为快速、实用并得到国际公认的方法。羊奶随放置时间的延长,奶中乳酸菌就会大量繁殖,分解乳糖,使奶中酸度升高,而影响产品质量。目前,生产上常用的检验羊奶新鲜度的方法,是借用牛奶的检验方法——酒精阳性反应法。这种检验方法对羊奶灵敏度和特异性不强,因为酸度正常的初乳、乳房炎乳、盐平衡失调的乳同样会形成凝块。它也不易区分低酸度酒精阳性乳。此法虽不理想,但检验速度快、简便易行,因此,生产上仍在沿用。其方法是用60度中性酒精与等容积的羊奶均匀混合。若出现蛋白质凝固,即为酒精阳性乳,其反应就叫酒精阳性反应,这样的奶一般不能用于加工。对用此法检验有怀疑的羊奶,应进行煮沸试验,以其是否有凝块和凝块颗粒的大小来判断其新鲜度。

新鲜羊奶应无沉淀、无凝块、无杂质。若发现有羊奶以外的物质,都是不新鲜不清洁的表现。

羊奶杂质度的检验方法,是用吸管在奶桶底部取样,用滤纸过滤;如滤纸上有可见的杂质,则按有杂质处理,进行扣杂并降低价格。

(4) 卫生检验——细菌含量测定:乳的卫生检验,是为了保证乳的卫生质量。其方法,一是美兰还原试验,它是检验乳的新鲜程度和细菌污染程度;二是平面皿法,它是检查乳中细菌的含量。按照国家对一级鲜奶的要求,新鲜羊奶细菌总数不得超过100万个/立方毫米,大肠杆菌不得超过90个/100立方毫米,不得检出致病菌。

羊奶的卫生检验,还必须检验汞、铅、硝酸盐等有毒物质。另外,鲜奶中不得含有初乳、乳房炎乳,更不应含有防腐剂和增重剂。

(5) 掺杂掺假检验:据史学增资料,奶中掺水可通过测定密度、非脂固体和冰点来检验。掺碱用溴麝香草酚蓝法检测,掺食盐可用试纸法和试剂法检验,而用亚甲蓝显色法可检查出奶中是否含洗衣粉,碘试剂法可以检验奶中有无淀粉,豆浆可用碘溶液法和甲醛法来检测,掺硼酸、硼砂检查的适宜方法是姜黄试纸法,而二乙酰法是检验奶中是否加入尿素的有效方法。

(三) 鲜奶的处理

鲜奶的处理是保证原料乳纯洁新鲜的关键,其方法包括过滤、净化、杀菌、冷却和贮藏。

1. 过滤:过滤是为了去除鲜奶中的杂质和部分微生物。挤奶时即使挤奶员十分小心,也难免被羊体的皮垢、羊毛、灰尘、饲料、粪屑、垫草、昆虫等污染。一般常用的过滤方法是用纱布过滤,即将细纱布折叠成四层,结扎在奶桶口上,把称重后的奶缓缓地倒入奶桶,则达到过滤之目的。有的用过滤器过滤。过滤器为一夹层的金属细网,中间夹放上消过毒的细纱布,乳汁通过过滤器,即可将尘埃及污物等除去。

过滤用的纱布,必须经常保持清洁,用后先用温水冲洗,并用0.5%的碱水洗涤,再用清水冲洗干净,最后蒸汽消毒10~20分钟,存放于清洁干燥处备用。

2. 净化:为了获得纯洁的乳汁,分离出乳中微小的机械杂质及微生物等,鲜奶就必须经过净化处理。净化是利用离心力的作用,将大量的机械杂质留于分离钵的内壁之上,使奶得到净化。净化机速度快、质量高,适用于乳品加工厂使用。

3. 杀菌:羊奶营养丰富,是细菌最好的培养基,若保存不当,很容易酸败。为了消灭乳中的病原菌和有害细菌、延长乳的保存时间、提高运输中的稳定性,过滤、净化后的奶最好先进行杀菌。乳的杀菌方法很多,如放射杀菌、紫外线杀菌、超声波杀菌、化学药物杀菌、加热杀菌等,而一般多用加热杀菌法。加热杀菌法根据采用温度的不同,可分为以下几种类型。

(1) 低温长时间杀菌法。加热温度为62℃~65℃,需要30分钟。因需时间较长，效果不够理想，仅在奶羊场初步消毒用，乳品生产上应用逐渐减少。

(2) 短时间巴氏杀菌法。加热温度为 72℃～74℃，历时 15～30 秒，常用管式杀菌器或板式热交换器进行。它速度快，可连续处理，多为大乳品厂所采用。

(3) 高温瞬间杀菌法。其温度为 85℃～87℃，需 10～12 秒。此法速度快、效果好，但乳中的酶易被破坏。

(4) 超高温灭菌法。将羊奶加热到 130℃～140℃，保持 0.5℃～4.0℃，随之迅速冷却。可用蒸气喷射直接加热或用热交换器间接加热。经这样处理的羊奶完全无菌，在无菌包装条件下，在常温下可保存数月，适于远距离运输和缺乏冷藏条件的地区应用。

4. 冷却：净化后的乳一般都直接加工，若来不及加工，需短期贮藏时，则必须进行冷却，以抑制其中微生物的繁殖，保持鲜奶的新鲜度。实践证明，挤奶时严格遵守卫生制度和将挤出的奶迅速冷却，是保证鲜奶新鲜度的必需条件。冷却的温度越低，保存的时间越长。

冷却的方法较多，最简单的方法是直接用地下水进行水池冷却。奶多时可用冷排冷却。冷排是由金属排管组成的，奶由上而下，经过冷却器的表面，流入贮奶槽中，而制冷剂(冷水或冷盐水)，从管中自下而上流动来降低冷排表面的温度。冷排结构简单、价格低廉、冷却效果较好，适于小规模乳品加工厂和奶羊场使用。大型乳品厂多用片式冷却器对奶进行冷却。无论用何种冷却设备，都要求将挤后 2 小时以内的奶，冷却到 5℃以下。

5. 贮藏：冷却后的奶只能暂时抑制微生物的活动，当温度升高时，细菌又会开始繁殖，所以，奶在冷却后还需要低温保存。在不影响奶质量的前提下，温度愈低，保存的时间愈长。鲜奶的贮藏常采用低温贮藏，即将冷却后的奶及时放入冷槽或冷库，其温度一般为 4℃～5℃。

三、干奶羊的管理

让羊停止产奶就叫干奶。干奶的方法，分为自然干奶法和人工干奶法两种。产奶量低、营养差的母羊，在泌乳 7 个月左右配种，怀孕 1 个月以后奶量迅速下降，而自动停止产奶，即自然干奶。产奶量高、营养条件好的母羊较难自然干奶，这样就要人为地采取一些措施让它干奶，即人工干奶法。人工干奶法分为逐渐干奶法和快速干奶法两种。逐渐干奶法,其方法是:逐渐减少挤奶次数,打乱挤奶时间,停止乳房按摩,适当降低精料,控制多汁饲料,限制饮水,加强运动,使羊在7~14天逐渐干奶。生产当中一般多采用快速干奶法。快速干奶法是利用乳房内压增大,抑制乳汁分泌的生理现象来干奶的。其方法是在预定干奶日,充分按摩乳房,将乳挤净,然后擦干乳房,用2%的碘液浸泡乳头,再给乳头孔注入青霉素或金霉素软膏,并用火棉胶予以封闭,之后就停止挤奶;7日之内乳房积乳渐被吸收,乳房收缩,干奶结束。

无论何种干奶方法,最后一次挤奶一定要挤净,停止挤奶后一定要随时检查乳房。若乳房不过于肿胀,就不必管它;若乳房肿胀很厉害,发红、发硬、发亮、触摸时有痛感,就要把奶挤出,重新采取干奶措施。如果乳房发炎,必须治疗好后,再进行干奶。

干奶的天数:正常情况下,干奶一般从怀孕第90天开始,即干奶60天左右。干奶天数究竟多少天合适,要根据母羊的营养状况、产奶量的高低、体质强弱、年龄大小来决定,一般在45~75天。

干奶期的管理:干奶初期,要注意圈舍、垫草和环境的卫生,以减少乳房的感染。平时要注意刷拭羊,因为此时最容易感染虱病和皮肤病。怀孕中期,最好驱除一次体内外寄生虫。怀孕后期要注意保胎,严禁拳打脚踢和惊吓羊,出入圈舍谨防拥挤,严防滑倒和角斗。要坚持运动,但不能剧烈。对腹部过大、乳房过大而行走困难的羊,可暂时停止驱赶运动,任其自由运动。一般情况下不能停止运动,因为运动对防止难产有着十分重要的作用。缺硒地区,在产前60天,给每只母羊注射250 mgV_E和5 mg亚硒酸钠,以防羔羊白肌病。产前1~2天,让母羊进入分娩栏,查准预产期并作好接产准备。

四、青年羊的培育

从断奶到配种前的羊叫做青年羊。这一阶段是羊骨骼和器官充分发育时期,其体重、身体的宽度、深度和长度均在迅速增长,如果营养赶不上去,便会影响生长发育,形成腿高、腿细、胸窄、胸浅、后躯短的体型,并严重影响体质、采食量和将来的泌乳能力。优良的青干草,充足的运动,是培养青年羊的关键。优质干草有利于消化器官的发育,培育成的羊骨架大、肌肉薄、腹大而深、采食量大、消化力强、乳用型明显、产奶多。丰富的营养和充足的运动,可使青年羊胸部宽广，心肺发达，体质强壮。庞大的消化器官，发达的心肺是将来高产的基础。

半放牧半舍饲是培育青年羊最理想的饲养方式，有放牧条件的地区，最好进行放牧和补饲。断奶后至8月龄，每月在吃足优质干草的基础上，补饲混合精料250～300 g，其中可消化粗蛋白质的含量不应低于15%。18月龄配种的母羊，满1岁后，每日给精料400～500 g；只要草好，也可以少给精料。料多而运动不足，培育出来的青年羊个子小、体短肉厚、利用年限短、终生产奶少。

青年公羊由于生长速度比青年母羊快，所以给它的精料要多一些。运动对青年公羊更为重要，不仅有利于生长发育，而且可以防止形成草腹和恶癖。

五、刷拭

皮肤不仅是机体与外界环境联系的一个感受器，而且能够阻止各种病原菌进入畜体。刷拭能保持皮肤清洁，消灭体外寄生虫，可提高机体对外界环境有害因素的抵抗力，加快血液循环，增强物质代谢，改善消化机能，提高饲料利用率，提高羊的泌乳能力并减少鲜奶的污染。刷拭可以使羊性情温驯，愿意和人接近。刷拭时可以用鬃刷、草根刷和钝齿的铁梳，自上而下，从前向后每天把羊体刷拭一遍。挤奶和饲喂时不能刷拭，以免灰尘、微生物污染鲜奶及饲料。夏季天热，可用晒热的水给羊洗澡；秋季可结合药浴把羊洗净，既有利于皮肤健康，又可预防寄生虫。

六、修蹄

放牧羊的蹄由于经常在行走中磨损，显得生长很慢，舍饲的羊磨损慢，故生长较快。长期不修蹄，不仅影响行走，而且会引起蹄病和四肢变形，严重者行走异常、采食困难、奶量下降，因而必须经常修蹄。生产当中因不注意修蹄，蹄尖上卷，蹄壁裂折，蹄叉腐烂，四肢变形，跪下采食或成残疾者经常可见。公羊蹄出现问题，轻者运动困难，影响精液品质；重者因不能交配而失去种用价值。所以，在生产当中要随时注意检查，经常进行修蹄。

修蹄一般在雨后进行，这时蹄质变软，容易修理。修蹄工具可用修蹄刀、果树剪。修蹄时开始可多削一些，越往后越要少削，一次不可削得太多。当修到蹄底可以看到淡红色时，要特别小心，再削就会出血。修蹄时，若有轻微出血，可涂以碘酒；若出血较多，可用烧红的烙铁猛烙出血部位，注意不要引起烫伤。修理后的羊蹄，底部要求平整，形状要求方圆，以能自然站立为宜。舍饲的羊1～2个月需要修蹄一次，放牧的羊在放牧前和放牧后各进行一次。

七、去角

有角的羊不仅在角斗时容易引起损伤，而且挤奶、饲养及管理都不方便；少数性情恶劣的公羊，还会顶伤饲养管理人员，因此，留角有害而无利。

羔羊如果有角，其角芽部分的毛呈旋毛状，手摸时有尖而硬的突起。如果羔羊头顶没有明显的旋毛且角基突起部呈扁平的椭圆形，是无角的表现。

去角即破坏角芽或角细胞的再生长。有角的羔羊应在生后5～10天内去角。去角时需两人进行，两人对面相坐，一个人保定羔羊，另一人一手固定羊的头部，一手去角。固定头部时，用手握住嘴部，使羊不能摆动而能发出叫声为宜，防止把羊捂死和去角时刺激过度而使羊窒息。

去角的方法有烙铁去角、苛性钾棒去角、手术刀去角、去角锯去角等，以烙铁去角和苛性钾棒去角较为常见。

烙铁去角是用丁字形烙铁(直径1.5 cm，长8～10 cm，在其中部焊接一个木把的把柄)或300 W的手枪式电烙铁来去角。它速度快、出血少、安全可靠、经济实用。去角时用烧红的烙铁在角的基部画圈，其直径为2～2.5 cm，烙掉皮肤，露出骨质角突即可，每次烧烙10～15秒，全部去完需3～5分钟。

苛性钾去角，先要剪毛，然后在角的基部涂一圈凡士林，以防药液流入眼睛；去时用苛性钾捧在两个角芽处轮换涂擦，以去掉角芽生长点的成角细胞为宜。有些公羊去角没有去净，以后又生出弯曲状角并伸入羊的头皮，羊会经常表现不安，这种情况可用钢锯将其锯断。

【复习思考题】

1. 名词解释：

催奶；干奶；教奶

2. 问答题：

(1) 泌乳羊饲养分为几个期？各期的饲养技术要点是什么？

(2) 给羔羊教奶时应注意哪些问题？

(3) 人工干奶的具体做法是什么？

(4) 修蹄应注意哪些问题？

第三篇

猪生产学

第十章　猪的生物特性与行为学特性

【内容提要】 家猪是由野猪驯化而来的，在长期驯养和进化过程中，形成了许多生物学特性。本章主要介绍猪一些重要的生物学特性和行为特性。

【目标及要求】 掌握猪的生物学特性和行为特性，并在生产中能够充分利用猪的生物学特性和行为特性。

【重点与难点】 猪的一些重要的生物学特性和行为特性，以及与生产力的关系。

第一节　生物学特性

一、杂食性，利用饲料广泛

猪是杂食动物，门齿、犬齿和臼齿都很发达，胃是肉食动物的简单胃与反刍动物的复杂胃之间的中间类型，因而能广泛地利用各种动植物和矿物质饲料。猪舌长而尖薄，主要有横纹肌组成，表面有一层黏膜，上面有形状不规则的乳头；大部舌乳头上有味蕾，故采食具有选择性，能辨别口味，特别喜欢甜食。猪的上唇短厚与鼻连在一起，构成坚强的鼻吻，好拱土觅食，能掘食地下埋藏的各种饲料。

猪对饲料的转化效率仅次于鸡，而高于牛、羊，对饲料中的能量和蛋白质利用率高。按采食的能量和蛋白质所产生的可食蛋白质比较，猪仅次于鸡，而超过牛、羊。按采食的能量所产生的可食能量比较，猪的效率最高。

猪的采食量大，对饲料的消化较快，能消化大量的饲料。据试验，对精料有机物的消化率为 76.7％，青草和优质的干草有机物的消化率分别为 64.6％

和51.2%。猪利用粗纤维的能力远不如牛羊,因为猪胃里没有分解粗纤维的微生物,它分解粗纤维几乎全靠大肠内微生物的分解作用,所以对粗纤维的消化能力较差,消化率为3.25%。试验证明,日粮中粗纤维的含量越高,猪对日粮消化率就越低。因此,在猪的饲养中,要注意精、粗饲料的适当搭配,控制粗纤维在日粮中所占的比例,保证日粮的全价性和易消化性。实践证明,我国地方猪种在青粗饲料占比重较大的饲养条件下,比国外猪种的日增重高、生产速度快,体现了我国地方猪种较国外猪种具有较好的耐粗饲特性。

二、多胎高产,世代间隔短

猪在一般情况下,4～5月龄就可达性成熟,6～8月龄即可初配。妊娠期短,平均114天,1岁时或更短的时间内可第一次产仔。据报道,我国优良地方猪种,公猪3月龄开始产生精子,比国外品种早3个月;太湖猪7月龄亦有分娩的。猪是常年发情的多胎动物,经产母猪一年可产仔两胎;如果将哺乳仔猪早期断奶,或对母猪进行激素处理,2年可产仔5胎。经产母猪每胎产仔平均10头左右,比其他家畜要高产。我国太湖猪的产仔数高于其他地方猪种和国外猪种,窝产活仔数平均超过14头,个别高产母猪一胎产仔超过22头,最高记录窝产仔数达42头。

猪的性成熟早、妊娠期短、生长发育快,因而世代间隔短,一般平均为1.5～2年;若采取适当措施,从头胎留种,认真培育,世代间隔可缩短为1年。由于繁殖力强、周转快,短期内可增殖大量的后代,一头母猪年产仔两胎,春产的仔猪当年可配种产仔,在一年内就能达到三代同堂、百口成家,其一生中可繁衍子孙后代数千头(包括后代繁殖的在内)。

三、生长期短,周转快

猪与马、牛、羊相比,胚胎生长期和生后生长期均短,生长强度大(表10-1);由于胚胎期短,同胎仔猪数又多,出生时多发育不充分,如头的比例大、四肢不健壮、初生重小,我国地方品种初生重一般为0.8～1.0 kg,引进品种为1.3～1.5 kg,出生时各系统的器官发育也不太完善,对外界环境的适应能力弱。因此,对初生仔猪需加强精心护理。仔猪出生后,为补偿胚胎期发育不足,生后两个月内生长发育特别快,30日龄的体重可达初生重5～6倍,60日龄的体重可达初生重的12～15倍;断奶后至8月龄前,生长仍很迅速,尤其是瘦肉型猪生长发育快，是其突出特性。8～10月龄后备猪的体重可达成年体重的50%左右，体长可达成年的70%～80%，此时的后备猪就可初配。在满足营养需要的条件下，肥育猪5～6月龄体重可达90～100 kg，此时即可屠宰。实践证明，生长期短、发育迅速、周转快等特点，对养猪经营者降低成本、提高经济效益是十分有利的。

表10-1　各种家畜的生长强度比较

畜别	妊娠期(d)	生长期(月)	初生重(kg)	成年体重(kg)	体重增加倍数
猪	114	36	1	200	7.64
牛	280	48～60	35	500	3.84
羊	150	24～56	3	60	4.32
马	340	60	50	500	3.44

资料来源：杨公社，猪生产学，2002:16。

四、对外界温度敏感

因猪是恒温动物，在正常情况下，外界温度发生变化，猪体通过自身调节（物理和化学调节），就可维持体温正常不变。如天冷时，靠从饲料中得到能量来维持；天热时，靠加快呼吸和水分蒸发等来维持。动物体蒸发散热的途径主要是出汗，但因猪的汗腺退化，皮下脂肪层阻止体内热量散发。又由于猪的皮肤表皮层较薄，被毛稀少，对光化性照射防护能力较差，这些生理解剖上的特点，使猪不耐热。当环境温度升高至临界温度以上时，猪的抵抗力和免疫力降低，猪开始出现热应激，呼吸频率升高，呼吸量增加，采食量减少，生长猪生长速度缓慢，饲料利用率降低，公猪射精量减少、性欲变差，母猪出现不发情。因此，猪在较高温度下，为散热，一接近水坑，就在泥水中打滚，时时把潮湿的一侧身体暴露于空气中，其冷却效果甚高；当遇到泥土时，常用鼻拱泥土，躺在较凉的下层泥上，四肢张开，同时表现喘气。如果把猪养在水泥地面的舍内或养在笼里，则它将在自己的粪尿中打滚，或把身体挤在饮水槽内；有饮水器的圈舍，会长时间咬住饮水器洗澡。夏天，猪在睡觉时，充分伸展身体，以便使身体表面得到最大程度的暴露。而在寒冷的天气中，猪则蜷缩而睡，以便最小限度地暴露身体表面。

初生的仔猪由于大脑皮层发育不完善，调节体温的机能不全，因而适应环境温度的能力是极有限的。当它们出生时环境温度偏低，则体温下降很快；再加上其皮下脂肪少、皮薄毛稀、保温性能差、体表面积相对较大（对体重而言），故怕冷又怕湿，因此，保温是提高仔猪成活率的重要措施之一。

五、嗅觉、听觉和痛觉灵敏，视觉不发达

猪的嗅觉之所以灵敏，是由于猪鼻发达，嗅区广阔，嗅黏膜的绒毛面积大，分布在这里的嗅神经非常密集，对任何气味都能嗅到和辨别。据测定，猪对气味的识别能力高于狗1倍，比人高7～8倍，依靠嗅觉能有效地寻找地下埋藏食物和能准确地识别群体内的个体或自己的仔猪，在性本能中也起很大作用。例如，发情的母猪闻到公猪特有的气味，即使公猪不在场，也会表现出“发呆”反应；训练公猪采精，只要在假台猪上涂点母猪的尿液，公猪闻到母猪的气味就可爬跨采精。仔猪生后几小时便能辨别气味，如仔猪生后便靠嗅觉寻找奶头，3天后就能固定奶头，在任何情况下，都不会弄错。

猪的听觉分析器官相当发达。猪的耳形大，外耳腔深而广，如同扩音器的喇叭，搜索音响的范围大，即使很弱的声音，都能觉察到。尽管猪的耳朵相对很少活动，但头部转动灵活，可以迅速判别声源的方向，能辨别声音的强度、音调和节律，通过呼名和各种口令的训练可以很快地建立起条件反射。仔猪生后几分钟内便能对声音有反应，几小时可辨别不同声音的刺激物，到3～4月龄就能较快辨别出来。猪对意外声响特别敏感，尤其是与吃喝有关的声响更为敏感，当他听到饲喂器具的声响时，立即起而望食，并发出饥饿叫声。在现代养猪场，为了避免由于为了声响所引起猪群骚动，常采用全群同时给料装置。猪对危险信号特别警觉，即使睡眠，一旦有意外响声，就立即苏醒、站立警备。因此，为保持猪群安静，尽量避免突然的音响，尤其不要轻易抓捕小猪，以免影响其生长发育。

猪对痛觉刺激特别容易形成条件反射。利用其痛觉灵敏的特点可以进行定点排便的训练，也可以利用电围栏放牧和运动。

猪的视觉很弱，缺乏精确的辨别力，视距短，视野范围小，不靠近物体几乎就看不到东西，一般对光的刺激比对声音的刺激出现条件反射要慢得多。对光的强弱和物体形态的分辨能力也弱，对颜色的分辨能力也很差。人们利用猪的这一特点，用假母猪进行公猪采精训练。

六、适应性强，分布范围广

猪对自然地理、气候等条件的适应性很强，是世界上分布最广、数量最多的家畜之一。从猪这个物种来说，对不同地域的气候条件、饲料条件以及饲养方式方法都有着广泛的适应性。因此，猪的饲养范围相当广泛。

第二节　猪的行为特性

行为是动物对周围环境各种刺激的反应。成年动物的行为是由遗传的成分和后天获得的成分混合而成的。

一、采食行为

采食行为十分重要，因为它与猪的生长、健康和饲料的适口性密切相关。这种行为方式包括采食和饮水，并具有动物各种年龄特征。

拱土是猪的一种本能，拱土觅食是猪采食行为的一个显著特征。拱土不仅对猪舍建筑会有破坏性，而且也容易从土壤中感染寄生虫和疾病；如果饲以良好的平衡日粮和补充足够的矿物质，就会较少发生拱土现象。

猪的采食次数，白天6～8次，比夜间多1～3次，每次采食时间持续10～20分钟。若加以限饲，采食时间常少于10分钟，给以自由采食则时间能够延长。群饲的猪比单喂的猪吃得快，吃得多、增重也较高，采食具有竞争性。猪的采食量和摄食频率随体重增长而增加，也与不同的饲喂方法、饲料的适口性及其物理形态等有关：颗粒料与粉料相比，猪爱吃颗粒料；干料与湿料相比，猪爱吃湿料。虽然影响采食量的因素很多，但猪的采食总是有节制的。配种母猪，为恢复哺乳期丧失的体重，争食性比其他时期更旺盛。

在多数情况下，饮水和采食几乎是同时进行的。猪的饮水量相当大，仔猪的饮水量约为风干饲料的2～3倍；成年猪的饮水量，除与饲料的组成有关外，很大程度取决于环境温度。吃混合料的小猪，每昼夜饮水9～10次，吃湿料的平均2～3次，吃干料的猪每次采食后需要立即饮水，自由采食的猪通常采食和饮水交替进行，直到满意为止；限制饲喂的猪，则在吃完料后才饮水。仔猪出生1周后，就可学会使用自动饮水器饮水。

二、群居行为与争斗性

一般认为,家畜的群体行为是指同种家畜群居中个体之间发生的各种交互作用。结对是一种很突出的交往活动。猪群体表现出更多的身体接触和保持听觉的信息传递。猪的推、拱和咬都是开始互相对抗的常见形式。

在无猪舍的情况下,猪能自己固定地方居住,表现出定居漫游性。同窝出生的仔猪过着群居生活,合群性好,当它们散开时,彼此距离不远;若受惊吓时,会立即聚集在一起,或成群逃走。群居生活加强了它们的模仿性。

争斗行为包括进攻防御、躲避和守势的活动。在生产实践中,能见到的争斗行为一般是由争夺饲料和争夺地盘所引起,不同窝仔猪或不同圈养的猪并圈时,会发生激烈的争斗;除争夺饲料和地盘外,还有调整猪群居结构的作用。当一头陌生的猪进入一群中,这头猪便成为全群猪攻击的对象。攻击往往是严厉的,轻者伤皮肉,重者造成死亡。如果将两头陌生的性成熟的公猪放在一起,彼此会发生激烈的争斗。它们相互打转、相互嗅闻,有时两前肢爬地,发出低沉的吼叫声,并突然用嘴咬。这种争斗可能持续 1 小时之久,屈服者往往调转身躯,号叫着逃离争斗现场。新合群的猪,主要是争夺群居位次,待建立起位次序列后,才会形成一个较稳定的群居集体。同品种内体重大的猪往往位次排列在前;若猪群由不同品种组成,位次排列在前的不一定是体重大的猪,而是战斗力强的个体。位次关系有垂直关系,也有并列或三角形夹在其中。位次建立后,就开始按正常秩序生活;若生活环境发生变化,位次关系就可能发生变化。试验证明,在饲养密度过大的情况下,位次关系就难以建立,相互打斗的次数和强度就会增加,影响采食和休息,生长受阻。

三、排泄行为

在良好的饲养管理条件下,猪是家畜中最爱清洁的动物。猪通常会保持卧区清洁干燥,避免粪尿污染,不随便在圈内排泄,其排粪排尿都有一定的时间和地点,一般在食后、饮水或起卧时排泄粪尿。生长猪在采食过程中不排便,饱食 5 分钟左右开始排粪 1～2 次,多为先排粪后排尿;在饲喂前也有排泄的,但多为先排尿后排粪;在 2 次饲喂的间隔的时间里多为排尿而很少排粪;早晨的排粪量最大。猪能在猪栏内选择远离猪床的固定地点排泄,喜欢排在墙角、潮湿、有粪便气味处,这是祖先遗传下来的本性,因野猪不在居住的地方拉屎撒尿，以避免被敌兽发现。倘若圈栏过小或栏内群养头数过挤，它就无法表现好洁性。冬天过冷时，猪有尿窝的现象。现代的养猪方式是将猪饲养在过分拥挤的猪栏中，因其先天性的排泄习性受到干扰，猪有时难以保持有组织的排泄行为，无法表现出清洁性。例如，生长肥育猪，在占地面积少于 1 m^2 时，它们的排泄行为就变得混乱。猪群中部分出现排泄混乱时，是对管理不善作出的反应。猪通常习惯将它们的排泄物堆置于近饮水处。因此，当猪第一次圈养在水泥地面的猪舍中，在水泥地面的一角撒上少量的水或放上少量的猪粪，这样就会诱使猪群在这个地方排泄其大部的粪便。初生仔猪一般多分散排粪，随日龄的增加排泄逐渐区域化，大多在供活动的小运动场上和饮水区域内排泄。

四、活动与睡眠行为

猪是睡眠相对较多的动物，一天内活动与睡眠交替几次。猪睡眠时全身肌肉松弛，发出鼾声。它们经常是成群地同时睡眠。仔猪生后 3 天内，除吮乳和排泄外，几乎全是酣睡不动。随着日龄的增长和体质的增强，活动量逐渐增大，睡眠相应减少。通常仔猪的活动和睡卧几乎都是尾随和仿效母猪。大约在出生后 5 天随母猪活动，10 天后便开始同窝仔猪群体活动，单独活动减少，睡眠休息主要表现为群体睡卧。

猪的活动有明显的昼夜节律。其活动大部分在白天，但在温暖季节，夜间也活动和采食；遇上阴冷天气，活动时间缩短。猪的躺卧和睡眠时间很多，因此，其休息和睡眠时间延长是正常的功能行为。如果在有不同的躺卧处可供猪选择时，猪不喜欢漏粪地面作为躺卧处。据调查，饲养在全部是漏粪地面上的猪咬尾频率明显增高。

猪的休息时间因年龄、体重和生理状况不同有很大的变动。例如，体重小的猪每昼夜休息时间约占 63％，体重大的猪占 73％；妊娠母猪休息时间可占 95％，休息高峰在半夜，清晨 8 时左右休息最少；哺乳母猪其躺卧次数无明显规律，但睡卧时间长短有规律性，表现出随哺乳天数的增加躺卧时间逐渐减少。哺乳母猪睡卧休息有两种：一种属静卧，休息姿势多为侧卧，少有伏卧，呼吸轻微且均匀，虽闭眼但易惊醒；一种是熟睡，姿势多为侧卧，呼吸浑长，有鼾声且有皮毛抖动，不易惊醒。

五、探究行为

探究行为包括探查活动和体验行为。猪的一般活动大都来源于探究行为，大多数是朝向地面上的物体，通过看、听、闻、尝、啃、拱等进行探究，表现出很发达的探究驱力。探究驱力指的是对环境的探索和调查，并同环境发生经验性的交互作用。猪对新近探究中所熟悉的许多事物，表现有好奇、亲近的两种反应。仔猪对小环境中的一切事物都很好奇，对同窝仔猪表示亲近。探究行为在仔猪中表现明显。仔猪出生后2分钟左右即能站立，开始搜寻母猪的乳头，有鼻子拱掘是探查的主要方法。仔猪探究行为的另一明显特点是，用鼻拱、口咬周围环境中所有新的东西。用鼻突来摆弄周围环境物体，是猪探究行为的主要方面，其持续时间比群体玩闹时间还要长。猪在觅食时，首先是拱掘动作，闻，拱，舔，啃；当诱食料合乎口味时，便开口采食，这种摄食过程也是探究行为。同样，母子之间彼此能准确识别也是通过嗅觉、味觉而建立的。猪在栏内能明显地区划睡床、采食、排泄不同地带，也是通过嗅觉区分不同气味等探究行为而形成的。

六、性行为

性行为是动物的本能之一，在性成熟后才出现，性行为包括发情、求偶和交配行为。这不仅具有重要的生物学意义，还具有很大的经济价值。

母猪在发情期，可以见到特异的求偶表现，公、母猪都表现一些交配前的行为。发情母猪表现卧立不安、食欲减退，爬跨母猪或被别的母猪爬跨，频频排尿，阴户红肿，黏膜充血，湿润并有黏液流出。发情旺盛期，表现出呆立不动的交配姿势。“呆立反射”是母猪的一个关键行为，常以此确定其配种适期，发情母猪会主动接近公猪，嗅闻公猪的头、肛门和阴茎包皮，并紧紧挨近公猪，站立不动，让公猪爬跨。

公猪一旦接近发情母猪，会去追逐它，嗅闻其外阴部、肋部等部位，有时会向上拱动母猪，口吐白沫，皱缩鼻孔，抬高并翻卷上唇，时时发出连续的、柔和而有节律的喉音。当公猪性兴奋增强时，还会出现有节律地排尿。有些母猪表现明显的配偶选择，对个别公猪表现强烈的厌恶。有的母猪由于内分泌失调，表现性行为亢进，或不发情和发情不明显。公猪由于营养和运动的关系，常出现性欲低下，或公猪发生自淫现象。群养公猪，常造成稳固的同性性行为的习性，群内地位低的公猪多被其他公猪爬跨。

七、母性行为

母性行为是指母猪做窝、哺乳和抚仔等分娩前后的一系列行为。母猪在分娩前3天，嗜睡，衔草做窝的行为增加；如果栏内是水泥地面而且又无垫草，则用蹄爪刨地以示做窝。阴户松弛肿胀，乳腺也有明显增大。临产前1～2天，母猪出现神情不安，频频排尿，粪形变小，呼吸加快。分娩时一般多采用侧卧，选择最安静时间分娩，一般多在16时以后，特别是在夜间产仔最为多见。当第一头仔猪产出后，有时母猪还会发出尖叫声。当仔猪吸吮母猪时，母猪四肢伸直亮开乳头，让初生仔猪吃乳。母猪整个分娩过程中，自始至终都处在放奶状态，并不停地发出哼哼声，母猪乳头饱满，甚至有奶水流出，使仔猪容易吸吮到。母猪分娩后以充分暴露乳房的姿势躺卧，形成一热源，引诱仔猪挨着母猪乳房躺下；哺乳时常采用侧卧，一次哺乳中间不转身。母仔双方都能主动引起哺乳行为，母猪以低度有节奏的哼叫声召唤自己的仔猪吮乳。有时是仔猪以它的召唤声和持续地轻触母猪乳房来发动哺乳。一头母猪哺乳时母仔的叫声，常会引起同舍其他母猪也哺乳。带仔期间，母猪非常注意保护自己的仔猪，在行走、起卧时十分谨慎。当母猪躺卧时，不断用嘴将仔猪拱出卧区，以防压死仔猪。仔猪一旦被压，只要听到仔猪叫声，马上站起，防压动作再作一遍，直到不压住仔猪为止。这些母性行为，越是地方猪种表现越强。现代培育品种的猪，其母性行为都有所减弱。

八、异常行为

异常行为是指超出正常范围的行为。恶癖着重是指在各种癖性中能对人畜造成危害或带来经济损失的异常行为，它的产生通常与饲养管理、应激等因素有关。例如，长期圈禁的母猪会持久而顽固地咬嚼自动饮水器的铁制乳头。母猪生活在单调无聊的栅栏内或笼内，常狂躁地在栏笼前不停地啃咬栏柱。一般随活动范围受限制程度的增加，猪咬栏柱的频率和强度增加，攻击行为也增加。口舌多动的猪，常将舌尖卷起，不停地在嘴里伸缩动作，有的还会出现拱癖和空嚼癖。在拥挤条件下饲养的猪通常有咬尾的恶癖。同类相残是在环境压力下的另一种显著的恶习，如神经质的母猪在产后出现食仔现象。一般来说，异常行为一旦形成，难以消除，关键在于预防。

九、后效行为

猪的行为有的是生来就有，如觅食、母猪哺乳和性行为，有的是后天发生的，如学会识别某些事物和听从人们指挥的行为等。后天获得的行为称条件反射行为，或称后效行为。后效行为是猪出生后对新鲜事物的熟悉而逐渐建立起来的。猪对吃、喝的记忆力强；它对饲喂的有关工具、饲槽、饮水槽及其方位等，最容易建立起条件反射。

案例：猪后效行为的应用。

小猪在人工哺乳时，每天定时饲喂，只要按时给以笛声、铃声或饲喂用具的敲打声，训练几次，即可听从信号指挥，到指定地点吃食。由此说明，猪有后效行为，通过训练，都可以建立起后效行为反应，听从人的指挥，提高生产效率。有人测定猪的智商数，发现比动物中最聪明的狗和马还要高。迷宫试验或逃逸试验猪在两次重复引导后，第三次自己找到逃生门户，他们誉之为"学习能力"强。欧洲有些国家(匈牙利等)利用猪来为盲人引路(导盲猪)，也有人(法国)发挥猪的嗅觉灵敏的特点，到野外去探找土壤下的一种野生块根类的东西，这是埋藏较深的类似人参、天麻一类的价值很高的补品，农民靠经验，看准挖下去，也不一定挖出来，一天能挖6～7个已算是大丰收了。经过调教训练的猪，用鼻子拱土，几乎百发百中，一天下来比不用猪的要收获的多。

动物行为学不仅是良好猪场管理以及提高养猪生产水平与效率的重要依据，同时也是对动物福利进行评估的理论基础。

【复习思考题】

1. 猪的重要生物学特性和行为特性有哪些？
2. 阐述猪的生物学特性、行为特性与生产力的关系。
3. 生产中如何利用猪的生物学特性和行为特性？

第十一章 猪的品种

【内容提要】 我国猪种资源比较丰富。本章将介绍地方品种、培育品种和引进品种；猪的杂交生产模式，最佳杂交模式的确定；配套系生产及完整杂交繁育体系的建立。

【目标及要求】 掌握中国地方猪种和引进猪种的种质特性，中国地方猪种各类型的代表品种及特点，引进品种的原产地、主要特点及杂交利用效果；杂交模式及最佳杂交模式的确定，配套系生产及杂交繁育体系的建立。

【重点与难点】 我国地方猪种保护和利用，引进品种的体形外貌特征、生产性能、优缺点及杂交利用效果，最佳杂交模式的确定，配套系生产及完整杂交繁育体系的建立。

第一节 猪的经济类型

历史上，猪按经济用途可分为脂肪型、腌肉型和肉用型。这种分类方法，在19世纪末期的英国首先出现，当时英国人把瘦肉较多、适于腌制腌肉的胴体叫做“威尔县胴体”，后来又称它为“腌肉”。以后凡是能产生瘦肉较多的猪种就叫做“腌肉型”猪种，而能产生脂肪较多的猪种称为“脂肪型”猪种，介于两者之间的则称为“肉用型”或“兼用型”。在外形上，腌肉型猪中躯较长，背线与复线平直，体长往往长于胸围15～20 cm。脂肪型的猪，体躯宽，深而不长，体长与胸围几乎相等。肉用型猪是介于两者之间。但这种分类方法随着社会的发展已不适用，因近几十年，由于人们对猪胴体品质要求的改变，脂肪型猪种日趋减少，单纯腌肉型猪亦不多见，按过去经济用途划分猪种的概念已在改变，于是出现了肉用型或瘦肉型猪种的概念。我国 1987 年制订的《中华人民共和国国家标准　瘦肉型猪品种（系）鉴定与验收》规定：生长育肥猪体重 90 kg 屠宰时，胴体瘦肉率应在 55%以上，平均膘厚 3.0 cm 以下，如专门化品系，父系的瘦肉率在 62%以上，母系 55%以上。

第二节　我国猪种的分类

我国猪种资源比较丰富，根据来源可分为地方品种、培育品种和引入品种。据 2004 年出版的《中国畜禽遗传资源状况》介绍，我国已认定的猪种 99 个，其中地方猪种有 72 个，培育品种 19 个，引入品种 8 个。2006 年我国又开始正式启动第二次大规模的猪种资源普查工作，通过普查又发现一些新的地方猪种，并又将部分原合并的地方猪种进行了“拆分”。因此，地方猪种数量比 2004 年出版的《中国畜禽遗传资源状况》介绍的有所增加。2011 年出版的《中国畜禽遗产资源志・猪志》一书，收录地方品种 76 个，培育品种 18 个，引入品种 6 个，可谓世界之冠，是世界猪种资源宝库中的重要组成部分。

一、地方品种

我国养猪历史悠久，生态环境多样而复杂，各地的社会经济条件和各民族生活习惯差异较大，逐渐形成了丰富多彩的地方猪种资源。我国地方猪种的优良特性，很早就被国外所重视，曾对世界猪种的改良起过重要作用。例如，18 世纪英国引入我国的华南猪，与本地猪杂交改良，培育出了对世界猪种影响较大的巴克夏猪和约克夏猪。

（一）地方猪种类型的划分及其特点

1986 年出版的《中国猪品种志》，将我国的地方猪种，按其外貌、生产性能、当地农业生产情况、自然条件和移民等社会因素，划分为华北型、华南型、华中型、江海型、西南型和高原型 6 个类型（图 11-1）。

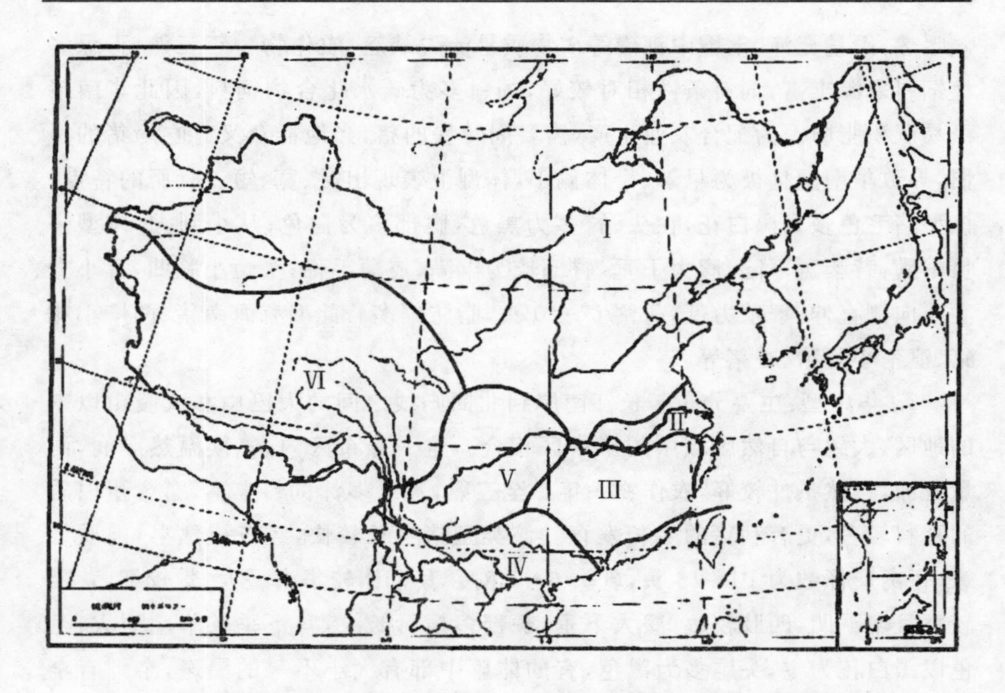

Ⅰ.华北型　Ⅱ.江海型　Ⅲ.华中型　Ⅳ.华南型　Ⅴ.西南型　Ⅵ.高原型

图 11-1　中国地方猪种类型分布示意图(引自张中葛,等. 1986)

1. 华北型:主要分布于秦岭、淮河以北,包括自然区划中的华北区、东北区和蒙新区。这一分布区域内一般气候干燥寒冷,无霜期短,饲料条件相地较差。历史上有放牧养猪的习惯,猪的日粮青粗饲料比例高,一般采用"吊架子"肥育法。由于生活在气候干燥,日光充足,土壤中钙磷等矿物质含量高的地方,加上运动多、饲养期长,因而猪的体躯较大、四肢粗壮;背腰狭窄而平直,腹下垂,大腿欠充实,臀部倾斜;嘴筒较长,耳大下垂,额有皱纹,且多纵行;皮厚多有皱,毛长而密,冬季密生绒毛,毛色多为黑色;乳头 8 对左右,繁殖力高,一般产仔数 12 头以上;较晚熟,生长慢,肉质鲜嫩,红润,肌内脂肪含量高,味香浓。此型有民猪、八眉猪、莱芜黑猪等。

2. 华南型:主要分布于云南省的西南部和南部边缘,广西、广东偏南大部分地区及福建的东南角和台湾省各地。这一分布区域位于热带和亚热带,气候暖热,雨量充沛,土壤中钙磷等矿物质易流失缺乏,农作物一年三熟,青绿多汁饲料来源丰富,饲料条件相对较好,饲料多为碳水化合物饲料,因此华南猪极易沉积脂肪。为配合农业生产,需要周转快的猪,当地群众又有吃烤猪的习惯,导致华南型猪极为早熟、个体偏小,体型上表现出矮、宽、短、圆、肥的特点。该型猪毛色多为黑白花,在头、臀多为黑色,腹部多为白色;从小到大,体型一贯丰满,背腰宽下陷,腹大下垂,臀部较为丰满,皮薄毛稀;头短小脸凹,耳小直立或向侧直伸;繁殖力低,每窝 6～10 头,脂肪偏多。此型有海南猪、两广小花猪、滇南小耳猪、香猪等。

3. 华中型:主要分布于长江南岸到北回归线之间的大巴山和武陵山以东的地区,大致与自然区域中的华中区相合。这一分布区内,气候温热湿润,雨量充沛,自然条件较好,农作物一年二至三熟,青绿多汁饲料丰富,富含蛋白质的精料较多,更有利猪的生长发育。该类型猪生长较快,经济成熟早,肉质细嫩,每窝产仔数为 10～13 头,乳头 6～8 对。其个体较华南型大,骨较细,背腰较宽且多下凹,四肢较短,腹大下垂,额部多横行皱纹,耳下垂较华南型大;毛色以黑白花为主,头尾多为黑色,有的体躯中部有大小不等的黑斑,个别有全黑者。此型有金华猪、大花猪、华中两头乌猪等。

4. 江海型:主要分布于汉水和长江中下游沿岸以及东南沿海地区。这一区域就自然条件来说是个过渡区域,其猪种处于华北型和华中型的交错地带,因此该型猪种是由华北型和华中型猪种杂交选育而成的,各猪种间差异较大。毛色由北向南由全黑逐步向黑白花过渡,个别有全白者,体型也大小不一。但江海猪有其共同特点,以繁殖力高而著称;每窝产仔数 13 头左右,高者达 15 头以上,乳头多为 8 对。该类型猪背腰较宽,腹部较大,骨骼粗壮,皮厚多皱褶,额较宽,皱纹深多呈现菱形或寿字形,耳大下垂,脂肪多,瘦肉少。此型有太湖猪、阳新猪等。

5. 西南型:主要分布于四川盆地和云贵高原的大部分地区,以及湘鄂的西部。该区域虽然自然条件和农作制度差别较大,但农作物种类相似,饲料条件基本一致,猪种多随移民带入,因而大部分猪种体质外形与生产性能基本相似。该型猪一般个体较大,头大、颈粗短,额部多横行皱纹,且有旋毛,毛色多全黑或黑白花,背腰宽而凹,腹大略下垂;屠宰率低,脂肪多;乳头 6～7 对,产仔不多,每窝8～10头。此型有内江猪、荣昌猪、乌金猪等。

6. 高原型:主要分布于青藏高原。这一区域自然条件和社会经济条件特殊,因而高原型猪与其他类型猪种有很大的差别。该型猪体型小,形似野猪,四肢发达,粗短有力,蹄小结实,善于奔走,行动敏捷;嘴尖长而直,耳小直立,背窄而微弓,腹小而紧凑,臀倾斜,毛色多为黑色,少数黑白花和红毛,鬃毛长而密;繁殖力低,每窝产仔5～6头;抗寒能力强,耐粗饲,但生长慢,一年可长到20～30 kg,2～3年长到35～40 kg,屠宰前舍饲2个月可达50 kg,肉质鲜美多汁。藏猪为典型代表。

(二) 地方猪种的种质特性

我国地方猪种的共同特点是繁殖力强、抗逆性强、肉质好、能大量利用青粗饲料,但生长速度较慢、屠宰率偏低、胴体脂多肉少。

1. 繁殖力强:主要表现在母猪性成熟早,发情症状明显,产仔数多,母性强等方面。例如,我国一些地方猪种,母猪3～4月龄开始发情,4～5月龄就能配种;而国外主要品种初情期出现在6～7月龄,7～8月龄初配,几乎是中国猪种的1倍。我国多数地方猪种的平均产仔数都在11头以上。

案例:太湖猪平均产仔15.8头,平均排卵数为28.16个,比其他地方猪种多6.58个,比国外猪种多7.06个,早期胚胎死亡率平均为19.99%,国外猪种则为28.40%～30.07%;初情期平均98天,64天(二花脸)至142天(民猪),平均体重24 kg,12 kg(金华猪)至40 kg(内江猪),而国外主要猪种在200 kg。

2. 抗逆性强:抗逆性是指机体对不良环境的调节适应能力,这些不良环境包括气温、湿度、海拔以及粗放饲养管理、饥饿及疾病侵袭等各方面。我国地方猪种具有较强的抗逆性。

案例:在我国最寒冷的东北地区生存的东北民猪,能耐受冬季零下20℃～30℃的寒冷气候,在－15℃条件下仍能产仔和哺乳;在西藏高原的藏猪,生活环境极其恶劣,气候寒冷、空气干燥,气压低,昼夜温差大,海拔高度在3 000 m以上,仍能在野外放牧采食。我国地方猪种表现出比国猪种耐热,如当气温由22.5℃升至32℃时,哈白猪的呼吸次数增加了47.94次/分钟,民猪增加了31.87次/分钟;大花白猪和长白猪比较,当人工控制气温由27℃升至38℃以上时,呼吸次数分别增加52.6次/分钟和60.8次/分钟。在高温季节,没有发现我国地方猪种像长白猪被热死的现象。我国地方猪种耐粗饲能力强，主要表现在能利用大量的青粗饲料和农副产品，能适应长期以青粗饲料为主的饲养方式，在低能量和低蛋白营养条件下能获得相应的增重，甚至比国外猪种增重快。

3. 肉质优良：中国地方猪种素有肉质优良的盛名，主要表现在肌纤维细，肌束内肌纤维数量较多，保水力强，肉色鲜红，没有 PSE 肉色，pH 高，肌肉大理石纹适中；更突出的是肌肉粗脂肪含量高。据对莱芜猪背最长肌化学成分测定，肌肉内粗脂肪含量 10%以上，比国外猪种高 3 倍以上。乌金猪以“云腿”驰名中外；用金华猪做原料生产的“金华火腿”，色、香、味俱全，畅销世界。

4. 矮小特性：贵州和广西的香猪、海南的五指山猪、云南的版纳微型猪以及台湾的小耳猪，是我国特有的遗传资源。在未断奶时(体重 3～4 kg)，就可食用，而无乳腥味，肉质香嫩；成年体高在 35～45 cm，体重只有 40 kg 左右；具有性成熟早、体型小、耐粗饲、易饲养和肉质好等特性；是理想的医学实验动物模型，也是烤乳猪的最佳原料，具有广阔的开发利用前景。

5. 生长缓慢，饲料转化率低：我国地方猪种初生重小，平均只有 700 g 左右，生后期发育起点低是导致生长慢的因素之一。例如，大花白猪从初生到 300 日龄日增重为 259 g，内江猪从初生到 240 日龄日增重为 373 g，民猪从 75 日龄 至 250 日龄日增重为 418 g。我国地方猪种饲料转化率大大低于培育品种和国外品种，如从断奶到 7 月龄阶段，每增重 1 kg 需混合饲料为 3.85～4.22 kg；在同一试验条件下，达 90 kg 体重时，民猪比哈白猪要多养 25 天，每增重 1 kg 多耗混合料 0.1 kg，6 月龄时内江猪比长白猪少增重 15.2%。

6. 贮脂能力强，瘦肉率低：我国地方猪种具有早熟、多脂、皮厚和适宰体重小等特点。例如，金华猪 55 kg 体重阶段，大花白猪 65 kg 阶段，内江猪 70 kg 阶段，胴体肉脂比已达 1.5∶1；而长白猪在 90 kg 阶段，肉脂比可达 2.4∶1。我国地方猪种在 90 kg 活重时，胴体瘦肉率在 40%左右，而胴体脂肪率很少低于 40%；国外品种此阶段的胴体瘦肉率都达 60%以上，我国地方猪腹内贮脂能力特强，不少地方猪种腹腔内脂肪比国外猪种要高出 1 倍以上，这是导致耗料多的原因之一。

(三) 地方猪种的开发利用途径

随着高产品种和专门化品系的大量育成，以及养猪生产体系集约化出现，生产上大量使用的是经济价值高的品种及其杂交种，使原有的地方品种数目迅速减少或消失。例如，世界上猪的品种与类群，曾有数百个之多，但目前只有10多个在国际上分布较广，其中又以约克夏猪、兰德瑞斯猪、杜洛克猪、汉普夏猪、皮特兰猪和太湖猪较为突出。我国地方猪种的许多优异特性（如繁殖力高、抗逆性强和肉质好等）是在几千年的长期选育和特定的自然环境条件下形成的，但其生长慢、脂肪多、皮厚等缺点已不适应现代化商品猪生产的需要，若利用不当将威胁到品种的保存和持续利用。因此，从长远的观点看，对地方猪种开发利用要集中在以下几个方面。

1. 在杂交繁育中中国猪作母本品系：良好的繁殖性能，是杂交利用母本品系的必备条件。我国地方猪种普遍具有性成熟早、产仔多、母性强等优良特性，符合母本品系应具备的条件。目前，在我国进行商品瘦肉猪生产的杂交繁育中，以我国地方猪种为母本，以引进的大约克夏猪、长白猪、杜洛克猪、皮特兰猪等优良瘦肉猪种为父本，进行二元或三元杂交，这样既实现地方猪种的积极保护，又使商品猪充分地利用地方品种和引入各自品种的优良种猪特性。

2. 作为育成新品种（系）的原始素材：我国地方品种猪除具有繁殖力强的特点，还具有特殊的抗逆性和优良肉质性能，但生长性能较差。在育成新品种（系）时，为提高其生长性能和对当地的环境条件、饲养管理条件有良好的适应性，经常利用地方品种和外来品种杂交，培育新的品种（配套系）。例如，鲁莱黑猪品种育成是利用我国优良地方品种莱芜猪与国外生长性能高、繁殖性能也较好的大约克夏猪通过杂交建系、横交固定、定向培育而成。因此，新培育的鲁莱黑猪体质结实、体型匀称、产仔数高、母性好、耐粗放、瘦肉率适中、肌内脂肪含量高（7.27%），是生产优质肉猪的良好种质资源。

3. 改善商品瘦肉猪的肉质：我国地方猪种肉质优良，在肉色、大理石纹、保水力及肌内脂肪含量等方面均优于国外肉用型猪种，故与国外肉用型猪种杂交所产生的杂种后代肉质一般优于国外品种。试验也证明，含国外品种血统越高的杂种其肉质越差。因此，如果在不追求过高的胴体瘦肉率的情况下，要改善商品瘦肉的肉质，我国地方猪种是一个适宜的亲本。

4. 积极发掘部分地方猪种特殊资源的利用价值：如香猪、五指山猪、版纳微型猪等小型猪，可开发其在生物医药和食品领域中的利用途径；林芝藏猪产区天麻、田七、藏红花等药用植物资源丰富，特有的生态环境赋予林芝藏猪药用价值高的种质特性，在传统的藏医学中，其血、鞭、骨、粪皆可入药，可积极发掘林芝藏猪在制药和保健性食品行业中的应用价值。

(四) 地方猪种资源保护存在的问题

目前虽然我国在猪遗传资源保护与利用方面做了大量工作，但还存在很多问题，我们应该正视这些问题，解决好这些问题才能更好地保护和利用我国宝贵的猪种资源。

1. 对保护与利用重要性的认识程度不同：国家有关部门和业界高级别人士历来重视猪种的保护与利用工作，为此成立国家畜禽遗传资源管理委员会，下达专门项目，安排专项经费，以保证著名地方猪种保护与开发利用工作顺利进行。但各地及业界基层人士对保护与利用重要性的认识差别甚大，很多省份至今尚未成立畜禽遗传资源管理委员会，有的虽然成立此机构，但并未展开工作；不少省份既未下达专门项目，也未安排专项经费，致使保护与利用工作难以正常展开。

2. 保护与利用方法不恰当：不少地方猪种只保存了一个小群体，至于有无重要基因丢失、品种的重要遗传特征有无改变，都未进行认真研究，因为的确没有明确的保种目标，基本上仅在保种的群体大小、血缘多少和体型外貌一致性方面做工作，造成形式上原品种基本上保存下来了，但实质上保护效果如何很难说清楚(张沅等，2003)。而地方猪种的开发利用基本上仅局限于简单杂交和新品种(系)培育，开发利用的深度和广度都不够。

3. 投入经费不足：由于地方猪种保护难以体现经济效益，资金来源主要依赖经费投入，因此，若经费投入不足竟直接导致地方猪种种质特性研究不深入、保存的群体规模和血缘数量不足。而新品种(系)培育花费更大，经费投入过少会造成选育基础群偏小、参选血缘数不足、参选强度不大，选育效果不理想(D. Kunstner，1988，杜立新等，2000)。

总之，中国地方猪遗传资源的保护与利用势必引起各界的高度重视，势必贯彻保护生物多样性的统一原则，即积极的、发展的、开放的、动态的原则，坚持开发、评估、保护、利用四者的有机结合，不断发掘、评估新资源，研究保护与利用的新方法、新途径，解决新问题，真正使中国地方猪种遗传资源的保护与利用为畜牧业的可持续发展，进而为人类社会的可持续发展做出应有的贡献。

二、培育品种

（一）概况

培育品种是指利用从国外引入的猪种与地方品种杂交而育成的品种。1949年以来，我国广大养猪工作者和育种专家通力协作，用地方品种与引入品种培育了一批猪新品种和配套系，它们是北京黑猪、山西黑猪、哈尔滨白猪、三江白猪、东北花猪、上海白猪、新淮猪、赣州白猪、汉中白猪、伊犁白猪、湖北白猪、浙江中白猪等（中国猪品种志，1986）。1999年以来，经农业部公告的新品种有苏太猪、南昌白猪、军牧Ⅰ号白猪、大河乌猪、鲁莱黑猪、鲁烟白猪、豫南黑猪等品种，同时公告的猪配套系有光明猪配套系、深农猪配套系、翼合白猪配套系、中育猪配套系、华农温氏Ⅰ号猪配套系、撒坝猪配套系，鲁农Ⅰ号猪配套系和渝荣猪配套系等。这些猪的新品种和新品系，既保留了我国地方品种的优良特性，又兼备了引入品种的特点，大大丰富了我国猪种资源的基因库，又推动了猪育种科学的进步，并普遍应用于商品瘦肉猪生产。

培育新品种和新品系的目的是保留我国地方品种猪母性强、发情明显、繁殖力高、肉质好、适应本地条件、抗逆性强、能利用大量青粗饲料等优点，改进其增重慢、体型结构不良、屠宰率低、胴体中肥多瘦少等缺点。培育品种猪个体高大，成年体重猪在220 kg以上，母猪180 kg左右，体长、胸围、体高明显增大，背腰宽平，大腿丰满，小腿粗壮有力，改变了地方猪凹背、腹大、后躯斜尻、四肢结构不良、卧系等缺陷。培育品种猪一般皮肤薄，体质较细致紧凑，采食量大，并能适应当地饲养管理条件；繁殖力保持了多产性，平均窝产仔9～12头；仔猪初生重接近引入品种，平均1 kg以上；性成熟较迟，一般4～5月龄开始发情，有的7月龄开始发情；中猪生长发育快，6月龄活重达到75～90 kg；20～90 kg阶段平均日增重600 g，90 kg屠宰胴体瘦肉率平均52%以上。与引入品种比较，我国培育的新品种猪发情明显、繁殖力高、抗逆性强和肉质鲜嫩。培育猪种能耐受青粗饲料，在低能量、低蛋白的情况下能获得相应的增重，比引入品种猪在同样条件下生长好得多。在肉品质方面，培育猪种肌纤维较细，肌肉纹理好，吸水力强，pH高，肌内脂肪含量高，无应激综合征和PSE猪肉。

由于培育品种在选育程度上远不及引入品种，所以品种外形整齐度差，体躯结构还不够理想，腹围较引入品种大，生长发育、增重速度、饲料报酬和胴体瘦肉率还不及引入品种。

（二）培育品种的分类

由于各培育品种形成过程不同，杂交方式和选育方法又各具特点，因此对它们类型划分较为困难。目前通常的方法是按毛色和亲本来源进行分类。

1. 白色品种：以苏联大白猪、中约克夏猪、大约克夏猪、长白猪等4个白色外来猪种为父本，本地地方猪种为母本，进行复杂杂交而育成的。被毛全白，有的皮肤上有少量黑斑。在头型、耳型、体躯结构、后躯发育和四肢特征方面，品种间大致相似。头较长直，颜面额部平直少皱纹。耳大小适中，多数略向前外方倾斜。背腰较长而平直，腹部不下垂但较引入品种大，后腿较丰满。品种间因所用亲本及组合方式的不同而有所区别。产仔数平均为11～12头，初生重为1～1.2 kg。平均日增重645 g，胴体瘦肉率为53%左右。如上海白猪、三江白猪、湖北白猪等。

2. 黑色品种：以巴克夏猪和杜洛克猪为主要父本（有的掺有少量其他品种外血），以本地猪种为母本杂交选育而成的。这类培育品种被毛以黑色为主，但某些品种具有“六白”或不完全“六白”特征。与白色培育品种比较，头较粗重，面部多皱纹，嘴较短，耳中等大略向前外方倾斜，背腰宽广，胸较深，腹大但不下垂，繁殖力、日增重和瘦肉率较大白型猪种略低。含巴克夏猪血统较多的繁殖力尤低。平均产仔数9.5～11头，胴体瘦肉率52%左右。

3. 黑白花品种：这类培育品种的父本有2种，即克米洛夫猪和巴克夏猪（或苏联大白猪），与当地猪种杂交选育而成的，如泛农花猪、东北花猪、北京花猪等。其特点是毛色为黑白花，其中黑花猪以黑色为主，有少量零星的小块白毛；个体中等大小，很多性状介于白色培育品种和黑色培育猪种之间，

三、引入品种

引入品种是指从国外引入的猪种。我国从19世纪末期起，从国外引入的猪种有十余个，其中对我国猪种改良影响较大的有中约克夏猪、巴克夏猪、苏白猪、克米洛夫猪、大约克夏猪、长白猪等；20世纪80年代起，又较多地引进了杜洛克猪、皮特兰猪和汉普夏猪等，用于经济杂交。与此同时，一些国际著名猪育种公司的专门化品系及配套系相继进入我国市场，如PIC、迪卡（Dekalb)、亥波尔((Hybrides)、托佩克(Topigs)和斯格猪(Seghers)等。但随着时代的发展和市场需要的不断变化,有些引进猪种逐步被淘汰(如中约克夏猪、苏白猪、克米洛夫猪等)。目前,对我国现代瘦肉型猪生产影响较大的品种主要有大约克夏猪、长白猪、杜洛克猪和皮特兰猪等。

这些引入猪种与中国地方品种相比,其种质特性具有以下共同特点。① 生长速度快,在中国饲养标准条件下,20～90 kg 育肥期平均日增重 650～750 g,高的可达 800 g 以上,饲料转化率 2.5～3.0,国外核心群生长速度更快,育肥期平均日增重可达 900～1 000 g,饲料转化率低于 2.5。② 屠宰率和胴体瘦肉率高,体重 90 kg 时的屠宰率可达 70%～72%以上;背膘薄,一般小于 20 mm;眼肌面积大,胴体瘦肉率高,在合理的饲养条件下,90 kg 体重屠宰时的胴体瘦肉率为 60%以上,优秀达 65%以上。③ 繁殖性能差,母猪通常发情不太明显,配种较难,产仔数较少。长白猪和大白猪经产产仔数为 11～12.5 头,杜洛克、皮特兰和汉普夏猪一般不足 10 头。④ 肉质欠佳,肌肉纤维较粗,肌内脂肪含量较少,口感、嫩度、风味不及中国地方猪种,出现灰白肉(PSE)和暗黑色肉(DFD)的比例较高,尤其是皮特兰猪的 PSE 肉发生率较高。⑤ 抗逆性较差,对饲养管理条件要求较高,在较低的饲养水平下,生长发育缓慢,尤其是生长速度还不及中国地方猪种;抗病力差,引进品种抗病能力远不如中国地方猪种。

(一) 大约克夏猪

大约克夏猪又称大白猪(Lar ge White)。原产英国约克郡及邻近地区。原来约克郡的猪是一种骨骼粗大,四肢高,毛色白而粗硬,身体强健,繁殖力较高的晚熟品种。1800 年开始引入我国的广东猪和含有我国猪种血统的莱塞斯特猪杂交改良;到 1852 年正式确定为新品种,称约克夏猪(Yorkshire),有大、中、小三种类型。目前在世界分布最广的是大约克夏猪,因体型大、毛色全白,故又称大白猪。现在许多国家(特别是欧美各国)引进经过培育后,并冠以该国名称而自成系统。引入我国较多的有英、加、法、美等系。

1. 体型外貌及生产性能:体大、匀称,毛色全白,允许偶有少量暗黑斑点。头长,颜面宽,而呈中等凹陷;耳薄而大,直立。体躯伸展良好,胸深广,肋开张,背腰平直或稍呈弓形,腹充实而紧凑,后躯宽长而丰满,四肢较高,坚实有力；后备猪 6 月龄体重可达 100 kg，1 岁可达 160 kg 以上；成年公、母猪体重分别为 300～350 kg 和 250～300 kg；产仔数较多，经产母猪每胎 11 头以上，仔猪初生重较大，达 1.3～1.5 kg；育肥期平均日增重达 800 g 以上，饲料转换率 2.5以下，屠宰率达 71%～73%，胴体瘦肉率 60%以上。据丹麦种猪测定站报道，30～90 kg 体重阶段的平均日增重达 932 g，饲料转化率 2.27，胴体瘦肉率 61.5%。核心群公猪的平均日增重 972 g，胴体瘦肉率 61%；核心群母猪的平均日增重 933 g，胴体瘦肉率 61%。

2. 利用情况：大约克夏猪的主要优点是生长快、饲料转化率高、产仔多，仔猪初生重大、胴体瘦肉率高、适应性较好。实践证明，大约克夏猪能适应我国广大地区，在我国杂交繁育体系一般作为父本，或在引进品种三元杂交中常用作母本或第一父本。

（二）长白猪

长白猪原名兰德瑞斯（Landrace），原产丹麦，因其体躯特长，毛色全白，故在中国通称长白猪。长白猪的培育始于 1887 年。1887 年前，丹麦主要饲养脂肪型的猪出口德国。1887 年 11 月，德国禁止从丹麦进口猪肉和活猪，丹麦猪肉转向英国市场。为了适应英国市场对腌肉型的猪需求，丹麦开始引进大约克夏猪与当地土种猪杂交，经长期不断的选育，育成了优秀的瘦肉型猪种——长白猪。该品种现在分布在世界各地，不少国家引进后培育出自己的兰德瑞斯，均冠以该国的名称而自成系统。目前是我国引进数量较多的猪种之一，主要有英、法、瑞、荷、丹等系。

1. 体型外貌及生产性能：头狭长，耳大前倾（罩），体躯深长，后躯发达，呈流线形体型，颈、肩部轻盈，背腰特长，肋骨较多，有 16 对，体侧深长，腹部直而不松弛，大腿丰圆充实，皮薄、骨细结实，被毛白色，浓密柔软；乳头 7～8 对，外貌对称，有清秀之感；在较好的饲养条件下，5～6 月龄体重达 100 kg，1 岁达 190 kg，成年公、母猪的体重分别为 250～350 kg 和 200～300 kg；产仔较多，平均每窝 11 头，仔猪初生重大。据丹麦国家测定中心报道，20 世纪 90 年代，试验站测试公猪 30～100 kg，育肥期平均日增重 950 g，饲料转化率为2.38，胴体瘦肉率为61.2%。农场大群测试公猪育肥期平均日增重 880 g，母猪 840 g，胴体瘦肉率 61.5%。

2. 利用情况:该品种具有繁殖力较强、生长快、饲料转化率和胴体瘦肉率高等优点,但其不足之处是对饲养条件要求较高、体质较弱、抗逆性较差。在我国杂交繁育体系一般作为父本,或在引进品种三元杂交中常用作母本或第一父本。

(三) 杜洛克猪(Duroc)

杜洛克猪原产于美国东部,由美国的三个猪种杂交育成,1883 年成立品种协会,并逐步由脂肪型培育成瘦肉型猪,是美国饲养数量较多、分布最广的猪种,现在分布于世界各地。我国于 1972 年以后相继由英、美、匈、日等国家引进。

1. 体型外貌及生产性能:被毛呈红棕色,但颜色深浅不一,从金黄色到棕褐色均有;体大,耳中等大,耳尖稍下垂,面微凹,体躯宽厚,全身肌肉丰满,后躯肌肉发达;腹紧凑,背稍弓,四肢粗壮、结实,蹄呈黑色多直立,性情温顺;后备猪 5～6 月龄体重达 100 kg,成年公猪(8 头)平均体重为 254 kg±7.85 kg,成年母猪(23 头)为 300 kg±23.37 kg;母猪产仔数不高,平均窝产仔数 9～10 头。据北京养猪育种中心的生长性能测定结果,达 100 kg 体重日龄165.5天,100 kg 体重活体背膘厚度 11.02 mm,30～100 kg 饲料转化率为 2.61。另据丹麦报道,测定中心的公猪 30～100 kg 阶段平均日增重达 924 g,饲料转化率为 2.30,瘦肉率为 59.9%。核心群公猪的平均日增重 998 g,瘦肉率为 59.2%;核心群母猪的平均日增重 948 g,瘦肉率为59.2%。

2. 利用情况:该品种引入我国后,表现出体质健康结实、生命力强、抗病力强、性情温顺、对饲料条件要求不高、生长较快、饲料转化率较高、瘦肉率较高等优点,但也存在着产仔数不高、仔猪哺育率低、乳房发育不好、有早期缺奶干奶等缺点。以杜洛克为父本与我国地方品种猪杂交后代比地方品种猪生长速度、饲料转化率及胴体瘦肉率有显著提高。我国“六五”至“八五”国家养猪公关课题筛选出的最优杂交组合中,大部分都是以杜洛克为终端父本,在生产商品猪的杂交中多用于三元杂交的终端父本或二元杂交中的父本。

(四) 汉普夏猪(Hampshire)

汉普夏猪原产美国,于 1893 年,肯塔基州成立美国薄皮猪协会,1904 年统一名称为汉普夏猪,成立良种登记协会。汉普夏猪原属脂肪型品种,20 世纪

50年代后，逐渐向瘦肉型方向发展，成为世界著名瘦肉型猪种，广泛分布世界各地。

1. 体型外貌及生产性能：汉普夏猪具有特殊的毛色特征，即肩和前肢为白色，其余均为黑色，故又称“银带猪”，体型大，耳中等大小而直立，嘴较长而直，体躯较长，背宽稍呈弓形，腹紧凑，肌肉发达，后躯臀部肌肉特别发达；成年公、母猪的体重分别达315～410 kg和250～340 kg；产仔数不高，平均窝产9～10头。据丹育报道，测定中心的公猪30～100 kg阶段平均日增重达862 g，饲料转化率为2.36，胴体瘦肉率为62.8%。核心群公猪的平均日增重862 g，胴体瘦肉率为61.7%；核心群母猪的平均日增重831 g，胴体瘦肉率为61.6%。另据瑞典报道，瑞系汉普夏猪的生产性能为：产活仔数9头，35～104 kg阶段平均日增重1006 g，背膘厚10.9 mm，饲料转化率为2.57，胴体瘦肉率为66.4%。

2. 利用情况：该品种在我国利用的较少。其主要优缺点及杂交效果基本与杜洛克猪相似。在三元杂交商品瘦肉型猪生产中作第二父本，或在二元杂交中作父本，均有较好的杂交效果。

（五）皮特兰猪(Pietrain)

皮特兰猪原产于比利时布拉特地区的皮特兰村，是当地一种黑白斑土种猪与法国引进的贝叶猪杂交，再与泰沃斯杂交选育而成，于1950年开始品种登记。

1. 体型外貌及生产性能：皮特兰猪的特征是被毛大块黑白花斑，耳立微前倾，体躯短，背幅宽，呈方形，后躯特别丰满，胴体瘦肉率很高，但产仔数不高，一般每窝10头左右。据北京养猪育种中心测定，法系皮特兰猪达100 kg体重日龄159.5天，100 kg体重活体背膘厚度10.65 mm，30～100 kg饲料转化率为2.53，胴体瘦肉率高达70%。

2. 利用情况：该品种生长速度和饲料利用率一般，特别是90 kg后生长速度显著减缓；肉质欠佳，易发生应激综合征(PSS)，使用中应加以注意。近几年来经过选育其缺点有所改善。该品种是欧洲近几年开始流行的一个品种，我国引进后主要用作杂交父本，可利用它与杜洛克猪等杂交，杂交公猪作为终端父本，这样既可提高瘦肉率，又可防止PSE肉的出现。

第三节　商品瘦肉型猪的杂交生产模式

杂交是指不同品种、品系或类群间的公母猪相互交配。杂交的基本效应是基因型杂合,使后裔群体中杂合子比例增加,表型变异减少,从而使群体更加一致。杂交的目的是加速品种的改良以及利用杂种优势在短期内生产大量品质优良的猪肉。近些年来,杂交尤其是经济杂交在养猪生产中有着十分重要的作用,一些养猪业发达的国家80%～90%的商品猪肉产自杂种猪和杂优猪。杂交之所以应用的如此广泛,是因为采用正确的杂交方式,可以使杂种个体生活力增强、繁殖力提高和生长加速,以及可获得较好的胴体品质。试验证明,猪的杂交一般可获得10%～20%的增产效果。杂种后代的生长势、饲料报酬和胴体品质性状,可分别提高5%～10%、13%和2%的优势率,而杂种母猪的产仔数、哺育率和断奶窝重性状,可分别提高8%～10%、25%和4%的杂种优势率。

一、常用的杂交模式

(一) 两品种杂交

两品种杂交又称二元杂交,是利用两个不同品种的公母猪进行交配,杂种一代全部作商品肥育猪。可以采用当地的地方品种或培育品种为母本,以引入的优良品种作父本进行杂交;随着集约化养猪生产的发展,也可采用外来品种公猪与外来品种的母猪进行杂交。二元杂交方式比较简单易行,但缺点是父本和母本品种均为纯种,不能利用父体特别是母体的杂种优势,杂种的遗传基础不广泛,因而不能利用多个品种的基因加性互补效应。

(二) 三品种杂交

三品种杂交又称三元杂交,是采用两品种杂交的杂种一代作母本,然后再与第三品种的公猪进行交配,所产生的三元杂种全部作为商品肉猪。采用这种杂交方式,杂交用的母体是两品种杂交,可充分利用杂种生命力强、繁殖力强、易饲养的特点。三元杂交较二元杂交复杂,它需要饲养三个纯种(系),制种较复杂且时间较长,并且需要进行二次杂交组合试验,以确定三元杂种商品猪的最佳组合。但三元杂交效果十分显著,它利用了母体的杂种优势,遗传基础较广泛，即它可以利用三个品种（系）的基因加性互补效应。一般三元杂交方法在繁殖性能上的杂种优势较二元杂交高出一倍。在现代养猪业中，三元杂交具有很高的应用价值，其模式如下：

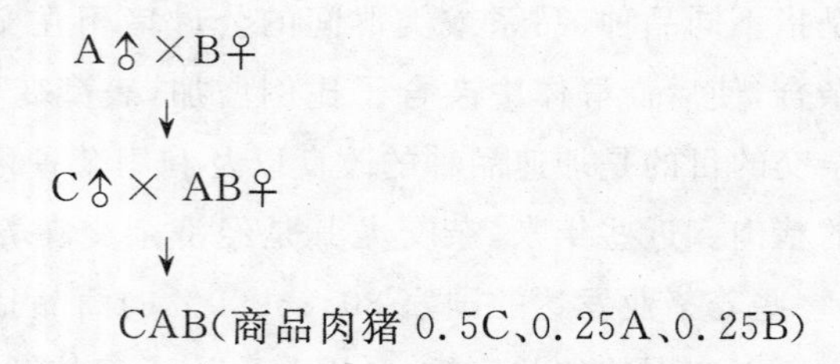

其中，A品种为第一父本，C为第二父本或终端父本。一般第一父本和母本品种（系）的繁殖性能应较好，这样可以获得繁殖性能较好的杂种一代母猪(AB)，第二父本则要求生长速度和胴体品质较好。可采用本地品种作母本(B)，以长白或大约克夏猪作第一父本(A)，用杜洛克猪作第二父本(C)，获得满意的效果。在集约化猪场，一般采用杜洛克公猪与长白和大约克夏猪正反交的杂种母猪来生产商品肉猪的三元杂交模式已相当普遍，并已获得了良好经济效益。对于饲养规模较小，实行自繁自养的农户来说，采用三元杂交的方式，为了减少制种费用，缩短饲养周期，可采取直接引进优良的杂种母猪，进行三元杂交。

（三）四元杂交

四元杂交又称双杂交，即用四个品种（系）分别两两进行杂交，获得杂种父本和母本后，再进行杂交，以获得四元杂交的商品猪。其模式如下：

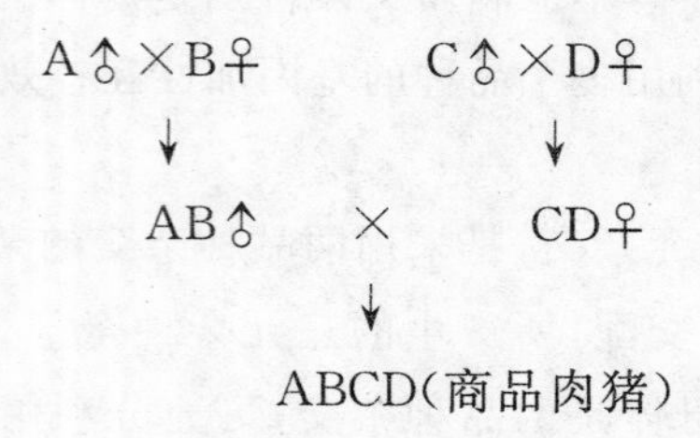

例如，用皮特兰猪与杜洛克猪杂交，产生皮杜（杜皮）杂种公猪，再与长白猪与大白猪（或大白猪与长白猪）杂交产生的杂种母猪杂交，生产四元商品肉猪。理论上讲，四元杂交的效果应该比二元或三元杂交的效果要好，因为四元

杂交可以利用四个品种(系)的遗传互补效应，以及个体、母体和父本的最大杂种优势，但在实际生产中由于猪场规模的限制，多饲养一个品种(系)的费用就增加，且制种和组织工作就更复杂。对于饲养规模较小，实行自繁自养的农户来说，采用四元杂交的方式，为了减少制种费用、缩短饲养周期，可采取直接引进优良的杂种公、母猪，进行四元杂交，但目前更趋向于应用杜长大(杜大长)的三元杂交模式。

(四) 轮回杂交

1. 两品种轮回杂交：用A品种公猪与B品种母猪杂交，从杂种一代(AB)中选留优秀的母猪与A品种的公猪杂交，再从产生的杂种二代中选留母猪与B品种公猪杂交，依次逐代轮流杂交，从而不断保持子代的杂种优势，杂交公猪和部分杂种母猪均作为商品肉猪。采用这种杂交方式可在杂种中综合两个品种的有利性状，但遗传基础不广泛，互补效应有限，不能利用父体杂种优势。如仅一次轮回杂交或轮回公猪只为同一品种就是回交，其模式如下：

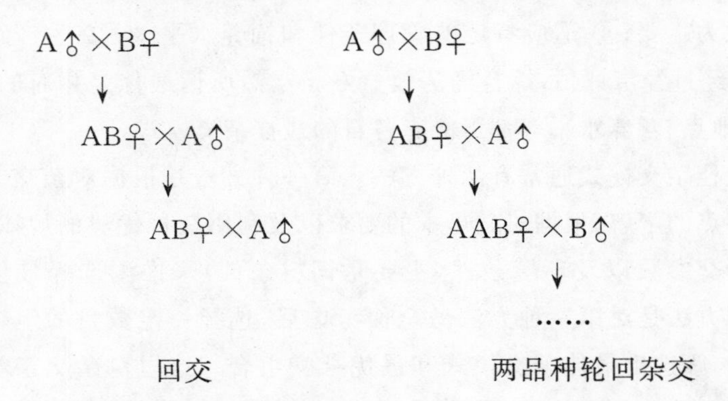

2. 三品种轮回杂交：即从三品种杂交所得到的杂种母猪中，选留优良个体，逐代分别与其亲体品种的公猪(B、A、C品种)进行杂交，其杂交公猪和部分母猪作商品肉猪。从理论上讲，三品种轮回杂交可以把三个品种的优良基因汇集于杂种母猪，但实践中较为复杂繁琐，因而并不多用。其模式如下：

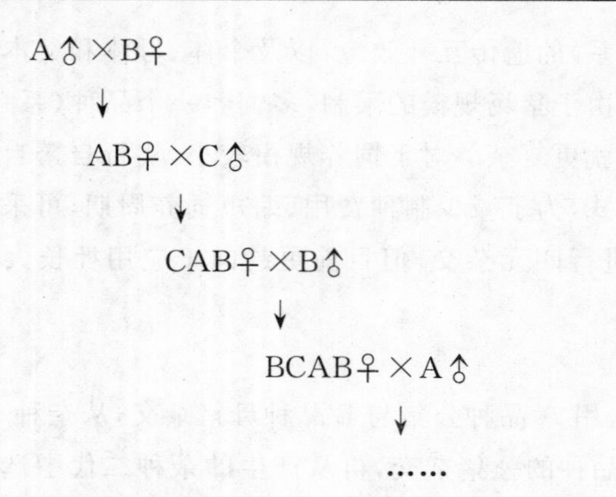

二、最佳杂交模式的确定

猪最佳杂交模式应满足以下基本要求：① 商品猪适合市场需求，商品价值高，竞争力强；② 充分利用各类杂交优势，繁殖和生长性状的杂种优势得到充分表现，并要明显的利用遗传互补性；③ 合理的利用当地的猪种资源，这一点在我国尤为重要；④ 适应特定的管理条件和饲养水平；⑤ 在生产组织操作上可行；⑥ 经过经济评估，综合经济效益好。当然所谓最佳是相对的，因为不同的时间、地点、营养水平等都可能有各自的最佳杂交模式。

确定最佳杂交模式通常有两种方法。第一种方法是根据对杂交方式及品种或品系特点的了解，根据对父母本的要求以及利用杂种优势的规律，参照有关经验与杂交参数以及环境条件（主要是饲料条件）来推测选择最佳杂交模式。第二种方法是对第一种方法做全面考虑后，选择一定数目的组合进行杂交组合试验，筛选出最佳杂交模式和最优杂交组合。这里对杂交亲本品种或品系的评估是十分重要的。因为杂交中所用品种的遗传特性代表了整个生产性能的基础；进一步讲，杂种优势效应与亲本的育种值是建立在该基础之上的，它决定了最后的生产性能。因此，品种或品系的挑选对生产力的高低有显著的影响。了解品种的性能对于确定杂交方式以及预测性能结果是必要的，但猪的杂交组合试验是项费钱、费时的工作。

案例：

德国巴符州的杂交试验用了6个品种、33个杂交组合，测定了854窝共计4284头肥育猪。经过比较发现，作为生产商品仔猪的二元杂交母猪以大长组合(以大白猪与德系长白猪)为最好,作为生产商品猪的终端父本以皮特兰猪最优。尤其引人注目的是在改良瘦肉率上皮特兰公猪效果最理想。这种三元杂交皮大长在巴符州推行后,在养猪生产中获得巨大的成效。

西方养猪发达国家一般都根据自己的当家猪种,从实际出发确定其杂交模式,并且根据市场的需求进行不断的变化。但一般情况是用长白猪和大白猪生产杂种母猪,三元杂交时选用杜洛克猪、汉普夏猪、皮特兰猪以及父系大白猪作为终端父本生产商品肉猪,四元杂交时选用汉杜、皮杜等杂种公猪生产商品肉猪。例如,丹麦三品种杂交时主要为杜大长和汉大长,四品种杂交时多采用汉杜为父本,大长为母本生产商品猪;在瑞典采用大长为母本,三元杂交时汉普夏猪为父本,四元杂交时选用汉大杂种公猪;英国的杂种母猪为大白猪与长白猪的后代,F_1 母猪多用大白猪回交;德国的三元杂交模式主要为比利时长白或德国皮特兰×(大白猪×德国长白猪);法国的父系猪主要为比利时长白猪和皮特兰猪,杂种母猪主要为法国长白猪×法国大白猪;美国的母系猪多为长白猪和大白猪,父系猪主要为杜洛克猪和汉普夏猪,多采用终端轮回杂交方式和终端杂交方式进行生产。另外,国外的猪育种公司均有自己的父系和母系,并向其他国家倾销。我国已从国外引进了斯格、迪卡、PIC 和托佩克等配套体系。

三、关于猪的杂交配套体系

为了提高猪的生产效率,适应生产和市场需求的变化,在种猪资源利用途径和措施上,国外从 20 世纪 60 年代末就开始由品种选育和品种杂交转向专门化品系选育和配套系生产。采用专门化品系选育,大大缩短了育种年限,提高了育种效率,增强了育种对市场需求的适应能力。采用杂交配套,生产杂优猪,饲养瘦肉型商品猪是当今世界养猪业的发展趋势。配套系猪与一般的杂交猪相比,由于群体整齐、生长速度快、饲料效率高、繁殖性能好而受到广泛的欢迎。因此,品系选育、多配套系、健康养殖是当今世界养猪业可持续发展的必然选择。欧美的大型跨国公司,如 PIC、迪卡(DeKalb)、斯格(Sehgers)和托佩克(Topigs)等,均采用多系配套组合,生产性能和经济效益都很高,尤其适用于规模化饲养,并且随着生产和市场的变化,不断推出新的配套组合。在猪的遗传改良方面,采用先进的分子标记育种技术、计算机技术和系统工程技术，用标记辅助选择和标记辅助深入等方法与常规育种相结合，加速遗传进展，不断为最优的杂交组合和高效的配套体系提供素材，从而实现对资源利用的最佳配置。

一个优秀品种应具有生长速度快、繁殖率高、母性好、饲料报酬高、胴体品质好、健康水平高等优良特性。然而，由于性状间存在负相关，可以这样认为，没有一种完美的品种。而专门化品系选育，突出主要性状，兼顾其他性状；不同的专门化品系通过配合力测定，然后配套杂交生产出增长速度快、饲料报酬高、肉质优良、适合市场需求的商品猪。配套系猪不是一个品系，而是几个专门化品系的组合。特别是各种配套组合能够灵活地根据市场需求的变化而进行更新，从而达到了优质、高效、可持续发展的目标。

专门化品系分为父系与母系。专门化母系的选育方向是提高繁殖性能，要求性成熟早、产仔多、泌乳力强、母猪使用年限长、分娩指数高，仔猪健壮、活力好和抗应激；专门化父系的选育方向是提高产肉性能，要求饲料利用率高、日增重高、屠宰率高、瘦肉率高、腿臀肌肉发达、背膘薄和公猪性欲好。专门化品系间杂交的有两个特点。一是培育一个品系要比培育一个品种快得多。品系可在品种内培育，也可通过杂交合成，质量要求不如品种全面，可以突出某个专门特点，头数要求不用很多，分布也不必广泛。因此，可以在短时间内培育出大量杂交用猪群，随时增加新的杂交组合，为不断选择新的理想型组合创造更有利的条件。二是品系的范围较小，整个系群提纯比较容易。亲本群体纯能不断提高杂种优势和杂种的整齐度，而且能提高配合力测定的准确性和精确度，这对于养猪业走向现代化具有深远的意义。只有这样，杂种优势的利用才能真正做到"配方化"，即一定的杂交组合，在一定的饲养管理条件下，经过一定的时间，一定能生产出合乎一定规格的产品，杂交效果如同配方一样准确。

我国在优质专门化新品系的培育和配套系的筛选上仍处于较落后水平。作为世界第一养猪大国，市场需求的优质瘦肉型种猪却长期依赖于进口，处于"引种→维持→退化→再引种"的不良循环中；引进的品种由于群体小而分散等原因，很难做好配套筛选，推出最佳的杂交组合。推广的品种和杂交模式也仍然只是停留在杜洛克猪、大白猪和长白猪及其三元杂交组合。这一状况已引起我国有关部门和科技界的高度重视，究其原因并非我国育种界对现代理论和技术掌握上有大的差距，而是过去我国种猪育种规模较小，市场发育不成熟，难有大的育种公司用较多的育种投入并应用高新技术开展多品系选育，已获得更高的比较经济效益。近年来，我国的种猪选育和商品瘦肉猪生产取得了可喜的进展，一批高效杂交组合在养猪生产中推广应用。尤其是 PIC、DeKalb、Sehgers 和 Topigs 等配套体系猪的引进和推广利用，促进了我国配套系猪的育种工作，目前已有光明猪配套系、深农猪配套系、冀合白猪配套系、中育猪配套系、华农温氏Ⅰ号猪配套系、滇撒猪配套系，鲁农Ⅰ号猪配套系和渝荣猪配套系等配套系通过国家审定。

我国养猪业将朝着优质、高效、安全的目标和方向发展。养猪生产方式将以适度规模化为主体，生产技术的应用不是某一单项技术，而是多项关键技术和综合配套来提高养猪业整体水平和效益。生物技术、信息技术和系统工程技术将在养猪业中发挥越来越大的作用。猪育种的新特点将是在开展遗传资源评价的基础上，利用国内国外两类基因资源，将分子育种与常规育种相结合，建立新的育种技术体系，培育出新型、优质、高产新品种（系）和适应不同市场需求的专门化品系并配套利用。我国猪种资源丰富，尤其是具有繁殖力强、肉质优良、应激性和适应性强等优良遗传特性，具有很大的开发利用价值，是任何一个西方国家都无法相比的。因此，应充分利用好两类遗传资源，即引进品种（生长速度、瘦肉率）和我国优良地方品种（繁殖力、优良肉质），选育专门化品系，开展杂交配套生产，开发出适合不同消费层次的具有地方特色的猪肉产品，以满足国际国内市场对猪肉产品多元化需求，从而提高我国猪肉产品的市场竞争力，实现优质瘦肉猪生产的可持续发展。

（四）建立健全杂交繁育体系

繁育体系是现代养猪业的系统工程，它的建立和完善是现代养猪生产取得高效益的重要组织保证。商品瘦肉型猪生产繁育体系是指以育种场（核心群）为核心，繁殖场（繁殖群）为中介和商品场（生产群）为基础的宝塔式繁育体系；其特点是能够按照统一的育种计划把核心群的遗传改良成果迅速传递到商品生产群转化为生产力。通常，把遗传的改良、良种的扩繁和商品的生产有机联系在一起而构成的一个统一运营的系统，称为完整的繁育体系。如果用于纯繁则称为纯种繁育体系，用于杂交则称为杂交繁育体系，既可在国家或地区水平上实施，也可在饲养场水平上应用。

1. 育种场：育种场（群）处于繁育体系的塔尖位置，它集中了拥有不同品种和品系的遗传素材，以及丰富而优良的基因资源。它的主要任务是进行纯种（系）的选育提高和培育新品系。育种场必须开展精细的测验和选择工作，经过选择的幼猪除部分用于更新替补本群外，主要是向繁殖场提供优良的种源以更新替补原有猪群，并可按繁育体系的需要直接向商品场提供终端父本品种（系），以加速整个猪群遗传改良的进程，减少"遗传滞后"的效应。

2. 繁殖场：繁殖场（群）处于宝塔式繁育体系中层，它起着承上启下的作用，主要任务是对来自育种场种猪进行扩繁，特别是纯种母猪的扩繁或按照统一育种计划要求进行杂交后备母猪生产，以保证商品场生产一定规模商品肉猪所需求的后备幼母猪。对繁殖群的选择不要求像核心群那样精细和严格，它不能向育种场提供种猪，也不允许接受商品场的后备猪 。

3. 商品场：商品场（群）处于繁育体系的底层，它的主要任务是组织好父母代的杂交，以生产优质的商品仔猪，保证商品猪群的数量和质量，最经济有效地进行商品肉猪生产，为社会提供优质的产品。育种场经过精心选育的成果，经过繁殖场到商品场最后才能体现出来。所以育种场的投入到商品场才有产出，因此商品场是享受遗传改良成果的受益单位。宝塔式繁育体系的层次是从高到低，数量从小到大，逐步扩展，其基因的流动是自上而下，不允许逆向流动。

4. 合理的猪群结构：合理的猪结构是实现杂交繁育体系的基本条件。猪群的结构主要是指繁育体系各层次中种猪的数量，特别是种母猪的规模，以便确定相应的种公猪的规模以及最终生产出的商品肥育猪的规模。由于种母猪的规模和比例是各繁育体系结构的关键，因此各层次母猪占总母猪的比例大致是核心群占 2.5%、繁殖群占 11%、商品群占 86.5%，呈典型的金字塔结构。

【复习思考题】

1. 我国地方猪种划分为几大类型及代表品种？各类型猪形成的原因及主要特点是什么？

2. 我国地方猪种保护中存在哪些问题？如何保护和利用地方猪种的优

良种质特性？

3．我国有哪几个主要引进品种？简述各品种的主要优缺点及杂交利用效果。

4．猪的杂交模式有哪些？各有哪些有缺点？如何确定最佳杂交生产模式？

5．专门化品系选育和配套系生产具有哪些优势？

6．何为完整杂交繁育体系？它包括哪几个层次？怎样运转？

第十二章　猪的饲养管理技术

【内容提要】 介绍猪的一般饲养技术、种公猪饲养管理、母猪的繁殖与饲养管理、仔猪的饲养管理及肉猪的肥育技术等。

【目标及要求】 掌握种猪生产的关键性环节，种公猪饲养管理技术，准备配种母猪的饲养管理、发情鉴定和适时配种，妊娠母猪的饲养管理，母猪产前产后的护理与接产技术；哺乳母猪的饲养管理特点，仔猪的饲养管理及肉猪的肥育技术等，以提高母猪年生产力。

【重点与难点】 种公猪和配种前母猪的饲养管理，妊娠母猪的饲喂技术，母猪产前产后的护理及哺乳母猪的饲养，如何保证空怀母猪正常发情和排卵；哺乳仔猪的生理特点和饲养管理技术；早期断奶及SEW技术，断奶仔猪的培育；提高生长育肥猪肥育效果的主要技术措施。

第一节　猪的一般饲养技术

一、合理分群

群饲可以提高采食量，加快生长速度，有效地提高圈舍和设备的利用率，提高劳动生产率，降低养猪生产成本。

仔猪断奶经保育之后，要重新组群转入生长肥育舍饲养。为了避免以强欺弱、以大欺小、相互咬斗的发生，应尽量把来源、品种类型、强弱程度、性情和体重大小相近的个体分为一群。在一群中个体体重大小不应超过群体平均体重的10%。在分群时，为了缓和争斗，可以往猪体上喷洒少量气味浓郁的药液如酒精、来苏尔等，使其无法从气味辨别非同群者，避免或减少咬斗的发生。

此外，人们在生产实践中为了避免合群时的咬斗，还总结出了“留弱出强”、“拆多不拆少”、“夜并昼不并”等做法，同时可吊挂铁链等小玩物来吸引猪的注意力，减少争斗。有条件者按窝分群最好。组群后，要保持群体相对稳定，避免频繁调进调出；确因疾病或生长发育过程中拉大差别者，或者因强弱、体况过于悬殊的，应给予适当调整。

二、群体规模与圈养密度

在一般情况下，种公猪单圈饲养，每圈面积 7～9 m^2；空怀和妊娠前期母猪采取群饲者，每群可以 3～5 头，每头占栏面积 2.5～3 m^2。肉猪每圈群体规模的大小与圈养密度的高低均影响其生产性能的表现。在每个圈栏面积一定的情况下，群体的规模越大或者密度越高，猪的咬斗次数就会增加，休息时间和采食量都会减少，日增重和饲料利用率下降，还会改变猪的行为，圈舍卫生状况不良，疾病发病率明显上升。如果群体规模和饲养密度过小，则圈舍利用不经济；而且在寒冷季节，对没有人工保温条件的猪舍，小环境温度过低，对生产性能也有不良影响。

实践证明，15～60 kg 的生长育肥猪每头所需面积为 0.6～1.0 m^2，60 kg 以上的育肥猪每头需 1.0～1.2 m^2，每圈头数以 10～20 头为宜。但具体数目可因不同环境条件而异。例如，在我国北方，由于平均气温低，气候较干燥，可适当增加饲养密度；在南方，由于气温较高，湿度大，则应适当降低饲养密度。采用不同的地面，其饲养密度也不同。采用实体地面、部分漏缝地板和全漏缝地板每头猪的最小占地面积见表 12-1。

表 12-1　肉猪适宜饲养密度

体重阶段(kg)	每栏头数	每头猪最小占地面积(m^2)		
		实体地面	部分漏缝地板	全漏缝地板
18～45	20～30	0.74	0.37	0.37
45～68	10～5	0.92	0.55	0.55
68～95	10～15	1.10	0.74	0.74

资料来源：陈润生，猪生产学，1995。

三、科学配制饲粮

为了保证各类猪只都能获得生长与生产所需的营养物质，应根据各猪群的生理阶段及体况的具体表现和对产品的要求,按照饲养标准的规定,分别拟定一个合理使用饲料,保证营养水平的饲养方案。例如,空怀期营养水平与妊娠期就不同;妊娠前期对体况较好的母猪,如果供给高能量水平的日粮,易导致胚胎早期死亡,而体况较差的妊娠母猪则需能量较多。由此可见,猪的生理特点不同其饲养方案不同。肥育猪日粮的能量水平与增重和肉脂有密切的关系,摄取能量越多,日增重越快,胴体脂肪含量越多,膘就越厚。因此,若追求日增重,可采取自由采食的方法;若为了得到较高的瘦肉率,采取限饲的方法。可见,对产品要求不同,饲养方案也应不同。

四、饲喂技术

饲喂技术可影响猪的日增重、饲料转化率和胴体瘦肉率等性能指标。

1. 料形选择:饲料的配制加工主要是为了便于猪采食和易于消化。目前常用的饲料物理形态有颗粒料、湿料和干粉料等,在投饲时就有干喂和湿喂。干喂的优点是省工,易掌握喂量,可促进唾液的分泌与咀嚼,不用考虑饲料的温度,剩料不易腐烂或冻结,可提高劳动生产率和圈舍利用率;缺点是浪费饲料较多,同时过细的饲料影响采食量和呼吸道健康。湿喂的优点是便于采食,增加采食量,浪费饲料少,还能减少胃肠道紊乱的发病率,并可节省饮水次数。因此,选择适宜的饲料形态是值得重视的问题。一般来说,颗粒料喂肉猪,日增重和饲料转化率优于干粉料,湿拌料(料水比为1:1)优于干粉料,干粉料优于稀料。但在生产实践中选择哪一种饲料物理形态,要根据饲养条件、设备、饲喂方法及经济效益而定。目前我国有些猪场和专业户已开始应用饲喂效果较好的颗粒料喂母猪和肉猪。湿喂也是我国采用较多的一种饲料形态;由于料水比例不同,又可分为湿拌料、稠料、稀料。据试验,湿拌料喂猪效果优于稠料、稠料优于稀料,因其干物质、有机质、粗蛋白质和无氮浸出物的消化率均比稀料高,氮在体内存留率也高。拌湿的程度,在人工投饲情况下,粉料拌成用手握成团,但手指缝不出水,放手落地即散开为度。

2. 饲喂方式:肉猪的饲喂方式一般分为自由采食和限饲两种。自由采食的猪,其日增重高,育肥期短,但脂肪沉积较多、背膘厚、饲料转化率低。限饲的猪,其背膘薄、胴体瘦肉率高、饲料转化率高,但日增重差、育肥期长。对肉猪采取何种饲养方式,要根据对肉猪的胴体品质要求而定。如若为了得到较高的日增量，以自由采食为好；若为了追求胴体瘦肉率，则以限饲为好；如果为了既要得到较好的日增重，又要得到较好的胴体瘦肉率，可采取前中期（75 kg 左右以前）自由采食、后期限饲的饲养方式。限饲的方法，有限质和限量等。限质就是降低日粮能量浓度；限量就是减少饲料喂量。国外有人认为以减少自由采食量的 20%～25%为宜，这样导致增重速度降低 15%～20%（600～630 g/d），饲料利用率改进 6%，背膘厚度下降 8%。我国大部分人认为减少 15%～20%为宜，因我们所配合日粮远未达到营养平衡的地步，并且限量多少还因经济类型不同而异，对具有较大生产瘦肉潜力的猪（如瘦肉型）不宜多限。限量饲喂在采用按顿群饲时，要有足够料槽位，使位次较低的猪在采食时能吃上料；对于自由采食方式，并不要求所有的猪同时都能采食，因此料槽位可适当紧些。

3. 日喂次数：自由采食，不必顾及日喂次数。在限饲或定时投料的情况下，可根据采用的饲料形态、日粮的营养物质浓度、饲料的体积大小、猪只年龄或体重等来确定日投饲次数。在日粮的质量和数量相同的情况下，进行定量饲喂时，日投饲次数的多少，对肉猪生产性能的影响没有显著差别。因此，一般日喂 2 次即可；但在小猪阶段，为了避免断奶后换料的应激反应，可适当增加日喂次数。

4. 饲料更换原则：在养猪生产中要求最好保持饲料的相对稳定，但增减或变换饲料又是生产中经常遇到的实际问题。正确的做法是增加或变换饲料时，应逐渐过渡，每天更换率 20%左右；不可突然打乱猪的采食习惯，骤减或突增以及突然变换饲料种类会引起消化机能紊乱。

5. 供应充足清洁的饮水：水是维持猪体生命力不可缺少的物质，猪体内水分占 55%～65%，也是猪的最重要的营养物质之一。据观察，猪吃进 1 kg 饲料需水 2.5～3 kg，才能保证饲料的正常消化和代谢。如果饮水不足，会引起食欲减退、采食量减少，致使猪的生长速度下降、脂肪沉积增加、饲料消耗增高，严重者引起疾病。猪的饮水量，一般春秋季应为采食饲料风干重的 4 倍或约为体重的 16%；夏季为 5 倍或体重的 23%左右；冬季为 2～3 倍或体重 10%左右。供猪饮水一般以自动饮水设施比较好。

五、搞好卫生防疫

圈内勤打扫、勤垫。定期消毒，按时防疫注射疫苗。定期驱虫，发现病猪及时隔离，对病尸做好处理。对新购入的猪应及时接种疫苗，并隔离饲养观察1～2月确定无病后再合群饲养。为了防止疫病的传播，最好采用自繁自养。对于养猪场内工作人员要严格要求，做好防疫消毒制度。外面人员不能随便进入猪场内；如非需进入不可，进入人员要严格消毒，进场必须穿上胶鞋和工作服，门口必需设消毒池等消毒设施。

六、建立起稳定的管理制度

根据猪的生活习性，做到按规定时间给料、给水。投料量按规定给予，并保证饲料清洁新鲜，不喂发霉、变质、腐败、冰冻的饲料。饲料变换要渐行，观察猪群的食欲、精神、粪便有无异常，对不正常的猪要及时诊治。要建立一套周转、出售、称重、饲料消耗、配种、哺乳、治疗等记录档案。

第二节　种公猪的饲养管理

种公猪在猪群中所占的比例最小，但每头公猪每年承担的配种任务大。因此，对种公猪培育和利用应引起高度重视。

一、公猪精液品质

公猪精液品质是影响母猪能否受胎和产仔数高低的重要因素。一头成年公猪一次射精量约200 mL(150～350 mL)，过滤后其净精液量约占80%；精液中精子占2%～5%，每mL精液中约有1.5亿个精子。品质优良的精液呈乳白色，具有特殊腥味，无臭味或腐败味。每mL精液中有效精子数应在1亿个以上，畸形精子在10%～15%。如果精液带有红色或绿色、死精子或畸形精子多、射精量过少和精液密度过稀，均属品质不良。造成公猪精液品质差的主要原因有公猪本身不健康或生殖机能障碍，饲养管理不当，使用频繁，精液保存、稀释和运送过程中出现差错等。

二、种公猪的饲养管理

(一) 公猪的饲养

只有在适宜的营养水平下，公猪才能保持体质健康结实、性欲旺盛、精液品质优良、配种能力强。如果营养水平过高，公猪体内沉积过多的脂肪，使公猪过肥，配种能力降低；反之，营养不足或水平过低，可使公猪体内脂肪蛋白质耗损,公猪变得消瘦,影响到健康和配种能力。因此,对公猪的饲养绝不允许过肥或过瘦。饲粮中蛋白质的数量和质量直接影响精液数量和品质。日粮中钙、磷不足会产生发育不良、活力不强或者死亡的精子。微量元素铁、铜、锌、硒、碘等也间接或直接影响精液品质,但在补加有毒的微量元素时应注意其中毒剂量。维生素的数量对精液的数量和质量亦有影响,特别是A、D、E等,如果缺乏还会使公猪的性欲降低;长期缺乏会使睾丸肿胀或干枯萎缩,丧失配种能力。维生素D又会影响钙磷的吸收。

种公猪的营养需要与妊娠母猪相近,在良好的环境条件下,种公猪日粮的安全临界为:消化能12.55 MJ/kg、蛋白质13%、赖氨酸0.5%、钙0.75%和磷0.60%,每千克日粮供给4100 U维生素A、200 U维生素D、11mg维生素E等。要根据品种、体重大小、配种强度、圈舍、环境条件等进行适当的调整。

饲喂公猪应定时定量,每一次不要喂得过饱,体积不要过大,应以精料为主,以避免造成垂腹而影响配种利用。宜采用生干料或湿料,加喂适量的青绿多汁饲料,日喂料量2.3～3 kg,供应充足清洁的饮水。

饲养方式分为配种期加强饲养法和一贯加强饲养法。实行季节性产仔的猪场,种公猪的饲养管理分为配种期和非配种期,配种期饲料的营养水平和饲料喂量均高于非配种期。在配种季节前1个月至配种结束,在原日粮的基础上,加喂鱼粉、鸡蛋、多维素及矿物元素,使种公猪在配种期内保持旺盛的性欲和良好的精液品质。非配种期的日粮逐减至1.8～2.3 kg/d。在常年均衡产仔的猪场,种公猪常年配种使用,按配种期的营养水平和饲料量饲养。

如果饲养的公猪数量少没有为其配合专用饲料时,可用母猪料代替,不宜采用育肥猪料。

(二)公猪的管理

管理工作注意以下几点。

1. 单圈饲养:单圈饲养可减少干扰刺激,有利于公猪健康,公猪圈栏应加高,可达1.3 m,以免跳圈等意外事故发生。每间圈栏面积可略大些,有利于公猪的活动。

2. 建立良好的生活制度:饲喂、采精或配种、运动、刷拭等都应在大体固定的时间内进行,利用条件反射养成规律性的生活制度,便于管理操作。

3. 保持猪体清洁:为了预防公猪体外寄生虫和皮肤病,以及受伤处能及时发现治疗,要经常刷拭猪体,保持猪体清洁;热天结合淋浴冲洗,可保持皮肤清洁卫生,促进血液循环,少患皮肤病和外寄生虫病。这也是饲养员调教公猪的机会,使种公猪温驯听从管教,便于采精和辅助配种。阴囊具有散热功能,阴囊较脏时散热功能就会降低,夏天反复冷浴阴囊具有较好的效果。

4. 防暑降温:一般认为低温对公猪的繁殖力无不利影响;高温会降低公猪的造精机能,产生精子减少症、无精症等疾病。一般认为,产生造精功能障碍的极限温度为30℃,相对湿度85%。因此,夏季采取一些降温措施,避免热应激对公猪精液品质的影响是十分重要的。

5. 运动:运动可以促进食欲、增强体质、避免肥胖、提高性欲和精液品质。运动不足,会使公猪贪睡、肥胖、性欲低、四肢软弱、易患肢蹄病,淘汰率高。运动方式包括在运动场上的自由活动、在指定场上进行驱赶运动、沿限定的跑道做前进运动及试情等方式。运动量每日为0.5～1小时,1～2 km。酷暑寒冬应避免在一天中最热最冷的时间运动。配种任务繁重时应酌减运动量或暂停运动,以免过度疲劳,影响配种。

6. 定期检查精液品质:实行人工授精的公猪,每次采精都要检查精液品质。如果采用本交,每月也要检查1～2次,特别是后备公猪开始使用前和由非配种期转入配种期之前以及因病停配的,都要检查精液2～3次。劣质精液的公猪不能配种。

7. 防疫卫生:定期预防接种疫苗,为减少应激对配种的影响,免疫后1周内应减少配种使用,或只作为复配时使用。避免与有病母猪直接配种。

三、公猪的利用

(一) 初配年龄

适宜的初配年龄,有利于提高公猪的种用价值。过早配种会影响公猪的生长发育、缩短利用年限。例如,生产中许多猪场和农户饲养的公猪因过于早配,个体不仅小于同品种母猪,且使用年限短、过早淘汰,增大公猪培育的费用;过晚配种会降低性欲,影响正常的配种,且优秀公猪不能及时利用,同样不经济。公猪的实配年龄,随品种、个体发育而异,地方品种以7～8月龄,体重达60～70 kg;引入品种以9～10月龄,体重120 kg以上为宜。初配公猪的体重以达到该品种成年体重的50%～60%为宜。对初配小公猪进行配种调教，让其观摩到有经验公猪的正确配种行为。配种时给予人工辅助，如纠正爬跨姿势、帮助阴茎插入母猪阴道等。初配公猪应选择发情明显的经产母猪。

（二）利用强度

在采用本交的情况下，1头公猪1年可负担20～30头母猪的配种任务，其中年轻公猪可负担少些；如果采用人工授精，在集中配种情况下可负担500～600头母猪的配种任务。公猪每天的配种次数，根据年龄而有所不同。年轻公猪1天以不超过1次为宜，连续配2～3天休息1天；成年公猪每天1次，必要时也可1天两次，但不能天天如此。如公猪每天连续配种，每周停配1天；利用过度，射精量和精子数降低。夏天配种时间应安排早晚凉爽时进行，要避开炎热的中午；冬天安排在上午和下午天气暖和时进行，要避开寒冷的早、晚。配种前后1小时内不要喂食，不要饮冷水，不要用冷水冲洗猪身，以免危害健康。

第三节　母猪的繁殖与饲养管理

母猪的繁殖是个复杂的生理过程，不同的生理阶段需要进行不同的饲养管理。繁殖母猪待仔猪断奶后进入空怀期，发情配种后开始了妊娠期，分娩后则到了哺乳期，直到断奶后又进入空怀期，就这样周而复始地进行繁殖生产。每一阶段都有明确的任务和不同的特点。当母猪的繁殖力下降或失去种用价值时就被淘汰，由选留的后备母猪更新替代。

一、后备母猪的饲养

后备母猪的饲养要重视蛋白质供给，如果日粮中蛋白质不足或品质差，不仅影响卵子的正常发育和减少排卵数，而且受胎率也低。母猪对钙磷极为敏感，不足则影响受胎率和降低产仔数。日粮中维生素A不足降低性机能的活动，影响卵泡的成熟和受精卵的着床；缺乏维生素D，影响钙磷吸收并造成代谢紊乱；缺乏维生素E，会导致不育；泛酸、烟酸、叶酸、维生素B_{12}、生物素等对母猪也是非常重要的。日粮中也要添加微量元素。

在青年母猪发育时期，饲喂含有全价蛋白质和氨基酸平衡的饲粮是非常重要的。日粮起码含粗蛋白质14%(最好16%)、赖氨酸0.7%、钙0.80%和磷0.65%。为了使后备猪的更好地生长发育,有条件的猪场可饲喂些优质的青绿饲料。

对于瘦肉型猪种,在第一次配种前,限制饲料摄入量如果幅度大将导致减少背膘,可能会影响繁殖性能。如果背中部脂肪厚度少于7 mm,就会发生繁殖方面的问题。

后备母猪在配种前10~14天进行催情补饲以提高排卵数,配钟后早期将营养水平降低到催情补饲以前水平,以降低胚胎死亡率。母猪配种前饲料中加抗生素,效果较好。

二、母猪的发情与配种

(一) 初情期与初配年龄

正常的发情、排卵与配种是提高母猪生产力的最基本保证。小母猪的发情症状只有在性成熟后才会表现出来。不同品种性成熟期不同,一般我国地方猪种性成熟早,约在3~4月龄就出现了初情期(第一次发情);引入品种初情期较晚,在6月龄左右。初次发情规律性较差,排卵数较少,且小母猪本身尚处在生长发育阶段,个体较小,一般不宜立即用于配种。适宜的初配年龄,地方品种可在7月龄左右,体重50~60 kg;引入品种可在8~9月龄,体重达120 kg(110~130 kg)时都可以安全配种生产(背膘厚度18~20 mm)。研究证实,后备母猪在第2次或第3次发情配种,可多产1.5~2头小猪。

(二) 发情周期与症状

母猪性成熟后,卵巢中有规律地进行卵泡成熟和排卵过程,并周期性地进行。从上次发情排卵到下次发情排卵的这段时间称为发情周期或性周期。母猪的发情周期平均为21天,发情持续期为3~5天。发情时出现许多症状,根据这些症状确定适宜的配种时间。母猪发情症状一般表现为:阴门红肿,有黏液流出;不安和食欲减退;发出尖叫声,嗅闻同栏母猪的生殖器部位,并爬跨同栏母猪,或等待其他猪爬跨;触摸背部,翘尾不动,出现“呆立反射”。一般地,我国地方品种发情症状明显,引入品种的母猪,发情症状不明显,若不注意观察,常会错过发情期、延误配种时机。例如,长白猪发情时其阴门表现细小,稍红肿;汉普夏猪初次发情时,仅能见到外阴稍微发红,异常行动较难判断。

（三）适时配种

适时配种是提高受胎率和产仔数的关键。据观察，母猪的排卵时间是在发情开始后25～36小时，排卵持续时间为10～15小时；卵子在输卵管内保持受精能力的时间为8～12小时，而精子为25～30小时，精子要经过2～3小时的游动才能到达输卵管上端。因此，可推算出母猪的配种适宜时间应在排卵前2～3小时，即发情开始后20～30小时。在实际生产中，不易掌握母猪发情的准确时间，故适时配种主要是根据母猪的发情外部表现和行动进行的，即在母猪阴户红肿刚刚开始消退和"呆立反射"时配种。"呆立反射"就是用力按压母猪的背部和臀部，如母猪温顺发呆或阴道有少量白色黏液；或用公猪爬跨母猪挺立不动，即为交配适期。母猪在怀孕和哺乳期间一般不发情，产后母猪的发情一般出现在断奶后4～7天，此次配种至关重要。

（四）配种方式

由于母猪发情开始的时间较难掌握，生产中常采用重复配、双重配或双重复配等配种方式，以提高受胎率和产仔数。重复配称复配，是在一个发情期内用同1头公猪交配2次，一般在母猪出现"呆立反射"时配第1次，间隔8～12小时再配第2次。在生产中一般采取第1次配种若在上午，第2次则在下午；若第1次在下午，则第2次在次日上午进行。这种方法既可提高受胎率和产仔数，而且所产仔猪不会乱血统。在育种场为保证血缘关系大多采用此法。双重配是在一个情期内，用不同品种的两头公猪或同一品种的两头公猪，先后间隔5～12分钟各配一次。因为配种有促进排卵作用，若将两者合并为双重复配，效果更为明显。一般育种场不宜采用双重配，因所产仔会乱血统。

实践证明，母猪在一个发情期内配种1～3次，受胎率和产仔数随着配种次数增加而上升，4次以上而下降。生产中后备母猪可配3次，经产可配2次。

（五）配种方法

配种方法有自然交配（本交）和人工授精两种。

1. 自然交配，应注意以下问题。一是配种应有专门的场地。配种场应保证地势平坦、不打滑。二是配种应在公母猪饲喂前或喂后2小时进行，并给予人工辅助。三是配种前用0.1%的高锰酸钾溶液清洗母猪外阴，肛门和臀部，以及公猪包皮周围和阴茎，干燥后再配种，以减少母猪阴道和子宫感染，减少死胎和流产。四是配种后要做好配种记录，对配不上的应查明原因。

2. 人工授精。

(1) 采精方法。有假阴道采精法和徒手采精法两种。假阴道采精法是借用于特制模仿母猪阴道功能的器械采取公猪精液的方法，目前已很少使用。徒手采精法是目前广泛使用的一种方法，具有设备简单、操作方便等优点，其缺点是精液容易污染和受冷环境的影响。徒手采精是模仿母猪子宫颈对公猪螺旋阴茎龟头的束力而引起射精。因此，采精时手要握成空拳，当公猪阴茎伸出时，将阴茎导入空拳内，让其抽送转动片刻，用手指由轻到紧握住阴茎龟头不让转动；随阴茎充分勃起时顺势牵伸向前，手指有弹性、有节奏地调节压力，公猪即行射精。为避免精液污染，操作时工作人员要戴上消毒手套，当公猪爬跨母跨后，用0.1%高锰酸钾溶液将公猪包皮附近洗净消毒，并用生理盐水冲洗干净。

(2) 训练公猪。不论采用哪一种采精法，公猪都必须经过训练。训练方法根据具体情况而定，通常是选择一头发情旺盛的小母猪，把它固定在假母猪下面，然后把公猪赶来，引起性冲动，待公猪爬上母猪后，将公猪阴茎导入假阴道或空拳内进行采精，如此训练2～3次后即可形成条件反射，进行正常采精。也可用发情母猪尿液或阴道黏液，最好是母猪刚交配过的阴道黏液，或从阴户流出的公猪精液和胶状物，涂在假母猪后躯上，引公猪爬跨。据试验，给假母猪背上涂上其他公猪的分泌物更能刺激教调公猪的性欲。

(3) 精液处理。精液处理包括品质评定、稀释和保存。精液品质评定的方法和内容是把采取的精液拿到15℃～20℃的操作间，将集精杯迅速置于30℃～35℃的温水中，并立即进行评定。精液品质评定包括数量、气味、颜色、精子形态、密度活力等指标。检查数量的方法很简单。集精杯如有刻度，只需将集精杯放平，就可直接观察总量；若无刻度，可将精液倒入煮沸消毒烘干的量杯中测定。公猪的一次射精量为200～250 mL，多者可达500 mL以上。正常精液有腥味；如有臭味不可用于输精，应废弃。正常精液为乳白色或灰白色；不正常精液为淡黄色或淡红色，应废弃。精子形态则用显微镜检查，正常精子形状如蝌蚪；如看到双头、双尾、无尾等畸形精子数超过20%，精液应废弃。精子的密度分为密、中、稀、无4级。在显微镜视野中，精子间的空隙小于

1个精子者为密集，小于1～2个精子者为中级，小于2～3个精子者为稀级，无精子者应废弃。精子活力评定是在显微镜下靠目力估测，一般采取10级评分法。在载玻片温度保持35℃～38℃的条件下，直线运动的精子占100%者评为1分，占90%者评为0.9分，占80%者评为0.8分，以此类推。正常情况下用于输精的精子活力不低于0.7分，活力低于0.5分者应废弃。

(4) 稀释精液。稀释精液的目的是为了增加精液量，扩大配种头数，延长精子存活时间，便于保存和长途运输，充分发挥优良公猪的配种效能。精子能直接吸收葡萄糖，减少自身的营养消耗，从而延长存活时间。另外，精液中副性腺分泌物对精子有不良影响，稀释后冲淡了分泌物的浓度也有利于精子的存活。稀释精液首先要配制稀释液，然后用稀释液进行稀释。稀释液必须对精子无害，与精液渗透压相等，pH是中性或微碱性。

稀释液的配方很多，国外常用稀释液的主要成分为葡萄糖、柠檬酸钠、碳酸氢钠、乙二胺四乙酸(EDTA)、氯化钾等。常用稀释液配方有以下几种。① Kiev：葡萄糖6 g，EDTA0.37 g，二水柠檬酸钠0.37 g，碳酸氢钠0.12 g，蒸馏水100 mL。② IVT：二水柠檬酸钠2 g，无水碳酸氢钠0.21 g，氯化钾0.04 g，葡萄糖0.3 g，氨苯磺胺0.3 g，蒸馏水100 mL，混合后加热充分溶解，冷却后通入CO_2，约20分钟，使pH达到6.5。此配方欧洲应用较广。③ 奶粉—葡萄糖液：系日本农业技术研究推荐的一种猪用稀释保存液，其成分为：脱脂奶粉3 g，葡萄糖9 g，碳酸氢钠0.24 g，α-氨基-对甲苯磺酰胺盐酸盐0.2 g，磺胺甲基嘧啶钠0.4 g，灭菌蒸馏水200 mL。

在稀释液中使用抗生素，使常温保存精液中细菌污染大为减少，目前常使用庆大霉、林肯霉素、壮观霉素、新霉素、黏菌素等，这些抗生素的抑菌效果比传统的青霉素和链霉素要好。

我国常用的稀释液配方为葡萄糖5～6 g，柠檬酸钠0.3～0.5 g，EDTA 0.1 g，抗生素10万U，蒸馏水加至100 mL。对抗生素的选用，据贾莉(1989)试验结果，以庆大霉素(100 U/mL)、先锋霉素和林肯霉素(20 mg/mL)的抑菌效果最好，而青、链霉素(500 U)的效果最差。

目前还有一些市售的商品稀释液，效果较好，使用方便，可以使用。

稀释精液时，凡与精液直接接触的器材和容器，都必须经过消毒处理，其温度应与精液温度保持一致。使用前先用少量同温度的稀释液先冲洗一遍；稀释时，将稀释液沿瓶壁徐徐倒入原精液中。

精液稀释倍数应根据原精液的品质、需配母猪头数，以及是否需要运输和贮存而定。最大稀释倍数：密度为密集、活力 0.8 以上可稀释 2 倍；密度中集、活力 0.8 以上或密级、活力 0.6～0.7 分者，可稀释 0.5～1 倍；活力不足 0.6 分者的任何密度级的精液，均不宜保存和稀释，只能随取随用。

稀释后的精液应分装在 30～40 mL(一个输精量)的小瓶内保存。要满装瓶，瓶内不留空气，瓶口要封严。保存的环境温度为 15℃左右(10℃～20℃)。通常有效保存时间为 48 小时左右，如原精液品质好，稀释得当可达 72 小时左右。

按以上要求保存的精液可直接运输，在运输过程中要避免振荡，保持温度(10℃～20℃)。

(5) 输精。输精是人工授精的最后一个步骤，也是成败的关键。需掌握的要点是正确判定母猪输精适期，这与本交要求的时间相同。为了保证受胎率和产仔数，需在第一次输精后，间隔 8～12 小时重复输精一次，特别对较难受胎的母猪和初配母猪，重复输精尤为必要。据舒华生(1984)研究，重复输精比单次输精能提高受胎率 5.6 个百分点，提高产仔数 3.95 头(表 12-2)。

表 12-2　不同输精方法比较

输精方法	输精母猪数	受胎率	产仔数	窝均产仔数	受胎率(%)
单次输精	223	198	1909	6.45	87.6
重复输精	118	111	1227	10.40	93.2

资料来源：杨公社，猪生产学，2002。

输入精液的量，要经过贮存或长途运输的精液，在输液前要再次检查精子活力和密度，根据活力、密度和母猪个体大小确定输精量。活力在 0.5 级以下的精液不能使用。一般输精剂量不低于 20 mL，有效精子密度不低于 0.3 亿/毫升，其受胎效果仍然良好(表 12-3)。

瘦肉型母猪的受精量与本地猪有较大差异，国内外都做了类似的试验，即给母猪分别输入 20、40、60、80、100 mL 含精子 30 亿左右的稀释精液。经产母猪以100～120 mL在受胎率、分娩率和窝产仔数量较好，而低于90 mL则各项指标均明显下降，对初配母猪以80 mL最好，低于75 mL时受胎率、分娩率和窝产仔数量均明显下降；传统上用于本地猪10～40 mL输精量，尽管含20亿以上精子，但对瘦肉型猪是不适宜的，这可能是因为瘦肉型母猪子宫容积较大，受精前子宫内必须有一定的压力。

表12-3　有效受胎数与受胎效果比较

输精量(mL)	有效精子数(亿/毫升)	输精头数	受胎率	产仔数
20	0.2	417	83.5	12.3
20	0.3	371	84.4	13.5
20	0.4	776	84.7	13.1
20	0.5	601	83.5	12.6

资料来源：杨公社，猪生产学，2002。

输精方法要得当。输精前，操作人员洗净手，把蒸煮消毒过的输精器材(20～30 mL的玻璃注射器和输精胶管)用少量稀释液冲洗一遍；以每2分钟升温1℃的速度，把精液升温到35℃～38℃；用0.1%高锰酸钾溶液消毒母猪外阴部。输精开始，操作人员一手张开母猪阴门，一手持输精管插入阴道，先向斜上方推进10 cm左右，再向水平方向推进30 cm左右，手感不能再推进时，说明输精管已插入子宫颈，便可缓慢地注入精液。如发生精液逆流，可暂停注入，活动一下输精管后再注入，直至输完，再慢慢抽出输精胶管。输精时间一般控制在5～10分钟。输精完毕，可以在母猪臀部猛击一掌刺激母猪，使子宫收缩，防止精液倒流；若倒流量达到输精量1/2时，应重新输入。

3. 冷冻精液人工授精。

从世界范围来看，猪的冷冻精液人工授精从20世纪50年代开始，进展很慢。据1985年统计，在人工授精的母猪中，冷配精液的的比例在0.5%以下，估计每年冷配2.6万多头次，冷配的产仔率一般为55%±5%。我国猪的冻精研究起步较晚，进入20世纪80年代后进展加快。但总的来说，猪精液冷冻后的受胎率还比较低、产仔数较少、生产成本高、冷冻效果差异大，故国内外均未能广泛应用于生产，还需从多方面做深入的研究。

(六) 促进母猪发情排卵的措施

1. 加强防疫工作:防止疾病因素造成母猪繁殖障,如猪繁殖与呼吸综合征、猪伪狂犬、日本乙型脑炎、猪细小病毒、猪瘟、猪圆环病毒2型、子宫内膜炎等疫病都可引起母猪繁殖障碍。

2. 改善饲养管理:对体况瘦弱不发情的母猪,可采用"短期优饲",即在配种前半个月,按平时喂料量增加50%~100%,并补喂优质青绿饲料或多维素,恢复体况发情配种。对过肥不发情的母猪,应实行限制饲养,减少精料的喂量,多喂青绿饲料或补加多维素,加强运动,增加光照(4~6小时),让母猪掉膘恢复种用体况,同时辅以药物催情,使之发情配种。

3. 诱导刺激发情:对体况正常而不发情的母猪,可调换圈舍、增加运动等以改变原有的神经反射促进发情;与正常发情的母猪合圈饲养,通过发情母猪爬跨等刺激诱使发情,用性欲强的公猪每天与之接触刺激以诱导发情,效果较好。

4. 按摩乳房:对不发情母猪,可采取按摩乳房促进发情。每天早晨饲喂后,用手掌进行表层按摩每个乳房10分钟左右,经过几天母猪有了发情征象后,再进行表层和深层按摩乳房各5分钟。配种当天深层按摩10分钟。表层按摩加强脑垂体前叶机能,促使卵泡成熟,促进发情。深层按摩使用手指尖端放在乳头周围皮肤上,不要触动乳头,作圆周运动,按摩乳腺层,依次按摩每个乳房,主要是加强脑垂体的作用,促使分泌黄体生成素,促进排卵。

5. 采用输死精处理:普通精液或活力不好的精液经专门稀释液稀释后(按每头份40亿精子、100 mL/瓶来包装,抗生素适当加大剂量),加入2滴非氧化性消毒水将精子全部杀死。输入前加入20 U催产素。

案例:生殖激素治疗母猪繁殖障碍。

影响母猪繁殖功能和造成繁殖障碍的原因各种各样,其中各种原因导致生殖激素分泌不足或分泌失调所致的繁殖障碍和不孕症很多,若能采取及时有效的激素治疗,会取得立竿见影的效果。下面仅就一部分常见的母猪繁殖障碍治疗中的生殖激素的选择及治疗原则举一些案例。

(1) 初情期延迟:表现为青年母猪在正常的饲养管理条件下,达到或超过初情期年龄和体重仍不表现发情的现象。导致配种年龄推迟,使经济效益受到影响。一般认为是促性腺激素不足或分泌失调所致。根据经济实用的处理原则，常采用肌肉注射孕马血清促性腺激素 500～1 000 U，具体用量可根据个体体重进行适当的增减。一般在注射后 1～3 天出现正常的发情、排卵。若能在配种前注射促进排卵的激素（人绒毛膜促性腺激素、促排 2 号或 3 号）可得到理想的受胎效果。

(2) 排卵延迟：指母猪发情持续期过长，久不排卵，常常造成卵子老化和死亡，即使能排卵，配种后的受胎率也很低。可采用促进排卵的激素制剂进行处理。一般在母猪接受配种时肌肉注射人绒毛膜促性腺激素 500～1 000 U，或肌肉注射促排 2 号或 3 号 200 μg，都可获得较好的排卵和受胎效果。

(3) 持久黄体：不论是妊娠黄体或周期黄体，超过正常的生理时限而不自行消退者，称持久黄体。持久黄体无论从组织结构还是生理作用方面都与正常的黄体相同，可产生孕激素，抑制发情和排卵，引起不育状态。有些持久黄体还可能与子宫疾病同时存在。对持久黄体的最有效治疗方法是应用合成的前列腺素-氯前列烯醇治疗。处理后一般在 2～3 天可正常发情、配种。施药可采用肌肉注射和子宫灌注两种方法。肌肉注射方法简单，易操作，但用药量是子宫灌注的 2 倍。若肌肉注射，用量为 0.2 mg。

(4) 初产母猪断奶后发情延迟，二胎产仔减少。后备母猪一般在刚刚进入初情期就开始配种繁殖，特别是商品猪场往往在后备母猪首次发情就配种，使其妊娠。从自身的发育来说，母猪正在迅速生长发育阶段，妊娠后由于胎儿生长发育需要大量的营养，会影响母猪自身的生长和发育。分娩后的哺乳消耗对母猪自身的发育也会有很大影响。这样，常造成一胎断奶后的母猪产后发情延迟、配种时间加长、二胎产仔数和年产仔窝数减少，影响繁殖效率和经营效益。建议对一胎断奶后的母猪采取以下有针对性的措施：在正常的饲养管理下，凡在断奶后 7 天内发情的母猪按常规方式进行配种；而 7 天内仍未发情的母猪，肌肉注射孕马血清促性腺激素 500～1 000 U，一般 2～4 天可正常发情配种。为提高排卵效果，在配种前肌肉注射人绒毛膜促性腺激素 400～600 U，或促排 3 号 200 μg，这样可获得较理想的发情、排卵和产仔效果。

(5)高瘦肉率母猪头胎难产。在猪的选育中强调生长速度和瘦肉率，出现了一些新的品种和品系，瘦肉率都在 65%以上，有些个体甚至高达 70%。这些猪通常由于骨盆较窄造成产仔困难，特别是首次分娩出现难产的比例很高，如依靠人工助产，易造成仔猪死亡率高、母猪感染生殖疾病增多、繁殖力下降。为防止这一情况的出现，除在选育时注意外，可对现有初产母猪采用激素预处理的方法。具体方法是对初产母猪在妊娠期的第 111～112 天，肌肉注射氯前列烯醇 1～2 支(每支含 0.2 mg)进行引产，母猪一般可提前 2～3 天顺利产出；若能在仔猪进入产道时或注射前列烯醇前，注射一定量的苯甲酸雌二醇，其效果更佳。也可结合在分娩前 5～7 天对母猪适当限饲结合激素处理，来避免难产的发生，这两种做法一般不会影响仔猪的成活和后期发育。

(6)卵泡囊肿。在母猪经常表现为双侧卵泡囊肿，卵泡直径远大于排卵卵泡，直径常达 2～4 cm 或更大。实际这些卵泡已丧失排卵和受精能力，卵泡壁膨胀变性，细胞染色体退化，但其中的卵泡细胞仍具有分泌雌激素的能力，血液中类固醇水平升高，母猪表现为发情期延长或间断或持续发情，喜欢接近公猪并接受交配，但屡配不孕。采用高剂量的促排卵类激素处理在早期可获得较好的治疗效果，如促排 3 号 2 支、人绒毛膜促性腺激素 1 000～1 500 U 等。

(7) 用激素促进排卵：对屡配不孕的母猪，如果不患子宫炎，可用激素促进排卵使之受胎，如用催产素，输精时在精液中加入 1 mL 催产素；或在配种同时注射促排 3 号，隔 8～12 小时再复配一次，对返窝不易受胎的母猪效果明显。

(8) 发情档案的跟踪记录：后备母猪在 160 日龄后就要开始跟踪发情，6.5 月龄仍不发情就要开始着手处理，综合处理后达 270 日龄仍不能发情即可淘汰。

三、妊娠母猪的饲养管理

妊娠母猪饲养管理的中心任务是保证胎儿能在母体内得到充分的生长发育，防止吸收胎儿、流产和死胎的发生，使母猪每窝生产出数量多、初生重大、体质健壮和均匀整齐的仔猪；同时使母猪有适度的膘情和良好的泌乳性能。

(一) 妊娠的诊断

1. 根据发情周期和妊娠症状来诊断：该法是生产中应用最广泛和最简单的方法。如果母猪配种后约 3 周没有再出现发情症状，并且有疲倦贪睡、性情温顺、食量增加、毛顺发亮、增膘明显、行动稳重、尾巴自然下垂、阴户缩成一条线驱赶时夹着尾巴走路等现象，就可初步判断为妊娠。采用该方法进行妊娠诊断需要一定的生产经验。

2. 超声波妊娠诊断:利用超声波进行早期妊娠诊断。配种后20～29天诊断的准确率约为80%，40天以后的准确率为100%。

（二）妊娠母猪预产期的推算

母猪配种时要详细记录配种日期和品种及耳号。一旦认定母猪妊娠就要推算出预产期,便于饲养管理,做好接产准备。母猪的妊娠期一般为111～117天,平均为114天。推算预产期均按114天进行,常用以下两种方法推算。

1. 三三三法:为了便于记忆,可把母猪的妊娠期记为3个月加3个星期零3天。

2. 配种月加3,配种日加20法:在母猪配种月份上加3,在配种日上加20,所得日期就是母猪的预产期。例如,2月1日配种,5月21日分娩;5月20日配种,9月10日分娩。

（三）胎儿生长发育及母体的变化

1. 胚胎的死亡:一般认为,猪胚胎死亡有三个高峰期:第一是在受精第9～13天合子附植的初期,易受各种因素的影响死亡;第二是在妊娠后大约第三周,即器官形成期;第三是在妊娠后60～70天,胎盘生长停止,而胎儿生长迅速,这时可能引起死亡。前两个时期的胚胎死亡占合子的30%～40%。引起胚胎死亡的原因错综复杂,如有营养性的原因,环境的作用及细菌、病毒的影响,还有许多未知因子如遗传、代谢等,所以至今难以完全解决胚胎死亡问题,但可通过改善饲养管理,如加强营养改善环境条件、加强防疫等措施可以有所改进。

2. 胎儿的生长发育:胎儿在整个妊娠期其增重速度是不平衡的,是随着妊娠期的延长而增大,愈到妊娠后期增重愈快。以对二花脸猪的研究为例,20天胎儿重仅0.058 g,占出生重的0.008%;60天胎儿重也只有77.55 g,占出生重11%;75天时胎儿重218.68 g,占初生重的32%。可见,胎儿重的60%～70%是妊娠84天后增长。因此,可以以妊娠84天为界分为妊娠前期和后期。其他猪种胎儿增重也有相似的规律。根据胎儿的生长发育规律,对妊娠后期加强饲养是值得的。

3. 妊娠母猪的变化：妊娠期内母猪的合成代谢高于空怀母猪，对饲料养分利用率可比空怀母猪提高 9.2%～18.1%，加之采食量增加，其体重迅速增加。母猪妊娠期内增生 25～35 kg，自身增重和子宫及其内容物大致各半。体重增加是前期高于后期，子宫内容物增重是后期高于前期。

（四）妊娠母猪的饲养管理

母猪妊娠后新陈代谢机能旺盛，对饲料的利用率提高，蛋白质的合成增强。在没有严重的寄生虫感染、单独饲喂的适宜环境条件下，妊娠母猪每天饲喂 2.0～2.7 kg 饲料是适宜的。

1. 妊娠母猪限制饲养的好处：好处有增加胚胎的存活率，减轻母猪的分娩困难，减少母猪压死初生仔猪，减少母猪哺乳期间的体况消耗，降低饲养成本，减少乳房炎的发生率，增加使用年限。

研究表明，母猪妊娠期的饲料消耗量与哺乳期饲料消耗量呈反比关系，这意味着当妊娠期采食量增加，哺乳期采食量就减少。这个发现很重要。因为哺乳期的采食量与产奶量高低有直接关系，即母猪进食多，奶量就大，从而提高仔猪的生长速度。

2. 控制母猪采食量的方法：单独饲喂日粮法（限量）、隔天饲喂法、日粮稀释法（限质）、母猪电子饲喂系统等。

（1）单独饲喂法（限量）。利用妊娠母猪定位栏，单独饲喂，有效地控制母猪饲料摄入。这种方法节省饲养成本，可以避免母猪之间相互抢食与咬斗，减少仔猪出生前的死亡率。如果考虑母猪福利与猪栏成本，该方法就缺乏吸引力。

（2）隔天饲喂法。当母猪群养时，强壮者食欲旺盛、能够吃好，而胆怯者只能吃剩余的小部分饲料。采取该方法是母猪限制采食的一种替代方法。

母猪按照预先制定的计划，允许去自动料箱进行自由采食。在一周的 3 天中，如星期一、三、五，自由采食 8 小时，在一周剩余的天数中，母猪只许饮水，但不给饲料。研究表明，母猪很容易适应这种方法，而且繁殖性能并没有受到影响。但该方法不适宜于集约化养猪。

（3）日粮稀释法（限质）。即添加高纤维饲料（如苜蓿草粉、花生蔓等）配成大体积日粮，可使母猪经常自由采食。该方法能改善动物福利，减少劳动力，但母猪的维持费用相对较高，同时也很难避免母猪偏肥。

(4) 母猪电子饲喂系统。使用电子饲喂站，自动供给每个母猪预定的料量。计算机控制饲喂站，通过母猪的磁性耳标或颈圈上的传感器来识别个体，当母猪要采食时，就来到饲喂站，计算机就分给它日料量的一小部分。该系统适合任何一种料型，如颗粒料或湿粉料，干粉料、稠拌料或稀料。

3. 妊娠母猪饲养水平的影响因素：妊娠母猪实行限制饲养，推荐量为日采食 2.0～2.7 kg，这仅是一个目标数字，而实际饲养水平要根据母猪个体的具体情况而定。确定妊娠期饲养水平要考虑以下因素：母猪的体格大小与体况、圈舍类型与环境、饲养方式、猪群的健康水平、生产性能水平、管理的标准。

母猪的体格越大，其维持需要就越大，对饲料要求的数量就越多。母猪体重每增加 10 kg，则能量需求就要增加 5％。

肉眼观察母猪的尾根部、臀端、脊柱、肋部等处的脂肪存积量和肋部的丰满度，能够较准确地评定母猪的体况。

20℃是母猪生长要求的下限临界温度；如果低于之，则需要给予一个高的营养水平，否则会导致体重下降。母猪在群饲的情况下，应当给予的饲料量要比单饲高 15％，以保证所有母猪的采食量。母猪要进行常规驱虫，以保证母猪摄入的饲料真正用于生产。

4. 妊娠后期的饲养：通常在妊娠期增加料量 1～1.5 kg，有利于提高仔猪初生重。

5. 妊娠母猪的管理。

(1) 饲养方式。可分小群饲养和单栏饲养，小群饲养就是将配种期相近、体重大小和性情强弱相近的 3～5 头母猪在一圈饲养。到妊娠后期每圈饲养 2～3 头。妊娠母猪小群饲养的优点是可以自由运动，食欲旺盛；缺点是如果分群不当，胆小的母猪吃食少，影响胎儿的生长发育。单栏饲养也称定位饲养，优点是采食量均匀，缺点是不能自由运动、肢蹄病较多。可采用小群和单栏相结合的饲养方式。

(2) 良好的环境条件。保持猪舍的清洁卫生，注意防寒防暑，有良好的通风换气设备。

(3) 保证饲料质量。对妊娠母猪的饲料要保持清洁、新鲜，不喂发霉、变质、腐败的、冰冻、带有毒性和强烈刺激性的饲料，否则引起流产。饲料变换也不宜频繁。要供给清洁饮水，有条件的可供给优质青绿饲料。

(4) 耐心的管理。在管理上，对妊娠母猪应防挤、防跌，严禁鞭打、惊吓，对妊娠母猪态度要温和，防止机械性流产。经常触摸腹部，可便于将来接产管理。每天都要观察母猪吃食、饮水、粪尿和精神状态，做到防病治病，定期驱虫。

四、母猪的分娩和接产

(一) 产前准备的工作

1. 环境卫生：产房要彻底清洗，并用火碱水等消毒液消毒，有条件的最好用熏蒸消毒更彻底。

2. 用具：产前应准备好高锰酸钾、碘酒、干净毛巾、照明用灯、耳号钳、去牙、断尾钳、药品，冬季还应准备仔猪保温箱、红外线灯或电热板等。

3. 母猪转群：产仔前一周将妊娠母猪赶入产房，上产床前将母猪全身冲洗消毒，这样可保证产床的清洁卫生、减少初生仔猪的疾病。

(二) 临产症状

随着临产期的接近，母猪表现出筑巢行为。此时可能会显得非常不安、频繁起卧。母猪临产前，阴门红肿下垂，尾根两侧出现凹陷，这是骨盆开张的标志；排泄粪尿的次数增加；有时可见阴门处有黏液流出。当临产期更近时，可以挤出初乳。在即将分娩前，偶尔可看见乳头滴奶现象，当呼吸出现加深加快则很快就要分娩。接产人员就要做好接产准备。母猪出现降缩表明快要产仔，应用清洁温水将其外阴部和乳房、乳头清洗干净；如羊膜破裂，流出黏性羊水时，则马上就要产出仔猪。

(三) 接产技术

安静的环境才能使母猪保持安定的情绪分娩，这是很重要的。一般母猪分娩多在夜间。整个接产过程要求保持安静，动作迅速准确。

1. 仔猪出生：仔猪产出后，接产人员应立即用手指或抹布将口、鼻中的黏液掏出擦净，使仔猪尽快用肺呼吸，然后再擦干全身；如天气较冷，应立即将仔猪放入保温箱烤干。

2. 断脐：先将脐带内的血液向仔猪腹部方向挤压，当脐带停止跳动时，在离腹部 4～5 cm 处，把脐带用手指掐断或剪断，手断时将离仔猪腹部一端的手固定住以防伤害仔猪，断头处用碘酒消毒，防病原体侵入。若断脐流血过多，可用手指捏住断头直到不出为止，或者用绳把脐带扎紧。

3. 仔猪编号：在育种场或纯繁场，为了选留后备猪和育种的需要，必须在仔猪出生时给仔猪编号并称取初生重。常用的编号方法是剪耳法，即用耳号钳在仔猪的耳朵上剪出几个缺刻，每一缺刻代表一定的数字，各缺刻之和即为该猪的号码。缺刻代表的数字，目前全国虽无统一编号方法之规定，但常采用的有“上 1 下 3，左大右小”的编号方法，即在右耳上缘一个缺口代表 1，下缘一个缺口代表 3，耳尖一个缺口代表 100，耳中部一个圆洞代表 400。左耳相应部位分别为 10，30，200，800。此外，还有耳标法，即在耳朵中部装上印有号码的标记，但群养时咬架易掉。

4. 去牙和断尾：为防止仔猪咬伤母猪的乳头或相互咬架，可进行去牙。去牙时要剪平，切勿伤及牙龈。为了防止仔猪相互咬尾，可断尾，勿太短，以阴门末端或阴囊中部作为标线(保留 2.5～3 cm)。去牙、断尾要消毒，弱小可不去牙和断尾。登记分娩哺育记录表，然后将仔猪放入保育箱中。

5. 难产的处理：母猪一般难产较少，当母猪体质瘦弱，产仔时无力收缩，或母猪生殖道较狭窄，或胎儿过大等情况，有时会出现难产。母猪经长期努责仍不能产出仔猪，或母猪出现呼吸困难、心跳加快时，应按难产处理，可注射催产素；若注射后无效，可人工助产，即用手将仔猪掏出。掏前将指甲剪短并磨光滑，将手臂清洗干净，消毒，涂上润滑剂；然后五指并拢，手心向上，趁母猪努责间歇时，缓缓伸入阴道，握住仔猪后，待母猪努责时，随努责将仔猪向外拉出，拉出一头后，如转为正产，不再用手掏，有时全窝仔猪全靠人工掏出。产完后给母猪注射抗生素，以防产道感染。

6. 假死仔猪的急救：有的仔猪产出时呼吸停止，但心脏仍然在跳动，称为“假死”。“假死”仔猪急救最简便的方法是：用左手倒提仔猪两条后腿，用右手拍打其背部；或用左手托拿仔猪臀部，右手托拿其背部，两手同时进行前后反复伸屈运动，称人工呼吸；或用药棉蘸上酒精或白酒，涂抹仔猪的口鼻部，刺激仔猪呼吸。在寒冷的冬季可将假死仔猪放入温水中，同时进行人工呼吸，救活后立即将仔猪擦烤干，但要注意仔猪的头和脐带断头端不能放入水中。

(四) 母猪产仔前后的护理

母猪产仔结束后,应将圈内清扫干净并换上干燥垫草,当胎衣排出后要将胎衣及其周围污染物清除干净。母猪在分娩前几天就应减少饲料的喂量,可减少20%~30%,肥者多减,瘦者少减或不减。减料是为防止产后最初几天泌乳量过多引仔猪下痢或母猪发生乳房炎。临产前母猪的日粮中,可适量增加麦麸等具有轻泻性的饲料。产前10~12小时最好不喂料,应满足饮水。母猪产后又累又喝,体力消耗很大,处于高度疲劳状态,消化机能很弱,不要给其硬东西吃,给稀汤喝,如稀米汤、温热麸皮盐汤等;其饲料喂量每天渐加,5~7天加到正常饲养水平,此期最好不要改变饲料。

五、哺乳母猪的饲养管理

(一) 哺乳母猪的泌乳特点

母猪乳房结构的特点是没有乳池,每个乳头有2~3个乳腺,每个乳腺有一小乳管通向乳头外端,各乳头之间相互没有联系。由于乳房没有乳池贮存乳汁,所以不是任何时候都可以挤出奶来。在分娩时,由于脑垂体分泌催产素的作用,一面使子宫收缩,产出胎儿;一面使乳腺中围绕腺泡的肌纤维收缩,将乳排出。因此,在分娩的头一两天乳头中随时可挤出乳来,以后逐渐为控制放乳。当仔猪用鼻拱乳房、乳头时,这种刺激通过中枢神经传到腺泡,使腺泡开始放乳。母猪一次哺乳的全过程可大致分为前按摩、放奶和后按摩三个阶段,其时间有3~5分钟,但其真正放奶时间为10~40秒。不同品种和个体间有很大的差异,有的长达1分钟左右。

母猪的哺乳次数较多。在自然状态下,母猪昼夜哺乳次数在20~30次。一般哺乳次数前期多于后期;夜间次数稍多于白天,可能是夜间较为安静。哺乳次数不同品种与个体间差异较大。全期平均为21~26次,即每隔1小时左右一次。母猪一般在每次喂料之后,即行哺乳。初产母猪在哺乳早期阶段,由于缺乏经验其哺乳次数往往比经产母猪多。

母猪一次泌乳量约0.25~0.4 kg。平均每头仔猪的每次吮乳量25~35 g。在整个哺乳期间,一头母猪平均每天的泌乳量约5~9 kg,全期泌乳量在250~500 kg。一般产后几天,日泌乳量较低,至15~25日龄时达高峰,以后开始逐渐下降。不同部位乳头的泌乳量有差异,一般前面几对乳头的泌乳量多于后面几对，这主要是由于不同部位乳头的乳管数不同所致。

母猪的乳汁分为初乳和常乳，分娩后 3～5 天内分泌的乳汁称初乳，以后的乳称常乳。初乳对仔猪有特殊生理作用，必须使其尽早吃足初乳。初乳中蛋白质含量高、维生素丰富，含有免疫抗体、抗蛋白分解酶，保护免疫球蛋白不被分解。这种酶存在时间短。初乳含有镁盐具有轻泻性，有利于胎粪的排出。初乳的酸度较高，有利于消化吸收。分娩后 6～12 小时初乳中抗体下降一半。仔猪出生后 24～36 小时，由于肠道上皮处于原始状态对蛋白质有可渗透性，36 小时后通透性显著下降。因此，人工辅助固定好奶头，及早吃上初乳。没有吃到初乳的仔猪易生病或生长不良。

(二) 哺乳期母猪的失重

母猪产后和哺乳期体重下降是正常现象，泌乳力高的母猪失重越多。但失重多少与哺乳期营养水平和母猪采食量有很大关系。若哺乳期母猪获得的能量水平，能满足维持与泌乳需要，母猪就不会分解自身的体脂，因而不会产生失重现象或失重较少。哺乳期母猪失重太多，影响断奶后发情配种，且用分解体脂来供应泌乳所需的能量是不经济的。因此，应控制哺乳期母猪的失重率，不使失重过大，以不超过 15%～20% 为宜。一般在妊娠期增重少的母猪，哺乳期失重也少。

(三) 哺乳母猪的饲养管理

饲养哺乳母猪的主要任务，一是提高其泌乳力，保证仔猪能够吸吮到充足的乳汁，使仔猪成活率高、发育均匀、体质健壮，能获得较大的断奶重；二是使母猪保持良好的体况，在仔猪断奶后能正常发情配种。

1. 哺乳母猪的饲养：哺乳母猪应根据它们的需求得到全面的养分与能量，要依据母猪的体重或体况、奶量及其成分、猪舍状况等来确定其需求。总的要求是提供新鲜饲料、尽量让它们多吃，产仔到断奶采取自由采食的饲喂方式。

母猪一般靠消耗背膘来泌乳，哺乳期在一定程度上会减轻一些体重。因此，要通过适宜饲养来控制体重的减轻程度，以防止繁殖上发生问题。如果母猪在分娩后 10 天不能很好地哺乳，就要检测日粮，特别注意钙和磷的水平。

母猪摄入高能量日粮的数量与常规饲料相同，所以可以通过提供高能量日粮来增加能量的摄入。足够的蛋白摄入量,可以保证在断奶后及时发情和排卵。在哺乳期如果蛋白质不足,会影响断奶后母猪的发情和受孕,尤其是对于初产母猪。

我国的传统作法是,开始应供给稀料,2 天后饲料喂量逐渐增多,5～7 天改喂湿拌料(或干粉料),饲料量可达到饲养标准规定量(5～7 kg/d)。采用顿饲的最好日喂 3 次,有条件的场可加喂一些优质青绿饲料。

母猪为了维持正常的新陈代谢对钙、磷需要量比较大。如果日粮中钙磷供给不足,母猪就会挪用自身骨骼中的钙和磷;时间一长,不仅母猪食欲减退,产奶量下降,而且还会出现奶瘫。各种维生素不仅为母猪本身所需,同时也是猪乳的重要成分。如果母猪缺乏维生素 A,会引起泌乳量和乳的品质下降;缺乏维生素 D,会引起产后瘫痪。因此,应适当添加多维素及微量元素添加剂,以补充维生素和微量元素的需要。

要保证饲料清洁新鲜,切忌饲喂霉烂、腐败、变质的饲料;否则,会引起母猪拉稀仔猪下痢,或诱发其他疾病,严重时可发生中毒引起死亡或造成繁殖机能障碍病。

对无奶或奶水不足的母猪,应分析原因,改进饲养管理,进行人工催乳。例如,增喂青绿多汁饲料,含蛋白质丰富的饲料如豆浆、小鱼、小虾、煮熟的胎衣等,或用药物催乳。对产后泌乳过旺的母猪,可适当减少精料喂量,以防乳汁过浓引起仔猪消化不良下痢和母猪发生乳房炎。母猪在断奶前 3～5 天,体况好、泌乳量高者应减料,使其泌乳减少,以防母猪患乳房炎和促进仔猪采食量增加,以利断奶。

2. 母乳母猪的管理。

(1) 保持良好的环境。粪便要随时清扫，保持清洁干燥和良好的通风;冬季应注意防寒保温，哺乳母猪产房应有取暖设备，防止贼风侵袭。在夏季应注意防暑，增设防暑降温设施,防止母猪中暑。

(2) 保护母猪的乳房。母猪乳房的发育与仔猪的吸吮有很大关系,特别是头胎母猪,一定要使所有的乳头都能均匀利用,以免未被吸吮利用的乳房发育不好,影响泌乳量。圈栏应平坦,特别是产床要去掉突出的尖物,防止刷伤刷掉乳头。

(3) 保证充足的饮水。母猪哺乳的需水量大,每昼夜需水 5～10 kg。只有保证充足清洁的饮水,才能有正常的泌乳量。产房内要设置自动饮水器(流速 1 L/min)和储水设备,保证母猪随时都能饮水。

(4) 注意观察。要及时观察母猪吃食、粪便、精神状态及仔猪的生长发育,以便判断母猪的健康状态。如有异常及时报告兽医检查原因,采取措施。

六、空怀母猪的饲养管理

1. 空怀母猪的饲养水平:断奶到再配种期间,给予适宜的日粮水平,促使母猪尽快发情,释放足够的卵子,受精并成功地着床。初产青年母猪产后不易再发情,主要是体况较差造成的。因此,要为体况差的青年母猪提供充足的饲料,以缩短配种时间、提高受胎率。配种后,立即减少饲喂量到维持水平。在炎热的季节,母猪的受胎率常常会下降。研究表明,在日粮中添加一些维生素,可以提高受胎率。空怀母猪饲喂高水平的抗生素(如金霉素等)能提高产仔数。

2. 空怀母猪的管理:单栏或小群饲养,单栏饲养活动范围小,母猪后侧饲养公猪,以促进发情。小群饲养就是将 4～6 头同时断奶的母猪养在同一栏内,可以自由活动,特别是设有舍外运动场的圈舍,运动的范围较大。群饲空怀母猪可促进发情,特别是群内出现发情母猪后,由于爬跨和外激素的刺激,可诱导其他母猪发情;同时便于观察和发现发情母猪,也方便用试情公猪试情。

提供一个干燥、清洁、温湿度适宜、空气新鲜等环境,否则将影响发情排卵和配种受胎。

每天早晚两次观察记录空怀母猪的发情状况。喂食时观察其健康状况,及时发现和治疗病猪。

七、母猪体况评分

为避免母猪体重下降,使其保持适当的膘情,我们要定期评定母猪的体况来评估日粮的营养是否充足,以提高母猪的使用年限、减少分娩和再次配种的问题。给母猪体况评分的时间应当分别定在断奶后约 2 周、妊娠中期、分娩之前 2 周,接着是分娩后大约 2 周或接近断奶时。

假如母猪在断奶时较瘦,那么发情时间将比理想的断奶后 4～7 天要迟。

若母猪在断奶后 7～10 天才发情，一定不能在这个情期内配种，而是提供母猪一个较高的营养水平((2.27～3.18 kg/d)，使其在配种前先增加体重。这样，可保证在下一个情期里有最大排卵数。

最理想的情况是，母猪在配种时的体况评分在 2～2.5 之间，妊娠中期时达到 3，然后一直保持到分娩。日粮数量和质量、母猪的遗传基因、饲养员的观察都会影响母猪的体况评分。为维持评分的一贯性，每次都应让同一个人来打分。表 12-4 中列出了背膘厚度和相应的外表情况。

表 12-4　母猪体况评分

得分	体况	背膘厚(mm)	外表
1	很瘦	<13	髋骨和脊柱清晰可见
2	偏瘦	<15	不用手掌按压就可以容易地感觉到髋骨和脊柱
3	理想	19	用手使劲按压才能感觉到髋骨和脊柱
4	偏肥	23	感觉不到髋骨和脊柱
5	肥胖	25	髋部和背部脂肪很厚

资料来源：王爱国，现代实用养猪技术(第 3 版)，2008。

八、母猪自动喂料系统

不同生理状态下的母猪，其饲养管理是不同的，母猪饲喂自动化必须适应各生理状态母猪的特点和复杂的饲喂方式。

母猪饲喂自动化要具备以下条件：① 饲喂量应随着猪的生理和生产阶段的不同而变化，更要避免因猪的社会地位造成的采食不均；② 减少猪只的争斗致伤；③ 减少人工饲喂时引起全栋母猪的吵闹和跳动，避免由此引起的流产、蹄损伤等；④ 母猪群养能促进断奶母猪发情。满足上述条件，实行母猪饲喂自动化，不但可以节省劳力，而且能够提高生产效率和维护饲养员的身体健康。

关于空怀母猪和妊娠母猪自动化饲喂方法，介绍以下三种。

1. 同步落料系统：将饲料由散装贮料桶输送到猪栏上方的定量饲料储存器内，当到了所设定的饲喂时间，饲料便由上方容器同时落入饲料槽。饲料落下后，散装贮料桶的饲料又会自动填满猪栏上方的饲料储存器，等待下次的落料。

2. 缓慢落料系统：将饲料由散装贮料桶输送到猪栏上方的定量饲料储存器内，到了预定时间，饲料储存器下方的另一饲料输送管，以最慢的速度（猪群中采食最慢母猪速度）将饲料下到饲槽。此系统能够使一些采食较慢的个体从容地吃完落下的饲料。对于那些吃得快的个体，经过几次寻找其他料槽是否仍有多余的饲料但找不着后，就会落料时习惯地固定在同一料槽采食。

上述两个系统有相似的优点：① 饲喂过程中无噪音；② 饲喂次数增加，可减少猪的争斗次数；③ 群养断奶母猪易发情；④ 母猪采食量均匀。可选择6小时落料一次，每头母猪每次仅有0.5 kg料，这时母猪会专心采食且能在短时间内吃完，猪不易因争食而咬架，可减少母猪受伤机会。

3. 电子辨识饲喂系统：饲料由散装饲料桶输送到饲喂站的盛料漏斗，一个饲喂站饲养40头以上母猪。当带有识别器的母猪将后门打开并站立在接收器前时，接收器将感应讯号传到后门及计算机，将后门关上，不允许其他母猪进入；同时到计算机的讯号可立即查知该母猪是否吃完该时段的配额。如果没有吃完的话，则自动落料器会以100克/次的量落料，并给予2分钟以上的采食时间；当它继续吃料时，则在设定时间内再次落料100 g，直到吃完此时段的定额。如果它不吃，约隔2分钟，槽会转向，可由前门走出；如它不走出饲喂站。由于站内设有高出地面的铁管不允许猪躺下，因此它不能久在里面，再加上后门的开关会自动打开让另一头母猪进来，会把它挤出去。

案例：两个公司生产的自动喂料系统。

法国ACEMO MF24母猪多功能自动饲喂系统，1台电脑可以控制1～24栏，每栏能够饲养50～60头母猪，其主要功能有：① 供应饲料，单独定量供应1～2种饲料；② 饮水，供料时，还可供水同步；③ 供应激素，便于控制同步发情；④ 发情识别，自动记录母猪访问公猪的次数、日期及访问的时间，处理这些数据可用来鉴定母猪发情；⑤ 母猪自动筛选与分隔；⑥ 喷色分类，根据不同类型气压喷色（3种颜色）。

美国奥斯本工业公司生产全自动母猪饲喂站（TEAM）包括妊娠站（G-站）、发情探测站（E-站）和分娩站（F-站）。各个工作站的主要功能如下。① 妊娠站：给妊娠母猪提供舒适的环境，可以自由活动，没有饲喂应激，母猪健康并保持种用体况，易管理。按照母猪的需要自动分类定量投放，饲料的种类和数量可根据每一头母猪的妊娠日龄精确投放，准确计量饲料和水。当母猪吃完当天的饲料定额或停止采食时，饲料就不再投放。另外，还有颜色喷涂装置，给母猪喷上彩色标记，作为妊娠检查或免疫记号；自动分栏装置的用途是为母猪称重，自动控制采食量，即采食量可以根据品种、日龄、气候和妊娠进程自动调整。② 发情探测站：当母猪接近发情时，发情探测站能发出提示。公猪栏靠近母猪群，栏上有一个小孔，使公母猪能鼻子对鼻子接触，每个发情探测站能同时探测几组待配母猪的发情。当母猪与公猪接触时，发情探侧站自动识别母猪的身份号码，记录公母猪接触次数和每次接触持续时间。该信息由TEAM系统转换为精确的发情指数，提示哪一头母猪将要发情。③ 分娩站：实现了群体分娩母猪的群体饲养管理。母猪在哺乳期可以随时到饲喂站采食，识别母猪后，自动投放拌水的新鲜饲料并做记录。母猪自由选择采食时间，意味着采食量将会增加，哺乳期的体况会保持的更好，断奶后母猪的体况可以更快恢复。当母猪采食比预期少时，工作站会立即通知你，使你予以充分重视。

综上，电子母猪自动饲喂系统主要有以下的特点：

(1) 实现了整个生产过程的自动化。整个系统采用储料塔＋自动下料＋自动识别的自动饲喂装置，实现了自动供料；通过电脑实现了发情鉴定和舍内温度、湿度、通风、采光等的自动管理；数据自动传输，所有生产数据都可以实时传输显示在农场主的手机上；配备由电脑控制的自动报警系统，出现任何问题电脑都会自动报警。

(2) 生产效率高。对于一个群体规模为750头母猪的种猪场，只需要2个人就可以实现对猪场的管理；饲养员平均每天，进场时间不超过1小时，主要工作是进行配种、转群、观察、处理等。通过高度的自动化管理，实现了对群养母猪的个体化管理，避免了人为因素的影响，使母猪繁殖效率和整体经济效益大幅度提高。根据欧洲的平均生产水平计算，使用母猪自动饲喂系统的猪场内平均每头商品猪可以实现50～120欧元的盈利。

(3) 考虑了动物福利。全面放弃定位栏，采用大群饲养，让母猪随意运动；通过电子饲喂器，实现了在大群饲养条件下的个体精确饲喂。群内母猪可以自由分群、随意组合，并且自由选择采食时间；实现了发情母猪、返情母猪等的自动识别和隔离，减少了人为观察的工作量和主观性误差的产生；通过播放轻松音乐等方式来为猪提供宽松的生活环境，减少饲养过程中对母猪产生的应激。

(4) 生产数据的智能化管理。自动完成对每一头母猪体重的监控并通过制图的形式加以反应，为管理者提供最精确的数据；群体每一个阶段的生产数据，系统还可以通过中心控制电脑进行辅助分析并制作各种生产报表，为管理者提供群体的数据。

电子母猪自动饲喂系统除上述的 ACEMO MF24 ，Osborne TEAM，还有荷兰的 PORCODE 等。目前，荷兰大约有 30％的猪场已经在使用母猪自动饲喂管理系统，由于实现了整个生产管理的高度自动化，农场主就可以把主要精力放在提高猪场综合竞争力上，重点考虑市场经营方面的问题。由于设计先进，管理科学，并不断采用新技术，荷兰 90％以上的猪场都能获得良好的经济效益，即使是在全世界猪价都最低迷的时候，也能保证一定的效益。

九、提高母猪年生产力

在养猪生产实践中，一般用平均每头每年内所提供的断奶仔猪数来表示母猪的年生产力(Sow Productivity)。作为综合指标，母猪年生产力涉及种猪的繁殖性能、仔猪的生长性能以及整个繁殖猪群的饲养管理，几乎囊括了养猪生产的全部内容(除保育、育肥阶段)。现阶段提高母猪年生产力是养猪业发展的核心问题。10 年前，国外 1 头母猪年生产断奶仔猪一般是 20 头。性能优良的母猪、良好的营养和管理能达到 24 头；10 年来，通过营养和饲养管理改善、品种改良和设备改善等，现在母猪的年生产力已获得惊人的提升。据报道，丹麦顶级猪场的母猪，每年每头可得 30 头断奶仔猪。目前国内许多规模化猪场 1 头母猪一生提供的断奶仔猪在 30～40 头，只有很少部分母猪达到 60 头，母猪繁殖力没有得到真正发挥。另外，由于母猪抚育能力差，生产的仔猪成活率也很低，平均每头母猪每年提供的断奶仔猪不足 20 头。母猪年生产力低下，成为制约养猪业生产发展的瓶颈。

(一) 母猪年生产力的概念

母猪年生产力是指每头母猪一年能提供多少断奶仔猪数。法国学者 Legault C. 等(1975 年)提出度量母猪年生产力(P_n)公式如下：

$$P_n = [L_s(1-P_m)/(G+L+I_{wc})]365$$

式中，G 为妊娠期（日）；L 为哺乳期（日）；I_{wc} 为断乳至配种的间隔时间（日）；L_s 为初生窝活仔数（头）；P_m 为初生至断乳时的仔猪死亡率（%）。

母猪年生产力＝每头母猪年断奶仔猪头数×每年每头母猪分娩胎数

增加每头母猪每年生产断奶仔猪头数，就要从增加每胎产活仔数，减少死胎、木乃伊胎，降低断奶前仔猪死亡率着手；增加每年每头母猪分娩胎数核心问题就是减少母猪的“损失日”和“非工作日”。我们通常把母猪处在妊娠期和哺乳期称为母猪“工作日”，空怀期为“非工作日”；把母猪返情、流产、怀孕期死亡淘汰造成的时间称为“损失日”。应该强调的是“损失日”是造成母猪年分娩胎次低的重要因素。Legault C. 等（1975 年）提出度量母猪年生产力公式是针对每头母猪个体单胎次计算而言的。计算母猪群体多胎次，公式中一定要加上“损失日”，而且应该占有很高的权重。我国北方地区规模化猪场母猪的实际分娩率平均 75%～80%，南方 80%～85%，母猪的返情率很高。提高母猪年生产力具有重大的经济意义。母猪年生产力提高后，可在不提高母猪数和不降低出栏率的条件下，减少饲养量，从而节约饲料、减少猪舍和劳力、降低成本。

（二）提高母猪年生产力的主要途径和措施

依据母猪年生产力的概念可以得出，要提高母猪年生产力的主要途径就是提高母猪利用强度（增加年产胎数和使用年限），提高窝产仔数，降低哺乳仔猪死亡率。在规模化猪场主要可采取如下措施。

1. 保持母猪群合理的年（胎）龄结构：目的是及时淘汰繁殖性能差的母猪，使母猪群保持稳产高产状态；同时，也使大量母猪在最高生产力 3～6 胎时，产活仔数达到最大量。母猪每胎的表现对猪群生产力有重要含义。下面就引进品种不同胎次的繁殖成绩进行分析，以找出一个母猪合理胎次淘汰的经济节点。

案例：

祝永华（2010）对某猪场不同引进品种的不同胎次母猪的返情率、产仔情况进行统计分析，结果见表 12-5 和 12-6。

表 12-5　不同胎次配种成绩

品种/胎次	1	2	3	4	5	6	7	8	9
约克	96	102	111	96	85	70	12	16	8
长白	50	30	24	22	20	16	21	10	1
杜洛克	50	15	14	17	15	7	6	9	0
合计	196	147	149	135	120	93	39	35	9
返情数	16	15	13	12	16	18	10	9	4
返情率(%)	8.2	10.2	8.7	8.8	13.3	19.4	25.6	25.7	44.4

表 12-6　按胎次统计分析窝均生产成绩

窝数	胎次	窝均产仔总数	窝均产活仔数	窝均断奶仔数	窝均死胎和木乃伊
102	1	9.92	9.13	8.94	0.79
130	2	10.66	9.63	9.77	1.03
210	3	11.17	10.28	10.15	0.89
272	4	11.79	10.69	10.52	1.10
192	5	11.9	10.58	10.11	1.32
110	6	12.01	10.79	9.66	1.22
82	7	11.71	10.44	9.76	1.27
42	≥8	10.61	9.57	8.95	1.04

从表 12-5 可以看出，5 胎之后母猪的配种返情百分率明显上升。从表 12-6 可见，不论是窝均总产仔数、窝均总产活仔数，还是窝均断奶数，大于 8 胎，指标开始下降。但要说明的是，该场的 7 胎以上的母猪是选择的最优母猪。一般情况下，6 胎产完后，已经进行了淘汰。

综合表 12-5 和 12-6，从经济方面分析可知，母猪最佳淘汰在 6 胎次，个别优秀的母猪可留到 7 胎次，哺乳结束后淘汰。因此，根据个体母猪 6 胎次综合表现，从经济效益客观分析，不同母猪个体分别选择在 6 胎次哺乳结束或 7 胎次哺乳结束为母猪淘汰的经济节点，但个别优秀的除外。一个合理的母猪群年龄结构应接近表 12-7 的循环比例分配。

2. 早期断奶,增加母猪年生产窝数:规模集约化猪场可采用 3～5 周龄早期断奶。猪舍设施及温度与卫生条件好,并能保证有高质量诱食料与开食料的猪场,可采取 3 周龄断奶。多数猪场宜采取 4 周龄或 5 周龄断奶。早期断奶的好处,一是可增加母猪年产仔窝数和断奶仔猪数,二是提高饲料利用效率。

表 12-7 合理的母猪群年龄结构比例

胎次	猪群比例
1	18%～20%
2	16%～18%
3	15%～17%
4	14%～16%
5	13%～15%
6	14%～24%

3. 提高母猪平均窝断奶仔数和体重:为达到母猪多生产,仔猪多活、快长、体壮的目标,需组建高效健康的猪群,并在营养、环境、疫病诸方面实施综合调控,可概括如下。

(1) 经选择组建优质高效的杂交生产繁育猪群,并动态保持猪群处于合理结构,保证猪群具备高度生产潜力与免疫水平。

(2) 搞好配种,提高母猪受胎率。

1)加强后备猪培育,采取短期优饲及其他催情措施,达到后备母猪适时初配。

2)养好配种前的经产母猪和种公猪。

3)做好发情鉴定,确保适期配种。

(3) 对繁殖母猪采取"低妊娠,高泌乳"的饲养模式。

1)母猪妊娠初期采取低营养水平(有利胚胎存活),后期高营养水平(保胎、促乳腺发育);饲粮宜含适量优质青粗饲料(粗纤维可达 8%～12%),防止母猪便秘和怪癖行为。

2)泌乳母猪采取高能、高蛋白质(赖氨酸)全价饲粮,不限量饲养。促进母猪多食的主要措施是:控制舍温不超过20℃,采取湿拌料,增加饲喂次数,保证充足饮水。母猪多食,一则奶旺,仔猪少病快长;二则失重少,缩短断奶至发情配种间隔。

(4) 做好各阶段关键性管理。

1)炎热季节做好防暑降温,防止种公母猪遭受热应激刺激,特别是配种期和妊娠初期。

2)做好母猪产前准备和接产护理工作。

3)做好仔猪产后第一周的护理(保温防压、吃足初乳、固定乳头、过哺并窝、补铁、开食训练、预防下痢等)。

4)采用高品质诱食料与开食料,做好仔猪早期开食与补饲。

5)做好断奶前后母、仔饲养管理。

(5) 改善环境,注意防疫,减少疾病。

1)注意猪舍通风(降湿与有害气体),防暑与保温,特别要防止湿冷与湿热。

2)严格执行"全进全出"管理规程和防疫消毒制度。

3)严格按免疫程序接种猪主要疫病的疫苗,并做好猪群主要疫病抗体水平监测。

4)借鉴国外早期隔离断奶养猪法经验,实施两点式或三点式养猪场规划与饲养工艺。

第四节　幼猪培育

幼猪阶段是猪一生中生长发育强度最大、物质代谢最旺盛、对营养不全最敏感的阶段。幼猪培育效果的好坏,直接关系到断奶育成率的高低和断奶重的大小,影响到母猪的年生产力和肉猪的生产力。因此,幼猪的培育是搞好养猪生产的基础,对提高养猪生产力和经济效益起着十分重要的作用。根据幼猪不同时期内生长发育的特点及对饲养管理的特殊要求,在生产上通常分为两个阶段,即依靠母乳生活的哺乳仔猪阶段和由母乳过渡到独立生活的断奶仔猪阶段。幼猪的培育目标就是尽量减少哺乳和断奶阶段的死亡率，提高育成率和断奶窝重，并使仔猪在断奶阶段平稳过渡。

一、哺乳仔猪的培育

应针对仔猪的生理特点和需要的环境条件，采取科学的培育措施，克服影响仔猪生长的不利因素，提高仔猪育成率和断奶窝重。

（一）哺乳仔猪的生理特点

1. 生长发育快，物质代谢旺盛：猪的妊娠期较短，同胎仔猪数多，使得胎儿出生时发育相对不足，初生体重相对较小，不到成年体重的1%。为弥补胎儿期的发育不足，出生后有一个强烈生长发育阶段。仔猪生后10日龄体重是初生体重的2.1倍，30日龄体重是初生重的5～6倍，60日龄体重是初生重的10～13倍，高者达15倍以上。据测定，三江白猪10日龄体重为初生重的2.7倍，20日龄时为4.5倍，60日龄时高达15.7倍；嘉兴黑猪从初生至2月龄体重增长倍数为14.33倍。仔猪的迅速生长是以旺盛的物质代谢为基础的，一般出生后20日龄的仔猪，每kg体重要沉积蛋白质9～14 g，相当于成年猪每kg体重沉积0.3～0.4 g的30～35倍；每增重1 kg体重所需代谢净能302.3 kJ，是成年母猪95.5 kJ的3倍多。对钙、磷代谢也很旺盛，每1 kg增重中约含有钙7～9 g，磷4～5 g。因此，仔猪对营养不足和不全反应敏感。仔猪合成代谢强，饲料转化率高，使用高能高蛋白的全价配合饲料，料重比可达1∶1。

2. 消化机能不完善：初生时消化器官的重量和容积都很小，但生后生长发育迅速。如初生仔猪的胃重仅5～8 g，容积30～40 mL，至20日龄时，胃重达35 g左右，容积增大4～5倍；至2月龄时胃重150 g左右，容积增加近20倍。大、小肠与胃一样，在哺乳期表现出强烈生长，2月龄时长度增加3～5倍，容积增加50倍左右。由于哺乳仔猪胃容积小，排空速度快，所以哺乳次数多。仔猪胃完全排空的时间随日龄增加而变慢，3～15日龄时，排空时间约为1.5小时；1月龄时为3～5小时，2月龄时为16～19小时。初生仔猪由于胃和神经系统的机能联系尚未完全建立，因此缺乏反射性胃液分泌，胃液分泌主要靠食物直接刺激胃壁才分泌少量胃液，要到3～4月龄时，仔猪的胃腺机能才发育完善，建立反射性胃液分泌。

3. 消化酶系统发育较差：初生仔猪胃内只有凝乳酶具有消化作用，并在哺乳期内随年龄增长，凝乳能力逐渐增强；但缺乏胃蛋白酶，仅有少量胃蛋白酶原；由于胃底腺不能分泌盐酸，不能将胃蛋白酶原激活。因此，在20日龄内不具消化蛋白质的功能，蛋白质的消化靠小肠胰蛋白酶起作用；20日龄后胃底腺开始分泌盐酸，到40日龄左右分泌的盐酸浓度增加，胃蛋白酶才具有消化作用。早期给仔猪补料，可刺激胃分泌盐酸。仔猪胃内其他酸类如乳酸等有机酸，也可激活胃蛋白酶原。所以，4日龄仔猪的胃液可水解动物性蛋白，9日龄可水解植物性蛋白。猪乳结合盐酸的能力很强，每1 kg乳可结合6～8 g盐酸。由于饲料和乳所发酵产生的其他有机酸类，如乙酸、乳酸、甲酸等也可结合乳蛋白，因此可给哺乳仔猪喂有机酸。

仔猪胃的消化能力较弱，食物主要在小肠内靠胰液和肠液消化。初生仔猪胰蛋白酶活性较高。胰淀粉酶3周龄后活性提高，对淀粉和其他糖类才有较好消化利用作用。肠液中乳糖酶活性很高，因此可充分利用乳糖，但由于蔗糖酶与麦芽糖酶的活性较低，故对果糖、蔗糖、木糖等其他糖类消化率很低，仔猪在10日龄前很难利用蔗糖。初生仔猪已含有较高的胰脂肪酶，由于胆汁分泌少，不能激活，所以对脂肪消化具有一定限制。要在3周龄后，胆汁分泌量才能增加，但乳中脂肪是以乳化状态存在的，有利于仔猪的消化吸收。

4. 缺乏先天免疫力易患病：猪的胚胎构造十分复杂，母猪血管与仔猪血管之间有6～7层组织而构成胎盘血液屏障，限制了母猪抗体通过血液向胎儿转移，因此仔猪出生时没有先天免疫力。仔猪出生后其免疫能力是通过吸吮母猪的初乳而获得的，称为被动免疫或后天免疫。母猪的初乳中乳蛋白含量高达7%，占干物质的34%，其中绝大部分是免疫球蛋白。仔猪出生后的24小时内，肠道上皮细胞处于原始状态，具有很高的通透性，可以完整地吸收初乳中的免疫球蛋白，从而获得被动免疫，而在常乳中球蛋白的含量仅0.5%，母乳不再能补充母源抗体。随着仔猪肠的发育，上皮的渗透性发生改变，对大分子r-球蛋白（抗体）的吸收能力也随着改变。据测定，仔猪在生后3小时内，肠道上皮对抗体的吸收能力为100%，3～9小时之间为50%，9小时后即下降为5%～10%。

需要特别注意的是，环境温度可以影响免疫球蛋白的吸收程度。其原因有两方面：第一，寒冷使仔猪变得不活跃，食欲减退，不愿去吃初乳而减弱被动免疫能力;第二,寒冷使肠道上皮的通透性改变,不能接受或少量接受母乳中的抗体,而使仔猪免疫能力下降,导致疾病发生。因此,加强保温、尽早吃上充足的初乳是提高仔猪免疫力能,减少发病的有效措施。

仔猪由初乳中获取的抗体,在体内降低的速度很快,半衰期最长的只有2周龄左右,而自身抗体的产生在10日龄以后30～35日龄前数量很少,35～42日龄才达到成年猪的水平。因此,3周龄是抗体的青黄不接阶段,最易患下痢。同时,这时仔猪已开始吃食,胃液中又缺乏游离盐酸,对随饲料和饮水进入胃内的病原微生物没有抑制作用,这是仔猪多病的又一重要原因。

5. 体温调节机能不完善,对寒冷的应激能力差:仔猪出生前后环境温度剧变,初生仔猪的身体发育有许多方面不能适应降低的温度环境。这表现在以下几个方面。第一,新生仔猪皮下脂肪薄,脂肪含量仅为体重的1%,且多为细胞膜的成分而不是皮下脂肪,所以不能起到保温的作用。第二,维持体温的热量来源是血中的葡萄糖和肝脏中的肝糖原。但初生仔猪体内的能源贮备是很有限的,每100 mL血液中的血糖含量只有100 mg;如吃不到初乳,2天之内可降至10 mg甚至更少,即可发生因低血糖而出现的昏迷。第三,虽然初生仔猪下丘脑-垂体-肾上腺皮质系统已充分发育,但大脑皮层发育尚不十分完善,因此调节体温适应环境的应激能力差;同时,由于中枢对血糖的依赖程度相当大,如果环境温度低于适中区,即使调节血液循环也很难维持热平衡。第四,初生仔猪被毛稀少,体表面积相对较大,增加了体热的散失;若身上有羊水,则散热更快。据测定,仔猪身上的10 mL羊水,若依靠体温使其完全蒸发,则需耗能20.90 MJ以上,这对于初生仔猪的血糖是极大的浪费。因此,保温是养好仔猪的特殊要求。仔猪的适宜环境温度见表12-8。

表12-8　仔猪适宜的环境温度

日龄	环境温度(℃)	日龄	环境温度(℃)
1	35	1～7	35～30
2	33	7～14	28～24
3	31	14～21	26～24
4	29	21～28	24～22

续表

日龄	环境温度(℃)	日龄	环境温度(℃)
5	27	28～35	24～20
6	25		
7	23		

(二)提高仔猪育成率的主要措施

1. 加强妊娠母猪的饲养管理:加强妊娠母猪的饲养管理是促进胚胎的生长发育、获得适宜初生重和增加泌乳量保证仔猪营养的关键。对不同个体从出生到出栏的跟踪调查表明,出生体重 1 kg 以下的仔猪,断奶前成活率低,断奶后生长也慢。例如,出生重分别为 800 g 以下、800～900 g、1 000～1 100 g 和 1 200～1 300 g 的仔猪,断奶前死亡率分别为 50%、25.9%、13.2%和 9.6%,出生至出栏的平均日增重分别为 484 g、507 g、526 g 和 545 g。说明仔猪初生重既影响存活率,又影响断奶重和断奶后的生长。因此,提高仔猪初生重具有重要的意义。

影响仔猪初生重的因素,除与妊娠母猪饲养有关以外,还受品种、杂交及胎次等因素的影响。应选择母性好、产仔多、泌乳力高的品种作母体,最好选择杂交一代母猪作母本,淘汰胎次过高的母猪。据分析,6 胎以上的母猪所产仔猪的出生重有减少的趋势,出生至屠宰的天数比胎次少的青年母猪所产仔猪推迟 3.8 天。另外,由于母猪的老龄化,产仔数减少,死亡率增加,造成的损失更大。所以,应及时淘汰和更新这种老母猪。

2. 加强分娩看护,减少分娩死亡:大量的调查结果已表明,分娩死亡的比例可达到总死亡率的 16%～20%,这是十分不利的。因为出生时每损失 1 头仔猪,就相当于损失 63 kg 饲料,因而应尽量减少在此阶段的损失。母猪的分娩时间大部分可在 5 小时内完成,分娩时间越长,发生死亡的比率就越高。因此,母猪分娩时应避免惊扰,当仔猪的分娩间距在 30 分钟以上时就应仔细观察,并根据情况助产。注射催产素助产要确定阴道内有无仔猪,以免因子宫收缩而使在阴道内的仔猪受压迫而窒息死亡。当体弱、胎次高的母猪分娩发生困难时,还应注射强心针。

3. 早喂初乳，固定奶头：初乳对仔猪有特殊的生理作用。仔猪出生后应尽快喂上初乳，最晚不宜超过2小时。初乳摄取量越多，存活率越高。仔猪有固定奶头吸乳的习惯，开始几次吸食哪个奶头，一经认定到断奶时不再改变。如果让仔猪自己固定奶头，往往互相争夺奶头。哪些出生体重大的往往强占出奶多的奶头，甚至一头强占两个奶头；弱小的只能吃出奶少的奶头，甚至吃不上奶。因此，为了使同窝仔猪生长发育均匀健壮，在仔猪出生后2～3天应进行人工辅助固定好奶头。一般在母猪分娩结束后即让仔猪自己寻找奶头，但对弱小仔猪调整在前面泌乳多的乳头上哺乳，对不会吃乳的仔猪人工帮助将仔猪的嘴与乳头接触，教会仔猪吮乳。经过2～3天的辅助，仔猪就固定乳头安静的吮乳。当奶头数多于仔猪数，可让部分仔猪吮两个奶头。人工辅助固定奶头越早越易，如果待仔猪自己固定好后，人为调整就较难。

4. 加强保温、防冻和防压：由于初生仔猪调节体温的机能不完善，对寒冷抵抗力较差，因此母猪在冬春季分娩造成仔猪死亡的主要原因是冻死和压死。哺乳仔猪要求的适宜环境温度是较高的。生后1～3日龄为32℃～30℃，4～7日龄30℃～28℃，15～30日龄为25℃。低温会使仔猪变得呆笨，行动不灵活，不会吸乳，更易被母猪踩死或引起低血糖、感冒、肺炎甚至被冻死。因此，加强保温、防冻防压是提高成活率的有效措施。保温的方法较多，主要是通过提高舍内温度和局部温度，防止热量散失两方面做工作。从提高舍内温度来说，在没有保温设施的场子，可避开最冷的季节产仔。全年产仔的场子应设产房，在寒冷季节，要注意关闭门窗，堵塞缝隙防止贼风侵袭。产房内可生火炉、供暖气、采用暖风炉供暖等措施提高舍内温度。局部保温可在仔猪保育箱或仔猪栏内铺设厚垫草，在初生3天内，每次喂乳后将仔猪捉回保育箱或仔猪栏内，并将仔猪保育箱置于温暖的地方。红外线灯保暖，是现在采用较多的保暖措施，将红外线灯吊在仔猪栏或保育箱上方，一个250 W的红外线灯，与睡卧处的垂直距离为40～50 cm时，睡卧处温度可达30℃左右，垂直距离60～70 cm高时，可达25℃左右，因此，可根据仔猪日龄，调整红外线灯的高度来调节温度。电热板保暖，是在仔猪睡床上或保育箱内放置电热恒温保暖板，可根据不同仔猪对温度的要求调节温度，并可自动控温。也可采用地暖给仔猪进行局部保温。为了防止母猪踩死或压死仔猪，在仔猪生后3天内，可将母仔分开，与保温措施结合，仔猪吃乳时加强看护，吃乳后将仔猪提回保育箱，待仔猪行动灵活后再将仔猪放回母猪圈，让其自由吮乳。哺乳母猪圈内应设置仔猪栏或保育补饲间，实行母仔分居，仔猪能自由出入吮乳、采食、活动，是防止母猪踩死、压死仔猪，进行补料培育仔猪的重要条件和措施。现在已使用防压保温效果较好的母猪限位分娩栏。

(三) 提高仔猪断奶重的措施

1. 必需微量元素的补充：在哺乳仔猪的生长过程中，铁、硒、铜是最容易缺乏的微量元素。

(1) 铁的补充。初生仔猪体内贮存量约为 50 mg 左右，每日生长约需 7 mg，到 3 周龄共需 200 mg，而母猪乳中含铁量很少，仔猪每天只能从母乳中获得 1 mg，所以远不能满足仔猪对铁的需要。因此，如果不补铁仔猪一般在 10 日龄前后因缺铁而出现贫血、食欲减退、被毛散乱、皮肤和黏膜苍白、轻度腹泻、抗病力减弱、生长缓慢等症状，严重者死亡。目前较好的补铁方法是肌肉注射葡聚糖铁制剂，如牲血素、右旋糖苷铁针剂、血多素等补铁剂。仔猪生后 2～3 天每头肌注铁元素 150～200 mg，为确保效果，2 周龄时可再注射一次；其次，农户散养者可让仔猪接触土壤，放牧于泥土地上或在栏内放置红土，仔猪可从土壤中获得部分铁质，达到补铁的目的

(2) 硒的补充。在我国东北等广大地区，土壤中硒的分布相当稀少。在这些地区生长的农作物及其籽实中硒的含量极微。硒是谷胱甘肽过氧化物酶的主要组成部分，能防止细胞线粒体的脂类过氧化，保护细胞内膜不受脂类代谢副产物的破坏。硒和维生素 E 具有相似的抗氧化作用，它与维生素 E 的吸收、利用有关。硒缺乏时，仔猪突然发病，病猪多为营养状况中上等或生长快的。其临床症状为体温正常或偏低、叫声嘶哑、行走摇摆，进而后肢瘫痪。仔猪对硒的需要量，根据体重不同为 0.03～0.23 mg。对缺硒的仔猪应及早补硒。一般于生后 3～5 天肌注 0.1％亚硒酸钠生理盐水 0.5 mL，断奶对时再注射 1 mL。现有铁硒合剂在补铁的同时也补硒，这样极为方便，省工省时。硒是剧毒元素，过量极易引起中毒，用时应谨慎；加入饲料中饲喂，应充分拌匀，否则会引起中毒。

(3) 铜的补充。铜的缺乏会减少仔猪对铁的吸收和血红素的吸收，同样

会发生贫血。仔猪对铜的需要量不大，在通常情况下不会缺乏。用高铜（125～250 mg/kg）作抗菌剂喂猪，有促进仔猪增重的作用。据试验，在饲料中添加250 mg/kg 铜的试验组，日增重比对照组提高13.4%（$P<0.05$）。但铜的添加量过高，会引起中毒，而且长期使用，会污染环境，使土壤中铜的含量提高。高铜和抗生素同时添加饲喂仔猪效果更好。在使用高铜饲料需要注意，由于铜、锌、铁等微量元素均属于二价金属离子，在猪的肠道吸收过程中有竞争性抑制作用，所以使用高铜时必须增加锌、铁等的含量，以防铜中毒或缺锌缺铁。

2. 补水和补料

（1）补水。缺水会导致食欲下降，消化作用减缓，损害仔猪的健康。由于仔猪代谢旺盛，母乳中含脂率高，因此需水量较大，若不及时补水，仔猪就会喝圈内不洁之水，引起下痢等疾病，因此在仔猪生后3天就要供应清洁的饮水。

（2）诱食。仔猪哺乳后期只靠吃母乳已不能满足营养需要。因母猪产后3～4周，泌乳达到高峰后而逐渐开始下降，而此时正是仔猪生长旺期。为此，应在仔猪出生后5～7日龄时尽早诱导仔猪开食，同时仔猪补料还可刺激胃肠道的发育，促进其对植物性饲料的适应和消化酶活性的提高，有利于提高饲料的消化率。因仔猪在生后7日龄左右，前臼齿开始长出，牙龈发痒，故特别喜欢啃咬硬物，且此时仔猪已能独立活动，喜欢对地面的东西用闻、拱、咬等进行探究，而探究行为有很大的模仿性，只要有一头拱咬一样东西，其他仔猪也将追逐模仿进行。诱食就是利用仔猪的行为特性，教会仔猪采食饲料。其方法可将全价颗粒乳猪料撒于仔猪补料栏内的地面上或放在产床的板上，让仔猪自由拣食，一直到仔猪会采食时再用仔猪饲槽；仔猪料压成小颗粒，仔猪比较喜欢采食。用甜味多汁料如南瓜等或粥料加糖放入补料栏诱其采食，或在仔猪饲料中加入甜味剂（糖或糖精）及香料，放入仔猪食槽中诱其采食，有较好的效果。据试验，用糖和糖精及加奶香精诱食时，仔猪平均于17.25日龄开始采食，显著地早于不加糖精和香料的对照组21.3日龄。在仔猪未接触任何料前，采用强制诱饲的方法，即将料加入诱食剂后调成稠粥状抹入仔猪口中，然后再任其舐食，反复几次后，具有促使仔猪早开食的效果。

仔猪通过诱饲开食后，逐渐进入采食旺期，这是补饲的主要阶段，仔猪采食饲料量越多，断奶体重越大，其饲粮配制应按仔猪的营养需要进行配制。每

kg乳猪料中消化能不低于1381 MJ，粗蛋白质20%～22%，粗纤维4%以下，赖氨酸1.2%以上，同时还要注意蛋氨酸、苏氨酸、色氨酸等必需氨基酸的平衡，钙0.64%～0.83%，磷0.54%～0.63%；另外，还应添加微量元素和维生素等。

对乳猪料的原料选择极为重要。乳猪料应营养平衡、易消化、适口性好，且具有一定抗菌抑菌能力、仔猪采食后不易拉稀等特点。从母乳的营养成分来看，常乳中含干物质19%，其中含乳蛋白5.5%、乳糖5%、乳脂7.5%、消化能22.2MJ/kg。乳脂占全乳干物质40%左右，最符合仔猪的消化的特点。乳猪料的营养特点应尽量与母乳相符。从乳猪料的原料组成来看，如果能选用一部分乳制品（如乳清粉、脱脂奶粉、全脂奶粉等），其效果最好。乳清粉中含乳糖70%以上、乳蛋白10%～15%、消化能13.2 MJ/kg左右，具有非常好的适口性和消化性。血浆粉和血清粉作为仔猪蛋白质饲料来源一部分其效果也是非常理想，但其价格昂贵。另外，优质的鱼粉、经过加工的豆粉和经过炒熟或膨化的全脂大豆粉等也是较好蛋白质饲料。其他原料，可选择玉米、小麦、部分大麦等作为能量饲料，这些原料如果经过炒熟或膨化等加工，其效果更好。

如前所述，胃肠道适宜的pH是发挥消化酶活性和控制有害微生物的重要保证。肠道病原微生物如大肠杆菌，沙门氏菌、葡萄球菌等细菌最适宜的pH是6～8，pH 4以下才能失活。有机酸可以提高消化道的酸度，激活某些消化酶可提高饲料适口性和消化率，并可抑制有害微生物、降低肠道疾病发生，具有较好的效果。饲料中添加的有机酸包括柠蒙酸、甲酸、乳酸、延胡索酸等。但是，对仔猪添加有机酸通常不超过40日龄，否则有副作用。

此外，乳猪料中还可以选择使用高铜（125～250 mg/kg）和抗生素，以抑制肠道有害微生物的浓度和促进仔猪的生长。应用仔猪饲料中的抗生素有四环素类（土霉素和金霉素），多肽类（杆菌肽锌、硫酸杆菌素和维吉尼亚霉素），大环内脂类（泰乐菌素和北里霉素等），聚醚类（盐霉素等）。在化学合成促生长剂中喹乙醇，对仔猪痢疾有极好的疗效。若不用抗生素，也可用活菌（益生素）制剂，如乳酸杆菌、需氧芽孢杆菌和双歧杆菌等，作为哺乳仔猪添加剂饲喂后，这有助于建立有益的肠胃微生物区系，以提高仔猪增重和降低下痢的发病率。近年来，研究饲料中添加 ZnO 2 000～3 000 mg/kg，能够提高仔猪的生长速度，减少腹泻的发病率。但是，当它与高铜一起应用时，二者在促生长方面并无加性效应。

饲料的调制，可根据仔猪的采食习性，在配合料中加入诱食剂制成颗粒或湿拌料。在饲喂方法上要利用仔猪抢食的习性和爱吃新鲜饲料的特点，做到少喂勤添，以增加仔猪的日采食量，每天可饲喂 5～6 次。仔猪在 4 周龄前不要使用自动料箱。为了防止浪费，料槽的高度应在 10 cm 左右。不要在母猪采食后 2 小时内仔猪将要吸奶或吸奶后睡觉时提供饲料。要为仔猪提供清洁、无污染的补饲饲槽，干净的饲槽对仔猪采食有新的吸引力。不要在产房内存储饲料，要及时清除陈旧的、潮湿或脏的饲料。要保证仔猪有新鲜的水源，水具要清洁卫生。

3. 环境和小气候的控制：环境和小气候对哺乳仔猪生长和成活影响是十分明显的。温暖、干燥、清洁的生活环境是减少疾病、促进仔猪生长的重要条件。温度对仔猪生长影响很大，应按不同日龄阶段仔猪对温度条件的要求，采取保温措施。仔猪对潮湿很敏感，特别在寒冷的季节，更应注意保持仔猪舍的干燥，减少水洗作业。低温高湿是造成仔猪死亡的重要原因。要经常保持圈舍的清洁，定期消毒，减少仔猪受疾病侵袭的危险。随着规模化和集约化养猪生产的发展，高床网上培育仔猪的技术正在推广。高床网上育仔已成为克服寒冷、圈舍潮湿、减少仔猪污染和防止母猪压死仔猪的一项重要措施。据试验，在相同的营养条件，高床网上培育的哺乳仔猪，35 日龄断奶重，比水泥地面上培育的仔猪提高了 20.7%；断奶窝重提高 40.7%；断奶成活率达 95%，提高了 15 个百分点。由于高床网上饲养有许多优点，因此有的猪场对 35～70 日龄的断奶仔猪也采用高床网上饲养，取得了较好的饲养效果。

4. 免疫接种，预防传染病：在 20 日龄注射猪瘟单苗，60 日龄左右加免一次预防猪瘟，还应根据猪场其他传染病发生情况，采取相应的免疫预防措施。由于近些年来猪瘟的流行方式和特点已发生很大的变化，仔猪猪瘟时有发生，可采用猪瘟乳前免疫，即在仔猪出生后未吃初乳前立即注射猪瘟单苗 2 头份，注射 2 小时后再喂初乳，预防效果较好。

5. 仔猪寄养：母猪产仔后，仔猪数超过奶头数，或母猪产仔少、缺乳、死亡等情况，仔猪可实行寄养。进行寄养时应注意把同窝较大的移走。母猪多余的奶头会在3天后丧失泌乳能力，因此寄养应在母猪分娩后3天内进行。寄养应选择泌乳力高，性情温驯的母猪。寄养时应注意：产仔时间应接近；被寄养的仔猪应吃过初乳，否则不易成活；寄养前应将仔猪与寄母的仔猪关在一起，或喷洒具有同样气味的溶液（如母猪的奶、臭药水等），以混淆母猪和仔猪的嗅觉，待一定时间后，放出让母猪哺乳。

二、断奶仔猪的饲养管理

断奶是仔猪出生后遭受的第二次大的应激。由依靠母猪生活过渡到完全独立生活，其营养来源由全部或部分依靠母乳变为全部依赖固态饲料。这时仔猪仍处在强烈生长发育时期，但消化机能和抵抗力还没有到发育完全时期，因此必须创造一个良好的环境。假如在饲养管理上发生疏忽就会引起仔猪生长停滞，形成僵猪，甚至患病死亡，在以后无论怎样好的条件也难以在仔猪生长发育上得到补偿。因此，必须加强断奶仔猪的饲养管理，力争在断奶后健壮成活，并获得较高的日增重，为培育优良的后备猪或商品肉猪打下基础。

（一）仔猪断奶

从仔猪的生理角度看，在仔猪3～5周龄或体重5～6 kg时断奶较为适宜和有利。因为此时仔猪已利用了母猪泌乳量的60%左右，从母猪中获得一定的营养物质和对疾病的抵抗能力，自身的免疫力亦逐步增强，仔猪已能从饲料中获取满足自身需要的营养；同时，仔猪所需的饲养管理条件、猪舍设备和饲养人员技术水平等亦和8周龄断乳仔猪相近。从母猪的生理角度看，一般认为母猪产后子宫复原是20天左右。在子宫还未完全复原时配种受胎，使胚胎发育受阻、死亡增加。据试验，13天断奶比35天断奶的母猪，每窝仔猪数降低了0.7头。因此，我国多数研究认为，以4～5周龄断奶为好；在条件较好的猪场，可以采用3周龄断奶，但3周龄断奶的前提条件是仔猪已完全能自己采食饲料。

1. 早期断奶：一般指仔猪3～5周龄断奶。2周龄前断奶称为超早期断奶，超早期断奶多出于特殊需要，如培育SPF猪等，需要创造特殊条件，否则难于成功，因为它超越了母仔双方的“断奶生理限度”。仔猪实行早期断奶，能提高母猪的生产力，这已为许多生产实践所证明。仔猪早期断奶的优点主要表现在以下几方面。一是有利于增加母猪年产仔窝数和产仔数。仔猪实行早期断奶,缩短了母猪的泌乳期,母猪体重耗损少,断奶后可及时发情配种,从而缩短了母猪的产仔间隔,每年产仔窝数由常规断奶(45～60 日龄)的 2 窝增加到 2.2～2.5 窝,增加了母猪年育成仔猪数。二是有利于提高饲料利用率。仔猪哺乳是通过母猪吃料而仔猪吃母猪乳的转化过程,饲料的转化率只有 20%,而仔猪直接吃料则饲料利用率 50%～60%,提高了饲料的利用率;同时,由于早期断奶可增加产仔和育成头数,因而可以减少母猪饲养量和淘汰低产母猪,也可以节省许多饲料。早期断奶的母猪在哺乳期失重减少,故可以减少妊娠后期母猪的投料量。三是有利于仔猪的培育。断奶后完全根据仔猪的营养需要配制饲料,任其自由采食,不受母猪泌乳下降或营养不全的影响,有利于促进生长潜力发挥,提高仔猪增重。四是降低仔猪培育成本,提高饲养母猪经济效益。早期断奶由于提高了猪舍利用率,降低了使用费用,减少了对母猪的饲料投放,减少了母猪的饲养量,节约对母猪的各项开支,减少管理人员,劳动生产力得到提高,一头母猪的生产成本大大降低。

2. 断奶方法:主要有一次断奶法、逐渐断奶和分批断奶法三种。一次断奶法是指当仔猪达到预定断奶日期时,一次性地将母猪与仔猪分开。这种方法来得突然,易引起母仔不安、应激较大,对生产不利,但这种方法简单、省事,适合于规模化和工厂化养猪需要。逐渐断奶是为了避免一次断奶的不利,而采用缓慢进行的方法,即于断奶前 3～4 天减少母、仔接触与哺乳次数,并减少母猪饲粮的日喂量,使仔猪逐渐适应少哺乳到不哺乳。分批断奶是将一窝中较大的仔猪先断,使弱小的继续哺乳一段时间,以提高其断奶重。这种方法较难获得同窝仔猪生长发育的均匀性。断奶时间拖得长,延长母猪哺乳期,影响母猪的繁殖成绩,仔猪管理也有困难,目前一般不采用。

(二) 断奶仔猪的饲养管理

断奶仔猪(亦称保育仔猪)是指仔猪断奶后至 70 日龄左右的仔猪,断奶对仔猪是一个应激。这种应激主要表现为:① 营养饲料,由温热的液体母乳变成固体饲料;② 生活方式,由依附母猪的生活变成完全独立的生活;③ 生活环境,由产房转移到仔猪培育舍,并伴随着重新组群;④ 易受病原微生物的感染而患病。总之,断奶引起仔猪的应激反应,会影响仔猪正常的生长发育并造成疾病。因此,必须加强断奶仔猪的饲养管理,以减轻断奶应激带来的损失,尽快恢复生长。

1. 网床饲养：仔猪网床培育是养猪发达国家 20 世纪 70 年代发展起来的一项仔猪培育的新技术。仔猪培育由地面猪床逐渐转变成各种网床上饲养，获得了良好的效果。我国规模化和现代化养猪生产，由于条件所限发展较慢，直到 80 年代后期在北京、广州、上海等大城市郊区试验、推广获成功后，进一步在全国有了较大的发展。目前，母猪网床扣养产仔和仔猪网床培育技术已在全国各地推广应用，对我国现代养猪生产起到了推动作用。利用网床培育断奶仔猪的优点是：① 仔猪离开地面，减少冬季地面传导散热的损失，提高饲养温度；② 粪尿、污水通过漏缝网格漏到粪尿沟内，减少了仔猪接触污染的机会，床面清洁卫生、干燥，能有效地遏制仔猪腹泻病的发生和传播；③ 泌乳母猪饲养在产仔架内，减少了压踩仔猪的机会。总之，采用网床饲养工艺，能提高仔猪的成活率、生长速度、个体均匀度和饲料利用率。例如，中国农业科学院畜牧研究所等单位在北京顺义陈各庄猪场试验结果：在相同的营养与环境条件下，断奶仔猪 35～70 日龄网床培育比在立砖地面上养育平均日增重提高 15%，日采食量提高 12.6%；35 日龄断奶成活率为 95.45%，断奶窝重 85.55 kg，平均个体重 8.73 kg，比地面饲养分别提高 13.33%、40.4%和 18.15%。

仔猪培育笼通常采用钢筋结构，尺寸大小为 240 cm×165 cm×70 cm，离地面约 35 cm，笼底可用钢筋，部分面积也可放置木板或地暖，便于仔猪休息和保温。有的还设有活动保育箱，以便冬季保暖。饲养密度 10～13 头，每头仔猪的面积为 0.3～0.4 m^2。

2. 饲料配制：断奶仔猪的饲料要求相对较高，在先进的集约化养猪场，采用 3 阶段饲养法，即 21 日龄前和 21～30 日龄、31～40 日龄和 41～70 日龄 3 个阶段。3 阶段分别用 3 种不同的料，饲料配方举例见表 12-9。

表 12-9　仔猪的日粮组成

原料(%)	100#(21～30 日龄)	101#(31～40 日龄)	102#(41～70 日龄)
玉米	49	58	66
豆粕	16	18	25
鱼粉	5	6	2
乳制品	20	10	0
油	3	3	3
添加剂	7	5	4

在保育仔猪饲料中，特别是 40 日龄前，加入适量的喷雾干燥血浆蛋白粉或小肠绒毛膜蛋白粉和油脂，对提高饲料的质量是十分有利的。

3. 断奶仔猪的管理：

(1) 断奶仔猪的组群仔猪断奶后头 1～2 天很不安定，经常嘶叫寻找母猪，尤其是夜间更甚。为了稳定仔猪不安情绪，减轻应激损失，最好采取不调离原圈、不混群并窝的“原圈培育法”。仔猪到断奶日龄时，将母猪调回空怀母猪舍，仔猪仍留在产房饲养一段时间，待仔猪适应后再转入仔猪培育舍。由于是原来的环境和原来的同窝仔猪，可减少断奶刺激。此种方法缺点是降低了产房的利用率，建场时需加大产房产栏数量。

集约化养猪采取全进全出的生产方式，仔猪断奶立即转入仔猪培育舍。猪转走后立即清扫消毒，再转入待产母猪。断奶仔猪转群时一般采取原窝培育，即将原窝仔猪(剔除个别发育不良个体)转入培育舍在同一栏内饲养。如果原窝仔猪过多或过少时，需要重新分群，可按其体重大少、强弱进行并群分栏。将各窝中的弱小仔猪合并分成小群进行单独饲养。合群仔猪会有争斗位次现象，可进行适当看管，防止咬伤。

(2) 保证充足的饮水断奶仔猪栏内应安装自动饮水器，保证随时供给仔猪清洁饮水。断奶仔猪采食大量干饲料，常会感到口渴，需要饮用较多的水；如供水不足不仅会影响仔猪正常的生长发育，还会因饮用污水造成拉痢等。

(3) 良好的圈舍环境。

1) 温度。断奶仔猪适宜的环境温度是：3 周龄 25℃～28℃，8 周龄 20℃～22℃。冬季要采取保温措施，即安装取暖设备。在炎热的夏季则要防暑降温，可采取喷雾、淋浴、水帘、通风等降温方法，采用纵向通风的降温效果良好。

2) 湿度。育仔舍内湿度过大可增加寒冷和炎热对猪的不良影响。潮湿有利于病原微生物的孳生繁殖，可引起仔猪多种疾病。断奶幼猪舍适宜的相对湿度为 65%～75%。

3) 清洁卫生。猪舍内外要经常清扫，定期消毒，杀灭病菌，防止传染病。仔猪出圈后，采用高压水泵冲洗消毒，第 3 天后再进另一批仔猪。具体冲洗步骤为：高压水泵冲洗→用 2%火碱水喷洒地面 3 小时→用水冲洗→用消毒灵喷洒地面、猪栏、墙壁→用福尔马林喷雾密闭一个晚上。

4）保持空气新鲜。猪舍空气中的有害气体对猪的毒害作用具有长期性、连续性和累加性。对舍栏内粪尿等有机物及时清除处理，减少氨气、硫化氢等有害气体的产生，控制通风换气量，排除舍内污浊的空气，保持空气清新。

5）调教管理。新断奶转群的仔猪吃食、卧位、饮水、排泄区尚未形成固定位置，所以，要加强调教训练，使其形成理想的睡卧和排泄区。这样，既可保持栏内卫生，又便于清扫。训练的方法是排泄区的粪便暂不清扫，诱导仔猪来排泄。其他区的粪便及时清除干净。当仔猪活动时，对不到指定地点排泄的仔猪用小棍哄赶并加以训斥。当仔猪睡卧时，可定时哄赶到固定区排泄，经过1周的训练，可建立起定点睡卧和排泄的条件反射。

6）设铁环玩具。刚断奶仔猪常出现咬尾和吮吸耳朵、包皮等现象，原因主要是刚断奶仔猪企图继续吮乳造成的，当然，也有因饲料营养不全、饲养密度过大、通风不良应激所引起。防止的办法是在改善饲养管理条件的同时，为仔猪设立玩具，分散注意力。玩具有放在栏内的玩具球和悬在空中的铁环链两种，球易被弄脏不卫生，最好每栏悬挂两条由铁环连成的铁链，高度以仔猪抑头能咬到为宜。这不仅可预防仔猪咬尾等恶癖的发生，也满足了仔猪好动玩耍的需求。

（4）预防注射。仔猪60日龄注射猪瘟、猪丹毒、猪肺疫等疫苗，并在转群前驱除内外寄生虫。

（三）超早期隔离断奶

1993年以来，美国开始试行了一种新的养猪法，称之为SEW法（Segregated Early Weaning），中文称之为超早期隔离断奶法。其实质内容是母猪在分娩前按常规程序进行有关免疫注射，在仔猪出生后保证吃到初乳后按常规免疫程序进行预防注射后，根据本猪群需根除的疾病，在10～21日龄之间进行断奶，然后将仔猪在隔离条件下进行保育饲养。保育仔猪舍要与母猪舍及生长育肥猪舍分离开，隔离距离约3 km左右，根据隔离条件不同而不同。

1. SEW法的特点：

（1）母猪在妊娠期免疫后，对一些特定的疾病产生抗体后可以垂直传给胎儿，仔猪在胎儿期间就获得一定程度的免疫。

（2）初生仔猪必需吃到初乳，从初乳中获得必要的抗体。

(3) 仔猪按常规免疫,产生并增强自生免疫能力。

(4) 仔猪生后22天以前特定疾病的抗体在仔猪体内消失以前,就将仔猪进行断乳后移到清净并良好隔离条件的保育舍进行养育。保育舍实行全进全出制度。

(5) 配制好早期断乳的仔猪配合料。保证仔猪良好的消化和吸收仔猪料中的营养成分。

(6) 断乳后保证母猪及时配种及妊娠。

(7) 由于仔猪本身健康无病,不受病原体的干扰,免疫系统没有激活,从而减少了抗病的消耗,加上科学配合的仔猪饲料,因此仔猪生长非常快,到10周龄时仔猪体重可达30～35 kg,比常规饲养的仔猪提高将近10 kg。

(8) 随着仔猪断乳日龄的提前,产仔窝数、总产仔数、分娩栏的利用率都明显提高,对提高生产水平及降低养猪成本有极大的益处。

这种饲养方法是美国于1993年开始试行并逐渐成熟,1994年正式在生产上大量推广。由于方法比较实际,在生产上易于推广,因此推广速度很快。

2. SEW法的饲养管理措施:

(1) 断乳日龄的确定断乳日龄的确定主要是根据所需消灭的疾病及饲养单位的技术水平而定(表12-10)。

表12-10 实施SEW技术时消除疾病影响的最晚断奶日龄

疾病或病原体名	断奶日龄	疾病或病原体名	断奶日龄
猪流感	21	猪传染性胃肠炎	21
猪胸膜型肺炎	16	猪霍乱沙门氏菌	12
钩端螺旋体病	10	猪繁殖与呼吸综合征	10
仔猪断奶综合征	21	猪副嗜血杆菌	14
传染性萎缩性鼻炎	10	出血性败血症	10
链球菌病	5	伪狂犬病	21
放线杆菌胸膜肺炎	21	支原体肺炎	10
布氏杆菌病	21		

来源:王爱国,现代实用养猪技术(第3版),2008。

(2) 仔猪饲料。采用 SEW 法对断乳仔猪的饲料要求较高。仔猪料要分成三个阶段。第一阶段为教槽料及断乳后 1 周，营养水平为粗蛋白质 20%～22%，赖氨酸 1.38%，消化能 15.40 MJ/kg。第二阶段为断乳后 2～3 周，粗蛋白质 20%，赖氨酸 1.35%，消化能 15.02 MJ/kg。第三阶段为 4～6 周，蛋白质水平与第二阶段相同，但消化能降到 14.56 MJ/kg。三个阶段的差异主要在蛋白饲料有所不同：第一阶段必须饲喂血清粉和血浆粉，第二阶段不需血清粉，第三阶段仅需乳清粉。

(3) 饲养管理。在开食及仔猪不会大量吃料的时候，要将饲料放在板上引诱仔猪采食，一直到仔猪会采食时再用仔猪饲槽。仔猪料压成小颗粒，仔猪喜欢采食。

仔猪全进全出，猪舍每间装 100 头仔猪，保证通风良好，每小间以 18～20 头仔猪为好。保育舍隔离条件及防疫消毒条件一定要良好。仔猪饮水清洁充足。仔猪在运输途中，运输车也必须有隔离条件。

3. SEW 技术的应用：猪群整体健康水平总是随时间逐渐下降，所以采用 SEW 技术的目的是为了维持猪群健康水平、降低疾病带来的风险和去除疾病（病源）。下面以根除猪喘气病为例进行介绍，具体做法是：①母猪产前 2 周和 4 周，注射猪喘气病疫苗；②产前 1 周，母猪连续注射 3 天林可霉素；③仔猪分别在 1、4、8、12 和 16 日龄注射长效土霉素或林可霉素；④保证仔猪在 16 日龄内断奶；⑤断奶后，饮水加泰妙菌素连续进行 14 天。

将 SEW 技术应用于规模养猪生产，便产生了多点生产模式，即二点式和三点式生产模式。①二点式生产模式，母猪场、保育猪与生长育肥猪场；②三点式生产模式，母猪场、保育猪场和生长育肥猪场。研究表明，采用多点式生产模式能显著提高经济效益，其主要原因是提高了生产效率和降低了生产成本。

该项新技术在我国养猪业中的应用前景主要体现在：①应用 SEW 技术去除特定病源，如猪繁殖与呼吸综合征（蓝耳病）、猪传染性胃肠炎、猪喘气病等；②应用二点式生产模式，扩大现有猪场的生产规模；③采用二点式或三点式生产模式建设新猪场。但该方法在我国由于条件的限制，很难很好地采用。

第五节 肉猪的肥育技术

肉猪是指生长肥育阶段的幼猪，即从仔猪断奶到适宰体重。肉猪肥育是养猪生产中最后的一个环节。研究肉猪肥育技术的主要目的是提高肉猪的增重速度，缩短肥育期；提高饲料转化率；获得数量多，质量优的猪肉；采用先进的饲养管理技术，降低生产成本，提高养猪的经济效益。

(一) 肉猪的生长发育规律

1. 体重的增长规律：猪的体重随着年龄而增长，在一定的生长阶段，其日增重是随着年龄和体重的增长而上升，但是，达到一定体重阶段时出现增重高峰，暂短稳定后就下降。从增重高峰到缓慢下降过程中，出现一个转折点，不同品种和不同杂交组合的商品肉猪，其转折点出现的体重阶段不同。地方早熟品种出现较早，晚熟品种出现较晚，如香猪转折体重在 30 kg，内江猪在 60 kg。据经荣斌(1993 年)对我国 8 个组合的杂种肉猪增长速度分析，增重速度的高峰，多数处于 75、80 kg 体重阶段，少数处于 90 kg 以后。另外，转折点出现的早迟还与环境条件有关。肉猪生产中要抓转折点之间的饲养，即 6 月龄之前阶段，充分发挥这一阶段的生长优势，这阶段增长速度快、耗料少。

2. 体躯主要组织的增长规律：猪体的骨骼，肌肉和脂肪的增长具有一定的规律性，在不同生长阶段，其增长速度是不同的。骨骼最先发育，也最早停止，肌肉次之，脂肪在猪的幼龄期沉积的很少，随着年龄的增长、沉积速度加快，直至成年(图 12-1)。随着肉猪的生长，骨骼从生后 2～3 月龄开始到体重 30～40 kg，是强烈生长时期，与此同时肌肉也开始增长。生后 3～4 月龄到体重 50～60 kg，是脂肪开始强烈沉积时期。不同的品种、饲养水平，几种组织生长强度有些差异，但基本表现了上述的生长发育规律。根据此规律，肥育前期喂给丰富的高营养水平，尤其重视蛋白质的数量和品质，以促进骨骼和肌肉的发育，然后在育肥后期适当限饲以减少脂肪的沉积，获得良好的胴体和肉质。

现代引入的优良瘦肉型品种猪肌肉组织成熟期推迟，可以在活重 30～100 kg 期间保持强度增长，100 kg 后才开始下降至成熟期不再增长。这是近年优良瘦肉猪屠宰体重增大到 110～120 kg 的基本原因。

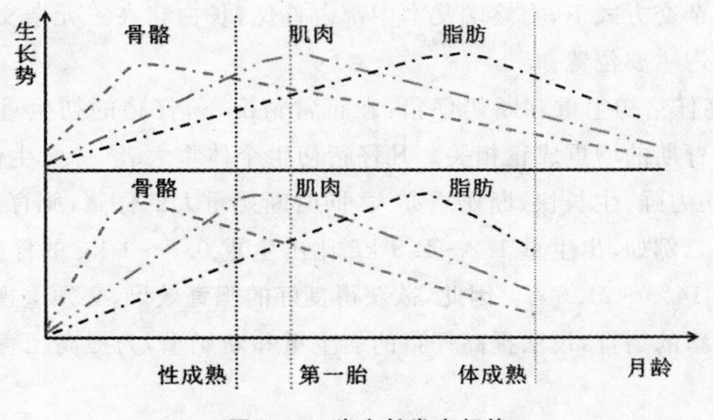

图 12-1 猪生长发育规律

（二）提高肉猪肥育效果的技术措施

1. 选用性能优良的杂种猪：在商品瘦肉型猪生产中，选用瘦肉型杂交猪，利用杂种优势，是提高肉猪肥育效果的主要技术措施之一。因此，有人把经济杂交称为利润杂交或效益杂交，目前欧美一些国家，在肉猪结构中杂种猪或杂优猪占 80%以上。但不同的杂交组合和杂交方式所表现的杂种优势不同，因此在生产上为了取得最大的杂种优势，常对杂交组合进行筛选，选出最好的杂交组合使之在本地区推广应用，以提高肥育效果。

近十多年来我国猪杂交试验研究的结果表明，与地方品种相比，二元杂交猪在体重 20～90 kg 阶段的平均日增重、饲料转化率和胴体瘦肉率分别提高了 24.2%、12.6%、20.8%，三元杂交猪分别提高 25.9%、14.6%和 33.7%。三元杂交比二元杂交分别提高了 1.4%、2.2%和 10.7%。与培育品种的性能相比，以培育品种（系）为母本、引入瘦肉型品种为父本的二元杂交猪平均日增重、饲料转化率和胴体瘦肉率分别提高 8.6%、3.3%和7.6%，三元杂交猪分别提高 5.7%、7.1%和 9.3%。据经荣斌(1993)报道，20 世纪 80 年代以来，我国商品瘦肉型猪生产中筛选出大批优秀杂交组合。在二元杂交方式中的父本品种，杜洛克占 51%，长白猪占 21%、汉普夏猪占 17%，大白猪占 7%，苏白猪占 4%。在三元杂交组合中用作第一父本的品种，长白猪占 58%，大白猪占 25%，杜洛克猪占 11%，苏白猪占 6%；用做第二父本的品种，杜洛克猪占 58%，汉普夏猪占 17%，大白猪占 14%，长白猪占 11%。由此看出，杜洛克猪无论在何种杂交方式下，在终端父本中都占首位，长白猪在三元杂交方式第一父本品种中占主要位置。

2. 提高仔猪初生重和断奶仔猪：在正常情况下，仔猪的初生重和断奶重的大小与肥育期的增重成正相关。凡仔猪初生个体重大者，一般生命力强、体质健壮、抗病力强、生长快、断奶重亦大，同时断奶重大的仔猪，肥育速度较快，饲料利率高。例如，出生重 1.2～1.8 kg 比出生重 0.7～1 kg 的仔猪，肥育期增重可提高 14%～21.6%。因此，欲获得良好的肥育效果，必须重视母猪的饲养管理和仔猪的培育，设法提高仔猪的初生重和断奶重，为提高肥育效果奠定良好的基础。

3. 采用适宜的饲养水平：饲养水平是指猪只一昼夜采食营养物质的总量，采食营养物质总量愈多，饲养水平愈高，反之愈低。营养水平不同，尤其饲料中的能量和蛋白质水平不同，对肥育效果影响较大。

(1) 高质量的日粮。日粮的质量是影响育肥猪生产性能的关键因素之一。只有使用高质量全价配合饲料、满足猪营养需要，才能保证猪最佳生产性能发挥。这是因为猪在现代舍饲系统条件下饲养，比传统的饲养方式下需要更多营养物质；今天猪的生长速度比过去快得多，日粮中所需要的营养含量要高；采用集约化舍饲方式，已经不可能向猪提供补充维生素和矿物质的土壤和放牧的作物。

(2) 营养需要：

① 能量水平。日粮中的能量水平与日增重，肉脂比例有关，限饲条件下，每 kg 饲料所含蛋白质相同情况下，在一定范围内能量增加日增重提高，饲料利用率和屠宰率也提高，胴体就越肥(表 12-11)。在生长育肥猪饲养实践中，多采用不限量饲喂，由于生长育肥猪有自动调节采食而保持进食量稳定的能力，所以，在一定范围内(11.92 MJ/kg 以上)，饲粮能量浓度的高低对其生长速度和饲料转化率的影响程度较小。

表 12-11　活重 20～45 kg 饲养水平与公猪生产表现

食入消化能(MJ/d)	14.5	20.3	24.9	29.4	34.2[1]
日沉积蛋白(g)	65	87	114	127	145

续表

食入消化能(MJ/d)	14.5	20.3	24.9	29.4	34.2[1]
日沉积脂肪(g)	71	134	183	225	260
日增重(g)	419	557	679	779	900
饲料转化率(%)	2.4	2.5	2.5	2.6	2.6
体脂肪(g/kg)	181	227	243	257	265

[1]不限饲。资料来源:陈润生,猪生产学,1995.10:101。

② 蛋白质水平。在能量不变的情况下,在一定范围内(9%～18%)饲料中蛋白质含量提高,则日增重提高、饲料消耗降低、胴体瘦肉提高。当粗蛋白质含量超过18%时,一般认为对增重无效,但可改善肉质、提高胴体瘦肉率。就增重而言,蛋白质水平以17.5%为最好(表12-12),超过22.5%反而出现下降,但可提高胴体瘦肉率,而通过提高蛋白质水平来提高胴体瘦肉率显然是不经济的。日粮蛋白质水平一般应随肉猪的生长阶段而不同,体重20～55 kg阶段的瘦肉型猪16%～17%,肉脂型16%。我国NY/T65-2004:20～35 kg为17.8%、35～60 kg为16.4%、60～90 kg为14.5 %;美国NRC(1998)也提出,体重20～50 kg阶段的蛋白质水平为18%,体重50～80 kg阶段为15.5%,体重80～120 kg阶段为13.2%。此外,在肉猪日粮中,供给适宜蛋白质水平时,还要注意其质量即各种必需氨基酸的给量和配比。据研究,饲粮中必需氨基酸含量不全面的蛋白质即便高达16%,还不如必需氨基酸含量全面的蛋白质14%的饲料饲喂效果好。国外学者提出"理想蛋白质"的概念,即能够提供充足的各种必需氨基酸,并且各种氨基酸处于最佳平衡状态和能充分满足合成非必需氨基酸氮源的蛋白质。"理想蛋白质"中各种必需氨基酸的量和比例均以赖氨酸为准平衡(表12-12,12-13)。

表12-12 粗蛋白质水平与生产表现

粗蛋白(%)	15	17.5	20	22.5	25	27.5
日增重(g)	676	749	745	749	714	676
瘦肉率(%)	44.7	46.6	46.8	47.6	49	50

资料来源:许振英,养猪,1991.4:37～43。

表 12-13　适用于维持蛋白质沉积乳合成和体组织蛋白质的理想氨基酸比例

氨基酸	维持	蛋白质沉积	乳合成	体组织
赖氨酸	100	100	100	100
精氨酸	—200	48	66	105
组氨酸	32	32	40	45
异亮氨酸	75	54	55	50
亮氨酸	70	102	115	109
蛋氨酸	28	27	26	27
蛋氨酸＋胱氨酸	123	55	45	45
苯丙氨酸	50	60	55	60
苯丙氨酸＋酪氨酸	121	93	112	103
苏氨酸	151	60	58	58
色氨酸	26	18	18	10
缬氨酸	67	68	85	69

资料来源：美国 NRC（第 10 版），1998。

表 12-14　以总氨基酸为基础的生长猪理想蛋白质模式

氨基酸	NRC(1998)	ARC(1981)	Wang 和 Fuller	Baker
精氨酸	39	—	—	42
赖氨酸	100	100	100	100
组氨酸	32	33	—	32
异亮氨酸	54	55	60	60
亮氨酸	95	100	111	100
蛋＋胱氨酸	57	50	61	60
苯丙＋酪氨酸	92	96	120	95
苏氨酸	64	60	64	65
色氨酸	18	15	20	18
缬氨酸	67	70	75	68

资料来源：李德发，猪的营养（第 2 版），2003。

③ 能量蛋白比。肉猪日粮中应保持可消化能与可消化粗蛋白质一定的比例即能朊比,否则影响瘦肉组织的生长。如果蛋白质过量而能量不足,则多余的蛋白质就会充当能源,降低蛋白质的特殊功能和利用效率;反之,能量过量而蛋白质不足则多余的能量以脂肪的形式储存,胴体过肥。生长肥育猪适宜的能量、蛋白比见表 12-15。

表 12-15　适宜的能量蛋白比(粗蛋白 g/MJDE)

体重(kg)	20～35	35～60	60～90
美国	196.65	175.73	163.18
中国	217.75	188.28	188.28

资料来源:罗安治,养猪全书,1997。

④ 日粮中粗纤维的水平。日粮中高纤维含量将对影响日粮的质量。当日粮中粗纤维的含量增加时,日增重和饲料利用率将会降低。日粮有机物的消化率与其粗纤维含量呈强负相关($r=-0.94$)。饲粮中粗纤维含量每增加 1 个百分点,有机物消化率可降 2 个百分点,日增重降低,瘦肉率提高。据试验,饲料中粗纤维水平由 5%增加至 10%、15%和 20%,则日增重比 5%的分别降低 7.2%、8.1%和 17.1%,瘦肉率提高 3.7%、7.3%和16.6%。饲粮中适宜的粗纤维含量,应根据猪的品种、体重、粗纤维的来源而定。现代瘦肉型猪种的生长速度快,耐受不了粗食和低营养水平的日粮,而我国地方猪对日粮粗纤维的消化率高达 74.2%,瘦肉型猪一般认为生长育肥猪日粮中粗纤维含量在 3%～5%为宜。经研究证明,地方猪的生长肥猪日粮粗纤维最高指标不应超过 16%,以 7%～8%为宜。

⑤ 矿物质和维生素水平。矿物质和维生素是猪正常生存和生长发育不可缺少的营养物质。长期过量或不足,将导致代谢紊乱,轻者影响增重,重者发生缺乏症或死亡。目前在我国养猪业正在由粗放经营向着集约化经营方向发展的情况下,由于受长期传统粗放养猪的影响,易被忽视。但由于近些年来动物营养科学的发展,我国养猪生产水平的提高,它的作用已广泛被养猪生产者所认识,加之各种微量元素和维生素添加剂大量进入市场,为满足生产者的需要提供了良好的条件。矿物质微量元素、维生素不可不用,但也不可多用,

使用时应以饲养标准为主要依据添加或按产品说明添加，切忌盲目乱用。

(3) 营养平衡的重要性。日粮中营养成分的数量和比例必须准确。如日粮中适宜的钙磷比例为1.5∶1，日粮中超量的钙将导致生长迟缓和饲料利用率低的结果，出栏猪饲喂高钙量日粮将引起中度锌缺乏症和副皮炎症。

(4) 采食量与生产性能。猪在生长育肥阶段自由采食是促进猪生长的关键因素之一。饲料摄入量增加，日增重也提高。影响采食量(FI)的因素有环境条件、位次等级关系、饲槽、饮水。饲料的浓度越高，猪增重所需的饲料量越少，饲料利用率越高；当采食较多饲料时，用于维持需要的饲料在总的饲料中所占的比例较少。猪用于维持需要的饲料量约占摄入量的1/3。饲料利用率的提高是伴随着饲料摄入量的增加，但是当饲料摄入太多时，许多猪的饲料利用率反倒降低了，其原因是不同性别与不同基因型互作的结果。

(5)避免适口性差的日粮成分。避免适口性差的饲料，特别注意谷物饲料混有草籽，避免日粮中含有有毒物质，如双低油菜子中的葡萄糖异硫氰酸盐、棉籽中的棉酚、蚕豆中的血凝素等。这些饲料仍然可以较好地在猪日粮中利用，但一定要限量。霉菌毒素含有多种化合物，通常以霉菌生长的形式在谷物中存在，其中黄曲霉毒素的含毒素量高，对猪的危害最大。

(6)影响饲料利用率的因素。许多因素降低饲料利用率：不平衡的日粮、遗传素质差、发病率高 、体内有蠕虫、谷物发霉 、饮水质量差、环境条件差、管理差等。

用平均日增重(ADG)、饲料转化率(FCR)和每千克增重成本精确记录，查出不利因素。通过计算猪的总增重和耗料量，可以对饲料质量进行评估。

案例：生长育肥猪饲料配方。

配方1(表12-16)由中国农业科学院畜牧研究所提供，饲喂大白猪×长白猪×北京黑猪，日增重615 g和709 g，这是低蛋白日粮配方，适用于华北地区蛋白质饲料不足的地区。

配方2(表12-17)来源于华南农业大学，饲养杜洛克猪与长白的杂交猪，日增重528 g和623 g，用华南地区常用饲料配制的标准日粮，需另外再加多维素和微量元素。

配方3(表12-18)引自英国C·T·惠塔莫尔著《实用猪的营养》。饲喂瘦肉型大白猪、长白猪及其杂种。日增重是575 g和867 g。这是根据饲养标准与当地饲料价格建议饲料加工厂的饲料配方。

表 12-16　生长育肥猪饲料配方 1

饲料(%)	阶段(kg)		营养含量(%)	阶段(kg)	
	20～60	60～100		20～60	60～100
玉米	55.09	65.05	消化能(MJ/kg)	12.56	12.93
豆饼	4.67	10.00	代谢能(MJ/kg)	11.64	11.94
麦麸	5.00	5.00	粗蛋白质	13.24	11.75
大麦	24.00	15.00	钙	0.75	0.45
鱼粉	5.07	—	磷	0.65	0.50
草粉	3.00	3.00	赖氨酸	0.76	0.61
蛋氨酸	0.10	0.10	蛋氨酸＋胱氨酸	0.56	0.51
维生素与矿物质	0.28	0.25	苏氨酸	0.51	0.46
骨粉	1.37	1.20	异亮氨酸	0.50	0.44
食盐	0.50	0.50			
合计	100.00	100.00			

表 12-17　生长育肥猪用饲料配方 2

饲料(%)	阶段(kg)		营养价值(%)	阶段(kg)	
	20～60	60～100		20～60	60～100
玉米	50.1	50.4	消化能(MJ/kg)	13.28	13.17
豆饼	21.0	15.0	代谢能(MJ/kg)	12.32	12.27
小麦麸	5.0	8.0	粗蛋白质	15.90	14.10
细麦麸	10.0	10.0	钙	0.59	0.50
稻谷	12.0	15.0	赖氨酸	0.77	0.65
骨粉	1.0	0.4	蛋氨酸＋胱氨酸	8.61	0.56
贝壳粉	0.6	0.9	苏氨酸	0.61	0.54
食盐	0.3	0.3	异亮氨酸	0.62	0.53
合计	100.00	100.00			

表 12-18 生长育肥猪饲料配方 3

饲料(%)	阶段(kg)		营养价值(%)	阶段(kg)	
	20～60	60～100		20～60	60～100
大麦	70.3	77.9	消化能(MJ/kg)	13.00	13.00
饲用小麦	8.4	5.0	代谢能(MJ/kg)	12.03	12.10
豆饼	12.9	8.6	粗蛋白质	17.00	14.50
花生饼	5.0	5.0	赖氨酸	0.80	0.60
	0.3	0.3	蛋氨酸＋胱氨酸	0.65	0.49
维生素＋微量元素			钙	0.81	0.78
碳酸钙	1.7	1.6	磷	0.65	0.59
磷酸氢钙	1.1	1.3	粗纤维	5.00	6.00
食盐	0.3	0.3			
合计	100.00	100.00			

4. 采取科学的管理技术：

(1) 去势与分性别育肥。目前，我国农村多在仔猪 20～30 日龄左右、体重 5～7 kg 时去势，此时体重小，手术较易施行；近年来提倡仔猪生后早期(7 日龄左右)去势，以利术后恢复。去势和断奶的时间要错开，防止双重应激叠加对仔猪的影响。猪的性别与去势，对猪的肥育性能、胴体品质和经济效益都有影响。例如，性成熟晚的国外猪种，在相同的饲养管理条件下，不去势的公猪与去势的公猪相比，日增重约高 12%，胴体瘦肉率高 2 个百分点，每增重 1 kg 少耗 7%的饲料量；未去势公猪比未去势母猪瘦肉率约高 0.5 个百分点；未去势的母猪与去势的母猪相比，一般平均日增重和胴体瘦肉率较高；未去势的母猪与去势的公猪相比，平均日增重较低，而胴体瘦肉率则较高，每增重 1 kg 消耗饲料较少。现在，国外幼母猪已不去势肥育；而国内如果是饲养的引入肉用型品种或含有国外血液较高的杂种猪，性表现和性成熟期都较晚，情期表现也不明显，也可采用母猪不阉而直接肥育。但公猪因含有雄性激素，有难闻的膻味，影响肉的品质，通常去势后肥育。我国地方猪种或含国外猪种血液较少的杂种，一般性成熟早，不宜推广母猪不去势育肥。现在国外阉公和幼母采用分性别、分段育肥，主要是为了提高氨基酸特别是赖氨酸的利用率，小母猪对氨基酸的需要量高于阉公，平均高5%，而采食量低于阉公。分性别、分段饲喂赖氨酸水平案例见表12-19。

表12-19　生长育肥的小母猪和阉公赖氨酸的需要量

体重(kg)	赖氨酸需要量(%)	
	小母猪	阉公
20～36	1.10	1.10
36～59	1.10	0.97
59～86	0.87	0.77
86～114	0.68	0.62

(2) 防疫。预防肉猪的猪瘟、丹毒、肺疫等传染病，必须制定合理的免疫程序和预防接种。做到头头接种，对漏防猪和新从外地引进的猪只应及时补接种。

(3) 驱虫。肉猪的寄生虫主要有蛔虫、姜片虫、疥螨等内外寄生虫，能影响猪的生长发育和饲料转化率，因此可在育肥开始时进行第一次驱虫，必要时在135日龄左右进行第二次驱虫。驱虫现常用左旋咪唑、伊维菌素、阿维菌素等。驱虫后排出的虫体和粪便，要及时清除发酵，以防再度感染。

5. 选择适宜的肥育方法：猪的肥育方法，我国传统的常用“吊架子”和“一条龙”肥育法。

(1) “吊架子”肥育法：又叫做“阶段肥育法”，是根据我国农村养猪营养水平低和饲料条件差的实际所采用的一种肥育方法。这种肥育方法，一般将猪的肥育期划分为小猪、架子猪和催肥三个阶段，不同的阶段给予不同的营养水平和管理措施。小猪阶段，是从断奶到体重25 kg左右。这个阶段根据小猪生长速度较快，主要是长骨骼和肌肉的特点，因而饲粮中精料占的比重较大，以防小猪掉奶膘或生长停滞。架子猪阶段，体重25～50 kg。这个阶段猪本身正是肌肉组织增长最旺盛的时期，由于饲养上主要是喂给青粗饲料，少喂精料，营养供应不足影响了猪体肌肉的充分生长发育，阻碍其生长潜力的发挥，因而日增重较低，但可拉大骨架，所以称“吊架子”，为催肥阶段的迅速增重打下基础。催肥阶段，从体重50 kg左右到出栏。这阶段喂给较多精料，由于利用了猪架子期生长受阻的补偿作用,因而可获得较高的日增重,并且此时期主要是强烈沉积脂肪,所以胴体较肥。这种肥育方法,猪的增重速度较慢,肥育期长,消耗维持需要的饲料较多,肉猪的出栏率和经济效益也较低。因此,采用这种肥育方法的日益减少,更不宜在经济发达地区应用,也不宜用来饲养瘦肉型肥育猪。为了提高肉猪的肥育效果,应改"吊架子"肥育法为"一条龙"肥育法。

(2)"一条龙"肥育法:又叫做一贯肥育法或直线肥育法。采用这种肥育法,通常将肉猪整个肥育期按体重分成三个阶段,即前期20~50 kg、中期50~80 kg和后期80~120 kg。根据不同阶段生长发育对营养物质需求的特点,采用不同营养水平和饲喂技术,一般是从肥育开始到结束,始终保持较高营养水平,使猪充分发挥生长潜力。但在肥育后期,如果为了防止沉积过多脂肪,可以采取适当限量饲喂或降低饲粮能量浓度的方法,以提高胴体瘦肉率。这种肥育方法,猪的日增重快,肥育期短,出栏率高,经济效益好。

6. 选择适宜的屠宰体重:肉猪何时进行屠宰比较适宜,是养猪生产中的一个重要问题,因为这关系到猪肉产品的数量和质量,关系到饲养者的经济收益。影响肉猪适宜的屠宰体重的因素很多,但主要是受肉猪的生物学特性和市场对猪肉产品需求及销售价格的影响。

(1) 肉猪生物学特性的影响。肉猪的适宜屠宰重受体重、日增重、饲料转化率、屠宰率、胴体肉脂比例等生物学因素的制约。就肉猪增重而言,在一定阶段内,其日增重随着体重增加而上升;当达到一定体重阶段时出现增重高峰,暂短稳定后则转为逐渐下降;随着体重的增加,维持营养所占的比例相对增加,饲料消耗增多,屠宰率提高,但胴体脂肪沉积也就增多,瘦肉率降低,销售价格低,饲养成本高,经济效益低。虽然日龄和体重越小,饲料利用率越高,但过早屠宰肉猪生长潜力还未充分发挥出来,瘦肉产量少,肉质欠佳,屠宰率低,也是不经济的。

(2) 市场的需求及销售价格的影响。随着人们物质生活水平的不断提高,尤其在经济发达的地区,对瘦肉的需求量增加,市场上瘦肉易销、肥肉难销,且猪肉市场已按含瘦肉多少,将猪胴体分级出售,其价格不同,屠宰加工厂收购也是按屠宰后胴体瘦肉率高低来评定价格。因此,现大部分地区基本上按肉猪的适宜上市屠宰体重出售。

(3) 肉猪适宜的屠宰体重。由于我国猪种种类和经济杂交组合较多,各地的饲料条件和消费者的需求也有差别,因此肉猪的适宜屠宰活重也不同。一般我国地方小型早熟品种,适宜的屠宰体重 70～80 kg,以地方品种或培育品种作母本与引入品种为父本进行二元或三元杂交,适宰体重为 90～100 kg,引进瘦型肉猪和它们之间的杂交猪,适宰体重为 110～114 kg。在国外由于猪的性成熟期推迟,肉猪适宰体重由原来的 90 kg 推迟到 114～120 kg。由美国 NRC 饲养标准也可以看出,其屠宰重由原来第八版的 100 kg,逐渐加大到 1998 年第 10 版的 120 kg。

7. 创造适宜的环境条件:在适宜的环境条件下肉猪才能充分发挥生长潜力,适宜的环境条件包括温度、湿度、光照、圈养密度、气流、空气新鲜度和良好的圈栏等。

(三) 猪应激综合征

1. 猪应激综合征:猪应激综合征(porcine stress syndrome,PSS)一般定义为猪在应激因子的作用下产生的恶性高热突然死亡,并呈现 PSE 和 DFD 劣质肉等综合病症。其中,恶性高温综合征(malignant hyperthermia syndrome,MHS)是 PSS 的典型特征。

(1) 恶性高温综合征(MHS)。表现为患猪体温骤然升高至 42℃～45℃,呼吸频率增高至 125 次/分钟,心搏加速至 200～300 次/分钟,肌肉僵直,特别是后肢僵直,肌肉中乳酸大量积累,引致代谢酸中毒,有机体水分和电解质代谢紊乱。由于儿茶酚胺过度析出或患猪对儿茶酚胺的过度敏感性,从肝脏分泌过量的钾引起心传导阻滞,最终心力衰竭而猝死。MHS 具有遗传基础,在自然应激或氟烷麻醉剂($CF_3CHBrCl$,halothane)的作用下可以激发具有遗传缺陷的猪发生 MHS。由氟烷激发的 MHS 与自然应激引致的 PSS 具有相同的征候。因此,推断具有 PSS 倾向的猪亦具有 MHS 敏感猪的相同遗传缺陷。近几年来采用 PCR 检测技术,是从 DNA 水平来确定猪的氟烷基因,从而有别于氟烷,准确率较高。凡在应激下呈现 PSS 称为应激敏感猪,不呈现者称为应激抵抗猪。

(2) PSE 猪肉。指猪宰后呈现灰白颜色(pale)、柔软(soft)和汁液渗出

(exudative)症状的肌肉。PSE 肉外观上肌肉纹理粗糙,肌肉块互相分离,贮存时有水分渗出,严重时呈水煮样,宰后 45 分钟肌肉 pH 低于 6.0。猝死和 PSE 肉都是 PSS 的表现。在屠宰后肌肉处于高温条件下(30℃以上),由于肌糖原酵解加速,造成肌肉中乳酸大量积累,pH 迅速降低(<6.0),肌肉呈现酸化,致使肌肉中可溶性蛋白质和结构蛋白质变性,从而失去了对肌肉中水分子的吸引力,造成水分大量渗出、肌肉保水力降低或丧失。沉淀于结构蛋白质的可溶性蛋白质干扰了肌肉表层的光学特性,致使肌肉的半透明度降低,更多的光由肌肉表面反射出来,使肌内呈现特有的灰白色。

(3) DFD 猪肉。宰前动物处于持续的和长期的应激下,肌糖原都用来补充动物所需要的能量而消耗殆尽屠宰时猪呈衰竭状态,宰后肌肉外观上呈现暗黑色(dark)、质地坚硬(firm)和表面干燥(dry)的症状,即 DFD 肉,动物宰后肌肉呈现 DFD 症状不需要遗传基础,所有的猪都可能发生,唯一条件是屠宰时肌肉中能量水平低,死前肌糖原耗竭。DFD 肉的最终 pH 较高,一般都大于 5.5。由于 pH 较高为肌肉微生物的生存创造了条件,细胞内各酶活性也得以保持,特别是氧合肌红蛋白质的氧被细胞色素酶系消耗掉,使肌肉表面呈暗紫色,肌纤维也不萎缩,肌肉表面保水力维持较高水平,最终呈现 DFD 肉症状。对猪来说,发生 PSE 肉的频率高于 DFD 肉,而牛则易发生 DFD 肉。

相对于正常肉质而言,PSE 和 DFD 肉都是异常肉质,会造成严重的经济损失。PSE 肉由于水分渗出使肌肉中可溶性营养分损失,加工肉重量减轻,腌肉产量降低,在运输、贮存、包装、分割和加工等过程中重量耗损严重。PSE 肉的多汁性和适口性差,肉色灰白,食用品质不良,不受消费者欢迎,货架寿命期短,销售量低,对肉类批发和零售业者也会造成经济损失。

DFD 肉的重量损失虽小,但贮存过程中易腐败。DFD 肉的加工性能差,所制成腌肉呈黑色或火红色,口感黏腻和风味不良。由于 pH 较高,微生物滋生快,加工制品迅速变质,细菌利用肌肉蛋白质的氨基酸,使氨基酸降解而产生臭味。

【复习思考题】

1. 种公猪饲养管理有哪些要点?怎样合理利用?

2. 配种准备期母猪应如何饲养管理?怎样进行发情鉴定和适时配种?

3. 采取哪些措施能促进母猪发情和排卵？

4. 分娩前后的母猪饲养管理有哪些特点？

5. 影响母猪泌乳量的因素有哪些？通过哪些饲养管理措施可提高泌乳量？

6. 根据仔猪的生理特点，为了提高仔猪成活率可采取哪些技术措施？

7. 仔猪早期断奶的适宜时间是何时？为什么？简述早期隔离式断奶的特点及饲养管理措施。

8. 提高肥育猪肥育效果的技术措施有哪些？

9. 何谓 PSS 、PSE 肉和 DFD 肉？

第十三章　猪场建设与环境调控

【内容提要】 主要介绍猪场建设时场址的选择、场地规划与建筑物布局、猪舍的建筑设计及猪舍的环境改善与调控措施等。

【目标及要求】 掌握猪场场址的选择原则、合理场地的规划与建筑物的布局，粪污的处理方法及猪舍环境调控措施等，应用于生产中以提高猪的生产性能。

【重点与难点】 场址的选择、规划、猪舍建筑与布局，粪污的处理与猪舍环境因素的调控等。

第一节　场址的选择

猪场场址选择是猪场建设的首要问题，关系到场区小气候状况、猪场和周围环境的相互污染、猪场的经营管理等。场址的选择主要应考虑场地的地形、地势、土壤、水源等自然条件，饲料、能源供应、交通运输、粪便处理、与工厂居民区的相对位置、远期规划等社会条件。

一、地形、地势的选择

地形、地势是指场地形状和倾斜度。猪场场地应选择地势较高、干燥、平坦或有缓坡、排水良好，背风向阳的地方。要求场地四周开阔、形状整齐，如在坡地建场，要求向阳坡，坡度不可大于25%，坡度过大不利于饲养管理和交通运输。地势低洼的场地容易积水而潮湿泥泞，夏季通风不良、空气闷热，有利于蚊蝇和微生物孳生而冬季则阴冷。此外，低洼潮湿还会降低猪舍保温隔热性能和使用年限，故不宜建场。

二、土质的选择

土壤的物理、化学和生物学特性,都会影响猪的健康和生产力。土壤结构一致,压缩性小,以利于承受建筑物的重量。土壤通透性好、导热性小,可保证场地干燥和保暖;反之,如果通透性差的土壤易潮湿、泥泞,使场地空气湿度增大,遭受粪尿等有机物污染后,进行氧分解而产生各种有害气体,污染场区空气且自净能力也较差,污染物不易消除。此外,潮湿的土壤还易造成各种微生物、寄生虫、蚊蝇等的孳生。土壤化学成分通过饲料或水影响猪代谢和健康,某些化学元素缺乏或过多,都会造成地方病,如缺碘造成甲状腺肿、缺硒造成白肌病、多氟造成斑釉齿和大骨节病。土壤未被传染病和寄生虫的病原体污染,否则很易造成其传染病和寄生虫病的发生和流行。为此,选址时最好不要选在曾建过场的地方;实在躲不开,应详细调查原场倒闭或迁址原因。若为暴发疾病所致,则无论如何也不能选用;非暴发疾病者,也必须将场地彻底消毒。

三、水源

猪场需要大量的水,且水质好坏直接影响猪场有关人员及猪只健康。因此猪场的水源要求量充足、水质清洁,便于取用和进行水源防护,并易于进行水的净化和消毒。猪场水源的水量,必须满足场内人员生活、猪只饮用及饲养管理用(消毒和调制饲料、冲洗猪体、猪舍和用具等),以及消防和灌溉用水,且以夏季最大用水量为准。各类猪每头每天的总需水量与饮用量分别为:种公猪 40 L 和 10 L、空怀及妊娠母猪 40 L 和 12 L、泌乳母猪 75 L 和 20 L、断奶仔猪 5 L 和 2 L、生长猪 15 L 和 6 L、育肥猪 25 L 和 6 L,如一个万头机械化猪场日用水量达 150～250 t。作为猪场水源的水质必须符合我国饮用水质卫生标准。水源不符合标准时,需经净化消毒处理,达到标准后方能饮用。水源的建设还要给今后的生产发展留有余地。我国许多大中型猪场,因水源不足或不符合卫生标准而影响生产的情况较多,应引起重视。

四、社会条件

社会条件主要包括与周围居民区和其他场矿企业的相对位置和距离,即卫生防疫环境、交通运输、电力供应以及粪便处理和利用环境等。

(一) 卫生防疫环境

猪场与居民点、工厂及其他牧场等,应保持适当的卫生间距,以防止居民点的生活污水、废弃物、工厂“三废”以及其他牧场产生的有害气体、尘埃、微生物及废弃物对本场的威胁，也防止本场对居民点、工厂和其他牧场的污染。与居民点之间的距离在1 500 m以上，离其他牧场2 000 m以上；离屠宰场、牲畜市场或畜产品加工厂5 000 m以上；且在居民点的下游、下风方向，在屠宰场畜产品加工厂的上游、上风方向。中、小型猪场上述的距离可小一些，但离其他牧场不能小于1 500 m，离屠宰场、牧畜市场和畜产品加工厂不少于2 000 m。另外，当今社会发展迅速，城乡建设变化很大，养猪生产是一个长期的产业，所以场址的选择还要了解城乡中远期(20年以上)的发展情况。近几年来，许多老场由于城乡建设和发展、公路或铁路的开通而拆迁，造成极大的经济损失，教训是深刻的。

(二) 交通电力条件

猪场的交通既要方便又要防止因道路交通造成疫病传播，故需与交通干线保持一定的距离。大型猪场应离交通干线500 m远，离交通要道200 m以上。一定规模的猪场还必须有可靠的电力供应保障，特别是大型机械化猪场，因装有成套的机电设备，包括供水、保温、通风、饲料加工、饲料输送、清粪、消毒、冲洗等设备，用电量较大，加上生活用电，一个万头猪场装机容量(不包括饲料加工)达70～100 kW。猪场还采用自动饮水系统，所以不能停电；一旦停电，猪就喝不上水，特别是夏天，就会咬坏自动饮水器，严重影响生产。因停电而乳猪保温和夏季通风停止，会给生产带来严重后果。所以，当电网不能稳定供给时，猪场应自备小型发电机组，以应付临时停电。

(三) 粪便处理及利用环境

规模较大的猪场，粪便量大而集中，在场址的选择时就应充分考虑粪便处理利用的环境，过去往往忽视这一点，结果不仅增加环保的投资，而且带来了许多的麻烦。粪便的处理方法很多，应根据我国的实际情况，走生态农业之路是粪便处理的有效途径。例如，从猪场出来的粪便经粪液分离后，粪渣用做养鱼、果蔬或其他农作物肥料、粪液可经高效厌氧发酵，产生沼气，做生产、生活能源，沼渣和沼液用于还田肥料，这样不仅大量的粪便得到充分利用、增加了收入，而且大大降低了粪便的处理投资。如果能把养猪与养鱼、种蔬菜、水果或其他农作物结合起来，一个万头猪场如能配套33～67 km^2 鱼塘或农田，变废为宝,综合利用,保持生态平衡,保护环境是很理想的。

目前猪场采用沼气工程处理粪污的方法应用较多,采用沼气处理模式不外乎可分为三种,即沼气(厌氧)-还田模式、沼气(厌氧)-自然处理模式和沼气(厌氧)-好氧处理模式(工业化处理模式)。以这三个模式为基础,根据养殖场所处的自然环境、社会经济条件以及养殖场规模,可以对规模化养殖场粪污处理模式做出适当选择。就前两种模式进行案例分析:

案例1:沼气(厌氧)-还田模式。

(1) 沼气(厌氧)-还田模式的适应范围。猪粪污还田作肥料是一种传统的、最经济有效的处置方法,可以使粪尿污水不排向外界环境,达到零排放。分散户养方式的粪污处理均是采用这种方法。这种模式适用于远离城市、经济比较落后、土地宽广的规模化养殖场,周围必须要有足够的农田消纳粪便污水。要求养殖规模不大,规模化猪场一般出栏在2万头规模以下,当地劳动力价格低,大量使用人工清粪,冲洗水量少。

在经济发达的美国,约90%的猪场采用还田的方法处理粪便污水。日本走了10多年弯路,从20世纪70年代开始又大力推广粪污还田,说明这种处理模式仍有较强的生命力。我国上海地区在治理畜禽养殖污染的过程中,经过近10年的达标治理实践,在2000年左右也回到了还田利用的综合处理模式中。

在美国,粪污还田前一般不经过专门的厌氧消化装置进行沼气发酵,而是贮存一定时间后直接灌田。由于担心传播畜禽疾病和人畜共患病,畜禽粪便废水经过生物处理之后再适度地应用于农田已成为新趋势。德国、丹麦、奥地利等欧洲国家则是将粪便污水经过中温或高温厌氧消化产沼气后再进行还田利用,这样可以达到寄生虫卵和病原菌的无害化。

国内一般采用厌氧消化产沼气后再还田利用,这样可以避免有机物浓度过高引起烂根和烧苗,同时,经过沼气发酵,可以回收能源——甲烷,并且能杀灭部分寄生虫卵和病原微生物。

(2) 沼气(厌氧)-还田模式工艺流程。工艺流程如图13-1所示。

(3) 沼气(厌氧)-还田模式的关键。要真正达到营养物质还田利用,污染物零排放,必须解决好三个关键问题。沼气(厌氧)-还田模式第一个关键是养殖场周围要有足够的土地，也就是要考虑周围土地的承载力。一些欧洲国家就土地对厌氧消化残余物（沼渣沼液）的承载力有明确的规定（表13-1）。沼气（厌氧）-还田模式第二个关键是沼渣沼液的经济运输距离。曾悦等以福建为例，研究了粪肥的经济运输距离，认为猪粪的经济运输距离为13.3 km。而丹麦沼气工程的沼渣沼液运输距离一般在10 km以内。规模化猪场冲洗水量大约是猪粪的10倍。因此，可以推测，规模化猪场废水的经济运输距离在2 km以内。

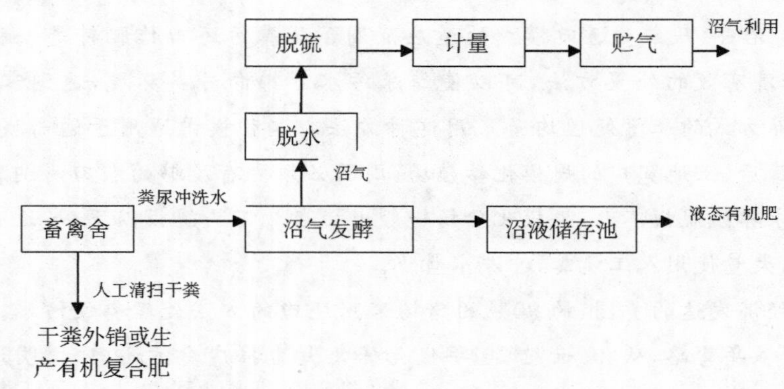

图13-1　沼气（厌氧）-还田模式工艺流程图

表13-1　一些国家有关土地对厌氧消化残余物营养物质承载力的规定

国家	最大营养负荷(kgN/ha.a)	需要的储存时间（月）	强制的施用季节
奥地利	100	6	2月28日～10月25日
丹麦	2003年前： 210～300（牛） 140～170（猪） 2003年后 170（牛） 140（猪）	9	2月1日～收获
意大利	170～500	3～6	2月1日～12月1日
瑞典	基于畜禽数量	6～10	2月1日～12月1日
英国	250～500	4	

沼气(厌氧)-还田模式的第三个关键是沼渣沼液的储存,必须要有足够容积的储存池来贮存暂时没有施用沼渣沼液,不能有废水向水体排放。一些欧洲国家要求的粪肥或沼渣沼液储存时间见表13-1。美国地广人稀,其规模化养殖场粪污处置储存池的设计容量相当大,基本上可以贮存1年的粪尿污水。

(4) 沼气(厌氧)-还田模式的优缺点。该模式的主要优势在于:污染物零排放,最大限度实现资源化;可以减少化肥施用,增加土壤肥力;投资省、耗能低、无须专人管理、运转费用低等优点。但是,沼气(厌氧)-还田模式也存在以下一些问题:需要有大量土地利用粪便污水,万头猪场至少需要2 km^2 土地消纳,因此受条件限制,适应性不强;雨季以及非用肥季节还必须考虑粪污或沼液的出路;存在传播畜禽疾病和人畜共患病的危险;不合理的施用方式或连续过量施用会导致硝酸盐、磷及重金属的沉积,从而对地表水和地下水构成污染;恶臭以及降解过程产生的氨、硫化氢等有害气体会对大气构成威胁。

案例2:四川省金堂县竹篙鹏程畜牧科技养殖基地粪污处理工程。

养殖基地存栏母猪300头,常年总存栏数1 500～2 500头。粪便排放5 t/d,尿排放7 t/d,采用干清粪工艺后,粪尿污水排放总量大约30～40 t/d。该养殖基地设计建造了有效容积200 rn^3 的沼气池,日产气大约60～100 m^3/d。沼气用于职工食堂煮饭、烧热水、用于职工洗浴,猪洗澡以及煎熬中药。每年节约燃料费1.8万元左右。养殖场内建有2个300 m^3 和150 m^3 沼液储存池;另外,田间建有1 000 m^3 的沼液储存池。

该养殖基地租用0.73 km^2 土地,用于种植小叶桉(一种需肥量很大的速生树),清除的干粪以及产沼气后的沼渣沼液用于0.73 km^2 小叶桉的肥料。小叶桉每年需要施肥6次,施用沼渣、沼液以后,仅仅需要施肥2次。每年可节约肥料12万元。目前,干粪和沼渣、沼液还不能满足小叶桉的肥料需要量,养殖场正打算扩大养殖规模,并且再建400 rn^3 沼气池。

案例3:沼气(厌氧)-自然处理模式。

(1) 沼气(厌氧)-自然处理模式的适用范围。养殖场粪污经过厌氧消化(沼气发酵)处理后,再采用氧化塘、土地处理系统或人工湿地等自然处理系统对厌氧消化液进行后处理。这种模式适用于离城市较远,经济欠发达,气温较高,土地宽广,地价较低、有滩涂、荒地、林地或低洼地可作粪污自然处理系统的地区。养殖场饲养规模不能太大，对于猪场而言，一般年出栏在5万头以下为宜，以人工清粪为主，水冲为辅，冲洗水量中等。美国、澳大利亚以及东南亚一些国家的猪场粪污处理采用这种模式较多。国内南方地区(如江西、福建、广东)也大多采用这种模式。

在国外，猪场粪污往往采用多级厌氧塘、兼性塘、好氧塘与水生植物塘进行处理。水力停留时间长达600天，占地面积大。

国内大多采用沼气发酵(厌氧消化)-自然处理组合系统。厌氧处理系统有地上式和地下式。地下式厌氧消化系统与自然处理系统组合可实现完全无动力，因此，在这种处理模式中，厌氧消化系统以地下式最为常见。

(2) 沼气(厌氧)-自然处理模式的工艺流程。工艺流程如图13-2所示。

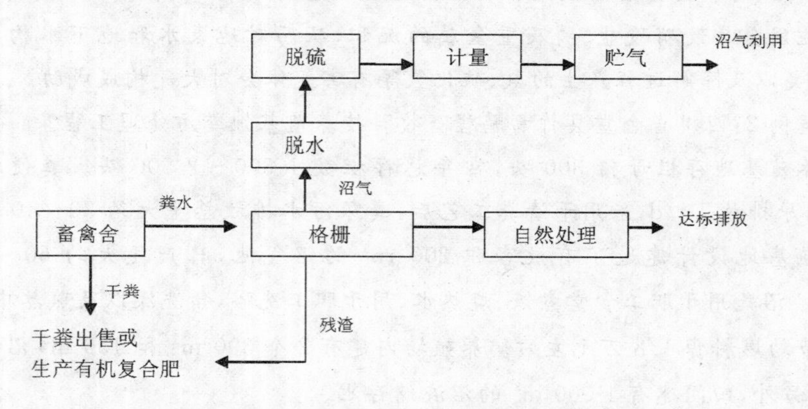

图13-2　沼气(厌氧)-自然处理模式工艺流程图

(3) 沼气(厌氧)-自然处理模式的关键。沼气(厌氧)-自然处理模式主要利用氧化塘的藻菌共生体系以及土地处理系统或人工湿地的植物、微生物净化粪污中的污染物。由于生物生长代谢受温度影响很大，其处理能力在冬季或寒冷地区较差，不能保证处理效果。因此，沼气(厌氧)-自然处理模式的关键问题是越冬。

(4) 沼气(厌氧)-自然处理模式的优缺点。沼气(厌氧)-自然处理模式的主要优势在于：投资比较省；运行管理费用低，能耗少；污泥量少，不需要复杂的污泥处理系统；没有复杂的设备，管理方便，对周围环境影响小，无噪音。但其存在以下缺点：土地占用量较大，处理效果易受季节温度变化的影响，有污染地下水的可能。

案例 4：四川省井研千佛扩繁场粪污处理工程。

该扩繁场饲养规模为：存栏母猪 1 200 头，仔猪（35 日龄以下）3 000 头。该场猪粪产生量 8 t/d；猪尿 10 t/d；冲洗水水量：母猪 30 千克/（天·头），计 36 t/d；仔猪 10 kg/d/头，计 33 t/d；合计冲洗水量 69 t/d；粪尿、冲洗水合计 87 t/d。处理思路是源头控制与末端治理。

源头控制采取清洁生产工艺，主要采取以下措施：干稀分流，从生产工艺上进行改进，采用干清粪工艺，减少污水量，使干粪与尿及冲洗水分流，最大限度地保存粪中的营养物，减少污水中污染物的浓度。改进冲洗设施，采用节水的冲洗设备，如高压水冲洗。雨污分流，修建双排水沟，一条作雨水沟，用于收集雨水，一条作污水沟，用于收集粪尿污水，从而只让污水进入处理设施。从营养的角度，采取措施优化饲料配方，提高饲料利用率，特别是氮磷利用率，从而减少排泄物中污染物的量。改进饲养技术、减少饲料残余与流失、改善畜舍结构以及通风供暖工艺等都可以减少畜禽污染物浓度及数量。经过源头控制以后，将猪场每天的废水排放量控制 40 t/d。

末端治理采用图 13-3 所示工艺。

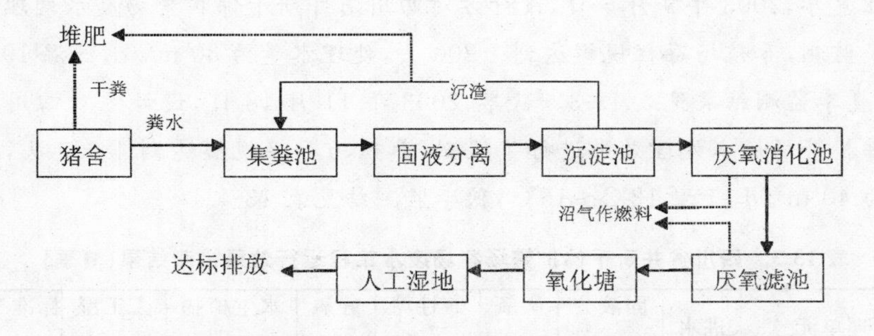

图 13-3　四川省井研千佛扩繁场猪场废水处理工艺流程框图

工程竣工后，接种粪沟已经厌氧消化的粪污进入厌氧处理系统；接种富含藻类的污水进入稳定塘系统；然后开始进料，让整个系统自然运行。

春、夏、秋、冬四季对每个处理单元处理效果进行监测。监测项目包括温度、水量、pH、SS、COD、BOD_5、NH_3—N、NO_2—N、NO_3—N、TN、TP。

2003 年 8 月 11～12 日，四川省井研县环境监测站站对处理设施进行了为期2天,每天上午、下午各取样1次的监测,结果见表13-2。从表13-2的结果可以看出,粪污处理工程的处理效果完全达到了畜禽养殖业污染物排放标准(GB18596-2001)。

表13-2 四川省井研千佛扩繁场猪场废水工程运行效果检测结果(监测站)

项目	进水	出水	去除虑(%)	标准* 允许排放浓度
pH	7.09	6.84		
SS(mg/L)	2 580±440	169±2	93.4	200
COD(mg/L)	9 210±80	388±7	95.8	400
BOD_5(mg/L)	6 030±200	141±1	97.7	150
NH_3-N(mg/L)	220±10	68±1	69.1	80
TP(mg/L)	11.7±0.9	72±0.2	38.5	8.0
粪大肠杆菌群(个/毫升)	10 000±3 200	3 200±2 600	68.0	10 000
寄生虫卵(个/升)	246±10	1±0.8	99.6	2

*畜禽养殖业污染物排放标准(GB18596-2001)

在夏季,2003年9月6日,设计方对四川省井研千佛扩繁场废水处理效果进行了监测,养殖场存栏规模达到1 200头,处理水量为30 m^3/d,气温19℃~23℃,夏季监测结果见表13-3。秋季,2003年11月18日,设计方对四川省井研千佛扩繁场废水处理效果进行了监测,养殖场存栏规模达到4 000头,处理水量为40 m^3/d,气温12℃~15℃,秋季监测结见表13-4。

表13-3 四川省井研千佛扩繁场猪场废水工程运行效果检测结果(夏季)

处理单元	进水	固液分离出水	厌氧出水	兼性塘出水	好氧出水	水生植物塘出水	人工湿地出水	标准* 允许排放浓度
pH	7.09	7.25	7.60	7.96	8.51	7.37	6.84	
SS(mg/L)	5229	1727	527	318	55	40	22	200
COD(mg/L)	3099	2341	593	308	274	153	100	400
BOD_5(mg/L)	1066	628	170	34	25	14	4.4	150
NH_3-N(mg/L)	344	344	303	106	55.1	24.8	1.32	80

续表

处理单元	进水	固液分离出水	厌氧出水	兼性塘出水	好氧出水	水生植物塘出水	人工湿地出水	标准*允许排放浓度
NO_2-N(mg/L)	0.000	0.000	0.130	0.317	0.103	0.036	1.12	
NO_3-N(mg/L)	1.50	0.900	0.000	0.700	0.600	0.000	1.50	
TN(mg/L)	479	478	316	143	73.7	26.8	4.79	
TP(mg/L)	47.7	44.8	28.1	14.9	11.9	7.37	2.08	8.0

*畜禽养殖业污染物排放标准(GB18596-2001)

表 13-4　四川省井研千佛扩繁场猪场废水工程运行效果监测结果(秋季)

处理单元	进水	固液分离出水	厌氧出水	兼性塘出水	好痒出水	水生植物塘出水	人工湿地出水	标准*允许排放浓度
pH	7.24	7.49	7.39	7.66	7.99	7.62		
SS(mg/L)	5 879	1 658	262	429	168	90	80	200
COD(mg/L)	7 107	4 050	996	628	434	293	267	400
BOD_5(mg/L)	1 850	1 147	219	105	67.0	18.0	11.0	150
NH_3-N(mg/L)	810	796	428	293	149	57.4	17.2	80
NO_2-N(mg/L)	0.000	0.000	0.000	0.150	0.134	0.061	0.057	
NO_3-N(mg/L)	8.40	8.20	2.60	7.10	9.60	6.90	5.30	
TN(mg/L)	1142	939	535	362	256	143	88.5	
TP(mg/L)	95.6	116.4	103.1	61.4	20.5	11.7	7.16	8.0

*畜禽养殖业污染物排放标准(GB18596-2001)

冬季,2004 年 1 月 13 日,设计方对四川省井研千佛扩繁场废水处理效果进行了监测。养殖场存栏规模达到 5 000 头,处理水量为 40 m^3/d,气温 6℃～10℃,冬季监测结果见表 13-5。

表 13-5　四川省井研千佛扩繁场猪场废水工程运行效果监测结果(冬季)

处理单元	进水	固液分离	厌氧出水	兼性塘出水	好氧出水	水生植物塘出水	标准* 允许排放浓度
pH	7.24	7.47	7.39	7.66	7.99	7.62	
SS(mg/L)	5 879	1 658	262	429	168	90	200
COD(mg/L)	17 820	6 521	1 384	871	626	330	400
BOD_5(mg/L)	12 260	3 150	387	184	62.0	31.0	150
NH_3-N(mg/L)	1 015	936	635	417	258	149	80
NO_2-N(mg/L)	0.000	0.000	0.000	0.44	0.45	0.47	
NO_3-N(mg/L)	15.0	8.90	3.80	2.75	2.55	1.60	
TN(mg/L)	1597	1079	653	471	326	188	
TP(mg/L)	104	109	50.6	23.4	14.8	11.5	8.0

* 畜禽养殖业污染物排放标准(GB18596-2001)

从表 13-3、13-4 和 13-5 可以看出,有机污染物主要在固液分离和厌氧处理单元去除,而在这两个单元,氮磷去除很少,在后面的兼性塘、好氧塘、水生植物塘、人工湿地主要进行氮磷去除。经过厌氧—自然处理系统的处理,出水大大优于畜禽养殖业污染物排放标准(GB18596-2001)。COD、BOD_5,经过兼性塘处理就已达到排放标准,而 NH_3-N 要经过好氧塘处理才能达标,TP 却要经过水生植物塘处理才能达标。经过人工湿地处理所有出水指标都大大提高。在夏天,基本上经过水生植物塘处理,所有指标都达标,人工湿地的作用在达标处理的作用还没显现出来(表 13-3)。在秋天,BOD_5 经过兼性塘处理就已达到排放标准,而 COD, NH_3-N 要经过好氧塘处理才能达标,TP 却要经过人工湿地处理才能达标,人工湿地的作用已显现出来(表 13-4)。在冬天,BOD_5 经过好氧塘处理就已达到排放标准而 COD 经过水生植物塘处理才能达标。NH_3-N、TP 经过水生植物塘处理离达标稍微有一定距离,说明冬季的处理效果不稳定(表 13-5)。因此,对于高氮、高磷、高浓度畜禽有机废水必须经过厌氧-稳定塘-人工湿地组合工艺多级处理才能达到排放标准。

从表 13-3、13-4 和 13-5 可以看出,进水浓度随着气温降低而增加,冬季

COD、BOD_5、NH_3-N、TN、TP 几乎是夏季的 3 倍。一方面是因为夏季的饲养规模小，另一方面是夏季的冲洗水多。监测结果同时也反映出：气温对污染物的去除有明显的影响，特别是对 NH_3-N 去除的影响。

五、面积的选择

猪场占地面积的大小，依照生产方式和生产规模而定，一般应在满足猪的生理和防疫要求的前提下，本着节约占地和考虑将来发展的原则，按照一定标准估算，猪场占地总面积包括猪舍建筑面积，辅助生产建筑面积，管理生活建筑面积、交通道路、卫生间距及绿化等占地面积的总和。猪舍建筑总面积为场地总面积的 15%～20%。生产区面积一般可按繁殖母猪每头 45～50 m^2 或上市商品育肥猪每头 3～4 m^2 考虑。如一个自成体系年产万头商品猪的工厂化猪场，猪舍建筑总面积为 0.9 万～1 万平方米，管理生活建筑面积 1 200 m^2，其场地总面积应为 5 万～6 万平方米。

猪舍建筑面积的估算方法有多种，其一是可根据生产规模推算出各类猪群常年存栏数乘以各类猪群在本地区的最佳密度参数，即为各类猪群的猪舍使用面积数，使用面积数加上走道、小活动场、值班室、饲料间及墙壁占用面积数等即为猪舍建筑面积，各类猪舍建筑面积之和即为猪舍建筑总面积。其二是根据经验概数估算，如年每产 1 头商品猪的工厂化猪场，平均需猪舍的建筑面积 0.9～1.0 m^2，在传统生产条件下需猪舍的建筑面积为 1.2～1.5 m^2，因此，年产 1 万头商品猪，需猪舍的建筑面积分别为 0.9 万～1 万平方米和 1.2 万～1.5 万平方米。上述介绍两种估算方法的估算结果相近，只是前一种方法算出的结果比实际需要略高一些。此外，在实际生产中，生产规模越小，每生产一头商品猪，相对占用猪舍建筑面积愈大。

第二节　场地规划与建筑物布局

一、场地规划

在场地选定之后，须根据猪场近期和远景规划，结合场地的地形、地势和当地主风向，计划和安排猪场不同建筑功能区、道路、排水、绿化等地段的位置，这就是场地规划。

（一）场地划分

具有一定规模的猪场，一般可把整个场地划分为生产区（包括各种生产猪舍、消毒室、兽医室、值班室、饲料间、人工授精室、装猪台），生产辅助区（包括饲料加工及料库、车库、物料库、水塔、淋浴消毒室、配电室、修理间等），管理生活区（包括办公室、宿舍、食堂等），隔离区（包括病畜隔离舍、尸体剖检和处理设施、粪污处理及贮存设施）等几部分。在进行场地规划时，主要考虑卫生防疫和便于饲养管理，根据场地的地势和全年主风向顺序安排各区。管理生活区和生产辅助区，设在生产区的上游、上风并与外界联系方便的位置。生产区是猪场的主体部分应设在猪场的中心地带，它是独立、封闭和隔离的，与其他区保持一定的距离。隔离区设在全场的下风和地势最低处，离生产区 100 m 以上。

（二）场内道路与排水

生产区的道路应区分为运送饲料、产品和用于生产联系的净道（主干道），以及运送粪污、病畜、死畜的污染道（辅助道）。净道和污染道不得混用或交叉，以利于卫生防疫。场区排水设施是为排除雨、雪水，保持场地干燥卫生。为减少投资，一般可在道路一侧或两侧设明沟，沟壁、底可用砖石砌起来，有条件的可设暗沟，但不宜与舍内排水系统的管沟通用，以防泥沙淤塞影响舍内排污或减少污水处理量，并防止雨季污水池满溢，污染周围环境。

（三）绿化

猪场植树、种草、栽花绿化，对改善场区小气候有重要意义。绿化可以美化环境，更重要的可以吸尘灭菌、降低噪音、净化空气、防疫隔离、防暑防寒。在进行场地规划时，必须规划出绿地，其中包括防风林、隔离林、行道绿化、遮阳绿化、绿地等。场区绿化植树时，需考虑其树干高低和树冠大小，防止夏季阻碍通风和冬季遮挡阳光。

二、猪舍的布局

猪舍布局的任务在于合理安排每种猪舍的位置、朝向和相互之间的距离。布局合理与否，不仅关系到猪场生产联系和管理工作、劳动强度和生产效率，也关系到场区和每幢猪舍的小气候状况，以及整个猪场的卫生防疫。因此，猪舍布局必须考虑各猪舍之间的功能关系、小气候的改善、卫生防疫、防火和节约占地等，根据现场条件合理安排。

安排猪舍时，首先要根据地形、地势和气候特点，考虑猪舍的朝向。在地形、地势允许的情况下，猪舍要尽量安排坐北朝南。由于我国地处北纬20°～50°之间，太阳高度角冬季小、夏季大。猪舍坐北朝南，冬季可以增加太阳照射，提高舍内温度；夏季可以防止太阳过度照射，降低舍内温度；加之我国大部分地区，夏季主风为东南风，冬季主风为西北风，猪舍坐北朝南，夏季可以兜住东南风以降低舍内温度，冬季可以避免西北风的正面袭击。

生活和生产管理区与场外联系密切，为保障猪群防疫，应设在猪场大门附近，门口分设行人和车辆消毒池或消毒设施，两侧设值班室和更衣室。生产区在确定不同类猪舍的位置时，主要考虑它们之间的功能关系和卫生防疫要求。功能关系是指猪舍之间养猪生产中的相互关系。在安排位置时，应将相互联系密切的猪舍相互靠近安置，以便于配种、转群等生产联系。例如，工厂化猪场其猪舍安排顺序为种公猪舍、待配母猪舍、妊娠母猪舍、产房、保育舍、生长舍、肥育舍（图13-4）。考虑卫生防疫要求时，应根据场地地势和当地全年主风向，尽量将种猪、幼猪安排在上风向和地势较高处，肥猪则可置于下风向和地势较低处。商品猪置于离场门或围墙近处，围墙内侧设装猪台，运输车辆停在围墙外装猪。场地地势与当地主风向恰好一致时较易安排，但这种情况并不多见，往往出现地势高处正是下风向的情况。此时，可利用与主风向垂直的对角线上的两"安全角"来安置防疫安全较高的猪舍。例如，主风为西北而地势南高北低时，场地的西南角和东北角均为安全角。

猪舍的间距的确定主要考虑日照、通风、防疫、防火和节约占地面积等因素。如果间距大，使前排猪舍不致影响后排光照，而且还有利于通风排污、防疫、和防火等，但势必增加了猪场的占地面积。因此，必须根据当地气候、场地的地势等确定适宜的间距。猪舍的间距还应根据猪舍高度不同而异：猪舍高，间距大；猪舍矮，间距小。为满足日照、通风等要求，适宜的间距为不小于猪舍檐高的3倍；如猪舍檐高为2 m，则间距应不小于6 m。

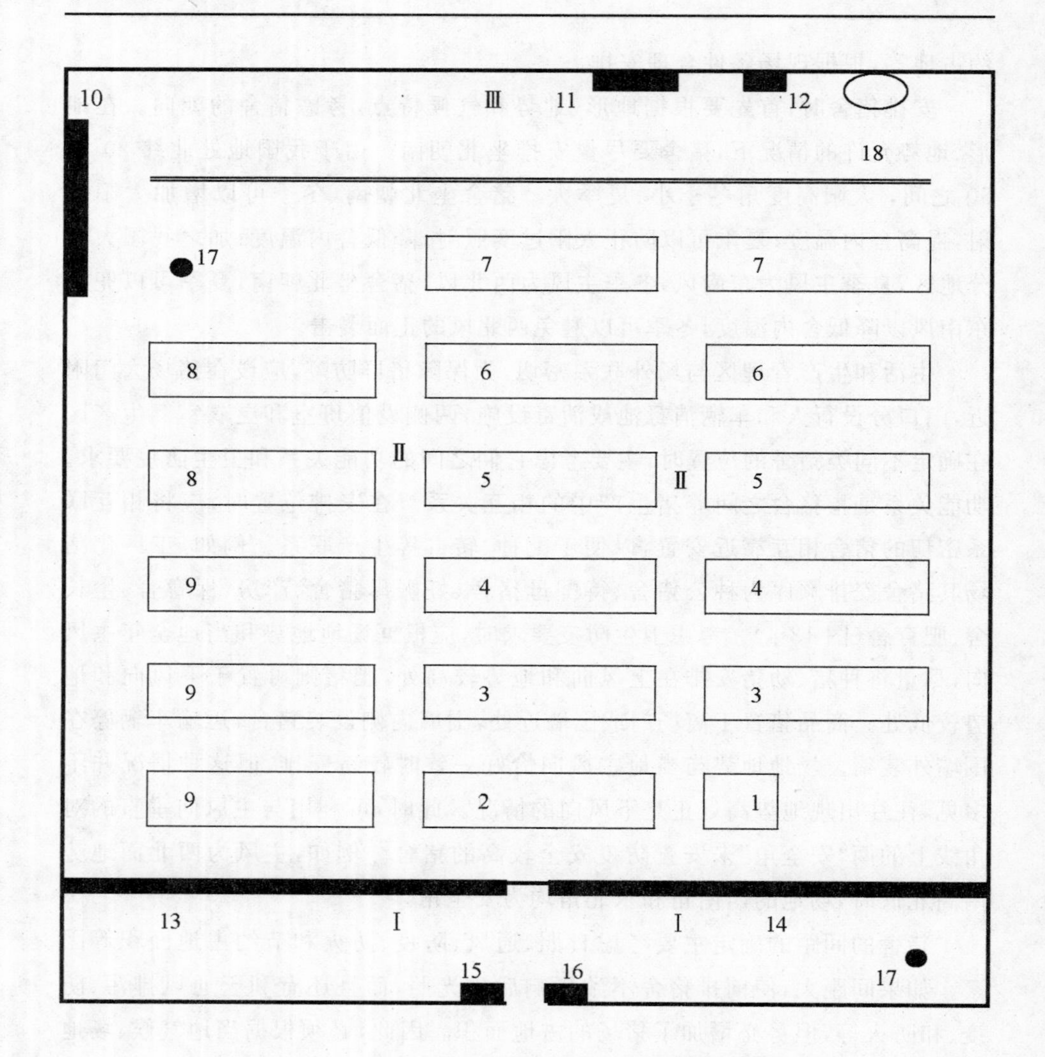

Ⅰ—场前区　Ⅱ—生产区　Ⅲ—隔离区

1. 人工授受精站　2. 配种舍　3. 妊娠舍　4. 产房　5. 保育舍　6. 生长舍　7. 测定舍　8. 种猪待售舍　9. 育成舍　10. 选猪间和上猪台　11. 隔离室和剖检室　12. 死猪处理设施　13. 生活和办公用房　14. 生产辅助用房　15. 门卫　16. 消毒室　17. 厕所　18. 污水处理设施

图 13-4　一个饲养 600 头基础母猪的规模化猪场的总体布局图

第三节　猪舍的建筑设计

猪舍是猪群生活和生产的场所，它关系到猪的潜在生产力能否得到充分的发挥。我国幅员辽阔，各地自然和经济条件不一，传统养猪和现代养猪并存，因而对猪舍的建造要求各有差异。南部地区气候炎热，主要是防暑、防潮；北方地区高燥寒冷，主要考虑保温通风；沿海地区多风，还应注意猪舍的坚固和防风设施。现代工厂化养猪与传统养猪相比，从饲养方式到猪舍建筑的形式、结构、材料都有很大的变化。过去的猪舍多为敞开式或半敞开式，而工厂化养猪则采用封闭式猪舍。这样的猪舍能适应生产工艺流程的要求，有利于建立适宜的、相对稳定的养猪环境，并能作为各种机电设备的安装基础，以实现全进全出，确保有计划的高效生产。

一、猪舍的类型

猪舍类型繁多，归纳为以下几种类型。

（一）屋顶式样

按屋顶式样分为坡式、平顶式和拱式等。坡式又分为单坡式，等坡式和不等坡式三种（图 13-5）。

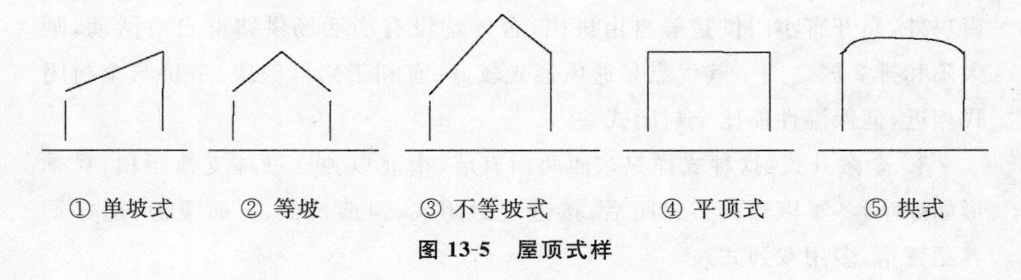

图 13-5　屋顶式样

1. 单坡式：屋顶前檐高，后檐低，屋面向后排水。这种式样构造简单，造价低，通风透光良好，排水好，但冬季保温性能差。多用于单列式猪舍。

2. 等坡式：屋顶前后檐高度相等，中间起脊，两面排水。这种式样保温性能好，通风透光，排水方便，但结构较复杂，造价较高，多用于双列式和多列式猪舍。

3. 不等坡式:这种式样一般前坡短而高,后坡长而低。其优、缺点介于单坡式与等坡式之间,适用于单列式猪舍。该式样走道多在北面,便于操作,保温性能好。

4. 平顶式:这种形式有中间略高和前檐略高两种形式。在缺乏木材的地方,用钢筋混凝土建造而成。这种形式造价较高,隔热性能和排水性能均较差,尤其是施工不当,因热胀冷缩而造成漏水现象较多,不适于南方高温多雨地区,但冬季保温性能良好,可抵御风沙侵袭,在北方较为适用。这种屋顶可用于单列、双列等各种式样。

5. 拱式:多用砖砌拱,上面以水泥砂浆抹面而成,也有用钢筋混凝土浇结而成。其用途和优、缺点,除排水、隔热较平顶略好外,其余同平顶。

(二) 墙壁式样

墙壁式样有全封闭、半封闭、全敞开和半敞开式四种。

1. 全封闭式:这种形式四面有墙,其中前后墙开有窗户,前面窗户大,后面窗户小,作采光通风用。这种猪舍保温性能相对较好,舍内环境不易受外界气候急剧变化的影响,适于做产房和保育舍,但造价高、耗能多,冬季易造成舍内空气污浊。

2. 半封闭式:这种形式也是四面有墙,所不同的是南北两面墙上除开有窗户外,尚开有小门供猪群自由进出,舍外均设有小活场供猪群自由活动,晒太阳和排粪尿之用。其优点是通风透光较好、有利于猪群健康、造价与全封闭式相近,但保温性能比全封闭式差。

3. 全敞开式:这种式样只东西两面有墙,南北以独立壁柱支撑屋顶,夏季形如凉亭,冬季以塑料布封闭后,接近全封闭式,但造价低、冬暖夏凉,适于饲养肥育猪,多用双列式。

4. 半敞开式:这种式样南面以独立壁柱支撑屋顶外,设有半截墙壁或不设,其余三面有墙。这种形式造价低,冬季用塑料布封闭敞开部分,多用于单列式,北面建有走道。

(三) 地面式样

从地面式样看,可分为单列式、双列式和多列式。

1. 单列式:这种形式是在一栋猪舍内,猪栏排成一列,一侧或两侧有走道。这种形式操作方便、通风透光，但猪舍面积利用率较低。

2. 双列式：舍内有南北两排猪栏，中间一条走道或南北中三条走道。这种形式能充分利用猪舍面积、操作方便，有利于机械化操作，但因房顶跨度较大、结构复杂而造价较高，特别是北面的猪栏采光较差、冬季阴冷，不利于猪群的生长和繁殖。

3. 多列式：舍内设三列以上猪栏者为多列式。大型机械养猪场有采用四列、六列甚至八列式的。这种猪舍容纳猪的数量多、有利于发挥机械的效率、猪舍面积利用率高，但猪舍结构复杂、造价高、采光差、易造成舍内空气污浊，一般常规猪场采用不多。

二、猪舍的基本结构

猪舍的基本结构包括基础、墙、屋顶、顶棚、地面及隔栏等，猪舍小气候的建立很大程度上取决于猪舍的结构。

（一）基础

基础受潮是引起墙壁潮湿及舍内湿度增高的原因之一，应注意基础的防潮防水。

（二）墙

对墙总的要求是坚固耐用，便于清扫和消毒，保温性能良好。据冬季测定，通过墙散失的热量占猪舍总失热量的35%～40%，因此，墙的建造质量对猪舍各方面的性能影响很大。常见的猪舍的墙有砖墙、石墙。砖墙具有坚固耐用防潮、导热系数低、保温性能好的特点，但造价较高；石墙坚固耐用便于消毒，但导热性强、热容量低、保温性能差、如采用石墙，可加大其厚度和严封石墙缝隙。

（三）屋顶

屋顶是猪舍散热的一个重要部位，要控制猪的环境，搞好屋顶的保温、隔热、通风至关重要。屋顶同时又是猪舍建筑造价较高的部位，所以无论从技术上、经济上都重视猪舍屋顶的设计。要求结构简单，坚固耐用，防水、防火、保温隔热性能良好。草料屋顶造价低，保温隔热性能好，但不耐久；石棉瓦屋顶造价低，但保温隔热性能差，还不耐久；瓦顶保温性能虽不如草顶，但坚固耐用，应用较多。

（四）天棚

天棚又叫做顶棚，要求结构简单、轻便、保温、隔热、坚固耐用、不透水、不透气。天棚是将猪舍与屋顶的空间隔开的一个缓冲空间，利于冬季保温、夏季防暑和通风换气。

（五）地面

猪舍地面主要分为猪床和通道两部分。猪床部分是猪经常休息的地方，要求地面温暖、干燥，表面既不能太光滑又不能太粗糙。在同一材料的情况下，潮湿地面的热损失为干燥地面的 2 倍，所以地面防潮、保暖、排水很重要。送料通道同时也是猪的转群道，路面不宜光滑，但也不要暖性地面。为了避免其存水，通道也应有一定的坡降，一般坡度为1/1 000。在炎热的地区，采用漏缝板条地面有较好防暑降温效果。漏缝板条地面可分为全漏缝地面和部分漏缝地面。部分漏缝地板设在粪沟上，育肥猪舍漏缝地板可取 150 cm 宽，其他可取 80 cm 宽。

（六）猪栏

猪栏可分为空怀栏、妊娠栏、分娩栏、保育栏、育肥猪栏、种公猪栏等。从饲养数量上分，可分为单养栏和群养栏；从建筑材料上分，可分为砖砌猪栏、钢管猪栏等。砖砌猪栏的优点是坚固耐用、耐酸碱、造价不高，但占地面大、通风差；工厂化养猪场常用的是钢管猪栏，其优点是占地面积小、通风好，但造价高且易被粪尿和酸碱腐蚀。为了减少粪尿的腐蚀，可在接近地面处做 10～20 cm 高的砖墙或者腾空 5～8 cm。

三、大棚猪舍的设计与建造

大棚猪舍造价低，结构简单，易修建，易维护，又能充分利用太阳能，有利于创造适宜环境，20 世纪 80 年代以来一直颇受北方养猪生产者的欢迎。大棚猪舍起初只是改装型薄膜式保温舍，随着科技人员的研究探索和生产者不断的总结经验，冬暖夏凉既保温又隔热式的大棚舍已相继问世。现在，大棚猪舍的使用效果已得到大幅度提高，其应用范围得到了进一步扩大。

（一）大棚猪舍的样式

大棚猪舍的样式有许多，大体可分为改装式、连体式和墙体式三类。

（1）改装式。是由传统开放式猪舍开露部分冬季搭架覆盖塑料薄膜而成。这种大棚猪舍又叫做塑料暖棚、塑料暖圈、简易保温舍、薄膜式保温舍等。其棚面为坡形，白天充分透光接受太阳能，使圈内增温，晚上加盖草帘保温。过冬后拆除薄膜仍为开放舍。这种猪舍结构简单，易于建造，造价低，对冬季防寒有较好的作用。据试验，冬季该猪舍的温度比普通开放舍能高8℃以上。但这种猪舍一般跨度较小，多为单列式，冬季舍内湿度和有害气体不好控制，夏季防暑效果较差，一般只用做肥育猪舍。

(2) 连体式。是指棚架及棚面向南北两侧一直延伸至地面，连为一体，没有纵墙（东西走向的南北墙），似半圆桶式。这种猪舍是仿造园艺和蔬菜大棚的形式建造的，为此，也有人叫做仿造型。夏季及过渡季节，棚面薄膜可沿南北两侧适当卷起，以利通风，只在冬季一直覆盖到地面。这种形式一般跨度也较小，适用于肥育猪。舍内猪栏需与棚面保持足够的距离，以防被猪破坏。冬季保温能力取决于棚面构造，舍内湿度和有害气体不好控制，夏季防暑效果差。

(3) 墙体式。棚顶呈拱形、平拱形或坡形，四面有墙。冬季，棚面至墙严密覆盖，其他季节适当卷起。跨度可为6～10 m不等，拱形和平拱形棚顶跨度较小，坡形棚顶跨度较大。南北纵墙1.5～2.0 m不等，种猪舍较高，也可作双列式。若棚顶构造设计合理，可同时取得冬季保温、夏季防暑的双佳效果，湿度和有害气体较易控制；缺点是随规模增大，建造难度增加。

(二) 大棚猪舍构造与建筑材料

大棚猪舍的独特之处在于其棚顶部分，其他部分与普通猪舍无异，故此处只介绍棚顶的构造与材料。棚顶可分为棚架和棚面两部分。棚架是支撑棚顶的骨架，包括立柱，横跨的拱架和纵行的拉架等。大棚猪舍的使用寿命主要取决于棚架的坚固程度。棚面是指覆盖在棚架之上，使其封闭分为内外的部分。棚面是影响大棚猪舍保温隔热能力，决定舍内温热状况的主要部分，是影响大棚猪舍使用效果的关键所在。棚面可根据需要定期更换。

(1) 棚架。主要有竹木结构和金属结构两大类。竹木结构是以元竹为拱杆和拉杆，木杆为立柱，由拉杆连接拱杆而成。其优点是取材方便、造价低廉、容易建造、维修方便，缺点是承重、抗风雪能力较差。金属结构是由金属钢管或钢筋与钢管焊接而成。这种结构坚固、抗风雪能力强、经久耐用，且可做成装配式，由工厂定型生产，缺点是造价较高、一次性投资较大。

(2) 棚面。棚面的材料多种多样，大体可分为纯薄膜式和多层复合式两类。

纯薄膜式又有单层和双层两种，多用于改装型和连体型两种。单层薄膜型结构最简单、造价最低，但保温能力有限、冬季昼夜温差大、防暑问题更严重。一般常需临时加盖草帘，冬季每天晚上盖、白天敞，夏季正相反——白天盖、晚上敞；否则，温度状况不佳。双层薄膜是在相距 30～40 cm 的两层骨架上各覆一层，将四周间隙密封，使两层薄膜间形成不流动的空气间层，起良好的保温作用。连体型双薄膜，夏季可使薄膜间层四周打开，形成通风棚顶，利于防暑。双薄膜棚面保温能力比单薄膜有大幅度提高，晚上再加盖草帘效果更好，其造价增加并不多。其连体型防暑能力仍需靠白天覆盖草帘，但比单膜型强得多。另外，双膜型棚面建造难度较大。如不能确保两层薄及其四周的严密，引起间隙内空气流动，则会破坏其保温能力。纯薄膜式棚面还有抗风雪能力差，易损，使用寿命短，更换次数多，加盖草帘费时费力，使用麻烦等缺点。

多层复合式棚面可分为两部分，分别是采光部和保温隔热部，采光部为单层薄膜，保温隔热部由多层材料组成。采光部位于南侧，宽度 1.0～1.5 m，其薄膜多与保温隔热部薄膜为一体，由保温隔热部延续而来，也可专门设置。该部薄膜冬季与墙体严密连接，行采光和密封作用，夏季卷起或拆除，形成开露部分以行通风。保温隔热部是复合棚面按其作用大体可分为三层：由里至外分别为内保护层、保温隔热层和外保护层。内保护层直接面向舍内空间，主要用于保护其上的保温隔热层，使免遭机械损伤和防止受潮，并形成较光滑、平整的顶面。因此，内保护层应有足够的强度，有一定的防潮、防水和抗腐蚀能力，应结实而轻便。常用的有涤弹布，编织布等。保温隔热层是起保温隔热作用的，所用材料应具备导热系数小、蓄热系数大、价格低廉、轻便耐用等特点。常用的有稻草帘、麦秸帘、玉米秸帘、特制泡沫塑料等，薄膜全部覆盖者还包括薄膜层。外保护层起保护其下保温隔热层免受曝晒、雨淋、风吹和机械损伤等用，以便延长棚面使用寿命，所用材料应具备结实、防潮、防水、抗晒、抗冻、抗拉、质轻耐用等特点，常用的有遮阳网，玻璃钢瓦，石棉瓦等。这种棚面构造多用于墙体式大棚，连体式也有较少应用，改装式基本不用。多层复合式棚面虽层数增多,但结构并不复杂、建造也不难且材料可就地选用,如保温隔热层可直接选用农副产品稻草、麦秸、玉米秸等,因此,其造价比纯薄膜式只有少量增加,但使用效果却有大幅度提高且使用寿命可延长3～5倍。随着新型建筑材料的开发和相应建筑材料价格的降低,还会有更多质轻耐用、保温隔热的材料可以选用。用多层复合式棚面建造墙体型大棚猪舍,从降低投资和提高使用效果的综合目标看,是较理想的猪舍形式。

第四节　猪舍的环境改善与调控措施

猪舍环境主要是指舍内小气候和空气卫生状况,包括温度、湿度、气流和有害气体浓度等因素。适宜的环境条件,是促进猪只生长、提高饲料报酬、降低发病率和死亡率、获取高生产效率的前提。舍内的环境,首先取决于猪舍的式样,猪舍的构造与材料。同时,环境改善与调控措施是影响舍内环境不容忽视的重要因素,如措施得力又利用好,有时甚至可起到事半功倍的作用。环境改善与调控措施主要有保温防寒措施、防暑降温措施和通风换气措施等。

一、猪的适宜环境条件

1. 温度:温度是环境条件的重要因素,对环境小气候的优劣起决定性作用。温度对猪只生长肥育、繁殖机能及健康状况具有广泛的影响。温度过高,采食量减少,日增重下降,繁殖率降低,甚至引起体温升高,直至中暑死亡。温度过低,需要更多的饲料能用于维持体温,饲料报酬降低,日增重下降。因此,将温度控制在适宜的范围内,能用最少的饲料消耗获得最多的产品。猪的适宜环境温度为哺乳仔猪25℃～30℃,成年猪16℃～20℃,育成猪18℃～23℃。

2. 湿度:湿度对猪的影响以气温为前提,若气温适宜,湿度的影响较小;若气温过高或过低时,高湿度会加重高温或低温的影响。例如,在低温高湿情况下,可使猪日增至降低36%,每kg增重耗料增加10%;在高温高湿下,猪的增重更慢,而且还可能大大提高猪的死亡率。另外,高湿(相对湿度80%以上)可通过促进细菌、病原性真菌和寄生虫的发育,使猪易患疥癣、湿疹等皮肤病及其他疾病。低湿(相对湿度40%以下),使空气太干燥,有利于粉尘飞扬,易引起猪的呼吸道疾病等。猪的适宜相对湿度范围一般50%～70%。

3. 气流:气流的作用主要有两个:一是驱散舍内过多的水汽和有害气体,一是促进猪体蒸发和对流散热。前者适用于冬季,又叫做换气;后者适用于夏季,又叫做通风。通常,通风和换气统称为通风换气或通风。冬季,气流速度要小,但要均匀,无死角,保证足够的通风量,适宜速度为 0.2 m/s;夏季,气流要大,适宜速度为 1.0 m/s。猪的通风换气见表 13-6。

表 13-6 各类猪的必需换气量参数

猪的类别	周龄	体重(kg)	冬季换气量(平方米/(分钟·头))		夏季换气量(平方米/(分钟·头)
			最低	正常	
哺乳仔猪	0～6	1～9	0.6	2.2	5.9
肥猪	6～9	9～18	0.04	0.3	1.0
繁殖母猪	9～13	18～45	0.04	0.3	1.3
	13～18	45～68	0.07	0.4	2.0
	18～23	68～95	0.09	0.5	2.8
	20～23	100～115	0.06	0.6	3.4
种公猪	32～35	115～135	0.08	0.7	6.0
	52	135～230	0.11	0.8	7.0

4. 光照:大部分资料报道,光照作为一个环境因素对猪的生产性能影响远不如对鸡的生产性能影响那样大,但强烈光照会影响猪的休息和睡眠。因此,猪舍内的光线不需太强,只要便于饲养管理和猪采食即可。另外,母猪和仔猪需要光照相对大些,肥猪相对小些。试验表明,母猪舍内的光照强度以 60～10 lx 为宜,肥猪则以 40～50 lx 为宜。

5. 有害气体:猪舍内的空气,由于受猪群的呼吸、排泄及有机物分解等因素的影响,形成一些有害气体,主要的有氨气、硫化氢和二氧化碳等。冬季,封闭式猪舍如果通风不良,很易引起有害气体浓度过高。高浓度氨和硫化氢气体可直接引起猪的病理毒害。100～200 mg/kg 氨气可引起猪摇头、流涎、喷嚏、丧失食欲;在 400 mg/kg 中长期停留,可引起细支气管内膜充血、水肿,肺泡膨胀不全,出血,气肿。硫化氢的浓度为 50～200 mg/kg 时,猪会突然呕吐、失去知觉,接着因呼吸中枢和血管运动中枢麻痹而死亡。猪在脱离硫化氢的毒害以后,对肺炎和其他呼吸道疾患仍很敏感,能经常引起气管炎和咳嗽等症状。猪长期处在低浓度氨和硫化氢的环境中,体质会变弱,对某些疾病产生敏感,采食量、日增重、生产力都会下降。二氧化碳气体本身无毒性,它的危害主要是造成缺氧,引起慢性毒害。猪长期在缺氧的环境中,表现精神萎靡、食欲减退、体质下降、生产力降低、对疾病的抵抗力减弱,特别对结核病等传染病易于感染。

三种有害气体的卫生学标准分别是氨 26 mg/kg,硫化氢 10 mg/kg,二氧化碳 1 500 mg/kg。

二、猪舍环境改善与调控措施

1. 防暑降温措施:猪相对较耐寒而不耐热,高温的危害一般比低温大,防暑降温措施是最重要的环境控制措施。造成猪舍温度过高的原因有大气温度高、太阳辐射强度大,猪只产热的积累。因此,加强猪舍的隔热设计非常重要,如屋顶隔热性能差,热会转向舍内,导致舍内温度升高。对屋顶和受太阳照射较多的西墙,选用导热小的材料并增加厚度,具有良好的隔热作用;也可以利用空气的隔热特性,将屋顶和墙壁修成双层,使空气在其间流通,从而提高屋顶和墙壁的隔热能力。

猪场的绿化不仅有净化空气、美化环境的作用,而且有改善小气候、缓和太阳辐射和降低环境温度的作用,如在猪舍的南侧和西侧种植树干高而树冠大的落叶乔木和种植葡萄、丝瓜等爬蔓植物,可以遮挡直射光对屋顶和墙壁的影响。在舍外或在屋顶上搭凉棚或用遮阳网,在窗口设置遮阳板等对猪舍都能起防暑降温作用。通风降温是猪舍防热的有效措施,通过通风以驱散舍内产生的热量和促进猪体蒸发和对流散热,使猪体感到舒适。

冷却降温是行之有效的降温措施。当气温接近或超过猪体温时,可采取冷却降温。冷却降温分为向猪体表面洒水、喷淋及让猪水浴等。向猪体洒水方法简便易行,效果较好,但费水、费力。喷淋只能间歇地进行,不应连续地喷,一般以喷 1 分钟,停 29 分钟较为理想,因为皮肤喷湿后应使之蒸发,才会起到散热作用。蒸发冷却,往地面上、屋顶上洒水,随水蒸发而带走热量,但费水太多、不经济。喷雾冷却,用高压喷嘴将水喷成雾状,以降低舍内的气温,但在降温的同时又使舍内湿度增加，故降温的效果很可能被湿度增加所抵消，因而较适用于干热地区。现已应用效果较好的水帘降温。

2. 保温防寒措施：我国北方地区，冬季气温低，持续时间长，四季及昼夜气温变化大，冬、春两季风多而大，极大影响了猪只的健康和生产潜力的发挥。初生仔猪由于大脑皮层发育不完善，调温能力差，因怕冷而易被冻死或压死，为了提高仔猪成活率和生长速度，对母猪产房、保育舍设置供暖设备，有条件的地方在冬季对各类型猪舍亦可设置供暖设备。

猪舍的供暖分集中供暖与局部供暖两种。集中供暖即由集中的热源设备，对整个猪舍进行供暖，主要利用热水、蒸汽、热空气、电能等，通过管道送到舍内或舍内的电热器。这种采暖需要一套完整供暖系统（热水、蒸汽、电热能转换等），一次性投资大，费用高，适合规模化猪场使用。在散热器分布合理的情况下，舍内温度能保持一致。局部采暖是利用火炉、电热器、红外加热器等，将就地产生的热能，供给一个或几个猪栏。这种采暖设备简单、投资少，但热能利用不太合理、热量分布不均匀、效果不太理想，多用于小型猪场。产房最好在统一供暖的情况下，在仔猪的保育箱上部加设红外加热器或在底部安装电热板，以保证母猪和仔猪所自需求的适宜环境温度。有些猪场在分娩栏或保育栏采用热水加热地板，即在栏（舍）内水泥地制作前将加热水管预埋于地下，使用时由水泵加压使热水再加压系统的管道内循环。敞开式或半敞开式猪舍，对敞开部分冬季用塑料布封闭，可取得良好的保温效果。

3. 通风换气措施：猪舍的通风分为自然通风与机械通风。

(1) 自然通风。自然通风是靠自然界的风力和温差形成的风压和热压，使空气流动来进行舍内外空气交换。自然通风是通过门窗、专门设置的管道和风洞等来实现的。热压通风是指舍外温度较低的空气进入舍内，遇到舍内热源温度升高，变轻而上升，使舍内上部空间压力大于舍外。下部空间压力小于舍外，这时，如果猪舍上部有开口，空气就会从这些开口流出；与此同时，舍外空气会从下部不断渗入舍内。如此周而复始，便形成自然通风。通风量的大小取决于温差、开口面积和上下开口的垂直距离；温差愈大，上下开口垂直距离愈大，开口面积愈大，空气流速愈大，通风量也越大。风压通风是当风吹猪舍时，迎风面形成正压，背风面形成负压，气流由正压区开口流入，由负压区开口排出，使形成自然通风。由于自然界的风是随机现象，常不稳定，人为又不能控制，因此，自然通风一般按热压通风进行计算设计。

（2）机械通风。现代封闭式猪舍，只靠自然通风已不能满足猪的卫生和饲养要求，可采用机械通风。机械通风以风机为动力，通风量、空气流动速度和方向都有人工控制，又称强制通风。机械通风又分为负压通风、正压通风和联合通风。

负压通风又称排气式通风，通常使用轴流式风机将舍内污浊的空气强行排出，舍内的空气压力小于舍外，造成舍内负压，在压力差的作用下，新鲜空气由进气口进入舍内形成通风。

正压通风又称进气式通风。进气风机将舍外空气通过风管压入舍内，使舍内空气压力大于舍外，造成舍内正压，在舍内外压力差的作用下，舍内空气通过排气口排出舍外。

联合通风又称进排气式通风，新鲜空气的进入和污浊空气的排出都是由风机完成的。通风条件困难，而其他系统又不能应用的情况下可采取联合通风。

【复习思考题】

1. 规模猪场的场址应如何选择、规划与布局？

2. 猪舍的建筑怎样进行合理的设计？

3. 粪污的处理有哪些方法？怎样根据猪场实际情况确定粪污有效处理方法，减少对环境的污染，走生态农业之路？

4. 怎样对猪舍环境因素进行调控，给猪提供适宜的环境条件，提高其生产性能？

第十四章　集约化养猪生产工艺

【内容提要】 我国养猪业正逐步向着集约化方向发展，本章重点介绍集约化养猪发展概况及其特征、工厂化猪场生产工艺的设计、工厂化养猪主要设备及工厂化猪场建设案例。

【目标及要求】 掌握工厂化养猪的生产工艺流程，在工厂化养猪生产中熟练应用。

【重点与难点】 工厂化养猪的生产工艺流程，工厂化养猪栏位的计算。

第一节　集约化养猪发展概况及其特征

随着改革开放的不断深入和市场经济的发展，我国的养猪生产正逐渐脱离传统的家庭副业型的饲养方式向着规模经营、集约化经营方向发展，规模经营使养猪生产由分散走向一定程度的集中，而集约化经营则使养猪生产更趋集中，并走向专业化、商品化、社会化。集约化养猪是规模化养猪发展的必然，是提高商品猪生产效率的前提，也充分体现了先进的科学技术对生产的重大指导作用。

一、集约化养猪发展概况

20 世纪 50 年代以来，随着科学技术的发展，发达国家养猪生产方式发生了巨大变化，其变化的主要内容是生产规模的集中化、生产工艺过程的工业化和经营管理的企业化，从而使劳动生产率、生产力水平、产品质量和经济效益都得到大幅度的提高。至 20 世纪 70～80 年代，养猪发达国家和地区如日本、美国、欧共体等的猪场数量逐渐减少，而猪场规模逐步扩大。为了增强市场竞争能力，多数养猪企业一方面采用先进的设备和技术，实现生产过程的机械化、电气化和自动化，尤其是以符合环境保护要求为前提增加了猪场污物、粪便的处理系统；另一方面使单一的养猪生产过程扩大到企业综合体，即包括饲料工业、养猪工厂、屠宰、肉类保藏与肉品加工、肉与肉制品销售等环节。值得注意的是，私人猪育种公司的出现和跨国企业集团的发展，成为集约化养猪深入发展的更一重要标志，它使猪的遗传改良与经济效益密切结合起来，使专门化品系的培育及其配套杂交生产的杂优猪成为国际贸易的商品。

我国养猪业长期以来是以农家分散饲养为主，商品率很低。20 世纪 70 年代开始，各地曾兴建过一批规模数千头甚至上万头的养猪场，是以机械化养猪形式出现的。由于当时物质条件和技术条件还不具备，加上国内生猪收购价格不合理，猪粮比价低，工农业产品价格的剪刀差过大，致使高投入并没有产生高效益，反而出现机械化水平愈高、生产成本愈高、亏损愈大的结果，因而使许多猪场陆续转产或停产。进入 20 世纪 80 年代后，在我国又兴起了集约化养猪的热潮，广州、北京、上海、天津等大中城市郊区，充分利用技术、经济优势、兴建了一批集约化养猪场，生产了大批的肉猪，保证城市居民对猪肉的需求。在广东省等沿海地区，兴办了许多工厂化猪场，有些是中外合资企业；其设备有的是成套引进的，有些则是仿造或自行设计的猪场，这些大多是外向型猪场，将猪销往香港赚取外汇。进入 20 世纪 90 年代中后期，随着市场经济的不断深入发展，全国许多省市也兴建了一批规模较大的猪场。石油、化工、煤炭、农垦、建筑等行业的大型企业也纷纷投入较大的资金建设大型规模化猪场；加之国家大量的瘦肉型猪基地县的建设和农村专业户养猪的发展，都促使在新兴热潮中所建立的机械化规模养猪有更强大的生命力和更广泛的基础。这样，大大地促进了我国集约化养猪的发展。但我们也深刻地认识到养猪生产方式的变革，不能脱离工农业发展的总体水平，不能脱离科学技水平，不能脱离物质经济基础，不能违背市场经济的客观规律特别是价值规律。尽管目前由机械化养猪场所提供的商品猪占全国出栏肉猪总头数的份额还很少，但它预示着我国养猪业向高产，优质和高效方向发展的集约化生产猪肉的进程是不可逆转的。

二、集约化养猪的特征

集约化养猪要求按现代化工业生产方式来生产猪肉，实行流水式生产工艺。国内把采用工业生产方式组织生产的称为工厂化养猪，而把实现工业生产方式的企业称为工厂化猪场，以区别于传统养猪模式。工厂化养猪是集畜牧兽医、饲料营养、机电建筑工程和饲养管理等为一体的系统工程。每个国家依据其工农业和科学技术的发达程度以及市场条件等，对工厂化养猪的概念、形式和任务提出不同的要求。概括地讲，集约化养猪应具有如下特征：① 拥有遗传素质优良、生产性能较高，并按完整的繁育体系进行繁育的猪群，把猪群按生产过程专业化的要求划分为若干生产群，主要有母猪繁殖群、仔猪保育群和幼猪肥育群；② 按一定的繁殖节律（间隔期）组建起一定数量的哺乳母猪群，应用现代科学技术知识将各生产群组织起具有工业生产方式特征的“全进全出”流水式生产工艺过程；③ 拥有能适应各类猪群生理和生产要求的足够栏位数的专门猪舍，以及主要生产过程实现了机械化和综合电气化，甚至更高水平的电子计算机程控管理；④ 能充分保证稳定而均衡地供应各类猪群所需的饲料，并可配制成全价饲粮；⑤ 严密、严格和科学的兽医卫生防疫制度和符合环保要求的污物、粪便处理系统；⑥ 具有较高文化素质、技术水平管理能力的职工队伍，合理的劳动组织和专业化分工与高效率的营销体制；⑦ 全年有节律地、均衡地生产出定量和规范化的优质产品。

第二节　工厂化猪场生产工艺的设计

一、确定繁殖节律

按照猪场的生产计划在一定的时间内对一群母猪（包括后备母猪和断奶后的空怀母猪）进行人工授精或组织自然交配，使其受胎后及时组建一定规模的生产群，以便保证分娩后组建起确定规模的哺乳母猪群，并获得规定数量的仔猪，我们把组建哺乳母猪群的时间间隔（日数）叫做繁殖节律。

繁殖节律按间隔日数分为 1、2、3、4、7 或 10 日制。实践经验表明，年产 5 万～10 万头肉猪的大型企业多实行较短的间隔（1 或 2 日制）；年产 1 万～3 万头肉猪的企业实行 7 日制。实行 7 日制节律，有利于将一周内每个工作日的技术工作和劳动任务合理的安排开，将繁重的技术工作和劳动任务安排在周内工作日，避开周末和周日。例如，采用每周日仔猪断奶，以促使母猪周期发情，尽可能减少于假日配种的母猪数以减轻工作负担；还利用按周，按月和按日制定工作计划，建立有秩序的工作和休息制度，减少工作的混乱和盲目性。

二、选择饲养工艺

工厂化养猪饲养工艺是总纲，饲养工艺的制定又要依赖良种繁育体系、饲料营养、卫生防疫、机电设备和经营管理的实际情况，不能生搬硬套，盲目追求先进，所以因地制宜制定先进的饲养工艺是工厂化养猪首先要解决的问题。目前，世界上最流行的饲养工艺有一点一线式和早断奶隔离式两种。

1. 一点一线饲养工艺：在一个生产区，按配种怀孕→分娩→保育→生长→育成生产环节组成一条生产线。根据生长和育成的阶段不同，它又分成三段、四段、五段饲养法等三种常用的工艺。该生产工艺的最大优点是地点集中，转群、管理方便，主要问题是由于仔猪和公母猪、大猪在同一生产线上，空易受到垂直和平面的感染，对仔猪健康和生长带来严重的威胁和影响。

（1）三段饲养法。该法主要特点是把生长育成期合在一起，类似传统的肥育猪饲养方法。现在有些猪场还使用这种工艺。采用此工艺的优点可以减少一次转栏，减少了应激和劳动量。但猪舍的建筑面积增加了，一个万头猪场约增加 350 m^2；同时还往往存在着同一栋猪舍既有生长猪又有育成猪的问题，给机械化送料和喂料管理带来麻烦。其工艺流程如下：

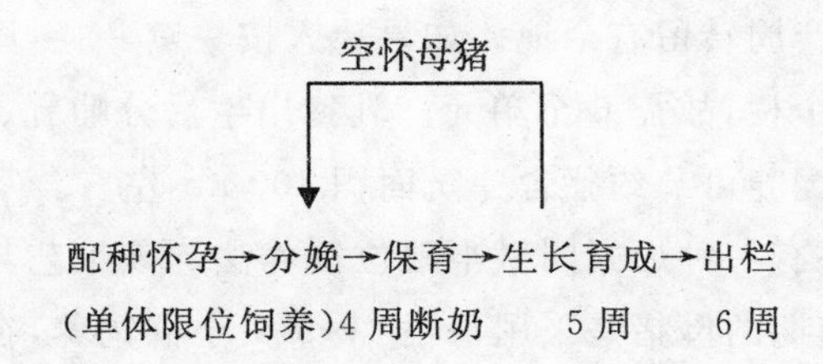

（2）四段饲养法。该法是采用较多的一种。以年产万头商品猪的企业为例，每周有 24 头配上种，怀孕 16 周，产前提前 1 周进入分娩舍，分娩后哺乳 4 周断奶；24 头空怀母猪断奶后同时转入配种舍，24 窝仔猪转入保育舍，分娩栏清洗消毒空栏一周；仔猪在保育舍饲养 5 周转入生长舍饲养 5 周，然后转入育成舍饲养 11 周，体重达 95～100 kg 上市。其工艺流程如下：

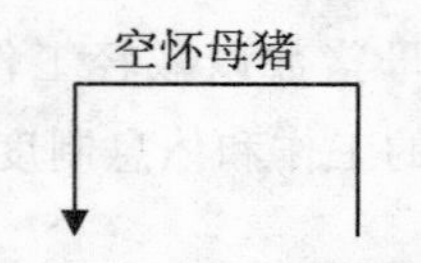

配种怀孕→分娩→保育→生长→育成→出栏

(单栏限位饲养)4 周断奶　5 周　5 周　11 周

主要工艺特点如下。① 怀孕母猪单栏限位密集饲养，便于饲养管理，母猪不争食和打斗，有利于掌握喂料量和减少应激，减少流产，比怀孕母猪小群饲养可节约建筑面积(以万头猪场计可减少 600 m^2)。但与小群饲养比较也存在着母猪体质弱些，淘汰率高些，设计投资略高等缺点。② 分娩栏按 6 周(或 7 周)设计，怀孕母猪可在产前 1 周时入分娩舍，乳猪 4 周(或 5 周)断奶后，可对分娩栏进行彻底消毒，空栏 1 周，有利于卫生防疫。在猪舍的设计上可采用“单元式”设计，即一幢猪舍可以酌情安排数个独立的单元，每个单元内的猪栏可双列或多列。任何一个单元封闭消毒，都不影响其余单元的正常管理，值班室和饲料间可设于猪舍的一端或中间。例如，一个年产万头的猪场，约需基础母猪 600 头，平均每头母猪年产 2.2 窝，平均每周产 24～26 窝，则一个产房单元按 24～26 窝设计，因母猪产前 1 周进入产房，哺乳 4 周，空圈消毒 1 周，共占圈 6 周，故需设产房单元 6 个。③ 保育栏也按 6 周设计，饲养 5 周，清洁消毒空栏 1 周，给生产周转留有余地。如果转入按一窝一栏，则保育舍仔猪单元也需安排 24～26 个栏，故需 6 个单元。乳猪出生后分哺乳、保育、生长和育成四段饲养，比三段饲养可节约猪舍建筑面积 400 m^2 左右。

四段饲养法还有一种形式叫做半限位饲养法。该工艺与前述工艺的不同点是空怀和妊娠前期的母猪是采用每栏 4～5 头小群饲养，在产前 5 周为了便于喂料和避免打斗流产，又转入单体限位饲养。采用这种饲养工艺，哺乳母猪断奶后回到配种怀孕舍小群饲养，母猪活动量增加，对增强体质和延长生育高峰期有一定的益处，还有利于节省设备投资和促进母猪相互爬跨刺激发情，所以有些猪场也采用这种饲养工艺；但小群饲养也存在着饲养管理麻烦，有时母猪争食，打斗应激增加，猪舍面积也有所增加，有时不易观察其发情。

(3) 五段饲养法。它与限位四段饲养的主要差别是从生长到育成分三个阶段，优点是可减少猪舍面积，一个万头猪场可减少 300 m^2 左右；缺点是猪群多次转栏，应激增加，劳动强度增加。其工艺流程如下：

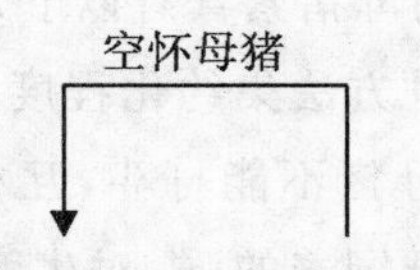

配种怀孕→分娩→保育→生长 1→生长 2→育成→出栏

（单体限位饲养）　4 周断奶　5 周　5 周　　5 周　6 周

2. 早断奶隔离饲养工艺：鉴于一点一线生产工艺存在的问题，1993 年以后美国养猪界开始一种新的养猪工艺，即早断奶隔离（Segregated Early Weaning，简称 SEW）。它又分二点式和三点式两种生产方式（见第十六章）。

第三节　工厂化养猪主要设备

一、围栏设备

工厂化猪场，为了便于管理和环境控制，减少猪舍建筑面积，降低生产成本，一般都采用集约化栏舍，其中各种围栏是最基本和最常用的设备。

1. 公猪栏与配种栏：在近些年建设的工厂化猪场中，大部分把公猪栏和配种栏合二为一，即用公猪栏代替配种栏，节省了单独建配种栏。但实践证明，此种设计不甚理想，主要是配种时母猪不定位、操作不方便，其次是配种时对邻栏的其他公猪干扰较大。因此，单独设计配种栏是很有必要的。

（1）公猪栏。公猪一般采用个体单栏散养，以避免互相打架，并使之有一定的活动空间，有利于增强体质。一般公猪栏的规格可采用 2.4 m×3 m×1.3 m。常用结构有两种：一是全金属钢管栅栏，其优点是便于观察猪群，消毒清洁容易，通风好，但造价较高；二是砖墙间隔加金属栏门，这种结构的通风性较差，但造价低。近几年，国外有些猪场公猪也采用限位饲养，这样可减少建筑面积、节约投资。公猪的运动比散养减少了，但对公猪的配种能力影响较小。

（2）配种栏。配种栏采用较封闭的结构为好。其规格可采用 2.4 m×3 m×1.2 m，围栏最好用砖墙。栏内通常设有母猪配种架，供配种时用，在地面施工中不能太光滑，可用粗绳压制成 5 m×5 m 的小方格，以免配种时公、母猪滑倒。

2. 母猪栏:工厂化猪场的母猪繁育有以下几种饲养方法。① 空怀和怀孕全期均是单体限位饲养。这种方法集约化程度高,猪舍建筑面积小,饲养密度大,喂料、观察、管理都方便,母猪不能打斗,互相干扰少,可减少流产,但投资大、母猪运动少、体质不如小群饲养的强、对生育也有些影响。② 空怀和怀孕前期小群饲养,怀孕后期限位饲养。③ 空怀和怀孕全期均采用小群饲养。此种方式饲养的优、缺点与第一种相反。而第二种方式的优、缺点介于第一和第三种之间。因此,母猪栏设计有两种:单体母猪限位栏和母猪小群饲养栏。

(1) 单体母猪限位栏。通常用全金属栅栏制造,栏的尺寸要根据猪的个体大小确定。过大,不仅浪费材料,而且猪容易调头,给管理带来许多麻烦;过小,则对猪的起卧和活动带来困难。一个猪场最好有两种尺寸规格的限位栏,以适应场内大型母猪和小型母猪(如头胎母猪)的需要。两种限位栏的比例以各场猪群结构的实际情况而定。常用的尺寸一般是长 2.1～2.2 m,宽 0.55 m～0.65 m,高 0.95～1.1 m。单体母猪限位栏又有后进前出和后进后出两种结构。后者结构简单,可节少投资,但赶猪出栏较麻烦。

(2) 母猪小群饲养栏。母猪小群饲养有两种结构,即全金属栅栏或砖墙间隔加金属栏门。猪栏的大小主要是根据每栏饲养的头数决定,平均每头猪的占栏面积应为 2.5～3 m^2,漏缝地面面积在我国北方地区可以小些,南方地区则要大一些,甚至是可以全漏缝地面。

3. 分娩栏:分娩栏的设计在所有猪栏中是最重要的,因为它对提高仔猪成活率和断奶重,以及猪场的经济效益具有十分重要的影响。经过多年的生产实践证明,高床全漏缝母猪分娩限位栏是最理想的结构,因它具有防压、保温、自动饮水、补料方便、床面干燥、清洁卫生、坚固耐用等优点,但造价较高。分娩栏的尺寸也要根据猪的品种或个体大小而定。常用的尺寸有 2.25 m×1.95 m×1.3 m 或 2.15 m×1.8 m×1.3 m 等。

4. 保育栏:保育栏采用高床全漏地面,全金属栏架,全塑料或铸铁地板,带保温箱、自动饮水器和自动食箱,是比较理想的结构,其优点是可以保持床面干燥清洁,使仔猪有一个较好的生长环境。

5. 生长栏和育成栏:从保育栏中转出的仔猪,已有一定的抗病能力,对栏舍和环境条件要求较低，所以对生长栏和育成栏的设计可简易些。为了节约投资，可采用砖墙间隔和全金属栏门，装上自动饮水器和自动食箱。

6. 漏缝地板：在围栏设备中，漏缝地板是其中的重要组成部分。对漏缝地板的要求是耐腐蚀、使用期较长；易于冲洗清洁，减少和避免粪便粘留。常用的材料有钢筋混凝土、工程塑料、金属材料等。

(1) 钢筋混凝土漏缝地板。它主要用于配种怀孕舍和生长育成舍，可做成板状或条状。钢筋混凝土漏缝地板具有成本低、牢固耐用的优点，但制造工艺非常讲究，钢筋和混凝土的标号都必须符合设计图纸的要求，而且必须在振动平台上用钢模制造。

(2) 工程塑料漏缝地板。工程塑料漏缝地板拆装方便、质量轻、耐腐蚀、牢固耐用、保温性能好，广泛应用于分娩栏和保育栏。

(3) 铸铁漏缝地板。它主要用于配种怀孕栏和分娩栏。其最大特点是牢固耐用、使用寿命长达 30 年且不必维修，但它对铸造工艺、材料和设备要求很严，否则就生产不出合格的产品。

(4) 金属包塑漏缝地板。它有两种结构形式。① 金属板冲孔后包塑(糊状树脂浸泡)。② 金属网包塑。这种漏缝地板的反面有防渍留滴水结构，非常容易清洁，而且软硬合适并富有弹性，不损伤母猪肢蹄，是非常理想的漏缝地板，但成本较高，主要用于分娩栏和保育栏。

二、供水、自动饮水和清洁消毒设备

1. 供水设备：规模养猪的供水，主要包括猪饮用水、生活用水和清洗用水。猪饮用水基本上要达到人饮用水的要求，所以在有条件的地方最好用自来水，没有自来水则要挖取深井水并通过化验，符合卫生标准才能使用。在水源较缺的猪场，可将饮水和清洗用水分为两个系统，清洗用水可用消毒过的河水、山塘水、水库水或再生净化水代替。采用自动饮水器的供水系统，为防止饮水器的堵塞，保证猪只正常饮水。在饮水管路中应安装过滤器，并注意保持饮水管路中的供水压力($1 \sim 2.5\ kg/cm^3$)。

2. 自动饮水设备：自动饮水系统有许多优点：① 可以向猪只随时供给新鲜干净的水，减少疾病传播；② 节约用水，节约开支；③ 可避免饮水溅洒，保持栏舍干燥。自动饮水系统只要在供水管路装上自动饮水器即可，投资不多，效果良好，规模养猪场应尽量采用。各种猪群饮水器安装高度为：公猪 60～70 cm，母猪 55～60 cm，乳猪 15～20 cm，保育仔猪 25～30 cm，生长中猪 35～40 cm，育成大猪 45～50 cm。

目前使用的饮水器主要有 3 种：① 鸭嘴式饮水器，它又分大、小号两种，小号用于分娩栏中乳猪，大号用于其他猪群；② 乳头式饮水器；③ 盆式饮水器，对有病乳猪或小猪投药时使用方便。

3. 冲洗设备：

(1) 粪沟冲洗设备。粪沟冲洗设备常用的有三种。① 盘管式虹吸自动冲水器。它安装在水池中心底部，每天冲洗的次数靠调节进水龙头来控制，每次冲水量的大小由水池底面积与铜管的高度所决定。这种冲水器结构简单，运动部件不多，工作较可靠，出水口直径达 220 mm，冲力大；缺点是维修较麻烦。② U 型管虹吸自动冲水器。每天冲洗的次数也是靠调节进水龙头来控制。其主要优点是结构简单、没有运动部件，如果用玻璃等耐腐蚀材料制造，更是牢固耐用，出水口直径达 300 mm，冲力大；缺点是该系统较庞大，安装工程量大，费用高。③ 自动翻水斗。自动翻水斗结构比较简单，工作可靠，冲力最大，效果好，但由于它造价高、噪音大，已被逐渐淘汰。

(2) 地面冲洗设备。在规模养猪场，地面清洁的劳动量很大，选配合理的地面冲洗设备对减轻劳动强度，提高劳动效率非常重要。现在常用的地面冲洗设备有两种，即各种地面冲洗机和地面冲洗高压系统。后者是在生产线的各栋猪舍配置一套高压水路系统，有许多高压出水接头，将高压枪的调速接头接上即可使用。这个系统节约投资，使用方便，节约用水，在许多猪场广泛使用。

4. 消毒设备：常用有消毒设备有两种。① 单机：各种各样的喷雾消毒机、火焰消毒器。② 高压喷雾消毒系统。这个系统是在整个生产线全部猪舍设置高压喷雾系统，每个星期定期对全部猪舍全面消毒 1～2 次，可以自动控制、操作方便，节约药液，劳动效率高，效果良好，值得推广应用。

5. 刮粪机：粪沟刮粪机以前曾有部分猪场使用过，由于设计制造和材料等因素，工作不够可靠，有的零部件又容易损坏，使用效果不甚理想，但采用刮粪机可以节约用水、减少污水处理费用，粪渣也能收集起来，所以，最近又有部分猪场开始使用。从目前情况看，在设计制造和材料选择方面较以前大有改进，使用效果还是比较好的。

三、供料、喂料设备

饲料的供给和喂饲，花费的劳动力，占总工作量的 30%～40%。较理想的方法是饲料厂加工好的饲料用专用的散装饲料车送到猪舍外面的饲料塔，然后通过输送机构，再从饲料塔直接输送到食槽或自动料箱。它的主要优点是：① 饲料始终保持新鲜；② 节约饲料包装和拆卸费用；③ 减少饲料在装卸过程中散漏损失和污染；④ 机械自动化程度高，节省大量劳动力。

1. 猪舍内饲料输送设备：常用的有卧式搅龙输送机、螺旋弹簧输送机和塞管式输送机。由于塞管式输送机输送距离长，可在任何方向转弯，对颗粒料破碎少、噪音低，而且造价较低，所以被广泛采用。

2. 种猪的给料喂料设备：给生产母猪喂料要根据猪的品种、体重和生理时期，喂给营养所需要的适量饲料，而且还必须根据需要随时进行调节。如果用人工来操作控制，达到以上要求就很麻烦而且又不准确；若用机械设备配备计算机来控制，那就可以做到了。最近几年，国外一些厂家对此做了许多研究，下面介绍两种有关设备。

(1) 定量装置的给料系统。利用这个系统，可以根据母猪的情况，调整每天给料，准确、操作方便，而且可以同时放料，减少母猪应激。

(2) 群养单喂采食站给料系统。这个系统既保证妊娠母猪有较多的活动，使身体健康而有活力，又能较为精确地给每头母猪喂料，并用最少的饲料，使母猪达到最高的生育能力，取得很好的效果。

四、通风、降温和保温设备

1. 通风降温设备：常用的通风降温设备有以下几种。① 各种排风扇——主要用于猪舍冬季换气。② 各种吹风机——主要用于猪舍夏季通风。③ 喷雾降温系统——主要用于猪舍(除分娩舍外)夏季降温。④ 滴水降温系统——主要用于单体限位栏和分娩栏内母猪的降温，滴水降温系统要保证滴用水温度低于 20℃；同时滴水量可大小调节，应用方便。⑤ 蒸发式水帘冷风机——是利用水蒸发吸热的原理，使通过水帘的空气降温。这种冷水蒸发吸热的原理，使通过水帘的空气降温，所以这种冷风机在气候干燥时使用效果较好，如相对湿度大于85%，空气中的水蒸气接近饱和，水分很难蒸发，则降温效果就很差。但这是近几年采用较多一种降温设施，在使用时注意水的回收再利用。

2. 保温设备：猪场的保温设备，除北方用于冬季给猪舍供暖的锅炉散热器外，还有给乳猪和仔猪局部保温的一些设备。常用的有以下几种。① 红外线灯。该灯价格便宜，安装方便，但温度不能调节，用电量较大，而且容易损坏。② 远红外线发热器。比红外线灯可靠耐用，但温度也不能调节，规格品种较多，有100 W、150 W、200 W、250 W等品种，热效率比红外线灯高。③ 自动、恒温电热板。一般用工程塑料或玻璃钢制造，耐腐蚀，便于冲洗清洁，可以根据需要调节温度，而且可以自动保持恒温，节约用电，是分娩和保育栏中较理想的保温设备。④ 各种保温箱。适用于分娩舍，因母猪和乳猪对环境温度的要求差距太大，母猪要求在20℃左右，而乳猪要求32℃～30℃，所以一般在分娩栏中都设有保温箱，以满足乳猪的需要。保温箱可以是固定结构，也可以是活动结构，在不需要保温时拆下保温箱，以便增加乳猪活动面积。保温箱的制造材料有木料、塑料、玻璃钢和高密度板等。

案例：山东临沂新程金锣牧业有限公司大型规模化猪场建设。

大型规模化猪场的建设是一项复杂的、多学科的系统工程，包含内容十分丰富，如场址选择、规模定位、养殖模式、饲养工艺、总体布局、单体建筑、设施设备和环境保护等。

为规避疫病风险，缓解环保压力，保证养猪效益，建场前必须在规划设计上下功夫，通过合理的规划设计为猪场的生存和发展奠定坚实的基础。

（一）猪舍建筑模式

要想养好猪，首先要给猪创造一个空气清新、温度适宜、卫生干燥、光照充足、密度适中、宁静无忧的舒适环境，这样的环境并不是想要就能得到的，必须从猪场建设入手。大规模化猪场（基础母猪为2 400头以上）的建设，猪舍的建筑模式是首要问题，中国传统的猪舍模式不合理，西方的洋模式，不适合我国的国情。为此，通过向有关专家请教，并到省内、外的新建猪场实地考察，并到国外参观学习，经过反复讨论、研究，决定采用下面的建筑模式。

1. 联排建设：同类型猪舍多单元联在一起，节约土地面积，保温性能好，便于安装自动饲喂系统。

2. 全高床：所有类型的猪舍全部采用高床漏粪地板，床高 90～135 cm，水泡粪，容易保持地面干燥，节约清粪人工，节约用水，东西两端设有地窗，夏天通风凉爽。

3. 全保温：外墙全部贴有 6 cm 厚珍珠岩保温砖（也可用膨胀聚苯板），室内及屋顶采用钢结构，屋顶用两层水泥石棉瓦，中间夹有水泥浆、石灰乳黏合的珍珠岩和挤塑聚苯板（厚度 2.5 cm，容重 30 kg/m^3），门、窗全部用保温板制作（方钢或角钢做骨架），夏天防辐射、冬季保暖效果良好，可谓冬暖夏凉。当冬天外界最低温度为－15℃时，育肥舍内的温度还在 5℃以上。哺乳舍的保温箱下面铺地暖管（塑胶 PE-Xa 水管），最冷的时段，仔猪出生 7 天内保温箱上再辅助红外线保温灯取暖，其他时间可完全依靠地暖。保育舍网床仔猪躺卧区下面安有暖水管，刚转入的保育猪用红外线烤灯增加局部温度，其余时间可仅用地暖。

4. 自然通风为主、机械通风为辅：猪舍栋号的中间或一端设有自然通风筒，高度距室外地坪为 7.5 m，上口长×宽为（3.5～7.2）m×1.5 m，下口为圆形，可安装屋顶式轴流风机。冬天关地窗，调节上窗的开启大小，并利用通风筒进行自然通风，夏天可关上窗开地窗，开启轴流风机，空气流动大，猪舍降温效果好，如果地窗再安装湿帘，降温效果会更好。

该建筑模式夏季通风时，空气从地窗进入，从通风筒排出，此时床下污浊空气被抽到床面上，换气路径不理想。因此，经过改进通风模式，夏季：从侧墙（横向通风）或端墙（纵向通风）进风，从另一侧（端）排出；冬季：从室外顶棚进风，先经过屋顶预热，再通过吊顶板上的通风口进入舍内，最后被侧墙或地沟风机抽走。

5. 采光：自然采光为主，灯光照明为辅；屋面根据猪舍跨度分设 1～3 个错层，错层处安装双层玻璃形成采光带，用聚氨醋发泡封堵缝隙，舍内 1 m 以上部分用白色水泥加胶粉刷，增加反光度。

烟家庄猪场是他们建成的第一个场，从 2008 年 10 月试用至今，效果良好。但该建筑模式也有缺点，如猪舍南面光照不足，相对阴暗；栋号联体传染疫病风险大，如传染病一旦发生会迅速传播；网床下面清洁洗刷不方便；清洗干净较难；网床是漏粪板，当猪撒欢、打架、发情爬跨时易伤肢蹄；两栋舍之间的排雨沟不易处理，下暴雨时容易往舍内渗水。新建猪场通过改进，越建越科学、越先进、越理想。

（二）猪场的设备

猪场的设备和配置是否合理往往被人们所忽视，其实是很重要的，公司在建设过程中对此很重视，但也有很多教训可吸取。

1. 栏舍：烟家庄场怀孕母猪全期使用单体限位栏，前坡场怀孕母猪只在前期使用（30天前），怀孕后期进入电子饲喂站饲喂。怀孕母猪单体栏确有很多缺点，所以后建场的怀孕猪都改成小栏群养半限饲，每栏4头，每头猪有效面积2.4 m^2。

怀孕母猪限位栏是公司自己制造，下面的栏杆间距较大，初产母猪体小能爬到邻近猪栏，限位栏后面虽设有活动挡栏，能调节长短，但宽窄也应有大有小，以适应不同胎次的需要。

哺乳舍采用半高床饲养，母猪上、下虽然比较方便，但网床下面的清洁、洗刷、消毒比较困难。

2. 饲料设备：大型规模养殖场用料量大，必须有专门的饲料厂，以保证原料集中采购，确保配方、工艺、储存各环节，严格控制，根据养殖场布局。为降低物流费用，公司在相对居中的地方建立18万吨/年的饲料厂一座，并采用散装饲料车向养殖场送料，降低包装成本的同时，减少了成品饲料的二次污染。

养殖场全部采用自动供料系统，所采用的自动料线，有韩国三友的、德国大荷兰人的、美国谷瑞和威尔的，也有自行（金锣科技公司）设计加工的，分别在不同的场进行试用对比，最终将与使用效果好，性价比高的一两家进行长期合作。

怀孕母猪自动送料系统均装有计量桶定准料量、同步下料，这样既能做到控制膘情，按胎次、膘情、体格大小进行精确饲喂，又减少了喂料时猪爬栏狂叫不安的应激。

3. 电子饲喂站：在前坡猪场使用了电子饲喂站，母猪怀孕30天后（经早期妊娠诊断确认怀孕），进入电子饲喂站，一个饲喂站可养50头母猪。饲料由自动料线输送，当母猪从后门进入时，顶部的感应开关将信号送到气动阀门，后门徐徐关闭，不允许其他母猪进入；同时带有识别卡的母猪接近料槽时，右侧天线将感应信号传到计算机，并立即反馈该母猪是否吃完该时段的配额。如果没有吃完，则自动落料器会以60克/次（饲料容重不同，一次的下料量也不同）的量下料，并给予20秒钟（自行设定）左右的采食时间。当它继续吃料时，则在设定时间内再次下料60 g，直到吃完当天的定额。如果母猪中途离开（未吃完自己的配额），则机器会在设定的延时时间到期后自动开启后门，下一头排队的猪进入。个别猪采食完毕后停留在站内，由于站内设有高出地面的防躺卧板，母猪不能躺卧，加上末次下料后，设定的料槽清理时间到点时后门自动开启，另一头母猪进来，会把它挤出去。

4. 料槽：猪场饲料的浪费是一个很大的问题，主要原因是下料机关和饲槽的设计不合理，烟家庄场育肥猪和后备猪的饲槽是用砖和水泥砌的，槽浅，槽沿又没有向内平凸，猪又常常拱下料机关玩耍，使得槽内料满外溢造成浪费，其他场已经改进。从饲槽的使用效果看，以双面料槽和圆形料槽较好，如果料槽的周围铺有胶垫，掉出来的料猪也能吃掉，节料效果会更好。

5. 饮水器：我国猪场多采用鸭嘴式饮水器，其使用方便、干净、卫生，但安装高度、角度和供水压力等细节很难做到位，猪饮用时漏水较多，尤其是夏季猪用鼻吻反复拱摩，造成水资源的浪费和地面的潮湿。他们采用碗式饮水，规格（高×宽×深）：哺乳仔猪10 cm×8 cm×7 cm；保育仔猪20 cm×15 cm×15 cm；育肥猪27 cm×20 cm×17 cm，全部配套乳头式饮水器，能在一定程度上减少水的浪费。母猪的饮水可以设计为水料同槽，如果用混凝土预制可按下面介绍的方法去做，用混凝土预制半球形水料槽：槽口高40 cm，槽壁厚3 cm，槽口椭圆形25 cm×22 cm，槽口采用向内平凹1.5 cm，以防采食时将水料带出。饮水器直接竖按装在槽内壁正前方，离槽底5 cm，槽体向采食端倾斜10度安装。

（三）污水处理工程

猪场的环境保护污水处理工程是猪场生存发展的瓶颈。现在烟家庄场的污水处理沼气工程已正常运行，有些猪场正在施工。公司采用的是福建北环环保技术有限公司的畜禽废水处理工艺。

该工艺的特点：① 半地下式，总装机容量小，运转费用低；② 厌氧发酵采用红泥塑料、水封，能吸收太阳光能，提高厌氧发酵池温度，产气效果好；③ 储气系统采用红泥塑料，压力伸缩空间大，安全性能高；④ 冬季具备通暖增温、加设大棚保温的条件（高塔式厌氧发酵罐难于增温、保温，冬季很难保证发酵温度）；⑤ 多级厌氧，在连续进、出水条件下满足污水在厌氧池滞留时间，确保发酵充分。其工艺流程：

1. 工艺流程简图：

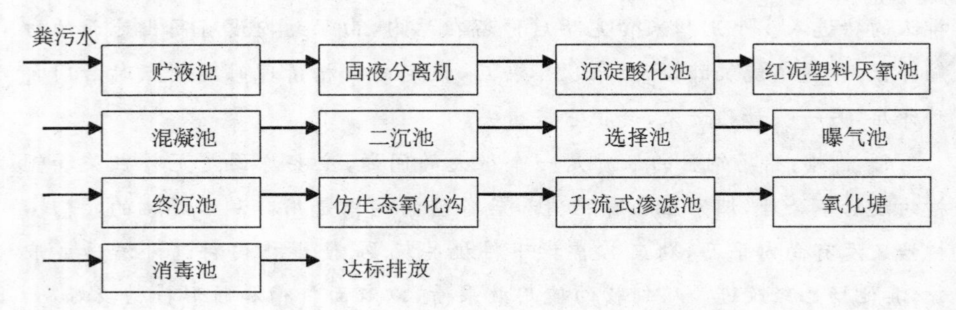

2. 沼气利用工艺简图：

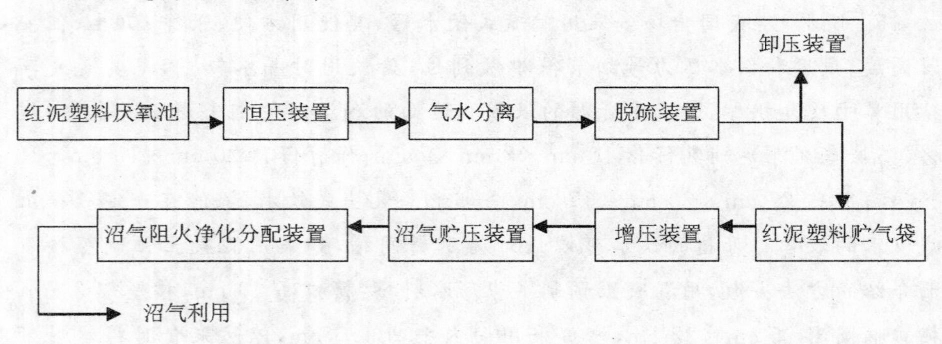

烟家庄养殖场目前未加暖气管增温，冬季利用沼气做饭、烧茶水炉能满足使用。2009 年夏季，除食堂做饭外每天还可发电 3～6 小时（120 千瓦/时沼气发电机）。

在规划设计时中水回用已考虑在内：舍内猪群全部转出后，先用中水冲洗（尤其是床下），再用清水冲净晾干后消毒；所有绿化带均布设中水取用阀门，干旱时利用中水浇灌绿化带、树木，以最大限度地减少排放量。目前曝气池正在安装设备，等调试完成后看其效果。

【复习思考题】

1. 工厂化养猪的生产工艺分几类?
2. 如何确定繁殖节律和计算栏位?

第四篇
家兔生产学

第十五章　家兔的生物学特性

【内容提要】 主要介绍家兔的起源，家兔的生活习性、消化特性、采食特性、换毛特性、繁殖特性、体温调节特点以及生长发育特点等生物学特性，以便为更好地从事养兔生产提供基础。

【目标及要求】 了解家兔的起源，掌握家兔的生活习性、采食特性、换毛特性、繁殖特性、体温调节特点等各种生物学特性。

【重点与难点】 家兔的生活习性、换毛方式以及繁殖特点。

第一节　家兔的起源及其在动物分类学上的地位

一、家兔在动物分类学上的地位

科学家根据家兔的起源、生物学特性与头骨的解剖特征等，将家兔列在如下的动物分类地位：

动物界(Animalia)
　脊索动物门(Chordata)
　　脊索动物亚门(Vertebrata)
　　　哺乳纲(Mammalia)
　　　　兔形目(Lagomorpha)
　　　　　兔科(Leporidae)
　　　　　　兔亚科(Leporinae)
　　　　　　　穴兔属(*Oryctolagus*)
　　　　　　　　穴兔(*Oryctolagus cuniculus* Linnaeus)
　　　　　　　　　家兔变种(*Oryctolagus cuniculus* var. *domesticus*(Lymelin))

二、家兔的起源

据考证,世界上所有的家兔品种都起源于欧洲野生穴兔。欧洲野生穴兔演变成家兔,经历了一个漫长的驯养过程。据德国动物学家汉斯·纳茨海(Hans·Nachtshain)考证,家兔驯化最早是在16世纪的法国修道院中进行的。中世纪,随着航海业的发展,穴兔作为水手们的肉食供应品而被广泛传播到世界各地,因此,航海家对穴兔的驯化和传播也起了一定的作用。

中国是驯化家兔最早的国家之一。史料记载,中国在先秦时代就开始养兔,距今有2 200多年的历史,中国驯化兔的时间比欧洲要早1 000多年。

关于中国家兔的起源问题,自1981年来存在两种观点。一种观点认为中国所有的家兔品种起源于欧洲野生穴兔,中国没有穴兔,只有野兔;虽然中国早在先秦时代就开始养兔,但所养的是引入的野生穴兔,而非驯化后的家兔(简称欧源说)。另一种观点认为兔是人类的伴生动物,凡有人居住的地方就有兔,现在世界上家兔品种琳琅满目,很可能有多个起源中心。我国是世界上最早养兔的地区之一,不排除中国家兔是由生活在中国的、现今已经灭绝的野生穴兔传下来的可能(简称亚源说)。

欧源说认为,现在的野兔分为两大类:一类是穴兔类(rabbits),一类是兔类(hares)。穴兔的种类很多,但只有一种穴兔被驯养成家兔,现在的兔类只有一个兔属。我国所有的野兔(也称旷兔)共9种,均属兔类;虽然外形与穴兔十分相似,但不是家兔祖先,因为两者在许多方面存在着差异。其次,只有穴兔才能驯化成家兔。迄今为止,我国没有发现关于野生穴兔类的正式记载,也没有发现过野生穴兔的化石,更没有野外发现过现在生存的穴兔。由此可见,中国的家兔是引种驯化而成的。

亚源说认为,中国早在公元前1300年的商代,甲古文中就有兔的记载。同时,很多古代出土的墓葬中也有兔的塑像等。古代文献中有关野兔的记载很多,其中著名的《木兰辞》就有“雄兔脚扑朔,雌兔眼迷离”的描写。如果不训化家兔,如何能对两性行为表现上的差异描写得如此细致?相关的历史记载还有很多。

综上所述,“欧源说”列举的均为事实,而“亚源说”旁征博引,也不无道理。因此,关于我国家兔的起源有待进一步考证。

第二节　家兔的生物学特性

家兔由野生穴兔驯化而来。现在家兔的生活环境虽然发生了很大的变化,但在很大程度上仍保留着其原始祖先的生活习性和生物学特性。而家兔的生物学特性与其繁殖、饲养管理、兔舍建筑以及兔产品的利用等密切相关。因此,要养好家兔,首先要了解家兔的生物学特性,掌握家兔自身的生物学规律,创造适宜的饲养管理条件,满足家兔生长和生产的需要,从而提高生产效益。

一、家兔的生活习性

(一) 胆小怕惊

家兔的原始祖先生活在大自然中,体质弱小,缺乏抗敌能力,经常遭受敌害侵袭,因此胆小怕惊。家养的条件下,仍不失其祖先的这一特性。家兔听觉灵敏,耳朵长大,耳郭可以转动,收集来自各方面的声音,借助敏锐的听觉做出判断;一旦发现异常情况,如动物的闯入、陌生人的接近、突然惊吓等都会使家兔发生惊场现象:精神高度紧张,惊恐不安,在笼中狂奔乱撞,呼吸增加,心跳加快;如果应激强度过大,将产生严重后果,如食欲减退,妊娠母兔发生流产,分娩母兔出现难产、死产,哺乳母兔拒绝哺乳,甚至将仔兔咬死或吃掉,幼兔出现消化不良、腹泻,甚至死亡。这就要求我们建设兔场时,应远离噪声源,保持兔舍及周围环境的安静;操作时动作要轻,尽量减少异常声音的出现;避免陌生人及其他动物进入生产区或兔舍。

尽管家兔胆小怕惊,但对于经常发生的应激有一定程度的适应,如家兔初次听到狗叫声和经常听到狗叫声的受惊程度不一样,会随着这种刺激次数的增加而逐渐减弱。但是,这种不利因素应尽量避免。

(二) 昼伏夜行

野生穴兔为了生存,白天穴居于洞中,避开天敌,夜间才能外出活动与觅食,从而形成了昼伏夜行的习性。现代家兔仍保留了其祖先的这一特性,白天多趴卧在笼内,眼睛半睁半闭,安静休息,而日出之前和日落之后却十分活跃,采食、饮水比较频繁。据测定,在自由采食的情况下,家兔夜间采食量和饮水量占全日量的65%～75%。根据家兔的这一习性,需合理安排饲喂制度,白天尽量不干扰它们,使其得到充分的休息,把喂料集中在日出前和日落后;晚上添加足够的饲料和饮水,尤其是在炎热的夏天和寒冷的冬天,更应注意夜间饲喂,这对促进家兔良好的生长发育是十分必要的。

(三)耐寒怕热

温度是影响家兔生长发育和繁殖最重要的环境因素。对成年家兔而言,由于被毛浓密、保温性能好,故抗寒性强,但汗腺不发达,高温条件下,家兔主要依靠加快呼吸频率和血液循环速度进行散热,采食减少,生长缓慢,繁殖率急剧下降,故家兔耐寒怕热。相对于高温,低温对家兔的危害要轻得多。低温条件下,家兔可以通过增加采食量和动用体内储存的养分来维持生命活动,但是冬季低温往往造成家兔生长发育缓慢、繁殖率下降、饲料利用率下降。

需要特别指出的是,虽然大兔耐寒怕热,但对刚出生的仔兔而言,由于被毛少、机体调节能力差,低温下常常造成死亡,因此,仔兔惧怕寒冷而需要较高的温度。随着日龄增加,体温调节能力逐渐加强。因此,提高环境温度是提高仔兔成活率的关键。

饲养管理中应注意夏季防暑降温,冬季防寒保温,为家兔提供冬暖夏凉的生活环境。

(四)喜干厌湿、喜洁怕污

家兔喜欢干燥、清洁、卫生的环境,厌恶潮湿、污秽的环境。因为潮湿的环境利于各种病原微生物的滋生繁衍,使家兔感染各种疾病,特别是疥癣病和幼兔球虫病,往往给生产造成很大的损失。生产中发现,家兔常常将粪便排在潮湿、污浊的地方,而选择干燥、卫生的地方休息,这也反映出家兔喜干厌湿、喜洁怕污的习性。

根据这一特性,建造兔舍时应选择地势高燥的地方,日常管理中做到勤通风、勤打扫、勤清理、勤洗刷、勤消毒,保持兔舍干燥清洁,降低舍内湿度,这对养好家兔具有十分重要的意义。

案例:环境潮湿容易引发家兔生病。

有些兔场脚皮炎比较严重,这除了与家兔品种(大型品种易发病)、笼底板质量有关外,兔舍潮湿也是重要的诱因之一,笼具潮湿,家兔的脚毛易脱落而失去保护皮肤的功能，在与笼底板接触和摩擦的过程中易发生脚皮炎。

此外，很多养殖场家兔传染性鼻炎较为严重，传染性鼻炎是巴氏杆菌病的一种类型，巴氏杆菌病是一种条件性致病菌，如果环境不良，特别是空气污浊，有害气体增多，使家兔的鼻腔黏膜受刺激而发炎，使家兔发病。并且，不同饲养方式和不同季节有较大差异，一般室内高于室外，冬季多于夏季，这主要是由于空气污浊造成的。本病发病率在很多地区已经上升到第一位，仅靠药物是很难治愈的，而搞好舍内卫生，特别是做好兔舍通风透气，保持空气新鲜，是预防本病最好的措施。

（五）同性好斗

群居性是一种社会性表现，家兔有群居性，如发现敌情时，会通过后肢猛顿地板、发出大的声响向同伴报警。小兔喜欢群居，但随着月龄的增大，群居性越来越差，特别是性成熟后的家兔，群养时经常发生争斗的现象，同性别之间和新组成的兔群中表现得比较严重，公兔尤为明显。根据家兔的这些特点，在饲养管理中应注意：① 商品兔群要合理分群，分群时间一般在断奶后 1 周左右，按体型大小及体质强弱进行分群。② 性成熟后的种公兔、妊娠母兔、哺乳母兔要单笼饲养。

（六）穴居性

穴居性是指家兔具有打洞居住、并且在洞内产仔的本能行为。家兔的这一习性是由其祖先遗传下来的，也是长期自然选择的结果。只要不人为限制，家兔一接触土地，就要挖洞穴居，并在洞内生活、产仔，群养和放养的兔子尤为突出。因此，在建造兔舍和选择饲养方式时，要考虑到家兔的这一特性；否则，会因材料不适或设计不当，使家兔乱打洞，既不便于管理，还可能使家兔打洞逃跑。利用这一特性，可以进行洞养。在北方高寒地区，为了冬繁冬养，可以让兔子在洞中繁殖，但注意不能让兔子随意打洞，应人为地为其建造适宜的洞穴。

（七）啮齿性

家兔的门齿为恒齿，出生时就有，且终生不断生长，永不脱换。如果处于完全生长状态，上颌门齿每年生长 10 cm 左右，下颌门齿每年生长 12.5 cm 左右，因此，家兔必须通过啃咬硬物来磨损牙齿，以使上下齿面保持吻合，便于采食。在饲养管理中，如果饲料配合不合理，粗纤维含量较低或硬度不够，家兔就会啃咬笼具，使笼具破坏。因此，在养兔生产中应注意以下几点：

(1) 经常给兔提供磨牙的条件，如把配合饲料压制成有一定硬度的颗粒饲料，或者在笼内投放一些树枝、木棍等供其啃咬。

(2) 注意兔笼材料的选择，尽量选用铁丝或家兔不爱啃咬的木材如桦木。另外在兔笼的设计上，尽量做到笼内平整，不留棱角，使兔无法啃咬，以延长兔笼的使用年限。

(3) 经常检查兔的门齿是否正常，如发现过长或弯曲，应及时查找原因，采取相应措施。

(八) 嗜睡性

嗜睡性是指家兔白天在一定条件下很容易进入睡眠状态。此时，除听觉外，其他刺激不易引起兴奋，如视觉消失，痛觉迟钝或消失。家兔的嗜睡性与其在野生状态下昼伏夜行的习性有关。了解家兔的这一特性，对养兔生产具有指导意义。首先，在日常管理工作中，白天应保持兔舍及周围环境的安静，不要妨碍家兔的睡眠。其次，可以有意识地进行人工催眠，完成一些饲养管理操作或小型手术，不必使用麻醉剂，免除药物引起的副作用，既经济又安全。

案例：利用家兔的嗜睡性进行人工催眠，完成一些小手术。

对家兔编耳号、去势或进行创伤处理时，可将家兔腹部朝上，背部朝下仰卧保定，然后顺毛方向抚摸其胸、腹部，同时用拇指和食指按摩头部太阳穴，家兔很快进入完全睡眠状态。其标志是：眼睛半闭斜视；全身肌肉松弛，头部后仰；呼吸频率降低，呈均匀的深呼吸。此时可进行短时间的手术，不会出现疼痛引起的尖叫。若手术中间苏醒，可按上述方法重复催眠，进入睡眠状态后，再继续手术。手术完毕后，将家兔恢复正常站立姿势，兔即可完全苏醒。

二、家兔的消化特性

(一) 消化过程

饲料进入口腔，经咀嚼和唾液湿润后进入胃。饲料入胃后，呈分层状态分布，胃腺分泌盐酸和胃蛋白酶，饲料在胃中与消化液充分混合后即进入消化吸收过程。胃部收缩促使饲料继续下行，进入肠部。小肠是肠道的第一部分，食糜在此经消化液作用分解成分子质量较小的简单营养物质,营养物质进入血液被机体吸收。饲料经过小肠之后,剩余部分到达盲肠。盲肠是一个巨大的“发酵罐”,它富含微生物,小肠残渣被微生物重新合成蛋白质及维生素等物质。饲料中主要营养物质的消化和吸收在小肠内进行,部分纤维素在大肠内经微生物分解酶的作用而发酵分解成营养物质被机体吸收。

(二) 食粪特性

食粪性是指家兔具有采食自己部分粪便的本能行为。通常家兔能排出两种粪便:一种是白天排出的粒状硬粪,量大、较干,表面粗糙,依饲草种类不同而呈现深、浅不同的褐色;另一种是晚间排出的团状软粪,多呈捻珠状,有时达40粒,量少,质地软,表面细腻,如涂油状,常呈黑色。相关研究发现,家兔采食后8～12小时开始排软粪,成年家兔每天排50 g左右,占总粪量的10%。通常软粪一排出,就被家兔自然弓身,嘴对着肛门全部吃掉,稍加咀嚼便吞咽。与其他动物的食粪癖不同,家兔的这种行为不是病理的,而是正常的生理现象,是对家兔本身有益的习性。正常情况下,很少看到兔笼里有软粪的残留,只有当家兔生病时停止食粪。家兔开始采食饲料后便有食粪的行为,而无菌兔和摘除盲肠的兔没有食粪行为。

1. 软粪、硬粪的形成:关于兔粪的形成机制,目前研究很多,主要有两种学说。一种是吸收学说,是德国人吉姆伯格(G. Jornhag)于1973年提出的。他认为软粪和硬粪都是盲肠的内容物,其形成是由于通过盲肠的速度不同所致。当快速通过时,食糜的成分未发生变化,形成软粪;当慢速通过时,水分和营养物质被吸收,形成硬粪。另一种是分离学说,是英国人林格(E. Leng)于1974年提出的。他认为软粪的形成是由于结肠的逆蠕动和选择作用,在家兔肠道中分布着许多食糜微粒。这些微粒粗细不一,粗的食糜微粒由于大结肠的蠕动和选择作用进入小结肠,形成硬粪;而细的食糜微粒由于大结肠的逆蠕动和选择作用,返回盲肠,继续发酵,形成软粪。粪球表面包上一层由细菌蛋白和黏液膜组成的薄膜,防止水分、维生素的吸收。

2. 软、硬粪的成分:相关研究发现,软、硬粪的成分相同,只是含量不同(表15-1)。据测定,1 g软粪中微生物的含量约为95.6亿个,而1 g硬粪中微生物的含量仅为 27 亿个。

表 15-1　每克硬粪与软粪的成分比较

成分	软粪	硬粪
水分(%)	75	50
VB_1(mg/g)	40.84	2.29
VB_2(mg/g)	30.2	9.4
VB_3(mg/g)	46.53	17.00
VB_5(mg/g)	181.88	45.00
VB_6(mg/g)	84.02	11.67
VB_{12}(mg/g)	27.33	0.89
粗蛋白(%)	37.4	18.7
粗纤维(%)	22(10～34)	37.8(16～60)
粗脂肪(%)	2.4(0.1～5.0)	2.6(0.1～5.3)
无机盐(%)	10.8(3～18)	8.9(0.5～18)
无氮浸出物(%)	35.39(25～45)	37.6(30～46)

3. 食粪的意义：

(1) 通过食粪，可以得到附加的大量微生物菌体蛋白。每克软粪中微生物的含量约为 95.6 亿个，微生物蛋白在生物学上是全价的。

(2) 通过食粪，可以补充粗蛋白和维生素。软粪干物质中粗蛋白的平均含量约为37.4%，这是家兔体内蛋白质的一个重要来源。据报道，通过食粪，家兔每天可以多获得 2 g 左右的蛋白质，相当于需要量的 1/10。此外，微生物能合成维生素 B 族和维生素 K，与不食粪兔相比，食粪兔每天可以多获得 100%的维生素 B_2、165%的维生素 B_3、83%的维生素 B_5 和 42%的维生素 B_{12}。

(3) 通过食粪，可以将未消化吸收的营养物质再次通过消化道，延长了饲料通过消化道的时间，提高了饲料的利用效率。对于家兔来说，小肠是吸收养分的主要部位，但大量的分解、消化作用是在盲肠中进行的，而在盲肠消化不了的营养物质，特别是纤维素进入软粪中，通过食粪再次被吸收入肠道，进行二次消化。

正常情况下，若禁止家兔食粪，会产生不良影响，如消化器官的容积和重量均减少;营养物质的消化率降低;对物质代谢产生不利影响;家兔消化道内微生物区系发生变化,菌群减少;生长家兔的增重减少,成年家兔消瘦,妊娠母兔胎儿发育不良等。

三、家兔的采食特性

(一) 食草性

家兔属于单胃草食动物,以植物性饲料为主,主要采食植物的根、茎、叶和种子。家兔消化系统的解剖特点决定了它的食草性。兔的上唇纵向开裂,门齿裸露,适于采食地面的矮草,也便于啃咬树枝、树叶、树皮;兔有6枚门齿,上下齿面呈凿形咬合,便于切断和磨碎食物。臼齿咀嚼面宽,且有横脊,适于研磨草料。兔的盲肠极为发达,其中含有大量微生物,起着牛、羊等反刍动物瘤胃的作用。

(二) 选择性

选择性实际上是一种挑食行为,这与家兔的嗅觉和味觉发达有关。嗅觉、味觉均属于化学感受器,家兔的味蕾比猪、山羊数目多,达17 000个,且集中在舌尖,因此,家兔对给予的草料十分挑剔。此外,家兔的嗅觉很发达,采食时先用鼻子闻,判断饲料是否新鲜再摄取。选择性主要表现在以下几方面。

(1) 喜欢植物性饲料而不喜欢动物性饲料。考虑家兔的营养需要并兼顾适口性,配合饲料时,动物性饲料所占比例不能太大,一般不超过5%,并且要拌匀。

(2) 喜欢豆科、十字花科、菊科等多叶植物,不喜欢禾本科、直叶脉植物,如稻草等。

(3) 喜欢颗粒料,不喜欢粉料。颗粒料加工过程中,由于受适温、高压的综合作用,使淀粉糊化变形,蛋白质组织化,酶活性增强,有利于肠胃的吸收,使家兔的生长速度提高,消化道疾病的发病率降低,同时饲料浪费也大大降低。

(4) 喜欢含植物油的饲料。植物油具有芳香气味,是一种香味剂,可吸引家兔采食,同时植物油中含有家兔体内不能合成的必需脂肪酸。国外一般在配合饲料中补加2%~5%的玉米油,以改善适口性,提高家兔采食量和增重速度。

5. 喜欢有甜味的饲料。家兔味觉发达，通过味蕾辨别饲料味道，具有甜味的饲料适口性好，家兔喜欢采食。国外常在配合饲料中添加2%～3%糖蜜饲料。

四、家兔的换毛特性

家兔随着年龄和季节的变化，被毛有生长、老化、脱落、被新毛代替的过程，这种现象称为换毛。换毛是家兔适应外界环境变化的一种正常现象。家兔的换毛方式主要有年龄性换毛、季节性换毛、不定期换毛和病理性换毛。

（一）年龄性换毛

幼兔生长到一定时期开始脱换被毛的现象，叫做年龄性换毛。家兔一生中共有两次年龄性换毛：第一次换毛约从30日龄开始至100日龄结束；第二次换毛约从130日龄开始至180日龄结束。

对皮用兔来讲，年龄性换毛对确定屠宰日龄、提高兔皮品质具有十分重要的意义。据观察，120日龄内的獭兔被毛多稀疏、细软、不够平整，随着日龄增长和换毛，被毛逐渐浓密、平整。在良好的饲养管理条件下，獭兔第一次年龄性换毛可于3～3.5月龄结束，第二次换毛于4.5～6.5月龄结束。生产中多在第二次换毛结束后屠宰取皮，此时不仅毛皮成熟，而且皮张面积大，质量佳而经济。特殊需要也有在第一次换毛结束后屠宰取皮的。实际生产中，只要獭兔毛被符合取皮条件，体重在2.5 kg就可屠宰取皮。

（二）季节性换毛

季节性换毛是指成年兔随季节的变化，在春、秋季脱换被毛的现象。当幼兔完成两次年龄性换毛后，即进入成年行列，以后的换毛要按季节进行。

季节性换毛的早晚和换毛期的长短，受许多因素的影响，如不同地区的气候条件、营养水平、年龄、性别、健康状况等，其中最主要的是气候和营养。

春季换毛一般在3～4月份，家兔脱去冬毛，换上夏毛。春季由于光照时间逐渐延长，气温由冷变暖，家兔皮肤毛囊新陈代谢比较旺盛，同时青绿饲料逐渐增多、日粮营养水平较高，故旧毛脱落快，新毛生长也快。因此，春季换毛快，持续时间较短。但春季所换的被毛，粗毛多，细毛少，被毛稀疏，毛皮品质较差，有利于夏季散热。

秋季换毛一般在8～9月份，家兔脱去夏毛，换上冬毛。秋季由于日照渐短，气温渐冷，家兔皮肤毛囊的新陈代谢机能萎缩，同时饲料老化，粗纤维含量逐渐增多，饲料营养较差，因此，秋季换毛旧毛脱落较慢，新毛生长也慢，换毛持续时间较长。但秋季所换的冬毛绒毛多，被毛浓密，毛皮品质好，有利于冬季保温。

家兔换毛的顺序，秋季一般从颈部背面开始，接着是躯干的背面，再沿向两侧及臀部。春季换毛情况相似，但颈部毛在夏季继续不断地脱换。

(三) 不定期换毛和病理性换毛

不定期换毛是指不受季节影响，能在全年任何时候都出现的换毛现象。兔毛有一定的生长期，不同家兔兔毛生长期是不同的。标准毛家兔兔毛的生长期只有6周，6周后毛纤维就停止生长，并有明显的换毛现象；其中，既有年龄性换毛，又有明显的季节性换毛。皮用兔兔毛的生长期为10～12周，与标准毛兔一样，既有年龄性换毛，又有季节性换毛。而长毛兔兔毛的生长期为1年，所以只有年龄性换毛，没有明显的季节性换毛。

病理性换毛是家兔在患病或长期营养不良的情况下，新陈代谢紊乱、皮肤代谢失调时，发生全身或局部脱毛的现象。例如，由于某种原因连续采食量下降，或出现非季节性突然高热以及黏膜应激，都可能发生脱毛。

家兔换毛是复杂的新陈代谢过程，换毛期间，在饲养管理上应注意：

(1) 换毛期间，家兔营养消耗大，应提高日粮营养水平，多喂易消化、蛋白质含量高的饲料，特别是含硫氨基酸丰富的饲料，以有利于被毛生长，使换毛期尽可能缩短。

(2) 换毛期间，家兔对外界温度变化的适应能力降低，体质较弱，易感冒，因此应加强饲养管理。

(3) 换毛期间，母兔发情不明显，受胎率低；公兔性欲下降，配种能力差。因此，换毛对家兔繁殖不利，不宜配种。

(4) 换毛期由于旧毛脱落，新毛尚未长齐，毛皮品质低劣，因此不宜屠宰取皮。

五、家兔的繁殖特性

家兔的繁殖过程与其他家畜基本相似，但也有其独特的方面，不了解这些生殖特性，就不能很好的掌握家兔的繁殖规律。

(一) 独立的双子宫

母兔有两个完全分离的子宫,两侧子宫无子宫角和子宫体之分,但各有一个子宫颈共同开口于母兔阴道,两子宫颈间由间膜隔开,受精后不会发生受精卵由一个子宫角向另一子宫角移行的情况。

(二) 卵子大

家兔卵子直径达 160 μm,是目前已知哺乳动物中最大的卵子,同时也是发育最快、卵裂阶段最容易在体外培养的哺乳动物的卵子。

(三) 繁殖力强

家兔性成熟早,妊娠期短,世代间隔短,一年多胎,一胎多产。以中型兔为例,仔兔生后 5～6 月龄即可配种,妊娠期 1 个月。在集约化生产的条件下,一只繁殖母兔年产 8～9 窝,每窝成活 6～7 只,一年内可育成 50～60 只仔兔。若培育种兔,每年可繁殖 4～5 胎,获得 25～30 只种兔。这是其他家畜不能相比的。

(四) 刺激性排卵

哺乳动物的排卵有三种类型:一种是自发排卵,即卵子成熟后自动形成功能性黄体,如马、牛、羊、猪属于此类;另一种是自发排卵交配后形成功能黄体,老鼠属于这种类型;第三种是刺激性排卵,家兔属于这种类型。母兔出现发情症状时并不排卵,只有在接受公兔交配或相互爬跨或注射外源激素后才发生排卵。这种排卵方式称为刺激性排卵或诱导性排卵,其他如猫、貂、骆驼等也是刺激性排卵。

(五) 发情周期不规律

家兔的这个特点与其刺激性排卵有关,没有排卵的诱导刺激,卵巢内成熟的卵子不能排出,当然也不能形成黄体,所以对新卵泡的发育不会产生抑制作用,因此母兔就不会有规律性的发情周期。

实际上,在正常情况下,母兔的卵巢内经常有许多处于不同发育阶段的卵泡,在前一发育阶段的卵泡尚未完全退化时,后一发育阶段的卵泡又接着发育,而在前后两批卵泡的交替发育中,体内的雌激素水平有高有低,因此,母兔的发情症状就有明显与不明显之分。但是,母兔不表现发情症状的时期,与自发排卵家畜的休情期完全不同,因为没有发情症状的母兔,其卵巢内仍有处于发育过程中的卵泡存在。此时若进行强制性配种，母兔仍有受胎的可能。这一特点对畜牧业生产是极其有益的，人们可据此安排生产。对于现代化的畜牧业生产来说，家兔的这一特性更为宝贵。

（六）胚胎在附植前后的损失率较高

据报道，胚胎在附植前后的损失率为29.7%，其中附植前的损失率为11.4%，附植后的损失率为18.3%。对附植后胚胎损失率影响最大的因素是肥胖。研究家兔交配后9日龄胚胎的存活情况，发现肥胖者胚胎死亡率达44%，中等体况者胚胎死亡率为18%。从产仔数量来看，肥胖体况者，窝均产仔3～8只，中等体况者窝均产仔6只。母体过于肥胖时，体内沉积大量脂肪，压迫生殖器官，使卵巢、输卵管容积变小，卵子或受精卵不能很好地发育，以致降低了受胎率并使胎儿早期死亡。因此，对妊娠初期母兔应限制其营养水平，以减少胚胎的早期死亡。

另外，高温应激、惊群应激、过度消瘦、疾病等，也会影响胚胎的成活率。据报道，当外界温度为30℃，受精后6天，受精卵的死亡率达24%～45%。

（七）假妊娠的比例高

母兔经诱导刺激排卵后，若没有受精，但形成的黄体开始分泌孕酮，刺激生殖系统的其他部分，使乳腺激活，子宫增大，出现类似妊娠的种种表现，状似妊娠但没有胎儿，这种现象叫做假妊娠。

假妊娠的比例高是家兔生殖生理的一个重要特点。管理不好的家兔，假妊娠的比例高达30%。假妊娠多见于群养母兔，由于相互追逐爬跨，引起母兔发情排卵。假妊娠的表现与真妊娠一样，如不接受公兔交配、乳腺膨胀等。如果是正常妊娠，妊娠第16天后，黄体得到胎盘分泌的激素而继续存在下去。而假妊娠时，由于母体没有胎盘，16天后黄体退化，于是母兔表现出临产行为，如衔草、拉毛作窝，甚至乳腺分泌出少量乳汁。因此，只要母兔配种后16～18天有临产行为，即可判定为假妊娠。

六、家兔的体温调节特点

家兔是恒温哺乳动物，具有相对恒定的体温。这种恒定是依赖自身的产热和散热过程实现的。家兔体内组织细胞的活动都会产生热量，其中肌肉、内脏和各种腺体产热量最多；饲料在消化道中发酵分解所产生的热量，也是家兔热量的来源。而其主要散热途径为体表皮肤的散热、呼出气体的散热、吸入的冷空气和进入体内的饮水及食物提高温度而散失的热量和排泄粪尿散失热量等。

（一）热调节机能不如其他家畜完善

当外界温度降低时，家兔必须减少体热的散失，以保持体温的恒定，如缩小皮肤血管内径，以减少血液流量，减少呼吸次数等。当外界温度升高时，家兔就扩张血管内径，增加血液流量，增加呼吸次数，扩大体热散失。但是，家兔体表缺乏汗腺，兔体很厚的绒毛形成一层热的绝缘层，依靠皮肤散热就很困难，因此，呼吸散热就成为家兔散热的主要途径。所以，当温度升高时，家兔就依靠增加呼吸次数，呼出气体、蒸发水分的方法来散热，借以维持体温恒定。据测定，当外界温度由 20℃上升到 35℃时，呼吸次数由每分钟 42 次增加到 282 次。但这毕竟是有限度的。长时间高温会使家兔喘息不止、体温升高，进而出现热应激反应。外界温度长期处于 32℃以上时，家兔会出现生长发育速度和繁殖效果显著下降的现象；长期处于 35℃以上时，家兔常发生中暑死亡。所以，高温对家兔的危害极大。

（二）不同年龄家兔的热调节机能不同

当环境温度由 25℃升高到 30℃时，45～75 日龄幼兔的体温为 39.7℃，而老龄家兔为 40.7℃；当气温由 30℃升高到 35℃时，45 日龄家兔的体温为 39.9℃，而老龄家兔为43.3℃。因此，成年家兔比幼龄家兔更不耐高温。

（三）仔兔出生后体温由不恒定到逐渐恒定

仔兔出生时没有被毛，缺少保温层，体温调节能力差，体温不稳定，常随环境温度的变化而波动。据测定，出生 10 天内的仔兔体温取决于环境温度；10 天后，才能达到恒定温度；30 日龄毛被基本形成时，对外界环境才有一定的适应能力。研究发现，初生仔兔窝内最适温度为 30℃～32℃，而环境温度在 25℃以上才能达到。因此，仔兔耐热不耐冷，在寒冷的冬季常常造成死亡。为提高仔兔的成活率，应根据其体温调节特点，为仔兔提供较高的环境温度，从而保证仔兔的正常生长发育和成活率。

（四）体温调节取决于临界温度

临界温度是指家兔体内各种机能活动所产生的热大致能维持正常体温，

家兔处于热平衡的适宜状态的温度。在一定的外界温度条件下，家兔处于安静状态时，机体各种物质代谢过程协调一致地进行，使体温保持在一定的水平，即家兔机体所产生的热量相当于向外界散发的热量，这是靠热调节实现的。

家兔的临界温度为5℃和30℃。家兔适应的环境温度范围为5℃～30℃。处于该温度范围内的家兔，代谢率低，热能消耗少，高于或低于该温度范围，均使热能消耗增加。气温在15～25℃的范围内，家兔的基础产热量不发生改变，是家兔最适宜的温度。当气温低于15℃时，其产热量提高；当气温提高到25℃～35℃范围时，产热量则下降；当气温过高时，家兔除改变新陈代谢外，还要通过呼吸散热的方式来维持其体热平衡。

总之，应根据家兔的体温调节特点，为家兔创造适宜的温度条件，以保证家兔生长与繁殖的正常进行。

【复习思考题】

1. 说明以下名词和术语的含义：嗜睡性、啮齿性、食粪性、穴居性、软粪、硬粪、年龄性换毛、季节性换毛、刺激性排卵、假妊娠

2. 简述家兔的起源及其在动物分类学上的地位。

3. 家兔的生活习性有哪些？

4. 如何对家兔进行人工催眠？

5. 简述不同季节对家兔换毛的影响。

6. 简述家兔换毛期间在饲养管理上应注意的问题。

7. 简述家兔食粪的意义。

8. 家兔喜欢什么样的饲料？

9. 简述家兔的繁殖特性。

10. 影响胚胎附植前后损失率的因素有哪些？

第十六章 家兔品种

【内容提要】主要介绍家兔品种的分类方法,常见肉兔品种、皮用兔品种、毛用兔品种以及皮肉兼用型品种的特征。

【目标及要求】掌握家兔品种的分类方法,了解不同类型家兔的生产性能及体型外貌特征。

【重点与难点】家兔品种的分类方法。

第一节 家兔品种的分类方法

家兔品种很多,目前,全世界有 60 多个品种和 200 多个品系。根据不同品种或品系间的共同点,将具有共同特点的家兔品种划为一类,即品种分类。家兔品种的分类方法通常有以下几种。

一、按家兔被毛的生物学特性分类

1. 长毛型:被毛较长,粗毛和细毛的长度均在 5 cm 以上,被毛生长速度快,每年可采毛 4～5 次。毛用兔如安哥拉兔属于这种类型。

2. 标准毛型:毛长 3 cm 左右,粗毛所占的比例比较大且突出于细毛之上,毛的利用价值不高。属于这种类型的主要有肉用兔、皮肉兼用兔,如新西兰兔、加利福尼亚兔、青紫兰兔等。

3. 短毛型:被毛短,密度大,一般毛长为 1.3～2.2 cm,平均毛长 1.6 cm,粗毛与细毛几乎等长,被毛平整,粗毛率低。皮用兔是典型的短毛型兔。

二、按家兔的经济用途分类

1. 毛用兔:其经济用途以产毛为主。毛长 5 cm 以上,被毛密度大,产毛量高;毛质好,毛纤维生长速度快,70 天毛长可达 5 cm 以上;细毛多,粗毛少,细毛型兔粗毛率在 5%以下,粗毛型兔粗毛率在 15%以上。如安哥拉兔。

2. 肉用兔:其经济用途以产肉为主。肉用兔大多体躯较宽,肌肉丰满,肉质鲜美,屠宰率高,繁殖力强,早期生长速度快,饲料报酬高。如新西兰白兔、加利福尼亚兔等。

3. 皮用兔:其经济用途以产皮为主。被毛具有短、细、密、平、美、牢等特点,被毛平整,粗毛分布均匀,理想毛长为 1.6 cm。如獭兔。

4. 实验用兔:其特性为被毛白色,耳大且血管明显,便于注射、采血用。作为实验用兔,日本大耳白兔最为理想,其次是新西兰白兔。

5. 观赏用兔:外貌奇特,或毛色珍稀,或体格微小,适于观赏。如法国公羊兔、彩色兔、小型荷兰兔等。

6. 兼用兔:其经济特性具有两种或两种以上利用目的。如青紫兰兔,既可皮用也可肉用;日本大耳兔,既可作为皮肉兼用,亦可作为实验用兔。

三、按家兔体型大小分类

1. 大型兔:成年体重约 6 kg 或以上,体格硕大,成熟较晚。如比利时兔、德国花巨兔、哈尔滨白兔等。

2. 中型兔:成年体重约 4～5 kg,体型中等,结构匀称,体躯发育良好。如新西兰白兔、加利福尼亚兔等。

3. 小型兔:成年体重约 2～3 kg,体型小,性成熟早,繁殖力高。如中国白兔、中系安哥拉兔等。

4. 微型兔:成年体重小于 2 kg,体型微小。如小型荷兰兔。

四、按培育程度分类

1. 地方品种:由于社会经济条件和科技水平的限制,家兔在品种形成过程中,受自然因素影响很大,由此形成的品种,生产性能不高,但适应性强,耐粗饲,繁殖力高,对疾病的抵抗力也较强。如中国白兔等。

2. 培育品种:又称育成品种,是人们经过有明确目标的选择,创造优良的环境条件,精心培育的品种,具有专门经济用途且生产效率较高。通常培育品种对饲养管理条件要求较高,适应性较差,繁殖率较低。例如,德系安哥拉兔产毛量高且毛质好,但其对环境的适应性和繁殖性能不如中系安哥拉兔。再如，新西兰白兔只有在良好的饲养管理条件下，早期生长发育快的特性才显示出来；否则，不仅生长发育迟缓，而且对疾病抵抗力也会下降。

第二节 常见家兔品种

一、肉用兔品种及肉兔配套系

(一) 肉用兔品种

1. 新西兰兔(New Zealand rabbit)：该兔是20世纪初由美国培育而成的，是近代著名的优良肉用品种之一。新西兰兔毛色有白色、黑色和红棕色3种，其中以白色新西兰兔(即新西兰白兔)最为著名，饲养量最多。

新西兰白兔体型中等，被毛纯白，眼呈粉红色；头圆而粗短，耳小、宽厚而直立，颈部粗短；母兔下颌有肉髯；背腰平宽，腰肋肌肉丰满，后躯发达，臀圆；四肢强壮有力，脚毛丰厚。

该兔最大的特点是早期生长发育快，初生重50 g左右，在较好的饲养管理条件下，2月龄体重达2.0 kg左右，3月龄体重达2.8～3.0 kg；成年公兔体重4.0～4.5 kg；母兔4.5～5.4 kg。肉质细嫩，屠宰率高达50%～55%；母兔繁殖力强，年产5胎以上，胎均产仔7～8只。

该兔由于产肉力高、繁殖力强、性情温顺、易管理等优点，与中国白兔、加利福尼亚兔杂交获得了较好的杂种优势，是集约化肉兔生产的理想品种。其缺点是被毛回弹性较差，因而毛皮利用价值低；不耐粗饲，对饲养管理条件要求较高，在中等偏下饲养水平下，早期增重快的特点得不到充分发挥。

2. 加利福尼亚兔(Californian rabbit)：该兔原产于美国加利福尼亚州，又称加州兔，由喜马拉雅兔、青紫兰兔和新西兰白兔杂交选育而成，是世界上著名的肉用品种之一。

加利福尼亚兔体型中等，头大小适中，眼睛红色，耳小直立；颈部粗短，体躯紧凑，肌肉丰满，四肢短细。仔兔哺乳期被毛全白，第一次年龄性换毛结束后，躯体被毛全白，但鼻端、两耳、四肢末端及尾端的被毛为黑色，故称为“八点黑”。

加利福尼亚兔早期生长发育快，2月龄体重达1.8～2 kg，3月龄达2.5 kg

左右。成年公兔重 3.5～4.5 kg，母兔 3.9～4.8 kg，成年体长约 44～46 cm。产肉性能好，肉质鲜嫩，屠宰率达 52%～54%。母兔繁殖力强，年产 4～6 胎，胎均产仔 6～8 只。母性好，哺乳力强，同窝仔兔发育整齐，成活率高，是理想的“保姆兔”。

该兔早熟易肥，性情温顺，适应性和抗病力强，耐粗饲。生产中常用其作母本与其他品种兔杂交，杂交效果好，也是工厂化养兔的理想品种。

3. 比利时兔(Belgian rabbit)：该兔原产于比利时，由比利时贝纬伦地区的野生穴兔经驯化而成，是一个古老的大型肉用品种。

比利时兔外貌酷似野兔，被毛呈黄褐色或栗壳色，单根毛纤维的两端色深，中间色浅；体长清秀，腿长，后躯离地面较高，被誉为“竞走马”；头型似“马头”，眼球呈黑色，但眼圈周围有不规则的白圈；耳较长，耳尖有光亮的黑色毛边；颊部突出，额宽圆，颈粗短，颌下有肉髯，但不发达；体躯较长，胸腹紧凑，骨骼较细，四肢粗壮，体质结实，肌肉丰满。

比利时兔早期生长速度较快，3 月龄重 2.8～3.2 kg。成年体重，中型品种 2.7～4.1 kg，大型品种 5.0～6.5 kg，最大可达 9 kg；屠宰率 52%左右，肉质细嫩；繁殖力较高，窝均产仔 7～8 只；母兔泌乳力好，仔兔成活率高。

该兔适应性强，耐粗饲；缺点是成熟较晚，饲料报酬低，笼养时易患脚癣和脚皮炎。

4. 法系垂耳兔(Lop ear rabbit)：该兔原产于北非，后传入法国、英国、德国、比利时等。由于各国选育方式不同，目前主要有法系、英系和德系三种类型。

法系垂耳兔的主要特点是耳大下垂，头型似公羊，又称为“公羊兔”；毛色有白色、黑色、棕色、黄色、土褐色；头粗颈短，背腰宽，臀圆，体质疏松肥大。

该兔早期生长发育较快，仔兔初生重 80～100 g，3 月龄平均体重 2.5～2.75kg，成年体重 5 kg 以上，有的可达 6～8 kg，少数可达 10～11 kg；繁殖力强，胎均产仔 7～8 只。

该兔适应性强，较耐粗饲，性情温顺，易管理。我国于 1975 年引入法系垂耳兔，但由于皮松骨大、出肉率不高、肉质较差，加之受胎率低、母兔哺乳力不强、纯繁效果差，目前我国饲养已不很普遍。

5. 哈尔滨大白兔(Harbin giant rabbit):简称哈白兔,属大型肉用型品种,由中国农科院哈尔滨兽医研究所从1976年起,选用哈尔滨当地白兔和上海当地白兔做母本,以比利时兔、德国花巨兔为父本,杂交选育而成。1986年5月通过国家鉴定。

哈白兔体型较大,头部大小适中,耳大直立,眼大有神呈红色,被毛纯白,结构匀称,四肢强健,肌肉丰满。

该兔早期生长发育快,初生重55～60 g,30日龄断奶体重650～1 000 g,2月龄重1.9 kg,3月龄重2.76 kg,成年公兔重5.5～6.0 kg,母兔重6.0～6.5 kg;繁殖力高,年产5～6胎,胎均产仔10.5只,产活仔数8只以上;半净膛屠宰率为57.6%,全净膛屠宰率为53.5%,饲料转化率为3.11:1。

哈白兔遗传性稳定,适应性强,耐寒,耐粗饲。该品种在我国饲养量较大,表现较好,但由于不重视选育,加之营养水平跟不上,在一些地方表现生长速度慢、体型变小,应引起重视。

(二) 肉兔配套系

1. 伊拉(HYLA)肉兔配套系:伊拉肉兔配套系是法国欧洲兔业公司用9个原始品种经不同杂交组合和选育试验,于20世纪70年代末培育而成。该配套系由A、B、C、D 4个品系组成,各系独具特点。在配套生产中,由于杂交优势的充分利用,使其具有遗传性能稳定、生长发育快、饲料转化率高、抗病力强、产仔率高、出肉率高及肉质鲜嫩等特点。其配套模式为A品系公兔与B品系母兔杂交产生父母代公兔,C品系公兔与D品系母兔杂交产生父母代母兔,父母代公、母兔杂交产生商品代兔。在配套生产中,杂交优势明显。

A品系:具有白色被毛,但耳、鼻、四肢下端和尾部为黑色。成年公兔平均体重5.0 kg,母兔4.7 kg。日增重50 g,平均胎产仔数8.35只,配种受胎率为76%,断奶成活率为89.69%,饲料转化率为3.0:1。

B品系:具有白色被毛,但耳、鼻、四肢下端和尾部为黑色。成年公兔平均体重4.9 kg,母兔4.3 kg。日增重50 g,平均胎产仔数9.05只,配种受胎率为80%,断奶成活率为89.04%,饲料转化率为2.8:1。

C品系:全身被毛为白色。成年公兔平均体重4.5 kg,母兔4.3 kg。母兔平均胎产仔数8.99只,配种受胎率为87%,断奶成活率为88.07%。

D品系：全身被毛为白色。成年公兔平均体重4.6 kg，母兔4.5 kg。母兔平均胎产仔数9.33只，配种受胎率为81%，断奶成活率为91.92%。

商品代兔被毛白色，耳、鼻、四肢下端和尾部呈浅黑色；28日龄断奶重680 g，75日龄体重达2.5 kg，平均日增重43 g，饲料报酬为(2.7～2.9)：1，屠宰率为58%～60%，肉质鲜嫩。

2. 伊普吕(Hyplus)肉兔配套系：伊普吕配套系是法国克里莫股份有限公司运用先进的育种理论，经过20多年精心培育而成的，是目前国际上最优良的肉兔配套系之一。该配套系是多品种(品系)杂交配套模式，共有8个专门化品系。在1997年的世界家兔育种会上，该品种被评为"最佳优良品种"，随后在世界各地广为推广。我国山东省菏泽市颐中集团科技养殖基地于1998年9月从法国克里莫股份有限公司引进4个系的祖代兔2 000只，分别为作父系的巨型系、标准系和黑眼睛系，以及作母系的标准系。

该兔在法国良好的饲养管理条件下，年平均产仔8.7胎，平均每胎产仔9.2只，仔兔成活率95%，11周龄体重3.0～3.1 kg，屠宰率57.5%～60%。经过几年的饲养观察，在3个父系中，以巨型系表现最好，与母系配套，在一般农户饲养，年可繁殖8胎，每胎平均产仔8.7只，商品兔11周龄体重可达2.75 kg。黑眼睛系表现最差，生长发育慢，抗病力也较差。

根据目前养殖情况看，伊普吕配套系生长速度快、繁殖力高。但是，由于该配套系涉及的品系较多，配套复杂，生产中操作起来难度较大。此外，不同的品系在毛色和体型方面有一些相似之处，普通养殖者分辨不清，生产中存在血统混杂，杂交乱配现象，极大地降低了该配套系的生产性能。

3. 齐卡(ZIKA)肉兔配套系：齐卡肉兔配套系是德国齐卡家兔基础育种兔公司用10年的时间，于20世纪80年代初培育而成，是当今世界著名的专门化肉兔配套系之一。四川省畜牧兽医研究所于1986年首次从德国引进该配套系。

齐卡配套系由大、中、小三个品系构成，分别为齐卡巨型白兔(G)，齐卡大型新西兰兔(N)，齐卡白兔(Z)。其配套模式为G系公兔与N系中产肉性能特别优异的母兔杂交产生父母代公兔，Z系公兔与N系中母性较好的母兔杂交产生父母代母兔，父母代公母兔交配生产商品代兔。

齐卡巨型白兔(G):为德国巨型兔,属大型品种。全身被毛浓密,纯白色,红眼,耳大直立,3月龄耳长15 cm,耳宽8 cm,头粗壮,体躯大而丰满,背腰平直;初生重70～80 g,35日龄断奶重1 000 g,90日龄重2.7～3.4 kg,日增重35～40 g,成年兔体重6～7 kg,料肉比3.2∶1。母兔年产3～4胎,胎均产仔6～10只。该兔适应性较好、耐粗饲,但繁殖力较低、性成熟晚、夏季不孕持续时期较长。

齐卡大型新西兰兔(N):为德国新西兰白兔,属中型品种,分两种类型:一种是产肉性能比较突出,另一种是繁殖性能及母性比较突出。全身被毛洁白,红眼,耳短而宽厚,头型粗壮,体躯丰满,背腰平直,臀圆,呈典型的肉用体形。初生重60 g左右,35日龄断奶重700～800 g,90日龄重2.3～2.6 kg,日增重30 g以上,成年兔体重5 kg左右。母兔年产5～6胎,胎均产仔7～8只。

齐卡白兔(Z):由10多个品种组合的合成系,属小型品种。被毛纯白,红眼,两耳薄,头清秀,体躯紧凑。90日龄体重2.1～2.4 kg,日增重26 g以上,成年体重3.5～4.0 kg。母兔繁殖力高,胎平均产仔8～10只,年产仔50～60只,哺乳性能好,仔兔成活率高。适应性好,耐粗饲,抗病力强。

齐卡商品兔:齐卡三系配套生产的商品兔,全身被毛白色。在德国封闭式兔舍自动采食条件下,84日龄平均活重3.0 kg,饲料报酬3∶1,平均胎平产仔数8.2只。在我国开放式兔舍限食条件下,90日龄重2.5～2.7 kg,饲料报酬3.0∶1～3.3∶1,平均胎产仔数8.1只。

4. 艾哥(ELCO)肉兔配套系:艾哥肉兔配套系是由法国艾哥公司培育而成。该配套系由4个品系组成,即GP111系、GP121系、GP172系和GP122系。其配套杂交模式为:GP111系公兔与GP121系母兔杂交生产父母代公兔(P231),GP172系公兔与GP122系母兔杂交生产父母代母兔(P292),父母代公母兔交配得到商品代兔(PF320)。

GP111系兔:毛色为白化型或有色,性成熟期26～28周龄。70日龄体重2.5～2.7 kg,成年体重5.8 kg以上,28～70日龄饲料报酬2.8∶1。

GP121系兔:毛色为白化型或有色,性成熟期平均121日龄。70日龄重2.5～2.7 kg,成年重5.0 kg以上,28～70日龄饲料报酬3.0∶1,母兔平均年产仔兔40只以上。

GP172 系兔：毛色为白化型，性成熟期 22～24 周龄，成年体重 3.8～4.2 kg。公兔性欲旺盛，配种能力强。

GP122 系兔：毛色为白化型，性成熟期 117 日龄，成年重 4.2～4.4 kg，母兔繁殖能力强，年产仔兔 50～60 只。

父母代公兔(P231)：毛色为白色或有色，性成熟期 26～28 周龄，成年体重 5.5 kg 以上，28～70 日龄日增重 42 g，饲料报酬 2.8∶1。

父母代母兔(P292)：毛色白化型，性成熟期 117 日龄，成年体重 4.0～4.2 kg，胎产活仔 9.3～9.5 只。

商品代兔(PF320)：35 日龄断奶重 900～980 g，70 日龄体重 2.4～2.5 kg，饲料报酬 2.8∶1～2.9∶1。

二、毛用兔品种

安哥拉兔(Angora rabbit)是世界上最著名的毛用兔品种，也是已知最古老的品种之一，因产长的绒毛而著称于世。关于安哥拉兔的来源有两种说法，一种说法认为安哥拉兔来源于土耳其，以该国的安哥拉城而得名；另一种说法认为安哥拉兔最早发现于英国，后经过不断的精心培育，因其被毛细长，类似著名的安哥拉山羊毛，故命名为安哥拉兔。安哥拉兔作为长毛兔品种出现后，被引入许多国家饲养。由于各国的自然环境不同，选种的侧重点不同，经过长期的饲养和培育，分别形成了具有不同特点的长毛兔。其中，著名的有德系、英系、法系和日系等。我国饲养较多的主要是德系、法系及其杂种。自 20 世纪 80 年代起，我国一些长毛兔重点产区在引进良种开展杂交改良的同时，采用杂交选育的方法，自行培育了一些产毛量高、体型大、适应性强的新品种或高产类群。

1. 德系安哥拉兔：德系安哥拉兔是世界著名的细毛型长毛兔，是目前纯种安哥拉兔中产毛性能最为优良的一个品系。我国于 1978 年起陆续引入德系安哥拉兔，在提高我国长毛兔产毛量和改进兔毛品质方面发挥了重要作用。

德系安哥拉兔背腰部、腹部、四肢及脚毛浓密，但面部绒毛不太一致，有的面部无长毛，有的有少量的额毛和颊毛，仅有少量的额颊毛丰盛；大部分耳背无长毛，仅耳尖有一撮长毛，也有的是半耳毛，少量的是全耳毛。该兔最大的特点是被毛密度大，有毛丛结构，毛纤维有明显的波浪形弯曲，不易缠结。

该兔体型较大，成年兔体重 3.5～4.0 kg，高的可达 5.5 kg。产毛量高，母兔平均每年产毛 1 498 g，公兔为 1 254 g。被毛质量好，毛长 5～6 cm，细度 12～13 μm，细毛含量高达 95%，被毛结块率低，只有 5%～8%。繁殖力较强，平均每胎产仔 6～7 只，最高达 12 只。该兔耐热性差，尤其是高温季节，母兔受胎率较低，公兔有夏季不育现象。

2. 法系安哥拉兔：法系安哥拉兔是目前世界上著名的粗毛型长毛兔，所产兔毛适合于粗纺，用于制作外套时装等。

该兔被毛白色，骨骼粗壮，头部稍尖削，耳大而薄，耳背、耳尖无长毛，俗称"光板"；额毛、颊毛、脚毛也较短。体型较大，成年兔体重 3.5～4.0 kg，高者达 6.5 kg。年产毛量 800～900 g，最高达 1 300 g。毛纤维较粗，细毛细度为 15～16 μm，粗毛细度为 50～60 μm。粗毛含量较高，达 15%以上。繁殖力高，泌乳性能好，适应性好，抗病力强。其缺点是被毛密度差。

3. 中系安哥拉兔：中系安哥拉兔又称全耳毛兔，是我国在英系和法系安哥拉兔杂交的基础上，又掺入中国白兔的血统经长期选育而成。

中系安哥拉兔的主要特点是全耳毛，即整个耳背及耳尖密生着细长的绒毛；头宽而短，额颊部被毛丰盛，额毛向两侧延伸可抵眼角，向下延伸靠近鼻端 2～3 cm 处，从侧面往往看不见眼睛，从正面只看到毛茸茸的一团，形似狮子头；背毛、腹毛及脚毛也很丰盛。体型小，成年体重 2.5～3.0 kg。产毛量低，年平均产毛量仅 250～350 g。毛质好，纤维细长柔软，粗毛率低，仅有 1%～3%；繁殖力强，平均每胎产仔 7～8 只，高者达 11 只。耐粗饲，适应性强。

该兔主要缺点是体型小，产毛量低。引进德系安哥拉兔以后，对其进行了杂交改良，并取得了较为明显的效果。目前，纯种的中系安哥拉兔越来越少，几乎绝迹。

4. 巨高长毛兔：巨高长毛兔是浙江省宁波市镇海种兔场利用含日本大耳兔血统的当地大型长毛兔与德系安哥拉兔级进杂交选育而成。主要特点是体型大、产毛量高、毛质好。

该兔体大身长，背宽胸深，四肢发达。全身被毛密集，尤其是腹毛稠密，全身有明显的毛丛结构。成年体重 5.0 kg 以上，胸围 55 cm 左右。巨高长毛兔以产毛量高，兔毛长、白、松、净等优点而闻名。年产毛量 2 000～2 500 g，兔毛品质好，绒毛直径15 μm以上，绒毛粗密，而且不易缠结。繁殖力强，平均每胎产仔7～8只，母兔的母性较强，仔兔成活率高。该兔遗传性稳定，适应性和抗病力均较强。

三、皮用兔品种

1. 力克斯兔(Rex)：又称海狸力克斯或天鹅绒兔，我国俗称獭兔，原产于法国，由一群普通兔中出现的突变种培育而成，是著名的短毛型皮用兔品种。

獭兔皮保温性能好，质地轻柔，美观大方，其特点可用“短、细、密、平、美、牢”来概括。所谓“短”是指毛纤维短，獭兔毛长1.3～2.2 cm，以1.6 cm最为理想。“细”是指毛纤维直径横切面直径小。“密”是指皮肤单位面积内着生的毛纤维数量，獭兔被毛密度大，每平方厘米的皮肤上着生毛纤维约1.4～1.8万根，毛纤维直立，手感丰满厚实。“平”是指粗毛和细毛等长，出锋整齐，表面看起来十分平整。“美”是指毛色多，色泽艳丽，特别漂亮。“牢”是指毛纤维与皮板附着牢固，不易脱落。因此，獭兔皮具有较高的利用价值，被称为裘皮类的“软黄金”。獭兔被毛颜色较多，有白色、黑色、海狸色、青紫蓝色、红色、加利福尼亚色等14种颜色，其中以白色较多。体型中等，结构匀称，外形清秀。成年兔体重2.5～3.5 kg，最高可达4.0 kg。繁殖力强，年产4～5胎，平均胎产仔兔7只左右。

近年来，我国先后从美国、德国、法国引进较多的力克斯兔，分别称为美系、德系和法系獭兔。

(1) 美系獭兔。该兔头部清秀，眼大而圆，耳朵中等长，颈部稍长，肉髯明显，胸部较窄，腹部发达，背腰略呈弓形，臀部较发达，肌肉丰满。成年兔体重3.5～4.0 kg，体长45～50 cm，胸围33～35 cm。繁殖力较强，平均每胎产仔6～8只，仔兔初生重40～50 g，母兔母性好，泌乳力强，40天断奶体重400～500 g，5～6月龄体重可达2.5 kg。

(2) 德系獭兔。该兔头大嘴圆，耳厚而大，被毛丰厚，身体结构匀称，四肢粗壮有力。体型大，成年兔体重4.5 kg左右，体长47～48 cm，胸围31 cm左右。繁殖力较强，平均每胎产仔6.8只，仔兔初生重54.7 g，平均妊娠期为32天。早期生长速度快，6月龄平均体重可达4.1 kg。但是，该兔繁殖力较美系獭兔略低。

(3) 法系獭兔。该兔体型较大,头圆颈粗,耳短而厚,呈V形上举,肉髯不明显,体长,胸宽深,背平宽,四肢粗壮。成年兔体重4.5 kg左右,平均每胎产仔7只左右,仔兔初生重50 g左右。早期生长速度快,32日龄断奶体重640 g,3月龄体重2.3 kg,6月龄体重可达3.65 kg。该兔毛皮质量较好,毛纤维长1.55~1.90 cm,粗毛率低。但是,该种兔对饲料营养要求较高,不适宜粗放的饲养管理。

2. 亮兔(The satin rabbit):其来源和育成史不详,被认为是力克斯兔的一个变种。该兔皮毛表面光滑发亮,色泽鲜艳,有多种色型,如黑色、白色、红色、蓝色、棕色、巧克力色、青铜色、加利福尼亚色等9个品系。体型中等,背腰丰满,头中等,臀圆。成年兔体重4.0~5.0 kg,仔兔生长快,1月龄体重可达500 g,3~4月龄可达2.0~2.5 kg。每年繁殖4~5胎,平均每胎产仔6~10只。被毛浓密,鲜艳光亮,枪毛比绒毛生长快,覆盖绒毛,长2.2~3.2 cm,有较强的弹力。目前,该品种各国饲养数量不多,仅美国作为毛皮兔饲养。

四、皮肉兼用兔品种

1. 青紫兰兔(Chinchilla rabbit):该兔原产于法国,由灰色嘎伦兔、蓝色贝纬伦兔和喜马拉雅兔经杂交选育而成。因其毛色与南美的一种珍贵毛皮动物毛丝鼠很相似,故取名为青紫兰兔,是优良的皮肉兼用兔。

该兔被毛浓密且具有光泽,呈灰蓝色并夹杂全黑和全白的针毛。耳尖、耳背及尾背面为黑色,眼圈与尾底为白色,腹下由淡灰到灰白色。每根毛纤维自基部向上分为五段颜色,依次为深灰色、乳白色、珠灰色、白色和黑色。体型匀称,头适中,颜面较长,嘴钝圆,耳中等、直立且稍向两侧倾斜,眼圆大,呈茶褐色或蓝色,体质健壮,四肢粗大。该兔有三种类型,其特点分别为:

(1) 小型(标准型)。该型是最早育成的品系,体型小,体质结实紧凑,耳短直立,母兔颈下无肉髯。成年母兔重2.7~3.6 kg,公兔重2.5~3.4 kg。被毛匀净,毛色优美,偏于皮用。

(2) 中型(美国型)。由美国引进的标准型青紫兰兔中选育而成,体型中等,体质结实,腰臀丰满,耳长而大,母兔有肉髯。成年母兔重4.5~5.4 kg,公兔4.1~5.0 kg。生长发育快,繁殖性能好,40天断奶重0.9~1.0 kg,90天平均重2.2~2.3 kg。中型青紫兰兔偏向于皮肉兼用。

(3) 巨型。美国型青紫蓝兔与弗朗德巨兔杂交,选育出大体型的,称为巨型青紫蓝兔,体型大,肌肉丰满,耳长而大,母兔颈下有肉髯。成年母兔重 4～5 kg,最大达 6 kg。母兔繁殖力强,平均每胎产仔 7～8 只,仔兔初生重平均 45 g,高者达 55 g,泌乳力好,40 天断奶重 0.9～1 kg,3 月龄重 2.2～2.3 kg。

2. 德国花巨兔(German checkered giant rabbit):原产于德国,是著名的大型皮肉兼用型品种。花巨兔有黑色和蓝色两种,引入我国的主要是黑色花巨兔。

德国花巨兔体型高大,体躯较长,呈弓形,较其他品种多一对肋骨(一般为 12 对),腹部离地面较高。骨骼粗大,体格健壮。被毛色为白底黑花,最明显的特征是从耳后沿脊柱到尾根有一条边缘不整齐的黑色背线,体躯两侧有左右对称、大小不等的蝶状黑斑,故又称为"蝶斑兔"。此外,双耳、眼圈周围、口鼻部均为黑色。

该兔体型大,成年体重 5～6 kg,体长 50～60 cm。早期生长发育快,初生重 75 g,40 天断奶重 1.1～1.25 kg,90 日龄体重达 2.5～2.7 kg。母兔繁殖力强,每窝平均产仔 11～12 只,最高达 18 只,但母兔的母性不强和哺育能力差,仔兔成活率低。

3. 日本大耳兔(Japanese white rabbit):又称日本白兔、大白兔,原产于日本,主要以中国白兔和日本兔杂交选育而成。该兔体型较大而窄长,头偏小,额宽,颈粗,母兔颈下有肉髯,毛色纯白,眼粉红,前肢较细。两耳长大直立,耳根较细,耳端尖,形如柳叶,耳朵上血管网明显,适于注射和采血,是理想的实验用兔。皮板面积较大,质地良好。

仔兔初生重 60 g,2 月龄体重达 1.4 kg,3 月龄达 2 kg 以上,成年体重 4～5 kg;繁殖力高,每胎产仔 8～10 只,最高达 16 只。母兔母性好,泌乳量大,哺乳性能好,常作保姆兔。适应性强,较耐粗饲,耐寒。毛皮品质好,是较好的皮肉兼用兔。

4. 喜马拉雅兔(Himalayan rabbit):据报道,该兔于 20 世纪初发现于我国喜马拉雅山一带,除我国饲养外,原苏联、美国等均有饲养,是一个优良的皮肉兼用品种。

该兔体型紧凑,体质健壮,被毛短密、柔软。初生仔兔全身被毛白色,1 月龄换毛后，两耳、鼻端、尾端及四肢末端为纯黑色。体型中等，成年体重 4～5 kg。性成熟早，繁殖力强，平均每胎产仔 8～12 只。

喜马拉雅兔适应性强、耐粗饲、繁殖力高，是良好的育种材料，著名的加利福尼亚兔和青紫蓝兔都有该兔的血统。由于被毛色彩艳丽，在国外，也有将该品种培育成体重 1.1～2.0 kg 专供观赏用的微型品种。

5. 塞北兔(Saibei rabbit)：该兔是由河北省张家口农业高等专科学校培育的大型皮肉兼用兔。1978 年选用法系公羊兔、比利时兔和弗朗德巨兔选育而成，1988 年经过省级鉴定，命名为塞北兔。

塞北兔体型为长方形，被毛以黄褐色为主，其次为纯白色和米黄色。头大小适中，颈部粗短，成年母兔颈下有肉髯。眼眶突出，眼大而微向内凹陷。耳宽大，多数一耳直立，一耳下垂，故称为“斜耳兔”，少数两耳直立或两耳下垂。肩宽广，胸宽深，背腰平直，后躯丰满，肌肉发达，四肢粗短健壮。

成年兔平均体重 5.5～6.5 kg，仔兔初生重 65～80 g，在一般饲养条件下，3～4 月龄体重达 2.5～3.5 kg。繁殖力高，年平均产仔 6 胎，每胎平均产仔 7～8 只。屠宰率为 54%～56%，肉质细嫩，味道鲜美。

此外，该兔适应性和抗病力强、耐粗饲、皮张面积大、皮板坚韧、绒毛细密，是理想的皮肉兼用型品种。

【复习思考题】

1. 家兔品种的分类方法有哪几种？

2. 根据家兔被毛特性，可将家兔分为哪几类？每类有哪些特点？各举一例。

3. 根据家兔经济用途，可将家兔分为哪几类？每类有哪些特点？各举一例。

4. 掌握常见家兔的生产性能和体型外貌特征。

第十七章　家兔的繁殖

【内容提要】 繁殖是家兔生产的重要环节之一，只有提高家兔的繁殖力，才能提高生产效益。本章主要介绍家兔性成熟、发情、排卵、妊娠等生殖生理特点，家兔的配种方法、家兔的繁殖力以及提高繁殖力的措施。

【目标及要求】 掌握家兔的生殖生理特点、家兔的人工授精技术以及提高家兔繁殖力的技术措施。

【重点与难点】 家兔的发情表现及特点；母兔妊娠检查的方法；家兔频密繁殖技术。

第一节　家兔的生殖生理

一、性成熟、初配年龄和繁殖利用年限

（一）性成熟

幼兔生长发育到一定年龄，生殖器官发育成熟，公兔睾丸能产生成熟的精子并分泌雄激素，母兔卵巢能产生成熟的卵子并分泌雌激素，公、母兔表现出求偶或发情等性行为，交配能受孕并完成胚胎发育的过程，称为性成熟。

家兔具有性早熟的特点，性成熟的年龄一般为母兔3.5～4月龄，公兔4～4.5月龄。家兔性成熟的早晚常因品种、性别、个体、营养水平、遗传因素的不同而有所差异。通常小型品种早于大型品种，如小型品种3～4月龄、中型品种4～5月龄、大型品种5～6月龄达到性成熟；营养状况正常的性成熟时间也正常，营养过差，性成熟期延迟；母兔性成熟比公兔早；皮、肉用兔性成熟比毛用兔早；早春出生的家兔比晚秋和冬季出生的性成熟早；杂交兔性成熟比纯种

兔早。

（二）初配年龄

家兔达到性成熟时，虽然已具有生殖能力，但此时身体其他部分组织器官尚未发育成熟，过早配种繁殖不仅影响自身的发育、造成早衰，而且配种受胎率低、胚胎发育不良、产仔数少以及仔兔初生重小、生活力差、死亡率高。同样，配种过晚，也会降低种兔的终生产仔数，缩短利用年限，且母兔易肥胖，引起空怀，影响发情和受胎率。因此，家兔的初配年龄应晚于性成熟。合理的配种应在家兔身体充分发育成熟以后开始。

生产中确定种兔的初配年龄主要根据体重和月龄，只要其中之一达到标准，即可进行配种。在正常饲养管理的条件下，公、母兔体重达到该品种成年体重的70%～85%时即可配种。一般情况下，小型品种初配年龄为4～5月龄，体重2.5～3 kg；中型品种5～6月龄，体重3.5～4 kg；大型品种7～8月龄，体重4.5～6 kg。另外，公兔的初配年龄应比母兔晚1个月左右。

（三）繁殖利用年限

种兔过了壮年期以后，随着年龄的增长，繁殖能力逐渐下降。所以，种兔的繁殖利用年限一般为2～3年，频密繁殖的母兔只能利用1～1.5年。不同性别和个体有较大的差异，主要根据繁殖性能的表现决定使用和淘汰，过于衰老和繁殖力较差的要及时淘汰，以免影响兔群品质。

二、母兔的发情与排卵

（一）发情

母兔性成熟后，由于卵巢内成熟的卵泡产生的雌激素，使母兔生殖道发生一系列的生理变化，出现周期性的性活动现象，称为发情。发情是一种复杂的生理现象，母兔往往在生理上和行为上出现一系列变化，如精神状态变化、性欲反应、生殖生理变化等。这种变化从发情开始到结束一般持续3～4天，称为发情期或发情持续期。

1. 发情表现：从发情开始到结束一般持续3～4天，称为发情期或发情持续期。发情是一种复杂的生理现象，母兔往往在生理上和行为上出现一系列变化，主要表现为兴奋不安，在笼内来回跑动，常以前爪刨地，后脚拍打笼底板，有的母兔在料槽或其他用具上摩擦下颌，俗称“闹圈”。性欲强的母兔主动接近公兔，或爬跨同笼内其他母兔；食欲减退，采食量少。有的还有衔草或拉毛做窝的表现。此外，发情母兔外阴部红肿、湿润，阴道黏膜颜色由粉红到大红再到紫红色。母兔外阴唇的颜色与其发情进程有关，发情初期为淡红色，中期为大红色，末期为紫红色；如果外阴唇苍白、干燥，表明没有发情，即处于休情期。

生产中，对母兔进行配种主要根据其发情表现，尤其是外阴唇颜色的变化。有句民谚叫做"粉红早，紫红迟，大红正当时"，这是对掌握最佳配种时间的准确而形象的概括。由于部分母兔（培育品种居多）的外阴部红肿现象不明显，仅出现水肿、湿润等现象，此时配种较适宜。

2. 发情特点

（1）发情的周期性。卵子发育成熟后，卵泡液中的雌激素可促使母兔发情。如果通过交配刺激，母兔发生了排卵、受精，受精卵在子宫内发育着床，母兔便受孕。怀孕后，原卵泡处形成黄体抑制新卵泡的成熟，母兔便不再发情。如果卵泡成熟后没有进行配种，卵子没有排出或未能受精，那么，成熟的卵泡在雌激素与孕激素的协同作用下，逐渐萎缩退化，并被周围的组织吸收，新的卵泡又开始发育。卵泡成熟后，在雌激素的作用下，母兔又进入下一个发情期。前后两次发情间隔的时间称为发情周期。家兔的发情周期一般为8～15天。但由于家兔有刺激性排卵的特点，其发情周期规律性较差，变化范围较大。如将发情初期的母兔放在公兔笼边，会加速其发情进程，甚至不处于发情期的母兔与性欲高的公兔接触也会加速母兔发情，接受交配并能受孕产仔；相反，如果对发情初期的母兔连续捕捉、频繁而不熟练的检查，反而会使其发情症状逐渐消失。

（2）发情的无季节性。母兔性成熟后，一年四季均能发情，如工厂化养兔是利用机械设备将环境的温度、湿度、光照等控制在最适宜于家兔生活的状态，这种情况下，家兔可全年进行配种繁殖。在自然条件下或四季温差较大的地区，母兔虽然一年四季发情，但不同季节的发情表现有所差异。例如，春、秋季发情症状明显，受胎率高，产仔数多，而夏季发情症状不明显，受胎率低，产仔数少。

（3）发情的不完全性。母兔发情时缺乏某方面的变化称为不完全发情，如体内卵泡发育成熟，雌激素分泌增多，生殖道充血并分泌黏液，但精神上没有异常变化。据观察，家兔不完全发情的比例较大，尤其是公、母兔分笼饲养时。另外，不同类型、品种、个体等有较大差异，育成品种高于地方品种；毛用兔高于皮、肉用兔，尤其是高产毛兔更多；大中型兔高于小型兔；冬季多于春季。

(4) 产后发情。母兔分娩后第2天即普遍发情，配种后易受胎，受胎率达80%～90%。随着泌乳期的延长和泌乳量的增加，受胎率逐渐下降，如分娩后第5天，受胎率只有50%左右。因此，一般在产后2～3天配种效果较好。这一特点为生产中实行"血配"，安排频密繁殖提供了基础。

(5) 断奶后发情。仔兔断奶后2～3天，母兔普遍有发情表现，配种受胎率较高。这一特点为生产中实行早期断奶，提高繁殖效率提供了基础。

(二) 排卵

绝大多数哺乳动物是自发式排卵，即卵子成熟后，卵泡自动破裂排出卵子。但家兔却不同，卵子成熟后并不能自发排出，只有在接受公兔交配或相互爬跨或注射外源激素后才能排卵，这种现象叫做刺激性排卵或诱发性排卵。如果没有交配刺激或注射促排卵激素刺激，卵子就不会自动排出。这些成熟的卵泡在雌激素和孕激素的协同作用下，经10～16天逐渐萎缩退化，并被周围组织所吸收。这主要是因为母兔脑下垂体不能自发释放出引起成熟卵泡破裂的促黄体生成素。

家兔属刺激性排卵的动物，存在着发情不一定排卵，排卵不一定发情的现象，任何时候都可以配种繁殖。生产中可以利用这一特性进行同期发情，定时配种。

(三) 适宜的配种时间

母兔一般在交配刺激后10～12小时排卵，卵子排出后进入输卵管的喇叭口，依靠输卵管肌肉和上皮纤毛细胞的节律性收缩以及腺体分泌物的流动，推动卵子向子宫方向运动。卵子保持受精能力的时间约为6小时，之后卵子因与输卵管腺体分泌物发生某些生理变化而逐渐衰老，失去受精能力。卵子具有最强受精能力的时间是在排卵后2小时内。

精子进入母兔生殖道后，只需10分钟左右就能到达受精部位，此时精子需完成获能过程后才具有受精能力，这需要10小时左右。精子保持受精能力的时间为30～36小时。

综上所述，母兔配种的最佳时间为：自然交配时，应在母兔发情中期，即阴道黏膜颜色为大红色时配种最佳，繁殖效果最好；人工授精时，应在刺激排卵2～8小时内输精最为理想。

三、受精与附植

在母兔生殖器官内，精子与卵子结合形成合子，称之为受精。合子形成后立即进行分裂，在交配后21～25小时完成第一次卵裂，并在输卵管中继续卵裂发育到桑葚期。在交配后72～75小时胚泡进入子宫。经7～7.5天，胎膜与母体子宫黏膜相连，形成盘状胎盘，这就是附植。

胎盘形成之前，卵裂球或胚泡在输卵管或子宫中呈游离状态，主要依靠子宫液提供营养。胎盘形成后，胚胎的生长发育完全依靠胎盘吸收母体的营养和氧气，其代谢产物也通过胎盘传到母体。

母兔是双子宫，两侧子宫中的胚胎依靠子宫肌肉的收缩运动，顺着子宫纵长轴分布开来，但因两个子宫互不相通，所以胚胎只能在同侧子宫中附植，不能游离到对侧。

家兔每侧子宫中附植的胚胎数量多少不等，有的相差悬殊，这与每侧卵巢的排卵数量、受精情况以及受精卵的成活率有关。

四、妊娠及妊娠检查

（一）妊娠与妊娠期

公母兔交配后，在母兔生殖器官内，精子与卵子结合，受精卵逐渐发育成胎儿所经历的一系列复杂的生理过程叫做妊娠。完成这一发育过程所需要的时间叫做妊娠期。母兔的妊娠期平均为30～31天，变动范围为28～34天。妊娠期的长短因品种、年龄、营养状况以及胎儿数量等不同而略有差异；大型品种比中小型品种妊娠期长，老年兔比青年兔妊娠期长，营养状况好的比营养差的妊娠期长，胎儿数量少的比胎儿数量多的妊娠期长，毛用兔比肉用兔妊娠期长。正常情况下，95%以上的母兔能如期分娩，延迟2～3天分娩的仔兔能正常发育和成活，而提前2～3天分娩的仔兔死亡率高。

（二）妊娠检查

配种后应及时了解母兔受胎如否，这对于加强饲养管理以保证胎儿正常发育、维持母兔健康、防止流产、减少空怀、提高母兔繁殖力具有重要意义。目前,生产中主要采用摸胎检查法。

摸胎检查一般在配种后10～12天进行,具体做法是:将母兔放在桌面或地面,头朝检查者,左手抓住家兔两耳及颈后皮肤,右手拇指与其余四指呈“八”字形分开,自前向后沿腹壁后面两侧轻轻摸索。一般配种后8～10天,可摸到似黄豆粒大小的肉球,光滑有弹性,触摸时滑来滑去,不易捉住;12天左右,胚胎似樱桃大小;14～15天,胚胎似杏核大小;15天以后,可摸到好几个连在一起的小肉球;20天后,可摸到花生角似的长形胎儿,可触到胎儿头部,手感较硬,并有胎动的感觉。若腹部柔软似棉,说明家兔没有受胎。

摸胎检查时,应注意以下几点。① 摸胎检查一般以配种后10～12天为宜,早晨空腹时进行。8天前且易造成母兔流产,12天后会因部分母兔发情期已过,错过补配的最佳时机。②熟悉子宫的位置,即母兔腹后两侧。③摸胎时,动作要轻而缓慢,切忌数或捏胚胎,以防挤破胚泡造成死胎或流产。④注意区别胚胎与粪球。胚胎呈球形,表面光滑,有弹性,位置比较固定,多数均匀地排列在母兔腹部后面两侧;粪球多为扁椭圆形,表面粗糙,硬而无弹性,分布面广,没有固定的位置。

(三) 假孕的检查

假孕也称假妊娠,是指母兔经诱导刺激排卵后并没有受精,但卵巢形成的黄体开始分泌孕酮,刺激乳腺系统发育,子宫增大,状似妊娠但没有胎儿。由于没有胎盘,16天后,黄体在子宫分泌的前列腺素的作用下逐渐退化,于是母兔表现出临产行为,如乳腺发育并分泌乳汁,衔草拉毛作窝。因此,若母兔配种后16～18天有临产行为,即可判定为假妊娠。

1. 引起假孕的原因:

(1) 不育公兔的性刺激。原因是公兔精液品质差,精液中无精、少精或畸形精子数量多。多见于夏末秋初的公兔。

(2) 母兔患有生殖道疾病,如子宫炎、阴道炎、输卵管扭曲等,精子运行不到受精部位,即输卵管上1/3处。

(3) 类似交配的异常刺激,如母兔间的互相爬跨、抓捕、抚摸、梳理母兔,多见于群养母兔。

2. 预防假孕的措施:假孕延长了产仔间隔,降低了种兔的利用率,生产中应采取措施进行预防,包括:加强种公兔的饲养,提高精液品质,并及时淘汰老、弱、病、残者;患有生殖道疾病的母兔不要进行配种;种母兔应单笼饲养,避免相互爬跨;采用重复配种或双重配种,提高受胎率;及早进行妊娠检查,发现假孕的母兔可注射前列腺素,促使黄体消失。

五、分娩与护理

(一)母兔的分娩

胎儿在体内发育成熟后,由母体排出体外的生理过程称为分娩。这是由于母兔妊娠期间,子宫不断膨大,使子宫肌对雌激素和催产素的敏感性增强。催产素在来自内部和外部神经感受器的刺激下,通过下丘脑作用于垂体后叶,引起子宫肌的节律性收缩,使妊娠母兔产生分娩的生理现象,直至把胎儿排出体外。

1. 分娩预兆:母兔分娩前,会出现生理上和行为上的一系列变化,叫做分娩预兆。主要表现在:分娩前3～5天,乳房肿胀并可以挤出乳汁;外阴部充血肿胀,黏膜潮红湿润;食欲减退,甚至拒食,渴欲增强。分娩前1～2天,母兔开始衔草筑窝,这是母兔母性强的重要标志。凡是产前拉毛作窝的母兔,其母性较强,会护仔育仔,泌乳量也较大。母兔拉毛有三个作用。第一,刺激乳腺发育,提高泌乳力。对于不拉毛的母兔若实行人工辅助拉毛,其泌乳力接近自然拉毛的母兔。第二,兔毛有良好的保温作用,是仔兔的天然被褥,可提高仔兔成活率。第三,拉毛可使乳头暴露,便于仔兔吮吸奶头。

案例:产前拉毛对泌乳和仔兔成活率的影响。

某大型兔场针对母兔产前拉毛的作用进行了相关研究,结果发现,产前拉毛的母兔,产后前5天平均泌乳量在100 g以上,而不拉毛的母兔在同期泌乳量低于100 g。由此说明,产前拉毛可刺激乳腺发育,提高泌乳量。

谷子林等在春、秋季节对205胎母兔的调查统计,拉毛母兔(153胎)和不拉毛母兔(52胎)繁殖成活率分别为93.75%和72%。可见,拉毛能显著提高仔兔的成活率。

但是,有些初产母兔或母性较差的经产母兔,产前不会拉毛做窝,应人工辅助拉毛,即产前将其轻轻保定,腹部向上,将其乳头周围的毛拔掉,放在产箱内，这样可诱导母兔自行拔毛。而对于经过两次以上诱导仍然不会拉毛的母兔，说明其为遗传性母性不良，如果其产仔数和泌乳力均表现不佳，应予以淘汰。

2. 分娩过程：临产前，催产素引起子宫节律性收缩和腹痛，母兔表现为精神不安、跺脚顿足、弓背努责；不久，胎衣破裂，羊水流出，胎儿连同胎衣一起娩出。母兔分娩时，一边产仔，一边咬断脐带，吃掉胎衣，并舔干仔兔身上的黏液和血迹，然后再产下一个。母兔虽系多胎动物，但分娩时间短，一般每隔 2～3 分钟产出一只，整个分娩过程只需半小时左右，个别的可达 1 小时；也有的母兔产出一批仔兔后，间隔数小时甚至数 10 小时再产第二批。

分娩后，母兔吃掉胎衣和死仔，这是正常行为，但也会诱发食仔恶习，有时母兔受到刺激时也会导致食仔癖的发生，因此，分娩时应保持环境安静。产仔初期母兔舔仔兔的行为可促进分娩和恶露的排出。

（二）产后护理

母兔分娩过程中，子宫颈开张松弛，子宫收缩；在排出胎儿的过程中，产道黏膜表层有可能受到损伤，分娩后子宫内沉积大量恶露，这些都为病原微生物的侵入和繁衍创造了良好条件，降低了母兔机体的抵抗力。因此，对产后母兔必须加强护理，以使母兔尽快恢复正常。在产后如发现尾根、外阴周围黏附恶露时，要及时清洗和消毒，并防止蚊虫叮咬。

母兔分娩后，一般都会发生口渴的现象，因此，事先应准备好清洁的温水或淡盐水、米汤等，让产后的母兔喝足水，以防母兔口渴找不到水喝而吃掉仔兔。

另外，分娩结束后，应将仔兔轻轻取出，重新更换垫草，清点仔兔数量，称量记录初生重或初生窝重，并做好产仔日期等各项记录，作为选种参考。

第二节　家兔的配种方法

家兔的配种方法有三种，包括自然交配、人工辅助交配和人工授精。

一、自然交配

自然交配是指公、母兔混养在一块，母兔发情期间，任其自由交配。其优点是配种及时、防止漏配、节省人力。其缺点是易发生早配早衰，影响公母兔的健康和生产力，降低种用年限；公兔配种次数过多，使精液品质下降，严重影响受胎率与产仔率；无法按计划选种选配，易发生近亲交配，引起品种退化；易引起同性殴斗和传播疾病。这是一种原始而落后的配种方法，由于该法弊大于利，实际生产中已经很少应用。

二、人工辅助交配

人工辅助交配是指平时公、母兔分群或分笼饲养，母兔发情时，将母兔放入公兔笼内，在人工辅助下完成配种。该法的优点是能有计划地进行选种选配，避免近亲交配、早配、滥配，以保持和生产品种优良的兔群；能合理地安排公兔的配种次数，延长种兔使用年限；能有效地防止疾病传播，提高家兔的健康水平。由于该法能避免自然交配的不足，目前大多数养兔场（户）或规模化养兔场等多采用这种方法。

人工辅助交配的具体做法如下。将待配母兔轻轻捉入公兔笼内，公兔即追逐、爬跨母兔。若母兔正处于发情中期，则先逃避几步，随即俯卧，任公兔爬跨，然后抬尾迎合公兔的交配。当公兔阴茎插入母兔阴道射精时，公兔后肢也同时离地，后躯蜷缩，紧贴于母兔后躯上，并发出“咕咕”叫声，随即由母兔身上滑倒，顿足，并无意再爬，表示交配完成。此时，即可将母兔捉出，将其臀部抬高，在后躯用手轻轻拍击，以防精液倒流；然后将母兔送回原笼，做好配种记录。

如果母兔发情不接受交配但又应该配种时，可以采取强制措施辅助配种，即操作人员用一手抓住母兔的耳朵和颈皮固定母兔，另一只手伸向母兔的腹下，举起臀部，以食指和中指固定尾巴，露出阴门，让公兔爬跨交配；或者用一细绳拴住母兔尾巴，沿背颈线拉向头的前方，一手抓住细绳和兔的颈皮，另一手从母兔腹下稍稍托起臀部固定，帮助抬尾迎合公兔交配。

辅助交配前，应做好以下四项准备工作。第一，公、母兔的全面检查。检查公、母兔的膘情、体况、性欲、生殖器官是否正常，特别应注意公、母兔有没有疾病，如发现有疾病应隔离治好才能配种。第二，准备配种的前几天，应把公、母兔外生殖器周围的毛剪去，以免影响配种，配种前应清洗、擦拭消毒。第三，配种前应清理和消毒兔笼，尤其是公兔笼中的粪便应予清除。第四，检查母兔的发情状况，如果外阴部苍白、干涩则未发情；若外阴部肿胀、潮红、湿润，则已发情。如果看不准则可让公兔试情便知。

三、人工授精

人工授精就是利用器械采集优良种公兔的精液，经鉴定合格后，再利用器械将精液输入到母兔生殖道内，使之完成受精的过程。人工授精的优点如下。第一，充分发挥优良种公兔的作用，加快良种推广和品种改良。本交时，1只公兔1次只能配1只母兔，而人工授精1次采得的精液可给6～8只甚至更多的母兔输精，1只公兔全年可负担100只甚至200只以上母兔的配种任务，有利于品种群的改进。第二，提高母兔的受胎率和产仔数。精液采集后，需经品质鉴定，凡不符合要求的精液，一律不得输精，这样可以保证输入的精液的质量，从而提高母兔的受胎率和产仔数。第三，减少种公兔的饲养量。公兔配种效率提高后，可选择最优秀的种公兔，饲养的数量不需要过多，从而降低饲养成本。第四，减少疾病尤其是生殖道疾病的传播。人工授精避免了公母兔的直接接触，因此，可大大地降低疾病的相互传播。第五，便于同期配种和同期分娩，实现工厂化生产。

(一) 采精前的准备

1. 器械的消毒：凡是可能与精液接触的器械如假阴道、输精管、集精杯都必须清洗干净，并进行严格的消毒。先用5%的洗衣粉洗刷干净，再用自来水、蒸馏水依次冲洗，然后进行消毒。玻璃器械可在160℃的干燥箱中消毒15分钟，或高压蒸汽消毒，或煮沸消毒20～30分钟均可；橡胶制品用75%的酒精棉球擦拭或蒸汽消毒；金属器械用新洁尔灭浸泡消毒。

2. 假阴道的安装：假阴道由外壳、内胎和集精杯组成。外壳用硬质胶管、塑料管或金属管等材料制成，长8～10 cm，内径3～4 cm。外壳中间钻一个0.5～0.8 mm的小孔，配上活塞，以便灌水充气。内胎可用柔软的乳胶手套代替，长度一般为14～16 cm，比外胎稍长，便于翻上来。集精杯为有刻度的试管，用小管或小药瓶代替即可。

安装时，将内胎两端分别等长翻转于外壳上，用橡皮筋扎紧，内胎装得稍松一些，以利于种公兔射精；然后再用另一只乳胶手套剪去盲端，将集精杯塞入并扎紧，将手套连同集精杯放入内胎腔中，再将手套另一端开口翻出套在外壳上。

安装好后，先用70％酒精擦内胎、集精杯，再用生理盐水冲洗2～3遍。

3. 注水：从小孔处注入50℃～55℃的温水，使胎内温度达到40℃～42℃。此温度适宜于公兔射精。水量占内外壳空间的2/3左右为宜。

4. 涂润滑剂：用消毒好的玻璃棒，取灭菌凡士林少许，均匀地涂于内胎表面，涂抹深度为假阴道长度的1/2左右。润滑剂不宜过多、过厚，以免混入精液，降低精液品质。常用的润滑剂是白凡士林或液体石蜡。

5. 调节假阴道内腔的压力：最后，从注气孔吹入空气，调试内胎的压力，调好内压的内胎，应呈三角形或四角形，温度、压力合适，便于公兔射精。

（二）采精

母兔用普通发情母兔即可，公兔稍经训练便可用假阴道采精。训练时需注意先将公母兔隔离，增加人兔接触时间。采精时，先把母兔放到公兔笼内，让公兔与母兔调情片刻，以引起性欲。当公兔性冲动时，采精者一手抓住母兔的双耳及颈部皮毛，头向术者进行保定；另一手持假阴道伸入母兔腹下，小指和无名指护住集精杯，假阴道开口端紧贴母兔阴户，使假阴道与水平成30°角。当公兔开始爬跨、阴茎挺起时，采精者及时调整假阴道的角度，使公兔阴茎顺利插入假阴道内。当公兔臀部猛地向前一挺并快速抽动，随后卷躯落地，倒向一侧时，表明射精完毕；然后将假阴道抽出，并使开口端向上，防止精液倒流，放掉假阴道内的水和气，取下集精杯，送检验室检验。采精后将用具及时清洗晾干待用。

（三）精液品质检查

采集的精液能否用于输精或稀释，必须通过肉眼观察和显微镜检查后才能确定。精液品质检查的项目主要有：射精量、色泽、气味、精子密度与活力、pH、精子形态等。

1. 射精量：射精量指一次射出的精液数量，以毫升表示。正常公兔每次射精量为0.5～2.0 mL（平均1.0 mL左右）。由于家兔品种、个体、年龄、营养状况以及采精方法、技术水平和采精频率的不同，射精量有一定的差异。如果同一只公兔各次射精量相差悬殊，需检查一下是饲养管理还是采精技术或采精频率不当引起的，以便采取相应的措施进行补救。

2. 色泽和气味:正常精液应呈乳白色,有时略呈乳黄色,混浊而不透明,有特殊的腥味,但无臭味。如果有其他颜色和臭味,表示精液异常,如黄色可能混有尿液、红色可能混有血液,这类精液不能用来输精。

3. pH:精液的酸碱度可用精密 pH 试纸测定,也可用光电比色计测定。正常精液的酸碱度接近于中性(6.8~7.5)。如果酸碱度变化过大,说明公兔生殖道可能有某种疾病,这种精液不能用于输精。

4. 精子密度:精子密度指每毫升精液中所含精子数量。通过检查精子密度可判断精液的优劣程度并确定稀释倍数。精子密度越大,精液质量越好。若采得的精液混浊度大,并且可见精子翻滚的现象,似云雾状,这是精子密度大、活力强的标志。测定方法有计数法和估测法。估测法是根据显微镜下精子间的距离来估测精子的密度,分为密、中、稀三个等级。若精子间几乎无任何间隙,则每毫升精液中有 10 亿以上个精子,定为“密”;若精子间距约为 1 个精子长度,则每毫升精液中有 5 亿~10 亿个精子,定为“中”;若精子间距超过 2 个以上精子长度,则每毫升精液中精子数在 5 亿以下,定为“稀”。用于输精的精子密度必须在“中”级以上。

计数法通常采用血细胞计数器来计数精子,这种方法相对较为准确,具体计数方法可参照血细胞计数法。

5. 精子活率:精子活率指精液中作直线运动的精子占总精子数的百分率。精子活率强弱是评定精液品质好坏的重要指标,是影响母兔受胎率和产仔数的重要因素。一般精子活率越强,母兔受胎率越高,产仔数越多。正常精子呈直线运动,凡呈圆圈运动、原地摆动或倒退等都不是正常运动。

精子活率检查时,取一干燥、清洁载玻片,用消毒玻璃棒蘸取精液少许,滴于载玻片上,盖上盖玻片,显微镜下放大 200~400 倍观察,计算视野中直线运动的精子数占总精子数的百分比。通常用十进制法评定精子活率,即 100%作直线运动的为 1.0 级,90%作直线运动的为 0.9 级,80%作直线运动的为 0.8 级,依次类推。

精子活率受测试温度影响很大,温度过高,精子运动加快,代谢加强,很快死亡;温度过低,精子受冷刺激也会死亡。所以,检查精子活率应在 35℃~37℃左右,一般要求每个样品看三个视野,求其平均数。

公兔新鲜精液的活力一般为0.7～0.8。为了保证较高的受胎率，生产中要求精子的活力在0.6级以上方可用于输精。

6. 精子形态：精子形态是指精液中畸形精子率，即畸形精子占总精子数的比率。正常精子形似蝌蚪，包括头部、颈部和尾部。畸形精子是指形态异常的精子，主要表现为：头部畸形，如头部特大或特小、无头、双头和轮廓不明现等；颈部畸形，如颈部膨大、纤细、弯曲等；尾部畸形，如无尾、双尾、尾部卷曲、膨大、纤细等。检查方法如下：

取清洁、干燥的载玻片，在一端滴一滴精液，再用另一载玻片轻轻将其引进，作成薄而均匀的抹片。自然干燥后，浸入96%酒精或5%福尔马林中固定2～3分钟取出，用蒸馏水冲洗、晾干。用红、蓝墨水或5%伊红等染色3～5分钟，再用蒸馏水轻轻冲洗并晾干，置于400～600倍显微镜下观察，随机数出不同视野中500个精子中的畸形精子数。

精子形态与受胎率关系密切，畸形精子率过高会显著降低受胎率。正常精液中畸形精子数不应超过10%，否则不能用于输精。

（四）精液稀释

精液稀释是在精液里添加一定量按特定配方配制的、适宜精子存活并保持受精能力的液体。稀释的目的是增加精液量，扩大配种数量；为精子提供营养，延长精子的寿命；增加抗菌剂，抑制细菌繁殖。

1. 稀释液的主要成分及作用：

（1）营养剂：主要作用是为精子提供营养，补充精子代谢过程中消耗的能量。常用的有糖类（如果糖、葡萄糖、蔗糖、乳糖），以及鲜奶、奶制品、卵黄等。

（2）缓冲物质：主要用以保持精液适当的pH，以利于精子的存活。常用的缓冲物质有柠檬酸钠、酒石酸钾钠、磷酸二氢钾和磷酸氢二钠等。

（3）电解质和非电解质：主要作用是降低精清中电解质的浓度，以利于精液的保存。一般常用的非电解质为各种糖类、氨基酸，如甘氨酸。

（4）抗菌剂：主要是抑制病原微生物的繁殖，常用的有青霉素、链霉素等。

（5）抗冻剂：具有抗冷冻危害的作用，主要是用以消除或减轻由于冰晶的形成而对精子的伤害。常用的有甘油、二甲基亚砜等。

（6）其他添加剂：主要作用是改善精子所处环境的理化特性，以利于提高受精机会,促进合子发育。常用的有酶类、激素和维生素等。

2. 常用液态稀释液的配制:

(1) 葡萄糖卵黄稀释液。取无水葡萄糖 7.6 g,溶解在 100 mL 蒸馏水中,过滤、密封、煮沸、消毒 20 分钟。冷却至 25℃~30℃时,再加入新鲜卵黄 1~3 mL,青霉素、链霉素各 10 万 U,摇匀,贴好标准备用。

(2) 蔗糖卵黄稀释液。蔗糖 11 g,新鲜卵黄 1~3 mL,青、链霉素各 10 万 U,加蒸馏水至 100 mL。处理方法同上。

(3) 柠檬酸钠卵黄稀释液。二水柠檬酸钠 0.38 g,无水葡萄糖 4.54 g,新鲜卵黄 1~3 mL,青霉素、链霉素各 10 万 U,加蒸馏水至 100 mL。处理方法同上。

(4) 奶或奶粉稀释液。取鲜奶粉 5~10 g(脱脂奶粉尤佳),加蒸馏水到 100 mL 处,加热煮沸消毒 20 分钟,冷却至 25℃~30℃时,用消毒的 4 层纱布过滤,再加入新鲜卵黄 1~3 mL 和青、链霉素各 10 万 U,摇匀,贴好标签备用。

3. 冷冻保存稀释液:适用于精液超低温冷冻保存,具有含甘油、二甲基亚砜(DMSO)等为主体的抗冷冻特点。以下介绍几种较好的配方。

配方 1:每 100 mL 稀释液中,磷酸缓冲液(0.025 mol/L,pH 7.0)79 mL,葡萄糖 5.76 g,Tris 0.48 g,柠檬酸 0.25 g,甘油 2.0 g,DMSO 4.0 g,卵黄 15 mL,青、链霉素各 10 万 U,制成混合液浓度为 1.227 mol/L,pH 6.95~7.1。

配方 2:二水柠檬酸钠 1.74 g,氨基乙酸 0.5 g,卵黄 30 mL,甘油 6 mL,DMSO4 mL,青、链霉素各 10 万 U,加蒸馏水至 100 mL。

配方 3:Tris 3.028 g,葡萄糖 1.250 g,柠檬酸 1.675 g,DMSO 5 mL,加蒸馏水至 100 mL 配成基础液。再取基础液 79 mL,加卵黄 20 mL,甘油 1 mL,青霉素、链霉素各 10 万 U。

4. 稀释倍数:稀释倍数应根据精子活率、密度及输入的精子数而定,一般稀释 3~5 倍为宜。若科学地计算稀释倍数,可用下述方法计算:

稀释倍数=精液密度×活率/应输入的有效精子数

例如,某公兔精液的活率为 0.7,精子密度为 3×10^{8} 个/毫升,每次输入的有效精子数为(3×10^{7}),其稀释倍数应为:$3\times10^{8}\times0.7/3\times10^{7}=7$(倍)。

5. 稀释方法:用注射器或乳头吸管吸取稀释液,沿玻璃壁缓慢加入精液中，再稍加摇晃即可。稀释后，再取一滴精液检查其活率变化，一般情况下，活率应有所提高。若精子活率下降，说明稀释液不当，应及时查找原因。精液稀释时，应注意以下问题：

(1) 配制稀释液的各种药品原料品质要纯净，称量要精确。

(2) 各种药品原料水解后要进行过滤，以尽可能除去杂质异物。

(3) 配制和分装稀释液的一切物品、用具应严格消毒。

(4) 稀释液应现用现配，抗生素应一律于临用前添加。

(5) 稀释液要求与精液等温(25℃～30℃)、等渗透压(0.986%)、等 pH (6.8～7.5)，严防温差过大或环境骤变引起的不良影响。

(五) 精液的保存

精液经过稀释处理后，应存放在特定环境中，保存一定时间后为母兔输精，仍能保持正常的受胎率。精液的保存方法有三种。

1. 常温保存：适宜的保存温度为 15℃～25℃。为提高常温稀释液的保存效果，应尽可能在 15℃～25℃的允许范围内降低保存温度，设法保持温度恒定，并隔绝空气造成缺氧环境。降低保存温度时，应注意降温的速度，一般以每分钟降低 1℃为宜。该法可保存 1～2 天。

2. 低温保存：将稀释后的精液置于 0℃～5℃的低温条件下，可保存 1 周左右。低温保存稀释液具有含卵黄或奶液为主体的抗冷休克的特点，在这种低温条件下，精子运动完全消失而处于一种休眠状态，代谢降到最低水平，而且混于精液中的微生物的滋生与危害也受到限制，因此，精液保存的时间较长。保存时须缓慢降温，整个保存期间，应尽量维持温度的恒定，防止升温。一般可放在冰箱内或装有冰块的广口瓶中。

3. 冷冻保存：利用液氮(－196℃)、干冰(－79℃)或其他制冷设备，将精液经过处理后，保存在超低温下，以达到长期保存的目的。

(六) 输精

输精技术直接关系到受胎率的高低，因此输精前必须做好准备工作。

1. 输精器的准备：输精器用一种前端延伸 8～10 cm 的 2 mL 玻璃注射器较好，也可用 2 mL 的玻璃注射器接一根 13～15 cm 的塑料输精管。输精前进行清洗消毒。

2. 排卵刺激:母兔是刺激性排卵的动物,输精前要对母兔进行刺激排卵处理,因为未经公兔爬跨的母兔,即使发情也不排卵。刺激后 2～8 小时输精受胎率最高。刺激排卵可用以下方法。

(1) 公兔爬跨刺激。把公兔腹部用布兜起来,防止本交。

(2) 公兔交配刺激。选择性欲旺盛的公兔结扎输精管,与发情母兔交配,刺激排卵。

(3) 激素刺激。一种是促排卵素 3 号,规格为每支 25 μg,溶解在 10 mL 生理盐水中,肌肉注射,每只 0.2 mL。一种是人绒毛膜促性腺激素(HCG),耳静脉注射,每只 50 U,同时进行人工授精。

(4) 注射铜盐。静脉注射 1%硫酸铜溶液,每只 10～15 mL。

3. 输精方法:输精时,助手一手固定母兔,另一手食指、中指夹住尾根,同时抓住臀部并向上稍稍抬起,把肛门和阴门露出来等待输精。输精人员首先将消毒好的输精器(1～5 mL 注射器和人用胶皮导尿管一段)用 6%的葡萄糖溶液冲洗 2～3 次,按输精剂量吸取精液(一般为 0.3～0.5 mL),外面用棉花擦拭。然后左手用棉花擦拭母兔外阴部,以免将污物带入阴道,并用拇指、食指和中指固定阴门下的联合处,使阴门裂开。右手用拇指、食指、中指固定输精器和胶管,将胶管缓缓插入母兔阴道 8～13 cm 深处,即子宫颈口附近,来回抽动数次,刺激母兔,然后将精液迅速注入阴道内,抽出输精胶管,左手继续捏住阴门,防止精液倒流。输精完毕,让母兔休息片刻,即可放回原笼。

输精完毕,及时将所用公兔的品种、编号、精液质量以及母兔的发情状况、输精日期等详细登记在配种登记本上,作为妊娠诊断、分娩的依据。

4. 注意事项:为了提高母兔的受胎率与产仔数,输精时应注意以下几点。

(1) 严格消毒。凡是与精液接触的用具,必须清洗干净,严格消毒。若消毒不严,不仅影响精液品质,影响受胎率,还可导致母兔生殖道疾病。

(2) 输精部位要准确。母兔膀胱在阴道内 5～6 cm 处的腹面开口,在阴道下面与阴道平行,大小与阴道腔孔径相当。输精时,易将精液输入膀胱,插入过深又易将精液输入一侧子宫,造成另一侧空怀。因此,输精时,应将输精器朝向阴道壁的背面插入 6～7 cm,越过尿道口后,再将精液注入在两子宫颈口附近,使其自行流入两子宫开口中。

(3) 器械要清洗。凡采精、输精用的有关器皿，用后要立即冲洗干净，并分别放在通风干燥的地方，或专制橱窗、干燥箱备用。

第三节　家兔的繁殖力

家兔的繁殖力主要包括受胎率、产仔数、产活仔数、成活率、年产仔胎数及泌乳力等。繁殖力的高低直接影响兔的数量增加和质量的提高，从而影响家兔生产的发展和企业的经济效益。家兔的繁殖力首先决定于公、母兔本身的繁殖潜力，同时受环境因素及人为因素的制约。只有正确掌握繁殖规律，采取先进的技术措施，才能使其繁殖潜力充分发挥出来，提高繁殖力。

一、影响家兔繁殖力的因素

(一) 温度

环境温度对家兔的繁殖性能影响比较明显。实践证明，高温和严寒对家兔的繁殖均有不良影响。当外界气温超过 30℃时，即可使家兔呼吸频率加快、食欲下降、性欲减退。持续高温时，可使睾丸产生精子的能力减弱、精子发育不全、畸形率增加、甚至不产生精子。当温度恢复正常之后，公兔的食欲、性欲均能迅速恢复，但精液品质需经两个多月的时间才能恢复，因为精子的发生、发育到成熟排出，需要一个半月左右的时间。这就是炎热夏季和初秋季节母兔不孕或受胎率低的原因。

低温对家兔的繁殖力也有一定的影响。当环境温度低于 5℃时，公兔性欲减退，母兔不能正常发情。因此，在我国北方比较寒冷的季节，饲养家兔一般不进行配种繁殖，到春季三四月份再进行配种。当然，在寒冷季节除了低温的影响外，还有营养因素，即在冬季青绿饲料缺乏、维生素供应不足也是母兔不发情、公兔性欲低的重要原因。若对兔舍加温，可降低低温带来的危害。

(二) 营养

营养水平影响内分泌腺体对激素的合成与释放，因此，日粮中适当的营养水平对维持内分泌系统的正常机能是必要的。营养水平不足能阻碍未成熟动物生殖器官的正常发育，使初情期和性成熟推迟。而营养水平过高，往往使公、母兔过肥，造成脂肪沉积，影响卵巢中卵泡的发育和排卵，也影响公兔睾丸中精子的生成，且配种后胚胎的死亡率也较高。

案例：营养水平对家兔繁殖水平的影响。

有研究者在家兔交配后第9天观察受精卵着床情况，研究发现，高营养水平的胚胎死亡率为44%，而低营养水平者仅为18%；前者活胎儿数平均仅为3.8只，后者则为6只。由此说明，在妊娠早期，营养水平过高不仅不能促进胚胎的发育，反而使胚胎死亡率增加。

(三) 对种兔的使用

种公兔如果长时间不配种，往往出现暂时性不育，但经过一两次交配后，便可恢复正常。所以，公兔在长期不配种的情况下，首次配种后要进行第二次复配；如果采用人工授精，则首次采得的精液应弃而不用，因为这种精液品质差、畸形率高，导致母兔受胎率和产仔数低。但若配种次数过多，也会过多地消耗公兔的精力，使其早衰，造成受胎率、产仔数都低。

对母兔而言，长期空怀或初配过迟，卵巢机能衰退，也会造成母兔受胎率低，妊娠困难。若进行高度频密繁殖，连续血配三四窝或更多时，会使母兔体弱、早衰，且受胎率、产仔数、仔兔成活率均会受到严重影响。

(四) 种兔的年龄

种兔的年龄明显影响其繁殖性能。实践证明，家兔的最佳繁殖年龄是1～2.5岁。1～2岁的种兔随着年龄的增长，繁殖性能逐渐提高。1岁之前，虽已达到繁殖年龄，但在生理等方面尚未完全成熟。而2.5岁或3岁以后，则已进入老年期，体弱多病，营养不良十分严重，不宜再繁殖后代。因此，不论规模大小、饲养种兔多少，种兔群的组成结构应以1～2.5岁的壮年兔为主。1岁以下的青年兔作后备兔群；3岁以上的老年兔，除极个别有育种价值外，均应及早淘汰或转成商品兔肥育出售。

二、提高家兔繁殖力的措施

(一) 严格选种

同一品种内不同个体间的繁殖力差异较大，因此，应选择繁殖力强的公、母兔作种兔。对种兔的要求是既要生产性能好，又要繁殖性能好；如果繁殖性能不好，生产性能再高，其种用价值也不大。因此，必须选择体质健壮、性欲旺盛、生殖器官发育良好、性状特征符合要求的公、母兔作种兔。种公兔要求性欲旺盛、射精量大、精子活力高、密度大、睾丸大而匀称。种母兔要求繁殖力强、产仔数多、哺乳能力强、母性好、乳头 4 对以上。要及时淘汰产仔少、受胎率低、母性差、泌乳性能差的母兔。留种仔兔最好从优良母兔的第 3～5 胎中选留。

(二) 科学饲养管理

加强种兔的饲养管理是保证正常繁殖的基础。根据种兔的体况，适当调整营养水平，过肥的种兔要限制高能饲料的喂量，过瘦的种兔应提高营养水平，使种兔保持良好体况，具有旺盛的性机能。配种季节来临之前，根据种兔的营养需要，逐步提高营养水平，供给全价日粮，增加蛋白质、矿物质和维生素的喂量。高温季节要做好防暑降温工作，寒冬季节要做好防寒保温工作。日常管理中，要搞好环境卫生，注意适当运动，控制配种强度，加强妊娠母兔、哺乳母兔和仔兔的护理工作，为其创造良好的繁殖条件。

(三) 改进配种方法

公兔长时间不参加配种，精液质量较差；尤其是经历一个夏天，大多数公兔采食量降低，体质瘦弱，精液质量下降。入秋后的第一次配种，往往导致母兔受胎率低、不孕或假孕；若采用重复配种或双重配种，可明显提高母兔的受胎率和产仔数，据报道，受胎率可提高 14.0％～19.3％，产仔数增加 0.7～1.27只。

1. 重复配种：重复配种是指母兔与一只公兔交配后，间隔 6～8 小时，与同一只公兔再交配一次。第一次交配的目的是刺激母兔排卵，第二次交配的目的是正式受孕，从而可提高母兔的受胎率和产仔数。此法可使母兔受胎率达 95％～100％。

2. 双重配种：双重配种是指母兔与一只公兔交配 20～30 分钟后，再与另一只公兔交配一次。该法可增加卵子对精子的选择性，避免因公兔原因而引起的不孕，显著提高受胎率和产仔数。据试验，采用双重配种的受胎率比对照组提高 25％～30％，产仔数提高 10％～20％。

(四) 提高繁殖密度

现代家兔生产要求每只母兔每年生产 40～50 只仔兔，按照传统的繁殖方法，仔兔 30～45 日龄断奶，然后进行配种，那么一年只能繁殖 4 胎左右，繁殖速度很慢，难以实现上述目标。为了提高产仔数量，可采用频密繁殖和半频密繁殖的方法。

1. 频密繁殖：频密繁殖又称“血配”，即母兔产后的1～3天进行交配，母兔泌乳和怀孕同时进行。此法繁殖速度快，繁殖间隔缩短20～30天，一年可繁殖8～10胎。

2. 半频密繁殖：半频密繁殖是在母兔产后7～14天配种，妊娠期只有一半左右时间与泌乳同时进行，繁殖间隔缩短8～10天，负担要比频密繁殖轻。

无论是频密繁殖还是半频密繁殖，尤其是频密繁殖，由于妊娠和哺乳同时进行，母兔使用强度过大，种兔利用年限缩短，因此，其应用是有条件的，在使用时应注意以下问题。

(1) 应选择生产性能和繁殖性能突出、体质健壮的母兔进行频密繁殖。

(2) 由于妊娠和哺乳同时进行，对营养物质需求量大，要求有良好的饲养管理条件，特别是饲料要全价，蛋白质饲料供应充分、品质好，维生素及微量元素也保证足量供应，以满足母兔和仔兔的营养需要。

(3) 最好配备保姆兔，种兔只负担妊娠，母兔负担哺乳，这样对母兔健康和仔兔生长都有利。无保姆兔时，仔兔必须实行早期甚至超早期断奶，然后供给仔兔代乳料。

(4) 对母兔定期称重，若发现体重明显下降，就要停止下一次血配。

(5) 一般频密繁殖2胎后，仔兔初生重、断奶重、日增重等均有所下降，因此，只有在商品兔生产中才采用频密繁殖和半频密繁殖，种兔生产一律不采用。

(6) 采用频密繁殖时，母兔的种用年限缩短，一般不超过两年，自然淘汰率较高。因此，应注意后备种母兔的培育及种兔的更新。

(五) 推广应用繁殖控制技术

为了适应规模生产和商品生产的需要，应设法使家兔按计划发情、怀胎、产仔等，在短期内生产更多的兔产品。生产中可采取如下措施。

1. 同期发情：用人工方法对母兔的发情周期进行同期化处理，称为同期发情。同期化处理时，多利用激素制剂，使母兔在短期内集中发情，便于组织集中配种。近年来，国内外研究进展很快，对家兔的规模化生产及育种工作有重大意义。同期发情的方法有以下几种。

(1) 施用孕马血清促性腺激素(PMSG)及诱发排卵的激素,如人绒毛膜促性腺激素(HCG)或促排卵素 2 号(LRH-A)。每只母兔皮下注射 20～30 U 的 PMSG,60 小时后再于耳静脉注射 3～5 μg 促排 2 号或 50 U 的人绒毛膜促性腺激素,同时进行配种或人工授精。

案例:孕马血清促性腺激素及人绒毛膜促性腺激素对家兔同期发情的影响。

某养兔场用孕马血清促性腺激素和人绒毛膜促性腺激素对母兔进行同情发情处理,试验结果见表 17-1。由表 17-1 可见,经处理后,母兔的受胎与产仔已接近自然发情受胎的水平($P>0.05$)。同时还观察到,经诱发排卵注射后,72 小时发情率达 93.3%,因此确定注射 60 小时后定时配种是可行的。

表 17-1　孕马血清促性腺激素处理肉兔定时配种效果

组别	处理数(只)	受胎数(只)	一次输精受胎率(%)	平均窝产仔数(只)
实验组	363	197	54.30	7.1(2～15)
对照组	100	59	59.00	7.4(1～16)

采用本方案时应注意,孕马血清促性腺激素的用量不可过多,使用次数不可过频。当孕马血清促性腺激素用量超过 80 U 时,即会诱发超数排卵。因此,若想提高产仔数,可酌增 10 U,且不可连续多次使用,以防产生抗体而不起作用。

(2) 注射促排 2 号,同时施行人工授精。每只母兔视体重大小,耳静脉注射 5～10 μg 促排 2 号,同时进行人工授精。

案例:促排卵素对家兔同期发情的影响。

某养兔场用促排 2 号对母兔进行同情发情处理,试验结果见表 17-2。

由表 17-2 可知,该方案母兔受胎率超过 50%,虽然低于自然发情配种,但在生产上仍有应用价值。因为我国生产的促排 2 号,是一种高效的人工合成的多肽制剂,具有来源广、成本低的特点,且促排 2 号相对分子质量小,不易产生抗体,其应用价值比孕马血清促性腺激素更大。

表 17-2　注射促排卵素 2 号(LRH-A)受胎效果

组别	输精只数	受胎只数	一次输精受胎率(%)
定时输精	1 422	761	53.52
自然发情配种	100	63	63.00

施用本方案时应注意:激素用量不宜随意增加;使用效果因季节有别,以春季为最好;处于发情盛期的母兔注射效果比未发情的几乎提高 1 倍;连续应用一般无副作用,但观察表明,连用 8 次以后,受胎与产仔明显下降。

2. 诱导发情:诱导发情是指利用人工方法,通过某些刺激如激素处理、性刺激及环境改变等,诱发乏情的母兔发情、配种的一种技术措施,同时,也是缩短母兔产仔间隔、提高繁殖率的方法之一。诱导发情的方法有以下几种。

(1) 激素催情。能够促使母兔发情排卵的激素及用法用量如下:促卵泡素 50 U,一次肌注可促使卵泡成熟、分泌动情素;促排卵素 5 μg 或瑞赛托 0.2 mL,一次肌注,立即配种或 4 小时 内配种;孕马血清促性腺激素,一般大型兔 80～100 U,中小型兔 50～80 U,一次肌注,2 天后即可发情;氯前列烯醇,每只每次 0.1 mL,注射后 48～72 小时配种。以上激素能促使卵泡强烈发育,一般可使母兔发情率达到 80%～90%,受胎率达 70%～80%。

(2) 药物催情。用 10～15 mg 硫酸铜溶于 1 mL 蒸馏水中,静脉注射后立即配种,受胎率达 60%以上;母兔日喂维生素 E 1～2 丸,连续 3～5 天。

(3) 外涂催情。在母兔外阴唇上涂 2%碘酊或清凉油,可以刺激发情,发情率达 70%。

(4) 性诱催情。将乏情母兔放入公兔笼内,让公兔追逐爬跨,30 分钟后送回原笼。过 4～6 小时,观察母兔外阴部变化,出现发情表现时进行配种。在生产上,一般早上催情,傍晚配种。

(5) 机械催情。用手指按摩母兔外阴,或用手掌快节率轻拍外阴,同时抚摸腰荐部,每次 5～10 分钟。当外阴部红肿、自愿举臀时,即可放入公兔笼内配种,受胎率高。

(6) 信息催情。公、母兔都有一种外激素,可使异性产生性冲动和求偶行为。利用公兔的外激素可刺激母兔发情。将乏情母兔放入公兔笼内,同时把公兔从笼中拿走，由于公兔气味的刺激促使母兔发情。24 小时后，将公兔放回笼中，与母兔进行交配，一般可获得成功。此法简单易行，受胎率较高，但要选择健康、性欲强的公兔，母兔留在公兔笼内的时间不能少于 20 小时。

(7) 营养催情。配种前 1～2 周，对体况较差的母兔增喂精料，多喂优质青料，补喂大麦芽、豆芽或南瓜、胡萝卜等，倍量添加维生素，添加含硒生长素等，特别是硒－维生素 E 合剂，或饮水中加入水溶性复合维生素，催情效果较好。

(8)光照催情。繁殖母兔每天光照时间 14～16 小时，有利于正常发情。在光照时间较短的秋冬季，应人工补充光照，促使母兔发情。

(9)断乳催情。泌乳抑制发情。对产仔少的母兔可合并仔兔。一只母兔进行哺乳，另一母兔则在停止哺乳后 5 天左右发情。

3. 人工控制分娩：母兔多在凌晨或夜间分娩，分娩时常因无人照料、缺水或饥饿造成母兔吃仔兔或遭遇鼠害，冬季仔兔还会因冻伤造成死亡等，影响仔兔的成活率。采用人工控制分娩技术，让母兔在白天分娩，可减少仔兔死亡。人工控制分娩可采用下列办法。

(1) 注射催产素。临产前 1 天或预产期过后 2 天不产仔的母兔，肌注0.25 mL 催产素，一般注射后 7～10 分钟有 80％～90％的母兔分娩，产后母仔正常。

(2) 注射氯前列烯醇。临产前 1～2 天上午 8～9 点，颈部肌注氯前列烯醇 0.05～0.1 mL，绝大部分母兔在次日白天分娩，另外还可降低母兔产后疾病，提高仔兔成活率。

(3) 诱导分娩法。母兔妊娠第 30～31 天，将母兔从笼中捉出，保定母兔，使其胸、腹部朝上，呈半仰卧状。将母兔胸、腹部毛拔光，净毛范围以乳头周围裸露 1 cm 为宜。随后让其他母兔所产仔兔吮乳 3～5 分钟，多数母兔在 15 分钟内分娩。

诱导分娩时应注意：第一，仔兔吮吸时间以 3～5 分钟为宜，不宜过长或过短；第二，吮吸仔兔的日龄以出生 7～8 天为宜，以防对母兔乳头的刺激太强；第三，诱导分娩见效很快，产程比自然分娩的时间短，必须加强护理，以免发生意外。

【复习思考题】

1. 名词解释:不完全发情、刺激性排卵、假孕、分娩预兆、重复配种、双重配种、频密繁殖、半频密繁殖、产后发情、断奶后发情、受胎率。

2. 简答题:

(1)影响家兔性成熟的因素有哪些?

(2)母兔发情时有哪些表现?

(3)母兔的发情特点有哪些?

(4)简述母兔的分娩预兆。

(5)母兔产前拉毛有什么作用?

(6)简述人工辅助交配的优点。

(7)怎样用估测法来判别精子的密度?

(8)简述精液稀释的目的。

(9)简述精液的保存方法。

3. 论述题:

(1)生产中常用哪种方法对家兔进行妊娠检查?试述检查的方法及注意事项。

(2)通常引起母兔假孕的原因有哪些?生产中常采取哪些措施进行预防?

(3)试述影响家兔繁殖力的主要因素。

(4)试述提高家兔繁殖力的措施。

第十八章　家兔的饲养管理

【内容提要】 饲养管理水平的高低直接影响家兔的生长、发育、繁殖以及健康水平。本章主要介绍家兔饲养管理应遵循的一般原则，家兔的日常管理技术，如捕捉方法、去势方法、性别鉴定、剪毛技术等，不同生理时期家兔如种公兔、种母兔、仔兔、幼兔等的饲养管理技术，不同类型家兔如长毛兔、皮用兔等的饲养管理以及不同季节家兔的饲养管理技术。

【目标及要求】 掌握家兔饲养管理的一般原则、家兔常规的管理技术、不同生理时期家兔的饲养管理措施、不同类型家兔的饲养管理方法，了解不同季节养兔应注意的问题。

【重点与难点】 正确理解并熟练掌握不同生理时期家兔的特点，并针对具体情况采取相应的饲养管理措施。

饲养管理是否得当往往对家兔产品的数量和质量以及家兔的繁殖都有很大的影响。即使有优良的品种、全价的营养、建筑结构合理的兔舍，如果饲养管理不当，不仅造成饲料浪费，仔兔生长发育不良、抗病力差，成年兔生产性能和繁殖性能下降，还会引起品种退化。因此，科学的饲养管理技术是取得兔群优质高产的关键措施之一。

不同品种、性别、年龄、季节、饲养目的的家兔，在饲养管理上有不同的特点。因此，要养好家兔，必须依据家兔的生物学特性、不同生长发育阶段的生理要求等，为其创造适宜的生活环境，进行科学的饲养管理。只有这样，才能不断地提高兔群的数量和质量、提高经济效益。

第一节　家兔的饲养方式及饲喂方法

一、家兔的饲养方式

家兔的饲养方式多种多样，根据饲养目的、家兔的品种、年龄以及自然经济条件，大体有笼养、放养、栅养和洞养等。这几种方式，各具特点。无论采用哪种饲养方式，都应以符合家兔的生活习性、便于日常管理、获得较高的经济效益为前提。

(一) 笼养

笼养就是把家兔放在特制的兔笼内饲养，这是饲养方式中最好的一种。笼养既适用于密闭式兔舍或开放式兔舍，也适用于半开放式兔舍。国内外的大多数养兔场都采用这种饲养方式，特别是种兔和长毛兔。

1. 笼养的种类。

(1) 室内笼养。修建正规或简易兔舍，把兔笼放在兔舍内。夏季防暑，冬季保温，雨季防潮，平时防兽害。室内笼舍可人工控制环境，使生产性能充分体现，保持品种的优良特征，但造价高，管理比较费力，每天需清扫卫生，定期消毒，否则对兔群和饲养人员不利。此方式适于大、中型兔场。

(2) 室外笼养。把兔笼放在室外，笼顶设盖，笼内养兔。这种方式通风好，疾病较少，家兔生命力强，但防暑、防寒、防潮和防敌害性能不及室内笼养。兔笼可放在屋檐或走廊下，也可在庭院或树荫下搭一简易小棚。此方式适于农村个体户养兔。

2. 笼养的优缺点：实践证明，笼养具有许多优点；兔笼可立体架放，大大节省土地和建筑面积，提高饲养密度，便于机械化和自动化生产；兔的生活环境可人为地加以控制，饲喂、繁殖和防疫等管理较为方便，有利于兔种的繁殖改良，生长发育，并能较好地防止疫病传播；兔不接触地面，可减少兔舍内空气中的灰尘；有利于提高兔的生产性能和产品质量；可以控制配种繁殖，有利于进行选种选配。

其缺点是造价高，饲喂和清扫较费工。特别是室内笼养投资大，饲养管理较费工，且家兔生活在笼子内，运动量不足。但由于优点很多，尤其是经济效益好，应大力提倡和推广。

（二）放养

放养也称群养或散养，就是把兔成群地散放在一定范围内饲养，任其自由采食、活动、配种和繁殖。这是一种比较粗放、原始的饲养方式，适用于经济条件较差和小规模养兔场。饲养商品肉兔，最好选用抵抗力强、繁殖力高的品种。

放养的场地要干燥，场地四周用砖或其他材料建设围墙，墙高 1 m，防止兔逃跑和兽害侵入。场中可用土堆成小丘，让兔打洞或用砖砌成洞穴，供兔栖居。场内可搭棚，供兔休息、遮阳、避雨。棚内设置食槽、水盆、草架，以便在天然饲料不足时补饲。

场地可按实际情况和需要来设计，范围可大可小，但每兔占有面积应不少于 1 m^2。放养兔的公母比例以 1∶8～1∶10 为宜，所繁殖的小兔达到标准即可捕获屠宰。

放养的优点是节省人力、财力，节省笼舍费用，管理简便，同时增加了兔的运动量，家兔的食欲旺盛，消化能力增强，体质健壮；缺点是无法控制交配，易造成品种退化，传染病较难预防，并会发生咬打现象。因为兔会打洞穴居，场地规模大时，抓兔较困难。

（三）栅养

栅养即在室外或室内空地用竹片、木棍或铁丝网就地筑起栅圈，将兔放在圈内饲养。一般每圈占地 8～10 m^2，可养兔 20～30 只。这种方式与放养相比，规模较小，且具有与放养相同的优缺点，但饲养管理较便于人为控制。这种饲养方式适用于商品肉兔，不适合养种公兔和繁殖母兔。

（四）洞养

洞养就是把家兔饲养在地下窖洞里，任其自行打洞或人工挖洞进行饲养。优点是合乎家兔打洞穴居的生活习性；能大大节省基建材料和费用；地下温度一年内变化较小，窖洞冬暖夏凉，环境安静，有利于兔的生长发育和繁殖。缺点是春夏季节，窖洞内较为潮湿，对兔不利；家兔生活在窖洞里，不利于健康检查、清扫和消毒。

该法适用于高寒、干燥的地区，我国东北和华北地区多采用这种方式。但毛兔和皮兔不宜洞养，兔毛被污染程度较高。

二、家兔的饲喂方法

家兔的饲养方式多种多样，而饲喂方法与饲养方式相关联，因此，饲喂方法也难以统一。不论采用何种饲喂方法，都应符合家兔的生活习性。概括起来，饲喂方法有以下三种。

1. 限制饲喂。限制饲喂就是定时定量地喂给家兔饲料和饮水。该法可使家兔养成良好的进食习惯，有规律地分泌消化液，以利于饲料的消化和营养物质的吸收；否则，会打乱家兔的进食规律，引起消化机能紊乱，造成消化不良而患肠胃病。特别是幼兔，比较贪食，一定要做到定时定量饲喂，防止发生消化道疾病。所以，应根据兔的品种、体型大小、采食情况、季节、气候、粪便情况等来定时定量喂料。该法适于各种类型的饲养方式，也是目前我国多数兔场采用的方法。

2. 自由采食。自由采食就是在兔笼中经常备有饲料和饮水，让兔随便吃。自由采食通常采用颗粒饲料和自动饮水。这种方法省工、省料，环境卫生好，饲喂效果也好。在集约化养兔的情况下，多采用自由采食的饲喂方法。家兔比较贪食，为防止其贪食，即使在自由采食的情况下，也应当掌握每天大致的采食量和最大饲料供给量(表 18-1、18-2、18-3)。

3. 混合饲喂。混合饲喂是将家兔的饲粮分成两部分，一部分是基础饲料，包括青饲料、粗饲料等，这部分饲料采用自由采食的饲喂方法；另一部分是补充饲料，包括混合精料、颗粒饲料和块根块茎类，这部分饲料采用分次饲喂的方法。我国农村养兔普遍采用混合饲喂的方法。

表 18-1　仔幼兔采食量

日龄	采食量(g/d)
初生～15	0
15～21	0～20
21～35	15～50
35～42	40～80
42～49	70～110
49～63	100～160

资料来源：杨正，现代养兔，中国农业出版社，1999。

表 18-2　成年兔青、干饲料采食量

饲料种类	平均采食量(g/d)	最大采食量(g/d)
鲜青草	600	1 000
青贮料	400	600
干精料	120	200

资料来源：杨正，现代养兔，中国农业出版社，1999。

表 18-3　家兔采食青草的数量

体重(kg)	采食青草量(g)	采食量占体重比例(%)
0.5	153	31
1.0	216	22
1.5	261	17
2.0	293	15
2.5	331	13
3.0	360	12
3.5	380	11
4.0	411	10

资料来源：杨正，现代养兔，中国农业出版社，1999。

第二节　家兔饲养管理的一般原则

一、家兔饲养的一般原则

(一) 青料为主，精料为辅

家兔是草食动物，具有草食动物的消化生理结构和生理特点，能很好地利用多种植物饲料，每天能采食占自身重量 10%～30% 的青饲料，并能利用植物中的部分粗纤维，故青粗饲料是必不可少的，这是饲养草食动物的一条基本原则。

但家兔又具有生长快、繁殖力强、代谢旺盛等特点，完全依靠饲草并不能把兔养好，对其高产性能的发挥也不利。据测定，一只哺乳母兔，每天需吃 3 kg 鲜草或 800 g 优质干草，才能产 200 mL 奶；一只体重 1 kg 的育肥幼兔，每天要吃 700～800 g 的青草，才能满足日增重 35 g 的营养需要。作为兔的消化道来说，是容纳不下以上所需饲草量的，且长时间单喂饲草时，由于营养供应不足，家兔就会消耗自身储备的养分，使体重下降并消瘦，影响生长和繁殖。可见，要想养好兔，并获得理想的饲养效果，必须科学地补充精料，同时补充矿物质和维生素等营养物质；否则，达不到高产的要求。

实践证明，要想取得较高的生产效率，必须合理利用青粗料和精料，既要以青粗料为主，又要根据不同情况补充营养丰富的精料。即使应用全价饲料，精料和粗料也应有合适的比例。若精料过多，不仅增加成本，而且还会影响家兔的健康和成长，甚至患腹泻死亡。

（二）饲料多样，合理搭配

家兔生长发育快、繁殖力强、新陈代谢旺盛，需要供给充足的营养。由于单靠一种饲料无法满足要求，因此，家兔日粮应由多种饲料组成，并根据不同饲料所含的养分进行合理搭配，取长补短，科学组合，使日粮养分趋于平衡、全面。只有这样，才能满足家兔对营养物质的需要，最大限度地发挥其生产潜力、提高生产性能。

生产实践中，为使蛋白质营养得到互补，提高蛋白质饲料的生物学价值，减少蛋白质饲料的消耗，经常采用多种饲料搭配的方法，使饲料之间的氨基酸得以互补。例如，禾本科籽实及其副产品蛋白质含量低，赖氨酸和色氨酸含量也较低，而豆科籽实蛋白质、赖氨酸、色氨酸含量均较高。在配制日粮时，常以禾本科籽实及其副产品为主体，适当加入饼粕类饲料组成配合饲料，从而提高蛋白质的利用率。因此，生产中切忌饲喂单一的饲料，并尽量做到多样化和合理搭配。

（三）采用科学的饲喂技术

有了优良种兔和优质饲料，还要讲究饲喂技术，只有这样，才能获得好的饲喂效果。

1. 选择合适的料型：现代家兔生产中，不管采用哪种饲喂方法，全价颗粒饲料的使用已越来越普及。集约化生产中多用平衡全价日粮，全价日粮一般制成颗粒状，在相同的日粮组成情况下，颗粒料比粉状、糊状料更利于提高家兔的生产性能，加工颗粒饲料的费用可由颗粒饲料带来的好处补偿。而应用粉状料的日增重、饲料转化率、屠宰率都低于颗粒饲料。

2. 掌握合理的饲喂次数：家兔为频密采食动物，每天采食的次数多而每次采食的时间短，尤其是幼兔。根据兔的采食习性，在饲喂时要做到少给勤添。在以鲜青饲料为主、适当补喂精料时，每天至少喂 5 次，即 2 次精料和 3 次鲜青饲料。2 次精料分上午 9～10 时和下午 4～5 时喂给，上午占 40%，下午占 60%。3 次鲜青料分别为上午 7～8 时、下午 2 时和晚间 8～9 时喂给，晚间一次应占总量的 40%。

3. 更换饲料逐渐增减：饲料的供应常随季节的变化而变化。一般来说，夏、秋季节青绿饲料充足，冬、春季节则以干草和根茎类饲料为多。而家兔的采食和消化酶的分泌以及肠道内微生物的种类，在一定时期内与一定的饲料相适应。突然改变饲料种类，往往会引起家兔采食量下降，严重时可导致消化道疾病。因此，更换饲料时应逐渐进行，新的饲料用量逐渐增加，原来的饲料用量逐渐减少，过渡 5～7 天，以使家兔的消化机能有一个逐渐适应和习惯的过程。尤其要注意春季枯草期向夏季多青草期、秋季向冬季、仔兔料向幼兔料以及新购进家兔的饲料异地过渡。

4. 晚上应添足夜草：家兔有昼伏夜出的生活习性，夜间的采食量和饮水量多于白天。据测定，家兔 60%～70% 的饲料量是在夜间采食的。因此，晚上应多添加饲草，以供夜间采食，特别是在炎热的夏季和寒冷的冬季。

（四）注意饲料品质，搞好饲料调制

不同的饲料原料具有不同的特点，因此，要按饲料的特点进行合理调制，做到洗净、切碎、煮熟、晾干、调匀，以增进食欲、促进消化、提高饲料利用率，并达到防病的目的。

饲喂时注意饲料品质，做到“十不喂”：不喂腐败变质的饲料；不喂有异味的饲料；不喂有毒的饲草；不喂带露水的饲草；不喂带泥土的草和料；不喂带农药的草和料；不喂带虫卵和被粪便污染的草和料；不喂被化学药剂污染的草和料；不喂冰冻的饲料；水洗后和雨后的饲料不能马上饲喂。

（五）供足饮水

家兔日需水量较大，尤其夜间饮水次数较多，即使饲喂青草和新鲜蔬菜，仍需喂一定量的水。家兔每天的需水量一般为采食干料量的2～3倍。在饲喂颗粒饲料时，中、小型兔每天每只需水300～400 mL，大型家兔为400～500 mL。

家兔的供水量可根据其年龄、生理状态、季节和饲料特点而定。高温季节需水量大，喂水不应间断。据报道，在30℃环境生活的家兔比在20℃需水量增加50%，因此，高温季节的供水量应增大。妊娠母兔和哺乳母兔的需水量大，哺乳母兔比妊娠母兔饮水量增加50%～70%。母兔产前、产后易感口渴，饮水不足易发生残食或咬死仔兔的现象。家兔的饮水要求新鲜清洁，冬季最好用温水，不能喂带冰碴的水；否则，易引起消化道疾病和母兔流产。

理想的饮水方法是通过自动饮水器饮水，用饮水器具饮水，需每天清洗干净。采用定时饮水方法时，每天应饮水2次以上。夏季应增加1次。另外，由于家兔有夜间采食和饮水的习性，故必须注意夜间供应足够的饮水。正常温度下，生长兔的需水量见表18-4。

表18-4　正常温度下生长兔的需水量

周龄	平均体重(kg)	每日需水量(kg)	每千克饲料干物质需水量(kg)
9	1.7	0.21	2.0
11	2.0	0.23	2.1
13～14	2.5	0.27	2.1
17～18	3.0	0.31	2.2
23～24	3.8	0.31	2.2
25～26	3.9	0.34	2.2

资料来源：杨正，现代养兔，中国农业出版社，1999。

二、家兔管理的一般原则

(一) 搞好卫生，保持干燥

家兔有喜清洁爱干燥的习性，其抗病力较差，因此，搞好兔笼兔舍的环境卫生并保持干燥尤为重要。日常管理时，须每天打扫兔笼兔舍，清洗饲喂用具，及时清除粪尿；勤换垫草，定期消毒；防止湿度过大，尤其是雨季。降低湿度的方法是每隔数天在舍内撒生石灰或草木灰。这样，可减少病原微生物的滋生繁殖，有效地预防疾病发生，保持兔体健康。

（二）保持安静，减少应激

家兔听觉灵敏，胆小怕惊，一旦有突然的响声或陌生的人或动物出现，则立即惊慌不安，在笼内乱窜乱跳，并常以后脚猛力拍击笼底板，从而引起更多家兔的惊恐不安。严重时引起家兔食欲减退，母兔流产、难产，甚至造成急性死亡。因此，在日常管理的各项操作中，要轻手轻脚，尽量保持兔舍内外的安静，同时，要注意防止狗、猫、鼠、等侵扰，并防止陌生人突然闯入兔舍。

（三）分笼分群管理

养兔场、户应根据兔的品种、年龄、性别、生产目的及生产方式等，对兔实行分群管理。种公兔和种母兔应单笼饲养；幼兔可根据日龄和体重大小合理分群饲养；毛兔必须单笼饲养；肉兔、皮用兔在肥育期可群养，但群不宜过大。

（四）适当运动，增强体质

运动能促进家兔的新陈代谢，增进食欲，增强体质，减少母兔空怀和死胎，提高产仔率和仔兔成活率。因此，笼养种兔，特别是种公兔，每周应放出运动 1～2 次，每次运动 0.5～1 小时。运动场地应平坦踏实，四周要有 1m 高的围栏或围墙，防止家兔打洞逃跑。放出运动时，应将公、母兔分开，避免混交乱配。同性兔在一起运动时，要注意防止相互打斗。

（五）仔细观察兔群

细致观察是实现科学饲养管理的手段，也是选种的重要环节。重点应观察兔的精神状态、粪便质和量的变化、鼻孔及周围、毛皮情况。例如，消化系统患病时，粪量变少，质地变软或稀便；家兔白天休息多，有时难以判断其精神状态，对可疑者可用“吹毛检查法”，即逆毛向用力吹气，健康者会立即起立逃走，无反应或动作迟钝者为病兔；鼻孔及周围有分泌物、呼吸次数过多或过少，均说明有呼吸系统疾病。

经常检查牙齿和足底。若饲草过软，纤维含量过低，或颗粒过细，或钙磷失衡，或遗传原因，其上下门齿咬合不正，出现畸形，过长门齿明显外露，影响采食，膘情下降，生长缓慢，繁殖困难。为此，应及时发现、淘汰牙齿畸形的兔。笼养兔常发生脚皮炎，患兔不愿走动、食欲下降、身体瘦弱，严重影响繁殖能力，故必须经常检查足底，发现病兔及时治疗，并维修笼具，防止脚皮炎的发生。

（六）夏季防暑，冬季防寒，雨季防潮

家兔怕热，当舍温超过25℃时，家兔食欲下降，同时也影响繁殖水平。因此，高温季节应做好防暑工作。当气温超过30℃时，应在兔笼周围洒凉水进行降温，同时喂给清凉的饮水，水内加少许食盐，以补充体内盐分的消耗。

家兔比较耐寒，但兔舍温度太低对家兔也有影响，尤其对仔兔影响较大。当舍温降至5℃以下时会影响繁殖，因此，冬季要做好防寒保温工作，如关闭门窗、铺垫草保温、朝北的窗户应挂帘或堵死。冬繁时应将孕兔移至温暖的产仔房，温度过低则应采取取暖措施。

雨季湿度大，是家兔一年中发病率和死亡率最高的季节。因此，应特别注意舍内干燥；勤换垫草，兔舍勤打扫勤清理，不要用水冲刷地面；晴天时打开门窗通风，下雨时关闭门窗，减少室外潮气进入舍内；连续阴雨，舍内太潮湿时，可在地面撒生石灰或干草木灰吸湿，尽量保持舍内干燥。

第三节 家兔的常规管理技术

一、捉兔方法

在饲养管理家兔时，常要捕捉家兔。捉兔时要讲究方法，方法不当，往往会带来一些不良后果。

正确的捉兔方法：青年兔、成年兔应先顺毛抚摸家兔使其安静，然后，一手抓住两耳及颈后皮肤，轻轻提起，另一手立即托住家兔的臀部，并使兔的体重主要落在托臀的手上，以降低对颈部皮肤的抻拉。同时，要注意让家兔面向外，避免抓伤人。幼兔应一手抓住颈背部皮肤，一手托住其腹部，注意保持兔体平衡。仔兔最好用手捧起来。

错误的捉兔方法：一是捉两耳。家兔的耳朵是软骨，不能承受全身的重量，捉兔耳时，兔感到疼痛而挣扎，易造成耳根受伤，导致耳朵下垂。二是提后腿。兔的后肢发达，骨质轻、脆，单提后腿时，兔会剧烈挣扎，极易造成骨折和后肢瘫痪，孕兔易造成流产；同时家兔善于向上跳跃，不习惯于头部向下，倒提时脑部充血，使头部血液循环发生障碍，严重时会导致家兔死亡。三是捉腰部或背部皮肤。此法易使肌肉与表皮层脱开，同时会压迫或伤及内脏，对兔的生长、发育都有不良影响。

二、年龄鉴定

一般大型养兔场或种兔场可以从出生记录或耳号上查到家兔的年龄。在缺少记录的情况下，家兔年龄可以依据趾爪的颜色和长相、牙齿的颜色和排列以及皮肤的厚薄进行鉴别。因为家兔的门齿和趾爪随年龄的增长而增长，因此，门齿和趾爪是鉴别其年龄的主要依据。

青年兔门齿洁白短小，排列整齐；老年兔门齿黄暗、长而粗厚，排列不整齐，有时有破损。

从趾爪的颜色和长相来看，白色兔在仔幼兔阶段，爪呈肉红色，尖端略发白；1 岁时爪的肉红色和白色长度几乎相等，1 岁以下红色长于白色，1 岁以上白色长于红色。有色家兔的年龄可根据爪的长度和弯曲情况来鉴别。青年兔趾爪短细且平直，隐藏在脚毛中。随着年龄的增长，趾爪逐渐露出脚毛之外，露出的趾爪越长则年龄越大；同时，随着年龄的增长，趾爪也开始逐渐弯曲。老年兔趾爪粗长、尖端弯曲，表面粗糙无光泽，约有一半的趾爪露出脚毛之外。

此外，兔的眼神和皮肤的松紧厚薄也可作为鉴别家兔年龄的依据。青年兔皮薄而紧，眼神明亮，行动活泼。老年兔皮厚而松，眼神呆滞，行动迟缓。

三、性别鉴定

（一）初生仔兔

初生仔兔主要根据阴部生殖孔的形状以及与肛门之间的距离来鉴别。操作时将手洗净拭干，把仔兔轻轻倒握在手中，腹部向上，头部朝手腕方向，用食指和中指夹住尾巴，用两手的拇指压下阴部，翻出红色的黏膜即可。母兔阴部生殖孔扁，略大于肛门，距肛门较近；公兔阴部生殖孔圆，略小于肛门，距肛门较远。

（二）开眼后的仔兔

可根据生殖器的形状进行鉴别。一般先用左手抓住仔兔的双耳及颈部，右手中指和食指夹住尾根向后压，大拇指轻轻向上推开生殖器孔。公兔生殖器顶部为 O 形，并可翻起圆筒状突起；母兔顶部为 V 形，下端裂缝延至肛门，无明显突起。

（三）3 月龄以上青年

根据生殖器的形状进行鉴别。鉴定方法同开眼后仔兔：用拇指轻压阴部皮肤就可翻开生殖孔。公兔呈圆柱形突出;母兔呈尖叶形,裂缝延至肛门。

(四) 成年兔

成年公母兔的性别鉴定很容易,公兔的鼠蹊部有一对明显的阴囊下垂,母兔则无。

四、兔毛采集

兔毛采集是长毛兔饲养管理过程中的重要技术环节,合理采毛既能提高兔毛产量,又能提高兔毛质量。常用的采毛方法有梳毛、剪毛和拔毛三种。

(一) 梳毛

梳毛是保持和提高兔毛质量的一项经常性的管理工作。

1. 梳毛目的:目的有两个。一是防止兔毛缠结,提高兔毛质量。兔绒毛纤维的鳞片层常会互相缠结勾连,若久不梳理,就会结成毡块而降低兔毛的等级甚至成为等外毛,失去纺织和经济价值。二是积少成多收集兔毛。梳毛时,梳下的兔毛也可以收集起来,积少成多加以利用。

2. 梳毛次数:仔兔断奶后即应开始梳毛,每隔 10～15 天梳理一次。成年兔在每次剪毛后的第 2 个月即应梳毛,每 10 天左右梳理一次,直至下次采毛。应注意:凡是被毛稀疏、排列松散、凌乱的个体易结块,需经常梳理;被毛密度大、毛丛结构明显、排列紧密的个体被毛不易结块,梳毛次数可适当减少;换毛季节可隔天梳 1 次,以防兔毛飞扬混入饲料,被家兔食用后引起毛球病。

3. 梳毛方法:梳毛多用金属梳子或木梳进行。梳毛顺序为顺毛方向,由前向后,由上而下,即先梳理颈部及两肩→背部、体侧、臀部、尾部及后肢→(提起两耳及颈部皮肤后梳)前胸、腹部、大腿两侧→最后整理额、颊及耳毛。若兔毛缠结,先用手慢慢撕开后再梳理,不可强拉;实在撕不开时,可将结块部位剪去。

(二) 剪毛

剪毛是长毛兔采毛的主要方法,适用于任何养兔场,尤其是饲养毛兔较多时,一般都采用剪毛的方法采毛。

1. 剪毛次数:幼兔第一次剪毛在 8 周令,以后同成年兔。根据兔毛生长规律,养毛期 90 天可获得特级毛,70～80 天可获得一级毛,60 天可获二级毛。所以,以每年剪 4～5 次为宜。一年剪 4 次毛时,优质毛比例较高;一年剪 5 次毛时，可提高兔毛产量，但特级毛、一级毛含量相对较少。

2. 剪毛方法：一般用专用剪毛剪，也可用电动剪毛机或裁衣剪。将毛兔放在剪毛台上，轻轻抚摸使其保持安静。剪毛前，先将兔毛进行梳理。剪毛时，将兔脊背的毛左右分开，使其成一条直线。剪毛顺序为背部中线→体侧→臀部→颈下→颌下→腹部→四肢→头部。剪下的毛应毛丝方向一致，按长度、色泽、优劣程度分别放置。每放一层毛需加盖一层油光纸。剪下的毛如不能及时出售，应在箱内撒一些樟脑粉或樟脑块，以防虫蛀。熟练的技术人员，每5～10分钟可剪完一只兔子。

长毛兔要及时剪毛，毛成熟时不及时剪会引起采食不正常。冬季剪毛要分期进行，一次只能剪半边，过20天左右再剪另半边；或者先将优质毛剪下，其他部位待长到足够长度后再剪。如果兔舍的保温条件较好，也可一次剪完。

3. 注意事项：剪毛是一项细致的工作，在技术熟练后才能求速度。剪毛时应注意以下几点。

（1）防止剪伤皮肤。剪毛时，应将被剪部位的皮肤绷紧，剪刀放平，紧贴皮肤，留下的毛茬力求整齐；不要提起兔毛来剪，特别是皮肤皱褶处，以防剪破凸起的皮肤。若不慎剪伤皮肤，应立即用碘酒消毒，防止感染。

（2）忌剪二刀毛。留茬过高时，不要修剪，因为兔毛中夹杂较多的二刀毛，不仅降低兔毛的质量，还会给生产造成损失。

（3）注意保护母兔乳头和公兔阴囊。剪腹毛时，要先把乳头附近的毛剪下，使乳头露出，以防剪伤乳头；公兔不要剪伤阴囊；临近分娩的母兔暂不剪胸毛和腹毛。

（4）注意患病家兔。患有疥癣病、真菌病及其他传染病的家兔应单独剪毛；兔毛单独放置；工具应专用并进行消毒，以防相互传染。

（5）注意剪毛的天气。剪毛应选择晴天、无风时进行，阴雨天和天气骤变时不要剪毛；冬季剪毛应在中午进行，剪毛后注意防寒保温，笼内铺垫干草，关好门窗，以防感冒。

（三）拔毛或拉毛

拔毛或拉毛是一种新的重要的采毛方法，已越来越受到人们的重视。长毛兔没有明显的季节性换毛，但每年春季3～4月份和秋季8～9月份换毛期内，其毛根脆弱，容易拉取。长毛兔可常年拔毛，此法尤其适于换毛期和冬季采毛用。

1. 拔毛的优点。

(1) 能提高优质毛的比例。拔毛使毛囊增变粗，粗毛比例增加。据试验，拔毛可使优质毛比例提高40%～50%，粗毛率提高8%～10%。

(2) 能提高产毛量。拔毛能促进皮肤血液循环，促进毛囊发育，加速兔毛生长。据试验，拔毛可使产毛量提高8%～12%。

(3) 有利于保护兔体。拔长留短时，有利于兔体保温不易被蚊虫叮咬，且留在兔体上的兔毛不宜结块。

2. 拔毛的弊端。

(1) 费时费工。一只兔每年拉毛8～15次，每次20分钟；而剪毛每只兔每年4～5次，每次10～15分钟。

(2) 容易引起应激反应。拉毛对家兔皮肤有疼痛刺激，尤其是幼兔。因此，第一次采毛不宜采用拔毛的方式。

(3) 长期拔毛降低精纺价值。拔毛采集的兔毛，虽然质量高、毛纤维粗长，但由于是自然形态，具有毛梢结构，毛纤维细度不均匀，精纺价值降低，因此，要根据用途选用适宜的采毛方式。

3. 拔毛方法：拔毛前先用梳子将兔毛梳顺，左手轻抓兔耳保定，右手用拇指、食指、中指夹住一小撮兔毛均匀用力地轻轻拔起。拔毛的方式有两种：一种是“拔长留短法”，适用于冬季或换毛季节，每隔30～40天拔1次；另一种是“全拔光法”，一般在盛夏季节使用，每隔70～90天拔1次，但应激反应大，时有死亡。

4. 注意事项。

(1) 幼兔第一、二次采毛不宜采用拔毛法，因幼兔皮肤嫩薄，拔毛易伤及皮肤而影响以后的产毛量。

(2) 妊娠母兔、哺乳母兔、配种期公兔不宜拔毛，容易引起母兔流产、泌乳量下降、影响配种效果等。

(3) 拔毛适用于被毛密度小的个体和品种，被毛密度大的家兔不宜采用拔毛，应以剪毛为主。

(4) 养毛期短时，拔毛费力，易伤及皮肤，不宜强行拔毛。

五、公兔去势

凡不留作种用的公兔或淘汰的成年公兔，为使其性情温顺，便于管理，提高毛皮质量，改善兔肉品质，提高产毛量，应在生后2.5～3月龄进行去势。但生长肉兔一般在3月龄达到2.5 kg即可出栏，达不到出栏要求的宜去势。常用方法有以下三种。

(一) 阉割法

阉割时，将家兔仰卧保定，用手将睾丸由腹腔挤入阴囊并捏住，使之不滑动，用75%酒精或2%碘酒消毒阴囊切口处，再用消毒的手术刀片沿阴囊中线纵向切一小口，将睾丸用力挤出，切断精索。两侧睾丸同样处理。睾丸摘除后，切口处涂上碘酒即可。一般经2～3天伤口即可愈合。

(二) 结扎法

将家兔仰卧保定，用手将睾丸由腹腔挤入阴囊，用手将睾丸紧紧捏住，用消毒线或橡皮筋将睾丸连阴囊扎紧，阻断血液供应，几天后睾丸便枯萎脱落。此法去势，睾丸在萎缩之前有几天的水肿期，比较疼痛，影响家兔的采食和增重。

(三) 注射法(化学去势法)

1. 碘酊法：常用的消毒用碘酊即可，以2%～3%浓度为宜。小型兔0.3毫升/只，中型兔0.4毫升/只，大型兔0.5毫升/只。操作时，将睾丸挤入阴囊，左手捏住并消毒注射部位，右手持注射器呈30°角刺入睾丸，将药物缓缓注入睾丸内，直到睾丸发硬。

2. 高锰酸钾法：方法同碘酊法，向睾丸缓缓注入7%～8%的高锰酸钾溶液，直到睾丸发硬。注射剂量一般成年兔2毫升/只，青年兔1.5毫升/只，幼兔1毫升/只。注射后4～5天睾丸即萎缩至原来的1/3。

3. 氯化钙法：将1 g氯化钙溶于10 mL蒸馏水中，加入0.1 mL甲醛溶液，摇匀过滤，每个睾丸注入1～2 mL。开始出现肿胀，3～5天自然消失，7～10天萎缩即丧失性欲。

六、编耳号

为了饲养管理和繁殖育种的需要，仔兔断奶时或断奶前对家兔进行编号，以确保血缘清楚。常用的编号方法有钳刺、针刺和耳标法。编号内容包括出生日期、品种或品系代号、个体号等。

(一) 钳刺法

钳刺法是用专用的耳号钳在兔耳上血管最少处刺编耳号。耳号钳上有可供装卸字码的槽位,只要将所需的号码装入槽位,并以活动挡片固定,即可在兔耳上刺号。每刺一只兔换一次字码号。

刺号时,先将兔保定好,用碘酊将刺号部位的内外侧消毒,再用70%酒精棉球脱碘。操作者一手以拇指、食指固定耳壳基部,使耳朵展开;另一手持钳对准兔耳下半边(避开较大血管),用力握紧钳柄即可刺上号。取下耳号钳,用毛笔或牙刷蘸取醋墨涂在刺号部位,使墨汁充分渗入所刺的字眼即可。

刺号时应注意:醋墨以食醋和墨汁按1∶4比例混匀,浓缩后再用;应避免刺破血管。操作时应快而有力,若不慎刺破血管而流血不止,则应用手紧压出血部位片刻,然后用碘酊消毒,防止感染。为便于观察识别,公兔用单号刺在左耳,母兔用双号刺在右耳。

(二) 针刺法

无专用耳号钳时,可用钢笔尖或注射器针头蘸墨汁,在兔耳中间无血管处刺破表皮到达真皮即可。刺时用力均匀,刺点匀称。

(三) 耳标法

将编好的号码先用钢号打在金属耳标或塑料耳标上,一人固定兔及耳朵,另一人用消毒小刀在耳朵边缘划一小口,将标牌穿过圈成环状固定,随即涂上碘酒消毒。公兔带左耳,母兔带右耳。如果给1月龄内的幼兔带耳标,可不用小刀,直接穿刺即可,一般不会出血。该方法简便易行,既适宜于养兔不多的专业户,也适宜于中小型的养兔场,但在兔殴斗时容易扯掉。

第四节 不同生理阶段家兔的饲养管理

家兔的生理阶段不同,生理特点不一,对饲养管理条件要求不同,因此,在饲养管理中应区别对待。按生理特点的不同,一般将家兔分为种公兔、种母兔、仔兔、幼兔和青年兔等几个阶段。

一、种公兔的饲养管理

饲养种公兔的目的是用来配种，获得数量多质优的后代。种公兔在兔群中具有主导作用，其优劣影响到整个兔群的质量，表现在兔群的生产性能、母兔的繁殖效率、仔兔的健康及生长发育。生产上要求种公兔体质健壮、发育良好、肥瘦适中、性欲旺盛、精液品质优良等，否则就不符合种用要求。而饲养管理水平的高低直接影响其生长发育、体质、性欲以及精液品质。所以，要使种公兔充分发挥优良的种用价值，饲养管理是最关键的。

（一）种公兔的饲养

1. 饲料营养要全面：种公兔的配种效率首先取决于精液品质，这与营养水平密切相关。种公兔每次射精量为 0.5～1.5 mL，每毫升精液中精子数为 1 000万～2 000 万个，毛兔的射精量及精子密度要低些。精液中除了水分以外，主要由蛋白质构成，包括白蛋白、球蛋白、核蛋白、黏液蛋白等，这些都是高质量的蛋白质。生产精液的必需氨基酸有赖氨酸、色氨酸、胱氨酸、组氨酸、精氨酸，其中以赖氨酸为多。除形成精液外，在性机能的活动中，诸如激素和各种腺体的分泌以及生殖器官本身也需要蛋白质加以修补和滋养。这些蛋白质和必需氨基酸都直接来自于饲料。因此，精液质量的好坏、射精量的多少与饲料品质有很大关系，尤其是饲料中蛋白质的数量和质量。实践证明，长期以低浓度和低质量的蛋白质饲喂种公兔，可引起公兔配种能力下降和精液品质不良。

案例：饲料蛋白质对公兔精液品质的影响。

有研究者在秋季配种前 20 天分别用 13.8%和 17.6%两种蛋白水平的日粮饲喂种公兔，并分别与发情母兔配种，配种前检查公兔精液品质，结果发现，两组精子活率分别为0.3和 0.9，相应受胎率分别为 50%和 85%。当改善低蛋白日粮组营养水平，使之与高蛋白日粮组相同，经过 20 天后，其配种受胎率提高到 85.4%。由此可见，日粮蛋白水平对提高种公兔精液品质具有重要作用。

动物性蛋白质对精液的生成和品质有显著效果；此外，豆饼、花生饼、苜蓿等都是良好的蛋白质补充料，可以显著改善精液品质，提高配种能力。配种期间，日粮中蛋白质应保持在 16%～18%，且应注意蛋白质来源的多样性。

矿物质对精液品质也有明显影响，尤其是钙，饲料中缺钙会使种公兔四肢无力,精子发育不全,活力降低。如在饲料中加入2%~3%的骨粉、石粉、蛋壳粉、贝壳粉等,就不会缺钙。磷为核蛋白形成的要素,也是产生精液所必需的,日粮中有谷物和糠麸时,即不致缺乏磷。但应注意钙、磷的比例,适宜的钙、磷比为1.5∶1~2∶1。此外,锌对精子的成熟具有重要意义。缺锌时,精子活力下降,畸形精子增多。生产中,可通过在日粮中添加微量元素添加剂来满足公兔对微量元素的需要。

维生素对精液的品质也有显著影响。饲粮中维生素缺乏时,精子数量减少,畸形精子增多。小公兔饲粮中维生素含量不足,生殖器官发育不全,睾丸组织退化,性成熟推迟。青绿饲料中含有丰富的维生素,所以夏季一般不会缺乏。但冬季或常年饲喂颗粒饲料时,易出现维生素缺乏症;尤其是维生素A和维生素E缺乏时,会引起睾丸精细管上皮变性,精子生成过程受阻,精子密度下降,畸形率高,公兔性欲低下,配种能力下降,进而使母兔受胎率和产仔数下降。若补饲优质青绿多汁饲料或复合维生素,情况可以得到改善。

2. 营养要长期稳定地供给:精子是由睾丸中的精细胞发育而成的,精细胞健全才能产生活力旺盛的精子。而精细胞的发育过程需要较长的时间,故营养物质的供给也需要有一个长期稳定的过程。饲料对精液品质的影响较缓慢,生产中若采用加强营养来改善精液品质时,往往要20天左右才能见效。因此,营养物质也需要长期均衡地供给。对一个时期集中使用的种公兔,应注意配种前1个月开始调整日粮配方,提高饲粮的营养水平,适当补充豆饼、苜蓿,使蛋白质水平提高到15%。配种旺季,适当增加或补充动物性饲料,如鱼粉、蚕蛹粉、血粉、鸡蛋等。配种次数增加,如每天配种2次时,日粮应增加25%。同时,要根据配种强度,适当增加谷物型酸性饲料,如胡萝卜、麦芽、黄豆或多种维生素,加强公兔的性反射和精子生成,提高母兔受胎率。

3. 限制饲养,控制体重:不少人认为,种公兔体重越大越好,其实不然。种公兔的种用价值不在于外表和体重的大小,而在于配种能力的高低。过肥的种公兔不仅配种能力差,性欲降低,而且精液品质也差。因此,对种公兔在保证营养的前提下,应实行限制饲养,防止体况过肥。限饲的方法有两种:一种是对采食量进行限制,即混合饲喂时,补喂的精料混合料或颗粒饲料每只每天不超过50 g,自由采食颗粒饲料时,每只每天不超过150 g;另一种是对采食时间进行限制，即料槽中一定时间有料，其余时间只给饮水，一般料槽中每天有料的时间为 5 小时。

总之，饲养种公兔时，把握饲料质量极其关键。一方面注意饲料的可消化性，另一方面注意适口性，不宜长期喂低浓度、大体积、高水分的饲料，特别是幼龄时期，以防形成草腹和造成体质不良，影响配种能力。

(二) 种公兔的管理

1. 适龄配种：青年公兔应适时配种，配种过早或过晚，都会影响性欲，降低配种能力。一般大型品种的初配年龄是 8～10 月龄，中型品种 5～7 月龄，小型品种 4～5 月龄。

2. 合理利用：对种公兔的使用要有一定的计划性，严禁过度使用。成年公兔 1 天配 1～2 次，连续 2 天休息 1 天；青年公兔 1 天 配 1 次，实行隔日配种。若连续滥配，会使种公兔过早丧失配种能力，降低使用年限。如种公兔出现消瘦现象，应停止配种 1 个月，待其体质恢复后再参加配种。

3. 温度适宜：兔舍温度以 10℃～20℃为宜，过冷、过热对公兔性机能都有不利影响。

4. 加强运动：公兔长期不运动，体质较差，容易肥胖或四肢软弱，因此要加强种公兔的运动量。专业户可在庭院、圈内设运动场，每天要保证 1～2 小时的户外运动。夏季运动时，不要把兔放在直射的阳光下，因为阳光直射，可引起过热，体温升高，容易造成昏厥、脑充血等，严重者引起死亡。工厂化养兔可适当加大兔笼尺寸，使其在笼内运动，以防肥胖或四肢软弱；使其保持性欲旺盛，提高精液质量。

5. 单笼饲养：种公兔应单笼饲养，以免相互殴斗。公兔笼与母兔笼保持一定的距离，避免异性刺激而影响公兔性欲。

6. 注意卫生：种公兔的笼舍应保持清洁干燥，并经常洗刷消毒。因为公兔笼是配种的场所，不清洁容易引起某些生殖道疾病。

7. 缩短采毛间隔：毛用种公兔的采毛间隔应缩短，一般每隔 1 周剪一次毛，以利散热，提高精液质量。

8. 做好配种记录：以便掌握公兔的配种能力和后代生长发育情况，利于选种选配。

9. 下列情况不宜配种：吃料前后0.5小时之内，以免影响采食和消化；换毛期间因营养消耗大，公兔体质较差，此时配种会影响家兔健康和受胎率；种公兔身体状况欠佳时，如精神萎靡、食欲缺乏、粪便异常等。

二、种母兔的饲养管理

种母兔是兔群的基础，担负着妊娠、产仔、哺乳等任务，饲养管理的好坏直接影响到后代的生长发育。母兔在空怀、妊娠、哺乳三个时期的生理状态有着很大的差异，因此，必须根据各阶段的生理状态、生理特点，采取相应的措施，进行科学的饲养管理。

（一）空怀母兔的饲养管理

空怀期又称休产期或空胎期，是指从仔兔断奶到再次配种怀孕的一段时期。母兔空怀期的长短取决于繁殖制度。在采用频密繁殖和半频密繁殖时，空怀期几乎不存在或很短；而采用常规繁殖的母兔，则有一定的空怀期。由于母兔在妊娠和哺乳期间营养消耗较多，多数母兔在空怀期体况较差。因此，需要供给充足的营养物质来恢复体质，迎接下一个妊娠期。此期饲养管理的中心工作是加强补饲，调整膘情，恢复体力，促使早发情、早配种，提高繁殖率。在饲养管理上应做好以下工作。

1. 保持适当膘情：空怀母兔要求七八成膘，饲喂时应根据母兔的身体状况，体质好的、差的分别对待。过肥的母兔应实行限制饲养，减少或停止精料补充料，同时增加运动量；否则，会在卵巢结缔组织中沉积大量脂肪而阻碍卵泡的正常发育并造成母兔不孕。过瘦的母兔需加强营养，适当增加精料补充料的喂量；否则，也会造成发情和排卵不正常。因为卵泡正常的生长发育受脑垂体控制，在营养不良的情况下，内分泌不正常，卵泡不能正常生长发育，从而影响母兔的正常发情和排卵，造成不孕。为提高空怀母兔的营养标准，配种前半个月左右应按妊娠母兔的营养标准进行饲喂。长毛兔在配种前应提前剪毛。

2. 注意维生素的补充：当饲料中缺乏维生素时，应添加相应的维生素。例如，冬季和早春缺乏青绿饲料，易缺乏维生素A和维生素E，影响发情、受胎和泌乳，每天应供给100 g左右的胡萝卜或大麦芽等。规模化兔场可在日粮中添加复合维生素添加剂，以保证繁殖所需维生素（主要是维生素A和维生素

E)，促使母兔正常繁殖。

3. 改善管理条件：注意兔舍通风透光，冬季适当增加光照时间，使每天的光照时间达到 14 小时左右，光照强度为 2 W/m^2 左右，灯泡高度 2 m 左右，以利于发情受胎。

（二）妊娠母兔的饲养管理

母兔自配种受胎至分娩的时期称为妊娠期。妊娠期间，母兔除了维持自身的生命活动外，子宫的增长、胎儿的生长、乳腺的发育等均需消耗大量的营养物质。在饲养管理上要注意供给全价的营养物质，保证胎儿正常的生长发育。

1. 加强营养，满足母兔及胎儿生长发育的需要：母兔在妊娠期间能否获得全价的营养物质，与胚胎的正常发育、母体健康以及产后的泌乳能力密切相关。妊娠母兔所需的营养物质以蛋白质、矿物质、维生素最为重要。蛋白质是构成胎儿的重要营养成分，矿物质中的钙和磷是胎儿骨骼生长所必需的物质。如果饲料中蛋白质含量不足，则会引起死胎增多，初生重降低，生活力减弱；维生素缺乏，则会导致畸形、死胎与流产；矿物质缺乏，会使仔兔体质瘦弱，死亡率增加。

妊娠前期（妊娠 1～18 天），胎儿生长发育慢，故营养水平稍高于空怀时期即可。而妊娠后期（妊娠 19～30 天），胎儿生长迅速，对营养物质的需要量急剧增加，因此，在营养的供给上，既要增加数量，又要提高质量，充分保证蛋白质、矿物质、维生素的需要，饲养水平比空怀时期高 1～1.5 倍。据测定，一只活重 3 kg 的母兔，在妊娠期间胎儿和胎盘的总重量达 660 g，约占活重的 20%；其中，水分为 78.5%，蛋白质为 10.5%，脂肪为 4.3%，矿物质为 2%。新西兰兔 16 天胎儿重约 0.5～1 g，20 天时不足 5 g，初生重则达 50 g 之多，也就是说，妊娠后期胎儿重量约占整个胚胎期的 90% 以上。此外，妊娠早期母兔乳腺开始缓慢发育，到最末一周发育最快，妊娠第 29 天开始泌乳。毛兔在妊娠后第 19 天表皮开始出现初级毛囊原始体，第 28 天次级毛囊开始生长。因此，母兔妊娠期间提供丰富的营养是非常重要的。

其具体的喂料量及营养水平，仍然是根据每只母兔的具体情况而酌情掌握，即当母兔的膘情较好时，与空怀母兔一样对待；膘情较差者，适当增加营养水平和饲喂量，这样一直至妊娠第15天。此后，由于胎儿发育的加快和营养需求量的不断增加，应逐步提高营养水平和喂料量，向自由采食过渡；20～28天为自由采食期，应提高饲料营养水平和饲喂量，保证胚胎的快速生长；临产前3天应减少饲料喂量尤其是精料喂量，多喂优质青绿饲料，以防母兔绝食或产后乳汁过多引起乳房炎。

实践证明，母兔妊娠期间获得的营养充分，则母体健康，泌乳力强，所产仔兔发育良好、生命力强；反之，则母体消瘦，泌乳力低，仔兔生活力差，成活率低。

2. 精心护理，防止流产：母兔流产多在妊娠后15～25天发生，流出成形或不成形的胎儿，并流失较多的血液。通常引起母兔流产的原因有营养性、机械性和疾病性三种。其中，营养性流产多因营养不全、饲料发霉变质、突然更换饲料等引起；机械性流产多因捕捉方法不当、摸胎方法不当、突然惊吓、挤压等引起；疾病性流产多因巴氏杆菌、沙门氏菌及其他生殖道疾病等引起。为防止母兔流产，在饲养管理中应做到以下几点。

(1) 严禁饲喂发霉变质饲料和有毒青草。家兔对这些饲料非常敏感，极易造成流产。

(2) 冬季应饮温水。水太凉会刺激子宫急剧收缩，易引起流产。

(3) 不要无故捕捉妊娠母兔。特别是妊娠后期更应加倍小心，捕捉时应轻捉轻放。

(4) 摸胎动作要轻柔，不能粗暴。已断定受胎后，就不要再触动腹部。

(5) 保持舍内安静和清洁干燥。禁止突然声响，以防母兔恐慌不安，在笼内跑跳，引起流产。保持笼舍清洁干燥，防止潮湿污秽，因为潮湿污秽会引发各种疾病，对妊娠母兔极为不利。

(6) 毛用兔妊娠期间应禁止采毛；尤其是妊娠后期更应禁止采毛，以防引起流产和影响胎儿发育。

3. 做好产前准备：有一定规模的兔场，母兔大多是集中配种，集中分娩，因此，最好将兔笼进行调整。要将怀孕已达25天的母兔调整到同一兔舍。产前3～4天将产仔箱进行消毒清洗并晾干，放入一些干燥、柔软、保温、吸湿性强的垫草；垫草要剪短，以防缠绕仔兔，垫草的厚度视气温而定，气温高时垫的薄一些，气温低时垫的厚一些。产前 1～2 天将产仔箱放入兔笼内，供母兔衔草、拉毛做窝；产房要设专人管理，冬天注意做好保温工作，夏天做好降温防暑的工作。同时，要注意供应充足的饮水，水中可加些食盐或红糖，以补充体液或体能。

4. 保持环境安静：母兔大多在夜间分娩，且可自行完成，不需人工辅助，但应注意保持环境安静，以免母兔由于受惊吓而吃掉仔兔。

（三）哺乳母兔的饲养管理

母兔自分娩到仔兔断奶的这段时期为哺乳期。母兔的泌乳伴随产仔而开始，产后第 1 周，泌乳量较低，2 周后泌乳量逐渐增加，3 周时达到高峰，4 周后泌乳量显著降低。家兔的泌乳力较强。据测定，哺乳期母兔每天能分泌 60～150 mL 乳汁，高产母兔可达 250 mL 左右。兔奶营养极为丰富，除了乳糖的含量较低外，蛋白质含量为 10%～12%，脂肪达 12%～13%，灰分含量为 2%～2.2%，分别比牛奶高 3.1、3.5 和 2.9 倍。另外，母兔的乳汁黏稠，干物质含量为 24.6%，能量为 6 981～7 691 KJ/kg，均相当于牛、羊的 2 倍。这些营养物质均来源于饲料。因此，加强哺乳母兔的饲养管理对于促进仔兔生长发育、提高成活率至关重要。

1. 饲养方面。

(1) 加强营养。哺乳母兔为了维持生命活动和分泌乳汁，每天要消耗大量的营养物质。如果饲料喂量不足或品质低劣，母兔营养供给不足，从而大量消耗体内储存的能量，母兔很快消瘦。这不仅影响母兔的健康，而且泌乳量也会下降，进而影响仔兔的生长发育。因此，哺乳母兔的营养水平要高于空怀母兔和妊娠母兔，多喂营养全面、新鲜优质、适口性好、易消化的饲料。在喂给优质精料的同时，还需喂给新鲜的青绿多汁饲料和矿物质饲料，保证蛋白质、矿物质、维生素的供给，满足泌乳的需要。

案例：哺乳期母兔日粮蛋白质水平对仔兔生长及成活率的影响。

某兔场以含粗蛋白 14%、16%和 18%三种饲料饲喂新西兰泌乳母兔，结果发现，仔兔 30 天平均断奶体重分别为 410 g、508 g 和 615 g，断奶成活率分别为 82%、89%和 93%。因此，应供给哺乳母兔充足的蛋白质，才能满足产奶的营养需要，保证仔兔良好地生长发育。

哺乳期间仔兔的生长速度和成活率主要取决于母兔的泌乳量，而且母兔在哺乳期若能保证丰富的营养，产后头 20 天体重不减，并稍有增加，并且仔兔也不能把奶全吃光。20 天后，仔兔从巢中爬出，开始打搅母兔，影响母兔休息，并能将母乳全部吃光，从而使母兔体重下降。所以，保证母兔充足的营养，是提高母兔泌乳力和仔兔成活率的关键。

哺乳母兔的饲喂效果可以根据仔兔的生长和粪便情况进行鉴别。泌乳旺盛时，仔兔吃饱后腹部胀圆、肤色红润光亮、安睡不动；泌乳不足时，仔兔吃奶后腹部空瘪、肤色灰暗无光、乱爬乱抓，常发出吱吱的叫声。饲喂正常时，产箱内清洁干燥，很少有仔兔粪尿；哺乳不正常时，产箱内可能积留尿液（母兔饲料中含水过多）、粪便过于干燥（母兔饮水不足）、仔兔消化不良或下痢（饲喂了发霉变质的饲料）等。

2. 母兔泌乳期的管理：泌乳期间母兔对环境变化的敏感性很强，工作稍有疏忽，即有可能影响其泌乳。管理方面重点做好产后护理和预防乳房炎。

首先做好产后护理工作，包括产后立即饮水，最好是饮红糖水或小米粥等；冬季要饮用温水；清点仔兔数量；更换垫草；冬季注意保温防寒，夏季注意防暑防蚊等。

其次预防乳房炎，通常引起母兔乳房炎的原因有：母乳太充盈，仔兔数量少而造成乳汁过剩（可采用寄养法）；母乳不足，仔兔数量多，哺乳时咬伤乳头（应加强催乳）。为预防乳房炎的发生，应采取综合措施进行预防。预防措施有以下几项。

第一，控制精料喂量。母兔产前、产后 3 天控制精料喂量，喂以 100 g 左右适口性较好、易消化的饲料或部分青绿饲料即可，3 天后逐渐增加精料，并逐步过渡到自由采食。

第二，投服药物。产后 3 天，每兔每天喂服 1 片复方新诺明，分两次投喂。

第三，乳头保护。产后用消毒的热毛巾按摩擦洗乳房，然后用兽用碘酊涂抹每个乳头，隔日 1 次，连续 3 次。

第四，调整寄养。根据母兔的泌乳能力，合理调整带仔数量。

第五，经常检查。每天检查母兔的乳头、乳房，看乳汁是否排空，乳房有无硬块、红肿现象，发现问题及时处理。经常检查笼底及巢箱的安全情况，以防损伤乳房或乳头;一旦发现有外伤时,须及时涂碘酒或内服消炎药。

另外,母兔产后要及时清理巢箱,清除被污染的垫草以及残剩的胎盘。以后每天清理笼舍,每周清理兔笼并更换垫草,喂前洗刷用具,保持卫生清洁。哺乳时保证环境安静,不要惊扰母兔,以防吊乳或影响哺乳。

三、仔兔的饲养管理

从出生至断奶这段时期的小兔称为仔兔。这一时期是家兔由胎生期转为独立生活的过渡时期。仔兔生前在母体子宫内生活,营养由母体提供,环境稳定,近乎无菌;出生后生活环境发生了巨大变化,如气温变化不定,到处充斥各种细菌、病毒等。此时仔兔的生理功能尚未发育完全,对外界环境的调节能力很差、适应能力弱、抵抗力低,但生长发育极为迅速(表 18-5),因此新生仔兔很容易死亡。加强仔兔的培育,提高成活率是仔兔饲养管理的首要目标,必须认真抓好每个环节。按照仔兔的生长发育特点,将仔兔分为两个不同的时期,即睡眠期和开眼期。在不同的生长发育阶段,仔兔的饲养管理也不同。

表 18-5　仔兔体重的变化情况

仔兔年龄(d)	大型品种体重(g)	中型品种体重(g)
初生	60～65	45～50
6	120～130	90～100
10	170～190	130～150
20	300～400	250～300
30	600～700	400～500

资料来源:杨正,现代养兔,中国农业出版社,1999。

(一) 睡眠期仔兔的饲养管理

仔兔从出生到开眼的时期称为睡眠期,即从出生到 12 日龄左右这段时期。刚出生的仔兔体表无毛、眼睛紧闭、耳孔闭塞、趾爪相互连在一起,不能自由活动。出生后 3～4 天开始长毛;4～8 日龄脚趾分开;6～8 日龄出现耳孔,与外界相通;12 日龄睁开眼睛。睡眠期仔兔体温调节能力很差,活动很少,除了吃奶几乎整天都在睡觉,如果护理不当极易死亡。这个时期饲养管理的重点如下。

1. 早吃奶,吃足奶:睡眠期仔兔完全以母乳为营养来源,对睡眠期仔兔饲养管理的重点是早吃奶、吃足奶,特别是吃足初乳极为重要。因为初乳含有丰富的蛋白质和免疫抗体,是仔兔初生时生长发育所需营养物质的直接来源,能增强抗病力、促进胎粪排出。因此,保证仔兔早吃奶、吃足奶,才能有利于仔兔的生长发育,确保体质健壮、生活力强。反之,如果仔兔生后未能及时吃上初乳或是处于饥饿状态,不仅不利于其生长发育,而且很容易发病造成死亡。因此,在仔兔出生后 6 小时要检查母兔的哺乳情况,发现没有吃到奶的仔兔,要及时让母兔喂奶。

仔兔生下后就会吃奶,母性好的母兔,会很快哺喂仔兔,而且仔兔的代谢作用很旺盛,吃下的乳汁大部分被消化,很少有粪便排出来。吃饱的仔兔腹部胀圆,肤色红润光亮,安睡不动。但在生产实践中,初生仔兔吃不饱奶的现象时有发生,表现为吃奶后腹部空瘪、皮肤灰暗无光有皱褶,仔兔乱爬乱抓、常发出吱吱的叫声。这时,必须查明原因,针对具体情况,采取有效措施。

(1) 强制哺乳。有些母性不强的母兔,特别是初产母兔,产仔后不会照顾自己的仔兔,甚至不给仔兔哺乳,以至仔兔缺奶挨饿,如不及时采取措施,则会导致仔兔发育不良甚至死亡。这种情况下,必须进行强制哺乳。具体方法是将母兔固定在巢箱内,使其保持安静,将仔兔分别放在母兔的每个乳头旁,嘴顶母兔乳头,让其自由吸吮,每天强制 4～5 次,连续 3～5 天,多数母兔便会自动哺乳。

(2) 调整寄养仔兔。生产实践中,有的母兔产仔数多,有的产仔数少。产仔数多时,母兔乳汁供不应求。仔兔营养供给不足、发育迟缓、体质衰弱,易于患病而死亡;产仔数少时,仔兔吃奶过量,往往引起消化不良,同时母兔也易发生乳房炎。在这种情况下,应采取措施,调整寄养仔兔。寄养的方法是根据母兔的产仔数和泌乳情况,将产仔过多的仔兔调整给产仔数较少的母兔代养,但两窝仔兔的产期要接近,最好不超过 3 天。即将两窝仔兔从产仔箱中取出,根据要调整的仔兔数和体型大小与强弱,将其取出放到带仔母兔的产仔箱内,使仔兔充分接触,气味互相渗透,经 0.5～1 小时,再将产仔箱放到母兔笼内。此时要注意观察,若母兔无咬仔或弃仔情况发生则寄养成功。此外,还可在被调整仔兔身上涂上寄养母兔的乳汁,使其气味相混,以免母兔识别后咬伤或咬死带奶仔兔，效果更好；也可用适量的碘酒、清凉油或大蒜汁涂在母兔鼻端，以混淆其嗅觉。

生产中，如果母兔产后死亡，或者患乳房炎不能哺乳，或者良种母兔进行频密繁殖需另配保姆兔时，可采用全窝寄养或分散寄养的方法。寄养的方法与要求同上。

(3) 人工哺乳。需要调整或寄养的仔兔找不到母兔代养时，应采取人工哺乳的方法。人工乳可选用牛奶、羊奶或炼乳。奶的浓度不宜过大，以防引起消化不良。第一周在人工乳中加 1～1.5 倍的水，第二周加 1/3 的水，2 周后使用全奶(或按说明进行稀释)。饲喂前煮沸消毒，待冷却到 37℃～38℃时再喂。每天 3～4 次。人工哺乳的工具可用玻璃滴管、注射器、塑料眼药水瓶等，在管端接一细的乳胶管。用前应煮沸消毒，喂时要细心，滴喂的速度要与仔兔的吸吮动作合拍，不能滴得太快，一般是呈滴流而不是呈线流，以免误入气管而呛死。喂量以吃饱为限。

2. 认真搞好管理。

(1) 保持环境安静，让其睡好觉。仔兔在睡眠期，除了吃奶外，全部时间都是在睡觉。因此，睡眠期仔兔只要能吃饱奶、睡好觉，就能正常生长发育。此时，应注意保持环境安静，以防干扰仔兔睡眠。

(2) 保温防冻，防暑降温。仔兔出生后全身无毛，体温调节能力极差，体温往往随外界环境温度的变化而变化，很容易受冻死亡，因此，保温防冻是仔兔出生后管理工作的重点和难点。刚出生的仔兔最适宜的环境温度是 35℃，以不低于 30℃ 为宜，但生产中这么高的温度往往很难达到。因此，依靠整体提高兔舍温度是不现实的，经济上也是不可行的。最好的办法是采取整体适温、局部高温的措施，即兔舍保持适宜的温度(以 15℃～25℃为宜，冬季最低在 5℃ 以上)，产箱保持较高的温度。可关闭门窗，挂草帘，防贼风吹袭，以提高室内温度，但要注意定时通风换气。产箱内铺一层保温隔热的材料，上面再放置保温性好、吸湿性强、干燥松软垫草。最后将母兔拉下的兔毛盖在仔兔身上，加强保温。产箱内垫草和兔毛的厚度应视天气而定，冬天适当多放，夏天适当少放。有条件的话最好设立仔兔哺乳笼或仔兔哺乳室，母仔分离，定时哺乳，这样既安全又利于保温。

夏季气温较高，蚊蝇猖獗，仔兔生后无毛，易被蚊虫叮咬。所以，夏天产仔箱内垫草可少放一些，但不能不放，可将产仔箱放置在比较安全的地方，用纱布遮盖，并注明母兔号码，定时送入母兔笼内哺乳；同时，做好室内通风、降温工作。

(3) 防止吊乳。母兔哺乳时突然跳出产仔箱并将仔兔带出的现象称为吊乳。吊乳在生产中经常发生。其主要原因是母乳不足或仔兔数量多，仔兔吃不饱，吸住乳头不放而被带出；哺乳时母兔受到惊吓而突然跳出产仔箱。若发现不及时，被吊出的仔兔很容易被冻死、踩死或饿死，因此，在管理上要特别小心。发现仔兔被吊出时，应及时送回产仔箱，同时查明原因，采取相应措施。如因母乳不足时，应及时调整母兔日粮，提高日粮营养水平，适当增加饲料喂量，同时多喂些青绿多汁饲料，以促进乳汁的分泌；仔兔数量多时，可进行调整寄养；哺乳时，保持环境安静，防止惊扰母兔；实行母仔分开饲养，定时哺乳，每天哺乳 1～2 次，每次 10～15 分钟，20 日龄后可每天 1 次。

若被吊出的仔兔已受冻发凉，则应尽快为其取暖。可将仔兔放入怀里或热源旁边取暖；也可将仔兔放入 40℃～45℃ 温水中，露出口鼻并慢慢摆动；还可把仔兔放入产仔箱，箱顶离兔体 10 cm 左右吊灯泡(25 W 左右)或红外线灯照射取暖。实践证明，只要抢救及时、措施得当，10 分钟后，可使仔兔复活。此时可见仔兔皮肤红润，活动自如。

若被吊出的时间过长，仔兔发生窒息，但还有一定体温，应进行人工呼吸。具体做法是将仔兔头部朝向指尖，腹部朝上放在手掌中，每 3 秒手指屈伸一次，直至仔兔呼吸正常。被救活的仔兔应尽快放回产箱中，以便恢复体温。约经半小时后，仔兔皮肤红润、呼吸亦趋正常。此时，应尽快使之吃到母乳，以便恢复正常。

(4) 预防仔兔黄尿病。出生一周内的仔兔易发生黄尿病。主要原因是母兔患有乳房炎，乳汁中有大量葡萄球菌及其毒素，仔兔吃后便发生急性肠炎，尿液呈黄色，并排出腥臭而黄色的稀便，玷污后躯。患兔四肢无力、皮肤灰白无光，死亡率极高。预防此病的主要措施是预防母兔乳房炎。如发现母兔患乳房炎时，应立即停止哺乳，并采取紧急抢救措施，向仔兔口腔中滴注庆大霉素注射液，每次 3～4 滴，每日 4 次，症状较轻的 2 天即可抢救过来。

(5) 防止感染球虫病。母兔患有球虫病，球虫排出的毒素经血液循环进入乳汁中，或者仔兔误食到母兔粪便而感染球虫病。仔兔表现为消化不良、拉稀、贫血、消瘦、死亡率很高。预防的方法主要是，注意笼内清洁卫生，及时清理粪便；经常清洗或更换笼底板，并用日光暴晒杀死虫卵；保持舍内干燥通风，使球虫卵囊没有适宜的条件孵化成熟；平时在饲料中经常添加抗球虫药进行预防。

(6) 预防鼠害。预防鼠害是仔兔睡眠期非常重要的管理工作。睡眠期仔兔没有御敌能力，最易遭受鼠害。老鼠一旦进入兔舍，会把全窝仔兔咬死甚至吃掉。有效的办法是处理好地面和下水道，也可用母仔分开饲养、定时哺乳的方法，减少鼠害的损失，即哺乳时把产仔箱放入母兔笼内，哺乳后再转移到安全的地方。

(7) 防止窒息。垫草过长或用棉絮保温或毛兔产仔前所留腹毛过长，拉毛后受潮和挤压易毡结，有时会缠结仔兔颈部，使仔兔窒息而死；若缠结在腿腹部，引起仔兔局部肿胀而残疾。因此，垫草要剪短，妊娠母兔腹毛不要过长。

(8)保持产仔箱干燥与卫生。仔兔开眼前，粪尿都排在产仔箱内，时间一长箱内空气污浊，垫草潮湿，易滋生病菌，使仔兔患病。因此，搞好产箱清洁卫生是提高仔兔成活率的有效措施。平时在阳光下暴晒消毒垫料，除去异味，经常更换垫草，保持产箱干燥。

(二) 开眼期仔兔的饲养管理

仔兔生后 12 天左右睁开眼睛，从开眼到断奶这段时间叫开眼期。开眼期仔兔要经历出巢、补料、断奶等阶段，是养好仔兔的关键时期。此期在饲养管理上应注意以下几点。

仔兔开眼后，精神振奋，会在巢箱内来回蹦跳，数日后跳出巢箱，叫做出巢。这个时期，仔兔要从完全依靠母乳提供营养逐渐转变为采食植物性饲料为主。由于仔兔的消化系统发育尚不健全，所以转变不能太突然，否则很容易引起消化道疾病而死亡。为了提高仔兔的成活率，该时期饲养管理的重点应放在仔兔的补料和断奶上。实践证明，抓紧、抓好这两项工作，就可促进仔兔健康成长；否则，就会导致仔兔感染疾病，乃至大批死亡。对开眼期仔兔的饲养管理应从以下几点着手。

1. 及时开眼:仔兔一般在11～12天眼睛会自动睁开;若14日龄仍未开眼,应先用药棉蘸温水涂抹软化,擦去眼边分泌物,帮助开眼。切忌用手强行扒开,以免导致仔兔失明。

2. 及时补料:仔兔开眼后,生长速度很快,而母乳分泌先增加,20天后开始逐渐减少,已满足不了仔兔的营养需要,需要及时补料。补料时间以仔兔出巢寻找食物为宜。肉兔、皮兔一般从16日龄、毛兔从18日龄开始补料。仔兔饲料以新鲜优质、营养丰富、适口性好、易消化为宜。同时,饲料中可拌入少量的矿物质、维生素、抗生素、洋葱、大蒜、桔叶等消炎、杀菌、健胃药物,以增强体质、减少疾病。仔兔胃小,消化力弱,但生长发育快,营养需要多。根据这一特点,喂料时要少喂多餐,逐渐增加,一般每天喂5～6次。开食初期以母乳为主,饲料为辅;30日龄时,逐渐过渡到以饲料为主、母乳为辅,直至断奶。这一过程应逐渐进行,缓慢转变,使仔兔逐步适应,这样才能获得良好的效果。

3. 适时断奶:仔兔断奶时间因家兔的品种、饲养条件等不同而有所差异。恰当的断奶时间应该是母兔的泌乳量已显著下降,仔兔已能很好地利用植物性饲料为宜。根据目前养兔生产实际情况来看,仔兔断奶时间和体重有一定差别,范围在30～50天,体重600～750 g。因生产方向、饲养方式、饲养目的和品种等不同而异,肉兔30日龄左右,獭兔35～40日龄,毛兔40～50日龄。

若断奶过早,仔兔的消化系统还没有发育成熟、消化能力较差,会影响其生长发育。一般情况下,断奶越早,仔兔的死亡率越高。但断奶过迟,仔兔长期依赖母乳,影响消化道中各种消化酶的形成,也会使仔兔生长缓慢,同时对母兔健康和年繁殖次数也有直接影响。所以,应根据仔兔生长发育、母兔体况、母兔是否血配、仔兔是否留种等因素综合考虑断奶时间。农村养兔,断奶时间可适当晚些,一般为35～42日龄;规模化兔场,断奶时间适当早些,一般为30日龄;留种仔兔短时间可适当延长1周左右;已经血配母兔,仔兔可在25～28日龄断奶,断奶后仔兔应人工继续哺乳7～10天。

仔兔的断奶方法应根据全窝仔兔体质、生长发育状况而定。若全窝仔兔生长发育均匀、体质强壮,可采取一次断奶法,即在同一天将母兔和仔兔分开饲养。若全窝体质强弱不一、生长发育不均匀,则可采用陆续断奶法或分期分批断奶法,即先将体质强的仔兔断奶,体质弱的仔兔继续哺乳,几天后看情况再进行断奶。断奶母兔在 3 天内只喂青粗饲料，停喂精料，以使其停奶。

无论采用哪种方法，断奶时必须注意：断奶时将仔兔留在原笼中，将母兔移走，此法称为“原窝断奶法”。实践证明，“原窝断奶法”较“仔兔移走法”可提高成活率和生长速度 5%～10%。同时，要尽量做到饲料、环境、管理三不变，以防发生各种不利的应激。

4. 加强管理，预防疾病：仔兔刚开始采食时，味觉很差，往往会误食母兔的粪便，同时饲料中往往也存在各种致病微生物和寄生虫，因此，很容易感染球虫病和消化道疾病。为保证仔兔健康，最好实行母仔分开饲养，并在仔兔料中定期添加氯苯胍，以预防球虫病。另外，要经常检查仔兔健康情况，查看仔兔粪便，如有拉稀或黄尿病发生，应查明原因，及时诊治。通过查看仔兔耳色，可判断出仔兔的营养状况。耳色鲜红，表明营养良好；耳色暗淡或苍白，说明营养不良。耳温也是仔兔健康状况的标志，耳温过高或过低均属病态，应及时进行诊治。

四、幼兔的饲养管理

幼兔是指从断奶到 3 月龄的小兔。由于幼兔刚刚断奶，脱离了母兔，自己开始独立生活，这种变化对幼兔是一个重要的适应过程。另外，幼兔阶段生长发育快、食欲旺盛、采食量较大，对饲料条件要求较高，但机体的调节机能和消化机能尚不健全、抗病力、适应力差。如果饲养管理不当，不仅成活率低、生长发育慢，而且还关系良种特性能否充分表现和兔群的巩固提高。因此，应特别注意加强饲养管理和疾病防治工作，提高成活率。在饲养管理中应做到以下几点。

1. 加强饲养：刚断奶的幼兔仍应喂给断奶前的仔兔料，以后逐步过渡到幼兔料。饲料必须要新鲜、清洁、容积小、营养价值高、易消化，富含蛋白质、矿物质和维生素，且粗纤维含量必须达到要求；否则，会发生软便和拉稀并导致死亡。应掌握少食多餐的原则，一次喂量不宜过大。饲喂量随年龄增长逐渐增加，防止料量突然增加或突然更换饲料。

2. 搞好管理：刚断奶的仔兔，开始几天应尽量保持原有的生活环境，1 周后按日龄大小、体质强弱进行分群饲养。笼养时以每笼 4～5 只为宜，太多会因拥挤而影响生长发育，群养时每群 8～10 只组成小群。

3. 加强运动:幼兔60日龄后开始放出室外活动,以增强体质。笼养兔每天放出运动1～2小时,以增强体质。

4. 预防球虫病:此时期兔群易爆发球虫病。为防止感染球虫病,应在断奶转群时,在饲料中投放一些防治球虫病的药物,如氯苯胍、地克珠利等。要经常检查粪便,查到球虫卵后,立即采取措施。无化验条件的应加强观察,如发现幼兔粪便不呈粒状、眼球呈淡红色或淡紫色、腹部膨大时,即可疑为球虫病。

5. 及时注射疫苗:按照常规免疫程序及时作好免疫接种工作,一般20～30日龄接种大肠杆菌苗;断奶后接种巴氏杆菌疫苗;30～35日龄接种兔瘟疫苗,60日龄加强免疫;40日龄接种魏氏梭菌疫苗。

6. 适时选种:群养兔应每隔15～30天称重一次,及时掌握兔群的生长发育情况,做好选优去劣工作。发育良好的在3月龄可转入种兔群,发育差的可转入生产群。

7. 毛兔按时剪毛:断奶幼兔在2月龄时应进行第一次剪毛。剪毛时应注意体质弱或刚断奶的幼兔不宜剪毛,可以延迟一段时间再剪;幼兔剪毛后,采食量增加,应注意饲喂;幼兔因皮肤幼嫩,第一次采毛时应剪毛,不要拔毛;剪毛后皮肤裸露,应加强护理,注意防寒保暖。

8. 搞好环境卫生:保持兔舍清洁干燥、通风,定期消毒。

五、青年兔的饲养管理

青年兔是指3月龄到初次配种的兔,又称后备兔或育成兔。此时,家兔代谢旺盛,食欲强,采食量大,生长快,尤其以肌肉和骨骼为甚,发育基本成熟,抗病力和适应性大大增强,死亡率低。这是家兔一生中比较容易饲养的阶段。但生产中往往忽视对后备兔的饲养管理,其结果是生长发育缓慢,影响正常的配种繁殖,甚至导致种用性能下降,品种退化。生产中应注意以下几点。

1. 饲养方面:青年兔生长迅速,需要充分供给蛋白质、矿物质、维生素。青年兔对粗饲料的消化能力和抗病力大大加强,应以青饲料为主,适当补充精料。一般在4月龄以内喂料不限量,使之吃饱吃好;5月龄以后,适当控制精料,防止过肥。

2. 管理方面:后备兔已经性成熟或接近性成熟,公、母兔应及时分开饲养，以防早配、乱配。对4月龄以上家兔从外形特征、生长发育、生产性能、健康状况等方面进行综合鉴定，符合种用要求的转入繁殖群，不合要求的转入商品群。后备兔应适当控制体重，大型品种体重控制在5 kg左右，中型品种体重控制在3.5～4 kg，以保持旺盛的繁殖机能。后备兔应适当控制初配期，大型品种7～8月龄左右，中型品种5～6月龄，小型品种4～5月龄。

第五节　不同生产方向家兔的饲养管理

家兔因生产任务不同，对外界环境和饲养管理条件的要求也各有差异。因此，在饲养管理过程中，除应遵守家兔饲养管理的一般原则外，还应针对各类兔的生产特点分别对待。这样，才会体现出科学性、针对性和实用性，才会收到良好的效果。

一、商品肥育兔的饲养管理

肉、皮兔在屠宰之前，为使其尽快增膘，改善肉质，应进行肥育饲养。肥育的原理就是增加营养蓄积，减少营养消耗；促进同化作用，减少异化作用，使家兔食入的养分除了维持生命活动外，还有大量营养储积体内，形成肌肉和脂肪。

（一）育肥类型

供育肥的家兔有三种，即幼兔、淘汰的青年种兔和成年种兔。

1. 幼兔育肥：指仔兔断奶后开始催肥，2.5～3月龄体重达到2.0～2.5 kg时出售。这是国内肉兔生产尤其是工厂化生产的主体，适于杂交商品肉兔育肥。

2. 青年兔育肥：指3月龄到配种前淘汰的后备兔催肥。育肥期一般为30～40天，增重达1 kg以上时即可屠宰。

3. 成年兔育肥：淘汰种兔屠宰前经过短期肥育以增加体重、改善肉质。育肥时要注意选择肥度适中的家兔，过肥或过瘦的应尽早宰杀不宜育肥。育肥期一般为30～40天，体重增加1 kg以上时即可宰杀。

（二）育肥的技术要点

1. 抓断奶体重：育肥速度的快慢在很大程度上取决于早期增重的快慢，

即育肥期与哺乳期密切相关。凡是断奶体重大的个体，育肥期的增重就快，容易抵抗断奶的应激。而断奶体重越小，断奶后越难养，育肥增重越慢。因此，要求30天断奶重：中型兔500 g以上，大型兔600 g以上。这就要求提高母兔的泌乳力、调整母兔哺乳的仔兔数、抓好仔兔的补料等工作，以提高仔兔断奶重。

2. 营养全价：仔兔断奶后1～2周仍饲喂断奶前的饲料，以后逐渐过渡到育肥料。育肥料以精料为主，一般控制日粮中蛋白质为17%～18%，粗纤维为10%～12%，能量10.47 MJ/kg以上。最适于育肥的饲料有大麦、燕麦、马铃薯、甘薯、麸皮、豌豆、碎米等。一般采用全价颗粒饲料任其自由采食。家庭养兔也可采用精料和青粗料合理搭配，少食多餐，让家兔吃饱吃足。

3. 公兔去势：幼龄小公兔育肥一般不去势。因为肉兔出栏在3月龄以前，而公兔性成熟在3月龄以后，在此之前它们的性行为不明显，不会影响增重；相反，睾丸分泌的少量雄性激素会促进蛋白质合成，加速兔子生长，提高饲料利用率。生产中发现小公兔的生长速度大于小母兔，也说明了这一问题。再者，无论手术去势还是药物去势，由于伤口或药物刺激所造成的疼痛，以及睾丸组织的破坏和修复，都将影响家兔的生长和发育。

成年兔育肥，去势后可提高兔肉品质，提高育肥效果。去势后，公兔体内的新陈代谢及氧化作用降低，有利于肌肉生长和脂肪沉积，同时可以减少饲料消耗。

4. 环境控制：育肥效果的好坏在很大程度上取决于环境控制，主要是温度、湿度、光照和通风密度。育肥最适温度为15℃～25℃，湿度控制在55%～65%。温度过高或过低，环境过于潮湿都不利于家兔育肥。

光照影响家兔的生长和繁殖，育肥期应实行弱光或黑暗，仅让家兔看到采食和饮水，这样可抑制性腺发育、促进生长和脂肪的储积。育肥期每天光照不超过10小时。

饲养密度根据温度及通风条件而定。在良好的条件下，每平方米笼底面积可养15～18只育肥兔。但我国农村多数养兔场环境控制能力有限，饲养密度过高会产生相反的效果，一般应控制在每平方米14～16只。

通风不良不仅不利于家兔生长，而且容易患多种疾病。育肥兔饲养密度大、排泄量大，对通风的要求比较强烈，应定期打开门窗进行通风换气，排出浊气。

5. 限制运动：肥育阶段要限制家兔的运动，减少营养的消耗，可将家兔放在仅能容身的窄小的笼子里或提高饲养密度。

6. 搞好卫生：肥育兔由于少运动、少光照、身体抵抗力较弱，因此，兔笼、兔舍应勤打扫，勤清理，搞好环境卫生，减少疾病发生。

7. 预防疾病：育肥期主要的疾病有球虫病、腹泻和肠炎、巴氏杆菌病及兔瘟。球虫病是育肥期的主要疾病，尤以6～8月份多发，日常应采取药物预防、加强饲养管理和搞好兔舍卫生相结合的措施。预防腹泻和肠炎主要是合理搭配饲料，粗纤维含量适宜，搞好饮食卫生和环境卫生。预防巴氏杆菌病一方面搞好兔舍卫生和通风换气，加强饲养管理；另一方面定期注射疫苗，在疾病多发季节适时进行药物预防。兔瘟只有疫苗才能控制，一般断奶后每只皮下注射1 mL，1次即可出栏。

8. 适时出栏：出栏时间往往根据品种、季节、体重等而定，大型品种，出栏体重可适当大些；中型品种，出栏体重可适当小些。冬季气温低，耗能高，不必延长育肥期，只要达到出栏最低体重即可。其他季节，青饲料充足，气温适宜，兔子生长较快，育肥效益高，可适当增大出栏体重。肉兔育肥期很短，一般为6～7周，即28日龄断奶，2.5～3月龄体重达到2.5 kg即可出栏。肥育时间过长会影响年肥育出栏数量，降低经济效益。

二、长毛兔的饲养管理

安哥拉兔每年生产优质兔毛1.0～1.4 kg，在所有产毛动物中兔毛产量与活体重的比率最高，约为30%。安哥拉兔的生产年限平均是3～4年，其营养需要与肉用繁殖母兔的需要类似。饲养管理中应注意以下几点。

1. 优化日粮组成，保证营养供给。

(1) 注意日粮中蛋白质和含硫氨基酸的水平。长毛兔主要是产毛，日粮蛋白质水平的高低直接影响兔毛的产量和质量。在高营养的条件下，兔毛生长快、产量高、质量好。理想的高产毛兔日粮中粗蛋白水平为17%～19%，含硫氨基酸为0.7%～0.8%。在法国一些养兔场，每只兔每天喂含有17%蛋白质的颗粒饲料160～170 g，而德国在保证供应基础日粮（青绿饲料、多汁饲料、粗饲料)的同时,每天每只补喂含有15%～18%蛋白质的专用颗粒饲料100 g。

(2) 根据兔毛生长的阶段性和规律性调整日粮。长毛兔的采食量及对营养物质的需要量随采毛和兔毛生长周期而变化。一般安哥拉兔每3个月剪一次毛,剪毛后有2～3周完全或基本裸露,体表散热多,所需能量最高。同时,剪毛后第4周生长速度达到最高。因此,剪毛后第一个月长毛兔对能量、蛋白质和含硫氨基酸等营养物质的需要量达到最大,兔的采食量最大。第二个月兔毛长得最快,要喂给充足的饲料。第三个月,兔毛生长缓慢,散热量少,采食量相应下降。因此,应根据兔毛生长的周期和采食量的变化规律调整喂量。

(3) 根据环境温度的变化调整日粮。正常情况下,毛长3 cm,采食量为130 g,此时有60%的营养物质用于生产,40%用于体热散发。然而,在低温情况下,有60%用于体热散发,40%用于生产。如果营养水平低,因消耗多,就会营养不足,影响生产。所以,低温条件下,要想多产毛,就必须保证营养的供给。

高温情况下,毛长,体内热量不宜散发,此时,要减少采食量。如果喂料过多,体内产热更多,从而影响繁殖和生产。由于体热高、产毛少、采食量少,此时就更应满足蛋白质的需要。

2. 加强兔毛护理,合理采毛:采毛是毛兔管理中一项技术较强的工作,及时采毛可增强外界空气、阳光和温度与兔体的接触,刺激体内一系列内分泌的活动,从而起到促进兔体代谢的作用。实践证明,采毛能促进毛兔食欲、增加采食量。因此,合理采毛既能提高兔毛的产量和质量,还与毛兔健康有关。

长毛兔的养毛期为75～90天,一般每年剪4～5次毛。剪毛次数过多会降低优质毛的产量,次数过少产毛量降低。夏季可缩短剪毛间隔,一般9周左右剪一次,有利于散热和兔毛生长;冬季可延长剪毛间隔,12～13周剪一次。

母兔采毛时间可安排在配种前,到分娩时毛还较短,便于仔兔吮乳。妊娠母兔需要剪毛的话,一般在产前20天剪毛,剪毛过晚,往往因营养得不到及时补充而影响胎儿发育或引起流产。母兔临近分娩时不要剪毛,尤其不要剪胸腹部的毛。

平时定期梳理兔毛,一般每10～15天梳理1次,防止兔毛缠结,降低结块率。

3. 加强日常管理：保持兔笼清洁干燥，及时清除草屑、粪便，保持兔毛的“洁、白、松、净”。长毛兔应单笼饲养，以防群养拥挤造成被毛缠结，降低兔毛品质。

三、皮用兔的饲养管理

饲养獭兔的最终目的是获得优质毛皮，商品獭兔饲养管理好坏，直接影响毛皮质量，从而影响到经济效益。因此，必须做好以下几项工作。

1. 科学饲养。

獭兔的毛皮质量与饲料营养关系很大，要按獭兔毛皮生长特点和营养需要提供全价饲料。混合饲喂时，青饲料应多种搭配，并补喂足够的配合精料。如用全价颗粒饲料，其营养水平为消化能为 11.30～11.72 MJ/kg，蛋白质为 18%～16%（前期 18%，后期 16%），粗脂肪 3%～5%，粗纤维 10%～12%，钙 0.5%～0.7%，磷 0.3%～0.5%，目的是充分利用家兔早期生长发育快的特点，发挥其生长的遗传潜力。

2. 科学管理。

（1）合理分群。商品獭兔断奶后实行小群饲养，每笼 1 群，每群 4～5 只。淘汰种兔按公母分群，每群 2～3 只。3 月龄后应单笼饲养，避免相互咬架，损伤毛皮。

（2）环境适宜。兔舍保持温度 15～25℃，湿度 55%～65%，光照 8～10 小时，有利于獭兔生长。

（3）卫生清洁。兔笼、兔舍应保持清洁、干燥。兔笼要每天打扫，及时清除粪尿及其他污物，避免污染毛皮，保持兔体清洁卫生。

（4）预防疾病。兔舍要定期消毒，切断传染源，用药物预防或及时治疗直接损害毛皮质量的毛癣病、疥癣病、兔螨等，要做好兔瘟、巴氏杆菌病、波士杆菌病等传染病的疫苗注射工作。

第六节　不同季节家兔的饲养管理

环境温度、湿度、光照、饲料种类及微生物的活动等都是与季节变化相联系的，从而对家兔产生一定的影响。因此，在饲养管理过程中，也应根据季节变化的特点进行适当的调整，以适应环境的变化。

一、春季的饲养管理

春季气温渐暖，雨量较少，空气干燥，阳光充足，饲料丰富，是家兔生长、繁殖的最佳季节。但春季气候多变，早晚温差大，给养兔带来诸多不利因素。这一季节，在饲养管理上应注意以下几点。

1. 注意气温变化：从总体来说，春季气温是逐渐升高的，但气温不定，变化无常，早晚温差悬殊。在华北地区，尤其是在3月份，倒春寒相当严重，很容易诱发家兔感冒、肺炎、巴氏杆菌等病；特别是冬繁刚断奶的幼兔，抗病力差，更易发病死亡。因此，要精心管理，做好兔舍保温工作，提高仔兔成活率。

2. 抓好春繁配种：春季公兔性欲旺盛，精液品质好；母兔发情明显、排卵数多、受胎率高、产仔数多，仔兔发育良好、体质健壮、成活率高，因而是繁殖的黄金季节。应利用这一有利时机，争取早配多繁。配种时可采用频密繁殖，连产2～3胎再进行调整。但应注意有的兔场因冬季没有加温条件，往往停止冬繁，公兔长时间不配种，导致附睾里贮存的精子活力低、畸形率高，开始配种的几胎受胎率低。为此，可采用重复配种或双重配种，提高受胎率。

3. 抓好饲料过渡：早春饲料青黄不接，对于没有使用全价配合饲料喂兔的农村家庭兔场而言，应多喂些维生素类饲料，如冬储的白菜、胡萝卜、大麦芽、绿豆芽等，这是提高种兔繁殖力的重要措施。随着气温逐渐升高，青饲料逐渐增多，但由于青饲料幼嫩多汁，适口性好，家兔贪吃，饲喂时应注意：逐渐过渡，以防过食引起胃肠机能不适而拉稀；不喂带泥浆水和堆积发热的青饲料，更不能喂霉烂变质的饲料；阴雨高湿天气要少喂水分多的饲料，适当增喂干粗饲料；饲料中可拌入少量大蒜、洋葱等杀菌、健胃饲料，或拌喂0.01%～0.02%的碘溶液、适量木炭粉或抗生素、磺胺类药物等，以增强抗病力，减少消化道疾病的发生。

4. 加强换毛期管理：春季是家兔的换毛季节。此时，冬毛脱落，夏毛长出，需要消耗较多的营养。因此，换毛期间应喂给蛋白质含量较高的饲料，使含硫氨基酸达到0.6%以上，同时给予新鲜幼嫩的青饲料，以满足兔毛生长的需要，使换毛尽快结束。

5. 预防疾病：春季万物复苏，各种病原微生物活动猖獗，是家兔多种传染病的高发季节，防疫工作应放在首要位置。首先要注射有关的疫苗，特别是兔瘟疫苗必须及时注射。第二，有针对性地预防投药，预防巴氏杆菌病、大肠杆菌病、感冒、口腔炎等。第三，加强消毒，进行1～2次火焰消毒，并焚烧掉脱落的被毛。第四，做好笼、舍清洁卫生工作，做到勤打扫、勤清理、勤洗刷、勤消毒，保持笼舍干燥、清洁、无积粪、无臭味、无污物。

二、夏季的饲养管理

夏季气温高、湿度大，家兔汗腺不发达，常因气候炎热而食欲减退、身体消瘦、抗病力降低，给家兔的生长和繁殖带来很大的难度。因此，夏季是家兔最难养的季节，故有“寒冬易度，盛夏难养”之说。夏季养兔主要做好以下工作。

1. 防暑降温：高温对家兔尤其是长毛兔会产生诸多不利影响，必须采取相应的措施进行防暑降温，这是养好家兔的关键。

(1) 兔舍通风。这是兔舍防暑降温的一项主要措施。兔舍应充分利用自然通风，场址应选在开阔之地。兔舍方位应根据当地夏季的主风向确定，一般以南向为好；当自然通风不能满足要求时，需利用机械通风。

(2) 兔舍隔热。夏季气温高，太阳辐射强，舍外的热量主要通过门窗、墙壁和屋顶传入舍内，因此必须注意兔舍的隔热，特别是对屋顶或笼顶。兔舍的墙壁应为浅色，最好为白色，这样可减少太阳的辐射热。

(3) 兔舍遮阳。兔舍应保持阴凉，切忌阳光直射兔笼。遮阳措施有遮阳网、加宽屋檐、搭凉棚、植树、种植攀援植物、挂窗帘、窗外设挡阳板等。

(4) 兔舍降温。舍内温度超过30℃时，可通过以下措施降温。一是喷雾冷却法，即将低温水在舍内呈雾状喷出进行降温。二是蒸发冷却法，即在屋顶、笼顶、舍内洒凉水，水分蒸发时会吸收和带走热量。三是笼内放湿砖等也可以达到降温的目的。以上方法只能在室内空气干燥、通风良好的情况下使用；否则，反而会加剧高温环境对兔体的不良影响，高温高湿的影响更大。

(5) 兔场绿化。兔场周围种植树木、牧草或饲料作物等，以覆盖地面、缓和太阳辐射、降低环境温度、净化空气、改善小气候等。

(6) 降低饲养密度。兔体不断地向周围散发热量，每只兔都是一个热源。降低饲养密度是减少热应激的一条有效措施。每平方米底板面积商品兔的饲养密度可由16～18只降低到12～14只。

(7) 合理配合饲料。饲料要求全价,蛋白质含量充足,降低碳水化合物的喂量,适当多喂青绿饲料,减少兔体的产热量。

(8)适时剪毛。长毛兔入伏前要进行剪毛,养毛期缩短至7～8周,以利于散热。

(9)控制配种。这是减少兔体产热和减轻兔体散热负担的重要措施。母兔妊娠后,体内的物质代谢加强,产热量也相应增加,从而加重了兔体的散热负担,因此高温季节不要配种繁殖。

2. 精心饲喂:

(1) 调整喂料时间。夏季中午炎热,家兔食欲缺乏。因此,要调整喂料时间,做到"早餐早,午餐少,晚餐饱,夜加草",每天把80%的喂量集中在早晨、晚上和夜间,以减少白天的采食量和活动量。

(2) 调整饲料种类。适当增加蛋白的含量,减少能量的比例,多喂青绿饲料,以减少产热量。

3. 满足饮水:夏季家兔需水量多,为冬季的2倍以上。饮水要清洁,除了自由饮水以外,为提高防暑效果,可在水中加入1%～1.5%的食盐;为预防消化道病,可在水中添加一定的抗菌药物,如环丙沙星等;为预防球虫病,可让母兔和仔、幼兔饮用0.01%～0.02%的稀碘液。

4. 搞好卫生:夏季家兔的消化道疾病较多,主要原因在于饲料、饮水和环境卫生没有跟上。因此,应注意环境卫生,食盆每天清洗1次,笼内勤打扫,舍内勤消毒,及时清除粪便,消灭蚊蝇,保持兔舍干燥卫生。

三、秋季的饲养管理

秋季气候适宜,饲料充足,营养丰富,是家兔生长和繁殖的第二个黄金季节,在饲养管理上主要抓好秋繁和换毛期管理。

1. 加强换毛期饲养:秋季是家兔的换毛季节,营养消耗大,体质较弱,必须加强饲养管理,多喂适口性好的青绿饲料,提高饲料蛋白质和含硫氨基酸含量,使换毛时间尽可能缩短,以免影响配种。

2. 抓好秋繁配种:秋季是家兔配种繁殖的又一个黄金季节,但经过一个夏季,多数种公兔体质普遍欠佳,因此,入秋前后应加强饲养管理,除了保证优质青绿饲料外，还应增加蛋白质饲料的比例，使蛋白质达到16%～18%。配种前15～20天调整日粮结构，加强营养，提高精液质量。

3. 预防疾病：秋季气候变化无常，温度忽高忽低，昼夜温差较大，容易导致家兔暴发呼吸道疾病，特别是巴氏杆菌病对兔群威胁较大。此外，秋季也是兔瘟的高发季节。秋季的气温和湿度还适于球虫卵囊的发育，预防幼兔球虫不可麻痹大意。应有针对性地注射有关疫苗、投喂药物和进行消毒。在集中换毛期，兔毛飞扬，如不及时处理，有可能被家兔误食而发生毛球病。

4. 饲料储备：秋季饲料逐渐老化，及时采收饲草饲料以备越冬和早春饲用是非常重要的；否则，采收不及时，饲草纤维化，营养价值降低。贮备不足，冬季和早春饲草饲料供应衔接不上，会对生产产生影响。

四、冬季的饲养管理

冬季气温低，光照短，青绿饲料缺乏，给养兔带来一定的困难。生产中要重点做好以下工作。

1. 防寒保温：防寒保温是冬季管理的中心工作。家兔虽然比较耐寒，但其耐寒能力也是有一定限度的，并不是越冷越好。当气温降至5℃以下时，家兔就会感到不适，影响采食和生长。尤其是仔兔，抗寒能力差，极易受冻死亡。冬季兔舍温度应保持相对稳定，而不能忽冷忽热。应从减少热能的释放、减少冷空气的进入和增加热能的产生等几个方面入手，如关门窗、挂草帘、堵缝洞，安装暖气、生煤火，高寒地区可挖地下室、山区可利用山洞等。此外，冬季最好饮温水，用热水拌料，减少兔体的热能消耗。兔笼可铺垫干草或刨花等，以利保暖。

2. 加强营养：冬季气温低，家兔维持体温需要消耗较多的热量，因此，冬季养兔无论在喂料量还是饲料组成上，都应进行适当调整，如提高能量饲料的比例、降低蛋白饲料的含量，喂料量比其他季节多20%～30%。为弥补青饲料的不足，可补充一些菜叶、胡萝卜、麦芽、豆芽等，有条件的最好喂颗粒饲料。

3. 抓好冬繁：在做好防寒保温工作的基础上，安排冬繁冬养是非常有利的。冬繁仔兔生长快、体质健壮、成活率高、出栏率高、产毛量高，最适于选种。配种时间应选在天气晴朗、无风、日暖的中午进行。冬季繁殖应注意不要进行频密繁殖，应实行断奶配种，仔兔出生后做好防寒保温工作。

4. 预防疾病：冬季由于兔舍通风换气不良，有害气体浓度过高，尤其是硫化氢，刺激家兔呼吸道黏膜而发生炎症，因此，冬季家兔的主要疾病是呼吸道疾病，其中最主要的是传染性鼻炎。此病仅靠药物和疫苗是不能解决问题的，关键是改善兔舍环境，加强通风换气。应在天气晴朗的中午打开门窗，排出浊气。为减少有害气体的产生，粪便应每天进行清理，不可堆积时间过长。

【复习思考题】

1. 家兔的饲养方式有哪几种？家兔饲养及管理的一般原则是什么？
2. 在不知家兔出生记录的情况下，如何判断家兔的年龄？
3. 怎样判断家兔的性别？
4. 简述公兔去势的方法。
5. 简述拔毛的优缺点、拔毛的方法和注意事项。
6. 怎样对配种期种公兔进行饲养管理？
7. 通常引起母兔流产的主要原因有哪些？
8. 引起母兔乳房炎的主要原因有哪些？如何预防？
9. 简述仔兔幼兔以及青年兔的饲养管理要点。
10. 简述商品兔育肥的技术要点。
11. 影响长毛兔产毛量的因素有哪些？试述长毛兔饲养管理的技术要点。
12. 影响獭兔毛皮质量的因素有哪些？试述獭兔饲养管理的技术要点。
13. 简述春、夏、秋、冬四季家兔饲养管理的技术要点。

第十九章　兔场建筑与环境调控

【内容提要】 主要介绍如何选择兔场场址及场内建筑的布局；介绍兔舍建筑要求、兔舍的类型、养兔的附属设备以及兔舍环境的调控技术等。

【目标及要求】 掌握兔场场址的选择、兔舍基本建筑要求、兔舍类型和兔舍环境调控。

【重点与难点】 兔舍环境的要求及调控措施。

兔场是集中饲养家兔和以养兔为中心而组织生产的场所，是家兔重要的外界环境条件之一。为了有效地组织家兔生产，应根据家兔的生物学特性和兔场的发展规划，本着勤俭节约的精神，进行兔场场址的选择、建筑物的科学建造与合理布局、设备的科学选用，以合理利用自然和社会经济条件，保证良好的环境，提高劳动生产率。

第一节　场址选择与布局

一、场址选择

选择兔场场址，应根据兔场的经营方式、生产特点、管理形式及生产的集约化程度等特点，对地形、地势、土质、水源，以及居民点的配置、交通、电力、卫生、物资供应等条件进行全面考虑。

(一) 地形、地势

兔场应建在地势高燥、背风向阳、排水良好、地面平坦或稍有坡度(以1%～3%为宜)的地方，地下水位应在 2 m 以下；低洼潮湿、排水不良的场地不利于家兔热调节，却有助于病原微生物的生长繁殖，对家兔的健康不利。当然，地势过高,冬季容易招致寒风的侵袭,造成环境过冷,同样不利于兔舍环境控制和兔群的健康。

(二)土质

兔场场地土壤情况,如土壤的透气性、吸湿性、毛细管特性、抗压性以及土壤中的化学成分,都直接或间接对家兔及其建筑物产生影响。

黏土类透气、透水性不良,吸湿性大,当受粪尿等有机物污染后,易产生有害气体如氨气、硫化氢等;同时,潮湿的土壤是病原微生物及蝇蛆等生存和孳生的良好场所,对兔的健康造成威胁。

沙土类透气透水性强、吸湿性小,虽然易于干燥,但导热性大、热容量小,易增温,也易降温。

兔场理想的土壤为砂壤土,它兼具沙土和黏土的优点,土粒大,透气透水性良好,有利于防病,但受客观条件的限制,选择理想的土壤条件很不容易,需要在设计规划、施工建造和日常管理上,设法弥补土壤的某些缺陷。

(三)水源

生产过程中,兔场的需水量很大,如家兔的饮水,兔舍、笼具的冲洗、消毒以及生活用水等,因此,必须有足够的水源。水质好、水量不足将直接限制家兔生产,而水质差、达不到应有的卫生标准,同样也是家兔生产的一大隐患。理想的水源是泉水和自来水,作为兔场水源的水质必须符合饮用水标准。

(四)交通

兔场应建在交通便利的地方。从卫生防疫的角度,兔场距交通主干道应在 300 m 以上,距一般道路 100 m 以上。

兔场应远离居民区,与居民区保持 200 m 以上的距离,且应位于居民区的下风头,尽量避免兔场成为周围居民区的污染源;同时,也要注意不受周围环境所污染,应避开居民污水排出口。

(五)电力

兔场照明、饲料加工、通风换气甚至清粪等需要消耗一定的电力,工厂化养兔尤甚。因此,兔场要保障电力工应,同时自备电源。

二、建筑布局

养兔场一般分成生产区、管理区、生活区、兽医隔离区四大块。兔场的总体布局是否合理，不仅关系兔场的建筑投资，而且对兔场长期的生产活动造成影响。兔场布局和其他畜牧场一样，都有分区、布局、朝向、间距和道路等问题。

（一）区域布局

1. 生产区：生产区是养兔场的核心部分，包括种兔舍、繁殖舍、育成舍、育肥舍或幼兔舍等。为了防止生产区的气味影响生活区，生产区应与生活区并列排列并处于偏下风位置。生产区内部应按核心群种兔舍→繁殖兔舍→育成兔舍→幼兔舍的顺序排列，种兔舍应置于环境最佳的位置，育肥舍和幼兔舍应靠近兔场一侧的出口处，以便于出售，并尽可能避免运料路线与运粪路线的交叉。

2. 管理区：管理区主要包括饲料仓库、饲料加工车间、干草库、水电房等。应单独成区，与生产区隔开，并保持一定距离。饲料原料库与饲料加工车间应尽量靠近饲料成品库，后者应与各兔舍保持较短距离，以缩短生产人员的往返路程。

管理区是办公和接待往来人员的地方，包括办公室、接待室、陈列室和培训教室组成。其位置应尽可能靠近大门口，使对外交流更加方便，也减少对生产区的直接干扰。为了工作方便，不应距生产区太远。在通往生产区的入口处，应设消毒间、消毒池和更衣室。

3. 生活福利区：生活福利区主要包括办公室、职工宿舍、食堂等生活设施。考虑工作方便和兽医防疫，生活区既要与生产区保持一定距离，又不能太远。其位置可以与生产区平行，但必须在生产区的上风，并在生产区入口处设置消毒设施。

4. 兽医隔离区：兽医隔离区包括兽医试验室、病兔隔离室、尸体处理室等，均应设在兔场的下风向和地势较低处，与其他区特别是生产区保持一定距离，远离健康兔群，以免传播疾病。

（二）兔舍朝向和间距

兔舍一般应坐北朝南，兔舍长轴与夏季主导风向垂直。若夏季为南风，从单栋兔舍来看，南北向兔舍自然通风与采光条件均较好。但多排兔舍平行排列时，如果兔舍长轴与夏季主导风向垂直，则后排兔舍受到前排兔舍阻挡，通风效果较差。要达到理想的通风效果，需加大兔舍间距，一般间距为舍高的4～5倍。如以舍高3 m计，则兔舍间距为12～15 m。这样间距较大，占地较多，往往难于做到。如能从夏季主导风向和兔舍的关系考虑，使兔舍长轴与夏季主导风向成30°左右的夹角，可大大缩短兔舍间距（约缩短3～5 m），并可使每排兔舍获得到最佳的通风效果。

（三）兔场道路

兔场道路应分清洁道和污染道。清洁道是运送饲料、兔子以及人员行走的道路。污染道是运送粪便、垃圾和病死兔的道路。在设计时，应使两种道路严格分开，避免交叉，同时考虑以最短路线合理安排，有利防疫，方便生产。

第二节　兔舍建筑

一、兔舍建筑的一般要求

1. 符合家兔的生物学特性：兔舍的设计要符合家兔的生物学特性，有利于环境控制，有利于家兔生产性能和产品质量的提高，有利于卫生防疫，便于饲养管理和提高劳动效率。

2. 考虑投入产出比：兔舍的建造要考虑投入产出比。在满足家兔生理特点的前提下，尽量减少投入，降低建筑成本，以便早日收回投资。因此，在兔舍形式、结构设计和设施选择上，都应突出经济效益。选材要因地制宜，就地取材，经济实用。

3. 兔舍基础应坚固耐用：基础是兔舍的地下部分，一般比墙宽10～15 cm，基础应具备足够的强度和稳定性，足够的承重能力和抗冲刷能力，深度在当地土层最大冻结深度以下。为了防潮和保温，基础应分层铺垫防潮保温材料，如油毡、塑料膜等。国外在畜舍建筑中广泛采用石棉水泥板及刚性泡沫搁板，以加强基础的保温。

4. 墙：墙是兔舍的主要外围结构，对舍内温、湿状况的保持起重要作用。兔舍墙壁应坚固耐用，抗震抗冻，防水防火，具有良好的保温和隔热性能。墙的保温与隔热能力取决于所采用的建筑材料和厚度。多用砖或石砌成，以空心墙最好。为增加防潮和隔热能力，墙内表面应抹灰浆；为增加反光能力和保持清洁卫生，内表面应粉刷成白色。

5. 舍顶及天棚：舍顶是兔舍上部的外围护结构，用以防止降水和风沙侵袭及隔离太阳辐射热。屋顶坡度即屋顶高度（H）和屋的跨度（L）之比，一般为1∶2～1∶5；在寒冷积雪和多雨地区，坡度应大些，可采用高跨比1∶2，即45°坡。

天棚是将兔舍与舍顶下空间隔开的结构，使该空间形成一个不流动的空气缓冲层。其主要功能是加强冬季保温和夏季防热，同时也利于通风换气。屋顶和天棚散失的热量最多，兔舍热量有36%～44%是通过屋顶和天棚散失的。为加强隔热保温性，天棚应选用隔热性好的材料，如玻璃棉、聚苯乙烯泡沫塑料等。

6. 地面：兔舍地面质量不仅影响舍内小气候与卫生状况，还会影响家兔的健康及生产力。对地面总的要求是坚固致密，平坦不滑，抗机械能力强，耐消毒液及其他化学物质的腐蚀，耐冲刷，易清扫消毒，保温隔潮，能保证粪尿及洗涤用水及时排走。生产中兔舍多为水泥地面，坚固抗压，耐腐蚀，不透水，易于清扫和消毒，但导热性强，虽有利于炎热季节的散热，但寒冷季节散热量更大，因此不宜直接做兔的运动场和兔床（如散养）。

7. 门：兔舍的门有内外门之分。舍内分间的门叫做内门，通向舍外的门叫做外门。对舍门的要求是结实耐用，开启方便，关闭严实，能防兽害。兔舍的外门一般高2 m，宽1.5 m。人行便门高1.8 m，宽0.7 m。每栋兔舍一般有两个外门，设在两端墙上，正对中央通道，便于运料及管理。较长的兔舍（大于30 m）可在阳面纵墙上设门。寒冷地区端墙及北墙可不设门，阳面多开门。

8. 窗：兔舍的窗主要用于采光和自然通风。窗户的装置和结构对兔舍的光照、温湿度和空气新鲜度等都有重大影响。窗户的面积越大，进入舍内的光线越多。一般要求窗户的有效采光面积同舍内地面面积之比为：种兔舍1∶10左右，育肥兔舍1∶15左右。

入射角是兔舍地面中央一点到窗户上缘所引的直线与地面水平线之间的夹角；入射角愈大，愈有利于采光。兔舍窗户的入射角一般不小于25°。

透光角又叫做开角，即兔舍地面中央一点向窗户上缘和下缘引出两条直线所形成的夹角；透光角愈大，愈有利于光线进入。兔舍的透光角一般不小于

5°(图 19-1)。

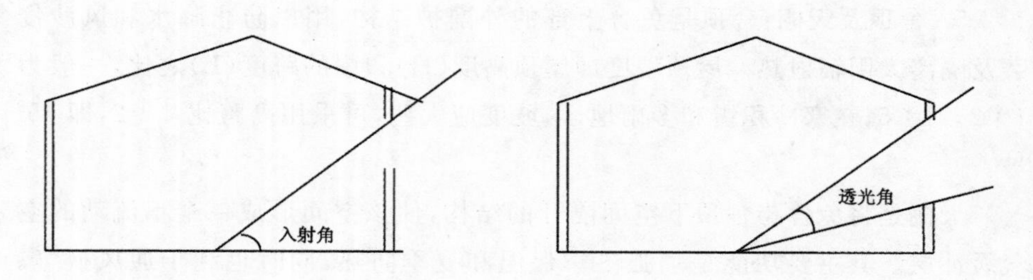

图 19-1　兔舍窗户的入射角和透光角

窗户下缘距地面高度一般为 80～100 cm,在下缘高度一定的情况下,要达到 30°入射角的设计要求,只有加高窗户上缘高度,以利采光。窗户与窗户间距宜小,以保证舍内采光的均匀性。

9. 排污系统:兔舍的排污系统包括粪尿沟、沉淀池、暗沟、关闭器及蓄粪池等。

粪尿沟应有一定坡度,坡度为 1%～1.5%,表面光滑,做防渗处理。沉淀池上连粪尿沟,下通地下沟,作用是将粪便中的固形物进行沉淀。暗沟是沉淀池通向蓄便池的地下管道,暗沟要开口于池的下部,管道呈 3%～5%坡度。关闭器设在粪尿沟出口处的闸门,以防粪尿分解的不良气体进入兔舍;同时,防止冷风倒灌、鼠、蝇等由粪沟钻入兔舍。蓄便池用于蓄积舍内流出的粪尿和污水,应设在舍外 5 m 以外的地方。池的大小根据污水排出量而定。一般可蓄积 4 周左右的粪尿。

10. 舍高、跨度和长度:舍高指地面至天花板的高度。无天花板时指地面至屋架下弦下缘的高度。舍高有利于通风,缓和高温影响,但不利于保温。因此,在寒冷地区,应适当降低净高,一般 2.5～2.8 m,而炎热地区应加大净高 0.5～1 m。

兔舍跨度要根据家兔的生产方向、兔笼形式和排列方式,以及气候环境而定。一般单列式兔舍跨度不大于 3 m,双列式 4 m 左右,三列式 5 m 左右,四列式 6～7 m。兔舍跨度不宜过大,一般控制在 10 m 以内;过大不利于通风和采光,同时给建筑带来困难。

兔舍的长度没有严格的规定，为便于兔舍的消毒和防疫，考虑粪尿沟的坡度，一般控制在50 m以内为宜，或根据生产定额，以一个班组的饲养量确定兔舍长度。

二、兔舍类型

兔舍的建筑形式依据地理环境、社会和经济条件、生产方向、生产水平及饲养方式而定。从早期的棚舍发展到今天的密闭无窗兔舍，其形式多种多样，各具千秋。按排列形式分为单列式兔舍、双列式兔舍和多列式兔舍；按其与外界的接触程度分为亭式兔舍、开放式兔舍、半开放式兔舍和封闭式兔舍；按舍顶结构分为平顶式兔舍、单坡式兔舍、双坡式兔舍、拱式兔舍、钟楼式兔舍；按空间排列分为地下兔舍、地上兔舍和半地下兔舍等。但总体来讲，分为普通兔舍和封闭式兔舍两大类。下面介绍几种兔舍。

（一）按墙的结构和窗的有无划分

1. 棚式兔舍：棚式兔舍四面无墙，仅靠立柱支撑舍顶，通风透光好，家兔呼吸道疾病少，造价低，但是无法进行环境控制，不利于防兽害。适用于较温暖的地区或作为季节生产用。

2. 开放式兔舍：三面有墙，前面敞开或设丝网。由于向南的一面无墙，因此通风采光好，舍内有害气体浓度低，但无法进行环境控制，不利于防兽害。适于较温暖的地区，华北以南地区较常见。

3. 半敞开式兔舍：三面有墙，前面设半截墙，半截墙上部可安装铁丝网。在生产中为提高实用效果，冬季可封上活动式塑料膜，挂上草帘，或树脂制的窗帘、卷帘，以提高防寒能力。优点是通风透光好，可防兽害，造价较低，管理方便。缺点是冬季保温效果稍差。适用于四季温差小而较温暖的地区。

4. 普通兔舍：上有屋顶遮盖，四周墙壁完整，前后装有窗户。通风换气依赖于门、窗和通风管道。普通兔舍的优点是可进行舍内环境控制，冬暖夏凉，便于通风换气，便于密闭熏蒸消毒，管理省工省时，经济效益较高。缺点是粪尿沟在舍内，有害气体浓度高，呼吸道疾病较多，特别是冬季，通风和保温矛盾。普通兔舍是目前我国应用最多的兔舍。

5. 封闭式兔舍：这类兔舍没有窗户，舍内的温度、湿度、光照、通风换气等全部人工控制在适宜的范围内，能自动喂料、喂水、清除粪便。这种兔舍的优点是可使家兔全年生活在最适宜的环境中，有最好的饲料消化率、生长率、繁殖率和成活率；便于机械化、自动化操作，减轻了劳动强度，提高了劳动效率；能有效地控制传染病的传播。

封闭式兔舍的兔群周转实行"全进全出"制，这样既利于疾病控制，又便于管理，达到最佳的生产效果。但是，必须有科学的管理手段、周密的生产计划、妥善的措施和严格的规章制度。

（二）按兔笼的排列划分

1. 单列式兔舍：即兔舍内部沿纵向放置一列兔笼，分室内单列式兔舍和室外单列式兔舍（图 19-2），笼门朝南，兔笼前面设置一条走道，后面设一条粪沟和除粪道。单列式兔舍通风、光照良好；夏季凉爽，但冬季保温较差。

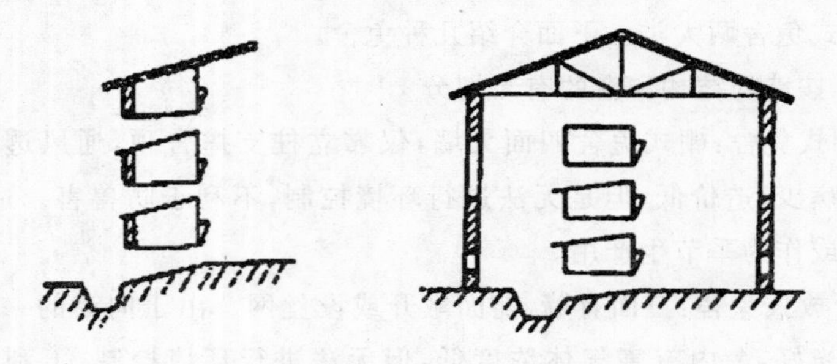

图 19-2　室外单列式兔（左）和室内单列式兔舍（右）

2. 双列式兔舍：沿兔舍纵轴方向放置两列兔笼。室外双列式兔舍两列兔笼相向排列，中间为工作通道，通道宽度 1.5 m 左右。优点是有害气体浓度低，管理方便；缺点是保温效果较差，易遭兽害。

室内双列式兔舍有两种排列形式：一种是两列兔笼背靠背排列在兔舍中间，两列兔笼之间为清粪沟，靠近南北墙各一条工作通道；一种是两列兔笼面对面排列在兔舍中间，两列兔笼之间为工作通道，靠近南北墙各一条清粪沟（图 19-3）。室内双列式兔舍的优点是室内温度易于控制，通风透光良好，饲养密度大，空间利用率高；缺点是朝北的一列兔笼光照、保温条件较差，室内有害气体浓度大。

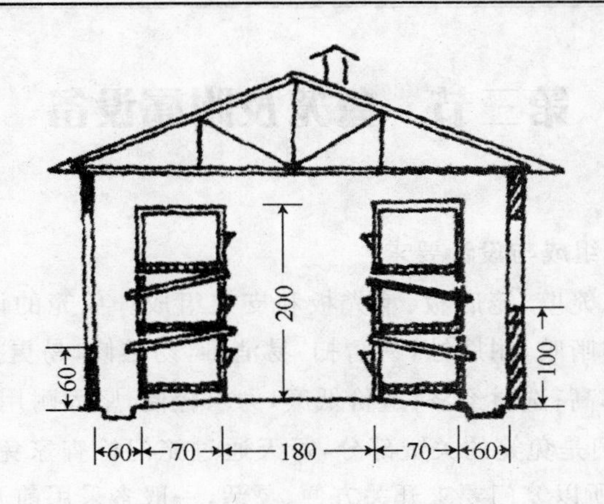

图 19-3　室内双列式兔舍(单位:cm)

3. 多列式兔舍:沿兔舍纵轴方向放置 3 列或 3 列以上兔笼,兔舍跨度大一般为 8～12 m。兔笼以单层或双层为宜;否则,兔笼层数高,影响通风和采光。这类兔舍空间利用率高,缺点是通风透气差,室内有害气体浓度高,需要采用机械通风换气。

(三) 其他

1. 塑料棚舍:在室外笼舍的上部架一塑料大棚,塑料膜有单层和双层,双层膜间有缓冲层,保温效果好,棚上可设一可卷起放下的草帘。优点是可以充分利用太阳能,增加舍温,光照充足。缺点是湿度大,通风与保温矛盾突出,空气污浊。

2. 国外组装舍:兔舍的墙壁、门、窗都是活动的,随天气变化组装。天热时,可局部或全部拆下来,使兔舍成为开放式、半开放式或敞篷兔舍;冬天,则组装起来,成为密闭兔舍。优点是适于任何地区、任何季节,方便灵活。缺点是组装零件必须坚固,装卸兔舍对兔有一定的影响。组装舍在国外发达国家较为盛行,适用于临时性兔场或移动性兔场。

第三节　兔笼及附属设备

一、兔笼

（一）兔笼的组成与设计要求

兔笼由笼门、笼壁、笼底板、承粪板和支架组成。兔笼的设计应符合家兔的生物学特性，耐啃咬，耐腐蚀，易清扫，易消毒，易维修，易更换；大小适中，方便操作，劳动效率高；选材经济，造价低廉，力求轻便，坚固耐用。

1. 笼门：笼门是兔笼的关键部分，每天通过笼门检查家兔的采食、健康状况，要经常开启，所以笼门要求开关方便、灵活，一般多采用前开门。

2. 笼壁（侧网）：笼壁指兔笼的四周，可用砖块、水泥板砌成，也可用竹条、木板、铁丝网建造。选材时应注意预防家兔啃咬，注意通风透光。

3. 笼底板：笼底板是兔笼最关键的部分，笼底板的质地、平整度等对兔的健康及笼的清洁卫生有直接影响。笼底板要求平而不滑，易清理消毒，耐腐蚀，不吸水。

笼底板取材不一，最好用竹片制成，竹条宽 2～2.5 cm，间距 1～1.2 cm。过宽，兔脚容易陷入竹缝造成骨折；过窄，兔粪不易落下。笼底板不能钉死在架上，应做成活动的，便于更换和清洗。

4. 承粪板：承粪板是笼底板下面的板状物，其功能是承接粪尿，以免污染下层的兔笼和家兔。为避免上层兔笼的粪尿、冲刷污水溅到下层兔笼，承粪板应向笼体前伸 3～5 cm，后沿 5～8 cm，并且呈前高后低式倾斜；倾斜角度为 10°～15°，以便于粪尿经板面自动落入粪尿沟，利于清扫。承粪板取材不一，多用水泥板预制件，要求平滑、坚固、耐腐蚀；此外，也可选用镀锌铁皮承粪板、石棉瓦、玻璃钢、塑料板等材料。

5. 支架：除砖石兔笼外，移动式兔笼均需一定材料为支架。支架可用角铁、铁棍焊成，也可用竹棍硬木制作。底层兔笼离地面要稍高些，一般 30 cm 左右，层间距（笼底板与承粪板之间的距离）：前面 14～20 cm，后面 20～26 cm。

（二）兔笼规格

1. 兔笼大小：兔笼大小应根据家兔品种类型、性别、年龄和环境条件等的不同而定。一般以种兔体长为尺度，笼宽为体长的 1.5～2 倍，笼深为体长的 1.1～1.3 倍，笼高为体长的 0.8～1.2 倍。大小应以保证家兔能在笼内自由活动和便于操作为原则(表 19-1)。

表 19-1　种兔笼单笼规格　(cm)

饲养方式	种兔类型	笼宽	笼深	笼高
室内笼养	大型	80～90	55～60	40
	中型	70～80	50～55	35～40
	小型	60～70	50	30～35
室外笼养	大型	90～100	55～60	45～50
	中型	80～90	50～55	40～45
	小型	70～80	50	35～40

2. 笼层高度：目前国内常用多层兔笼，一般由三层组装而成，总高度控制在 2 m 以下。底层兔笼离地高度应在 30 cm 以上，以利于通风、防潮，使底层兔有较好的生活环境。

二、兔笼类型

兔笼按制作材料分金属兔笼、水泥预制件兔笼、砖石兔笼、木制兔笼、竹制兔笼、塑料兔笼；按存在状态分移动式和固定式兔笼；按功能分饲养笼和运输笼；按层数分单层、双层和多层兔笼；按排列方式分平列式、重叠式和阶梯式兔笼。下面介绍几种形式的兔笼。

(一) 按制作材料划分

1. 金属兔笼：兔笼主体部件用金属材料制作(如金属丝网、金属板冲床下脚料、金属板条等)，适用于不同规模的种兔生产及商品兔生产。优点是通风透光好，坚固耐啃，适于多种方法消毒。缺点是金属底网直接接触兔的脚底，压迫神经，而尖锐突起的铁丝容易把家兔划伤，发生感染，造成脚皮炎；容易腐蚀生锈，特别是承粪板，使用年限短。利用金属兔笼配以竹制底网和耐腐蚀的承粪板是最理想的笼具。

2. 水泥预制件兔笼：以钢筋水泥制成兔笼支架及兔笼主体的大部分，多配以竹制底网，金属笼门。优点是坚固耐用，耐腐蚀，适于各种方法消毒，造价较低，可以拆装。缺点是通风透光差，占地面积大，不能整体移动，吸附性强（如吸附不良气味），导热性强，冬季保温性差。

3. 砖、石制兔笼：多以砖、石、水泥或石灰砌成，是我国室外笼养家兔普遍采用的一种，农村小规模室内养兔也多采用。一般建 2～3 层，笼舍合一。优点是可就地取材，较经济，坚固耐用，防兽害，保温隔热性能较好，可根据实际需要建成不同形式和不同规格。缺点是通风差，占地面积大，不易彻底消毒，管理不方便。室外砖砌笼舍夏季防暑和冬季保温仍有较大难度。若将笼顶加厚加宽，后壁设活动窗，可提高实用效果。

4. 木制兔笼：以木材为主要原料制作而成。优点是轻便，移动性强，取材方便，隔热性好，易维修。缺点是不耐啃咬，难以彻底消毒。这种兔笼不适于长期使用。

5. 竹制兔笼：以不同粗细的圆竹或竹板制作而成。优点是轻便，取材方便，隔热，较耐啃咬。缺点是难以彻底消毒，时间久了骨架容易松动变形。

6. 塑料兔笼：以塑料或比较厚实的树脂塑料为原料，以模具制成单片，然后组装成型；也可一次压模成型。优点是轻便，易拆装，规格一致，适于大规模生产，便于运输，容易清洗和液体消毒，导热性小，脚皮炎发生率较低。缺点是塑料易老化，成本高，不耐啃咬。

（二）按兔笼层数划分

1. 单层兔笼：兔笼在同一水平面排列。这种兔笼饲养密度小，房舍利用率低，但通风透光好，环境卫生好，便于管理。适于饲养繁殖母兔。

2. 双层兔笼：利用固定支架，将兔笼在上下两个水平面组装排列。较单层兔笼增加了饲养密度，管理也较方便。

3. 多层兔笼：由三层或更多层兔笼组装排列。饲养密度大，房舍利用率高，单位家兔所需房舍的建筑费用小；但层数过多，最上层与最下层的环境条件（如温度、光照）差别较大，操作不方便，通风透光不好，室内卫生难以保持。一般不宜超过 3 层。

（三）按兔笼组装排列方式划分

1. 平列式兔笼：兔笼全部排列在一个平面上，门多开在笼顶。兔笼可悬吊于空中，也可用支架支撑或平放于矮墙上，粪尿直接流在笼下的粪沟内，不需设承粪板。优点是透光性好，有害气体浓度低，管理方便。缺点是饲养密度小，兔舍的利用率低。适于养种母兔。

2. 重叠式兔笼：上下层笼体完全重叠，层间设承粪板，但重叠层数不宜过多，一般2～3层为宜。优点是饲养密度大，兔舍利用率高。缺点兔笼的上下层温度和光照不均匀。若适当减少层数，增加走道宽度，提高底层离地高度，重叠式兔笼在我国应用还是有现实意义的。

3. 全阶梯式兔笼：在兔笼组装排列时，上下层笼体完全错开，粪便直接落入设在笼下的粪沟内，不设承粪板。优点是饲养密度较平列式高，通风透光好，观察方便。缺点是由于层间完全错开，层间纵向距离大，上层笼的管理不方便；同时，清粪也较困难。因此，全阶梯式兔笼最适于2层排列和机械化操作。

4. 半阶梯式兔笼：上下层笼体之间部分重叠，重叠处设承粪板。因为缩短了层间兔笼的纵向距离，所以上层笼易于观察和管理。较全阶梯式饲养密度大，兔舍的利用率高。它是介于全阶梯式和重叠式兔笼中间的一种形式，即可手工操作，也适于机械化管理，因此在我国有一定的实用价值。

第四节　兔舍环境及调控

兔舍环境条件（包括温度、湿度、光照、有害气体、噪声等）是影响家兔生产性能和健康水平的重要因素。对兔舍环境条件进行人为调控，创造适合家兔生长、繁殖的良好环境条件，是提高家兔养殖经济效益的重要手段之一。

一、温度及其调控

（一）温度对家兔的影响

温度对家兔的生长发育、繁殖、育肥及饲料报酬等都有重要影响。家兔汗腺不发达，全身覆盖浓密的被毛，体表的散热能力差，因此家兔非常怕热。相对而言，家兔对低温和寒冷的耐受力较强，只要兔舍温度不低于5℃，一般不会影响家兔生长和正常繁殖；即使在严寒季节，成年兔也能在开放式兔舍中安全越冬，而仅会影响其生长发育的速度，增加饲料消耗。

家兔最适宜的环境温度是15℃～25℃，临界温度为5℃和30℃。温度过高或过低，家兔会通过机体物理和化学方法调节体温，消耗大量营养物质，从而降低生产性能，生长兔表现为生长速度下降、料肉比升高。生产实践证明，当环境温度达到32℃以上时，家兔食欲下降，性欲降低，繁殖困难；若环境温度持续35℃以上，家兔极易中暑死亡。种公兔对高温最为敏感，30℃以上的高温，可使公兔睾丸曲精细管的生精上皮变性，暂时失去生精能力，导致"夏季不育"和秋季配种受胎率降低等现象的发生。

不同日龄、不同生理阶段家兔对环境温度的要求各不相同，初生仔兔适宜的温度为30℃～32℃；1～4周龄为20℃～30℃；育成兔为15℃～25℃，成年兔为15℃～20℃。

（二）温度控制

1. 兔舍人工增温：冬季为了提高家兔生产水平，应给兔舍进行人工增温，可采取以下措施。

（1）集中供热。可采用锅炉或空气预热装置等集中产热，再通过管道将热水、蒸汽或热空气送往兔舍进行取暖。

（2）局部供热。兔舍不同位置温度有所差别，一般靠近屋顶比地面温度高，兔舍中央比靠近门窗、墙壁处温度高，所以，可根据具体情况安装供热设备，如电热器、保温伞、散热板、红外线灯等提高局部温度。

（3）适当提高饲养密度。

2. 兔舍散热与降温：为防止日光直射，兔舍前可种植树木、攀援植物或搭遮阳网、设挡阳板、挂窗帘等措施；打开门窗、室内安装电风扇等通风设备，加强通风，加大空气流量，帮助兔体散热；在地面洒水或笼内放置湿砖；降低饲养密度；日粮中添加维生素C以减少热应急。

二、湿度及其调控

（一）湿度对家兔的影响

干燥清洁的环境有利于保持家兔健康，而潮湿污秽的环境往往是家兔生病的重要原因。湿度往往伴随着温度而产生影响，高温高湿会抑制散热，容易引起家兔中暑；低温高湿又会增加散热，使家兔产生冷感，对仔兔、幼兔尤其不利；在温度适宜而又潮湿的环境条件下，细菌寄生虫繁殖迅速，易引发家兔各种疾病，如球虫病、疥螨病等在潮湿的环境下极易发生。湿度过低对家兔也是有害。当湿度低于55%时，会引起尘土和兔毛飞扬，家兔呼吸道黏膜干裂，易引起呼吸道疾病。因此，兔舍内相对湿度以60%～65%为宜，不应低于55%或高于70%。

（二）湿度控制

湿度调节的办法很多，如加强通风对流是降低湿度的有效措施；此外，降低舍内饲养密度，增加清粪次数，保持排水排污畅通，地面或排粪沟撒一些草木灰、生石灰等，均可降低舍内湿度。

三、光照及其调控

（一）光照对家兔的影响

家兔是夜行性动物，不需要强烈的光照，同时光照时间也不宜过长，但适宜的光照对家兔的生长和繁殖起着重要作用。家兔通过太阳光中紫外线的照射，可在体内合成维生素D，促进钙、磷吸收和骨骼发育；光照可促进家兔性腺的发育，对母兔的发情和配种至关重要，光照不足，可导致母兔长期不孕；光照还具有杀菌，保持兔舍干燥，有助于预防疾病等作用。

（二）光照控制

光照控制包括光照时间及光照强度。据研究，繁殖母兔每天光照14～16小时，光照强度每平方米不低于4 W，这样有利于母兔正常发情、妊娠和分娩。种公兔每天光照12～14小时，持续光照超过16小时，会引起睾丸重量减轻和精子数减少，影响配种能力。毛兔每天光照15小时，光照强度为每平方米5 W。育肥兔以每天8小时为宜。

兔舍一般采用自然光照为主，人工光照为辅。补充光照多采用白炽灯或日光灯，但以白炽灯为好。普通兔舍多依靠门窗供光，一般不再补充光照。在兔舍建造时应考虑采光值，即窗户的有效采光面积与兔舍地面面积之比一般为1∶10。冬季日照时间短，仅靠自然光照不能满足家兔的需要，特别是繁殖种兔，需补充人工光照。以每平方米面积安装25～40 W的灯泡或40 W的荧光灯，距地面2 m左右，灯泡之间的距离为其高度的1.5倍，以实现每平方米2.4～4 W的光照。进行人工光照时，强度要均匀，同时注意光源与家兔的距离，在设置时，应以下层光照强度为标准光源。

四、有害气体及其控制

(一) 有害气体对家兔的影响

兔舍内的有害气体主要有氨气、硫化氢、二氧化碳等，是由家兔粪尿和被污染的垫草在一定温度下分解产生的，极易引起家兔呼吸道疾病。据报道，空气中氨含量超过 50 mL/m^3 时，兔呼吸频率变慢、流泪、鼻塞；达 100 mL/m^3 时，会使家兔流泪、流鼻涕和口涎增多。按照我国家畜卫生方面的规定，兔舍内有害气体允许浓度含量标准为：氨气 $<$ 30 mL/m^3，硫化氢 $<$ 10 mL/m^3，二氧化碳 $<$ 3 500 mL/m^3。

(二) 有害气体的调控

兔舍内有害气体浓度的高低受饲养密度、湿度、饲养管理制度等的影响。降低饲养密度、增加清粪次数、降低温度等均可有效降低舍内有害气体的浓度。

调控舍内有害气体的关键措施是减少有害气体的生成和加强通风。通风的主要作用是排出兔舍内废气，提供新鲜空气，降低温度和湿度。通风有自然通风和机械通风两种形式。

1. 自然通风：自然通风是利用门、窗或气窗等，让空气自然流动，将舍内有害气体排到舍外。进风口的位置越低，进、出风口之间垂直越大，越有利于通风。进风口的面积越大，通风量越大。自然通风适用于跨度小、饲养密度和饲养量小的兔舍。

由于受气候、天气等因素的制约，单靠自然通风往往不能保证兔舍经常的通风换气，尤其是炎热的夏天，因此必须辅以机械通风。

2. 机械通风：机械通风是利用风机来进行通风，分负压通风、正压通风和联合通风。

(1) 负压通风。负压通风是利用风机抽出舍内空气，使舍外空气流入舍内的通风。此种通风多用于跨度小于 10 m 的兔舍。其优点是成本低，安装简便。在我国各地普遍采用。

(2) 正压通风。正压通风是利用风机将空气强制送入舍内，使舍内气压高于舍外，以排除污浊空气和水汽。正压通风在向舍内送风时，需进行空气预热、冷却或过滤。其优点是在不同气候条件的地区均可采用。缺点是造价高，管理费用大，而且要求高，技术复杂。

(3) 联合通风。联合通风是机械通风的一种复杂形式，它同时进行抽风和排风，主要用于大型封闭式或无窗式兔舍。

五、噪声及其控制

家兔胆小怕惊，对周围环境保持高度警惕，一旦外界有异常的声响和干扰，就表现异常和恐惧。据观察和研究，突遇响声、生人喧闹都会引起家兔惊慌，表现为精神紧张、坐卧不安、到处奔跑或乱撞，同时尖叫跺脚，引起全群惊慌，进而出现食欲减退、掉膘；母兔则流产、难产，拒绝哺乳，甚至残食仔兔等严重后果。

噪声的来源主要有三方面：一是外界传入的声音；二是舍内机械或操作产生的声音；三是家兔采食、走动、争斗产生的声音。

因此，修建兔场时，一定选在远离铁路、公路、车站、码头及繁华闹市等声音嘈杂的地方；饲料加工车间应远离养兔生产场区；饲养人员操作时，动作要轻、稳，避免发出突然的响声；母兔妊娠后期尽量不用火焰喷灯消毒；禁止在兔舍附近燃放鞭炮等。

【复习思考题】

1. 建造兔场应选择什么样的地方？
2. 兔笼建造有何要求？
3. 列举兔舍(笼)的形式和种类。

第五篇

家禽生产学

第二十章　家禽的品种

【内容提要】 主要介绍家禽的品种类型和一些重要品种以及家禽的配套系。

【目标及要求】 了解鸡、鸭、鹅的一些标准品种的特点及其在生产中应用情况；了解我国丰富的地方家禽品种特点；掌握配套系的特点；掌握家禽主要性状的遗传特点、蛋鸡和肉鸡育种需要选育的性状及育种程序。

【重点与难点】 家禽标准品种的应用，我国地方家禽品种的优势，配套系的特点。

第一节　家禽的品种

根据家禽形成的历史背景和用途，家禽的品种一般分为标准品种、地方品种和商业品种，商业品种也称商业配套系。

一、标准品种

标准品种指经过有目的、有计划地系统选育，并按育种组织制定的标准经过鉴定并得到承认的品种，也称纯种。标准品种是人类生活和生产活动的产物，也是人类长期发展过程中的生活资料和生产资料。人类从自己的需要出发，对野生鸟类进行驯化和培育，产生了各种各样的家禽。在20世纪以前，家禽育种尚处于经验育种阶段，主要是由养禽爱好者作为业余爱好而进行的。他们对家禽的体型、外貌、羽色等进行选择，而对其生产性状考虑得较少。经过他们的努力，创造了许多各具特色的标准品种。在国际上，由英国大不列颠家禽协会编写的《大不列颠家禽标准品种志》和美洲家禽协会（由美国和加拿大组成)编写的《美洲家禽标准品种志》,收录了世界各地主要的标准品种,被国际家禽界广泛认可。1998 年最新版的《美洲家禽标准品种志》一书收录的标准品种,鸡有 104 个品种、384 个品变种;鸭有 14 个品种、31 个品变种;鹅有 11 个品种、15 个品变种;火鸡有 1 个品种、8 个品变种,总计 130 个品种、438 个品变种。这些丰富的家禽品种资源作为珍贵的基因库,为家禽现代育种提供了可靠的物质基础。《英国家禽标准》第四版介绍的鸡的标准品种有 80 多种,但是真正经受住养禽业商品化发展而被当今家禽育种公司采纳的却是极少数。

标准品种注重血统的一致和典型的外貌特征,尤其注意羽色、冠型、体型等。随着商业化养禽生产的兴起,育种的重点由外貌转向生产性能。这一转变使育种家致力于提高群体生产性能的水平及一致性,而对育种素材的选择及鸡的外观特征采取比较灵活的态度。由于一些标准品种在主要生产性能上具有很强的优势,如来航鸡的高产蛋量、科尼什突出的肉用性能。因此,少数几个标准品种在商业育种的激烈竞争中逐渐取得主导地位,成为广泛应用的基本育种素材。而大量的标准品种因生产性能无竞争能力而逐步退出了现代养鸡生产,仅留少量被作为遗传资源得到保护。

(一) 重要的鸡标准品种

1. 单冠白来航鸡(Single Comb White Leghorn):原产意大利,属轻型白壳蛋鸡,是世界上最优秀的蛋用型品种,是来航鸡众多品变种中的一个,也是目前全世界商业蛋鸡生产中使用的主要鸡种,现分布于全世界各地。其特点是体形小而清秀,全身羽毛白色,单冠,公鸡的冠厚而直立,母鸡冠较薄而倒向一侧;皮肤、喙和胫均为黄色;耳叶白色;性情活泼好动,富神经质,易受惊吓;无就巢性,适应能力强;性成熟早,产蛋量高;蛋壳白色,饲料消耗少。

2. 洛岛红鸡(Rhode Island Red):育成于美国洛德岛州,有单冠和玫瑰冠两个品变种。洛岛红鸡由红色马来斗鸡、褐色来航鸡和鹧鸪色九斤鸡与当地土种鸡杂交而成,属兼用品种,1904 年正式被承认为标准品种;羽毛是深红色,尾羽近黑色;体躯略近长方形,头中等大,单冠、喙褐黄色,跖黄色;冠、耳叶、肉垂及脸部均红色,皮肤黄色;背部宽平,体躯各部的肌肉发育良好,体质强健,适应性强;体型中等,产蛋量高,蛋重较大,蛋壳褐色。目前广泛用于褐壳蛋鸡生产,用作杂交父系。现今大多数褐壳商品蛋鸡属于洛岛红和洛岛白或其他品种的杂交后代，利用其特有的伴性金色羽基因，通过特定的杂交形式，后代雏鸡可伴性自别雌雄。

3. 新汉夏鸡(New Hampshire)：育成于美国新汉夏州，属于兼用型品种。它是由洛岛红改良选育而来，最初以产蛋多闻名，后来又被确认为肉质优良的鸡种，1935年正式被承认为标准品种；体型与洛岛红鸡相似，但背部较短，羽毛颜色略浅，羽毛带有黑点，单冠，其他特征和洛岛红相似；适应性强。在现代蛋鸡商业杂交配套系中起着一定作用。现代肉鸡生产中的红羽肉鸡父系多是由它选育而来，然后和隐性白羽肉用母鸡杂交，生产后代为有色羽的商品肉鸡。

4. 白洛克鸡(White Plymouth Rock)：原产美国，属于兼用型；单冠，冠、肉垂与耳叶均红色，喙、跖和皮肤黄色，体大丰满；早期生长快，胸腿肌发达，全身羽毛白色；产蛋量中等，蛋重较大，蛋壳褐色。近年来肉鸡业蓬勃发展，白洛克鸡经改良后早期生长快，胸、腿肌肉发达，常用做白羽肉鸡配套中的母系，与白科尼什公鸡杂交生产肉仔鸡，其后代生长迅速、胸宽体圆、屠体美观、肉质优良、饲料报酬高，成为著名的肉鸡母系。

5. 白科尼什鸡(White Cornish)：原产于英格兰，是现代肉用品种鸡的典型代表；头较小，胸宽而深，两肩宽阔，羽毛白色，紧贴体躯，尾羽紧缩呈束；腿肌和胸肌发达，两腿间距宽，胫部粗壮而高；原为豆冠，现已选育成单冠；喙、跖和皮肤均为黄色；肉用性能好，繁殖性能差，蛋壳浅褐色。在白羽肉鸡配套系中常用作父本品系，与母系白洛克品系配套生产肉用仔鸡。

6. 横斑洛克鸡(Barred Plymouth Rocks)：也称为芦花鸡，与白洛克同属洛克品种，兼用型；育成于美国，在选育过程中，曾引进我国九斤鸡血液；体形浑圆，体型大，生长快，产蛋多，肉质好，易育肥；全身羽毛呈黑白相间的横斑，此特征受一伴性显性基因控制，可以在纯繁和杂交时实现雏鸡自别雌雄；羽毛末端应为黑边，斑纹清晰一致，不应模糊或呈人字形；单冠，耳叶红色，喙、跖和皮肤均为黄色。

7. 澳洲黑鸡(Australorps)：在澳洲利用黑色奥品顿鸡选育而成，注重产蛋性能，属兼用型；体躯深而广，胸部丰满，头中等大，喙、眼、跖均黑色，脚底为白色；单冠，肉垂、耳叶和脸均为红色，皮肤白色，全身羽毛黑色而有光泽，羽毛较紧密。此鸡适应性强，性成熟较早，产蛋量中等，蛋壳褐色。

8. 狼山鸡(Langshan):原产于我国江苏省南通地区如东县和南通县石港一带;19世纪输入英、美等国,1883年在美国被承认为标准品种;有黑色和白色两个品变种;体型外貌最大特点是颈部挺立,尾羽高耸,背呈U字形;胸部发达,体高腿长,外貌威武雄壮,头大小适中,眼为黑褐色;单冠直立,中等大小;冠、肉垂、耳叶和脸均为红色。皮肤呈白色,喙和跖为黑色,跖外侧有羽毛。狼山鸡的优点为适应性强,抗病力强,胸部肌肉发达,肉质好。

此外,比较著名的标准品种还有英国的奥品顿,我国的丝羽乌骨鸡、九斤鸡,其中丝羽乌骨鸡由于具有特殊的营养价值,在我国及世界其他一些地区有较多的饲养。

(二) 鸭的标准品种

鸭的标准品种主要有北京鸭(Peking duck)、靠鸭(Call duck)、卡尤佳鸭(Cayuga duck)、咔叽康贝尔鸭(Khaki-Campbell duck)、番鸭(Muscovy duck)、奥品顿鸭(Orpington duck)、罗恩鸭(Rouen duck、法国花鸭)、跑鸭(Run duck)等。北京鸭是世界上最著名的肉鸭品种,几乎所有的白羽肉鸭都来自北京鸭。

(三) 鹅的标准品种

鹅的标准品种主要有非洲鹅(African Goose)、中国褐鹅(Chinese Brown Goose)、中国白鹅(Chinese White Goose)、第谱卢兹鹅(Diepholz Goose)、爱藤鹅(Embden Goose)、埃及鹅(Egyptain Goose)、圣鹅(Pilgrem Goose)、图卢兹鹅(Toulouse Goose)等。

二、我国的地方家禽品种

我国的家禽品种资源丰富,1989年出版的《中国家禽品种志》中列入了我国27个地方鸡种、12个鸭品种、13个鹅品种。2003年出版的《中国禽类遗传资源》列入我国108个地方鸡种、35个地方鸭种、36个地方鹅种,其他禽种7个。

(一) 鸡的地方鸡种

1. 仙居鸡:原产于浙江省中部靠东海的台州市,重点产区是仙居县,分布很广;体形较小,灵敏活泼,易受惊吓,神经质较严重;头部较小,单冠,颈细长,背平直,两翼紧贴,尾部翘起,骨骼纤细,其外形和体态颇似来航鸡;羽毛紧密,羽色有白羽、黄羽、黑羽、花羽及栗羽之分；跖多为黄色，也有肉色及青色等。成年公鸡体重1.25～1.5 kg，母鸡0.75～1.25 kg，年产蛋160～180个，蛋重约42 g，是著名的蛋用型地方鸡种。

2. 大骨鸡：又名庄河鸡，属蛋肉兼用型。原产于辽宁省庄河市，分布在辽东半岛；单冠直立，身高颈粗，胸深背宽，腿高粗壮，结实有力，故名大骨鸡。公鸡颈羽、鞍羽为浅红色或深红色，胸羽黄色，主尾羽和镰羽黑色有翠绿色光泽，喙、跖、趾多数为黄色。母鸡羽毛丰厚，胸腹部羽毛为浅黄或深黄色，背部为黄褐色，尾羽黑色。成年公鸡平均体重3.2 kg，母鸡2.3 kg；平均年产蛋量146个，平均蛋重63 g左右。

3. 惠阳鸡：主要产于广东博罗、惠阳、惠东等地，属肉用型。外貌特点为黄毛、黄嘴、黄脚、胡须、短身、矮脚、易肥、软骨、白皮及玉肉(又称玻璃肉)，主尾羽颜色有黄、棕红和黑色，以黑者居多；主翼羽大多为黄色，有些主翼羽内侧呈黑色；腹羽及胡须颜色均比背羽色稍淡；头中等大，单冠直立，肉垂较小或仅有残迹，胸深、胸肌饱满；背短，后躯发达，呈楔形，尤以矮脚者为甚。惠阳鸡育肥性能良好，沉积脂肪能力强。成年公鸡活重1.5～2.2 kg、母鸡1.25～1.6 kg。年产蛋量60～108个，蛋重47 g，蛋壳有浅褐色和深褐色两种。惠阳鸡就巢性强，抗病力强。

4. 寿光鸡：原产于山东省寿光县；头大小适中，单冠，冠、肉垂、耳叶均为红色，眼大灵活，虹彩黑褐色，喙、跖、爪均为黑色，皮肤白色，全身黑羽，并带有金属光泽，尾有长短之分。寿光鸡分为大、中两种类型。大型公鸡平均体重为3.8 kg；母鸡为3.1 kg，产蛋量90～100个，蛋重70～75 g。中型公鸡平均体重为3.6 kg；母鸡为2.5 kg，产蛋量120～150个，蛋重60～65 g。寿光鸡蛋大，蛋壳深褐色，蛋壳厚；成熟期一般为240～270天。

5. 北京油鸡：原产于北京市郊区，历史悠久。具有冠羽、跖羽，有些个体有趾羽。不少个体颌下或颊部有胡须，因此，人们常将这三羽(凤头、毛腿、胡子嘴)称为北京油鸡的外貌特征；体躯中等大小，羽色分赤褐色和黄色两类。初生雏绒羽土黄色或淡黄色，冠羽、跖羽、胡须明显可以看出。成年鸡羽毛厚密蓬松。公鸡羽毛鲜艳光亮，头部高昂，尾羽多呈黑色；母鸡的头尾微翘，跖部略短，体态敦实。尾羽与主副翼羽常夹有黑色或半黄半黑羽色。生长缓慢，性成熟期晚，母鸡7月龄开产，年产蛋110个。成年公鸡体重2.0～2.5 kg，母鸡1.5～2.0 kg。屠体肉质丰满，肉味鲜美。

此外，还有白耳黄鸡、浦东鸡、彭县黄鸡、峨眉黑鸡、固始鸡、萧山鸡、鹿苑鸡、边鸡、林甸鸡、静原鸡、武定鸡、桃源鸡、清远麻鸡、杏花鸡、河田鸡、霞烟鸡、溧阳鸡、茶花鸡、藏鸡、中国斗鸡等各具特色的优良地方鸡种。

（二）其他家禽地方品种

我国是世界上养鸭最多的国家，有十分丰富的鸭种资源。主要有北京鸭、绍兴鸭、金定鸭、攸县麻鸭、荆江鸭、三穗鸭、连城白鸭、莆田黑鸭、高邮鸭、建昌鸭、大余鸭、巢湖鸭。我国鹅的品种也十分丰富，主要是中国白鹅、狮头鹅、皖西白鹅、雁鹅、溆浦鹅、浙东白鹅、四川白鹅、太湖鹅、豁眼鹅、乌鬃鹅、长乐鹅、伊犁鹅等。

三、配套系

配套系是在标准品种（或地方品种）的基础上采用现代育种方法培育出的，具有特定商业代号的高产群体，也称为商用品系（commercial strain 或 variety），在生产中也称为商业品种。配套系与标准品种是两个不同的概念。标准品种是经育种阶段的产物，强调品种特征；而配套系则是现代育种的结晶，不是凭空而来的，而是对标准品种的继承和发展。

现代商业育种具有明确的育种目标，即全面提高生产性能。通过商业育种培育出的配套系，对外貌特征不强求一致，而强调突出的生产性能。现代商业品种的主要特点是品种专门化，生产性能高，商品禽多为杂交禽。现在饲养的家禽品种除了少数地方品种之外，大多是由育种公司提供的商业品种。这些商业品种绝大部分是由前面提到的几种标准品种选育来的，并多以公司或选育者的姓名命名商品名称。这种现象在鸡尤其突出，其他家禽还没有达到鸡的专业化程度，因此本节主要讲述鸡的商业品种。

（一）蛋鸡的商业品种

蛋鸡的商业品种主要分白壳蛋鸡、褐壳蛋鸡以及浅褐壳蛋鸡三种类型。

1. 白壳蛋鸡：现代白壳蛋鸡全部来源于单冠白来航品变种，通过培育不同的纯系来生产两系、三系或四系杂交的商品蛋鸡。一般利用伴性快慢羽基因在商品代实现雏鸡自别雌雄，但商业品种的许多性状和原来的标准品种发生了很大的变化，如体重变小，产蛋数增多等。

2. 褐壳蛋鸡：褐壳蛋鸡一般采用的是品种间或变种间杂交，特别重视利用伴性羽色基因来实现雏鸡自别雌雄。主要的配套模式是以洛岛红（加有少量新汉夏血统）为父系，洛岛白或白洛克等带伴性银色基因的品种作母系。利用横斑基因作自别雌雄时，则以洛岛红或其他非横斑羽型品种（如澳洲黑）作父系，以横斑洛克为母系作配套，生产商品代褐壳蛋鸡。在一些国家或地区也有采用其他品种杂交生产褐壳蛋的，如英国一些地区流行用浅花苏赛斯杂交生产褐壳蛋。大部分的褐壳蛋鸡都能商品代羽色自别雌雄，有些品种父母代也能羽速自别，实现双自别。

3. 浅褐壳（或粉壳）蛋鸡：浅褐壳蛋鸡主要是利用褐壳蛋鸡和白壳蛋鸡之间杂交产生的鸡种。因此，用作现代白壳蛋鸡和褐壳蛋鸡的标准品种一般都可用于浅褐壳蛋鸡的生产。目前主要采用的是以洛岛红型鸡作为父系，与白来航型母系杂交，并利用伴性快慢羽基因自别雌雄。

（二）肉鸡的商业品种

肉鸡的商业品种主要包括白羽快大型肉鸡和黄羽优质肉鸡，还有部分土杂鸡。

1. 白羽快大型肉鸡：是目前世界上肉鸡生产的主要类型。其父系无一例外地都采用科什尼，也结合了少量其他品种的血缘。母系主要为白洛克，在早期还结合了横斑洛克和新汉夏等品种。现代白羽快大型肉鸡的突出特点是生长速度快、饲料转化效率高、有专门的父系和母系。白羽肉鸡品种主要有爱拔益加（AA）、艾维茵、罗斯308、哈巴德等。

2. 黄羽优质肉鸡

我国的优质鸡一般分为特优质型、高档优质型和优质普通型三类，这三种类型优质鸡的配套组合所采用的种质资源均有所不同。生产特优质型所用的种质资源主要是各地的优良地方品种，如广东的清远麻鸡和江西的崇仁麻鸡、白耳鸡等。这一类型的配套组合目前尚未建成，而常常以经选育纯化的单一品系（群）不经配套组合直接用于商品肉鸡生产。高档优质型以中小型的石岐杂鸡选育而成的纯系（如粤黄102系，矮脚黄系等）为配套组合的母系，以经选育提纯的地方品种父系进行配套。优质普通型最为普及，以中型石岐杂为素材培育而成的纯系为父本，以引进的快大型肉鸡（隐性白羽）为母本，三系杂交配套而成，其商品代一般含有 75% 的地方品种血统和 25% 的快大型肉鸡血统，生长速度快，同时也保留了地方品种的主要外貌特征。

第二节 家禽的主要性状及其遗传特点

一、产蛋性状

（一）产蛋量

产蛋量是蛋禽最重要的生产性能，而对肉禽则决定种禽的繁殖性能。产蛋量可用不同的数量指标来表示，主要有产蛋数（egg number）、产蛋总重（egg mass）和产蛋率（laying rate）。

1. 产蛋数：对育种最有意义的指标是个体产蛋数。这是对产蛋性能作选择的基础。记录这一性状的方法最早是用自闭产蛋箱，现在仍被用于肉鸡母系的产蛋数记录。在蛋鸡育种和部分肉鸡育种中，采用更方便、准确的单笼测定来记录个体产蛋数。在表示产蛋数时，必须指明记录的时间范围，如 40 周龄（或 280 日龄）产蛋数，表示从开产至 40 周龄的产蛋个数。在种鸡场及商品鸡生产中，只能得到群体的平均产蛋数记录。有两个指标用于表示群体产蛋数，即饲养日（H. D.）产蛋数和入舍鸡（H. H.）产蛋数，计算公式分别为：

饲养日（H. D.）产蛋数＝饲养天数×产蛋总数/饲养日总鸡数

入舍鸡（H. H.）产蛋数＝产蛋总数/入舍鸡数

在这两个指标中，饲养日产蛋数不受鸡群存活及淘汰状况的影响，反映实际存栏鸡只的平均产蛋能力。而入舍鸡产蛋数则综合体现了鸡群的产蛋能力及存活率高低，更加客观和准确地在群体水平上反映出鸡群的实际生产水平及生存能力。

产蛋率是群体某阶段（周、期、月）内平均每天的产蛋百分率，一般在饲养日基础上计算，表示该群体的产蛋强度。

2. 产蛋总重：也称总蛋重，是一只家禽或某群体在一定时间范围内产蛋的总重量。我国主要以重量单位作为商品蛋计价的基础，因而这一指标具有重要价值。在世界上其他多数国家，虽然商品蛋在分级的基础上按数量销售，但产蛋总重仍是计算饲料转化率的基础。对于群体而言，这一指标也分为饲养日产蛋总重和入舍鸡产蛋总重两种表示方法，其含义与前述相同。个体产蛋总重一般表示为个体产蛋数和平均蛋重的乘积；如要求更准确些，可每周或每期测定一次蛋重，乘上本周或本期的产蛋数后累加而得。有时将产蛋总重转化为日产蛋总重(daily egg mass)来表示，其含义与前基本相同。

3. 产蛋量的遗传特点：产蛋量属微效多基因性状，受环境因素、饲养管理水平、母禽生理因素等影响较大，遗传力较低，从大量文献报道中总结出：产蛋量的平均遗传力估计值处于 0.14～0.24 之间。产蛋量遗传力的估计值受群体大小、结构及估计方法的影响，变异较大。绝大多数阶段产蛋量之间的遗传相关都很高。其中，部分性状之间属于部分与整体的关系，所以存在强相关是理所当然的。例如，40 周龄产蛋数与 72 周龄产蛋数间的遗传相关为 0.7。而一些无重叠的记录期产蛋量之间也有很强的遗传相关，但变异较大。例如，40 周龄与 41～55 周龄之间为 0.20～0.68，41～55 周龄与 56～72 周龄之间为 0.93～0.98。这表明产蛋性能存在较强的连续性，在某阶段表现优异的个体，在另一阶段也有可能表现较好。产蛋量不同阶段记录之间的强相关正是对产蛋量进行早期选择的理论依据。产蛋量与蛋重、开产日龄呈负相关，与蛋壳、蛋白品质的多数测定也为负相关。

（二）蛋重

蛋重不但决定产蛋总重的大小，同时也与种蛋合格率、孵化率等有关，因而在蛋鸡育种及肉鸡育种中都受到重视。蛋重的影响因素较多，主要受产蛋母禽年龄的影响。初产时蛋很小；随着年龄的增加，蛋重迅速增加；经过约 60 天的近似直线增长过程后，蛋重增长率下降，蛋重增量逐渐减少；在约 300 日龄以后蛋重转为平缓增加，蛋重逐渐接近蛋重极限。体重、开产日龄、营养水平、环境条件等因素也有影响。同品种内体重大者蛋重也大，但不同品种，如体重较大的肉种鸡不一定比体重较轻的蛋用鸡蛋重大。同品种，开产日龄早的蛋重轻。环境条件，如夏季天热、采食量下降，蛋重下降。

蛋重的遗传力估计值较高，一般在 0.5 左右。动态地考察蛋重变化过程的遗传规律可以发现：在鸡群刚开产时，蛋重受到开产日龄、体重、光照等因素的强烈影响。蛋重的遗传力相对较低，只有 0.3 左右；当鸡群在 30 周龄左右达到产蛋高峰期时，蛋重的遗传力估计值最高，可达 0.6 左右；以后各个阶段蛋重的遗传力有逐渐下降的趋势，在接近产蛋期末（65～72 周龄）时蛋重的遗传力估计值已降到 0.2～0.3。这表明到产蛋中后期，环境因素对蛋重的影响逐渐加强。

产蛋期内某一蛋重测定值与其他各点蛋重都有较强的正相关。对一只母禽来说，其蛋重相对大小在群体内是比较稳定的。蛋重测定点之间相距越近，则相关程度一般越高（0.8～0.9），而间隔较远的蛋重测定值之间相关程度降低（0.5～0.6）。在常规育种实践中，一般只针对某一点蛋重（如 36 周龄蛋重）进行选择，期望利用其与产蛋期内其余各点蛋重的高度遗传相关，使整个产蛋期内的蛋重均有相应改良，从而达到提高全程蛋重的目的。

蛋重与其他重要性状之间的相关较高。蛋重与产蛋量的遗传相关可达－0.4 以上，所以要在同一群体中对蛋重和产蛋量同时选择提高是很困难的。因此，必须进行深入的遗传分析，采取合理的育种方案来保持这两个遗传对抗性状之间的平衡。蛋重和体重之间相关程度也很高，遗传相关可达 0.5 左右。而体重过大不利于减少维持消耗、提高饲料转化率，所以适当降低体重（尤其是中型蛋鸡）是蛋鸡育种的基本目标之一，但必须把这种改变对蛋重的不利影响综合起来考虑。蛋重与蛋黄、蛋白、蛋壳重强正相关，与出壳重强正相关。

（三）蛋品质：

蛋品质是影响商品蛋生产效益的重要因素，影响蛋品质的因素很多，遗传因素是主要因素之一。

1. 蛋壳质量：在现代养禽生产中，为了减少蛋在收集及运输过程中造成的破损，要求蛋壳强度高。蛋壳强度的遗传力一般在 0.3～0.4。蛋壳强度与蛋壳平均厚度密切相关，同时与蛋壳厚度的均匀性有关。直接选择蛋壳强度的后果之一是蛋壳厚度的提高，有可能带来产蛋量和孵化率的不利变化。因此，在选育时应考虑到这些相关反应。另外，蛋壳质量受环境温度、营养水平、应激因素、疾病和药物等因素的影响较大，在选择时要考虑到遗传与环境的互作效应对选择效率的影响。

2. 蛋壳颜色：鸡蛋的蛋壳颜色主要为白色或不同程度的褐色，还有少量绿壳蛋。白色和褐色属于多因子遗传。白壳对褐壳不完全显性，因此，白壳蛋鸡和褐壳蛋鸡间的杂种鸡产浅褐壳蛋。褐壳蛋鸡蛋壳颜色遗传力较高，一般在0.3左右。因此，可以通过选择加深蛋壳颜色，减少蛋壳颜色的变异。绿壳蛋主要受常染色体上显性基因D所控制，它与卵卟呤共存时产生胆绿素。另外，母鸡年龄对蛋壳颜色有影响，初产时颜色深，产蛋结束时色淡。

3. 蛋形：蛋的形状主要取决于输卵管构造和输卵管的生理状态，如峡部细则蛋形长，输卵管反常时，蛋形也不正常。蛋形受多基因控制，遗传力中等稍高一些（0.25～0.5）。蛋形范围72～76，以74为最好，与蛋壳强度相关，相关系数＋0.58（较圆者强度大）。

4. 蛋白品质：蛋白品质是鸡蛋的重要特征，消费者常用蛋白浓稠度来衡量蛋的新鲜程度。浓蛋白高度及哈氏单位是确定蛋白品质的主要指标。浓蛋白高度的平均遗传力估计值为0.4，因品种、群体结构、测定年龄及气候等不同而有较大变异。浓蛋白高度与蛋重大小正相关，蛋大则浓蛋白也高；与产蛋量呈较弱的负相关，初产时高而后下降。有明显的性连锁遗传效应，父本对后代的影响比母本强。

5. 血斑和肉斑：血斑和肉斑可能由蛋黄沉积或排卵时发生出血而沉着在卵黄中，有时出现在蛋白中。蛋中的血斑和肉斑影响蛋品质。据研究，白壳蛋的血斑率一般要比褐壳蛋高，而肉斑率要比褐壳蛋低。血斑率和肉斑率都有一定的遗传基础，遗传力估计值在0.25左右，可以通过选择有效地改变，但要完全去除蛋中的血斑和肉斑是几乎不可能的。

6. 蛋黄品质：蛋黄品质主要指蛋黄色泽。遗传力估计值在0.15左右（全同胞估计），因此，通过遗传改良较为困难。蛋黄色泽取决于饲料中色素的来源，连产多则色淡。

二、肉用性状

（一）体重与增重

体重是家禽的一个重要特征。对肉用家禽而言，是衡量产肉量的指标，早期体重始终是育种最主要的目标。对蛋用家禽和种禽，体重是衡量生长发育程度及群体均匀度的重要指标，影响蛋重大小。增重表示某一年龄段内体重的增量。

体重和增重都是高遗传力性状。Chambers（1990）综合了近100个研究后，总结得到的体重遗传力平均估计值：父系半同胞估计值为0.41，母系半同胞估计值为0.70，全同胞估计值为0.54，增重的遗传力平均估计值相应为0.50、0.70和0.64。

早期体重与增重间具有很强的正相关：在早期增重阶段，相邻周龄体重之间甚至间隔2周体重之间的遗传相关均可达到0.9左右；间隔2周以上体重间的遗传相关通常低于0.9，且间隔时间越长，相关程度一般也变弱，但相对来说仍可达到较高的水平。某一周龄体重与该周龄之前的增重间的相关亦很高，通常可达0.9左右。相对而言，某周龄体重与以后增重间的相关则相对减弱，一般只有0.6左右，因而用某点体重预测以后增重的准确性相对较低。

1. 早期体重与胸部丰满度和骨骼的相关：据估计，体重与龙骨长、跖骨长、躯干长、腿长、龙骨宽、胸廓宽和体深的遗传相关分别为0.84、0.70、0.84、0.66、0.39、0.80、0.82，表明体重与这些体形性状之间均有较强的正相关。通过对体重和体型的共同选择，可使两方面性状得到协调改良。体重与胸深的相关较高，一般在0.80以上，与胸角度的遗传相关在0.4左右，但与胸宽的遗传相关较低。因此，只选择体重对胸宽的影响不大，必须配合选择提高胸宽，才可能塑造出宽胸类型。

2. 早期体重与饲料转化率的相关：体重和增重与耗料量的遗传相关很高，其估计值一般可达0.5～0.9，而体重和增重与耗料增重比的相关为－0.2～－0.8，且测定周龄越小，相关越低。有人据此估计，直接选择饲料转化率所获得的选择反应要比从选择增重获得的间接反应要高1倍。根据实验结果分析，选择体重在提高体重的同时也增加耗料量，而选择饲料转化率在增加体重的同时，基本上不影响耗料量。

3. 早期体重与繁殖性能的相关：体重和增重与公鸡和母鸡的繁殖性能均有负相关。研究表明，体重或增重与精液密度、精子活性、代谢率均有负相关。在母鸡与排卵数有正相关，但体重与正常蛋产量之间的遗传相关，无论是理论估计值还是根据选择反应计算出的实现遗传相关均为负值。

4. 早期体重与腹脂的相关：腹脂过量不但使饲料转化率降低，也影响到屠体品质。腹脂量和腹脂率均随体重增加而增加。腹脂量与体重的遗传相关较高，一般为0.5左右，而腹脂率与体重的相关略低，仅有0.3左右。所以，选择提高体重将增加腹脂量，提高腹脂率。早期体重与腹脂间的遗传相关大于较大周龄体重与腹脂间的遗传相关，而活重与腹脂的相关大于屠体重与腹脂的相关。值得注意的是，4～7周龄增重与腹脂率的遗传相关估计值为－0.24～－0.30，表明选择增重有可能使腹脂率降低。

（二）屠体性能

1. 屠宰率：屠宰率是肉鸡生产中的重要性状，在肉鸡育种中越来越受重视。屠宰率的遗传力估计值在0.3左右。各分割块（胸、腿、翅、颈、背等）占屠体百分率的遗传力估计值一般在0.3～0.7。将肌肉、皮肤、腹脂和骨分离后，各部分所占百分率的遗传力为0.4～0.6。总的来看，这些性状的遗传变异比较大，但由于准确测定这些性状比较困难，测定样本不大，影响了这些性状的直接遗传改良。

2. 屠体化学成分：屠体化学成分的遗传力估计值较高。有研究表明，屠体含水量的遗传力为0.38，蛋白质含量为0.47，脂肪含量为0.48，灰分含量为0.21，这些成分间的相关也较高。屠体中水分、蛋白质、脂肪、灰分含量与增重的遗传相关分别为0.32、0.53、－0.39和0.14；与采食量的相关分别为－0.18、－0.06、0.10和－0.17；与耗料增重比的相关分别为－0.63、－0.80、－0.65和－0.40。有研究证明，通过对极低密度脂蛋白、腹脂率或饲料转化率进行选择，可以改变屠体的化学成分。

3. 屠体缺陷：肉鸡屠体的主要缺陷有龙骨弯曲、弱腿、胸部囊肿和绿肌病（DMS）等。这些缺陷对屠体价值的影响很大，如发生率高会造成较大经济损失。这些缺陷与饲养管理因素和遗传因素都有关。弱腿包括所有的腿部、胫部和趾部骨骼异常，如扭曲腿、胫骨软骨增生不良，骨端粗短、弯趾、软骨和关节炎等。主要发生于肉鸡，它是由于肉鸡快速增长的体重与腿部骨骼发育不平衡而引起的。弱腿导致鸡采食不便而影响生长发育，屠体品质下降，遗传力中等，用胫骨软骨增生不良估测遗传力在0.23～0.6之间。遗传、营养、管理和微生物等许多因素均有影响。

4. 腹脂和体脂：腹脂过量是肉鸡和肉鸭生产中面临的重要问题之一。沉积脂肪比生长瘦肉要多消耗3～4倍的能量，增加了饲料消耗，消费者也不喜欢过肥的家禽。所以，培育低脂肉鸡和肉鸭已成为育种的重要课题。腹脂率的遗传力很高，一般为0.54～0.8。因此，直接选择可以迅速获得显著的遗传改良。据估计，腹脂量和腹脂率与体重有0.3～0.5的遗传相关，表明增加体重的选择会使腹脂含量增加，但减少腹脂的选择可以使体重无显著变化。腹脂量和腹脂率与耗料量之间为正相关，为0.40和0.25左右，而与耗料增重比的相关分别为－0.62和－0.69。腹脂与产蛋量不相关，降低腹脂不会影响产蛋量，而体脂的减少有助于提高产蛋量。体脂与腹脂高度相关(0.5～0.6)，且腹脂在体脂中所占比重大，常以腹脂作为体脂的代表。对腹脂的度量常采用同胞或后裔解剖成绩，血浆VLDL与腹脂高度相关，遗传力高(0.5)，也是很好的间接度量指标。

三、生理性状

(一) 饲料转化率

饲料转化率也称为饲料利用率，是指利用饲料转化为产蛋总重或活重的效率。蛋禽产蛋期常用料蛋比表示，为某一年龄段饲料消耗量与产蛋总重之比；肉禽常用料重比表示，即耗料增重比，为在某一年龄段内饲料消耗量与增重之比。

料蛋比的遗传力平均在0.3左右，范围为0.16～0.52，因此直接选择即可获得一定的选择反应。由于料蛋比本身是由产蛋总重与耗料量两个性状确定的，而产蛋总重始终是蛋鸡育种的首要选育性状。因此，在长期育种实践中，料蛋比一直是作为产蛋总重的相关性状而获得间接选择反应，使料蛋比得到一定的遗传改进。研究表明，完全依赖间接选择并不能使饲料转化率得到最佳的遗传改进。利用一些主效基因，如伴性矮小型dw基因，可以在对产蛋量影响不大的前提下大幅度降低体重、减少采食量，从而提高饲料转化率。

肉鸡饲料转化率的遗传力较高，理论估计值在0.4左右，但实际遗传力平均只有0.25。耗料增重比与增重的遗传相关为－0.50，与耗料量的相关为0.22。因此，在肉鸡育种实践中主要也是利用选择提高早期增重速度来间接改进饲料转化率。

(二) 生活力

生活力常用成活率衡量，包括育雏育成期的育成率和产蛋期的存活率。成活率遗传力很低，遗传力估计值一般不超过0.10，单纯对成活率进行选择很难收到确实的效果。这方面的研究主要集中在如何提高遗传抗病力。选择抗病力的方法有如下方法。① 观察育种群的死亡率及病因,通过遗传分析找出死亡率低的家系,进行家系选择。② 将育种群个体的同胞或后裔暴露在疾病感染环境中,使个体的抗病力充分表现出来,进行同胞选择或后裔测定。选择效果较好,但费用很高,而且需要专门的鸡场和隔离设施,以防疾病传播。在马立克氏病疫苗研制成功以前,育种公司常用此法来提高对马立克氏病的抗病力。③ 利用与抗病力有关的标记基因或性状对抗病力进行间接选择。其费用比前一种方法低很多,效果较好,是目前较常采用的方法。目前研究最多的是主要组织相容性复合体(MHC)与抗病力的关系。

(三) 受精率和孵化率

受精率和孵化率是决定种鸡繁殖效率的主要因素。这两个性状主要受外界环境条件的影响,但也有遗传因素在起作用。

受精率受公鸡的精液品质、性行为、精液处置方法和时间、授精方法和技巧、母鸡生殖道内环境等因素的影响。因此,受精率不能单纯被视作公鸡的性状,而是一个综合的性状。其遗传力很低,不到 0.10。一般可通过家系选择,对受精率作适当选择提高或保持在较高水平上。据研究,精液量、精子密度的遗传较低,而精子活力的遗传力要高 1 倍,有可能通过选择迅速提高。

孵化率受孵化条件和种蛋质量的强烈影响。据估计,入孵蛋孵化率和受精蛋孵化率的平均遗传力为 0.09 和 0.14,所以要想通过选择在遗传上改进孵化率很困难。

受精率和孵化率受群体遗传结构的强烈影响,近交衰退十分严重,这与有害基因的暴露、染色体畸变等有关。在育种实践中一般通过淘汰表现差的家系,来保持受精率和孵化率的稳定。

四、形态性状

(一) 冠型

鸡的冠型是品种的重要特征,主要有单冠、豆冠、玫瑰冠、胡桃冠、杯状冠及羽毛冠等。冠型主要涉及两个基因,玫瑰冠基因 R 和豆冠基因 P,均为显性。当这两个位点均为隐性纯合子(rrpp)时,表现为单冠;而当 R 和 P 同时存在时,由于基因的互补作用表现为胡桃冠。因此,当纯合玫瑰冠与纯合豆冠鸡杂交时，F1 代均为胡桃冠，横交后 F2 代出现胡桃冠、玫瑰冠、豆冠和单冠四种类型。现代鸡种已突破了品种标准对冠型的限制，加上合成系的广泛采用，冠型已不是鸡种的固定特征，一个鸡种有可能出现几种冠型。

（二）羽毛状态

鸡的羽毛类型主要有真羽、绒羽、发羽、丝羽和翻羽（与正常羽为不完全显隐性关系）。目前在鸡的生产上广泛利用的是性染色体上控制羽速的快羽和慢羽基因。雏鸡在初生时，一般只有主、副翼羽及其覆翼羽生长出来，其余部位均为绒毛。根据主翼羽和覆主翼羽的长短，初生雏鸡分为快羽和慢羽两种羽型。相应的快羽基因为隐性，用小写 k 表示；相应的慢羽基因为显性，用大写 K 表示。K 和 k 是羽速基因位点上的主要等位基因，此后又发现了延缓羽毛生长基因 Kn（带这种基因的个体羽生长速度极慢）和另一个等位基因 Ks。这四个基因的显隐性关系为 Kn＞Ks＞K＞k。用快羽公鸡与慢羽母鸡杂交，产生的雏鸡可根据羽速自别雌雄：快羽为母雏，慢羽为公雏。

除上述快慢羽性连锁基因外，8 周龄雏鸡有一个显性常染色体基因可使雏鸡背部羽毛生长良好；此外，还有裸体鸡，从出生到长大，身上都无羽毛，裸羽对常羽为隐性且是伴性遗传的。

（三）矮小体型

鸡的体型（体重）在一些单基因的作用下可以变得矮小，这类基因称为矮小型基因，常染色体和性染色体上均有矮小基因。常染色体上的 Cp 基因，是半致死基因，引起软骨不正常发育；td 基因，是半致死基因，使甲状腺机能减退；adw 基因使成年体型矮小。性染色体上的 Z 基因使胫骨变短，对正常型为显性；dw 是鸡已知的几种矮小基因中唯一的一种对鸡本身的健康无害，而对人类有利的隐性突变基因。在所有矮小体型中，目前对 dw 的研究和利用最多。dw 基因为隐性，与之对应的是显性普通体型基因 DW。研究发现，伴性矮小型基因 dw 为生长激素受体缺陷基因。

dw 基因对鸡的生长和体型发育影响极其显著，且这种影响随着生长发育过程逐步表现出来。初生时，矮小型鸡和正常型鸡在体重和骨骼长度方面没有明显差异。因此，dw 基因不能被用来实现初生雏的自别雌雄。到成年后，矮小型母鸡体重减少约 30%，公鸡体重减少更多。在骨骼方面，主要是长骨也受 dw 基因的影响。在生长过程中，矮小型鸡的脂肪含量比正常鸡高得多，但在成年后反而比正常型要少。由于体重及体组成上的变化，dw 基因可使耗料量减少 20%左右。

dw 基因对产蛋性能的影响较大。在不同的遗传背景下，dw 基因的效应表现出较大差异。轻型蛋鸡（来航鸡）所受的影响最大，产蛋量减少可达 14%，所以饲料转化率的改进总的来看并不大。中型褐壳蛋鸡受到的影响要轻一些（减少 7%），因而在饲料转化率上得到的好处较多（+13%）。在肉用种鸡，产蛋量在多数情况下还有增加（+3%），加上因体重减少而得到饲料消耗量减少的好处，饲料转化率有十分显著的改进（+37%）。此外，dw 基因可大幅度降低畸形蛋和软壳蛋的发生率，减少破蛋率。

矮小鸡在生产上的另一好处是体型变小后，不但可以加大饲养密度，而且可以使用更矮小的鸡笼，因而节约材料和饲养空间。研究证明，dw 基因对鸡的死亡率、受精率和孵化率等均无不良影响，而且在对马立克氏病的抗性、耐高温能力方面还有优势。

dw 基因在育种上的应用日益广泛。例如，应用在肉仔鸡的母本上及矮小型蛋鸡，世界上许多国家都已有 dw 鸡品系。我国已培育出了 D 型矮洛克鸡和黄羽矮脚鸡。矮小型褐壳蛋鸡和浅褐壳蛋鸡在饲料转化率方面具有突出优势，通过适当的育种措施，可以在一定程度弥补蛋重和产蛋量受到的不利影响。在饲料资源紧缺的我国，培育饲料效率高的矮小型蛋鸡有重要意义。

案例：矮小型褐壳蛋鸡纯系的选育。

中国农业大学已在这方面率先开展了育种工作，将来源于进口肉鸡品系的 dw 基因导入到高产褐壳蛋鸡，选育出矮小型褐壳蛋鸡纯系。在此基础上，在国际上首先推出节粮小型褐壳蛋鸡配套系，即用矮小型褐壳蛋鸡公鸡（快羽）和农大褐 DC 母鸡（慢羽）杂交，形成三系配套的矮小型褐壳蛋鸡商品代——农大褐 3 号。同时，还对小型褐壳蛋鸡的营养需要、饲料配方、饲养条件等配套技术进行了研究，提出了一整套适合于小型褐壳蛋鸡的综合饲养管理技术。其综合性能测定和实际生产水平表明，小型褐壳蛋鸡的 72 周龄产蛋数为 270～280 枚，平均蛋重 55～58 g，产蛋总重 15.5～16 kg，只日耗料约 87 g，料蛋比约为 2.1∶1，最好的能达到 2.01∶1。节粮小型褐壳蛋鸡应用于蛋鸡生产,可以提高饲料转化率,并为有效地利用我国有限的饲料粮食资源,使单位鸡蛋的生产成本降低。经中国农业科学院农业经济研究所测算,本项目已获经济效益上亿元,该项研究成果获国家科技进步二等奖。

五、色素性状

色素性状主要包括羽色、肤色和胫色。

(一) 羽色

1. 白羽的遗传:白色羽毛是白壳蛋鸡(白来航鸡)的特征,也是目前大多数肉用仔鸡育种中追求的羽毛颜色,其原因是白羽肉鸡屠宰后屠体上没有有色羽根,羽毛囊中也无残留的黑色素,屠体美观。现代肉用家禽(肉鸡、火鸡和肉鸭)都在采用白羽类型。白羽的遗传主要涉及下列基因。

显性白羽基因(I),可以产生一种酶,抑制羽毛色素的形成,不影响眼睛的色素沉积。I 基因对其等位基因 i 为不完全显性。当 II 纯合时,完全白羽;当 Ii 杂合时,白羽中有黑色或褐色的刺毛。因此,在具有 II 基因型的白来航与其他有色鸡种杂交时,后代羽毛有大小不等的花斑。有认为 I 基因对黑色素的抑制作用较强,对红色素的抑制作用较弱。有研究发现,显性白羽对提高增重有利。

隐性白羽基因(c),其显性等位基因 C 为色素原基因,c 基因通过基因突变而产生。标准品种白洛克、白温多德等均为由 cc 基因型而形成的白羽类型,但在培育现代肉鸡鸡种的过程中,为了使羽色更一致,在母系中引入了 I 基因,成为显性白羽。c 基因只影响羽色,而眼睛仍有色素沉积。在这个位点上还有另外两个隐性等位基因:红眼白羽基因 c^{re} 和隐性白化基因 c^{a}(白羽粉红色眼)。这一复等位基因系列的显隐性关系为 $C>c>c^{re}>c^{a}$。

隐性白羽基因(o),其显性基因 O 为氧化酶基因,产生的氧化酶(酪氨酸酶)可协助将色素原转化为各种色素。隐性纯合子 oo 的氧化酶基因失活,所以不能正常产生色素。

此外,在性染色体 Z 上 S/s 位点还有一个等位基因 s^{al},为不完全白化基因,可使羽毛变为白色,但带有许多暗色斑纹,眼睛为红色。还有许多基因影响到黑色素的扩散、限制着色、色素冲淡等,如 E 位点、Co 位点、B 位点、Db 位点、ml 位点、Mo 位点、Mh 位点等。由于羽色遗传基础的复杂性,造成了育种中提高羽色一致性的困难，特别是褐壳蛋鸡母本方面常有花斑出现。

2. 黑羽与其他有色羽（褐羽、浅黄羽、红羽）的遗传：据研究，黑羽为色素原与氧化酶氧化反应最终产物的色泽，有色羽为其中间产物的色泽。黑羽基因型为 CCOOEE，如黑狼山、黑奥品顿、澳洲黑等。有色羽基因型中含有一对限制色素扩散的 ee，但对颈、翼和尾部大羽不能限制而出现黑羽。

3. 金银羽色的遗传：金银羽色基因位点是较早被发现的性连锁基因。金色基因为隐性，用小写 s 表示；银色基因为显性，用大写 S 表示。在此位点上还有一个等位基因，即白化基因，但很少见。洛岛红、新汉夏等品种为金色基因纯合子，而白洛克、苏赛斯、白温多德等则为银色基因纯合子。用前一类鸡作父本，后一类为母本杂交，后代雏鸡可根据绒毛颜色鉴别雌雄。大多数现代褐壳蛋都采用这对基因在商品代实现雏鸡的自别雌雄。

金银羽色除受主基因（S 和 s）影响以外，也受许多修饰基因的影响。商品代母鸡金银羽色位点上的基因型与其父系鸡相同，但二者的成年羽色有较大差异：前者较浅，有一定花斑；后者更深、更均匀，可以很容易将两种鸡区别。在商品代公鸡（杂合型）中，修饰基因也影响到雏鸡的绒毛颜色，使商品代雏鸡的绒毛颜色出现多种类型，容易造成鉴别误差。可以通过一定的育种措施，剔除容易出错的类型，提高鉴别准确率。现代家禽育种公司培育褐壳蛋鸡时，特别重视利用伴性羽色基因来实现雏鸡自别雌雄，比快慢羽自别雌雄更方便，比翻肛鉴别准且快。

案例：海兰褐壳蛋鸡的培育。

海兰褐壳蛋鸡（HY-Line Variety Brown）是美国海兰国际公司（HY-Line International）培育的四系配套优良蛋鸡品种。其父本为洛岛红型鸡的品种，而母本则为洛岛白的品系。由于父本洛岛红和母本洛岛白分别带有伴性金色和银色基因，其配套杂交所产生的商品代可以根据绒毛颜色鉴别雌雄，初生雏鸡公鸡羽毛淡黄色，母鸡羽毛红褐色。

4. 横斑（芦花）的遗传：横斑由伴性显性基因 B 所控制，其效应能冲淡羽毛黑色素使呈黑白相间横斑状斑纹。B 基因具有剂量效应，公鸡受影响较大。纯繁时根据雏鸡头顶绒毛白斑大小，可鉴别公母雏，横斑芦花母鸡与其他羽色的公鸡杂交也可实现雏鸡的雌雄自别。

(二) 皮肤颜色的遗传

鸡的皮肤颜色主要有黄色和白色两种，基本取决于皮肤组织中是否沉积有类胡萝卜素(主要为叶黄素)。研究证实，有一对基因控制着皮肤颜色：白色基因(W)为显性，黄色基因(w)为隐性。白皮肤基因阻止叶黄素转移到皮肤、喙和跖部，而对其他部位没有什么影响。由于叶黄素在皮肤中的沉积较迟缓，鸡长到10～12周时才能准确地区分出黄、白皮肤。

皮肤颜色受饲料成分的强烈影响。在饲料中使用大量富含叶黄素的原料，如黄玉米和苜蓿粉，可以加深皮肤颜色；如果不用黄玉米，而代以大麦、小麦、燕麦等时，即使是遗传基础为黄皮肤(ww)的鸡，也只能表现出浅白的皮肤色泽。因此，通过饲料也可控制皮肤颜色。

除了白、黄皮肤外，还有极少数品种皮肤为黑色，如我国的丝羽乌骨鸡，其皮肤、内脏和骨骼均为黑色，这是因为含有黑色素的细胞分布到全身结缔组织和骨膜组织中。有人通过试验发现，白丝毛鸡含有一对显性细胞色素基因 PP 及深色胫基因 idid，其基因型公鸡为 PPidid，母鸡为 PPid_。

(三) 胫色遗传

胫色即跖部颜色，取决于该部位的色素沉积。研究发现，伴性基因 Id 和其等位基因 id 影响跖部的色素沉着，Id 能抑制真皮层黑色素的沉着，使跖部呈黄、白或红白色，而 id 使跖部呈黑、蓝、青、绿等色。淡色胫基因(Id)对深色胫基因(id)显性。

第三节　蛋鸡育种

一、育种素材的搜集

搜集具有不同特点的鸡品种、品系或群体，是培育现代商品杂交鸡的基础，这项工作称之为建立基础群。现代家禽育种公司都建有很大的基础群，以便根据市场的需求，不断育成新的“纯系”，基础群一般都保有几十个以上的群体。建立基础群的主要目的是保留某些基因，群体数宜多而每个群体规模不宜过大。为防止某些基因丢失，基础群一般不做选择，并多留公鸡，如每个群体 100 只母鸡配 100 只公鸡或 300 只母鸡配 100 只公鸡。

为了不断充实育种素材，应经常从其他农场或科研教学部门引进优秀的种鸡甚至商品鸡，进行各种性能观测。若具有某些特点（如符合市场需要）的群体，即转入改良群进行纯系选育或杂交育种，对于暂时用不上的群体也作为一个素材保留下来备用。

二、纯系选育

(一) 蛋鸡的选育性状

蛋鸡生产的产品单一，但影响生产效益的因素很多，因此必须在育种中加以全面考虑。

1. 产蛋数：相关性状有开产日龄，高峰产蛋率及产蛋持久性。

2. 蛋重：除考虑平均蛋重外，还要考虑蛋重增加曲线形态，应做多阶段测定。

3. 饲料转化率：相关性状为体重、产蛋量等。目前以间接选择为主，发展趋势是直接选择。

4. 蛋品质：包括蛋壳强度、颜色、质地、蛋形、蛋白高度、血肉斑率等。

5. 自别雌雄性状：在自别雌雄配套系中，应根据要求对羽毛颜色、羽毛生长速度等做选择和监测。

6. 成活率：育雏育成期成活率和产蛋期成活率。

7. 受精率和孵化率。

8. 监控性状：生长发育情况，成年羽色、肤色、习性、粪便干燥度、产蛋期末体重等。

(二) 纯系选育制度

1. 早期选择：产蛋数是蛋鸡育种中最重要的选育性状，与实际生产要求相吻合的产蛋数性状是72周龄（或500天）产蛋数。若等记录完整了72周龄产蛋数再作选择，不但世代间隔长，而且母鸡已进入产蛋低谷，蛋品质、受精率和孵化率均大幅度下降，严重影响育种群的继代繁殖。早期记录与完整记录是部分与整体的关系，它们之间的遗传相关可达较高水平（0.6～0.8）。因此，长期育种实践中，一直沿用40周龄左右累计产蛋数作为选择指标，通过早期选择来间接改良72周龄产蛋数。理论与实践都证明，对产蛋数作早期选择是成功的。对蛋重和蛋品质等性状也可以采用早期选择。因此，早期选择成为蛋鸡育种的基本选择制度。

早期选择的优越性:① 缩短世代间隔。用完整记录(72 周龄)产蛋数作选择时,世代间隔为 85 周龄左右,而早期选择的世代间隔为 52 周,缩短世代间隔 33 周。虽然早期选择的选择准确性有所下降,但由于世代间隔大幅度缩短。从 72 周龄产蛋数的年遗传改进量来看,早期选择仍优于直接选择。② 有利于留种。早期选择后留取继代繁殖用的种蛋时,公母鸡仍处于繁殖旺盛期,种蛋数最多、质量好、受精率和孵化率均高,可在较短时间内留取足够的种蛋,以减少孵化批次,保证有较高的选择压。③ 每年一个世代。早期选择时一般都把世代间隔控制在一年,每年一个世代,使每年的育种鸡群处于相对一致的环境条件中,便于鸡群周转、生产管理和控制环境效应。④ 减少育种费用。由于记录个体产蛋数的时间大幅度缩短,降低了收集育种数据的费用。

早期选择的不足:最大问题是选择准确性不够高。产蛋数主要受三个因素制约:开产日龄、产蛋高峰和高峰后的持续性。40 周龄产蛋数与开产日龄和 41～72 周龄产蛋数的相关系数分别为－0.8 和 0.5 左右,而 72 周龄产蛋数与这两个性状的相关系数分别为－0.2 和 0.9 左右,因此,选择 40 周龄产蛋数将使开产早的个体获得较高的选择优势,但不能准确地鉴别产蛋中后期表现优秀的个体。而 41～72 周龄产蛋数占 72 周龄产蛋数的 60%以上,因此,其选择重要性远比开产日龄大。一般情况下,常规早期选择的实际结果是开产日龄过度提前,产蛋高峰有缓慢提高,但产蛋中后期持续性不好,没有使 72 周龄产蛋数得到最佳的改进。

早期选择的改进:① 用 23～40 周龄或 25～48 周龄产蛋数作为优化早期选择性状,舍去开产初期的产蛋记录,优化选择性状与 41～72 周龄产蛋数的相关系数提高到 0.88,与开产日龄相关系数只有－0.06。② 利用早期产蛋记录预测中后期产蛋成绩。由于产蛋过程有一定规律性,从正常产蛋曲线来看,高峰以后产蛋量呈近似直线下降趋势。利用这一特点,取 32 周龄(高峰期)以后各周的产蛋量记录,配合直线回归方程,预测 41～72 周龄产蛋数,可得估计的 72 周龄产蛋数,再作选择,一般可获得用 40 周龄产蛋数作选择更好的结果。但是,如果遇到产蛋曲线不正常变化时,不用此法。

2. 两阶段选择:前面的分析表明,常规早期选种时,产蛋量的选择准确率只有60%左右，即便是用改进方法，准确率也很难超过70%。为解决产蛋量选择中世代间隔与选择准确率的矛盾，可采用两阶段选择，即“先选后留”与“先留后选”相结合的方法。早期选择法称为“先选后留”。

两阶段选择法的核心是利用早期产蛋记录进行第一次粗选后，一方面继续进行产蛋数的个体记录，另一方面组建新家系繁殖下一代育种群。这样，在空间上把中后期产蛋量记录期与后代的育雏成期重叠起来，等到下一代转入产蛋鸡舍前，亲代育种观察群已有68周龄左右的产蛋测定成绩。根据这一成绩对育种群进行第二次选择，只有来自中选家系的后备鸡才能进入下一代育种观察群，进行个体产蛋成绩测定。这样，可以在保持早期选择优越性的前提下，大幅度提高准确性。

两阶段选择中一个重要的问题是选择压的分配。若第一次留种率过大，则使孵化和育雏育成数增加很多，大幅度提高育种成本；而若第一次留种率很低，第二次选择留种率很高时，则很难有效地提高选种准确率。因此，实际应用时需要结合育种群的实际情况，育种成本及饲养条件的限制等因素作具体计算分析。

两阶段选择方法除有利于产蛋量的选择外，也可在选择中考虑产蛋中后期的蛋重、蛋品质、耗料量、体重等性状，使这些性状的改良向着更符合育种需要的方向发展。两阶段选择法的不足之处是增加了产蛋成绩的记录量和育雏育成量，但在提高选种准确率方面的收益应当是大于这种支出，而且第二次选择后淘汰的育成鸡可转到种鸡场使用。

三、纯系配套

蛋鸡的纯系配套除了考虑主要生产性能之外，还要考虑雏鸡的自别雌雄。

（一）白壳蛋鸡

尽管均属于单冠白来航品变种，但不同的纯系之间杂交仍可产生一定的杂种优势。纯系选育的趋势是保持长期闭锁，提高纯系内遗传一致性，采用合成系的较少。目前可用于自别雌雄的基因只有羽速基因。

（二）褐壳蛋鸡

褐壳蛋鸡生产性能改进速度很快，已接近甚至超过白鸡的生产水平。在褐壳蛋鸡配套系中，对利用羽色和羽速基因自别雌雄比较重视，因而纯系在配套组合中的位置是比较固定的。褐壳蛋鸡商品代目前几乎均利用金银羽色基因(S/s)自别雌雄,其父母代也可利用羽速基因(K/k)自别,形成双自别体系。

(三) 浅褐壳蛋鸡

主要采用洛岛红型快羽公鸡配白来航型慢羽母鸡,在商品代能根据羽速自别雌雄。由于配套亲本遗传距离较远,故后代在生活力上的杂种优势明显,在我国很受欢迎。

第四节　肉鸡育种

一、产品类型与纯系配套

现代肉鸡育种在近半个世纪的发展过程中取得了惊人的成绩,目前饲养期 40 天以下体重就可达到 1.8 kg,饲料转化率也大幅度改进,可达 1.8。从市场需要来看,发展中国家仍以整鸡(西装鸡)为主,而发达国家已转向分割鸡和深加工鸡肉,这就要求肉鸡育种相应地改善屠体性能,尤其是提高胸腿肌肉产量。目前主要有以下几种白羽快大型肉鸡配套。

(一) 标准型

标准型是目前早期生长速度最快的肉鸡,也是我国目前最主要的肉鸡类型。选育上以提高早期增重速度为主,只测量胸角,一般不做屠宰测定;重视母系产蛋性能的提高,以降低雏鸡成本;父母代母本可以根据羽速自别雌雄,因而其母系父本为快羽系,母系母本为慢羽系。

(二) 高产肉(率)型

高产肉(率)型是适应欧美市场需要的类型。其早期生长速度略慢于标准型,达上市体重的日龄晚一周左右,饲料转化率也略低,但产肉率高,其分割肉产量各项指标均优于标准型。这类种鸡的产蛋能力相对较差,且肉仔鸡的腿病发生率较高。

(三) 羽速自别型

这种类型的商品代肉仔鸡可据羽速自别雌雄,快羽为母雏,慢羽为公雏,可以公母雏分开饲养,并在各自最佳的日龄上市,利于提高饲料转化率和均匀度,适合作快餐用鸡。选育与标准型没有根本区别。有的育种公司使用相同的3个系即可生产这两种产品，即父系相同（快羽系）；用另一快羽系做母系母本，慢羽系做母系父本，就可以生产出羽速自别型肉鸡。

（四）母本矮化型

母本矮化型祖代以矮小型鸡作配套母系父本（C系），可提高父母代母系的产蛋量和种蛋合格率、降低饲料消耗、降低商品代雏鸡成本。矮小型父母代母系与正常型父系配套使用，商品代为正常体型。因此，有些国家对dw基因非常重视，但仍存在争议。杂合子正常公鸡与纯合子正常公鸡生长速度上存在差距，且有人认为早期生长速度会受到影响，只要使上市体重低2%～3%，就足以抵消从母系产蛋多、耗料少等方面获得的收益。因此，育种公司对培育带矮小基因的肉鸡配套系持谨慎态度。

此外，肉鸡育种还有一个特点，即打破原有配套组合，根据需要用不同育种公司的父系和母系来组合配套。例如，用彼得逊公司的父系与AA（爱拔益加）公司的母系来配套生产商品代肉鸡，是美国很普及的一种配套组合。这种做法的确可能获得比鸡种原有配套更高的生产水平，故大型育种公司每年都要进行广泛的试验，从不同鸡种的交叉组合中筛选出最适合自己需要的配套系，有的公司还有自己的育种分部。

二、肉鸡选育性状

（一）肉仔鸡性状

肉仔鸡性状主要有以下13个：

（1）早期增重速度（体重）。

（2）产肉率（胸腿肉比率）。

（3）饲料转化率。

（4）腿部结实度和趾形。

（5）死淘率。

（6）胸囊肿。

（7）腹脂沉积量。

（8）龙骨曲直。

（9）羽毛生长速度（K与k）。

（10）肤色。

(11) 羽色。

(12) 羽毛覆盖度。

(13) 体型结构的其他缺陷。

在标准型肉鸡选育中,以早期增重速度和饲料转化率为重点;而高产肉型肉鸡选育中,以产肉率、早期增重速度和腿部结实度为重点。不管侧重点如何,都必须对所有性状做综合考虑。

(二) 种鸡性状

种鸡性状主要有7个方面:

(1) 产蛋量。

(2) 蛋重。

(3) 开产日龄。

(4) 蛋品质。

(5) 受精率。

(6) 孵化率。

(7) 死亡率。

(三) 选育进展目标

据一些育种公司经验,肉鸡主要生产性能上每年可获得的遗传进展为:

(1) 体重:+50 g。

(2) 分割肉产量:+0.18%。

(3) 耗料增重比:−0.02。

(4) 入舍鸡产蛋数:+1.5 枚。

(5) 存活率、受精率、孵化率等不下降。

三、父系选育

现代肉鸡育种中,父系和母系的选育方法有一定区别。

(一) 选育性状

以早期增重速度、配种繁殖能力、产肉率和饲料转化率为主,兼顾其他性状。方法上以个体选择为主,在繁殖性能和饲料转化率等方面结合家系选择进行。

(二) 选育程序

由于肉鸡的主要性状是在不同年龄表现出来的,因此要分阶段选育。选种时，不但要求在各阶段选择中对选择压进行合理分配，而且要根据性状间的遗传关系制定合理的选种标准。肉鸡父系选育的基本程序如下。

1. 出雏选择：留健雏，纯系要求对羽色、羽速等进行选择。

2. 早期体重选择：以达到 1.8 kg 体重的日龄作为选种年龄。此时，根据本身的体重、胸肌发育、腿部结实度、趾形等作个体选择，同时对部分个体进行屠宰测定，根据测定结果对产肉率和腹脂作同胞选择。对死亡率作家系选择，此次选种的选择压最高，可达全部淘汰率的 60%～80%。

3. 饲料转化率选择：其直接选择现在越来越受重视，但测定个体饲料消耗量费时费力，所以在实践中可以采用：① 以家系为单位集中饲养在小圈内，测定家系耗料量，然后对家系平均饲料转化率进行选择；②按早期体重预选后，测定部分公鸡的阶段耗料量(单笼饲养)，然后作选择。

4. 产蛋期的选择：据体型、腿的结实度、趾形选择。

5. 公鸡繁殖力的选择：在 25～28 周龄，测定公鸡采精量、精液品质等；平养还要测公鸡的交配频率，然后通过个体配种和孵化，测定公鸡的受精率，对公鸡进行选择，淘汰公鸡繁殖力差的家系。在测定受精率的孵化实验结束时，还可对孵化率和健雏率进行家系选择，淘汰表现差的家系。

6. 产蛋量测定：在肉鸡父系中一般不对产蛋量进行直接选择，但需要以家系为单位记录产蛋成绩。对个别产蛋量下降(而使父系平均产蛋量退化或达不到选育目的)的家系应淘汰掉，以保证增重和产蛋量之间的合理平衡。

7. 组建新家系、纯繁：一般可在 30 周龄左右组建新家系，公母比例为 1∶10左右。这样，可在产蛋高峰时收集种蛋，以便繁殖更多的后代，提高选择强度。种蛋入孵前按蛋形指数和蛋重进行严格的挑选。

四、母系选育

(一) 选育性状

选育性状主要是早期增重速度和产蛋性能，其次是胸部发育、腿部结实度、趾形、精液品质及受精率等。

(二) 选育程序

1. 出雏选择：留健雏，纯系要求对羽色、羽速等进行选择。

2. 早期体重选择：母系体重选择时间也应在固定体重的基础上确定。由于母系鸡的生长速度比父系慢，所以其选择时间要晚一些，目前为6周龄。此时，根据本身的体重、胸肌发育、腿部结实度、趾形等进行个体选择。在选择公鸡时还要适当考虑其母亲及父亲同胞的产蛋性能。此次选择的淘汰率可达总淘汰率的50％～70％。

3. 产蛋期前的选择：主要根据体型，腿脚状况进行个体选择。

4. 产蛋性能测定与选择：母系选择必须作准确的个体产蛋记录，产蛋测定在开产后持续12～15周，在40周龄前结束。此期间还要测蛋重及蛋品质。产蛋测定结束后，对母鸡按家系和个体成绩进行选择，公鸡按同胞产蛋成绩作选择。需注意的是，肉鸡产蛋量的选择与蛋鸡有所不同，并非追求越高越好，而是注意保持与增重速度的协调发展。

肉鸡产蛋性能测定方法在传统上采用自闭产蛋箱，有不少缺点，随着肉种鸡笼养工艺的逐渐普及，用个体笼养测定肉鸡母系的产蛋性能应是大势所趋。

5. 公鸡繁殖力的选择：结合自身的繁殖力和同胞产蛋性能进行选择。在25周龄以后，测定公鸡的采精量、精液品质等，并通过孵化测定公鸡的受精率。

6. 组建新家系纯繁：在40周龄左右组建新家系，公母比例按1∶10左右，个体配种后收集种蛋，进行适当挑选后入孵，纯繁下一代育种群。

(三) 增重与产蛋量之间的平衡

肉鸡母系的选育是肉鸡育种中的难题，特别是在如何平衡协调早期增重速度与产蛋量这对负相关性状上，需要较高的技术水平和育种经验。

1. 早期增重速度选择方法的改进：对肉鸡母系的增重要求与父系不同，不是增重越快越好，而是要规定体重上、下限，把增重最快的一部分鸡淘汰。根据留种率来确定上、下限。简便实用的方法是随机称重100只鸡，按体重大小的顺序排队，根据留种率和大体重鸡的淘汰率，可以大致确定留种鸡群体重的上限和下限。这种选择方法不但间接选择了产蛋性能，而且还直接选择了均匀度，是一种很值得推广的方法。

2. 肉用性能的后裔测定：在对母鸡进行产蛋性能测定的同时，可以同步繁殖一批肉仔鸡，在商品鸡生产条件下进行肉用性能测定。这批后代可以是父系与母系的杂交后代，也可以是母系的纯繁后代。在对母系作第一次按6周龄体重选择时，可放松选择压，待产蛋测定结束时，再根据本身的体重，对产蛋性能及后裔测定成绩进行综合选择，有可能选出增重速度与产蛋性能均较好的母系肉种鸡。

【复习思考题】

1. 家禽的标准品种是如何形成的？了解一些重要的家禽标准品种。

2. 标准品种与商业配套系有何联系和区别？

3. 蛋鸡的现代商业鸡种分为几类？各有什么特点？

4. 杂交繁育体系的基本结构和特征是什么？

5. 主要的产蛋性状和蛋品质指标有哪些？其遗传特点如何？为何要对产蛋量进行早期选择？

6. 如何计算饲养日产蛋量和入舍鸡产蛋量？它们有何联系和区别？

7. 肉用性状的遗传特点有哪些？

8. 肉鸡类型及选育性状有哪些？

9. 在鸡的配套系中，如何利用快、慢羽性状和金、银羽色进行雏鸡的自别雌雄？

10. 试述伴性矮小型 dw 基因在家禽育种中的意义和主要用途。

11. 如何确定合理的育种目标？蛋鸡和肉鸡的育种目标有何相同和不同之处？

第二十一章　家禽的孵化

【内容提要】人工孵化是家禽生产的重要内容，本章主要介绍家禽孵化场的总体布局与建筑的设计要求，种蛋的管理，胚胎发育特点，人工孵化条件，机器孵化法的管理技术及孵化效果的检查和分析。

【目标及要求】了解孵化场的总体布局与建筑的设计要求；掌握种蛋的选择指标及要求，种蛋消毒方法，保存条件和适宜时间；了解家禽在母体外的发育特点，掌握胚胎发育几个关键阶段的特征和条件；掌握人工孵化的温度、湿度、通风、翻蛋要求；掌握机器孵化法的关键管理技术及孵化效果的检查和分析方法；掌握雏鸡鉴别雌雄的方法。

【重点与难点】种蛋的选择指标及要求，种蛋消毒方法、保存条件和适宜时间；胚胎发育几个关键阶段的特征和条件；人工孵化的温度、湿度、通风、翻蛋控制；照蛋技术，孵化效果的检查和分析方法；雏鸡鉴别雌雄的方法。

自然条件下，家禽通常在合适的季节产一定数量的蛋后进行自然孵化。自然孵化通常称“抱窝”，孵化需要的温度主要来自家禽的体温。有些禽类是母禽完成孵化工作，有些禽类是公禽完成孵化工作，还有些是公、母共同交替完成。在抱窝时母禽一般停止产蛋。为了提高生产性能，现代高产家禽的抱性已经被人为选择掉，靠人工孵化完成繁衍后代的任务。人工孵化就是人为创造适宜的孵化环境，对家禽的种蛋进行孵化。人工孵化大大提高了家禽的生产效率。

第一节　孵化场的总体布局与建筑的设计要求

一、孵化场的总体布局

（一）地址选择

孵化场应建立在交通相对便利的地方，以方便种蛋和雏禽的运输，但与外界保持可靠的隔离，远离交通干线、居民区、畜禽场，以免污染环境和被污染。如果是作为种鸡场的附属孵化厂，应建在鸡场的下风向，离鸡场至少500 m以上，有独立的出入口，而且与养鸡场分开。另外，孵化厂的电力供应有保障，还必须配备发电机，用水用电方便。

（二）孵化场的规模

孵化厂的规模大小应根据种禽饲养量和市场情况，预计每年需要孵化多少种蛋、提供多少雏禽尤其集中供雏的季节需要提供的雏禽的数量，兼顾孵化批次、入孵种蛋量、每批间隔天数等与供雏有关的事项以及相应配套的入孵机与出雏机容量与数量来决定。规划孵化场的占地面积时，首先确定孵化器的类型、尺寸、数量。一般入孵器和出雏器数量或容量的比例为4∶1较为合理。可据此计算出孵化室，出雏室及附属的操作室和沐浴间等面积，还要考虑废杂物、污水处理、场内道路、停车场、花坛等的占地面积。例如，容蛋量10万枚的孵化室，使用19200型孵化器，可以有4台入孵器，1台出雏器，每4天入孵一批，17天转到出雏器，每月可以孵化7批鸡，按入孵蛋85%出雏率计算，可以出母雏5.7万只。

（三）生产用房布局

孵化厂的建筑设计应严格遵循单向流程原则：种蛋→种蛋消毒→种蛋贮藏→种蛋处置（分级、码盘等）→入孵→移盘→出雏→雏鸡处置（分级、鉴别雌雄、预防接种等）→雏鸡存放→外运。小型孵化场可采用长条形布局，大型孵化场为了提高建筑物的利用率，应以孵化室和出雏室为中心，根据流程要求和服务项目来确定孵化场布局，以减少运输距离和人员在各室的往来。

二、孵化场各类建筑物的要求

（一）土建要求

孵化场的墙壁、地面和天花板，选用防水、防潮和便于冲洗、消毒的材料。

孵化场各室(尤其是孵化室和出雏室)最好是无柱结构(以不影响孵化器布局及操作管理为原则)。门高 2.4 m 以上,宽 1.2 m～1.5 m,以利种蛋的输送,而且门要密封,以推拉门为宜。屋顶应铺保温隔热材料,使天花板不致出现凝水现象,天花板的材料最好用防水的压制木板或金属板。地面至天花板高约 3.4～3.8 m。地面用混凝土浇筑,并用钢筋镶嵌防止开裂;地面要平整光滑,且有一定的坡度,以利种蛋输送和冲洗消毒。设下水道(最好明沟加盖板),坡度要稍大,应注意下水道的修建应有助于碎壳蛋和污物流泻。自来水的管径要足够大,才能保证足够的水压,以利冲洗。

(二) 孵化场的通风换气

孵化场通风换气的目的是供给 O_2,排除废气(主要是 CO_2)和驱散余热。

最好各室单独通风,至少应把孵化室与出雏室分别通风。一般空气流量:雏鸡存放室＞出雏室＞孵化室＞种蛋处置室。

三、孵化厂的设备

孵化厂除了孵化器外,还需要多种配套设备。设备的大小和数量受孵化厂的大小、孵化器的类型、孵化厂须完成的服务项目等众多因素的影响。

(一) 水处理设备

孵化厂用水需要进行分析。如果水的硬度较大,含泥沙较多,矿物质和泥沙会沉积于湿度控制器及喷嘴处,会很快使其无法运转;阀门也会因此而关闭不严并发生漏水。因此,孵化厂用水必须进行软化处理和安装过滤器。

(二) 种蛋运输设备

为了尽量减少蛋箱、蛋盘和雏禽运输等在厂内的搬运,提高工作效率,孵化厂经常使用各种类型的小车以便于搬运,常用的有四轮车、半升降车、集蛋盘、输送机等。

(三) 种蛋分级和洗蛋设备

种蛋按大小分级进行孵化可以提高孵化效果,大型孵化厂种蛋在入孵前都必须按大小进行分级。孵化厂为了提高生产效率,经常使用真空吸蛋器、移蛋器、种蛋分级器、种蛋清洗机等设备。

(四) 孵化设备

孵化器的质量要求为温差小、控温和控湿精确、孵化效果好、安全可靠、便于操作管理、故障少、便于维修和服务质量好。孵化器的类型大致分平面孵化器和立体孵化器两大类;立体孵化器分为箱式和巷道式。现在采用最多的是立体孵化器。箱式立体孵化器分入孵器和出雏器,容蛋量可以几千枚到两万枚,适用于每年多批次孵化的孵化厂。一般中小型孵化厂使用箱式立体孵化器,也有较大规模的孵化厂采用这种孵化器。巷道式孵化器专为大型孵化厂而设计,尤其孵化商品肉鸡雏的孵化厂孵化量很大,使用巷道式孵化器可以节省设备和能源。巷道式孵化器分入孵器和出雏器,两机分别放置在孵化室和出雏室,入孵器容蛋量达 8 万～16 万枚甚至更多,出雏器容蛋最可达 1.3 万～2.7 万枚。另外,孵化厂还需配备清洗机、雌雄鉴别台、照蛋器、疫苗注射器等设备。

第二节　种蛋的管理

种蛋收集后需要进行筛选,经过消毒后才能进行孵化,有时还要进行运输和短期的贮存。种蛋的质量受种禽质量、种蛋保存条件等因素的影响,种蛋质量的好坏会影响种蛋的受精率、孵化率以及雏禽的质量。

一、种蛋的收集与选择

(一) 收集

种蛋产出后,应及时收集入库,以防环境对胚胎活力的不利影响,避免粪便和微生物的污染,并减少破损。应采用适合于鸡、鸭、鹅蛋规格的塑料蛋盘,并轻拿轻放。

(二) 选择

1. 种蛋来源:应来源于生产性能高、正确制种、经过系统免疫、无经蛋传播的疾病、受精率高、饲喂全价料、管理良好的鸡群。

2. 外观选择。

(1) 清洁度。合格种蛋不应被粪便或蛋清污染。轻度污染的种蛋,认真擦拭或消毒液洗后可以入孵。

(2) 蛋重。大蛋和小蛋的孵化效果均不如正常的种蛋。对同一品系(品种)同一日龄的鸡群,大蛋的孵化时间较长,而小蛋的孵化时间又较短,雏鸡质量都不太好，都不宜做种蛋。鸡群刚开产时主要产小蛋，这时的大蛋几乎都是双黄蛋，鸡的产蛋率正处于上升阶段，受精率较低，孵出的雏鸡也很小、很弱，饲养成活率很低。过大或过小都影响孵化率和雏鸡质量，应符合品种标准。

(3) 蛋形。合格种蛋应为卵圆形，蛋形指数为0.72～0.75(0.74最好)，剔除细长、短圆、橄榄形(两头尖)、腰凸等不合格蛋。蛋壳有皱纹、砂皮的不能做种蛋。

(4) 蛋壳颜色。壳色是品种特征之一。育成品种或纯系种蛋的壳色应符合品种标准，如京白鸡壳色应为白色，伊莎褐的壳色应为褐色。对于褐壳蛋鸡或其他选择程度较低的家禽蛋壳颜色一致性较差，留种蛋时不一定苛求蛋壳颜色完全一致。由于疾病或饲料营养等因素造成的蛋壳颜色突然变浅，应暂停留种蛋。

(5) 壳厚。要求蛋壳均匀致密、厚薄适度，壳面粗糙、皱纹、裂纹蛋不做种用。蛋壳过厚，孵化时蛋内水分蒸发过慢，出雏困难。过薄，蛋内水分蒸发过快，造成胚胎代谢障碍。良好的蛋壳(鸡蛋壳厚度0.35 mm左右)不仅破损率低，而且能有效地减少细菌的穿透数量，孵化效果好。蛋壳厚度可以通过测相对密度了解，相对密度在1.080时孵化率最好。

3. 碰击听声：目的是剔除破蛋。两手各拿3枚蛋，转动五指，轻轻碰撞，听声(破裂声，清脆声)。破蛋孵化时，水分蒸发快，细菌易进入。

4. 照蛋透视：用照蛋灯或专门的照蛋设备透视蛋壳、气室、蛋黄、血斑，目的是挑出有下列特征的蛋：裂纹蛋、砂皮蛋、钢皮蛋、气室异常、蛋黄上浮、蛋黄沉散、血斑等。

5. 抽查剖视：多用于外购种蛋或孵化率异常时。有些性状不能通过外观直接看到，但是又不可能全部进行检查，只能进行抽测。通过测比重和哈氏单位可以了解种蛋的新鲜程度。存放时间长的种蛋比重较低，且哈氏单位因蛋白黏度的降低而降低。可将蛋打开倒在衬有黑纸(或黑绒)的玻璃板上，观察新鲜程度及有无血斑、肉斑。

6. 种蛋选择的次数和场所：一般情况下种蛋在禽舍内经过初选，剔除破蛋、脏蛋和明显畸形的蛋，然后在入蛋库保存前或进孵化室之后再进行第二次选择，剔除不适合孵化用的禽蛋。

二、种蛋的消毒与保存

禽蛋从产出到入库或入孵前，会受到泄殖腔排泄物不同程度的污染，在禽舍内受空气、设备等环境污染。因此，禽蛋的表面附着许多微生物。虽然禽蛋有数层保护结构可部分阻止细菌侵入，但是不可能全部阻止。随着时间的推移，细菌数量迅速增加，对孵化率和雏禽健康有不良影响。因此，种蛋应进行认真消毒。

（一）消毒

1. 种蛋消毒时间：为了减少细菌穿透蛋壳的数量，种蛋产下后应马上进行第一次消毒。大型种禽场应尽量做到每天多收集几次种蛋，收集后马上进行消毒。种蛋入孵后，可在入孵器内进行第二次熏蒸消毒。种蛋移盘后在出雏器进行第三次熏蒸消毒。

2. 消毒方法：种蛋消毒的方法有很多种，在生产中经常使用的是一些操作简单而有效的方法。

甲醛熏蒸法：在密闭的空间里进行，或用塑料薄膜缩小空间。用福尔马林（含40%甲醛溶液）和高锰酸钾按一定比例混合后产生的气体，可以迅速有效地杀死病原体。第一次种蛋消毒通常用的浓度为每立方米空间用42 mL福尔马林加21 g高锰酸钾，熏蒸20分钟，可杀死95%～98.5%的病原体；第二次在入孵器内消毒，用的浓度为每立方米28 mL福尔马林加14 g高锰酸钾；雏鸡熏蒸消毒时浓度再减半，用14 mL福尔马林加7 g高锰酸钾。甲醛熏蒸要注意安全，防止药液溅到人身上和眼睛里。消毒人员应戴防毒面具，防止甲醛气体吸入人体内。

过氧乙酸熏蒸法：每立方米用16%的过氧乙酸溶液40～60 mL，加4～6 g高锰酸钾，熏蒸15分钟，可快速、有效地杀死大部分病原体。过氧乙酸的腐蚀性较强，而且高温易引起爆炸。

臭氧密闭法：把种蛋放在密闭的房间或箱体内，臭氧浓度达到0.01%时有良好的杀菌力，但速度慢。

杀菌剂浸泡法：现代化鸡场可采用机械化洗蛋机对蛋进行有效的清洗。洗蛋液中可加入特制的杀菌剂，洗蛋后使用次氯酸溶液进行漂洗。洗蛋容易破坏蛋壳的胶质层，所以一般用于入孵前消毒。清洗消毒的水温保持在

40.5℃～43.3℃之间，蛋内胚胎温度不能被加热到37.2℃。

（二）保存

种蛋消完毒后应马上存放到蛋库中保存，防止再次被细菌污染。

1. 保存温度：家禽胚胎发育的临界温度又称生理零度。因为干扰因素太多，生理温度的准确值很难确定。此外，这一温度还随家禽的品种、品系不同而异。一般认为23.9℃是禽胚胎发育的临界温度，即温度低于23.9℃时胚胎停止发育处于休眠状态，超过这个温度胚胎就开始发育。

种蛋产出前就已经是发育了的多细胞胚胎，产出体外后会暂时停止发育，如果环境温度忽高忽低，使胚胎数次发育又数次停止，胚胎就会死亡或活力减弱。为了抑制酶的活性和细菌繁殖，种蛋保存的适宜温度为13℃～18℃。

2. 保存湿度：种蛋保存期间蛋内水分通过气孔不断蒸发。蒸发的速度与周围环境湿度有关，环境湿度越高蛋内水分蒸发越慢。如果湿度过大，会使盛放种蛋的纸蛋托和纸箱吸水变软，有时还会发霉。种蛋库的相对湿度的要求为75%～80%，这时可大大减慢蛋内水分的蒸发速度，同时又不会因湿度过大使蛋箱损坏，还可防止霉菌滋生。

3. 通风：应有缓慢适度的通风，以防发霉。

4. 种蛋库的要求：隔热性能好（防冻、防热），清洁卫生，防尘沙、蚊蝇和老鼠，不让阳光直射和穿堂风直吹种蛋。

5. 种蛋保存时间：在适宜的贮存条件下，种蛋贮存5天之内对孵化率和雏鸡质量无明显影响，但超过7天孵化率会有明显下降。一般种蛋保存5～7天为宜，不要超过2周。如果要保存2周以上的时间，需要进一步降低种蛋贮存的温度，而且孵化率也会明显降低。如果没有适宜的保存条件，应缩短保存时间。原则上，天气凉爽时保存可长些，严冬酷暑时保存应短些。

6. 种蛋保存方法：一周左右，可直接放在蛋盘或托上，盖上一层塑料膜。较长者，锐端向上放置，这样可使蛋黄位于蛋的中心，避免黏连蛋壳。更长者，放入填充氮气的塑料袋内密封，可防霉菌繁殖、提高孵化率，对雏鸡质量无影响，保存3～4周时仍有75%～85%的孵化率。

7. 种蛋保存期间的其他注意事项。种蛋放置的位置：一般要求种蛋在贮存期间大头向上、小头向下，这样利于种蛋存放和孵化时的种蛋码放和处理。

转蛋:如果种蛋保存时间不超过 1 周,在贮存期间不用转蛋。保存 2 周时间,在贮存期间需要每天将种蛋翻转 90 度,以防止系带松弛、蛋黄贴壳,减少孵化率的降低程度。

第三节　家禽的胚胎发育

家禽的胚胎发育与哺乳动物不同,营养物质来源于种蛋而不是母体;另外,家禽的胚胎发育过程分母体内发育和母体外发育两个阶段。

一、各种家禽的孵化期及影响因素

家禽的孵化期还受许多因素的影响,不同种类的家禽孵化期不同,同种家禽不同品种孵化期也有差异,小蛋比大蛋的孵化期短,种蛋保存时间越长孵化期延长,孵化温度提高孵化期缩短。一些家禽的孵化期见表 21-1。

表 21-1　各种家禽的孵化期(天)

家禽种类	孵化期	家禽种类	孵化期
鸡	21	火鸡	27～28
鸭	28	珍珠鸡	26
鹅	30～33	鸽	18
瘤头鸭	33～35	鹌鹑	17～18
鹧鸪	24～25	驼鸟	42

二、蛋形成过程中胚胎的发育

以鸡为例,蛋在输卵管中停留约 24 小时,由于鸡的体温为 40.6℃～41.7℃,适合胚胎发育,受精卵发育(细胞分裂)形成具有内外胚层的原肠期胚胎;鸡蛋产出体外后,胚胎发育暂时停止。剖视受精蛋,在卵黄表面肉眼可见形似圆盘状的胚盘(中央明,周围暗),而未受精的蛋黄表面只见一白点。实际上,鸡的胚胎发育过程需要 22 天;其中,1 天是在母体内,21 天在母体外进行的。

三、孵化过程中胚胎的发育

种蛋在体外获得适宜的条件后,开始继续发育,很快形成中胚层。机体的所有组织和器官都由三个胚层发育而来。中胚层形成肌肉、骨骼、生殖泌尿器官、肾上腺皮质、血液、眼睛外层和结缔组织;外胚层形成羽毛、皮肤、喙、趾、垂体、内耳等感觉器官和神经系统、口腔、鼻和泄殖腔等上皮;内胚层形成肝脏、咽喉、胃肠道、中耳、胸腺、胰腺、气管、支气管、肺、甲状腺、甲状旁腺等器官。

(一) 胚胎的发育生理

1. 胚膜的形成及其功能:胚胎发育早期形成四种胚外膜(图 21-1),即卵黄囊、羊膜、浆膜(也称绒毛膜)、尿囊。这几种胚膜虽然都不形成机体的组织或器官,但是它们对胚胎发育过程中的营养物质利用和各种代谢等生理活动的进行是必不可少的。

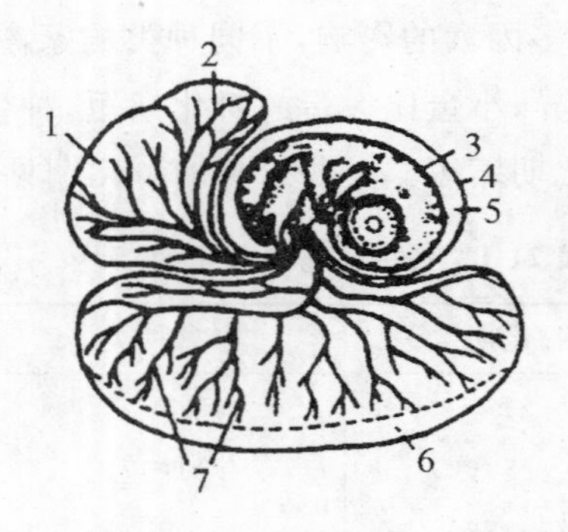

1. 尿囊 2. 尿囊血管 3. 胚胎 4. 羊膜 5. 羊水 6. 卵黄囊 7. 卵黄囊血管

图 21-1 鸡胚胎模式图

卵黄囊:卵黄囊自开始孵化后 10 小时开始出现,24 小时出现卵黄囊血液循环,第 4 天卵黄囊血管包围 1/3 蛋黄,第 6 天包围 1/2,到第 9 天几乎覆盖整个蛋黄的表面。卵黄囊由卵黄囊柄与胎儿连接,卵黄囊上分布着稠密的血管,卵黄囊分泌一种酶,这种酶可以将蛋黄变成可溶状态,从而使蛋黄中的营养物质可以被吸收并输送给发育中的胚胎。在出壳前,卵黄囊连同剩余的蛋黄一起被吸收进腹腔,作为初生雏禽暂时的营养来源。

羊膜与浆膜:羊膜在孵化 30 小时开始出现,首先形成头褶,随后头褶向两侧延伸形成侧褶,40 小时覆盖头部,第 3 天尾褶出现。第 4～5 天由于头、侧、尾褶继续生长的结果,在胚胎背上方相遇合并,称羊膜脊,形成羊膜腔,包围胚胎。羊膜褶包括两层胎膜,内层靠胚胎,称羊膜,外层紧贴在内壳膜上,称浆膜或绒毛膜。而后羊膜腔充满透明的液体(羊水),胚胎就漂浮于其中,这些液体起保护胚胎免受震动的作用。绒毛膜与羊膜同时形成,孵化前 6 天紧贴羊膜和蛋黄囊外面,其后由于尿囊发育而与尿囊外层结合形成尿囊绒毛膜。浆膜透明无血管,不易看到单独的浆膜。

尿囊:尿囊在孵化 50 小时开始出现,第 4 天至第 10 天迅速生长,第 6 天到达壳膜的内表面,10～11 天时包围整个蛋的内容物,血管在蛋的锐端合拢起来,以尿囊柄与肠连接。17 天尿囊液开始下降,19 天动静脉萎缩,20 天尿囊血液循环停止。出壳时,尿囊柄断裂,黄白色的排泄物和尿囊膜留在壳内壁上。尿囊表面血管发达,尿囊膜可充氧于胚胎的血液,并排出血液中的二氧化碳;胚胎产生的代谢废物贮存于尿囊之中,它帮助消化蛋白,并帮助从蛋壳吸收矿物质。

2. 胚胎血液循环的主要路线:早期鸡胚的血液循环有三条主要路线,即卵黄囊血液循环、尿囊绒毛膜血液循环和胚内循环。

(1) 卵黄囊血液循环。它携带血液到达卵黄囊,吸收营养后回到心脏,再送到胚胎各部。

(2) 尿囊绒毛膜血液循环。从心脏携带二氧化碳和含氮废物到达尿囊绒毛膜,排出二氧化碳和含氮废物,然后吸收氧气和营养回到心脏,再分配到胚胎各部。

(3) 胚内循环。从心脏携带营养和氧气到达胚胎各部,而后从胚胎各部将二氧化碳和含氮废物带回心脏。

(二) 胚胎发育的标志性变化特征

胚胎发育过程相当复杂,以鸡的胚胎发育为例,其主要特征如下。

第 1 天,4 小时心脏和血管开始发育,12 小时心脏开始跳动,23～24 小时胚胎血管和卵黄囊血管连接,开始血液循环;8 小时出现原条,16 小时体节形成,显现鸡胚形状,体节是脊髓两侧形成的众多的块状结构,以后产生骨骼和肌肉;18 小时原肠开始形成,生殖新月板开始出现原始生殖干细胞;20 小时脊柱开始形成;21 小时神经沟和神经系统开始出现;22 小时第一对体节和头开始出现;23～24 小时血岛、眼、卵黄囊循环开始出现。中胚层进入暗区,在胚盘的边缘出现许多红点,称“血岛”。

第2天，25小时眼和耳开始出现发育，神经沟形成，胚胎头部发育出部分大脑，羊膜和绒毛膜开始出现，胚胎头部开始从胚盘分离出来，胚胎出现弯曲呈弓形，甲状腺、垂体前叶和松果腺开始发育。照蛋时可见卵黄囊血管区形似樱桃，俗称"樱桃珠"。

第3天，50小时尿囊开始出现，60小时鼻、咽、肺、前肢芽等开始发育，62小时后肢芽开始发育，64小时翅开始形成，胚胎开始转向成为左侧下卧，循环系统迅速增长，72小时中耳及外耳、气管开始形成。照蛋时可见胚和延伸的卵黄囊血管形似蚊子，俗称"蚊虫珠"。

第4天，舌和食管开始形成，肾上腺开始发育，原肾消失，后肾开始出现，胃、盲肠、大肠开始形成，眼睛可见色素沉着。第4天结束时胚胎已经具有了孵化后能够生活的所有器官。卵黄囊血管包围蛋黄达1/3，胚胎和蛋黄囊分离。由于中脑迅速增长，胚胎头部明显增大，胚体更为弯曲。胚胎与卵黄囊血管形似蜘蛛，俗称"小蜘蛛"。

第5天，出现生殖器官及性别分化，胸腺、法式囊及十二指肠袢出现，绒毛膜和尿囊开始融合，中肾开始发挥功能，第一肋骨开始出现，心脏完全形成，面部和鼻部也开始有了雏形。眼的黑色素大量沉积。照蛋时可明显看到黑色的眼点，俗称"单珠"或"黑眼"。

第6天，尿囊达到蛋壳膜内表面，卵黄囊分布在蛋黄表面的1/2以上，由于羊膜壁平滑肌的收缩，胚胎有规律的运动。蛋黄由于蛋白水分的渗入而达到最大的重量，由原来的约占蛋重的30%增至65%。喙和"卵齿"开始形成，躯干部增长，翅和脚已可区分。照蛋时可见头部和增大的躯干部两个小圆点，俗称"双珠"。

第7天，出现趾，冠开始生长，颈伸长，翼和喙明显，胚胎出现鸟类特征，肉眼可分辨机体的各个器官，胚胎自身有体温。照蛋时胚胎在羊水中不容易看清，俗称"沉"。

第8天，羽毛管出现，羽毛按一定羽区开始发生，上下喙可以明显分出，右侧卵巢开始退化，四肢完全形成，甲状旁腺开始出现，腹腔闭合，骨开始钙化。照蛋时胚在羊水中浮游，俗称"浮"。

第9天，喙开始角质化，软骨开始硬化，喙伸长并弯曲，鼻孔明显，眼睑已达虹膜，翼和后肢已具有鸟类特征。胚胎全身被覆羽乳头，解剖胚胎时，心脏、肝脏、胃、食道、肠和肾脏均已发育良好，肾脏上方的性腺已可明显区分出雌雄，尿囊绒毛膜的生长完成80％。

第10天，腿部鳞片开始形成，趾完全分开，尿囊发育完成，在蛋的锐端合拢。照蛋时，除气室外整个蛋布满血管，俗称“合拢”。

第11天，小肠袢开始突入卵黄囊，可见微绒，背部出现绒毛，冠出现锯齿状，肉垂出现，趾部出现爪和鳞，尿囊液达最大量。

第12天，身躯覆盖绒羽，肾脏、肠开始有功能，开始用喙吞食蛋白，蛋白大部分已被吸收到羊膜腔中，从原来占蛋重的60％减少至19％左右。胚胎水分含量开始降低。

第13天，身体和头部大部分覆盖绒毛，胚胎产热及对氧气的需要迅速增加。照蛋时，蛋小头发亮部分随胚龄增加而诚少。

第14天，胚胎开始将头转向蛋的大头，长骨开始迅速钙化。

第15天，翅已完全形成，体内的大部分器官基本都已形成。羊膜停止收缩。

第16天，冠和肉髯明显，蛋白几乎全被吸收到羊膜腔中。小肠袢缩回体腔。

第17天，肺血管形成，但尚无血液循环，亦未开始肺呼吸。羊水和尿囊液开始减少，躯干增大，脚、翅、胫变大，眼、头日益显小，两腿紧抱头部，头朝向蛋的大头及右翅，喙朝向气室，蛋白全部进入羊膜腔。照蛋时蛋小头看不到发亮的部分，俗称“封门”。

第18天，羊水、尿囊液明显减少，头弯曲在右翼下，位于蛋的大头，眼开始睁开，胚胎转身，喙朝向气室。照蛋时气室倾斜。

第19天，卵黄囊收缩，连同蛋黄一起缩入腹腔内，羊水消失，喙进入气室，开始肺呼吸。

第20天，卵黄囊完全进入体腔，胚胎占据了除气室之外的全部空间，脐部开始封闭，尿囊血管退化。雏鸡开始大批啄壳，啄壳时上喙尖端的破壳齿在近气室处凿一圆的裂孔，然后沿着蛋的横径逆时针敲打至周长2/3的裂缝。此时雏鸡用头颈顶，两脚用力蹬挣，20.5天大量出雏。颈部的破壳肌在孵出后8

天萎缩，破壳齿也自行脱落。

第 21 天，雏鸡破壳而出。

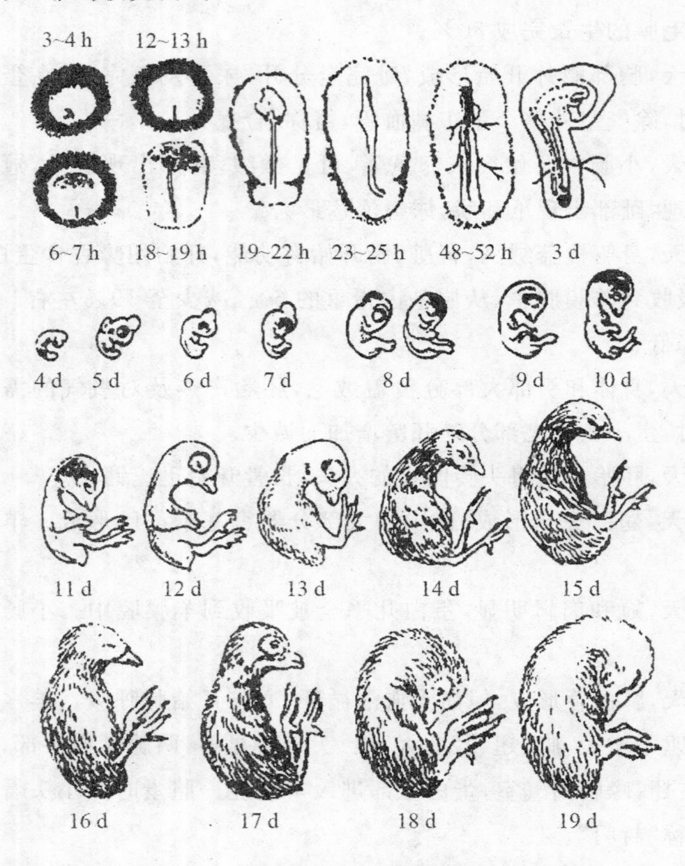

图 21-2　鸡胚胎逐日发育解剖示意图

(三) 胚胎发育过程中的物质代谢

禽胚胎发育需要蛋中的各种营养物质和氧气等以完成正常发育。胚胎发育过程中的物质代谢有如下特点。

1. 水的变化：蛋内的水分随孵化进程而递减：一部分蒸发（占总蛋重的 15%～18%）；一部分进入蛋黄、胚体；一部分形成羊水、尿囊液。受精蛋置于孵化箱或在母鸡的抱窝孵化下，每天失水 400～450 mg，水蒸气主要通过蛋壳的气孔流失。

蛋黄内的水分，从第2天开始增加，6～7天达最大量，由第1天的30%上升64.4%；其水分来自于蛋白，故蛋白含水量从54.4%下降18.4%，成浓缩胶状物。2周后，蛋黄水分重新进入蛋白，稀释后的蛋白经羊膜道进入羊膜腔。胚胎开始含水量达94%，以后逐渐下降，初生雏含水量约80%。

2. 能量的代谢：胚胎发育所需要的能量来自蛋黄和蛋白中的碳水化合物、脂肪和蛋白质。孵化头2天，胎膜尚未形成，早期胚胎通过渗透方式直接利用蛋黄中的葡萄糖。在孵化初期（前6天），碳水化合物是唯一的能量来源（此时，胚胎不能利用脂肪和蛋白质）。第7天后，蛋白质和脂肪都可以被胚胎转化成糖加以利用。17天后脂肪被大量利用。第10天胰脏分泌胰岛素。从11天起，肝脏内开始贮存肝糖。蛋内脂肪的1/3在胚胎发育过程中耗掉，2/3储存雏鸡体内。

3. 蛋白质代谢：蛋内的蛋白质约47%存于蛋白，约53%存于蛋黄。蛋白质是形成胚胎组织和器官的主要营养物质。随着胚胎的发育，蛋白和蛋黄中的蛋白质锐减，而胚胎体内的各种氨基酸如组氨酸、蛋氨酸和赖氨酸等渐增。在蛋白质代谢中，第一周胚胎主要排泄氨和尿素（分别占1%和7.6%）；第二周起开始排泄尿酸（占91.4%），由胚内循环到心脏，经尿囊血循环排泄至尿囊腔。

4. 无机盐代谢：胚胎发育前7天主要利用蛋黄、蛋白中的无机盐，如磷、镁、铁、钾、钠、硫、氮等，其来源主要是蛋内容物；7天后主要利用蛋壳中的钙、磷，在胚胎的代谢中钙是最重要的矿物质，它从蛋壳中转移至胚胎中。

5. 维生素：维生素是胚胎发育不可缺少的营养物质，主要是维生素A、维生素B、维生素D和泛酸等；若含量不足，极易引起胚胎早死或破壳难而闷死，也是造成残、弱雏的主要原因。这些维生素全部来源于种鸡所采食的饲料，如果饲料中的含量不足，会影响蛋内含量。

6. 气体交换：胚胎发育过程中不断进行气体交换：孵化最初6天靠卵黄囊血液循环提供氧气；以后由尿囊绒毛膜血液循环通过蛋壳气孔获得外界氧气；10天后气体交换才趋完善；19天后开始肺呼吸，直接与外界进行气体交换。整个孵化过程中，胚胎需氧气4～4.5 L，排二氧化碳3～5 L。

总之,在整个孵化期内,上述各种物质的代谢是有规律的,由简单到复杂,从低级到高级。初期以糖代谢为主,以后以脂肪和蛋白代谢为主(第7～9、15～17天以蛋白代谢为主,其他时期以脂肪代谢为主)。

第四节　孵化条件

禽胚胎母体外的发育,主要依靠外界条件,即温度、湿度、通风、转蛋、卫生等。水禽蛋还需凉蛋。

一、温度

温度是孵化最重要的条件,只有保证胚胎正常发育所需的适宜温度,才能获得高孵化率和健雏率。

(一) 胚胎发育的最适温度和适温范围

温度换算:

$$℃=(F-32)\times 5/9$$

胚胎发育对环境温度有一定的适应能力,以鸡为例,温度在35℃～40.5℃(95°F～105°F)之间,都有一些种蛋能出雏。在此温度范围内有一个最适温度:在环境温度得到控制的前提下,如24℃～26℃;立体孵化器鸡胚最适孵化温度为37.5℃～37.8℃(100°F);出雏器最适温度为36.9℃～37.2℃。若室温不适宜,孵化温度可变化0.5°F～1°F。其他家禽的孵化适宜温度和鸡差不多,一般在上、下1℃的范围内。孵化期越长的家禽,孵化适宜温度相对越低一些,而孵化期越短的家禽,孵化适宜温度相对越高一些。另外,最适宜温度还受蛋的大小、蛋壳质量、家禽的品种品系、种蛋保存时间、孵化期间的空气湿度等因素的影响。

(二) 温度过高或过低的影响

高温加速胚胎发育,缩短孵化期,但死亡率增加,雏鸡质量下降。16日龄胚蛋,40.6℃经24小时,孵化率稍有下降;43℃经6小时,孵化率有明显下降,9小时后下降更明显;46.1℃经3小时或48.9℃经1小时,所有胚胎将全部死亡。温度低于最适合温度的孵化,会使胚胎发育迟缓、孵化期延长、死亡率增加。人工机器孵化和自然孵化一样,短时间的降温(0.5小时以内)对孵化效果无明显的不良影响。孵化14天以前胚胎发育受温度降低的影响较大；15～17天，即使将温度短时间降至34℃，也不会严重影响孵化率；18～21天，虽然要求的最适宜温度低，但是温度下降却会对出雏率有严重的影响，在此期间即使是短时间的停电，也会严重影响出雏率。

案例：孵化厅冬季停电对孵化效果的影响。

中国农业大学动物科技学院于2001年测定了北京某种鸡场孵化厅冬季停电5小时（造成孵化温度下降到10℃左右），对不同胚龄（2胚龄、8胚龄、12胚龄、19胚龄）种蛋孵化效果的影响，测定结果见表21-2。停电导致的低温使4个批次的种蛋胚胎大量死亡，孵化率均严重下降，且胚龄越大影响越严重，导致雏鸡出壳时间均推迟1天且弱雏增多，19胚龄遭受低温的雏鸡全部为弱雏。

表21-2　低温对不同胚龄种蛋孵化效果的影响

组	入孵日期	受低温影响时胚龄	入孵蛋数	死精蛋数	受精率（%）	死精率（%）	雏鸡数	死胚数	雏鸡状态	孵化率（%）	出雏推迟天数
1	01/11/25	19	19188	94	97.5[b]	0.5a	4512	14100	全部弱雏	24.1[a]	1.5
2	01/12/01	12	19200	131	97.3[b]	0.7a	7208	11356	脏、毛短、雏弱、死亡率高	38.6[b]	1
3	01/12/05	8	16300	2844	98.0[b]	17.8[d]	9718	3410	脏、毛短、雏弱、死亡率高	60.8[c]	1
4	01/12/11	2	7353	950	95.0[a]	13.6[c]	4456	1580	脏、毛短、雏弱、死亡率高	63.8[d]	1
5	01/12/16	无	19200	108	97.4[b]	0.6[a]	16874	1725	健康	90.2[e]	0

注：同列不同字母表示组间差异显著。

（三）变温孵化与恒温孵化

变温孵化与恒温孵化都可获得很高的孵化率。分批入孵时宜采用恒温孵化，整批入孵时既可采用恒温孵化又可采用变温孵化。

1. 变温孵化：根据不同的孵化器、不同的孵化室温度和不同胚龄，给予不同孵化温度。自然孵化及我国传统孵化法多采用变温孵化。鸡蛋的变温孵化的给温方案见表21-3。

表21-3 鸡蛋变温孵化施温方案

室温(℃)	孵化天数			
	1～6	7～12	13～19	19～21
15～20	38.5	38.2	37.8	37.5
22～28	38.0	37.8	37.3	36.9

2. 恒温孵化

孵化期和出雏期分别始终保持一个温度不变的施温方案即恒温孵化，例如，鸡胚1～19天保持37.8℃，19～21天保持37.2℃。恒温孵化要求的孵化器水平较高，而且对孵化室的建筑设计要求较高，一般要求室温在22℃～26℃。如果低于此温，应当用暖气、热风、火炉等供暖；否则，应提高孵化温度0.5℃～0.7℃。室温高于此温则开窗或机械排风(乃至送入凉风)降温；若降温不理想，则适当降低孵化温度0.2℃～0.6℃。巷道式孵化器采用的是恒温孵化。

二、湿度

适宜的空气湿度有利于胚胎的正常发育，初期使胚胎受热良好，后期有益于胚胎散热和出壳(尤其是水禽)。若相对湿度过低，蛋内水分蒸发过快，雏鸡出壳时间会提前，个体会小于正常雏鸡，容易脱水，绒毛稀短；相反，相对湿度过高，妨碍水汽蒸发和气体交换，甚至引起胚胎酸中毒，使雏鸡腹大，脐部愈合不良，卵黄吸收不良，雏鸡出壳时间也会延迟。

禽胚对湿度的适应范围宽，入孵期50%～65%、出雏期65%～75%为宜。不同大小的种蛋在相同的湿度下水分蒸发比例是不同的，应根据不同的蛋重进行必要的湿度调节。鸭、鹅等水禽出雏湿度要求较高，一般相对湿度都在90%以上，有时需要向孵化器内喷热水以增加湿度。

在胚胎发育期间，温度和湿度之间有一定的相互影响。孵化前期，温度高则要求湿度低，出雏时湿度要求高则温度低。一般由于孵化器的最适宜温度范围已经确定，所以只能调节湿度。出雏器在孵化的最后2天要增加湿度，必须降低温度，否则对孵化率和雏鸡的质量都会产生不良影响。孵化的任何阶段都必须防止同时高温和高湿。

三、通风

胚胎在发育过程中除最初几天外，都必须不断地与外界进行气体交换，而且随胚龄增加而加强，后期每昼夜需氧量为初期的110倍以上，为保持正常的胚胎发育，必须供给新鲜的空气。一般要求氧气≥20%；二氧化碳含量不超过0.5%。二氧化碳超过0.5%，孵化率下降；超过1%，则胚胎发育迟缓，死亡率增高，出现胎位不正和畸形，孵化率急剧下降。氧气含量为21%时孵化率最高，每减少1%，孵化率下降5%；反之，氧气含量过高孵化率也降低，每增加1%，孵化率下降1%左右。新鲜空气含氧气21%，二氧化碳0.03%～0.04%，最适合胚胎发育。只要孵化器通风设计合理，运转操作正常，孵化室空气新鲜，一般二氧化碳不会过高。应注意通风不要过度，通风过度不利于保持温度和相应的湿度。

胚胎发育过程与外界的气体交换随着胚龄的增加而加强，尤其胚胎开始肺呼吸后耗氧更多。胚胎自身的产热量也随着胚龄的增加迅速增加，尤其孵化后期胚胎代谢更加旺盛、产热更多，这些热量必须散发出去，否则会造成温度过高，烧死胚胎或影响其正常发育。孵化器内的均温风扇，不仅可以提供胚胎发育所需要的氧气、排出二氧化碳，而且还起到均匀温度和散热的功能。

海拔较高的地方空气密度小，容易缺氧，如果不采取措施，孵化率会随海拔高度的上升而下降；解决的办法是空气加压和输氧。

四、转蛋

（一）转蛋的作用

转蛋也称翻蛋。蛋黄含脂肪多，比重较轻，易浮于蛋的上部，胚胎又位于蛋黄之上，容易与内壳膜接触，长期不动易粘连致死胚胎。转蛋可改变胚胎方位，防止胚胎粘连，使胚胎各部分均匀受热，促进羊膜运动，保证胎位正常。

（二）转蛋的角度

应与垂直线成45°角位置，然后反向转至对侧的同一位置，转动角度较小不能起到转蛋的效果，太大会使尿囊破裂从而造成胚胎死亡。

（三）转蛋的次数

多数自动孵化器设定的转蛋次数1～18天为每2小时一次，每天转蛋6～

8次对孵化率无影响。19～21天为出雏期，不需要转蛋。孵化的第一周转蛋最为重要，第二周次之，第三周效果不明显。

五、孵化场卫生

孵化场地面、墙壁、孵化设备和空气的清洁卫生是很重要的。有的新孵化场在一段时间内，孵化效果不错，但经过一年半载，在摸清孵化器性能和提高孵化技术后，孵化效果反而下降，原因主要是对孵化场及孵化设备没有进行定期认真冲洗消毒，胚胎长期处在污染的环境下，导致孵化率和雏鸡质量降低。因此，孵化场应在每次孵化结束后，尽快对孵化器、出雏器、孵化室、出雏室等处彻底打扫、清洗和消毒。

第五节　机器孵化的操作程序

一、孵化前的准备

(一) 消毒

为了保证雏鸡不受疾病感染，孵化室的地面、墙壁、天棚均应彻底消毒。孵化器内清洗后用福尔马林熏蒸，也可用消毒液喷雾消毒或擦拭。蛋盘和出雏盘往往粘连蛋壳或粪便，应彻底浸泡清洗，然后用消毒液消毒。

(二) 设备检修

为避免孵化中途发生事故，孵化前应做好孵化器的检修工作。检查电热、风扇、电动机、照明系统等能否正常运转，孵化器的严密程度，温度、湿度、通风、转蛋和报警等自动化控制系统，温度计的准确性等均需检修或校正。

(三) 种蛋预热

入孵之前应先将种蛋由贮存室移至22℃～25℃的室内预热6～12小时，可以除去蛋表面的冷凝水，使孵化器升温快，对提高孵化率有好处。

二、孵化期的操作管理程序

(一) 码盘入孵

一切准备就绪以后，即可码盘孵化。码盘就是将种蛋码放到孵化盘上。人工孵化时，鸡蛋大头应高于小头，但不一定垂直，正常情况下雏鸡的头部在蛋的大头部位近气室的地方发育，并且发育中的胚胎会使其头部定位于最高位置。如果蛋的大头高于小头，上述过程较容易完成；相反，如果蛋的小头位置较高，那么约有60％的胚胎头部在小头发育，雏鸡在出壳时，其喙部不能进入气室进行肺呼吸。鸭蛋和鹅蛋可以横放。

入孵的方法依孵化器的规格而异，尽量整进整出。现在多采用推车式孵化器，种蛋码好后直接整车推进孵化器中。

（二）孵化器的管理

立体孵化器由于构造已经机械化、自动化，机械的管理非常简单。主要注意温度的变化，观察控制系统的灵敏程度，遇有失灵情况及时采取措施。应注意非自动控湿的孵化器，每天要定时往水盘加温水。应经常留意机件的运转情况，如电动机是否发热、机内有无异常的声响等。对孵化器和孵化室的温度、湿度、通风情况，也应经常观察、记录。

（三）凉蛋

孵化中后期胚胎物质代谢率高，产热多，热量散发不出去就会造成孵化器内温度升高。这时，需要将种蛋从孵化器移出或将孵化器的门打开，使种蛋在短时间内降温即凉蛋。鸡蛋孵化一般不需要凉蛋，尤其是自动化程度较高的孵化器有降温系统，更不需要凉蛋。鸭和鹅等种蛋比较大的家禽，使用鸡蛋孵化器孵化中后期需要凉蛋。凉蛋的方法：一是机内凉蛋：关闭电热，开动电扇，打开机门（或不开），适合于整批入孵且气温不高的季节；二是机外凉蛋：将蛋架拖出机外，向蛋面喷洒温水，适于分批入孵和高温季节。每次凉蛋时间一般15～30分钟，温度降到93°F即可，每昼夜凉蛋2～3次。而使用专门孵鸭蛋或鹅蛋的孵化器，由于空间较大、排风散热功能强，一般不需要凉蛋。

（四）照蛋

孵化过程中通常对胚蛋进行2～3次灯光透视检查，以了解胚胎的发育情况和及时剔除无精蛋和死胚蛋。第一次照蛋白壳鸡蛋在6天左右，褐壳鸡蛋在10天左右；第二次照蛋在移盘时进行。采用巷道式孵化器一般在移盘时照蛋一次。

（五）移盘

移盘也称移蛋或落盘。在孵化第19天或1％种蛋轻微啄壳时进行移盘，将入孵器蛋架上的蛋移入出雏器的出雏盘中，此后停止转蛋。移盘以后，出雏器的温度和湿度应调至适宜。

三、出雏期的操作管理程序

在临近孵化期满的前一天，雏禽开始陆续啄壳，孵化期满时大批出壳。出雏器要保持黑暗，使雏鸡安静，以免踩破未出壳的胚蛋。出雏期间视出壳情况，一般捡雏1～3次，不可经常打开机门，但也不能让已出壳的雏鸡在出雏机内存留太久而引起脱水。出雏期如气候干燥，孵化室地面应经常洒水，以利保持机内足够的湿度。

出雏结束以后，应抽出水盘和出雏盘，清理孵化器的底部，出雏盘、水盘要彻底清洗、消毒和晒干，准备下次出雏用。拣出的雏鸡经雌雄鉴别和疫苗免疫等处理后，放在雏鸡盒内，置于温暖的暗室中准备接运。

四、停电时的措施

大型孵化场应自备发电机，孵化室应备有加温设备，停电时使室内温度达到37℃左右（孵化器的上部），打开全部机门，每隔半小时或一小时转蛋一次，保证上下部温度均匀。同时，应在地面上喷洒热水，以调节湿度。必须注意，停电时不可立即关闭通风孔，以免机内上部的蛋因热而遭损失。

五、做好孵化记录

每次孵化应将入孵日期、品种、蛋数、种蛋来源、照蛋情况、孵化结果、孵化期内的温度、湿度变化等记录下来，以便统计孵化成绩或做总结工作时参考。孵化场可根据需要按照上述项目自行编制孵化记录表格；此外，应编制孵化日程表，以利于工作。

第六节　孵化效果的检查和分析

一、孵化成绩的衡量指标

1. 受精率(%)：指受精蛋数（包括死精蛋和活胚蛋）占入孵蛋的比例。鸡的种蛋受精率一般在90%以上，高水平可达98%以上。

2. 死精率(%)：通常统计头照（白壳蛋5～6胚龄，褐壳蛋10胚龄）时的死精蛋数占受精蛋的百分比，正常水平应低于2.5%。

3. 受精蛋孵化率(%)：出壳雏禽数占受精蛋比例，统计雏禽数应包括健、弱、残和死雏。一般鸡的受精蛋孵化率可达90%以上。此项是衡量孵化厂孵化效果的主要指标。

4. 入孵蛋孵化率(%):出壳雏禽数占入孵蛋的比例,高水平达到87%以上。该项反映种禽繁殖场及种禽场和孵化场的综合水平。

5. 健雏率(%):健雏数占总出雏数的百分比。高水平应达98%以上,孵化场多以售出雏禽视为健雏。

6. 死胎率(%):死胎蛋占受精蛋的百分比。

除上述几项指标外,为了更好地反映经济效益,还可以统计受精蛋孵化健雏率、入孵蛋孵化健雏率、种母鸡提供健雏数等。

二、孵化效果的检查和分析

常通过照蛋检查、出雏观察和死胎的病理解剖,并结合种蛋品质以及孵化条件等综合分析,查明影响孵化率的原因,作出客观判断。并以此作为改善种禽的饲养管理和调整孵化条件的依据。这项工作是提高孵化率的重要措施之一。

(一) 照蛋检查(验蛋)

1. 照蛋的目的和时间:照蛋就是用照蛋灯透视胚胎发育情况。一般整个孵化期进行1～2次,头照时间一般白壳鸡蛋在6天左右、褐壳鸡蛋10天左右,二照一般与落盘同时进行,孵化中期可以抽检。孵化率高又稳定的孵化场,一般在整个孵化期中仅在落盘时照一次蛋。

照蛋的主要目的是观察胚胎发育情况,并以此作为调整孵化条件的依据。头照挑出无精蛋和死精蛋,特别是观察胚胎发育是否正常。抽验仅抽查孵化器中不同点的胚蛋发育情况。二照挑出死胎蛋。一般头照和抽验作为调整孵化条件的参考,二照作为掌握移盘时间和控制出雏环境的参考。

2. 各种胚蛋的判别:

(1) 正常的活胚蛋。白壳蛋头照时,正常的活胚蛋可以明显地看到黑色眼点,血管成放射状且清晰,蛋色暗红。白壳蛋10胚龄抽检时尿囊绒毛膜合拢,整个蛋除气室外布满血管。二照时气室向一侧倾斜,有黑影闪动,胚蛋暗黑。

(2) 弱胚蛋。头照胚体小,黑眼点不明显,血管纤细且模糊不清,或看不到胚体和黑眼点，仅仅看到气室下缘有一定数量的纤细血管。抽验时胚蛋小头未合拢，呈淡白色。二照时气室比正常的胚蛋小且边缘不齐，可看到红色血管；有的因胚蛋小头仍有少量蛋白，照蛋时胚蛋小头浅白发亮。

(3) 无精蛋。俗称“白蛋”。头照时蛋色浅黄发亮，看不到血管或胚胎，气室不明显，蛋黄影子隐约可见。

(4) 死精蛋。俗称“血蛋”。头照时可见黑色血环或血线贴在蛋壳上，有时可见死胎的黑点静止不动，蛋色透明。

(5) 死胎。二照时气室小且不倾斜，边缘模糊，颜色粉红、淡灰或黑暗，胚胎不动。另外，还有破蛋和腐败蛋需要在照蛋时剔除。

(二) 孵化期间的失重检查

孵化期间胚蛋的失重不是均匀的。孵化初期失重较小，第 2 周失重较大，而第 17～19 天(鸡)失重最多。第 1～19 天，鸡蛋失重 12%～14%；鸭和鹅的胚蛋，在第 1～24 天，失重分别为 11%～15%和 10.5%～12%，每天平均失重率为 0.5%～0.7%。蛋在孵化期间失重过多或过少均对孵化率和雏禽质量不利。种蛋失重，可以用称量工具测量，但是大多凭经验，根据种蛋气室的大小、后期的气室形状，判断孵化湿度和胚胎发育是否正常。

(三) 出雏期间的观察

1. 出雏持续时间：孵化正常时，出雏时间较一致，有明显出雏高峰，雏鸡一般 21 天全部出齐；孵化不正常时无明显的出雏高峰，出雏持续时间长，“毛蛋”较多，至第 22 天仍有不少未破壳的胚蛋。

2. 初生雏的质量观察：通过观察雏鸡绒毛、脐部愈合、精神状态和体形等可大致了解其质量。

健雏：发育正常的雏鸡体格健壮，精神活泼，体重合适，蛋黄吸收腹内；脐部愈合良好；绒毛干燥、有光泽、长度合适；站立稳健，叫声洪亮，反应灵敏，体形匀称，不干瘪或臃肿，显得“水灵”。

弱雏：绒毛污乱、无光泽，脐部愈合不良，腹部潮湿发青，站立不稳、常两腿或一腿叉开，精神不振，显得疲惫不堪，叫声无力或尖叫呈痛苦状，反应迟钝，体形臃肿或过分干瘪，个体大小不一。

残雏、畸形雏：脐部开口并流血，蛋黄外露，腹部残缺，喙交叉或过度弯曲，眼瞎脖歪，绒毛稀疏焦黄等。

（四）死雏和死胎的检查

种蛋品质差或孵化条件不良时，死雏和死胎一般表现出病理变化。通过对死胎、死雏的外表观察和解剖，可以及时了解造成孵化效果不良的原因。检查时应注意观察啄壳情况，然后打开胚蛋，确定死亡时间；观察皮肤、绒毛生长、内脏、腹腔、卵黄囊、尿囊等有何病理变化，胎位是否正常，初步判断死亡原因。另外，可定期对死雏、死胎及胎粪、绒毛等做微生物检查，以确定疾病原因。

种蛋、鸡胚和初生雏生物学检查基本特征见表 21-4。

表 21-4　种蛋、鸡胚和初生雏生物学检查基本特征诊断

原因		鲜蛋	照蛋			死胎	初生雏
			5～6 胚龄	10～11 胚龄	19 胚龄		
种蛋管理（种蛋质量）	V_A 缺乏	蛋黄淡白	无精蛋多，死亡率高	发育略为迟缓	发育迟缓，肾有盐类的结晶物	眼肿胀，肾有盐类结晶物	出雏时间延长，带眼病的弱雏多
	V_{B_1} 缺乏	蛋白稀薄，蛋壳粗糙	死亡率稍高，第 1～3 天出现死亡高峰	发育略为迟缓，第 9～14 胚龄出现死亡高峰	死亡率增高，有营养不良特征，绒毛卷缩	有营养不良特征，体小，颈弯曲，绒毛卷缩，脑膜浮肿	侏儒体型，绒毛卷曲，雏颈和脚麻痹，趾弯曲（鹰爪）
	V_D 缺乏	壳薄而脆，蛋白稀薄	死亡率稍有增加	尿囊发育迟缓，第 10～16 天出现死亡高峰	死亡率显著增高	营养不良，皮肤水肿，肝脏脂肪浸润，肾脏肥大	出雏时间拖延，初生雏软弱
	蛋白中毒	蛋白稀薄，蛋黄流动	—	—	死亡率增高，脚短而弯曲，鹦鹉喙，蛋重减少多	胚胎营养不良，脚短而弯曲，腿关节变粗，鹦鹉喙	弱雏多，且脚和颈麻痹
	陈蛋	气室大，系带和蛋黄膜松弛	很多胚死于 1～2 天，胚盘表面有泡沫	胚发育迟缓，脏蛋、裂纹蛋有腐败现象	鸡胚发育迟缓	—	出壳时间延长，不整齐，雏鸡品质不一致
	冻蛋	很多蛋的外壳破裂	第一天死亡率高，卵黄膜破裂	—	—	—	—

续表

原因		鲜蛋	照蛋			死胎	初生雏
			5～6 胚龄	10～11 胚龄	19 胚龄		
种蛋管理(种蛋质量)	运输不当	破蛋多,气室流动,系带断裂	—	—	—	—	—
	前期过热	—	多数发育不好,不少充血溢血和异位	尿囊提前包围蛋白	异位,心、肝和胃变形	异位,心、肝和胃变形	出雏提前,但拖延
	短期强烈过热	—	胚干燥而粘于壳上	尿囊血液暗黑色、凝滞	皮肤、肝、脑和肾有点状出血	异位、头弯左翅下或两腿之间,皮肤、心脏等有点状出血	—
	后半期长时间过热	—	—	—	啄壳较早,内脏充血	破壳时死亡多,蛋黄吸收不良,卵黄囊、肠、心脏充血	出雏较早但拖延,雏弱小,粘壳、脐部愈合不良且出血
	温度偏低	—	发育很迟缓	发育很迟缓,尿囊充血未“合拢”	发育很迟缓,气室边缘平齐	很多活胎未啄壳,尿囊充血,心脏肥大,卵黄吸入呈绿色	出雏晚且拖延,雏弱,脐带愈合不良,腹大有时下痢
	湿度过高	—	气室小	尿囊“合拢”迟缓,气室小	气室边缘平齐且小,蛋重减轻少	啄壳时喙粘在壳上,嗉囊、胃和肠充满液体	出雏晚且拖延,绒毛与蛋壳粘连,腹大,体弱
	湿度偏低	—	死亡率高,充血并黏附壳上,气室大	蛋重损失大,气室大	蛋重损失大,气室大	外壳膜干黄并与胚胎粘着,破壳困难,绒毛干短	出雏早,弱小干瘪,绒毛干燥发黄。雏鸡脱水

续表

原因		鲜蛋	照蛋			死胎	初生雏
			5～6胚龄	10～11胚龄	19胚龄		
种蛋管理（种蛋质量）	通风换气不良	—	死亡率增高	在羊水中有血液	羊水中有血液，内脏充血溢血，胎位不正	胚胎在蛋的小头啄壳，多闷死壳内	出壳不整齐，品质不一致，站立不稳
	转蛋不正常	—	卵黄囊粘在壳膜上	尿囊未包围蛋白	尿囊外有剩余蛋白，异位	—	—
	卫生条件差	—	死亡率增加	腐败蛋增加	死亡率增加	死胎率明显增加	体弱，脐部愈合差，脐炎

（五）胚胎死亡原因的分析

1. 孵化期间胚胎死亡的分布规律：胚胎死亡在整个孵化期不是平均分布的，而是存在着两个死亡高峰。第一个高峰在孵化前期，鸡胚在孵化前3～5天；第二个高峰出现在孵化后期（第18天后）。第一高峰死胚率约占全部死胚数的15%，第二高峰约占50%。对高孵化率鸡群来讲，鸡胚多死于第二高峰，而低孵化率鸡群第一、二高峰期的死亡率大致相似。

2. 胚胎死亡高峰的一般原因：第一个死亡高峰正是胚胎生长迅速、形态变化显著时期，各种胎膜相继形成而作用尚未完善。胚胎对外界环境的变化很敏感，稍有不适发育便受阻，以致死亡。种蛋贮存不当，也会造成胚胎此时死亡。另外，种蛋用过量甲醛熏蒸会增加第一期死亡率，维生素A缺乏也会在这一时期造成严重影响。第二个死亡高峰正处于胚胎从尿囊绒毛膜呼吸过渡到肺呼吸时期，胚胎生理变化剧烈，需氧量剧增，其自温产热猛增，若通风换气、散热不好，一部分弱胚会死亡。另外，胎位不正的胚胎大多此期死亡，传染性胚胎病的威胁更突出。胚胎死亡是多因素共同作用的，较难归于某一因素。

3. 影响孵化效果的因素：孵化率高低受内部和外部两方面因素的影响。影响胚胎发育的内部因素是种蛋内部品质，由遗传和饲养管理决定。外部因素包括入孵前的环境（种蛋保存）和孵化中的环境（孵化条件）。在实际生产中，种鸡饲料营养和孵化技术对孵化效果的影响较大。孵化场地面、墙壁、孵化设备和空气的清洁卫生是很重要的。另外，孵化场的卫生状况对孵化率和雏禽质量也有较大影响。有的新孵化场在一段时间内，孵化效果不错，但经过一年半载在摸清孵化器性能和提高孵化技术后，孵化效果反而下降，原因主要是对孵化场及孵化设备没有进行定期认真冲洗消毒，胚胎长期处在污染的环境下导致孵化率和雏鸡质量降低。

第七节　雏鸡的雌雄鉴别

肛门鉴别法是雏禽常用的雌雄鉴别方法，雏鸡雌雄鉴别方法除肛门鉴别法外，伴性遗传鉴别法在现代高产配套系中被广泛采用。

一、雏鸡的翻肛雌雄鉴别法

（一）鸡的泄殖腔及退化的交尾器官

鸡的直肠末端与泌尿和生殖道共同开口于泄殖腔，将泄殖腔背壁纵向切开，由内向外可以看到三个主要皱襞：第一皱襞作为直肠末端和泄殖腔的交界线而存在，它是黏膜的皱襞，与直肠的绒毛状皱襞完全不同；第二皱襞约位于泄殖腔的中央，由斜行的小皱襞集合而成，在泄殖腔背壁幅度较广，至腹壁逐渐变细而终止于第三皱襞；第三皱襞是形成泄殖腔开口的皱襞。

雄性泄殖腔共有五个开口：两个输尿管开口于泄殖腔上壁第一皱襞的外侧；两个输精管开口于泄殖腔下壁第一及第二皱襞的凹处，成年鸡有小乳头突起；再一个就是直肠开口。在近肛门开口泄殖腔下壁中央第二、三皱襞相合处有一芝麻粒大的球状突起（初生雏比小米粒还小），两侧围以规则的皱襞，因呈八字状，故称“八字状襞”；球状突起称为“生殖突起”。生殖突起和八字状襞构成显著的隆起，称为“生殖隆起”。生殖突起及八字状襞有弹性，在加压和摩擦时不易变形，有韧性感（图 21-3）。

雌性泄殖腔内有四个开口，泄殖腔的皱襞及输尿管的开口部位与雄性完全相同，在泄殖腔左侧稍上方，第一、二皱襞间有一输卵管开口。在雄性存在退化交尾器处，呈凹陷状（图 21-3）。

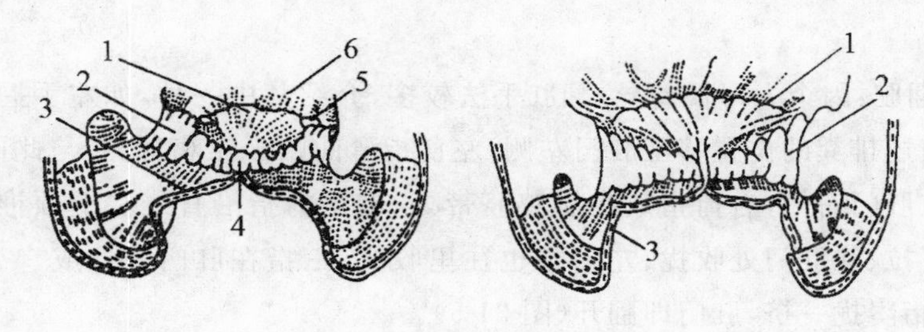

1. 第一皱襞　2. 第二皱襞　3. 第三皱襞

4. 生殖突起　5. 输精管的突起　6. 直肠的末端

图 21-3　泄殖腔模式图(左雄右雌)

初生雏泄殖腔的构造与成年鸡没有显著差异,三个主要皱襞已经与成年鸡同样发达。退化交尾器官雄雏较发达,但形态及发育程度因个体有很大差异,雌雏的生殖隆起的退化情况也不一致,因个体不同,有的留痕迹,有的隆起相当发达。肛门鉴别法主要是根据生殖突起及八字襞的形态、质地来分辨雌雄。

(二) 初生雏鸡雌雄生殖隆起的差异

初生雏鸡黏膜的上皮组织雌、雄雏之间无明显的差异,但黏膜下结缔组织却有显著不同。雌、雄鸡生殖隆起外观上有以下几点显著差异。

外观感觉:雌雏生殖隆起轮廓不明显,萎缩,周围组织衬托无力,有孤立感;雄雏的生殖隆起轮廓明显、充实,基础极稳固。

光泽:雌雏生殖隆起柔软透明;雄雏生殖隆起表面紧张,有光泽。

弹性:雌雏生殖隆起弹性差,压迫或伸展易变形;雄雏生殖隆起富有弹性,压迫伸展不易变形。

充血程度:雌雏生殖隆起血管不发达且不及表层,刺激不易充血;雄雏生殖隆起,血管发达,表层也有细血管,刺激易充血。

突起前端的形态:雌雏生殖隆起前端尖;雄雏生殖隆起前端圆。

(三) 肛门鉴别的手法

肛门鉴别的操作可分为:抓雏和握雏、排粪和翻肛、鉴别和放雏等步骤。

1. 抓雏和握雏:雏鸡的抓握法一般有两种,即夹握法和团握法(图 21-4)。

2. 排粪:左手拇指轻压腹部左侧髋骨下缘,借助雏鸡呼吸将粪便挤入排粪缸中。

3. 翻肛：因个人习惯差异，翻肛手法较多，介绍其中一种，如左手握雏，左拇指从前述排粪的位置移至肛门左侧，左食指弯曲贴于雏鸡背侧，与此同时右食指放在肛门右侧，右拇指放在雏鸡脐带处，右手拇指沿直线往上顶推，右手食指往下拉、往肛门处收拢，左拇指也往里收拢，三指在肛门处形成一个小三角区，三指凑拢一挤，肛门即翻开(图 21-5)。

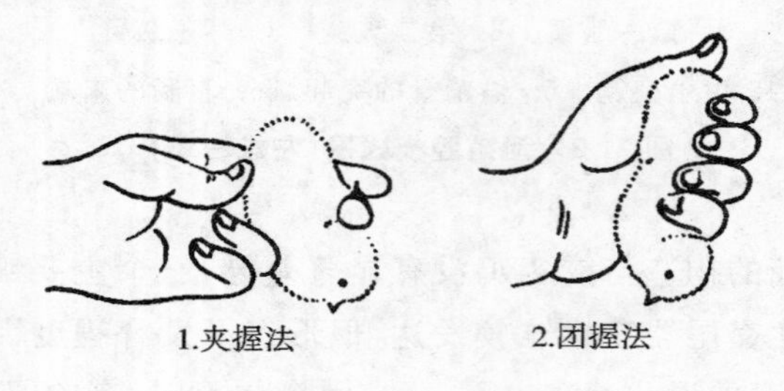

图 21-4　握雏手法

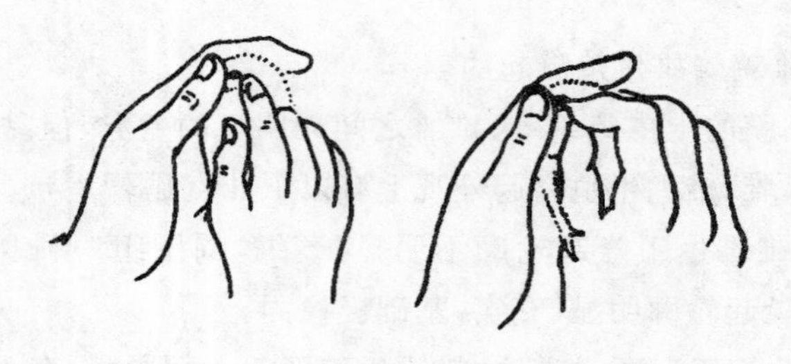

图 21-5　翻肛手法

4. 鉴别和放雏：根据生殖隆起的有无和形态差别，便可以判断雌雄。遇到生殖隆起一时难以分辨时，可用左拇指或右食指触摸，观察其充血和弹性程度。

(四) 鉴别的适宜时间

最适宜的鉴别时间是出壳后 2～12 小时，在此时间内雌雄雏鸡生殖隆起的形态区别最显著，雏鸡抓握和翻肛也较容易。刚孵出的雏鸡身体绵软，蛋黄吸收差，腹部充实，不易翻肛，技术不熟练者甚至造成雏鸡死亡。雏鸡孵出 1

天以上，肛门发紧，难以翻开，而且生殖隆起萎缩，甚至陷入泄殖腔深处，不便观察。因此，鉴别时间不宜超过 24 小时。

二、雏鸡伴性遗传鉴别法

应用伴性遗传规律，培育自别雌雄品系，通过专门品种或品系之间的杂交，可根据初生雏的某些伴性性状辨别雌雄。目前，在生产中应用的伴性性状有慢羽对快羽、银色羽对金色羽等。

(一) 快慢羽雌雄鉴别

决定初生雏鸡翼羽生长快慢的慢羽基因 K 和快羽基因 k 位于性染色体上，而且慢羽基因 K 对快羽基因 k 为显性，属于伴性遗传性状。用快羽公鸡和慢羽母鸡杂交，所产生的子代公雏全部为慢羽，而母雏全部为快羽。快慢羽的区别主要由初生雏鸡翅膀上的主翼羽和覆主翼羽的长短来确定。主翼羽明显长于覆主翼羽的雏鸡为快羽。慢羽的类型比较多，有时容易出错，需要引起注意。慢羽主要有四种类型：①主翼羽短于覆主翼羽；②主翼羽等长于覆主翼羽；③主翼羽未长出；④主翼羽等长于覆主翼羽，但是前端有 1～2 根稍长于覆主翼羽，这种类型最容易出错（图 21-6）。白壳蛋鸡均属于单冠白来航品变种，可用羽速自别雌雄。

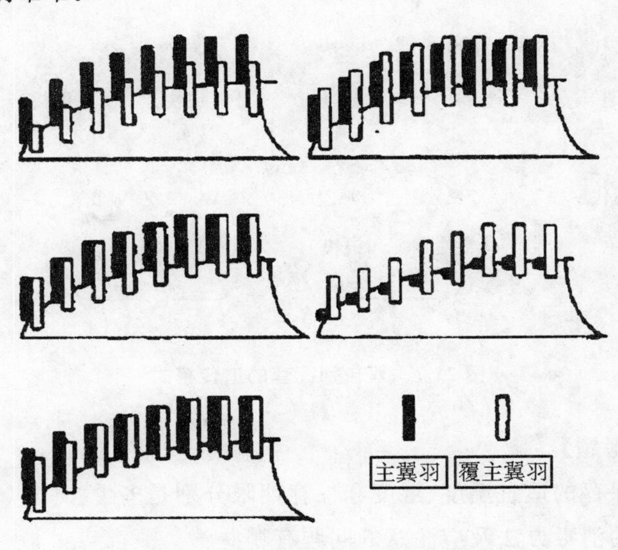

图 21-6　雏鸡快慢羽示意图

(二) 金银羽自别雌雄

银色羽基因S和金色羽基因s是位于性染色体同一基因位点的等位基因，银色羽基因S使鸡的羽色表现为白色，金色羽基因s使鸡的羽色表现为红褐色，S对s为显性，所以用金色羽公鸡和银色羽母鸡交配时，其子一代的公雏均为银色，母雏为金色。在金银羽自别时，由于受到其他羽色基因的影响，子一代雏鸡的羽毛颜色常出现一些中间类型，这给鉴别带来一些难度。但是，只要掌握了饲养品种的初生雏鸡羽色类型，鉴别率就可以达到99%以上。绝大部分褐壳蛋鸡商品代都可以羽色自别雌雄。

(三) 双自别配套系

目前，很多褐壳蛋鸡配套系中，商品代利用金银色羽基因(S/s)自别雌雄，其父母代利用羽速基因自别雌雄，形成双自别体系(图21-7)。

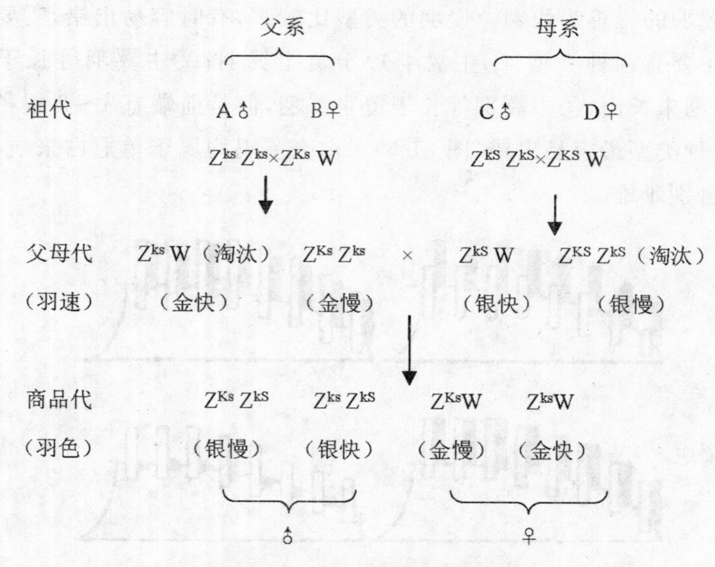

图21-7　双自别配套的遗传模式

【复习思考题】

1. 种蛋保存的适宜温度、湿度和保存期限分别是多少？
2. 种蛋的消毒方法及应注意的问题有哪些？
3. 什么样的蛋不适宜做种蛋？

4. 孵化的基本条件是什么?
5. 照蛋的目的和时间是什么?
6. 衡量孵化效果的指标有哪些?
7. 影响孵化效果的因素是什么?
8. 初生雏鸡如何利用羽色自别雌雄?
9. 写出双自别配套系的遗传模式。

第二十二章　蛋鸡的饲养管理

【内容提要】介绍了雏鸡、育成鸡和产蛋鸡的特点和相应的饲养管理技术，种鸡的饲养管理特点、公鸡的管理及人工授精技术。

【目标及要求】了解雏鸡、育成鸡的生长发育特点及蛋鸡的生理特点，掌握各阶段蛋鸡的饲养管理技术，掌握蛋种鸡的饲养管理关键技术，种鸡的人工授精技术。

【重点与难点】各阶段蛋鸡的饲养管理技术，蛋种鸡的饲养管理技术，种鸡的人工授精技术。

蛋鸡饲养期长，不同年龄鸡的生理特点、对环境条件的适应性、对营养物质的需要量和抗病力等方面有较大差异。因此，应对蛋鸡分阶段采用不同的饲养管理措施予以培育才能保证其正常的生长发育和健康，获得高产。

1 日龄雏鸡至开产(通常指 0～20 周龄)鸡称为后备鸡(此期也称为生长阶段)。传统上根据其生理特点和饲养工艺设计，将 0～20 周龄的后备鸡划分为两个阶段：0～6 周龄鸡称为雏鸡，又叫做幼雏，一般需要供热和悉心照料，并给予较高的营养；7～20 周龄的鸡称为育成鸡，在此期间一般不再供热。由于不同时期营养需要有所不同，也可将育成鸡细分为 7～14 周龄的中雏和 15～20 周龄的大雏。

研究表明，鸡的体重和生产性能的高低取决于骨骼的发育程度，母鸡适宜的体重和较大的骨架是获得高产的先决条件。骨骼的发育与跖部长的变化呈强正相关，因此，现代蛋鸡以体重和跖部长双重指标来划分生长阶段更为合理。由育雏转为育成阶段的依据是雏鸡的跖长和体重都达到标准，并且以跖长为第一限制性因素。如迪卡白在跖长达 85 mm，体重 620 g(约 8 周龄时)时进入育成期。育成鸡的饲养管理是按体重而不是周龄来进行的，当体重达标，骨骼发育已完成后，就给予光刺激。这样，育成鸡在何时转为产蛋鸡无时间上的规定。这样划分后，育雏期比过去延长2～4周，产蛋期提前2周左右，性成熟和体成熟能够同步，有利于生产。

雏鸡的培育是十分重要的工作，生长发育不良是一种无法弥补的损失，要根据不同养育阶段给予相应的饲养管理，使雏鸡的骨骼得到充分发育，使育成鸡的体成熟与性成熟同步发育，才能为成年鸡的高产稳产奠定基础。

第一节　雏鸡的饲养管理

一、雏鸡的生理特点

（一）幼雏体温较低，体温调节机能不完善

初生雏的体温较成年鸡低2℃～3℃，4日龄开始慢慢上升，到10日龄时达到成年鸡体温，到3周龄左右体温调节机能逐渐趋于完善，7～8周龄以后才具有适应外界环境温度变化的能力。幼雏绒毛稀短，皮薄，保温能力差，早期自身难以御寒，因此，育雏期尤其是早期要注意保温防寒。

（二）雏鸡生长发育迅速，代谢旺盛

蛋鸡商品雏的正常出壳重在40 g左右，2周龄体重约为初生时的2倍，6周龄约为10倍，8周龄约为15倍，以后随日龄增长而逐渐减慢生长速度。雏鸡代谢旺盛，心跳快，每分钟脉搏可达250～350次，刚出壳时可达560次/分钟，安静时单位体重耗氧量比家畜高1倍以上，雏鸡每小时单位体重的热产量为23 J/g，为成鸡的2倍，所以既要保证雏鸡的营养需要，又要保证良好的空气质量。

（三）幼雏羽毛生长、更换速度快

雏鸡3周龄时羽毛为体重的4%，4周龄时为7%，以后大致不变。从出壳到20周龄，鸡要更换4次羽毛，分别在4～5周龄、7～8周龄、12～13周龄和18～20周龄。羽毛中蛋白质含量高达80%～82%，为肉、蛋4～5倍。因此，雏鸡日粮的蛋白质（尤其是含硫氨基酸）水平要高。

（四）初生雏消化系统发育不健全

幼雏胃肠容积小，进食量有限，消化腺也不发达（缺乏某些消化酶），肌胃

研磨能力差，消化力弱。因此，要注意喂给纤维含量低、易消化、营养全面而平衡的日粮，特别是与生长有关的蛋白质、氨基酸、维生素、微量元素必须满足。要选择容易消化的饲料配制日粮，要适当控制棉籽粕、菜子粕等利用率较低的植物性蛋白原料的添加比例。

（五）抵抗力弱，敏感性强

雏鸡免疫机能较差，约10日龄才开始产生自身抗体，产生的抗体较少，出壳后母源抗体也日渐衰减，3周龄左右母源抗体降至最低，故10～21日龄为危险期。雏鸡对各种疾病和不良环境的抵抗力弱，对饲料中各种营养物质缺乏或有毒药物的过量反应敏感。所以，要做好疫苗接种和药物防病工作，搞好环境净化，保证饲料营养全面，投药均匀、适量。

（六）雏鸡易受惊吓，缺乏自卫能力

雏鸡胆小怕惊吓，各种异常声响以及新奇的颜色都会引起雏鸡骚乱不安，因此，育雏环境要安静，非工作人员应避免进入育雏舍，并有防止兽害设施。

二、育雏前的准备

育雏工作开始前要做好各项准备，如饲料、药品、疫苗等的准备，鸡舍及设备的检查与维修，消毒和鸡舍试温等工作。

（一）鸡舍及设备的检查与维修

雏鸡全部出舍后，首先全面打扫，清除舍内鸡粪、垫料，顶棚上的蜘蛛网、尘土等；再进行检查维修，如修补门窗，封死老鼠洞，检修鸡笼，准备和检修好取暖、供水及照明设备等。

（二）鸡舍及设备的冲洗和消毒

鸡舍彻底清扫后，需用水冲洗舍内所有的表面（地面、四壁、屋顶、门窗等），鸡笼，各种用具（如饮水器、盛料器、承粪盘等），以及鸡舍周围，直到肉眼看不见污物。冲洗后充分干燥，再进行消毒。鸡舍墙壁、地面、门窗常用药物喷雾或喷洒消毒，鸡笼等设备常采用药物浸泡消毒，最后全舍及设备熏蒸消毒。消毒后的鸡舍，应空闲2～3周方可使用。值得重视的是，消毒过程一定要切实可靠，不能忽略或流于形式。清扫→冲洗→消毒→空舍综合处理是消灭病原微生物的有效措施。

（三）鸡舍试温

在进雏前2～3天，安装好灯泡，整理好供暖设备，地面平养的舍内需铺好垫料，网上平养的则需铺上塑料布。平养的都应安好护网。然后，把育雏温度调到需要达到的最高水平(一般近热源处 32℃～35℃，舍内其他地方最高24℃左右)，观察室内温度是否均匀、平稳，加热器的控制元件是否灵敏，温度计的指示是否正确等。

(四) 饲料、喂料和饮水设备及药品准备

按雏鸡的营养需要及生理特点，配合好新鲜的全价饲料，在进雏前 1～2 天要进好料，以后要保证持续、稳定的供料。料槽、饮水器要求数量足够、设计合理，保证料、水供应。料槽可用木板、镀锌薄板和硬塑料板制成，种类有船式长料槽、吊桶式干粉料料槽和管道式机械给料料槽等。饮水器常用乳头饮水器、杯式饮水器、真空饮水器、水槽等类型，应清洁、不漏、便于清洗。可根据鸡的年龄、饲养方式、规模大小及资金条件等选用喂料和饮水设备。要事先准备好本场常用疫苗，如新城疫疫苗、法氏囊疫苗、传染性支气管炎疫苗、鸡痘疫苗等。药物包括抗白痢药、抗球虫病和抗应激药物(如电解质液和多维)等。这要根据当地及场内疫病情况进行准备。另外，要准备好常规的环境消毒药物。

此外，如要断喙，还要配备好断喙器等。还需要进行人员分工及培训，制订好免疫计划，准备好育雏记录本及记录表。

三、育雏方式

人工育雏按其占地面积和空间的不同及给温方法的不同，其管理要点与技术也不同，大致分为地面育雏、网上育雏和笼上育雏三种方式。其中，前两种又称平面育雏，后一种称为立体育雏。

(一) 平面育雏

根据房舍的不同，地面育雏可以用水泥地面、砖地面、土地面或炕面，地面上铺上一定厚度的垫料。这种方式占地面积大、管理不方便、易潮湿、空气不好、雏鸡易患病，且受惊后或寒冷容易扎堆压死，只适于小规模暂无条件的鸡场采用。为便于消毒起见，应用水泥地面较好。

网上育雏是把雏鸡饲养在离地 50～60 cm 高的铁丝网或特制的塑料网或竹网上，网眼大小一般不超过 1.2 cm×1.2 cm 或 2 cm×1.5 cm，要求稳固、平整，便于拆洗。网上育雏的优点是可节省垫料，比地面平养增加 30%～40%的饲养密度；鸡粪可落入网下，减少了鸡白痢、球虫病及其他疾病的传播；雏鸡不直接接触地面的寒湿气，降低了发病率，育雏率较高，但造价较高，养在网上的雏鸡有些神经质，而且要加强通风，及时清理鸡粪，减少有害气体的产生。

（二）立体育雏

立体育雏是将雏鸡饲养在分层的育雏笼内，常用层叠式或半阶梯式笼。热源多采用暖气、热风炉或笼内设计电热板等，也可以采用煤炉或地下烟道等设施来提高室温。每层育雏笼由一组加热笼、一组保温笼和四组运动笼三部分组成，可供雏鸡自由选择适宜的温区。笼的四周可用毛竹、木条或铁丝等制作，有专门的可拆卸的铁丝笼门更好。笼底大多采用铁丝网或塑料网，鸡粪由网眼落下，收集在层与层之间的承粪板上，定时清除。饲槽和饮水器可排列在笼门外，雏鸡伸出头即可吃食、饮水。这种设备可以增加饲养密度，节省垫料和热能，便于实行机械化和自动化，同时可预防鸡白痢和球虫病的发生和蔓延，但笼具投资大，对营养、通风换气等要求较为严格。

目前，养鸡业发达的国家90％以上蛋鸡都采用笼育，在我国也广泛应用。

四、初生雏的运输

雏鸡的运输是一项重要的技术工作，稍不留心就会给养鸡场带来较大的经济损失。因此，必须做好以下几方面的工作。

（一）掌握适宜的运雏时间

初生雏鸡体内还有少量未被利用的卵黄，故初生雏鸡在48小时或稍长一段时间内可以不喂饲料进行运输，但可喂些饮用水，尤其是夏季或运雏时间较长时。有试验表明，雏鸡出壳后24小时开食的死亡率较8、16、36小时开食都低，故最好能在出壳后24小时运到目的地。运输过程力求做到稳而快，减少震动。

（二）解决好保温和通风的矛盾

雏鸡运输过程中，保温与通风是一对矛盾：只注意保温，不注意通风换气，会使雏鸡受闷、缺氧，以致窒息死亡；只注意通气，忽视保温，雏鸡会受凉感冒，容易诱发鸡白痢，成活率下降。因此，装车时要注意将雏鸡箱错开安排，箱子周围要留有通风空隙，重叠层数不能太多。

五、雏鸡的饲喂技术

(一) 饮水

雏鸡出壳后第一次饮水习惯上称为“初饮”。一般应在其绒毛干后12～24小时开始初饮，此时不给饲料。冬季水温宜接近室温(16℃～20℃)。育雏头几天，饮水器、盛料器应离热源近些，便于鸡取暖、饮水和采食。立体笼养时，开始一周内在笼内饮水、采食，一周后训练在笼外饮水和采食。

雏鸡出壳后一定要先饮水后喂食，而且要保证清洁的饮水持续不断的供给。雏鸡的需水量与品种、体重和环境温度的变化有关。体重愈大，生长愈快，需水量愈多；中型品种比小型品种饮水量多；高温时饮水量较大。一般情况下，雏鸡的饮水量是其采食干饲料的2～2.5倍。雏鸡在不同气温和周龄下的饮水量见表22-1。

表22-1　蛋用雏鸡饮水量　(升/100只)

周龄	21℃以下	32℃
1	2.27	3.90
2	3.97	6.81
3	5.22	9.01
4	6.13	10.60
5	7.04	12.11
6	7.72	12.32

(二) 饲喂

给初生鸡第一次喂料叫开食。适时开食非常重要，一般开食的时间掌握在出壳后24～36小时进行，此时雏鸡的消化器官基本具备消化功能。要待鸡饮水1小时后再开食。

开食时使用浅平食槽或食盘，或直接将饲料撒于硬纸、塑料布上。开食料要求新鲜、颗粒大小适中，易于雏鸡啄食，营养丰富易消化。常用的有碎玉米、小麦、碎米、碎小麦等。这些开食料最好先用开水烫软，吸水膨胀后再喂，经1～3天改喂配合日粮。大型养鸡场也有直接使用雏鸡配合料的。随着雏鸡生长，2～3天逐渐加料槽，待雏鸡习惯料槽时撤去料盘和塑料布，0～3周使用幼雏料槽，3～6 周龄使用中型料槽，6 周龄以后逐步改用大型料槽。料槽的高度应根据鸡背高度进行调整。育雏期，要保证每只雏鸡占有 5 cm 左右的食槽长度。雏鸡的饮水器和喂食器应间隔放开、均匀分布，使雏鸡在任何位置距水、料都不超过 2 m。

饲喂时要掌握“少喂勤添”的原则。最初几天，每隔 3 小时喂 1 次，每昼夜 8 次；以后随着日龄增长，逐步减少到春季、夏季每天 6～7 次，冬季、早春 5～8 次。3～8 周龄时改夜间不喂，每天 4 小时 1 次，即每昼夜 4～5 次。

六、雏鸡的管理

（一）培育雏鸡的环境条件

给雏鸡创造适宜的环境是提高雏鸡成活率、保证雏鸡正常生长发育的关键措施之一。其主要内容包括提供雏鸡适宜的温度、湿度和密度，保证新鲜的空气，合理的光照，卫生的环境等。

1. 温度：适宜的温度是育雏成败的首要条件，育雏开始的 2～3 周极为重要。1～3 天，采用 33℃～35℃，4～7 天，采用 31℃～32℃，以后每周降低 2℃～3℃，至室温达 20℃恒温。降温幅度可据季节而定。

育雏温度掌握得是否得当，温度计上的温度反映的只是一种参考依据，重要的是要会“看鸡施温”，即通过观察雏鸡的表现正确地控制育雏的温度。育雏温度合适时，雏鸡在育雏室（笼）内均匀分布，活泼好动，采食、饮水都正常，羽毛光滑整齐，雏鸡安静而伸脖休息，无奇异状态或不安的叫声；育雏温度过高时，雏鸡远离热源，精神不振，展翅张口呼吸，不断饮水，严重时表现出脱水现象，雏鸡食欲减弱，体质变弱，生长发育缓慢，还容易引发呼吸道疾病和啄癖等；育雏温度过低时，雏鸡靠近热源而打堆，羽毛蓬松，身体发抖，不时发出尖锐、短促的叫声，因为打堆可能压死下层的雏鸡，还容易导致雏鸡感冒，诱发雏鸡白痢。另外，育雏室内有贼风（间隙风、穿堂风）侵袭时，雏鸡亦有密集拥挤的现象，但鸡大多密集于远离贼风吹入方向的某一侧。不同温度下雏鸡的反应如图 22-1 所示。

育雏的温度因雏鸡品种、年龄及气候等的不同而有差异。一般地，育雏温度随鸡龄增大而逐渐降低，弱雏的温度应比健雏高些；小群饲养比大群饲养的要高一些；夜间比白天高些；阴雨天比晴天高些；室温低时育雏器的温度要比室温高时高一些。生产中可据实际情况,并结合雏鸡的状态作适当调整。

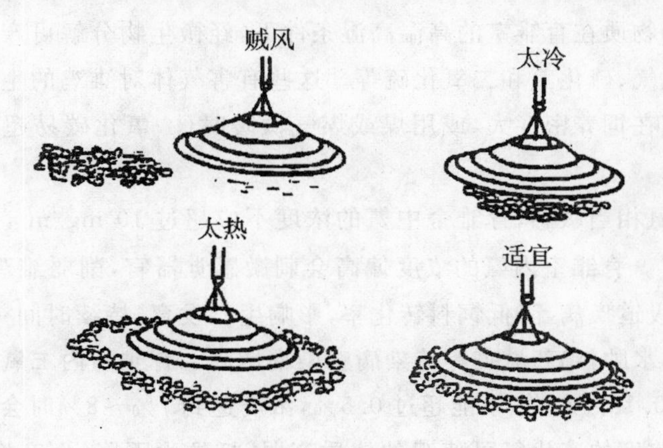

图 22-1　不同温度条件下雏鸡的状态示意图

2. 湿度:湿度一般用相对湿度表示。湿度的高低,对雏鸡的健康和生长有较大的影响,但影响程度不及温度。第 1 周保持适宜的湿度对维持雏鸡正常的代谢活动、卵黄吸收、避免脱水、促进羽毛生长都是必需的。一般情况下,湿度不会过高或过低。只有在极端情况下或多种因素共同作用时,可能对雏鸡造成较大危害。

雏鸡适宜的相对湿度为 55%～70%。在常温下很多地区都可以达到这一要求,但是空气加热后,相对湿度就会随之下降。空气加热 1℃,相对湿度下降 3.5%～4%;空气加热 10℃,相对湿度下降 35%;加热 20℃时,降低 70%。育雏第 1 周温度高,在保温器热源附近的空气相对干燥,可以在火炉上放置水壶烧开水或定期向室内空间、地面喷雾等来提高湿度,使雏鸡室的相对湿度达到 70%～75%。10 日龄以后,随着年龄与体重的增加,雏鸡的采食量、饮水量、呼吸量、排泄量等都逐日增加,加上育雏的温度又逐周下降,很容易造成室内潮湿。此时,要注意通风,严防供水系统漏水,经常保持室内干燥清洁,尽可能将育雏室的相对湿度控制在 55%～60%。

3. 通风:经常保持育雏舍内空气新鲜,这是雏鸡正常生长发育的重要条件之一。雏鸡生长快,代谢旺盛,呼吸频率高,需氧量大。雏鸡每千克体重每小时需氧气约 740 mL,呼出二氧化碳约 710 mL,单位体重排出的二氧化碳比大家畜高出 2 倍以上。另外，雏鸡排出的粪便中还含有 20%～50%的营养物质，这些营养物质在育雏室的高温高湿条件下，经微生物分解可产生大量的有害气体，如氨气、硫化氢和二氧化硫等。这些有害气体对雏鸡的生长和健康都很不利，尤其在饲养密度大，或用煤或煤气供暖时(一氧化碳易超标)，更要注意通风换气。

雏鸡对氨相当敏感，育雏舍中氨的浓度不应超过 10 mg/m^3，最多不能超过 20 mg/m^3。育雏室内氨的浓度偏高会刺激感觉器官，削弱雏鸡的抵抗力，导致发生呼吸道疾病，降低饲料转化率，影响生长发育，持续时间一长，雏鸡肺部发生充血、水肿，鸡新城疫等传染病感染率增高。育雏室内二氧化碳的含量要求控制在 0.15%左右，不能超过 0.5%，浓度达到 7%～8%时会引起雏鸡窒息。长期低浓度的硫化氢可使鸡的体质变弱，抵抗力下降，生产性能低下，体重减轻；高浓度时可抑制呼吸中枢，导致窒息死亡。育雏室内硫化氢的含量要求在 6.6 mg/m^3 以下，最高不能超过 15 mg/m^3。

一般地，室内只要经常通风，也不会出现有害气体浓度偏高的问题。在无检测仪器的条件下，以不刺鼻和眼、不闷人、无过分臭味为宜。

鸡舍通风换气的方法有自然通风和机械通风两种。密闭式鸡舍及笼养密度大的鸡舍通常采用机械通风，如安装风机、空气过滤器等装置，将净化过的空气引入舍内。开放式鸡舍基本上都是依靠开窗进行自然通风。由于有些有害气体比重大，地面附近浓度大，故自然通风时还要注意开地窗。

通风量取决于家禽的类型、年龄、体重和外界温湿度。不同气候区鸡的最大通气量见表 22-2。无论何种通风形式，都要求在鸡体水平提供稳定的气流和风速，杜绝贼风。有窗开放式鸡舍由于门窗有缝隙，最初几天不必开窗；密闭式鸡舍启用风机在 5 日龄后进行，每次启动时间不能太长，次数可随育雏日龄增大而增加。

4. 合适的密度：饲养密度是指育雏室内每平方米地面或笼底面积所容纳的雏鸡数。密度与育雏室内空气的质量以及鸡群啄癖的产生有着直接的关系。饲养密度过大，育雏室内空气污浊，二氧化碳浓度高，氨味浓，湿度大，易引发疾病，雏鸡吃食和饮水拥挤，饥饱不均，生长发育不整齐，若室温偏高时，容易引起雏鸡互啄癖。饲养密度过小时，房舍及设备的利用率降低，人力增加,育雏成本提高,经济效益下降。雏鸡的适宜密度见表 22-3。

表 22-2　不同气候区鸡的最大通气量　($m^3/(h \cdot kg)$)

鸡的种类	体重(kg)	外界可能达到的最高温度		
		中温区(27℃)	高温区＞(27℃)	低温区(15℃)
雏鸡		5.6	7.5	3.75
后备鸡	1.15～1.18	5.6	7.5	3.75
蛋鸡	1.35～2.25	7.5	9.35	5.60
蛋种鸡	1.35～2.25	7.5	9.35	5.60

表 22-3　各种饲养方式下雏鸡的饲养密度　(只/平方米)

周龄	地面平养	网上平养	立体笼养
1～2	30	40	60
3～4	25	30	40
5～6	20	25	30

上表可知,饲养密度随周龄和饲养方式而异。此外,轻型品种的密度要比中型品种大些,每平方米可多养 3～5 只;冬天和早春天气寒冷,气候干燥,饲养密度可适当高一些;夏秋季节雨水多,气温高,饲养密度可适当低一些;弱雏经不起拥挤,饲养密度宜低些。鸡舍的结构若是通风条件不好,也应减少饲养密度。

5. 光照:光照的作用:对于雏鸡和肉仔鸡而言,光照的作用主要是使它们能熟悉周围环境,进行正常的饮水和采食。合理的光照,可以加强雏鸡的血液循环,加速新陈代谢,增进食欲,有助于消化,促进钙磷代谢和骨骼的发育,增强机体的免疫力,从而使雏鸡健康成长。通过合理光照,可以控制育成鸡的性成熟时间,光照减少,延迟性成熟;增加光照,缩短性成熟时间,使鸡适时性成熟。增加光照并维持相当长度的光照时间(15 小时以上),可促使母鸡正常排卵和产蛋,并且使母鸡获得足够的采食、饮水、社交和休息时间,提高生产效率。对于繁殖期公鸡,每天提供 15 小时左右的光照,有利于精子的生产,增加精液量。

对光照时间和强度的控制非常重要，并已形成制度。光照制度的制定应根据不同鸡舍类型而不同。

密闭式鸡舍完全依靠人工光照照明，容易控制光照。初生雏最初 48 小时内保持 23～24 小时光照时间，光照强度为 20 lx，使水和料易于被发现，便于饮食。从第 3 天起到第 2 周末，光照时间逐渐降为每天 15 小时，强度逐渐降为 5～10 lx。第 3 周～17 周或 18 周，光照时间逐渐降为每天 8～9 小时，强度不变。18 周或 19 周开始，每周增加 0.5～1 小时，直至 16 小时恒定至产蛋结束。

开放式鸡舍受自然光照影响较大，而自然光照在强度和时间上随季节变动大，必须用人工光照对自然光照加以调整和补充，才能适应雏鸡的生长发育。调整和补充光照要根据出雏日期、育成期当地日照时间的变化及最长日照时数来进行。我国大部分地区处于北纬 20°～ 45°，较适合使用开放式禽舍的纬度在 30°～40°。冬至日（12 月 21～22 日）日照时间最短，夏至日（6 月 21～22 日）最长，开放式禽舍的光照制度应根据当地实际日照情况，遵循光照程序原则来确定（表 22-4）。人工补光的强度第 1 周 20 lx，以后逐渐降为 5～10 lx。

表 22-4 开放式禽舍的光照制度

周龄	光照时间(h)	
	3 月 1 日～8 月 31 日出壳	8 月 26 日～次年 3 月 5 日出壳
0～1	22～23	22～23
2～7	自然光照	自然光照
8～17	自然光照	恒定此期间最长光照
18～68	每周增加 0.5～1 h，至 16 h 恒定	每周增加 0.5～1 h，至 16 h 恒定
69～产蛋结束	17 h	17 h

6. 卫生的环境：在育雏过程中，要经常保持环境的清洁卫生，尽量减少幼雏受病原微生物感染的机会，使其健康地成长。在生产中，往往只注重育雏前的消毒而放松育雏过程中的环境保持，应提高警惕。

(二) 雏鸡的其他管理技术

无论平养或是笼养,除了给予雏鸡适宜的环境条件外,育雏阶段还要做好以下几方面的工作。

1. 及时断喙:断喙就是用断喙机或用剪刀、烙铁等器具把鸡喙的一部分切去。断喙是防止啄癖最好和最简单的方法,此外断喙使鸡的喙尖钩去掉,可有效防止鸡将饲料扒出饲槽浪费饲料。同时,鸡的采食速度减慢、均匀,可使鸡群生长发育整齐一致。

原则上,断喙在开产前任何时候都可进行。为方便操作,且对雏鸡的应激较小、重断率低等方面考虑,蛋鸡一般在 6～10 日龄进行。如果有断喙不成功的,可在 12 周龄左右进行修整。

断喙的方法:一手握鸡,拇指置于鸡头部后端,食指轻压咽部,使鸡舌头缩回,以免灼伤舌头。如果鸡龄较大,另一只手可以握住鸡的翅膀或双腿。精密动力断喙器有直径 4.0 mm、4.37 mm 和 4.75 mm 孔眼。将喙插入适当的孔眼断喙,所用孔眼大小应使烧灼圈与鼻孔之间相距 2 mm。上喙断去 1/2,下喙断去 1/3。然后在灼热的刀片上烧灼 2～3 秒,以止血和破坏生长点,防止以后喙尖长出。

注意问题:断喙前鸡群应健康无疫情;断喙前 2～3 天每千克饲料加 2～3 mg 维生素 K;选用合适的孔眼;更换新刀片,通过刀片颜色(避光情况下)判断刀片温度,一般刀片颜色应达到暗樱桃红色(600℃～800℃);断喙后要供给充足的饮水和饲料,防止切面触碰料槽、水槽底部引起出血;发现止血效果不理想,喙部仍再流血的雏鸡,应及时抓出来重新灼烧止血。

2. 剪冠、截翅和断趾:在一些特殊环境或特殊要求情况下,可对鸡进行剪冠、截翅和断趾等处理。

剪冠的做法为许多养鸡场所采用,可以防止因斗架和啄癖而使鸡冠受伤,改善视力,也减少冻伤和擦伤。剪冠一般在 1 日龄进行,用眼科剪在冠基部从前向后齐头顶剪去,出血很少。鸡冠有散热作用,一般较热地区不主张剪冠。鸡冠不太发达的蛋鸡,不主张剪冠。

截翅 通常在 1～2 日龄进行,用剪子或其他工具在翅膀肘关节下段截断,然后用烧红的铁条烧烙伤口(用电烙铁亦可),一般不会出血。截翅能限制鸡的活动，不乱飞，舍内环境安静，免去了翼羽的生长与脱换，因此，耗料量减少，产肉、产蛋量提高。

断趾 父母代种鸡为了防止公母混杂或剔除鉴别误差，孵化场需要对公雏做剪冠或断趾处理。自然交配公鸡还需要将内侧左右趾尖断去，防止交配时抓伤母鸡，可以用烙铁或断喙器进行断趾。断趾太严重会影响公鸡的交配，断趾后注意止血。

3. 加强日常看护：雏鸡管理上，日常细致的观察与看护是一项比较重要的工作。首先要检查采食、饮水位置是否够用，饮食高度是否适宜，采食量和饮水量的变化等，以了解雏鸡的健康状况。饲养人员还要经常观察雏鸡的精神状况，及时剔除鸡群中的病、弱雏。病、弱雏常表现出离群闭目呆立、羽毛蓬松不洁、翅膀下垂，呼吸带声等。

4. 测体重与跖长：为掌握雏鸡的发育情况，每2周从鸡舍的不同位置随机抽样称量体重（在早上空腹称重），与该品种的标准体重相对照，如发现有明显差异，应及时调整日粮与管理措施。对发育弱小的雏鸡应及时排出，单独管理。称重的同时应该测量跖长，并与标准比较；对没达标的雏鸡，找出原因，保证饲料的质量及适宜的环境条件，直到达标后才改喂育成鸡料。

检查骨骼的发育，一般分别在4周龄、6周龄、12周龄、18周龄进行，用游标卡尺或两脚规测量跖长，部位是从跖关节到脚底（第3与第4趾间）的垂直距离，如图22-2所示。

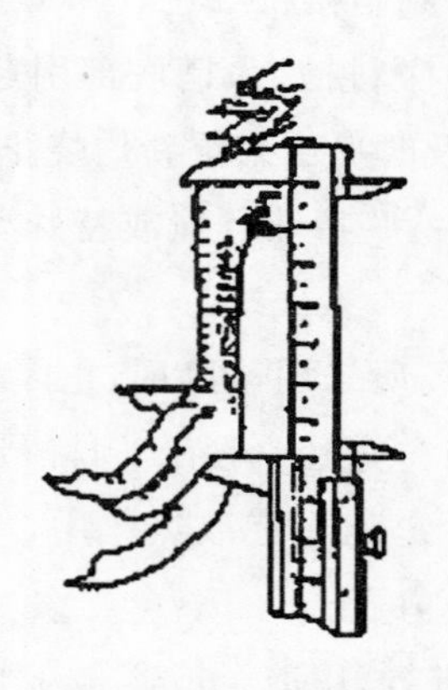

图 22-2 跖长测量示意图

第二节　育成鸡的饲养管理

后备鸡质量好坏直接影响后期的产蛋成绩。因此,要想蛋鸡高产,必须重视后备鸡的培育。

一、育成鸡的生理特点

蛋鸡育成期生长发育迅速,机体各系统的机能基本发育健全。羽毛逐渐丰满密集而成片状,保温、防风、防水作用强,加上皮下脂肪的逐渐沉积,采食量的增加,体表毛细血管的收缩等,使育成鸡对低温的适应幅度变宽。因此,进入育成期可逐渐脱温。消化能力日趋健全,食欲旺盛。消化道对饲料钙、磷的吸收能力不断提高,骨骼发育处于旺盛时期,此时肌肉生长最快;脂肪的沉积能力随着日龄的增长而增大,须防止鸡体过肥。由于各器官的迅速生长发育,体重增长速度较快,但随日龄的增长增重幅度会逐渐下降。10 周龄前的后备蛋鸡,生殖器官发育缓慢。在 12 周龄后,生殖器官发育加快,18 周龄以后发育更为迅速,即将开产的母鸡卵巢内出现成熟滤泡,使卵巢重量达到 40～60 g。此阶段鸡对光照时间长短的反应非常敏感,不限制光照,将会出现过早性成熟。

二、高产鸡群的育成标准

高产鸡群的育成期要求未发生或蔓延烈性传染病,体质健壮,体型紧凑似 V 字形,精神活泼,食欲正常,体重和骨骼发育符合品种要求且均匀一致,胸骨平直而竖实,脂肪沉积少而肌肉发达,适时达到性成熟,初产蛋重较大,能迅速达到产蛋高峰且持久性好。20 周龄时,高产鸡群的育成率应能达到 96%。要求体重、跖长的整齐度达 80%以上。

三、育成鸡的饲养技术

(一) 更换饲料

育成鸡需要的饲料营养成分含量比雏鸡低,特别是蛋白质和能量水平较低,需要更换饲料。从育雏期到育成期,饲料的更换是一个很大的转折。当鸡群 7 周龄平均体重和跖长达标时,即将育雏料换为育成料。若此时体重和跖长达不到标准,则继续喂雏鸡料,达标时再换;若此时两项指标超标,则换料后保持原来的饲喂量，并限制以后每周饲料的增加量，直到恢复标准为止。更换饲料要逐渐进行，如用 2/3 的雏鸡料混合 1/3 的育成料喂 2 天，再各混合 1/2 喂 2 天，然后用 1/3 育雏料混合 2/3 育成料喂 2～3 天，以后就全喂育成料。

(二) 限制饲养

育成鸡在自由采食状态下都有过量采食而致肥和早熟的倾向，使得开产不整齐和产小蛋的时间长，也影响产蛋持久性。鸡在育成期，为避免因采食过多，造成产蛋鸡体重过大或过肥。在此期间对日粮实行必要的数量限制，或在能量蛋白质质量上给予限制，这一饲喂技术称限制饲养。限饲的目的就在于控制鸡的生长，使性成熟适时化和同期化，提高产蛋量和整齐度，减少产蛋期间的死淘率；另外，还可节省 5%～10%的饲料。

1. 限饲的常用方法：目前对蛋鸡的限制饲养多采用限制全价饲料饲喂量的办法，即每日限饲法或限量法：每天减少一定的饲喂量，一般是全天的饲料集中在上午一次性供给。采用这种方法，必须先掌握鸡的正常采食量，因每天的喂料总量随鸡群日龄而变化，故要正确称量饲料。具体实施时，要查明雏鸡的出壳时间、周龄和标准饲喂量，再确定给料量。限饲生效必须从 7～8 周龄开始，使体重与每周计划保持一致，到育成期末再进行调整会使产蛋量受到很大影响。采用限量法时，日粮质量要好，否则会使鸡群生长发育缓慢。

2. 限制饲养的注意事项：① 正确掌握喂料量。首先参考本品种或相同体型鸡种的体重发育标准、周龄、鸡舍类型及饲料条件等制定限饲计划，并严格执行。每周鸡群数要清点无误，每次给料量要称量准确。料位、水位必须充足，育成期料槽位置每只鸡为 8 cm 或 4.5 cm 以上的圆形料盘，饮水器则每只有 2 cm 以上即可。要迅速补料，加料均匀。整个限饲过程中，每 1～2 周在固定时间随机抽取 2%～5%的鸡只空腹称重。当体重超标时，保持上一次的饲喂量，直到恢复标准再增加饲喂量；当体重达不到标准时，加大饲料增幅，直到达标后，按正常增幅加料。② 限饲鸡群发病或处于接种疫苗等应激状态，应恢复自由采食，恢复正常后再行限饲。③ 体重偏轻的后备鸡，不可进行限制饲喂。

四、育成鸡的管理技术

(一) 培育育成鸡的环境条件

外界环境条件对育成鸡的健康、生长发育以及性成熟等均会产生重要影响,特别是现代养禽生产,在全舍饲、高密度条件下,环境问题变得更为突出。

1. 饲养密度:为使育成鸡发育良好,整齐一致,须保持适宜的饲养密度,见表22-5。密度大小除与周龄和饲养方式有关外,还应随品种、季节、通风条件等而调整。

表22-5　育成鸡的饲养密度　　(只/平方米)

周龄	地面平养	网上平养	半网栅平养	立体笼养
6～8	15	20	18	26
9～15	10	14	12	18
16～20	7	12	9	14

2. 光照:在饲料营养平衡的条件下,光照对育成鸡的性成熟起着重要作用;特别是10周龄以后,要求光照时间应短于光照阈10小时,并且时间只能缩短而不能增加,强度也不可增强,具体的控制办法见上一节"雏鸡的管理"部分。

案例:

有试验表明,育成期的罗曼商品褐壳蛋鸡,提供12小时光照时间(光照强度10 lx),后备母鸡150日龄产蛋率达50%,而提供8小时光照时间(光照强度10lx)的母鸡为161天,前者比后者开产日龄提前11天;72周龄时产蛋量和总蛋重前者分别为241个、14.82 kg,后者分别为259个、17.3 kg,前者比后者分别下降18个和2.48 kg,两组鸡差异显著($P<0.05$)。

3. 通风:育成鸡采食量大,呼吸和排粪量相应增多,舍内空气很容易污浊。通风不良,鸡羽毛生长不良,生长发育减慢,整齐度差,饲料转化率下降,容易诱发疾病。因此,鸡舍空气应保持新鲜,使有害气体减至最低量,以保证鸡群的健康。随着季节的变换与育成鸡的生长,通风量要随之改变,见表22-6。密闭式鸡舍必须安装排风机,特别在夜间熄灯后,往往忽视开机通风。通风要适当,既要维持适宜的鸡舍温度,又要保证鸡舍内有较新鲜的空气。夏季鸡舍温度升至30℃时,鸡表现不安,采食量下降,饮水减少,温度越高,应激越大,越要加大通风量。

表 22-6　育成鸡的通风量　(1 000 只鸡)

周龄	平均体重(g)	最大换气量(m^3/min)	最小换气量(m^3/min)
8	610	79	18
10	725	94	23
14	855	111	26
14	975	127	29
16	1 100	143	33
18	1 230	156	36
20	1 340	174	40

(二) 控制性成熟和促进骨骼发育

蛋鸡性成熟过早，会产小蛋，高峰持续时间短，出现早衰，产蛋量减少；若性成熟晚，推迟开产时间，产蛋量减少。现代蛋鸡具有早熟特性，必须采用适当的光照制度和育成期限制饲养相结合，才能有效地控制性成熟。仅强调光照管理，鸡群体重较小，增加光照时间的结果会使开产鸡蛋重小、脱肛现象多；反之，若光照时间不足，鸡的体重即使达到了该品种的开产体重，开产时间也会推迟，原因是性器官发育受到影响。同时，要重视育成鸡体重和骨骼的协调发育，这样能有较好的产蛋性能和成活率。

育成鸡的体重和骨骼发育都很重要。若只注重体重而不重视骨骼的发育，就必定会出现带有过多脂肪的小骨架鸡。因此，后备鸡在定期检测体重的同时应测量跖长。

此外，要保持鸡舍清洁与安静，坚持适时带鸡消毒。

(三) 检测均匀度，提高鸡群整齐度

均匀度是育成鸡的一项非常重要的质量指标。均匀度与遗传有关，但主要受饲养管理水平的影响，可以用体重和跖长两指标来衡量。性成熟时达到标准体重和跖长且均匀度好的鸡群，则开产整齐、产蛋高峰高而持久。

均匀度测定方法：从鸡群中随机取样，鸡群越小取样比例越高，反之越低。取样群的每只鸡都称重、测跖长，不加人为选择，并注意取样的代表性。

$$体重均匀度=\frac{平均体重上下10\%范围内的鸡只数}{取样总只数}\times 100$$

这是体重的10%均匀度，还有要求得较高的8%和5%均匀度等衡量办法。跖长均匀度也由此类推。一般地，蛋鸡群中10%体重均匀度应达80%以上，跖长均匀度应在90%以上。如果鸡群显著地偏离体重和跖长指标或均匀度不好，应设法找到原因，以便今后改进。若均匀度太差，还应分群饲养管理。

（四）防治啄癖

防治啄癖也是育成鸡管理的一个重点。防治的方法不能单纯依靠断喙，应采取综合措施，如：改善舍内环境，降低饲养密度，改善日粮营养，弱光照明或适当缩短光照时间等。已经断喙的鸡，在15周龄前，拣出早期断喙不当或遗漏的鸡，进行补切。

（五）其他管理

根据各个地区、各个鸡场以及鸡的品种、年龄、免疫状态和污染情况等的不同，因地制宜地制定适合本场的免疫计划，并切实按计划落实。舍内外应保持清洁卫生，定期消毒也是预防疫病感染传播的有效措施。发现寄生虫病（如蛔虫、绦虫或螨类），应采取有针对性的防治措施。另外，转群时等应激情况下，应精细管理，做好药物投放工作，密切观察鸡群动态，对疾病做到早发现早治疗。

第三节　产蛋鸡的饲养管理

蛋鸡饲养管理的中心任务是尽可能消除或减少各种逆境，创造适宜的环境条件，最大限度地发挥其遗传潜力，达到高产稳产的目的；同时，降低鸡群的死淘率和蛋的破损率，尽可能地节约饲料，获得最佳的经济效益。

一、产蛋鸡的饲养方式与密度

（一）饲养方式

蛋鸡的饲养方式分为两大类，即平养与笼养。不同的饲养方式配有相应的设施。平养又分为垫料地面平养、网上平养和地网混合平养三种方式。笼养是最为普遍的饲养方式。

1. 平养：平养是指在地面或网面上饲养鸡群。规模化蛋鸡场常采用机械喂料设备，自动供水。一般每 4～5 只鸡配备一个产蛋箱。地面平养需铺垫料，具有一次性投资较少、便于观察鸡群状况、冬季保温较好、鸡的活动量大、鸡的体格坚实等优点；缺点是饲养密度小，舍内易潮湿，房舍利用率低，鸡与粪便、垫料等直接接触易患病，投药成本高，窝外蛋和脏蛋较多。寒冷季节若通风不良，空气污浊，易于诱发眼病及呼吸道病等。网上平养需在离地 60～70 cm 高处搭建网架，要求坚固耐用，便于清洗消毒；网上平养鸡体不与粪便接触，利于防病，饲养密度较地面平养多，舍内易于保持清洁与干燥；缺点是网面不易平整，窝外蛋与破蛋较多，造价较高等。地网混合平养需要在舍内 1/3 地面面积铺垫料，居中或两侧，另 2/3 面积为离地铅网或板条，高出地面 40～50 cm，形成"两高一低"或"两低一高"的布局。这种方式多用于种鸡特别是肉种鸡，可提高产蛋量和受精率，商品蛋鸡很少采用。

2. 笼养：目前，全世界 75％、美国 98％的商品蛋鸡养于笼内。我国集约化蛋鸡场几乎都采用笼养，乡镇或小型鸡场也多采用笼养。蛋鸡笼常用阶梯式与叠层式结构。笼养优点很多，如单位面积饲养密度大，便于进行机械化、自动化操作，管理方面生产效率高；尘埃少，蛋面清洁，寄生虫等疾病的危害降低，降低死亡率等。但是，笼养鸡易于发生挫伤与骨折，易于过肥和发生脂肪肝等。

（二）饲养密度

饲养密度合适与否对鸡的生产性能、健康、死淘率等会产生不同影响。密度适宜有利于鸡生产性能的发挥，密度越大会导致鸡单产水平相对降低，死淘率增加，破蛋率升高，饲料转化率降低。因此，应根据饲养规模，充分利用建筑面积等因素综合分析，确定合理的饲养密度。蛋鸡的饲养密度与饲养方式密切相关，不同饲养方式适宜的密度见表 22-7。平养蛋鸡要保证每只 13～14 cm 的料槽长度和 6～7 cm 的水槽长度或每 3～4 只鸡提供一个乳头式饮水器。

表 22-7　蛋鸡的饲养密度　　（只/平方米）

蛋鸡类型	地面平养	网上平养	地网混养	笼养
轻型蛋鸡	6.3	11.0	7.2	26.3
中型蛋鸡	5.4	8.5	6.3	20.8

二、产蛋前的准备工作

(一) 鸡舍整理与消毒

育成鸡转群前,须对鸡舍及设备进行彻底清洗和消毒;对笼具、供水、供料、供电、照明、通风设施、鸡舍的防雨、门窗等进行检修,在鸡舍最后一次消毒前对上述设备试运行,工作状态正常后进行鸡舍的最后一次消毒。产蛋鸡舍的清理和消毒,一般按照清除废弃物→冲洗鸡舍及设备→干燥→药物消毒→空舍的流程进行。空舍时间应不小于3周。

(二) 育成鸡转群时间及转群前后的管理要点

转群的时间一般按照生产计划而定。蛋鸡场最早有于9周龄转群的,一般在18周龄,最迟也不要超过21周龄。过早转群因鸡个体太小,能从笼中或网孔钻出,给管理带来不便,对鸡的生长发育不利,且易出现提前开产。反之,转群过晚(晚于21周龄),由于部分鸡已经临近开产,鸡被捕捉受惊会影响正常产蛋,不能按时达到应有的产蛋高峰;抓鸡和运输造成的应激,会使已开产的母鸡中途停产,有些造成卵黄落入腹腔而导致卵黄性腹膜炎,增加死亡,整个产蛋期的产蛋量也会受到影响。转群的具体时间要选择气温适宜的天气进行,避开雨雪天气,炎热季节最好在夜间凉爽时转群,夜间抓鸡可减少应激。

在转群前、后连续4~6天,为了减轻捕捉引起的应激刺激,应在料中或饮水中添加抗生素和双倍的多种维生素及电解质,如维生素C等抗应激添加剂。转群前蛋鸡舍料槽应加料,水槽中供应清洁饮水,保证转入的鸡群能立即饮水和采食。另外,应保持环境安静,舍内光线明亮,且有良好的通风,尽可能给鸡群创造一个安静舒适的环境,使鸡的生理状态和精神状态尽快恢复正常。正常情况下,鸡群经过一周左右适应过程后,采食和饮水可恢复正常。这样,就可依次进行断喙(主要是修剪)、预防注射、换料、补充光照等处理。切忌在转群的过程中同时进行上述工作,以免因应激强度过大诱发疾病。

(三) 准备产蛋箱

在平养鸡群开产前两周,要放置好产蛋箱,否则会造成窝外蛋现象。一般每4~5只母鸡放1只产蛋箱,每4~6只产蛋箱连成一组。箱内铺垫草,要保持清洁卫生。产蛋箱的规格不可太小要能让鸡在内自如地转身,一般长40 cm、宽30 cm、高35 cm。产蛋箱宜放在墙角或光线较暗处。

三、产蛋鸡的饲养环境

鸡的生产性能受遗传、营养和环境三方面作用，优良的鸡种只是具备了高产的遗传基础，其生产力能否表现出来与环境的关系很大。尽可能将环境改善到适宜的程度，已是现代养鸡所必不可少的科学管理措施之一。

(一) 温度

温度对鸡的生长、产蛋、蛋重、蛋壳品质、受精率与饲料效率都有明显的影响。成年鸡的适温范围为5℃～28℃；产蛋适温为13℃～25℃。气温过高、过低对产蛋性能都有不良影响。

(二) 湿度

湿度与正常代谢和体温调节有关，湿度对家禽的影响大小往往与环境温度密切相关。对产蛋鸡适宜的湿度为50%～70%；如果温度适宜，相对湿度低至40%或高至72%，对家禽均无显著影响。试验表明：舍温分别为28℃、31℃、33℃，相应的湿度分别为75%、50%、30%时，鸡产蛋的水平均不低。

(三) 光照

光照对蛋鸡的性成熟、产蛋量、蛋重、蛋壳厚度、蛋形成时间及产蛋时间等都有影响。蛋鸡每天光照16小时较好，每日光照时数超过17小时，对产蛋还有一定抑制作用。光照强度一般10 lx；超过40 lx，鸡只的死淘率增加从而影响总产蛋量。

此外，产蛋鸡的饲养环境还要求安静，选择远离铁路、机场、交通主干道处建场，避免突然噪音刺激。蛋鸡的饲养环境还要求清洁卫生，保证舍内外的消毒池湿润与清洁，加强门卫制度，闲杂人等不得入场。

四、产蛋各期的饲养管理

蛋鸡产蛋期间的阶段饲养是指根据鸡群的产蛋率和周龄将产蛋期分为几个阶段，不同阶段喂给不同营养水平的日粮，采取相应的管理措施，这种饲养方式叫阶段饲养法。阶段饲养法常将产蛋期分为2～4个阶段。

(一) 开产前后的饲养管理

开产前后是指开产的前几周到约有80%的鸡开产这段时间，这是青年母鸡从生长期向产蛋期过渡的重要时期，鸡体生理变化很大。这种变化除了来源于转群、饲养环境与饲养方式的改变而造成的应激外，还来源于自身的生理刺激，如生殖系统的快速发育、性激素的大量分泌、体内肝脏的增大、髓质骨的形成等。因此饲养管理上需采取一些措施，以利母鸡很好地完成这种转变，为今后的高产做好准备。

1. 满足开产前的营养需要，关注体重：开产前3～4周内，鸡体内合成蛋白量与产蛋高峰期相同，因为这个时期母鸡的卵巢和输卵管都在迅速增长，体内也需有些储备。因此，此时应喂给青年母鸡较高的营养浓度，与产蛋高峰期相同（钙除外）。此时，饲料中钙含量应增加到2%左右，可以避免蛋壳质量不佳，也可防止一些早熟的母鸡为多摄取钙质而过量采食致肥的现象。

17～18周龄时要测定鸡群的体重，并与鸡种的标准体重相对照。若低于体重标准，应将限制饲养转为自由采食，并提高日粮蛋白质和能量水平。

2. 补充光照：开始补充光照的时间应依据鸡的体重情况，当18周龄时抽检体重达到品种标准，可以开始补充光照；如果达不到标准体重，应将补光时间往后推迟。另外，还应注意光照控制必须与日粮调整相一致，以使母鸡的生殖系统与体躯协调发育。如果只增加光照不改变日粮，会造成生殖系统过快发育；如果只改换日粮不增加光照，会使鸡体积累过多脂肪。补光的幅度一般为每周增加0.5～1小时，直至增加到16小时。

3. 更换日粮：当鸡群产蛋率达5%时，换成产蛋日粮为宜，一般从18～19周龄更换。更换的方法：一是设计一个开产前饲料配方，含钙量在2%左右，其他营养水平同产蛋期；二是产蛋鸡饲料按1/3、1/2等比例逐渐替换育成鸡日粮，直到全部改换为产蛋鸡日粮。

4. 保持鸡舍安静：鸡性成熟时是其新生活阶段的开始，特别是平养蛋鸡产头两个蛋的时候，精神亢奋，行动异常，高度神经质，容易惊群，应尽量避免惊扰鸡群。

（二）产蛋前期的饲养管理

产蛋前期一般是指产蛋率80%以上的时期。培育和管理良好的后备鸡，一般在20周龄开产，26～28周龄达产蛋高峰，产蛋率可达95%左右，优秀鸡群到42周龄后产蛋率仍可维持80%以上，蛋重由开始的40 g左右增至60 g以上。这期间是鸡的高产阶段，鸡的连产期长、产蛋强度大，且母鸡体重仍在增加。因此，要做好以下方面的饲养管理工作：

1. 充分满足母鸡的营养需要：要特别注意供给优良的、营养完善而平衡的高蛋白、高钙日粮，千方百计满足鸡群对维生素 A、D_3、E 等各种营养的需要，并保持饲料配方的稳定。这个阶段蛋鸡基本上能根据能量需要来调节采食量，应让其自由采食，并随产蛋率的增加逐渐增加饲喂量和光照时间（16 小时为止），饲喂量的增加要走在产蛋量上升之前。当产蛋率下降时，减少饲喂量要缓慢，并走在产蛋下降之后。

2. 加强卫生防疫工作：要特别注意饲料、饮水和环境卫生，不使鸡群受到病原微生物的侵袭，严禁饲喂霉变饲料。

3. 减少鸡群应激：在产蛋前期，鸡体已经受较大的内部应激，如再采取能形成外部应激原的措施，如并群、驱虫、防疫等，会使鸡群处于多重应激下，易使产蛋率急剧下降，以后一般恢复不到原来的水平，因此，应保持各种环境条件尽可能的适宜、稳定，尽可能地避免各种应激发生。

（三）产蛋后期的饲养管理

产蛋后期包括产蛋率 70%～80%和 70%以下（多在 42～66 周龄和 66 周龄以后）。该阶段鸡的产蛋率每周下降 1%左右，蛋重有所增加，同时鸡的体重几乎不再增加。此期饲养管理的中心任务是使鸡群产蛋率缓慢和平稳地下降。要做好以下几方面的工作。

1. 调整日粮组成：参照各类鸡产蛋后期的饲养标准，降低日粮的营养水平。一般可适当降低粗蛋白水平（降低 0.5%～1%），能量水平不变，适当补充钙质，最好采用单独补充粒状钙的形式。这样，既可降低饲料成本，又能防止鸡体过肥而影响产蛋。轻型蛋鸡三阶段日粮标准为前期粗蛋白质 18%，代谢能 11.97 MJ/kg；中期粗蛋白质 16.5%，代谢能 11.97 MJ/kg；后期粗蛋白质 15%，代谢能 11.97 MJ/kg。

2. 限制饲养：一般轻型蛋鸡采食量不多，又不易过肥，一般不进行限饲，只调整日粮组成即可；中型蛋鸡饲料消耗过多，要进行限饲才有利于产蛋。进行限饲时，可根据母鸡的体重和产蛋率来进行，要十分慎重，因为高产鸡对饲料营养的反应极为敏感。通常在产蛋后期每隔几周要抽测体重或产蛋率下降幅度来确定是否继续限饲。限饲的具体方法：在产蛋高峰后第三周开始，将每 100 只鸡的每天饲料摄取量减少 220～227 g，连续 3～4 天。假如饲料减少未使产蛋量比标准产蛋量降得更多，应持续数天这一给料量，然后再一次尝试类似的减量。只要产蛋量下降正常，这一减料方法可一直持续下去。如果产蛋量下降异常，赶紧恢复前一饲喂量。当鸡群受应激或气候异常寒冷时，恢复原来的喂料量。通常状态下，限饲时减少的饲喂量不应超过同龄自由采食鸡日耗量的8%～9%，即限饲时喂料量相当于正常鸡日采食量的91%～92%。

3. 淘汰低产和停产鸡：目前，生产上的产蛋鸡大多只利用一年，在产蛋一年后，或自然换羽之前就淘汰。这样，既便于更新鸡群和保持连年有较高的生产水平，又能省饲料、省劳力、省设备。

区别停产鸡和低产鸡，可注意观察鸡的头部，低产鸡一般冠小、萎缩、粗糙而苍白；鸡冠萎缩苍白，肛门皱缩，耻骨变粗糙，间距缩小，腹腔容积缩小的鸡，即为停产鸡，应淘汰。另外，对一些体小身轻，或过于肥大，或已瘫痪有肿瘤的鸡，也应及时淘汰。

4. 增加光照时间：在全群淘汰之前的3～4周，可适当地逐渐增加光照时间1小时，可刺激多产蛋。

五、蛋鸡的日常管理

鸡舍的日常管理工作除喂料供水、拣蛋、打扫卫生和生产记录外，最重要、最经常的任务是观察和管理鸡群，掌握鸡群的健康及产蛋情况，及时准确地发现问题和解决问题，保证鸡群的健康和高产。

（一）喂料与供水

产蛋期以自由采食为宜，但每次喂料不宜过多，每日喂2～3次，要求夜间熄灯之前料槽中无剩余饲料。蛋鸡产蛋量高，需较多的钙质饲料，一般在下午5点钟补喂大颗粒（颗粒直径3～5 mm）的贝壳粉，每1 000只鸡喂3～5 kg。将微量元素添加量增加1倍，对增强蛋壳强度、降低蛋的破损率效果较好。

蛋鸡采食量大，因此饮水量也大，一般是采食量的2～2.5倍，饮水不足会严重影响产蛋率。因此，应充分满足水的供应，饮水宜清洁卫生，符合畜禽饮用水标准。

（二）观察鸡群

观察鸡群是了解鸡群的健康状况、采食和饮水是否正常和生产情况等的直接途径。观察鸡群健康与否是观察的主要内容，可从精神、食欲、粪便、行为表现等方面加以区别。

清晨开灯后应注意观察鸡群的精神状态和粪便情况。若发现病鸡应及时挑出隔离饲养或淘汰；若发现死鸡尤其是突然死亡且数量较多时，要立即送兽医确诊，及早发现和控制疫情。喂料给水时，应观察饲槽和水槽的结构和数量是否能满足产蛋鸡的需要；每天应统计耗料量，发现鸡群采食量下降时，应及时找出原因，加以解决。要观察鸡只有无甩鼻、流涕行为，倾听鸡只有无呼吸道所发出的异常声响，如呼噜、咳嗽、喷嚏、咯音等，尤其是夜晚关灯后更清晰，以了解鸡有无呼吸道疾病。若有必须马上挑出，有一只挑一只，不能拖延，并隔离治疗，以防疾病传播蔓延。另外，还要观察鸡有无啄癖，一旦发现要及时挑出；观察环境温度的变化情况，如有异常应及时采取措施。

（三）捡蛋

捡蛋时要轻拿轻放，尽量减少破损。每日上午、下午各捡一次（产蛋率低于50%，每日可只捡一次）。种鸡捡蛋次数应多些，冬季和夏季产蛋高峰时段可每1～2小时捡蛋一次，以免胚胎活力受低温和高温的不良影响。

（四）作好生产记录

通过鸡群的生产记录，可以及时了解生产情况，有利于发现问题和解决问题，这也是考核经营管理效果的重要根据。记录项目很多，详见表22-8。管理人员必须经常检查鸡群的实际生产记录，并与该品系鸡的性能指标对照比较，及时纠正和解决饲养管理中存在的问题。

表22-8　产蛋鸡舍鸡群生产情况一览

鸡种____第____舍　　　　　　　　　　饲养员__________ ______年____月____日

日期	周龄	日龄	当日存养		减少鸡数（只）							产蛋数	破蛋数	耗料（kg）	备注（温、湿度、防疫等）
			公	母	病死	压死	兽害	啄肛	出售	其他	小计				

（五）绘制产蛋曲线

用鸡群每周的饲养日产蛋率为纵坐标，周龄为横坐标绘制的鸡群产蛋率随周龄增长的变化曲线即产蛋曲线，能直观地反映出鸡群的产蛋状态。在正常情况下，整个产蛋期内产蛋率的变化有一定规律性（图 22-3）。

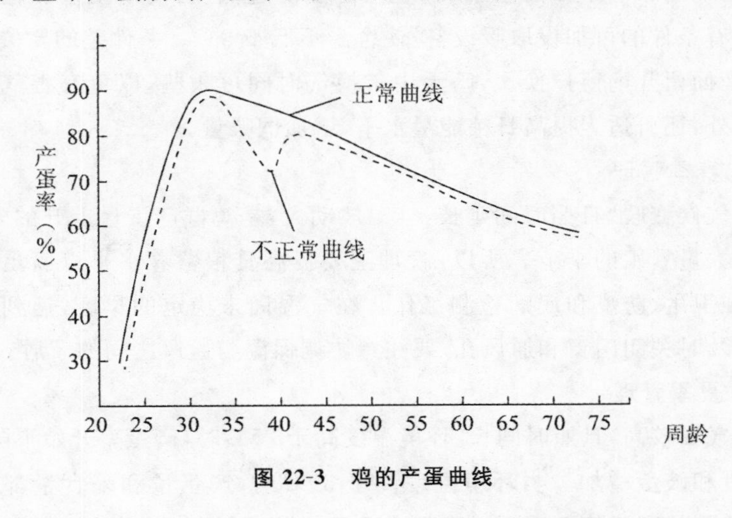

图 22-3　鸡的产蛋曲线

正常产蛋曲线的特点：开产最初的 5～6 周产蛋率迅速增加，产蛋率在 10%～80%，每天产蛋率约上 2%～3%；产蛋率在 80%～90%，每天产蛋率上升 1%～1.5%；产蛋率超过 90%后，上升幅度缓慢，每天上升 0.3%～0.5%。一般 5～8 周后逐渐达到产蛋高峰，高峰出现的早晚随饲养管理条件而定。正常或标准产蛋曲线达到产蛋高峰后，能够维持 3～4 周的高峰产蛋率，一般能够达 93%～94%，高者可达 95%～97%；以后每周降低 0.5%～1%，呈直线平稳下降。下降的幅度主要受遗传和饲养管理两方面因素影响，品种或品系不同而有一定的差异。饲养管理良好的鸡群，实际生产水平同产蛋率标准曲线相同或相近；反之，如果饲养管理不良，鸡群患病、营养不足或遭受应激等，则实际产蛋率可能出现波折或每周下降幅度大。生产实践中，鸡场技术人员应及时绘制每群鸡的实际产蛋曲线，并同标准产蛋曲线比较。如果偏离标准曲线，说明饲养管理方面出了问题，应找出原因加以补救。

六、不同季节的饲养管理要点

(一) 冬季管理

冬季气温低,日照时间短,要注意防寒保暖和补充人工光照。一般情况下,低温对鸡的影响不如高温影响严重,但温度过低,会使产蛋量和饲料转化率降低。有条件的可加设取暖设备,使舍温不低于8℃。条件差的要关紧鸡舍门窗,在南面留几扇窗户换气,晴天中午换气时间可久些,以免有害气体积留舍内。此外,还可适当提高日粮能量水平,增加饲喂量。

(二) 春季管理

春季气候变暖,日照时间延长,气温波动大,是鸡群产蛋量上升的阶段,也是微生物大量繁殖的季节。所以,管理上要提高日粮营养水平以满足产蛋需要,并加强卫生、防疫和疾病检测工作。在气温尚未稳定的早春,遇到大风降温天气要及时关闭门窗和通风孔,要注意协调保温与通风之间的矛盾。

(三) 夏季管理

夏季气温较高,日照时间长,环境温度高于25℃时,产蛋率开始下降,蛋壳变薄,小蛋和破蛋增加。当环境温度高于30℃时,产蛋量和采食量都明显下降,或应达到的高峰值达不到。当环境温度超过35℃时,鸡就会发生热昏厥而中暑。因此,管理上要注意防暑降温,可采用以下方法:在鸡舍的周围植树,搭置遮阴凉棚,或种植藤蔓植物,房顶外部涂以白色涂料,或在房顶上安装喷头,对房顶喷水,减小鸡舍所受到的辐射热和反射热。采取自然通风的开放性鸡舍应将门窗及通风孔全部打开,安装风扇,密闭式鸡舍要开动风机。当气温高,通过加大舍内的换气量舍温仍不能下降时,应考虑纵向通风的问题。采取负压通风的鸡舍,在进气处安装湿帘,降低进入鸡舍的空气温度,可使舍温下降5℃~7℃。供给清凉的饮水,夏季水温以10℃~30℃为宜。水温32℃~35℃时饮水量大减,水温达44℃以上时则停止饮水。另外,日粮中加入抗热应激添加剂对减轻高温的不利影响也有良好效果。

(四) 秋季管理

秋季天气渐凉,昼夜温差较大,日照时间逐渐变短,要注意补充人工光照。开放式鸡舍要做好夜间保温工作。对于秋天进入产蛋高峰的鸡群,要特别注意气温的变化和人工光照的补充,否则会使产蛋高峰下跌并难以恢复。如果要继续饲养产蛋满一年的老母鸡，可实行强制换羽，以缩短秋季自然换羽的时间。

七、蛋鸡的生产标准

蛋鸡的生产标准是指在适宜饲养管理条件下能达到的生产水平。在良好的饲养管理条件下，大多数鸡群能达到生产标准，有些鸡群还能超标；反之，鸡群生产性能很难达到生产标准。随着产蛋鸡生产性能遗传潜力的提高和饲养管理条件的不断完善，商品蛋鸡的标准也在不断提高。育种公司针对其培育的品种均有相应的生产标准，各品系商品蛋鸡的生产性能的遗传潜力是有差异的。因此，参考品系鸡种的原产公司所介绍的最新性能指标进行饲养管理，更实用、合理。

第四节　蛋用种鸡的饲养管理

种鸡质量的好坏直接关系到商品鸡的生产水平高低。饲养种鸡的目的是为了提供优质的种蛋和种雏。因此，在种鸡的饲养管理中，重点是保持良好的体质和旺盛的繁殖能力，以尽可能多地生产合格的种蛋，提高受精率、孵化率和健雏率。种鸡的基本饲养管理技术与商品蛋鸡相同，这里主要概述种鸡的一些特殊的饲养管理措施。

一、育雏育成期的饲养管理

（一）饲养方式

种鸡多采用笼养和离地网上平养。生产中可结合断喙、接种等工作进行，并实行强弱分群饲养，淘汰弱小鸡只。

（二）分群饲养

配套系种鸡在配套杂交方案中所处的位置是特定的，不能互相调换，因此，各系在出雏时都要作标记，如戴翅号或断趾或剪冠等，以示区别。各系还应分群饲养。种公、母鸡6～8周龄前可以混养也可以分群饲养，以后即9～17周龄公、母要分开饲养。

（三）种公鸡的选择

种公鸡的质量直接影响到种蛋受精率及后代的生产性能，必须进行严格选择。在育雏结束公母分群饲养时(6～8 周龄)进行第一次选择,选留个体发育良好、冠髯大而鲜红个体。留种的数量按 1∶8～1∶10 的公母比选留(自然配种按 1∶8,人工授精按 1∶10)。在 17～18 周龄时进行第二次选择,选留体重和外貌都符合品种标准、体格健壮、发育匀称的公鸡。自然交配的公母性比为 1∶9;人工授精的性比为 1∶15～1∶20,并选择按摩采精时有性反应的公鸡。在 20～21 周龄进行第三次选择,主要根据精液品质和体重选留,选择精液颜色乳白色、精液量多、精子密度大、活力强的公鸡。全年实行人工授精的种鸡场,笼养公母比例为 1∶25～1∶30,自然交配公母比例为 1∶10～1∶12。

(四) 种公鸡的饲养管理

建议后备公鸡的日粮:代谢能 11～12 MJ/kg;育雏期蛋白水平 16%～18%,钙 1.1%,有效磷 0.45%;育成期 12%～14%,钙 1%～1.2%,可利用磷 0.4%～0.5%;微量元素与维生素可与母鸡相同。公母混养时应设公鸡专用料槽。在 17 周龄以前应严格按照各品系的鸡种要求进行饲养管理,如测量体重、度量跖长、调整均匀度等。光照方案可按照种母鸡的进行。到 17～18 周龄时转入单体笼内饲养(人工授精),光照也以每周增加 0.5 小时的幅度递增,至到达 16 小时为止。

二、产蛋期的饲养管理

(一) 饲养方式

蛋种鸡产蛋期饲养方式主要有个体笼养和小群笼养、地网混合、网上平养和地面散养等几种方式。我国多采用笼养,个体笼养需要人工授精,其他的饲养方式可采用自然配种。平养还需配备产蛋箱,每 4 只母鸡配一个。

(二) 饲养密度

饲养密度与饲养方式和鸡的体型有关,各种饲养方式下同体型母鸡的饲养密度见表 22-9。公鸡所占的饲养面积应比母鸡多一倍。

(三) 公母合群与留种蛋时间

进行自然配种时,一般在 18 周龄将公鸡放入母鸡群中。收集种蛋的适宜时间与蛋重有关,一般蛋重必须在 50 g 以上才能留种,即从 25 周龄开始能得到合格种蛋。

表 22-9　蛋种鸡的饲养密度

鸡体型	地面平养		网上平养		混合地面		笼养	
	平方米/只	只/平方米	平方米/只	只/平方米	平方米/只	只/平方米	平方米/只	只/平方米
轻型蛋种鸡	0.19	5.3	0.11	9.1	0.16	6.2	0.045	22
中型蛋种鸡	0.21	4.8	0.14	7.2	0.19	5.3	0.050	20

（四）种鸡的人工授精

人工授精与自然配种比较，具有很多优点，例如：可以减少公鸡的饲养量，节省饲料开支和管理费用，降低生产成本；提高种蛋的受精率；改变了种母鸡的饲养方式，种母鸡可以饲养在蛋鸡笼中，提高饲养密度，减少鸡蛋污染，有利于母鸡生产性能的发挥。另外，人工授精可以通过更换公鸡改变产品的类型，老母鸡使用新公鸡提高受精率，而这些在自然交配很难做到。人工授精过程包括公鸡的采精、精液处理及母鸡的输精等环节。

1. 采精方法：两人操作采精时，一人用左手、右手分别将公鸡的两腿轻轻握住，使其自然分开，头部向后，尾部朝向采精员。采精员右手中指和食指夹住采精杯，杯口朝外，右手掌分开贴于鸡的腹部；左手掌自公鸡的背部向尾部方向按摩，到尾综骨处稍微加力。当看到公鸡尾部翘起，泄殖腔外翻时，左手顺势将鸡尾部羽毛翻向背部并将左手的拇指和食指跨掐在泄殖腔两侧作适当的挤压，精液即可顺利排出。精液排出时，右手迅速将杯口朝上承接精液。单人操作时，采精员坐在凳子上将公鸡保定于两腿之间，采精步骤同上。公鸡每周采精 3～5 次为宜。正式采精前，应提前一周左右对新公鸡进行按摩采精训练，手法同上。训练公鸡应隔天进行一次，一般训练 3～7 天即可。为避免公鸡排粪，采精前 2～4 小时对公鸡进行停水停料。人工授精以每周采精 3～5 次较合适。如果每周采精次数增多或采精次数很少，都会导致畸形精子数量的增加。采精过度会导致公鸡早衰，利用期短。

2. 精液的稀释和保存：精液的稀释应根据精液的品质决定稀释的倍数，一般稀释比例为 1∶1。常用稀释液是 0.9％的氯化钠溶液（即生理盐水）。精液稀释应在采精后尽快进行。精液的保存可采用低温保存和冷冻保存。现在生产实际中，采精后大多直接给母鸡输精，或者将精液稀释后置于 25℃～30℃

的保温桶中保存并在20～40分钟输完。

3. 精液的品质检查：可用肉眼观察精液颜色，正常为乳白色。鸡的一次采精量正常为0.2～1.2 mL，采精量过低的公鸡应淘汰。鸡精液pH在7.2～7.6之间。精子活力、密度、畸形率等需要用显微镜观测。活力检查：取原精液或稀释后的精液，用平板压片法在37℃条件下用200～400倍显微镜检查，评定活力的等级。一般根据在显微镜下呈直线前进运动的精子数（有受精能力）所占比例，分为1、0.9、0.8、0.7、0.6……级。转圈运动或原地摆动的精子，都没有受精能力。密度检查：精子密度一般分密（精子之间几乎无空隙，鸡每毫升精液一般有精子40亿以上）、中（精子之间有空隙，鸡每毫升精液有精子20～40亿）、稀（视野内精子稀疏，鸡每毫升精子20亿以下），参见图22-4。另外，还可以用光电比色计测定精子密度。生产中，多采用图22-4的快速估测法。密度的精确测量可用红细胞计数法。精子畸形率的检查：取1滴原精液在载玻片上，抹平自然阴干，用95%酒精固定1～2分钟，水洗，再用0.5%龙胆紫（或红、蓝墨水）染色3分钟，水洗阴干，在400～600倍镜检。畸形精子有多种形态，如尾部盘绕、断尾、盘绕头、钩状头、小头、破裂头、膨胀头、气球头、丝状中段等。

4. 母鸡的输精：阴道输精是在生产中广泛应用的输精方法，一般3人一组，2人翻肛，1人输精。翻肛者用左手在笼中捉住鸡的两腿紧握腿根部，将鸡腹贴于笼上，鸡呈卧伏状，右手对母鸡腹部的左侧施以一定腹压，输卵管便可翻出，输精者立即将吸有精液的输精管顺鸡的卧式插入输卵管开口中2 cm左右。输入精液后，翻肛者要及时解除鸡腹部的压力，待母鸡肛门复位后放鸡入笼，以免精液外流。输精时间最好安排在每天下午3点以后，母鸡子宫内无硬壳蛋时。输精量和输精次数取决于精液品质，蛋用型鸡在产蛋高峰每5～7天输一次，每次输精量为原精液0.025 mL或稀释液0.05 mL；产蛋初期和后期则为4～6天输一次，每次输精量为原精液0.025～0.05 mL，稀释精液0.050～0.075 ml；肉种鸡一般4～5天输一次，每次输入原精液0.03 ml，中后期0.05～0.06 mL，每4天一次。老龄公母鸡、营养状况差或是炎热季节输精间隔应缩短。每只鸡每次输入的有效精子数不少于8 000万至1亿个，才能获得高的受精率。

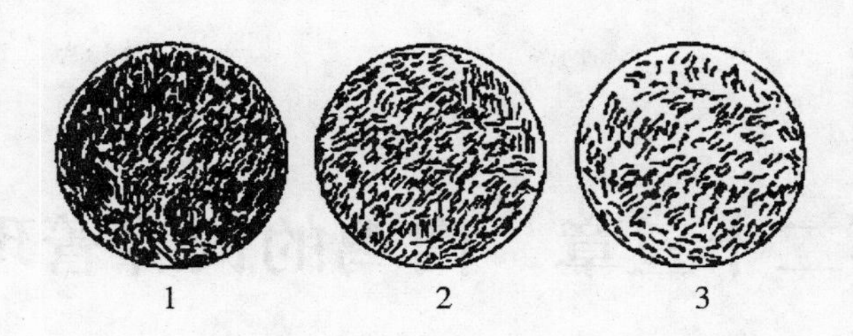

1. 密　2. 中等　3. 稀

图 22-4　精液密度估测示意图

【复习思考题】

1. 雏鸡有哪些生理特点？
2. 初生雏鸡的饮水和饲喂应注意什么问题？
3. 育雏期温度如何控制为宜？
4. 蛋鸡各饲养阶段光照如何控制合适？
5. 雏鸡断喙的方法及应注意哪些问题？
6. 后备鸡培育期间为什么要定期测量跖长和体重？如何测量？
7. 蛋鸡育成期如何控制体重和性成熟时间？
8. 简述蛋鸡开产前后的生理特点及饲养管理要点。
9. 产蛋前期应做好哪些方面的饲养管理工作？
10. 产蛋后期采取哪些措施可使鸡群产蛋率缓慢平稳下降？
11. 怎样进行鸡舍空舍消毒与带鸡消毒？
12. 如何绘制产蛋曲线？
13. 试述种鸡人工授精的技术要点。

第二十三章　肉鸡的饲养管理

【内容提要】主要介绍快大型白羽肉鸡的生产特点及其饲养管理，白羽肉种鸡的饲养管理技术。

【目标及要求】掌握快大型白羽肉鸡的特点、饲养方式、营养需要特点、环境条件的控制及饲养技术，了解肉鸡生产中多发的腹水症、胸囊肿、腿病的发病原因及预防措施，掌握白羽肉种鸡育雏、育成和产蛋期的饲养管理技术。

【重点与难点】快大型白羽肉鸡饲养环境条件的控制及饲养技术；肉鸡的腹水症、胸囊肿、腿病的发病原因及预防措施；白羽肉种鸡育雏、育成期的体重控制技术，产蛋期的喂料量调整及体重控制。

20 世纪 20 年代，现代快大型白羽肉鸡生产首先在美国 Delmarva 半岛兴起，之后很快普及全美和世界各地。目前已成为世界各地鸡肉生产的主流，也是我国鸡肉生产的主体。我国的肉鸡体系组成中除快大型白羽肉鸡外，黄羽肉鸡也占有一席之地，且近年来饲养规模日益扩大，尤其在我国南方一些地区甚至居主导地位。本章重点介绍快大型白羽肉仔鸡、肉种鸡及优质肉鸡的饲养管理技术。

第一节　快大型白羽肉仔鸡的饲养管理

一、快大型白羽肉仔鸡的特点

1. 早期生长速度快：由于遗传育种技术和饲料营养技术的进步，现代肉鸡的生产效率越来越高。肉鸡从出壳约 40 克体重到 2 kg 出栏，只需要 35 天的时间，而且这个时间还在逐渐缩短。

2. 饲料转化效率高：现代优良的肉鸡品种，体重达到 2 kg 时的料重比可达 1.6∶1～1.7∶1，这是其他家畜所不能比的。

3. 生产周期短：肉仔鸡达到 2 kg 出栏体重只需要 35 天左右的时间。除去清理、消毒、空舍时间，一栋鸡舍每年至少可以饲养 5～6 批肉鸡，设备利用率高，资金周转快。

4. 饲养密度大：肉鸡性情温顺，只要通风合理，饲养密度可加大到每平方米 12～14 只。如果采用立体笼养，密度还可以加大。

5. 屠宰率高、产肉能力强且肉质好：白羽肉鸡生长速度快、肉嫩、蛋白含量高、脂肪含量低，可以加工成各种美味佳肴，尤其适合于快餐业。一只种母鸡一个产蛋期可产种蛋 180 个左右，孵化雏鸡 140 多只；按每只商品鸡 2 kg、成活率 95%计算，总产肉毛重 266 kg。

二、鸡舍、设备和垫料

现代化大型肉鸡场鸡舍主要有密闭式和开放式两种，小规模养殖户主要利用旧房舍和简易的大棚鸡舍等形式。大型肉鸡舍跨度最好有 12 m，因为多数自动喂料装置适宜这一宽度，这样的宽度在密闭舍也容易维持正常的通风。要求鸡舍顶棚、墙壁保温良好，便于冲洗和消毒，并设有风机和排气孔。密闭鸡舍设水帘并纵向通风，夏季炎热季节可大大降低舍温。肉鸡舍常年连续使用，每批鸡出场后应彻底清扫消毒，清除粪便和垫料，用高压水冲洗地面及所有的设备，彻底干净后再消毒，最好空舍 2～3 周再接养下一批鸡。

肉鸡舍的保温设备常用保温伞、火炕、烟道、暖风炉、红外线灯泡等。喂料设备常用平底料盘、料槽及吊桶等。育雏开食期用平底料盘，以后更换成料槽或料桶。一个边长 42 cm、高 4 cm 的方形饲料盘可供 60 只雏鸡使用。长形饲槽每只鸡应占 5 cm 的吃料位置。直径 38 cm 的圆形料盘(容量 14 kg)或悬吊式料桶，每 100 只鸡需 3 个。饲料桶由人工填料，舍内设吊车输送。长形料槽可人工加料或链式自动送料。饮水器常用水槽、真空式饮水器、乳头式饮水器、圆钟式自动饮水器等。前 2 周每 100 只鸡 1～2 个 4 L 的真空饮水器，之后每只鸡 2 cm 的水槽位置或每 125 只鸡一个塔形自动饮水器，使用乳头饮水器每 15～20 只鸡 1 个。

地面平养鸡舍进鸡前需在地面铺上垫料。要求垫料干燥、不霉变、洁净、吸水力强、无板结、弹性好，否则对肉鸡的生长和胸、腿部发育不利。近年来国内外有些鸡场连续使用旧垫料饲养肉鸡，可节省垫料开支，但应注意，若前一批鸡曾经发病或增重不佳、垫料潮湿、板结，都不宜再用。

三、饲养方式和饲养密度

肉仔鸡有平养、笼养、笼养和平养混合三种饲养方式，平养又分为厚垫料地面平养和网上平养。

厚垫料地面平养是国内外普遍采用的一种饲养方式。在舍内地面上铺设8～15 cm厚的垫料，雏鸡从入舍到出栏一直生活在垫料上面。这种方法的优点是简便易行，设备投资少，胸囊肿的发生率低，残次品少，适合肉鸡生长发育特点；缺点是鸡和粪便直接接触，易发生球虫病，药品和饲料费用较大，鸡只占地面积大。肉鸡大部分时间伏卧在垫料上，垫料的质量对肉鸡的生长和胸、腿部发育影响较大，垫料潮湿板结最易发生胸囊肿而降低肉鸡商品等级。因此，饲养后期必要时应再加一层垫料。

网上饲养和笼养饲养量大，利于控制球虫病，但一次性投资大，胸、腿病发生率较高。目前，网上饲养应用较多，笼养还较少采用。为提高肉鸡的饲养密度，近年来做了不少笼养试验，主要是在笼底上铺塑料网垫或用镀塑铁丝网底，以缓冲对鸡胸的压迫。平养变笼养是今后肉鸡发展的必然趋势。

笼养与平养混合使用也是一种较好的饲养方式。一般前2～3周内采用笼养，之后改为地面平养。这种方式由于肉鸡3周龄前体重小，不易发生胸囊肿，而且有利于雏鸡的保暖供温等管理，饲养效果较好；缺点是需要转群，增加工作量，对生长速度有一定影响。

肉仔鸡适合于高密度饲养，适宜的饲养密度，依饲养方式、鸡舍类型、垫料质量、鸡的日龄或体重、舍内环境条件、养鸡季节和出场体重等具体情况而定。垫料地面平养密度应低些，网上饲养密度可高些，通风条件好密度可高些，夏季舍温高则饲养鸡数应少些。环境控制鸡舍一般出场时最大收容密度可达30 kg(活重)/m^2；若2千克/只，则最多15只/平方米。笼养时密度可比平养高1倍以上。

四、提供适宜的环境条件

育雏温度应保持平稳，并随雏龄增长适时降温。这一点是非常重要的，但又往往被人们所忽视。育雏人员每天必须认真检查和记录温度变化,细致观察鸡的行为,根据季节和雏鸡表现灵活掌握。

(一) 控制适宜的温度

合适的温度下鸡群表现安静,采食饮水正常。1～7日龄雏鸡,育雏温度应达到33℃～35℃,第2周龄起每周下降2℃～3℃,冬天降幅小,夏天降幅大些,至第5周降至21℃～23℃为止,以后保持这一温度;或从35℃起,每天下降0.5℃至30天达20℃。要求平稳降温,育雏人员必须每天检查和记录温度变化,细致观察鸡的行为,灵活调整温度。低温育雏影响肉鸡成活率。

案例:

有人报道,肉鸡采用低温育雏(第1周27℃,第2周24℃,第3周21℃),肉鸡发生腹水症导致的死亡率达2.5%,而同期肉鸡采用高温育雏((第1周32℃～35℃,第2周29℃～32℃,第3周27℃～29℃)发生腹水症导致的死亡率仅0.83%。

(二) 加强通风

由于肉鸡饲养密度大,生长快,加强舍内通风,保持空气新鲜是非常必要的。通风的目的是提高舍内氧含量,排除舍内有害气体、水汽、尘埃和病原微生物等。当舍内有害气体含量过高,时间较长,会影响肉鸡生长速度,引起一些疾病(如呼吸系统疾病),增加死亡率。缺氧会使肉仔鸡腹水症发生率提高,影响生长速度和成活率。因此,应在不影响舍温的前提下尽量多通风。环境控制鸡舍每小时每千克体重通风量要求3.6～4 m^3。

(三) 控制适宜的湿度

一般育雏前期舍内湿度相对较低,应采取措施使湿度保持在65%～70%,如火炉上放水盆、地面洒水、喷雾等;后期鸡体重增大,呼吸量和排粪量增加,湿度易偏大,对肉鸡生长发育不利,应控制在55%～65%,但不能低于45%。两周以后应保持舍内干燥,注意通风,避免饮水器漏水,防止垫料潮湿。应尽量避免高温高湿和低温高湿的恶劣环境出现。

(四) 提供适宜的光照

在肉仔鸡饲养中,光照影响其采食、饮水等日常活动,生产主要采用连续光照和间歇光照制度。连续光照制度一般在进雏后的头3天,每天光照24小时，从第4天起实行23小时光照、1小时黑暗的光照制度。黑暗1小时是为了使鸡只适应和习惯黑暗的环境，避免停电时鸡群惊恐、拥挤而应激。间歇光照制度：在开放式鸡舍，白天采用自然光照，从第2周开始实行晚上间断照明，即喂料时开灯，喂完后关灯；在全密闭式鸡舍，可实行1～2小时照明，2～4小时黑暗的间歇光照制度。使用间歇光照每次要有足够的采食时间，否则鸡群发育不整齐。生产上肉仔鸡的光照时间有多种控制方法，可根据鸡的生长情况，腿病、猝死综合征和腹水症发生率及本场照明设备特点选择适宜的控制方法。

照度在育雏初期要强一些，以便于采食饮水，而后逐渐降低。一般1～2周龄每平方米3 W，使小鸡熟悉环境，充分采食和饮水。之后，改用每平方米0.7～1.3 W光照强度。整个鸡舍的光照强度要求均匀一致，均匀安置灯泡并安装灯罩。切忌用绳子悬吊点灯，以免风吹摇晃使鸡惊恐不安。开放式鸡舍和有窗鸡舍要采取遮光措施，避免强烈的日光进入鸡舍，鸡的趋光性会使鸡扎堆。如果鸡场装有电阻器，可调节光的照度，如0～7天25 lx，4～14天10 lx，15～35天逐渐减至5 lx，35天以后5 lx。总之，肉仔鸡的光照强度不宜过强，因为强光照会刺激鸡的兴奋性，而弱光照可使鸡保持安静，有益于增重和提高饲料转化率。

五、营养需要与饲料

肉仔鸡生长速度快，饲养周期短，对饲料中营养物质的浓度要求也较高。不同生长阶段对营养的要求不同，肉鸡的营养一般分为三个阶段：1～21日龄为幼雏期，22～42日龄为中雏期，42日龄以上为后期。前期料要求含有较高浓度的蛋白质以加速其生长，后期料要求含有较高的能量和较低的蛋白质以促进体重增长。

每个育种公司都对自己的肉仔鸡进行过大量的试验，总结出了自己鸡种的营养需要量。饲养户可据自己的实际条件，参照执行。NRC（第九版）肉鸡营养需要见表23-1，AA肉鸡营养需要见表23-2，供参考。

肉鸡饲料应根据相应品种的营养需要量配制，各种营养应全面。肉用仔鸡饲养期短，饲粮的配合应尽可能保持稳定；如因需要改变时，必须逐步更换。饲粮急剧变化会造成消化不良，影响肉鸡生长。

表 23-1　NRC(第九版)肉鸡营养需要(90%干物质)

营养素	单位	0～3 周	3～6 周	6 周以上
		13.38 MJ/kg 饲料		
粗蛋白	%	23.00	20.00	18.00
精氨酸	%	1.25	1.10	1.00
甘＋丝氨酸	%	1.25	1.14	0.97
组氨酸	%	0.35	2.32	0.27
异亮氨酸	%	0.80	0.73	0.62
亮氨酸	%	1.20	1.09	0.93
赖氨酸	%	1.10	1.00	0.85
蛋＋胱氨酸	%	0.90	0.72	0.60
苯丙氨酸	%	0.72	0.65	0.56
苯丙＋酪氨酸	%	1.34	1.22	1.04
脯氨酸	%	0.60	0.55	0.46
苏氨酸	%	0.80	0.74	0.68
色氨酸	%	0.20	0.18	0.16
缬氨酸	%	0.90	0.82	0.70
亚油酸	%	1.00	1.00	1.00
钙	%	1.00	0.90	0.80
氯	%	0.20	0.15	0.12
镁	mg	600	600	600
非植酸磷	%	0.45	0.35	0.30
钾	%	0.30	0.30	0.30
钠	%	0.20	0.15	0.12
铜	mg	8	8	8

续表

营养素	单位	0～3周	3～6周	6周以上
		13.38 MJ/kg 饲料		
碘	mg	0.35	0.35	0.35
铁	mg	80	80	80
锰	mg	60	60	60
硒	mg	0.15	0.15	0.15
锌	mg	40	40	40
维生素 A	U	1 500	1 500	1 500
D_3	U	200	200	200
E	U	10	10	10
K	mg	0.50	0.50	0.50
B_{12}	mg	0.01	0.01	0.007
生物素	mg	0.15	0.15	0.12
胆碱	mg	1 300	1 000	750
叶酸	mg	0.55	0.55	0.50
烟酸	mg	35	30	25
泛酸	mg	10	10	10
吡哆素	mg	3.5	3.5	3.0
核黄素	mg	3.6	3.6	3.0
硫胺素	mg	1.80	1.80	1.80

说明：① 本营养需要是在同一日粮能量浓度下制定的，可据当地原料来源和价格做调整。② 粗蛋白建议值是基于玉米一豆粕日粮提出的，添加合成氨基酸时可下调。③ 当日粮含大量非植酸磷时，钙需要量应增加。

表 23-2 爱拔益加(AA)肉鸡营养成分建议

营养成分		育雏期(0～21天)	中期(22～37天)	后期(38天～上市)
粗蛋白质(%)		23.0	20.2	18.5
代谢能(MJ/kg)		13.0	13.2	13.4
能量蛋白比		135	158	173
粗脂肪(%)		5～7	5～7	5～7
亚油酸(%)		1	1	1
叶黄素(mg/kg)		18	26～33	26～37
抗氧化剂(mg/kg)		120	120	120
抗球虫药		+	+	—
矿物质	钙(%)	0.9～0.95	0.85～0.90	0.80～0.85
	可利用磷(%)	0.45～0.47	0.42～0.45	0.38～0.43
	盐(%)	0.30～0.45	0.30～0.45	0.30～0.45
	钠(%)	0.18～0.22	0.18～0.22	0.18～0.22
	钾(%)	0.70～0.90	0.70～0.90	0.70～0.90
	镁(%)	0.06	0.06	0.06
	氯(%)	0.20～0.30	0.20～0.30	0.20～0.30
氨基酸	精氨酸(%)	1.25	1.22	0.96
	赖氨酸(%)	1.18	1.01	0.90
	蛋氨酸(%)	0.47	0.45	0.38
	蛋氨酸+胱氨酸(%)	0.90	0.82	0.75
	色氨酸(%)	0.23	0.20	0.18
	苏氨酸(%)	0.78	0.75	0.70

续表

	营养成分	育雏期(0～21天)	中期(22～37天)	后期(38天～上市)
维生素(附加量/千克)	维生素 A(U)	8 800	8 800	6 600
	维生素 D_3(U)	3 300	3 000	2 200
	维生素 E(U)	30	30	30
	维生素 K(mg)	1.65	1.65	1.65
	硫胺素(mg)	1.1	1.1	1.1
	核黄素(mg)	6.6	6.6	5.5
	泛酸(mg)	11	11	11
	烟酸(mg)	66	66	66
	吡哆醇(mg)	4.4	4.4	3
	叶酸(mg)	1	1	1
	氯化胆碱(mg)	550	550	440
	维生素 B_{12}(mg)	0.022	0.022	0.011
	生物素(mg)	0.2	0.2	0.11

六、肉仔鸡的饲养技术

(一) 进雏前的准备工作

肉鸡在进雏前的准备工作同蛋鸡饲养相似,也需要做好鸡舍清洗消毒和设备维修等工作,同时准备好各种用具。进雏前1～2天调试好温度,育雏器的周围互相间隔地摆放好饲料盘和饮水器,饮水器装满清水。

(二) 开食

雏鸡适宜的开食时间为出壳后24小时。入舍后,先饮水,2小时后开始喂料。如果雏鸡孵出时间较长或雏体软弱,可在开食前的饮水中加入一定量的补液盐,有利于体力的恢复和生长,也可喂饮水溶性维生素。雏鸡一开食即喂仔鸡前期的全价饲料,不限量,自由采食。

(三) 饲喂程序

由于肉仔鸡生长速度很快,对饲料和营养反应敏感,采食量少或日粮营养水平低均会抑制体重增长。因此，一般任其自由采食。饲喂次数的原则是“少喂勤添”。1～15 日龄喂 8 次/天，不少于 6 次，颗粒料不少于 4 次，有助于刺激食欲和减少饲料浪费；16 日龄后喂 3～4 次/天。每次喂料多少应据鸡龄大小不断调整。

肉仔鸡吃料多、增重快，鸡体代谢旺盛、需氧量大，在日粮营养水平高、饲养管理及环境控制技术薄弱的情况下，易发生脂肪蓄积过多、腹水症等而降低商品合格率。因此，肉仔鸡饲养前期可适当进行限制饲养，一般采用两种方法：一是限量不限质法，饲养早期进行；另一种为限质不限量法，即适当降低能量和蛋白水平。

(四) 公、母分群饲养

公、母分群饲养的科学依据：公、母雏的生理基础不同，对营养的要求和反应不同；生长速度公鸡大于母鸡；公鸡羽毛生长速度稍慢于母鸡；沉积脂肪能力母鸡比公鸡强；公鸡体重较大，易患胸囊肿。

公母分群饲养可使同一群体中个体间的差异减小，均匀度提高，便于机械化屠宰加工，可提高产品的规格化水平。公母鸡可依据体重情况分别选择合适日龄出场以迎合不同市场需求，母鸡应尽可能提前上市。但公、母分开饲养需要进行雌雄鉴别，增加了劳动强度。

公、母分群饲养应采取的饲养管理措施：按需要调整日粮营养水平，公鸡日粮蛋白质水平前期可提高到 23%～24%，中、后期分别提高至 21%和 19%，并适当添加赖氨酸；母鸡日粮蛋白质水平前期 22%～23%，中、后期降至 19%和 17.5%为宜。管理上，公鸡应加松软厚垫料以减少胸囊肿的发生率；公鸡羽毛生长速度慢，前期需要稍高的温度，后期公鸡比母鸡怕热，温度宜稍低。这样，可以比混养时的平均增重快。

(五) 饮水

肉鸡饲养全程应给予新鲜、清洁而充足的饮水，供水不足会严重影响其生长发育。饮水量一般是采食量的 2～3 倍，但受气温影响大，气温越高饮水量越多。饮水器数量要足够，饮水器的边缘与鸡颈部中段齐平或高出鸡背 2 cm 左右为宜，需随鸡体型增长及时提升水线高度使鸡饮水方便。

七、防疫卫生

（一）重视舍内外环境的消毒

带鸡消毒可净化舍内的小环境，可每3～4天一次，交叉选用广谱、高效、副作用小的消毒剂，还要定期对舍外环境进行消毒。

（二）球虫病的防治

平养肉鸡最易患球虫病。一旦患病，会损害鸡肠道黏液，妨碍营养吸收，采食量下降，严重影响鸡的生长和饲料效率。如遇阴雨天或粪便过稀，应立即投药预防（饮水或饲料），及时更换潮湿垫料。若鸡群采食量下降，出现血便，要立即投药治疗。用药时，要注意交叉用药。发病期间要每天清除垫料和粪便，消除球虫卵囊发育的条件。要注意在出场前1～2周停止用药，减少或避免药物残留。预防球虫，病还可采用疫苗免疫的方法。

（三）免疫接种

肉仔鸡主要接种鸡新城疫Ⅱ或Ⅳ系苗及法氏囊苗等，要根据当地疫病流行情况及鸡群抗体效价等具体情况，确定需要接种疫苗的疫病种类，制定合理的免疫程序，并认真执行。接种方法大多采用饮水法。

八、肉鸡出场

肉鸡出栏时要进行抓鸡和运输，抓鸡装运非常容易造成鸡腿部和翅膀骨折，由此产生的经济损失是非常可惜的。据调查，肉鸡屠体等级下降有50%左右是由碰伤造成的，而80%的碰伤是发生在出场前后的。因此肉鸡出场时尽可能防止碰伤，对保证肉鸡的商品合格率是非常重要的。我国大部分鸡场人工抓鸡。抓鸡和运输需要注意以下问题。

1. 出场前4～6小时使鸡吃光饲料，吊起或移出饲槽及一切用具，饮水器在抓鸡前撤除。

2. 尽量在弱光下进行，如夜晚抓鸡；舍内安装蓝色或红色灯泡，减少骚动。

3. 抓鸡时尽量保持安静，以免鸡群骚动造成挤压。

4. 抓鸡最好抓双腿的胫部，抓鸡、入笼、装车、卸车、放鸡时轻拿轻放，不要往笼中扔鸡，以免碰撞致伤。

5. 尽可能缩短抓鸡、装运和在屠宰厂候宰的时间。肉鸡屠前停食8小时，以排空肠道，防止粪便污染屠宰场。但停食时间越长，掉膘率越大。据测，停食20小时比8小时掉膘率高3%～4%，处理得当掉膘率为1%～3%。

九、肉鸡生产中易见的几种非传染性疾病

(一) 胸囊肿

胸囊肿是肉仔鸡最常见的胸部皮下发生的局部炎症。它不传染也不影响生长，但影响屠体的商品价值和等级，造成一定经济损失。产生原因主要是胸部与地面或硬质网面长时间接触，龙骨外皮肤受到长时间的摩擦和压迫等刺激，造成皮质硬化，形成囊状组织，里面逐渐积累一些黏稠的渗出液，成为水泡状囊肿。主要应从加强垫料管理，使之保持松软、干燥及一定的厚度，适当促使鸡只活动，减少伏卧时间等方面预防。如果采用铁网平养或笼养，应加一层弹性塑料网。

(二) 腿部疾病

肉用仔鸡的腿会发生多种问题和异常，这是目前肉鸡饲养业中常见的又不易解决的问题，造成的经济损失较大。肉鸡腿病是由遗传、营养、传染病和环境等因素的相互作用引起的，归纳为以下几类：遗传性腿病，如胫骨、软骨发育异常、脊柱滑脱等；感染性腿病，如化脓性关节炎、脑脊髓炎、病毒性腱鞘炎等；营养性腿病，如脱腱症、软骨症、B_2 缺乏症等；管理性腿病，如风湿性和外伤性腿病等。预防应针对上述病因采取相应措施，主要从营养、管理及防病方面去努力。

(三) 腹水症

随着肉仔鸡生长速度的提高，腹水症发病率升高。腹水症是造成肉仔鸡成活率降低的一种重要的非传染性疾病，死亡率可以达到20%以上，通常造成严重的经济损失。引起腹水症的原因较多，与环境条件、饲养管理、营养、遗传及某些药物的长期使用等都有关系，但直接原因都与缺氧密切相关。大量调查和实验表明，腹水症发生率随着海拔的升高和饲料含硒量的降低而增加，并与鸡体内血红蛋白浓度高低成正比。预防腹水症的方法目前一般采取适当降低前期料代谢能和粗蛋白质水平，或控制给料量，稍微降低增重速度，但这种方法和饲养肉鸡的原则似乎有矛盾，要注意使用；适量提高饲料中硒和维生素E用量；呋喃唑酮不能长期使用，且控制其用量。此外，改善舍内通风，满足氧

气供应等均有助于减少腹水症的发生。

(四) 猝死症

增重快、体重大、外观正常健康的鸡易出现猝死症。本病症状是鸡突然狂叫,仰卧倒地死亡。剖检常发现肺肿、心脏扩大、胆囊缩小。导致猝死症的具体原因不详。建议在饲粮中适量添加多维素,管理上采取加强通风换气、防止密度过大、避免突然的应激等措施予以预防。

第二节 白羽肉种鸡的饲养管理

肉用种鸡中饲养数量最多的是父母代肉种鸡,因此本章肉种鸡的饲养管理技术主要针对白羽父母代种鸡。

一、饲养方式与密度

国内、外肉种鸡的饲养常用以下几种饲养方式。

(一) 离地网(栅)上平养

在离地约 60 cm 高处用支架支起网面,铺上竹木条、硬塑网、金属网或镀塑网等类型的漏缝地板。每平方米可养种鸡 5.2 只。

(二) 混合地面饲养

这种方式是国内外使用最多的肉种鸡饲养方式。板条棚架结构床面与垫料地面之比通常为 6∶4 或 2∶1。舍内布局有两种方法:一是“两低一高”方式,鸡舍中央设置板条地面,两旁设置垫料地面;另一方式为“两高一低”,鸡舍中央设置垫料地面,两旁设置板条地面。产蛋箱在板条外缘,排向与舍的长轴垂直,一端架在板条的边缘,一端悬吊在垫料地面的上方,便于鸡只进出产蛋箱,也减少占地面积。每平方米可养种鸡 4.8～5.4 只。

(三) 笼养

近年来,肉种鸡笼养有增加的趋势,是今后发展的方向。

二、育雏期的饲养管理

现代白羽快大肉种鸡,0～4 周龄为育雏期。进雏前的准备如鸡舍和设备的检修、清洗、消毒、升温等准备工作同蛋鸡,见“产蛋鸡饲养管理”一节。育雏舍的温度、湿度、通风要求,见“肉仔鸡的饲养管理”部分。

(一) 光照管理

合理的光照程序对于肉种鸡的生长和生殖器官的发育至关重要。自育雏期开始,就应按制定的程序施以适宜时间和强度的光照。密闭鸡舍和开放式鸡舍白羽肉种鸡的光照程序参见表 23-3 和表 23-4。

表 23-3　密闭式鸡舍的光照程序

周龄	光照时间(h)	光照强度(lx)
1(1～2 日龄)	23 或 24	20～30
1(3～7 日龄)	16	20～30
2～18	8	10～5
19～20	9	10～5
21～22	10～13	20～30
23～24	13～14	30～50
25～27	增加 1 小时/周,到 27 周龄达 16 小时	40～50
28～产蛋结束	16 或 17 小时	40～50

表 23-4　开放式鸡舍的光照程序

周龄	光照时间(h)	光照强度(lx)
1(1～2 日龄)	23 或 24	30～40
3 日龄～13 或 14	3～8 月出壳,自然光照;其他月份出壳,保持这期间最长日照时数,不够时人工补光	15
14～16	3～8 月出壳,自然光照;其他月份出壳,12	10～15
16～17	3～8 月出壳,15;其他月份出壳,13	15
18～21	3～8 月出壳,16;其他月份出壳,14	40～50
22～25	3～8 月出壳,16;其他月份出壳,15	40～50
26～产蛋结束	16 或 17	40～50

肉种鸡对光照的反应较迟钝,临近开产前不适宜缓慢补光,光照时数和强度的突然增加产生的强刺激对绝大多数鸡只会产生明显效果。

（二）断喙

为减少饲料浪费和啄伤的发生，肉种鸡一般进行断喙。断喙通常在雏鸡5～8日龄时进行。在6～8周龄修喙一次。为保证断喙的质量，断喙时应使用专用设备（断喙器），红外线断喙技术可使鸡喙尖部在不受任何剪切的条件下得以处理，由于无外伤不会引起出血和感染，减少了对雏鸡的应激，值得在生产上推广。母鸡断喙应上喙断掉1/2，下喙断掉1/3；人工授精的公鸡切除长度同母鸡，自然配种公鸡只切除喙尖部分，因为喙太短会影响受精率。近年来，世界各地种鸡不实施断喙的趋势正在上升。许多未断喙的鸡群生产性能表现很好，尤其是遮黑或半遮黑条件下育雏育成的鸡群。

三、育成期的饲养管理

白羽肉种鸡育成期指4周龄末育雏结束到24周龄末产蛋开始这一时期。育成期是肉种鸡生长发育的关键阶段，有持续时间长、工作量大、管理难度大等特点。

（一）公母分饲

由于公、母鸡采食速度、生长速度、限饲开始周龄以及饲料喂量等方面的不同，肉用种鸡在育雏育成期内公、母鸡分开饲养。要肯定公鸡确实成熟后，才能跟母鸡交配；否则，未成熟的公鸡会受到母鸡群的攻击恐吓的，因而影响鸡群以后终生的受精率。

（二）体重的控制

因为白羽肉种鸡具有采食量大、生长速度快、易于沉积脂肪等特点，种鸡在育成期不采取限制饲喂就会超重过肥，产蛋性能难以正常发挥。所以，肉种鸡育成期必须采用有效的限饲程序来控制体重。限饲还可使性成熟适时化、同期化；减少产蛋初期产小蛋和后期的大蛋数量，提高种蛋合格率；减少产蛋期的死亡率和淘汰率；提高种蛋受精率、孵化率和雏鸡品质；节省饲料消耗，从而全面提高种鸡饲养的经济效益。

目前，世界各地普遍采用限制饲料供给量的方法来控制鸡的体重。喂料量应根据每周鸡群平均体重来决定。

鸡群达到2～4周龄时可开始实施限饲程序。限饲的方法有：① 每天限饲；② 隔日饲喂，即将鸡两天的饲料一天喂给，每隔一天喂一次料，适合于3～8周龄的鸡群；③ 喂四限三（4/3），即将鸡7天的饲料分喂4天，适合于3～12

周龄鸡群；④ 喂五限二(5/2)，即将鸡7天的饲料分喂5天(停料日不可连续进行)，适合于8～16周龄鸡群；⑤ 喂六限一(6/1)，即将鸡7天的饲料分喂6天，适合于14～18周龄鸡群；⑥ 喂二限一(2/1)，即将鸡3天的饲料分喂2天，可在6周龄以后作为隔日饲喂或5/2饲喂的一种过渡方法。一般开产之前，限饲程度随鸡龄提高而逐步放宽，以利于正常开产。实际操作时可参考育种公司提供的饲养管理手册进行。鸡场管理人员应根据鸡群生长、健康状况及饲料质量等方面的情况灵活掌握限饲程序。

采用限制饲喂方法控制肉种鸡体重，在实践中应注意以下几点：白羽肉种鸡育成期每周的喂料量是参考品系标准体重和实际体重的差异来决定的，所以准确掌握鸡群每周的实际体重是调整喂料量的关键；育成期每周末要抽样检查体重，根据实际体重来决定下一周的喂料量和喂料方法；整个生长期内，要小心调整饲料量，使鸡只的体重保持在标准的水平；当实际体重比标准体重大时，不要企图减少饲喂量去减轻鸡的体重，只要保持不变的饲喂量，就会使生长减慢，而且逐渐接近标准体重；如果实际体重过轻，稍微增加饲喂量，鸡的体重一般会有较快的增长，直到恢复标准体重为止；千万不要过量增减饲喂量，过量增加饲料量会使体重较小的鸡肥胖，体重和体形不般配。肉种公母鸡体重和饲喂量的确定可参考相应品种的饲养管理手册。

案例：AA^+父母代种公鸡体重标准和饲喂程序。

AA^+父母代种公鸡体重标准和饲喂程序见表23-5。

表23-5　AA^+父母代种公鸡体重标准和饲喂程序

鸡群		体重(g)		饲料量(克/只)		能量摄入量(×4.1868千焦/只)		蛋白摄入量(克/只)	
周龄	日龄	标准	周增重	每日	累积	每日	累积	每日	累积
1	7	140	—	30	209	85	598	6	40
2	14	300	160	41	494	117	1 415	8	94
3	21	490	190	50	843	143	2 415	9	160
4	28	690	200	58	1 246	165	3 570	9	221
5	35	890	200	64	1 692	183	4 849	10	288

续表

鸡群		体重(g)		饲料量(克/只)		能量摄入量(×4.1868千焦/只)		蛋白摄入量(克/只)	
周龄	日龄	标准	周增重	每日	累积	每日	累积	每日	累积
6	42	1 080	190	68	2 170	196	6 218	10	359
7	49	1 250	170	72	2 674	206	7 661	11	435
8	56	1 400	150	76	3 204	217	9 178	11	514
9	63	1 540	140	79	3 756	226	10 761	12	597
10	70	1 670	130	83	4 334	237	12 418	12	684
11	77	1 800	130	85	4 932	245	14 131	13	774
12	84	1 920	120	89	5 553	254	15 910	13	867
13	91	2 040	120	92	6 197	263	17 754	14	963
14	98	2 160	120	96	6 868	275	19 678	14	1 064
15	105	2 290	130	99	7 563	284	21 669	15	1 168
16	112	2 420	130	103	8 288	296	23 744	16	1 277
17	119	2 560	140	108	9 042	309	25 905	16	1 390
18	126	2 710	150	112	9 828	322	28 157	17	1 508
19	133	2 870	160	117	10 646	335	30 502	18	1 631
20	140	3 040	170	123	11 510	354	32 977	19	1 760
21	147	3 240	200	131	12 424	374	35 595	20	1 897
22	154	3 470	230	132	13 351	379	38 250	20	2 036
23	161	3 660	190	134	14 290	384	40 941	20	2 177
24	168	3 820	160	135	15 236	387	43 652	20	2 319
25	175	3 950	130	136	16 189	390	46 382	16	2 434
26	182	4 040	90	136	17 142	390	49 112	16	2 548
27	189	4 110	70	136	18 095	390	51 842	16	2 662
28	196	4 170	60	136	19 048	390	54 572	16	2 777

续表

鸡群		体重(g)		饲料量(克/只)		能量摄入量(×4.1868千焦/只)		蛋白摄入量(克/只)	
周龄	日龄	标准	周增重	每日	累积	每日	累积	每日	累积
29	203	4 220	50	136	20 001	390	57 302	16	2 891
30	210	4 260	40	136	20 954	390	60 032	16	3 005
31	217	4 280	20	136	21 906	390	62 762	16	3 120
32	224	4 300	20	136	22 858	390	65 489	16	3 234
33	231	4 315	15	136	23 813	391	68 223	16	3 348
34	238	4 330	15	137	24 769	391	70 963	16	3 463
35	245	4 345	15	137	25 727	392	73 709	16	3 578
45	315	4 495	15	140	35 422	401	101 485	17	4 741
55	385	4 645	15	143	45 334	410	129 883	17	5 931
65	455	4 795	15	149	55 544	426	159 134	18	7 156

说明：① 该建议的料量为温度27℃时的料量，当温度升高(减料)或降低(加料)时应相应调整饲料量。② 能量水平基于2 865×4.1868千焦/千克(1 300×4.1868千焦/磅)。

(三) 鸡群均匀度的调整

鸡群均匀度不仅包括体重的整齐度，还包括骨骼和性成熟的整齐度。它是衡量育成效果的一个重要指标，直接影响鸡群的高峰产蛋率和总产蛋量，呈正相关。如果育成期鸡群体重均匀度差，则种鸡产蛋期产蛋率低，鸡的总产蛋数少，种蛋大小不齐，后代雏鸡均匀度差。有人在生产实践中总结发现：育成期体重均匀度每增减3%，每只鸡平均产蛋数相应增减4个。

白羽肉种鸡1～8周龄鸡群体重均匀度要求在80%，最低75%；9～15周龄鸡群体重均匀度要求在80%～85%；16～24周龄鸡群体重均匀度要求85%以上；一般20周龄左右，5%胫长均匀度达90%以上。肉用种鸡体重均匀度较难控制，管理上稍有差错，就会造成个体采食量不均匀，导致鸡群体重均匀度差。因此，在管理上要保证足够的采食和饮水位置，饲养密度要合适，饲料混合要均匀(中小鸡场自己配料时特别注意)，注意预防疾病，尽量减少应激因素。另外，按体重体型大小、强弱分群管理也是提高均匀度的行之有效的重要措施，育成期分群至少进行3次(通常在6、12、16周龄)，还可利用防疫的机会，6周龄末和19～20周龄末选种机会进行调群；在平常的饲养管理过程中时刻不忘挑鸡，如在停料日集中人力全群挑鸡等。

值得注意的是，在育成后期不要过分强调均匀度，因为不管采取什么措施也不能使体大的鸡再变小；否则，会对鸡群的产蛋不利。

四、产蛋期的饲养管理

(一) 准备工作

1. 产蛋箱的准备。在开产前的第3～4周，有些鸡就寻找适于产蛋的处所，愈是临近开产找得愈勤，尤其是快要下蛋的母鸡，找窝表现得更为神经质。因此，提早安置好产蛋箱和训练母鸡进产箱内产蛋是一项重要工作。肉种鸡产蛋箱的尺寸为35 cm宽、35 cm深、30 cm高，每4只母鸡提供1个产蛋窝为宜。产蛋箱侧壁上应有孔洞使产蛋箱中空气流通，顶部应设有铁网以防鸡栖息，箱后有挡板，底部应可拆卸以便清洗。当两排产蛋箱背靠背安装时，彼此之间设置隔网以防母鸡从一边挪到另一边。在产蛋前2～3周(一般22周龄)放置产蛋箱，在产蛋箱中铺上其前挡板1/3高度的垫料。为吸引母鸡在箱内产蛋，产蛋箱要放在光线较暗且通风良好、比较僻静的地方。垫料要松软，发现污染即更换。为防止或减少鸡产窝外蛋，如见有伏地产蛋者，就要设法令其进箱，要求饲养人员耐心细致，不厌其烦地训练；否则，破蛋、脏蛋和窝外蛋都会增多。

2. 公母混群。自然配种种鸡，一般在20～23周龄左右混群，把留种公鸡放入母鸡舍内。一般要求在较弱光线下混群，以减少公鸡因环境改变而产生的应激。公鸡放入母鸡舍后开始两周感到陌生而胆怯，需要细心管理，尽快建立起它们的首领地位。如果公母鸡都转入新鸡舍，公鸡应提前4～5天转入，而后再转入母鸡。这样做，对公鸡的健康和产蛋期繁殖性能的提高都有好处。公母比例：20～28周龄(6.0～8.5)：100，29周龄～淘汰为(8.5～9：100)为宜。

混群后，公母鸡仍需饲喂不同营养水平的饲料，常采用同栏分饲方法饲养。目前应用最广泛的方法是在母鸡饲槽或料桶上安装隔鸡栅，一般父母代种母鸡的间隙为42.5～43 mm。这样，母鸡可以采食，而头部相对较大的公鸡则无法从料槽中采食。使用这种限制采食系统时隔鸡栅尺寸要适宜，且要注意维修，保证限制公鸡而不限制母鸡采食。公鸡用悬挂式料桶饲喂，8只一个料桶，用滑轮和钢丝绳把料桶悬挂起来，料桶要吊高一些，使母鸡够不到为准。配合隔鸡栅再使用“鼻签”，可更有效地防止公鸡偷吃母鸡料。

（二）种母鸡的饲养管理

1. 改变限饲方法：从第22～23周龄起，改其他限制饲养方法为每日限饲，以满足母鸡生殖器官快速发育的营养需求。从18～24周龄开始，限饲的同时，将生长料转换为产蛋前期料（含钙量1.5%～2%，其他营养成分与产蛋料相同）。

2. 调整饲喂量：鸡群开产后，要考虑以下几个因素确定加料方案。

一是依据产蛋率的变化情况，种母鸡开产后喂料量的增长率应先于产蛋率的增长，这是因为鸡需要足够的营养来满足生殖系统快速生长、发育的需要，且卵黄物质的积累也需要大量的营养。若鸡群产蛋率上升快（每天上升3%～4%），从5%产蛋率到70%产蛋率期间，时间不超过4周；在25周龄产蛋率达5%时，喂料量增加5 g，以后产蛋率每提高5%～8%，每只鸡每次增加3～5 g料量，一般每周加料两次；当产蛋率达到35%～40%时，给予高峰料量；对于开产后产蛋率上升较慢（每天1%～2.5%）的鸡群，最好在产蛋率达50%～60%时再给予高峰料。

确定加料方案的方法，除依据产蛋率变化情况而定外，还可参考鸡群20周龄时的体重均匀度和丰满度。如果鸡群均匀度在85%以上，应在产蛋率达5%时开始第一次加料；如果鸡群均匀度在70%左右，第一次加料的时间应推迟到产蛋率达到10%；以后料量的增加应按照鸡群的实际产蛋水平和蛋重水平确定。体重也是确定给料量应考虑的指标之一，体重越大的鸡需要的饲料量越多，如果鸡群超过其标准体重，那么在产蛋期就应增加其喂料量，在实际生产中鸡群每超过标准体重100 g，每天每只鸡需增加0.033 MJ能量供给。因此，产蛋期也需要每周称重，并进行详细记录以完善饲喂程序。大量研究证明，鸡如果在到达产蛋高峰期前没有得到足够的体重增长和营养积蓄，则无法取得良好的产蛋高峰并不能维持较长的高峰期。

另外，采食时间也是鸡群进入产蛋期后决定喂料量的因素之一，采食时间的长短直接反映喂料量是否过多或不足，每天应记录采食时间，作为管理鸡群的指标之一。一般种鸡应在2～4小时吃完其每天的饲料配额。采食时间快，说明需要饲喂更多的饲料；反之，说明喂料量过多。当然，要注意气温、隔鸡栅尺寸和饲料本身等均影响采食时间的长短。

产蛋高峰后约4～5周内，不要减少饲料量，因为这时产蛋数虽开始下降，蛋重仍在增加，所以鸡的能量需要量仍然保持高峰期的水平。产蛋高峰期饲料用量每天应为每只鸡提供1 883～1 946 kJ的热量；也可视鸡群情况减少饲料，如果母鸡体重较大，可从产蛋高峰后1周开始减料，每2周减2 g，持续5周后，每周减1 g直到淘汰。

当鸡群产蛋率下降至80%时，为防止母鸡超重和保持良好的饲料利用率，应开始逐渐减少饲料量。每次减少量每100只不超过230 g，以后产蛋量每减少4%～5%时，必须调整一次饲料量，从产蛋高峰到结束，每100只鸡饲料量大约减少1.36 kg。在每次饲料量减少时，必须注意观察鸡群的反应，任何不正常的产蛋量下降，都必须恢复到原饲料量。同时，要注意天气的突变、饲喂方式的改变、光照管理、鸡群的健康状况、疾病等因素，必须找出造成产蛋下降的原因，及时改进，绝不能随意减少饲料量。

案例：肉种鸡父母代母鸡饲喂程序

本例证是根据鸡群育雏育成情况、环境温度、饲料能量水平和管理等因素，为一个产蛋性能进展较快的AA^+肉种鸡父母代母鸡制定的饲喂程序。鸡群状况：鸡群饲养于环境温度为20℃的密闭式鸡舍内，育雏育成情况和均匀度良好。鸡群在5%产蛋率前饲喂121 g的饲料，能量水平为1 451 kJ/日（饲料能量：11 987 kJ/kg）。饲养管理人员能够根据产蛋水平调整料量水平，计划采用少量多次的加料方法，制定的鸡群饲喂程序见表23-6。

表23-6 母鸡饲喂程序

日产蛋率(%)	料量增加(g)	饲料总量(克/(日·只))	日能量摄入(×4.187焦/(日·只))
产蛋前	根据体重喂料	121	347
5	2.0	123.0	352
10	2.0	125.0	358

续表

日产蛋率(%)	料量增加(g)	饲料总量(克/(日·只))	日能量摄入(×4.187焦/(日·只))
15	2.0	127.0	364
20	2.5	129.5	371
25	2.5	132.0	378
30	2.5	134.5	385
35	2.5	137.0	393
40	3.0	140.0	401
45	3.0	143.0	410
50	3.0	146.0	418
55	3.0	149.0	427
60	4.0	153.0	438
65	5.0	158.0	453
70～75	5.0	163.0	467

(三) 种公鸡的饲养管理

1. 公鸡的饲料营养及饲喂量:为防止公鸡采食过多而导致过重和脚趾病的发生,影响配种,必须喂给较低的蛋白质饲料12%～13%,代谢能11.0～11.7 MJ/kg,钙0.8%～0.9%及有效磷0.35%～0.37%,均低于种母鸡。

AA^+父母代种公鸡的营养标准见表23-7。

表23-7　AA^+父母代种公鸡的营养标准

		育雏料	育成料	公鸡料
		0～4周	4～24周	24周以上
粗蛋白	%	19.00	15.00	12.00
代谢能	MJ/kg	12	12	11
精氨酸	%	1.20	0.88	0.75

续表

		育雏料	育成料	公鸡料
		0～4 周	4～24 周	24 周以上
异亮氨酸	%	0.65	0.56	0.50
赖氨酸	%	1.00	0.73	0.55
蛋氨酸	%	0.46	0.35	0.24
蛋+胱氨酸	%	0.78	0.62	0.45
苏氨酸	%	0.65	0.54	0.45
色氨酸	%	0.19	0.16	0.12
缬氨酸	%	0.73	0.61	0.52
钙	%	1.00	0.90	0.80
可利用磷	%	0.47	0.44	0.35
钠	%	0.18	0.16	0.16
氯	%	0.18	0.16	0.16
钾	%	0.40	0.40	0.60
铜	$\times 10^{-6}$	15.0	15.0	9.0
碘	$\times 10^{-6}$	1.2	1.2	1.2
铁	$\times 10^{-6}$	66.0	66.0	44.0
锰	$\times 10^{-6}$	120.0	120.0	120.0
锌	$\times 10^{-6}$	110.0	110.0	110.0
硒	$\times 10^{-6}$	0.3	0.3	0.3
维生素 A	U/kg	10 000	9 800	11 000
维生素 D_3	U/kg	3 500	3 500	3 500
维生素 E	U/kg	55	44	100

续表

		育雏料	育成料	公鸡料
		0～4 周	4～24 周	24 周以上
维生素 K	mg/kg	2.20	2.20	4.40
维生素 B_1	mg/kg	2.20	2.20	6.60
维生素 B_2	mg/kg	6.00	6.00	12.00
烟酸	mg/kg	35.00	35.00	50.00
泛酸	mg/kg	15.50	15.50	15.50
维生素 B_6	μg/kg	2.20	2.20	4.40
生物素	mg/kg	220.00	200.00	220.00
叶酸	mg/kg	1.20	1.00	2.00
维生素 B_{12}	μg/kg	22.00	22.00	22.00
胆碱	mg/kg	1 440.00	1 325.00	775.00
亚油酸	%	1.00	1.00	1.00

公鸡的饲喂量特别重要，原则是保持公鸡良好的生产性能情况下尽量少喂，饲喂量以能保证其目标周增重为原则，不允许有明显失重，因为任何时候出现种公鸡体重下降都会对受精率产生严重后果。只有在适宜的体重下，种公鸡才能发挥最大的作用。

2. 产蛋期种公鸡的管理要点：产蛋期种公鸡的管理重点应注意以下几方面：按标准体重饲养管理种公鸡，提高鸡群均匀度；使用充足并维护良好的公母分饲设备；混群前每周至少一次，混群后每周至少两次，监测种公鸡的平均体重和周增重；从 27 周龄起，观察种母鸡有无被过度交配的现象，无论何时出现过度交配现象，按 1∶200 的比例淘汰种公鸡，并调整以后的公母比例；观察和监测种公鸡的机敏性、活力、身体状况、羽毛状况等，及时淘汰不合格个体；公母交配造成母鸡损害时，淘汰体重过大的种公鸡。

（四）肉用种鸡生产标准

饲养父母代种鸡的目的是生产更多的合格种蛋或优质的商品代雏鸡，提高种用价值和经济效益。肉种鸡的生产水平受品种、饲料营养、环境条件、饲养方式、鸡群体质等许多因素的影响，难以达到育种公司推荐的生产标准。饲养管理过程中，可以此为指南，尽可能创造条件接近推荐的生产标准。随着遗传育种、饲料配合、环境控制等方面的进步，生产水平还将逐步提高。表23-8列出的爱拔益加(AA)父母代鸡的生产标准，供参考。

表23-8 爱拔益加父母代鸡的生产标准

周龄	产蛋周	产蛋					孵化率/产雏		
		饲养日产蛋率(%)	入舍母鸡累计产蛋	平均蛋重(g)	周产蛋数	累计产合格蛋	蛋孵化率(%)	入舍母鸡周产雏鸡	累计入舍母鸡产雏
25	1	5	—	—	—	—	—	—	—
26	2	22	2	51.3	0.8	1	75	0.6	1
27	3	48	5	53.5	2.6	3	78	2.0	3
28	4	68	10	54.3	4.2	8	81	3.4	6
29	5	80	15	56.0	5.1	13	83	4.2	10
30	6	84	21	56.9	5.4	18	85	4.6	15
31	7	87	27	57.7	5.6	24	87	4.9	20
32	8	86	33	58.3	5.6	29	89	5.0	25
33	9	85	39	58.9	5.5	35	90	5.0	30
34	10	84	44	59.5	5.5	40	90	5.0	35
35	11	84	50	60.0	5.5	46	91	5.0	40
36	12	83	56	60.5	5.5	51	91	5.0	45
37	13	83	62	61.0	5.5	57	91	5.0	50
38	14	82	67	61.5	5.4	62	90	4.9	55
39	15	81	73	62.0	5.3	68	90	4.8	59
40	16	80	78	62.5	5.2	73	90	4.7	64
41	17	80	83	63.0	5.2	78	90	4.7	69
42	18	79	89	63.5	5.2	83	90	4.6	73

续表

周龄	产蛋周	产蛋					孵化率/产雏		
		饲养日产蛋率(%)	入舍母鸡累计产蛋	平均蛋重(g)	周产蛋数	累计产合格蛋	蛋孵化率(%)	入舍母鸡周产雏鸡	累计入舍母鸡产雏
43	19	78	94	64.0	5.1	88	89	4.5	78
44	20	77	99	64.5	5.0	93	89	4.4	82
45	21	76	104	64.9	4.9	98	89	4.4	87
46	22	75	109	65.3	4.8	103	88	4.3	91
47	23	74	114	65.7	4.8	108	88	4.2	95
48	24	73	119	66.1	4.7	112	88	4.1	99
49	25	72	124	66.5	4.6	117	88	4.1	103
50	26	71	128	66.9	4.5	122	87	4.0	107
51	27	70	133	67.3	4.5	126	87	3.9	111
52	28	69	138	67.6	4.4	131	86	3.8	115
53	29	68	142	67.9	4.3	135	86	3.7	119
54	30	67	146	68.2	4.2	139	85	3.6	122
55	31	66	151	68.5	4.2	143	85	3.5	126
56	32	65	155	68.7	4.1	147	85	3.5	129
57	33	64	159	68.9	4.0	154	84	3.4	133
58	34	63	163	69.1	4.0	155	83	3.3	136
59	35	62	167	69.3	3.9	159	82	3.2	139
60	36	62	174	69.5	3.9	163	81	3.1	142
61	37	61	175	69.7	3.9	167	80	3.0	145
62	38	60	179	69.9	3.7	171	79	2.9	148
63	39	59	183	70.1	3.7	174	78	2.9	151
64	40	58	186	70.3	3.6	178	77	2.8	154
65	41	57	190	70.5	3.5	181	76	2.7	157
66	42	56	193	70.7	3.4	185	75	2.6	159

（五）种蛋的管理

为了获得更多的合格种蛋，种鸡场产蛋鸡舍要进行以下特殊管理。

产蛋箱垫料的管理：蛋产出后首先接触蛋窝垫料。因此，要始终保持垫料的干燥、清洁、松软，不允许有寄生虫、霉菌等微生物污染。产蛋箱垫料每 2 天补充 1 次，每月彻底更换 1 次。

种蛋收集：自然交配种鸡群母鸡产蛋率达到 30％时就可以收集种蛋，这时的种蛋合格率可能较低，主要是蛋重小，孵化出的雏鸡稍弱一些，但是遗传素质和正常种蛋相同，只要精心管理也会有较好的生长速度；人工授精的种鸡产蛋率达到 50％时就可以进行人工授精。开产时经常巡视鸡群，正常情况下每天至少捡蛋 4 次，产蛋率高时增加捡蛋次数。

种蛋的质量要求：种鸡开产后会出现多种类型的蛋，主要由合格种蛋、脏蛋、破壳蛋、畸形蛋（包括大蛋、小蛋、形状不规则的蛋、软壳蛋）。不合格种蛋不能用来孵化。脏蛋占合格种蛋的比率超标，说明种蛋的卫生差。如果产蛋前期小蛋多，可能是由于育成期母鸡体重轻；如果产蛋高峰期双黄蛋多，可能是由于育成期母鸡体重超重或鸡群受到的应激大；畸形蛋的比率高，可能是鸡群发生传染病（传支、减蛋综合征、新城疫、流感）的预兆。种鸡场应认真观察分析各种不合格蛋出现的原因并采取相应措施，尽可能提高种蛋合格率。肉鸡种蛋的蛋重要求范围比蛋鸡大，一般 50 g 以上、68 g 以下都可以孵化。肉种鸡种蛋的消毒、保存和运输方法与蛋鸡相同。

【复习思考题】

1. 快大型白羽肉仔鸡的特点有哪些？

2. 肉仔鸡的饲养方式主要有哪几种？

3. 肉仔鸡为什么提倡公母分群饲养？公母鸡分群饲养分别应采取什么管理措施？

4. 肉仔鸡光照管理有什么特点？

5. 肉仔鸡对温度有什么要求？

6. 不同鸡舍类型饲养肉种鸡的光照管理程序是什么？

7. 肉种鸡限制饲养的意义和方法？

8. 育成期肉种鸡的体重如何控制？

9. 采取哪些措施可提高鸡群均匀度？

10. 种母鸡产蛋期如何调整饲喂量才能获得高产？

11. 产蛋期种公鸡的管理要点有哪些？

12. 如何预防快大型肉仔鸡的几种非传染性疾病？

第二十四章　商品肉鸭的饲养管理

【内容提要】主要介绍大型商品肉鸭的饲养方式、营养需要特点及饲养管技术。

【目标及要求】掌握大型商品肉鸭的饲养方式，了解其营养需要及饲料特点，掌握0～3周龄雏鸭及生长育肥鸭的饲养管理要点。

【重点与难点】0～3周龄雏鸭及生长育肥鸭的饲养管理技术。

大型肉用仔鸭是指以北京鸭为基础培育的、用配套系生产的白羽杂交商品肉鸭，采用集约化方式饲养、批量生产的肉用仔鸭。我国自20世纪80年代后引入了樱桃谷超级肉鸭、狄高肉鸭、海格鸭、力加鸭、史迪高鸭、枫叶鸭等品种，自行选育出了北京鸭、天府肉鸭配套系。大型肉用仔鸭具有生长速度快、饲料转化率高、产肉率高、肉质好、繁殖力强、生产周期短等突出优点，在家禽生产中占据重要地位。

第一节　大型肉鸭的饲养方式

大型肉鸭大多采用全舍饲，即鸭群的饲养过程始终在舍内。这种管理方式要求日粮的营养成分必须完善。该方式又分为以下三种类型。

一、厚垫料地面平养

水泥或砖铺地面撒上垫料即可。需垫料较多，饲养密度不能太大，饮水必须防止溅湿垫料；若出现潮湿、板结，则局部更换厚垫料。一般随鸭群的进出全部更换垫料，可节省清圈的劳动量。这种方式因鸭粪发酵，寒冷季节有利于舍内增温。采用这种方式舍内必须通风良好，否则垫料潮湿、空气污浊、氨浓度上升,易诱发各种疾病。这种管理方式的缺点是需要大量垫料,舍内尘埃多,细菌也多等。各种肉用仔鸭均可用这种饲养管理方式。

二、网上平养

在地面以上 60 cm 左右铺设金属网或竹条、木栅条。这种饲养方式粪便可由空隙中漏下去,省去日常清圈的工序,防止或减少由粪便传播疾病的机会,而且饲养密度比较大。

网材采用铁丝编织网时,网眼孔径:0～3 周龄为 10 mm×10 mm,4 周龄以上为 15 mm×15 mm。网下每隔 30 cm 设一条较粗的金属架,以防网凹陷,网状结构最好是组装式的,以便装卸时易于起落。网面下可采用机械清粪设备,也可用人工清理。采用竹条或栅条时,竹条或栅条宽 2.5 cm,间距 1.5 cm。这种方式要保证地面平整,网眼整齐,无刺及锐边。实际应用时,可根据鸭舍宽度和长度分成小栏。饲养雏鸭时,网壁高 30 cm,每栏容 150～200 只雏鸭。食槽和水槽设在网内两侧或网外走道上。饲养仔鸭时每个小栏壁高 45～50 cm,其他与饲养雏鸭相同。应用这种结构必须注意饮水结构不能漏水,以免鸭粪发酵。这种饲养方式可饲养大型肉用仔鸭,0～3 周龄的其他肉鸭也可采用。

三、笼养

目前在我国,笼养方式多用于养鸭的育雏阶段,并正在大力推广中。改平养育雏为笼养,在保证通风的情况下,可提高饲养密度,一般每平方米饲养 60～65 只。若分两层,则每平方米可养 120～130 只。笼养可减少禽舍和设备的投资,减少清理工作,还可采用半机械化设备,减轻劳动强度,饲养员一次可养雏鸭 1 400 只,而平养只能养 800 只。笼养鸭不用垫料,既免去垫草开支,又使舍内灰尘少、粪便纯。同时笼养雏鸭完全处于人工控制下,受外界应激小,可有效防止一些传染病与寄生虫病。加之又是小群饲养、环境特殊、通风充分、饲粮营养完善、采食均匀,因此,笼养鸭生长发育迅速、整齐,比一般放牧和平养生长快、成活率高。如北京鸭 2 周龄可达 250 g,比平养体重高 35.4%,成活率高达 96%以上。笼养育雏一般采用人工加温,因此舍上部空间温度高,较平养节省燃料且育雏密度加大,雏鸭散发的体温蓄积也多,一般可节省燃料 80%。

目前不少养殖场多采用单层笼养，但也有采用两层重叠式或半阶梯式笼养。选用哪一种类型，应该配合建筑方式，并考虑饲养密度、除粪和通风换气设备三者的关系而定。我国笼养育雏的布局采用中间两排或南北各一排，两边或当中留通道。笼子可用金属或竹木制成，长 2 m，宽 0.8～1m，高 20～25 cm。底板采用竹条或铁丝网，网眼 1.5 cm^2。两层叠层式，上层底板离地面 120 cm，下层底板离地面 60 cm，上下两层间设一层粪板。单层式的底板离地面 1 m，粪便直接落到地面。食槽置于笼外，另一边设常流水。

第二节　大型商品肉鸭的营养需要

大型商品肉鸭在整个饲养期全部实行自由进食和 24 小时供饮水。不同品种肉鸭的各种营养的具体需要量可参见育种公司的推荐量。表 24-1 为美国 NRC(1994 年)肉鸭营养成分需要量，适用对象为北京鸭；表 24-2 为樱桃谷超级肉鸭 SM3 型商品肉鸭饲料最低营养推荐量，供参考。

表 24-1　美国 NRC(1994 年)肉鸭营养成分需要量

饲养阶段	0～2 周龄	2～7 周龄
代谢能(MJ/kg)	12.13	12.55
粗蛋白质(%)	22	16
钙(%)	0.65	0.6
有效磷(%)	0.4	0.3
蛋氨酸(%)	0.4	0.3
蛋胱氨酸(%)	0.7	0.55
赖氨酸(%)	0.9	0.65
色氨酸(%)	0.23	0.17
精氨酸(%)	1.1	1
亮氨酸(%)	1.26	0.91
异亮氨酸(%)	0.63	0.46
缬氨酸(%)	0.78	0.56

续表

饲养阶段	0～2周龄	2～7周龄
维生素A(U/kg)	2 500	2 500
维生素D3(U/kg)	400	400
维生素E(U/kg)	10	10
维生素K3(mg/kg)	0.5	0.5
核黄素(mg/kg)	4	4
泛酸(mg/kg)	11	11
烟酸(mg/kg)	55	55
吡哆醇(mg/kg)	2.5	2.5
钠(%)	0.15	0.15
氯(%)	0.12	0.12
镁(%)	0.05	0.05
锌(mg/kg)	60	
锰(mg/kg)	50	
硒(mg/kg)	0.2	

表24-2　樱桃谷超级肉鸭SM3型商品肉鸭饲料最低营养推荐量

营养成分	初始期1	初始期2	生长期	最终期
	(0～9天)	(10～16天)	(17～42天)	(43天～屠宰)
代谢能量(MJ/kg)	11.92	12.13	12.13	12.34
蛋白质(%)	22.00	20.00	18.50	17.00
总赖氨酸(%)	1.35	1.17	1.00	0.88
可利用赖氨酸(%)	1.15	1.00	0.85	0.75
总甲硫氨酸(%)	0.50	0.47	0.42	0.42
总甲硫+胱氨酸(%)	0.90	0.84	0.75	0.70

续表

营养成分	初始期1	初始期2	生长期	最终期
	(0～9天)	(10～16天)	(17～42天)	(43天～屠宰)
可利用甲硫＋胱氨酸(%)	0.80	0.75	0.66	0.66
总苏氨酸(%)	0.90	0.85	0.75	0.75
总色氨酸(%)	0.23	0.21	0.20	0.19
油脂(脂肪)(%)	4.00	4.00	5.00	4.00
亚油酸(%)	1.00	1.00	0.75	0.75
纤维素(%)	4.00	4.00	4.00	4.00
钙(最低%)	1.00	1.00	1.00	1.00
可利用磷(最低%)	0.50	0.50	0.35	0.32
钠(最低%)	0.20	0.18	0.18	0.18
钾(最低%)	0.60	0.60	0.60	0.60
氯化物(最低%)	0.20	0.18	0.17	0.16
胆碱(g/t)	1 500	1 500	1 500	1 500
维生素和微量元素补充(%)	1	1	2	2

第三节　雏鸭的饲养管理

0～3周龄是商品肉鸭的育雏期，习惯于把这段时期的肉鸭称为雏鸭。该阶段是肉鸭生长的重要环节，因为此时雏鸭刚孵出，各种生理机能均不完善，还不能适应外界环境，所以必须要为其提供适宜的环境条件、营养条件和科学的饲养管理，让其顺利地生长和发育，以发挥最佳的生产水平。

一、雏鸭的生理特点

雏鸭的生理特点概括起来有以下几方面：一是刚出壳的雏鸭体小、娇嫩、绒毛稀短，自身调节体温的能力差，很难适应外界环境的温度变化，需要人工给温。二是消化器官容积小，消化机能尚不健全，因此要喂一些易消化的饲粮。三是生长发育极为迅速，4周龄时体重比初生时增加20多倍，7周龄时增加约60倍，体重达到3 kg以上，需要丰富而全面的营养物质，才能满足其生长发育的要求。四是抗病机能尚不完善，易受到各种病原微生物的侵袭，应特别注意搞好防疫及卫生工作。

二、进雏前的准备

清洗鸭舍和各种工具，进行彻底消毒。备足垫料(网上育雏不用垫料)，充分晒干(保证垫料不发霉)。雏鸭入舍前1～3天，开启加温设备进行预热，使室温达到育雏要求的标准。雏鸭到达前2小时配制多维、电解质、葡萄糖等做饮用水。

三、雏鸭的选择和分群

肉雏鸭必须来源于品种优良的健康母鸭群，种母鸭在产蛋前经免疫接种鸭瘟、禽霍乱、鸭病毒性肝炎等疫苗，以免雏鸭在育雏期内发病。所选购的雏鸭大小基本一致，体重符合品种要求，绒毛整洁，富有光泽，腹部大小适中，脐部收缩良好，眼大有神，行动灵活，抓在手中挣扎有力的个体为健雏；大肚脐、歪头拐脚、晚出壳的为弱雏。雏鸭转入育雏室后，应根据其出壳时间的早晚、体质的强弱和体重的大小，把体质好的和体质弱的雏鸭分开饲养，特别是体质弱小的雏鸭，要把它放在靠近热源即室温较高的区域饲养，以促使"大肚脐"雏鸭完全吸收腹内卵黄，最终提高其成活率。体质相差不多的雏鸭也应分群饲养，雏鸭群的大小以200～300只为宜。第一次分群后，雏鸭在生长发育过程中又会出现大小强弱的差别，所以要经常把鸭群中体质太强和体质太弱的雏鸭挑选出来，单独饲养，以免"两极分化"(即因抢食抢水能力的差异，而使强的更强，弱的更弱)。通常在8日龄和15日龄时，结合密度调整，进行第二次及第三次分群。此外，雏鸭群过大不利于管理，环境条件不易控制，易出现惊群或挤压死亡，所以为了提高育雏率，也应进行分群管理。

四、饮水

水对雏鸭的生长发育至关重要，如果饮水不足或水质不良都将会影响雏鸭的采食量、抗病力和生长发育。一般供给清洁常流水，水温随季节调整。育雏头几天可在雏鸭的饮水中加入适量的维生素C、葡萄糖、矿物质预混剂、抗生素等，既可增加营养又可提高雏鸭的抗病力。头3天全部使用真空饮水器，从第 4 天开始训练鸭只熟悉使用水线，并逐渐撤出真空饮水器，至 7 日龄真空饮水器全部移出；此时，应及时调整水线高度与鸭头保持一致。

五、饲喂

育雏 1～3 天必须放置足够数量的开食盘，并分布均匀，从 4 日龄开始可逐渐撤出开食盘，改用料槽。雏鸭出壳 12～24 小时或雏鸭群中有 1/3 的雏鸭开始寻食时进行第一次投料。投料最好选用全价的颗粒饲料，饲养效果好；如果无此条件，也可用半生米加蛋黄饲喂，几天后改用营养丰富的饲料饲喂。培育雏鸭要掌握"早饮水、早开食，先饮水、后开食，少喂勤添"的原则。第一周龄的雏鸭应让其自由采食，保持饲料盘中常有饲料，一次投喂不可太多，防止饲料长时间吃不完被污染而引起雏鸭生病或者浪费饲料。喂食次数：2 周龄以内每昼夜加料 6 次，3 周龄时每昼夜加料 4 次，如发现剩料则少喂。

六、提供适宜的环境条件

（一）温度

育雏温度直接影响雏鸭的体温调节、饮水、采食以及饲料的消化吸收、生长发育、饲料报酬和健康等。在生产实践中，育雏温度的掌握应根据雏鸭的活动状态来判断。温度过高时，雏鸭远离热源，张口喘气，烦躁不安，分布在室内门窗附近，温度过高容易造成雏鸭体质软弱及抵抗力下降等现象；温度过低时，雏鸭打堆，互相挤压，采食和饮水都减少，并且容易造成伤亡；在适宜的育雏温度条件下，雏鸭三五成群，食后静卧而无声，分布均匀。鸭舍温度一般第 1 周 35℃～33℃；第 2 周 32℃～26℃；第 3 周 25℃～20℃；第 4 周后，冬季不低于 19℃～12℃，夏季不高于 32℃。

（二）湿度

鸭舍内维持适宜的空气湿度有利于雏鸭生长发育。刚出壳的雏鸭体内含水 70％左右，同时又处在环境温度较高的条件下，湿度过低，往往引起雏鸭轻度脱水，影响健康和生长。当湿度过高时，霉菌及其他病源微生物大量繁殖，容易引起雏鸭发病。舍内相对湿度保持在 65％～70％为宜。鸭喜欢在饮水时呷水梳理羽毛，会把饮水器附近的地面弄湿，使用地面平养时会使室内的垫料潮湿，因此要准备足够的垫料，在潮湿的地方及时垫上新的垫料，以保持鸭舍的干燥温暖。同时，随日龄增长雏鸭排泄物增多，应加强通风，以保证舍内湿度适宜。

（三）通风

通风的目的在于排出室内污浊的空气，更换新鲜空气，并调节室内温度和湿度。一般人进入育雏室不感到臭味和无刺眼的感觉，则表明育雏室内氨气的含量在允许范围内；如进入育雏室即感觉到臭味大，有刺眼的感觉，表明舍内氨气的含量超过许可范围，应及时通风换气。

（四）光照

育雏 0～3 天，最好提供连续光照以利雏鸭熟悉环境，保证生长均匀。以后每天光照 18～23 小时。光照强度不低于 20 lx，前期可稍大一些。

（五）密度适当

肉鸭生长速度快，必须随日龄增长及时调整饲养密度以满足鸭不断生长的需求。雏鸭饲养的适宜密度见表 24-3。

表 24-3　雏鸭饲养的适宜密度　（只/平方米）

周龄	地面垫料饲养	网上饲养
1	15～20	25～30
2	10～15	15～25
3	7～10	10～15

第四节　生长-肥育期肉鸭的饲养管理

一、生长-肥育期肉鸭的生理特点

商品肉鸭 22 日龄后进入生长-肥育期。此时鸭对外界环境的适应能力比雏鸭期强，死亡率低，食欲旺盛，采食量大，生长快，体驱大而健壮。由于鸭的采食量增多，饲料中粗蛋白质含量可适当降低，仍可满足鸭体重增长的营养需要，从而达到良好的增重效果。

二、饲养方式和密度

由于此期肉鸭体重日渐增大，大型肉鸭 4～8 周龄多采用舍内地面平养或网上平养，育雏期地面平养或网上平养的，可不转群，既避免了转群给肉鸭带来的应激，也可节省劳力。但育雏期结束后采用自然温度育肥的，应撤去保温设备或停止供暖。对于由笼养转为平养的，则应在转群前一周，对平养的鸭舍、用具做好清洁卫生和消毒工作，并准备好 5～10 cm 厚的垫料。转群前 12～24 小时饲槽应加满饲料，保证饮水不断。转群后因环境的突然变化，常易产生应激反应，因此，在转群之前应停料 3～4 小时。随着鸭体重的增大，应适当降低饲养密度。地面垫料饲养的适宜饲养密度(每平方米地面养鸭数)为：4 周龄 7～8 只，5 周龄 6～7 只，6 周龄 5～6 只，7～8 周龄 4～5 只。具体视鸭群个体大小及季节而定。冬季密度可适当增加，夏季可适当减少。气温太高时可让鸭群在室外过夜。

三、喂料及供水

喂料量原则上与育雏期相同，以刚好吃完为宜。为防止饲料浪费，可将饲槽宽度控制在 10 cm 左右。每只鸭饲槽占有长度在 10 cm 以上。饲喂次数白天 3 次，晚上 1 次。饮水的管理也特别重要，应随时保持有清洁的饮水，特别是在夏季，白天气温较高，采食量减少，应加强早晚的管理，此时天气凉爽，鸭采食的积极性很高，不能断水；每只鸭水槽占有长度 1.25 cm 以上。鸭场应备有蓄水池。

四、温度、湿度和光照控制

室温以 15℃～18℃为宜，冬季应加温，使室温达到最适温度(10℃以上)。湿度控制在 50%～55%之间。应保持地面垫料或粪便干燥。光照强度以能看见吃食为准，每平方米用 5 W 白炽灯。白天利用自然光，早晚加料时再开灯。

五、冬季、夏季育肥鸭的管理要点

(一) 夏季育肥鸭管理要点

夏季气候炎热，而鸭被覆羽毛，抗热性差，易给鸭群造成强烈的热应激，导致鸭群采食量下降、增重慢、死亡率增高。因此，夏季管理的重点就是防暑降温。在鸭舍设计、建设过程中应该考虑这个问题，使鸭舍朝向合理、间距开阔，以利于减轻夏季太阳的辐射，通风换气良好。鸭舍周围种植枝叶茂盛的树木或藤蔓类植物以利于鸭舍遮阳，也可采用屋顶刷白减少吸热或屋顶喷水促进散热的办法降低舍温。为保持舍内良好的通风，要打开门窗，并在门窗上加护铁丝网，以防兽害。要调整日粮结构和喂料方法，供给充足的饮水。可在原来日粮营养水平的基础上，把蛋白质含量提高1%～2%，多维素增加30%～50%，保证日粮新鲜。在料形上最好采用颗粒料，以增加适口性。将饲喂时间尽量安排在早晚凉爽时，每日4～6次，供给充足的凉水。为减轻热应激，可在饲料中适当添加抗应激药物，如每千克日粮中添加杆菌肽粉0.1～0.2 g。另外，要保持适当的饲养密度，在同样的面积上要比其他季节减少10%～15%，一般每平方米饲养商品肉鸭的总重量不能超过20 kg；同时，要搞好环境卫生和消毒工作。

（二）冬季育肥鸭管理要点

冬季管理的关键是防寒保暖、正确通风、降低湿度和有害气体的含量。舍顶隔热差时要加盖稻草或塑料薄膜，窗户用塑料薄膜封严，调节好通风换气口，在温度低时要人工供暖。肉鸭伏卧在潮湿的地面上会增加体热的散发，因此，要经常更换和添加垫料，确保干燥。由于冬季鸭维持体温的需要增加，因此必须适当提高日粮的能量水平。在采用分次饲喂时，要尽量缩短鸭群寒夜空腹的时间；要经常检修烟道，防止煤气中毒和失火。

第五节　商品肉鸭的日常管理

一、观察鸭群

要求工作人员每天都要认真、细致、全面地观察鸭群情况，以便发现问题及时处理。主要应观察以下几方面。

观察饮食：每天要检查饮水是否干净，有无污染，饮水器或水槽是否适宜，有无不出水或水流过大而外溢的现象。观察鸭的饮水量是否适当，防止不足或过量。肉鸭采食量应是逐日平稳的增加，只要给予适量的饲料，一般都能在规定的时间内采食完。正常情况下，添料时健康鸭争先抢食，病鸭则呆立一旁。发现异常变化时，应及时分析原因，研究应对策略。

观察精神状态：健康鸭眼睛明亮有神，精神饱满，活泼好动，羽毛整洁，趾光亮；病鸭则表现眼睛浑浊，无光少神，精神不振或独立一角，低头垂翅，羽毛蓬乱，不愿活动。

观察粪便：主要观察粪便的形状、颜色、干稀、有无寄生虫等，发现异常要及时诊治。

观察呼吸：一般在夜深人静时听鸭群的呼吸声音，以此辨别鸭群是否患病。异常的声音有咳嗽、啰音、甩鼻等。当舍内温度或天气急剧变化、接种疫苗后，多表现呼吸道症状，应正确加以区分。

二、卫生管理

良好的卫生环境、严格的消毒是养好商品肉鸭的关键一环。舍内垫料不宜过脏、过湿，灰尘不宜过多。用具安置有序不乱，经常杀灭舍内外蚊蝇。铲除场区杂草，不能乱放死鸭、垃圾和粪便。每天早、中、晚清扫鸭舍过道，刷洗水槽。对鸭舍内所有用具均应进行定期消毒，每周1～2次。场区门口和鸭舍门口要设有烧碱消毒池，并经常保持烧碱的有效浓度，进出场区或鸭舍要脚踩消毒，杀灭由鞋底带来的病菌。每周进行1～2次常规带鸭消毒，选用无毒、无刺激性消毒药，直接在鸭体上方均匀喷雾。

三、死鸭处理

在观察鸭群时，发现病鸭和死鸭要及时拣出来，对病鸭隔离饲养或淘汰，对死鸭要焚烧或深埋，不能将死鸭存放在鸭舍内、饲料间和鸭舍周围。拣完、处理完病鸭后，操作人员要用消毒液洗手。

四、垫料的管理

地面垫料要充足，随时撒上新垫料，且经常翻晒，保持干燥。垫料若厚度不够或板结，易造成胸囊肿，影响屠体品质。

五、疾病防治

为保证鸭群的健康成长，鸭场必须有严格的消毒和防疫制度，保证鸭舍的清洁和卫生，防止饲料发霉、变质，并采取有效的措施来预防雏鸭流行感冒、鸭疫综合征、鸭瘟、鸭霍乱、鸭曲霉菌病、鸭球虫病等。此外，育雏期还要防止鸭中暑和食盐中毒等。在疾病防治的过程中，同时应注意饲料中应添加适量的维生素A、C、E等。疫苗免疫是预防疾病的有效手段，鸭场应根据当地和本场疫病流行情况制定合理的免疫程序，适时免疫。

案例：

某肉鸭场夏季饲养了一批樱桃谷肉鸭，2周龄后发现部分鸭出现食欲缺乏，呼吸困难，闭眼昏睡，流眼泪，排黄色粪便，体重增长缓慢；随日龄增长，发病鸭越来越多。解剖发现病鸭肺组织表面出现灰白色的霉菌结节，胃肠黏膜出现溃疡，肝脏坏死，死亡率达50%。后分析查找原因确定为霉变玉米饲料导致肉鸭发生黄曲霉毒素中毒。

总之，标准化的饲养管理有利于肉鸭的生长，只有满足商品肉鸭不同阶段的营养、环境、疾病防控等各方面的需求，才能减少疾病及死亡的发生，提高肉鸭的成活率及增长速度，进而提高饲养的经济效益。

六、确定肉鸭上市日龄和出栏

（一）肉鸭的上市日龄

不同地区或不同加工目的，所要求的肉鸭上市体重不一样。因此，最佳上市日龄的选择要根据销售对象和加工用途等确定。肉鸭一旦达到上市体重应尽快出售，否则降低经济效益。商品肉鸭一般6周龄活重达到2.5 kg以上，7周龄可达3 kg以上，6周龄的饲料转化率较理想，因此，42～45日龄为其理想的上市日龄。肉鸭胸肌、腿肌属于晚熟器官，7周龄胸肌的丰满程度明显低于8周龄。如果用于分割肉生产，则以8～9周龄上市最为理想。如果是针对成都、重庆、云南等市场，由于消费水平习惯的变化，出现大型肉鸭小型化生产，大型商品肉鸭的上市体重要求在1.5～2.0 kg，一旦达到上市体重，则应尽快上市。

（二）出栏

抓鸭前需要停料12小时，但是不停水；要轻抓轻放，避免强烈刺激和鸭体伤残。冬季运鸭要用篷布遮盖防寒，夏季运鸭要洒水降温。

【复习思考题】

1. 试述雏鸭的生理特点。针对其特点应采取哪些饲养管理措施以保证其正常健康生长？

2. 生长－肥育期肉鸭适合采用什么方式饲养？

3. 冬季、夏季饲养育肥鸭应采取哪些特殊的管理措施？

4. 如何处理病死鸭？

5. 商品肉鸭的日常管理中，细致观察鸭群表现很重要，这主要应观察哪些方面？如何判断有无异常？

第二十五章　蛋鸭的饲养管理

【内容提要】主要介绍蛋鸭的鸭舍类型及饲养方式，商品蛋鸭雏鸭、青年鸭和产蛋鸭的饲养管理技术等。

【目标及要求】了解蛋鸭生产的特点、鸭舍类型及饲养方式，掌握蛋鸭雏鸭、青年鸭和产蛋鸭的饲养管理技术。

【重点与难点】雏鸭、青年鸭和产蛋鸭的饲养管理技术。

第一节　鸭舍类型及饲养方式

一、商品蛋鸭生产的特点

由于消费习惯的影响，我国商品蛋鸭的生产具有明显的地域性，分布主要集中于长江中下游和沿海省区。传统的养鸭方式是在水库、河岸边搭建简易棚舍，采用放牧饲养方式饲养，可充分利用天然饲料，节省饲养成本。因此，鸭的放牧对母鸭的产蛋量有很大的影响，与养鸭的经济效益有直接关系。随着气候和环境的变化，传统养殖的弊端逐渐凸显出来，不仅生产效率低，而且严重污染水体环境。因此，商品蛋鸭生产采用圈养和笼养方式的优势日益突出，这两种饲养方式在规模化商品蛋鸭生产上应用的愈来愈多。笼养蛋鸭一般分2～3层进行饲养，不设游泳池，这样不仅减少了水的用量，而且提高了地面的利用率。用自动清粪机清理粪便后，鸭粪可以集中起来生产有机肥，增加大部分经济效益。有条件的鸭场可以自动喂料、自动集蛋，从而大大减轻劳动强度、提高生产效率。

二、鸭舍类型及饲养方式

鸭舍一般要分为育雏舍、育成舍和产蛋舍，也可将育雏舍和育成舍分开，但为了节约成本，一般将二者合二为一。由于雏鸭对疾病的抵抗力较弱，因此育雏舍应建在上风向。鸭舍地势应平坦或稍有坡度，以南向或东南向为宜。场地建设要求阳光充足、地势高燥、通风良好、排水便利。场地的地下水位要求低于地平面 2 m 左右。山区地势要背风向阳，这样既迎向夏季的主导风向，又能防止冬季寒风的侵袭，能保证鸭舍有较为良好的外部环境。建筑的基本要求是防寒保暖，通风良好，排水良好，保持安静，减少应激，能防止鼠、狗、蛇等动物侵害，造价低，节约投资。鸭舍地基高出自然地面 10～20 cm，有一定坡度，便于排放污染、雨水。鸭场必须离村镇、畜牧场 1 km 以外，交通方便，水、电充足，水质良好。

（一）雏鸭和育成鸭鸭舍类型及饲养方式

育雏育成舍一般采用室内和室外运动场相结合的半封闭鸭舍，室内部分主要是用于育雏时期的保温和晚上鸭的休息场所，室外运动场主要供鸭运动、游泳及饮水和喂料，二者之间设门，便于人工控制。这种建造模式能够降低生产成本，充分利用建筑面积。这种育雏和育成舍相结合的鸭舍最好采用地面平养，室内地面铺垫料并有保温和采光设施，在育雏期还要在室内额外搭建一保温棚。在室外设运动场、游泳池、饮水和喂料设备，这样有利于鸭保持健壮的体格和洁净的体表，为上笼饲养打下良好的基础。有条件的鸭场也可将育雏舍和育成舍分开建设，这样更有利于育雏期的管理，提高育成率。育雏舍最好采用全封闭房舍，前后设窗户，根据天气情况通过窗户通风换气；同时，可以进行地面平养，也可采用多层育雏笼进行育雏，育雏舍最主要是提供加温和保温设施。

（二）产蛋鸭鸭舍类型及饲养方式

产蛋期可以采用圈养，也可采用笼养。圈养需要在靠近水源附近、地势干燥的地方建立鸭舍，要求舍内光线充足、通风良好，方位以朝南或东南方向为宜，这样则冬暖夏凉。饲养密度以舍内面积每平方米 5～6 只计算。在鸭舍前面应有一片比舍内大约 20％的鸭滩，供鸭吃食和休息，也是鸭群上岸、下水之处，连接水面和运动场，其坡度一般为 20°～30°，坡度不宜过大，做到既平坦又不积水，以方便鸭群活动。水上运动场应有一定深度而又无污染的活水。笼养鸭舍，一般设在育雏育成舍的下风向，要求地势高燥，通风良好，两栋之间要有足够的间隔并设防护绿化带，每栋鸭舍的两端要设有净道和污道。鸭舍内部布局根据生产的需要来设计，笼架安排与笼养蛋鸡生产相似，但要对料槽和饮水器加以改进，以适应鸭的生物学及生理学特性。如果采用全封闭鸭舍，要在两端墙设置湿帘降温和负压通风设备，以减少炎热夏季对鸭的热应激。为减少建筑投入，也可采用前后两主墙开放式通风设计，但要分别设有卷帘，这样便于根据季节和气候情况人工控制通风量大小。另外，为降低劳动强度，一般设有自动清粪机，这样将粪便刮到鸭舍的一侧便于集中处理。

第二节　商品蛋鸭的饲养管理

蛋鸭的饲养一般也分育雏期、育成期和产蛋期三个阶段，各阶段饲养的目标和管理方式不同。

一、雏鸭的饲养管理

雏鸭饲养成败直接关系到鸭群健康发展以及鸭的产蛋量和蛋的品质。研究表明，蛋雏鸭 35 日龄生长发育是否达标，决定了其一生的产蛋性能。蛋鸭的育雏至关重要。

(一) 雏鸭的生长发育特点

1. 雏鸭的生长发育特别迅速：4 周龄时，雏鸭的体重已经比初生时的体重增加 24 倍左右，8 周龄时雏鸭的体重比初生时体重增加 60 倍左右，接近成年蛋鸭体重。

2. 雏鸭体温调节机能弱，难以适应外界环境：刚出壳的雏鸭个体小，体表绒毛稀少，体温调节机能不完善，对环境温度的适应性差，抵抗力弱，温度过低或过高时特别容易被冻坏或被热坏；低温引起雏鸭打堆压死，高温则引起雏鸭干渴脱水而死。所以温度管理非常关键。

3. 雏鸭的消化器官容积小，消化能力弱：雏鸭生长发育快，因而饲料转化率高，但雏鸭由于本身个体小，其消化器官容积也小，初生雏鸭消化能力弱。

(二) 蛋雏鸭的饲养管理要点

1. 掌握合适温度，保持室温相对稳定：舍内温度是否适合，可以查看温度表，还可以通过观察雏鸭分布与休息姿势来作出判断。如雏鸭三五成群散开来卧伏休息，头脚伸开，或行动悠闲，无怪叫声，说明温度合适；如缩颈耸翅，互相挤堆，发出急促尖叫声，说明温度太低，需保温或升温；如果散得很开，且远离热源，说明温度过高，要适当通风换气或降温。不论是地面平养还是多层育雏笼中育雏，都要在进雏前1～2天，保持舍内温度升在25℃～30℃左右，并且要保持基本稳定。雏鸭入舍后温度应调整到30℃～33℃，以后每天降低0.5℃，直到15℃～22℃时维持不变。在免疫或发病时要适当提高温度。注意舍内的温度要尽量保持均匀和恒定，不同区域要保持一致，昼夜温差不能超过3℃。如果采用地面平养，地面铺上稻壳或木屑等垫料，这样有利于保温。

2. 饮水和喂料：雏鸭出壳后，应及时饮水和喂料。育雏头几天水温20℃～25℃为宜，水中加入电解多维、5%葡萄糖和预防用药，7～10日龄最好用凉开水。饮水2～4小时后，雏鸭出现觅食行为，可开食，将饲料撒在料盘或垫布上，3～5日龄以后逐步过渡到使用料槽。注意：饮水器和料盘的距离要近，便于饮水。料型以颗粒料最好，两周内最好使用粉碎的颗粒料。

3. 及时分群，严防打堆：雏鸭天性喜欢玩耍打堆，在育雏温度较低或者饮水后绒毛潮湿时更是如此。打堆时，被挤在中间或压在下面的雏鸭，重则窒息死亡，轻则全身"湿毛"，稍不谨慎，便感冒致病，俗称"蒸窝"。大群雏鸭应隔成若干200～400只左右的小群，这样即使打堆，危害也较小。没有条件分群的鸭场，大群育雏时应安排足够的饲养人员24小时轮流换班，定时驱赶雏鸭，千万不可马虎大意，严防雏鸭打堆。

4. 从小调教下水，逐步锻炼放牧：下水调教要根据气候条件和雏鸭体格情况，通常5～10日龄后可以调教下水。赶鸭下水要慢，下水时间1～2次/天，每次5分钟；10日龄后增加到3～4次/天，每次5～10分钟，逐渐延长，水温不低于15℃，水温太低则不宜下水。

5. 搞好清洁卫生，及时预防接种：随着雏鸭日龄增大、排泄物不断增多，不及时打扫鸭舍极易潮湿、污秽。这种环境会使雏鸭绒毛沾湿、弄脏，并有利于病原微生物繁殖。必须及时将污秽物打扫干净，勤换垫草，保持鸭舍干燥清洁。圈窝的垫草干燥松软，雏鸭才能睡得舒服，睡得长久；潮湿的圈窝，雏鸭睡下后由于不舒服，常常会"起哄"。此外，要及时做好雏鸭的疫苗接种工作。鸭苗的抗病力差，很容易受到病原菌的侵袭，所以前期的免疫接种比较密集，免疫接种程序要根据当地疫病流行情况等制定。

二、青年鸭的饲养管理

(一)青年鸭的主要生理特点

1. 环境适应能力强、饲料适应性广:育成期的蛋鸭称为青年鸭。随着日龄增大,青年鸭的体温调节能力逐渐增强,对外界环境温度变化的适应大大加强。青年鸭的消化道生长、发育迅速,消化能力也大为增强,可以广泛采食天然动植物作为饲料。

2. 体重增长特别快:虽然 4 周龄时其体重已达到出生重的 24 倍,但是 28 日龄以后,青年鸭的体重绝对增长速度加快,42～44 日龄时,体重的绝对增长速度达到体重的增重高峰,然后体重增重速度又逐步减慢,到 110 日龄时其体重接近成年蛋鸭体重,110 日龄以后体重增重速度相当慢。

3. 羽毛生长迅速:蛋鸭的羽毛主要在青年鸭阶段长成。育雏结束时,雏鸭身上还覆盖着绒毛,麻羽将要长出;而到 42～44 日龄时,胸腹部的羽毛已经长齐;到达“滑底”;52～56 日龄,已长出主翼羽,80～90 日龄,已换好第二次新羽毛;100 日龄左右,已长满全身羽毛,两边主翼羽已“交翅”。

4. 性成熟迅速:在 60～100 日龄时,青年鸭性器官发育很快,母鸭卵泡快速增长,要适当限制饲养。限饲目的在于防止青年鸭过于肥胖和过早性成熟,不利于以后产蛋性能的发挥。

(二) 青年鸭的饲养管理要点

青年鸭常采用圈养、半圈养及放牧方式饲养,饲养管理重点注意以下方面问题。

1. 严格按照要求进行限制饲喂,控制体重:放牧鸭群运动量大,能量消耗大,且每天不停地找食吃,整个过程就是很好的限制饲喂过程,放牧饲料不足时要注意补充饲喂。圈养和半圈养鸭必须限制饲喂,否则会造成不良的后果。限制饲喂一般从 8 周龄开始,到 16～18 周龄结束,小型蛋鸭限制饲喂适当提前 1～2 周开始、提前 1～2 周结束。体重称量结果符合品种阶段体重时,不需要进行限喂。限制饲喂前必须按照要求给鸭群抽样称重。限饲开始后,每两周必须抽样称重一次,及时调整限制饲喂的饲料的质量或数量。限制饲喂的目标是最后将整个鸭群的体重控制在一定范围内,小型蛋鸭开产前的体重在

1.4～1.5 kg,超过 1.5 kg 则为超重,会影响其产蛋量。

2. 及时进行分群与调整饲养密度,保证鸭群发育正常:分群饲养可以使鸭群生长发育一致,便于管理。育成期分群的另一原因是:育成阶段的鸭对外界环境十分敏感,如饲养密度较高,互相挤动会引起鸭群骚动,使刚生长的羽毛轴受伤出血,甚至互相践踏破皮出血,导致生长发育停滞,影响以后开产和产蛋率。因而,育成期的鸭要按体重大小、强弱和公母分群饲养。一般放牧时每群为 500～1 000 只,而舍饲鸭主要分成 200～300 只为一小栏分开饲养。饲养密度因品种、周龄不同而不同,一般为:5～8 周龄,每平方米养 15 只左右;9～12 周龄,每平方米养 12 只左右;13 周龄起每平方米养 10 只左右。

3. 按照青年蛋鸭的要求严格控制光照,防止性早熟:光照的长短与强弱也是控制性成熟的方法之一。育成期蛋鸭的光照时间宜短不宜长。有条件的鸭场,育成期蛋鸭于 8 周龄起,光照时间人工控制在每天 8～10 小时,光照强度控制为 5 lx,其他时间必须采用弱光照明,以便于鸭夜间饮水,并防止因老鼠或鸟兽走动时惊群。晚间光线过强,则会使蛋鸭性成熟提前,不利于蛋鸭的高产稳产。

4. 及时做好免疫及驱虫工作,保证鸭群健康:青年鸭免疫功能好,抗病力强,应及时做好免疫接种工作。严格按照本场免疫程序预防接种,接种应认真仔细,防止漏免或免疫失败,同时可在饲料或饮水里添加有效的药物预防细菌性疾病,及时做好青年鸭的驱虫工作。

5. 加强运动,促进圈养蛋鸭骨骼和肌肉的发育,防止肥胖:圈养青年鸭不能像放牧的鸭那样活动而得到锻炼,饲养员每天必须定时强制性地驱赶鸭群在鸭舍内进行转圈运动,每次运动 5～10 分钟,每天转圈活动 2～4 次。

6. 饲养员应多与鸭群接触,以便提高鸭胆量:圈养青年鸭天性胆小,神经尤其敏感,饲养员要利用喂料、喂水、换草等机会,多与鸭群接触。喂料或换草时,饲养员站在料盆或料草旁,仔细观察采食情况,让鸭子自由走动,可以锻炼提高鸭的胆量。

7. 定时作息,建立稳定科学的管理程序:圈养蛋鸭的生活环境比放牧鸭稳定,应根据鸭的生活习性定时作息。作息制度形成后,尽量保持稳定,不可随意变动,以利于蛋鸭的正常生长发育。

三、产蛋鸭的饲养管理

(一) 产蛋鸭的生活特性

要想养好产蛋鸭,提高产蛋量,必须充分了解产蛋鸭的生活习惯,按照客观规律进行饲养管理,最大限度地发挥产蛋鸭的产蛋性能。产蛋鸭具有以下生活特性。

1. 天性喜水:产蛋鸭喜欢在水上觅食、洗澡、嬉戏等,除了睡觉、产蛋外,蛋鸭的其他一切活动都可以在水中进行。

2. 喜干燥怕潮湿:蛋鸭上岸后,边休息,边将自己身上的羽毛理燥,保持干爽清洁。如舍内外场地太潮湿或积聚污水,污染鸭子的腹部绒毛,就会严重影响蛋鸭的休息和产蛋。

3. 耐寒性能好:蛋鸭羽毛外紧内松,绒毛细密,表面涂有尾脂,有一定的防止水分渗透功能。成年蛋鸭耐寒性较好,在0℃时仍能在水中活动自如。

4. 合群性很强:蛋鸭能合群生活,很少有争斗行为发生。但每群的数量不宜过大,每个小群以800～1 000只最好,每小群最多2 000只左右。

5. 食源广泛:蛋鸭消化力很强,代谢旺盛,食源也很广泛。一般的植物性饲料和动物性饲料都爱吃。饲料必需营养全面。在产蛋高峰期,蛋鸭更加喜食鲜活的动物性饲料。

6. 生性敏感易受惊吓:产蛋鸭比青年鸭胆量相对大些,喜欢接近饲养人员,但同样具有性急胆小、反应灵敏等特殊习性。一旦突然遇到强光、高声、黑影、陌生人、家畜、野兽等强刺激,就会突然骚乱、惊群起哄、互相践踏,影响产蛋,甚至造成伤残。

7. 生活极具规律性:蛋鸭在一天之中,其饮水、运动、洗澡、交配、理毛、歇息、产蛋等各项生理活动时间的安排,极易形成生活规律(条件反射)。这种规律一旦形成后,就难以改变;如果任意改变,就会影响鸭群的产蛋量。

(二) 日粮配合和饲喂

蛋鸭的开产时间因品种不同差异较大,饲养管理中要根据不同的品种掌握好其适宜的开产时间,开产时间过早过迟均会影响产蛋量。商品蛋鸭饲养到90～100日龄时,鸭群发育日趋成熟,体重达到1.3～1.5 kg,羽毛长齐,富有光泽,叫声洪亮,举动活泼;如果有这种表现的母鸭占多数时,可使用初产蛋鸭料，逐步增加精饲料的喂料量。在日粮配合时，要保证饲料品种的多样化和相对稳定，并根据不同的产蛋水平和气候条件配制不同营养水平的全价饲料，以满足鸭产蛋的营养需要。当母鸭适龄开产后，产蛋量逐日增加，日粮中粗蛋白质含量要随产蛋率的递增而调整，并注意能量蛋白比的适度，促使鸭群尽快达到产蛋高峰。达到高峰后，要稳定饲料种类和营养水平，使鸭群的产蛋高峰期尽可能保持长久些。进入产蛋中期的鸭群，经历过前期和高峰期的连续产蛋，体力消耗较大，对环境条件的变化敏感，如不精心饲养管理，难于保持高峰产蛋率，甚至引起换羽停产。因此，这是蛋鸭最难养好的阶段。此期日粮的营养水平要在前期的基础上适当提高，粗蛋白质含量应达 20%左右并注意钙的添加。产蛋后期的鸭群，产蛋率逐渐下降。此期内，饲养管理的主要目标是尽量减缓鸭群产蛋率下降幅度。如果饲养管理得当，此期内鸭群的平均产量仍可保持 75%～80%。后期应按鸭群的体重和产蛋率的变化调整日粮营养水平和给料量。夏季由于气温高，鸭的采食量减少，为保证蛋鸭产蛋的营养需要，可适当增加饲料中蛋白质含量，降低日粮能量水平。

（三）提供适宜的环境

蛋鸭富神经质，在日常的饲养管理中切忌使鸭群受到突然的惊吓和干扰，受惊后鸭群容易发生拥挤、飞扑等不安现象，导致产蛋量的减少或软壳蛋的增加，因此应尽可能保持环境安静。产蛋初期光照时间逐渐增加，每昼夜光照时间最低不少于 14 小时，应从短到长逐渐增加，达到 16 小时后稳定下来，产蛋后期光照总时间可增加至 17 小时。要根据气温的变化控制好舍内的温度、湿度。在夏季注意通风，防止舍内闷热；冬季注意舍内的保暖，舍内温度以控制在 5℃以上为宜。

案例：鸭群由于受到惊吓而造成产蛋减少。

某农村个体养鸭户鸭舍一不留意串进一只野狗，饲养的 400 多只产蛋鸭被狗咬死 25 只，由于狗在鸭棚里叼着蛋鸭到处乱跑，鸭群受到严重惊吓，导致第二天产蛋减少五成，软壳蛋增多，造成很大的经济损失。

（四）蛋鸭笼养应注意的问题

育成后期应根据不同品种蛋鸭的开产时间早晚及时开始上笼，上笼应在鸭群见蛋前完成。上笼后要密切观察鸭群，采用有效措施让鸭尽快适应笼养生活。主要工作包括以下几方面:① 在转笼的前3天饮水中加入电解多维,减小转笼时的应激反应;② 刚转笼的鸭最好先不换料,继续喂育成料,待1周左右基本适应后再逐渐过渡到产蛋料;③ 在炎热的夏季,最好在中午通过水管浇淋的方式在鸭体上喷水降温;④ 因蛋鸭胆小怕惊,所以要固定饲养员,并禁止外人随便出入鸭舍参观。一旦鸭适应笼养生活后就基本没有其他问题了,每周进行两次的消毒措施能有效预防疾病的发生。让鸭尽快适应笼养的生活,是笼养蛋鸭成败的关键所在。

【复习思考题】

1. 培育蛋雏鸭应采取哪些饲养管理措施才能达到良好的育雏效果?
2. 试述蛋鸭的饲养管理要点。
3. 蛋鸭育成期如何控制体重和性成熟时间?
4. 产蛋前期应做好哪些方面的饲养管理工作?
5. 论述提高蛋鸭产蛋率的综合技术措施。